职业教育建筑类专业“互联网+”创新教材

工程力学

（土木类）

主　编　宋小壮

副主编　刘　冰

参　编　鲁明亮　蔡珊珊　潘　婧　董　硕

主　审　王向东

机械工业出版社

本书是针对高等职业院校职业本科院校人才培养目标的要求编写的，降低了对学习者知识储备的要求，学习者只要具备初中以上文化程度就可以进行工程力学的学习。本书在工程力学的思想和理论方面突出了联系实际、循序渐进、深入浅出和简明扼要的特点，降低了学习难度，扩大了工程知识的广度，体现了应用型人才的培养特点。全书对知识体系做了必要的调整，使多门与土木工程有关的力学课程融为一体，在减少学时数的同时方便各专业选用，不同的专业可根据需要决定教学内容。每章后附有小结、思考题、小实验和习题，用以提高读者的理性思维方式和工程力学素质。

全书共十章，主要内容有静力学分析基础、力系的平衡问题、平面体系的几何组成分析、静定结构的内力分析、构件失效分析基础、构件的应力与强度计算、压杆稳定、静定结构的位移计算与刚度校核、超静定结构的内力计算和影响线与动荷载介绍。

本书适用于高等职业教育、职业本科教育中工民建、道桥、水利、市政等结构类专业“工程力学”或“建筑力学”课程的教学，也可作为给排水、装修等非结构类专业对应课程的教材。本书兼顾了机械类专业的内容，因此近机械、近土木类的力学课程教学也可采用，还可供相关工程和技术人员及机械类专业学习者参考。

本书配有电子课件，凡选用本书作为教材的老师均可登录机械工业出版社教育服务网（http://www.cmpedu.com），注册后免费获取。编辑咨询电话：010-88379934。

图书在版编目（CIP）数据

工程力学：土木类/宋小壮主编．—北京：机械工业出版社，2021.10（2024.7 重印）

职业教育建筑类专业“互联网+”创新教材

ISBN 978-7-111-69372-7

Ⅰ.①工…　Ⅱ.①宋…　Ⅲ.①工程力学-高等职业教育-教材　Ⅳ.①TB12

中国版本图书馆 CIP 数据核字（2021）第 206124 号

机械工业出版社（北京市百万庄大街 22 号　邮政编码 100037）

策划编辑：王莹莹　　责任编辑：王莹莹　陈将浪

责任校对：张　征　王　延　封面设计：马精明

责任印制：郜　敏

北京富资园科技发展有限公司印刷

2024 年 7 月第 1 版第 2 次印刷

184mm×260mm · 21.5 印张 · 534 千字

标准书号：ISBN 978-7-111-69372-7

定价：55.00 元

电话服务　　网络服务

客服电话：010-88361066　　机　工　官　网：www.cmpbook.com

010-88379833　　机　工　官　博：weibo.com/cmp1952

010-68326294　　金　书　网：www.golden-book.com

机工教育服务网：www.cmpedu.com

PREFACE / 前言

我国正在从制造业大国向制造业强国迈进，各方面都在飞速发展，为适应不断变化的新形势，本书作者在多年的教学实践和创新实践的基础上，仔细听取各方意见，经过不断修改、充实、完善，最终完成了本书的编写。

本书在编写过程中增加了工程案例的比重，减少了既有力学体系中的重复部分，大幅度缩减了篇幅，减少了学时数；简明扼要地叙述力学理论，运用多媒体技术详尽地解答问题，故特别适合高等职业教育、职业本科教育土木类“工程力学”课程的教学。

本书内容丰富，方便各专业选用，不同的专业可根据需要决定教学内容。书中每章后附有小结、思考题、小实验和习题。其中，为了更好地服务教师教学，习题的内容十分丰富，在教学中可加以应用；思考题和小实验中有部分问题需要学习者自己动手、动脑，从而培养学习者的创新意识和创造能力。

本书在编写过程中，对插图进行了立体化和美化处理，突出了识图重点，加强了视觉效果；配套有制作精细的课件；通过可以控制的动态视频表现形式，让学习者能够直观地了解教学内容与工程实际的关联性、解题的具体过程以及难以用文字表达的解题技巧和方法，以提高工程力学初学者的学习兴趣，减少学习阻力。

学习工程力学的一大困难是习题难解。为了解决这个问题，书中例题、习题旁均有一个对应的二维码，通过扫描二维码可以观看动态的视频解题过程，有效帮助学习者弄清题意，显著提升学习者的解题速度。

本书由宋小壮教授担任主编，刘冰老师担任副主编，鲁明亮、蔡珊珊、潘婧、董硕参与了编写工作。本书由河海大学王向东教授主审。

由于编者水平有限，书中难免有不足之处，欢迎大家批评指正，以期不断提高。

编　者

CONTENTS / 目录

引　言

“工程力学”是经典力学范畴内偏重于工程应用的一门技术基础课程。力学作为一门基础性的自然学科，是人类认识世界、改造世界的锐利武器。它形成了一套朴素的辩证唯物的严谨思想体系，是人类文明中一颗璀璨的明珠。因此，学习力学对形成辩证唯物的世界观是非常有利的，对学习者的思维训练也是极有益的，通过力学的学习可以培养严谨、理性的思维习惯。

“工程力学”也是各类工程实施的理论基础，通过学习可以逐步形成工程理念；同时，只有学好了“工程力学”，才能为掌握好土木工程的专业知识奠定坚实的基础，才能不断更新专业知识。大量的实践证明，学好“工程力学”这门课程是具备良好工程素质的基础，从而能在工作现场用理性的思维解决千变万化的工程实际问题。

工程中各种各样的建筑物、机械等承受外力作用的部分，都是由若干构件（或零件）按照一定的规律组合而成的，称为结构（图 0-1）。结构和构件就是工程力学的研究对象。

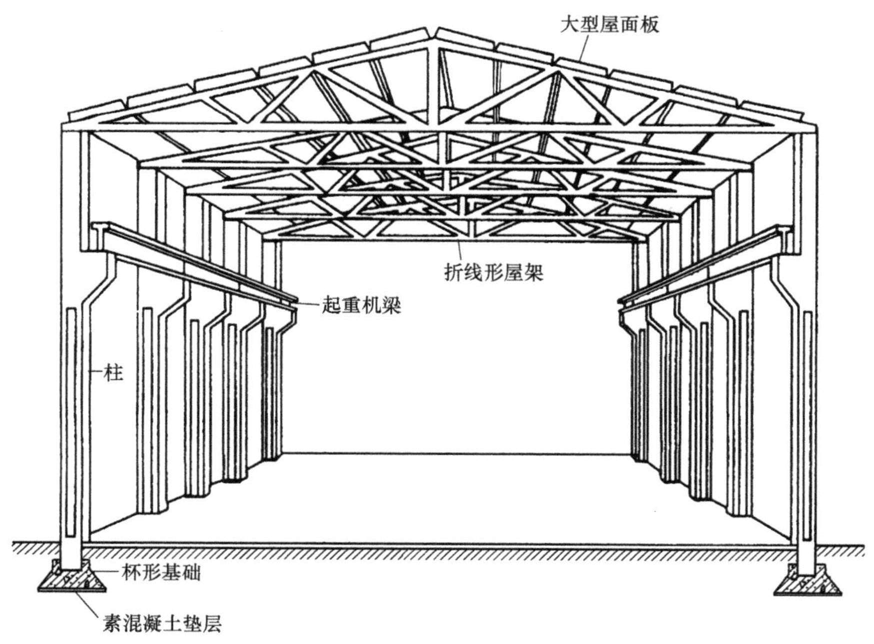

图 0-1　单层厂房结构

物体在空间的位置随时间的改变，称为机械运动，例如车辆的行驶、机器的运转等。在绝大多数工程问题中，都把地球作为参考体。若物体相对于地球静止或做匀速直线运动，则称物体是平衡的。平衡是机械运动的特殊状态。探求物体的平衡和运动规律是工程力学的一项重要任务。

工程结构和构件受力的作用而丧失正常功能的现象，称为失效。在工程中，要求构件和结构必须安全正常地工作而不能发生失效，同时又要求构件和结构在工程中经济节约、外形美观，三者如何有机地统一起来，是工程力学的另一项重要任务。

理论分析、试验分析和计算分析是土木工程力学中三种主要的研究方法。理论分析是以基本概念和定理为基础，经过数学推演，得到问题的解答，它是广泛使用的一种方法。工程力学的基本概念和定理都是以试验为基础的，构件的失效则与所选材料的力学性能有关。材料的力学性能是材料在力的作用下，抵抗变形和破坏等表现出来的性能，必须通过材料试验才能测定。另外，对于现有理论还不能解决的某些复杂的工程力学问题，有时要依靠试验方法加以解决。试验分析方法在工程力学中既是理论分析的基础，又与理论分析互为补充。因此，试验分析方法在工程力学中占有重要的地位。随着计算机技术的飞速发展，工程力学的计算手段发生了根本性变化，使计算得到简化，例如几十层的高层建筑的结构计算，现在很快便得到全部结果。不仅如此，在理论分析中，可以利用计算机得到难于推导的公式或不便于用公式解决的计算；在试验分析中，计算机可以整理数据、绘制试验曲线，选用最优参数，甚至可以模拟试验，得出试验结果，包括在实验室无法进行的试验等。计算机分析已成为一种独特的研究方法，其地位越来越重要。应该指出，上述工程力学的三种研究方法是相辅相成、互为补充、互相促进的。学习工程力学首先应掌握好传统的理论分析与试验分析方法，因为它是进一步学习工程力学其他内容以及掌握计算机分析方法的基础。

遇到实际问题时如能灵活运用所学的力学知识进行解答，通常可以显著提高工作效率。另外，身边可以随手找到的物品如纸张、小木棒、粉笔等都可以用来进行力学小实验，而这些力学小实验可以激发同学们的创新意识，对以后的生活和工作都会有很大的帮助。学习工程力学应重视运算能力的提高，很多工程最终要用数字来表达，因而运算能力是一名工程技术人员应具备的重要素质之一。

工程力学对知识的系统性要求较高，会使许多初学者感到困难。不过，同学们只要肯发扬锲而不舍的工匠精神，一步一个脚印地勇攀新高峰，就一定能掌握所学的力学知识。

第一章 静力学分析基础

静力学大家应该不陌生，但是以前的学习常常侧重于基本理论，而再次学习时不仅要学好基本原理，还要掌握运用基本原理解决实际问题的方法。这个方法就是将世间各种物体之间的相互作用抽象成“力”，并将各种形态的物体抽象成力学模型等，然后运用基本力学原理和必要的数学工具，将实际问题转换成力学问题，并运用数学加以解决，读者可从学习中体会其严谨的逻辑关系。

第一节 力与力偶

一、力

力的概念

1. 力的概念

人们对力的认识是在长期的生活实践中逐步形成的，用手提起重物时，手臂的肌肉会感到紧张，这就是说手臂正在用力。而手臂所起的作用也可以用其他物体来代替，比如手可以拿住重物，绳子也可以拴住重物，这说明不仅人能对物体有力的作用，物体之间也有力的作用。物体之间可以互相影响或作用，一般将这种作用称为力。这样就可以不用研究对象具体受哪个物体作用，而只研究对象所受的力。力作用在物体上就一定会产生某种效果或效应，如用足够的力推静止的小车，小车就会运动起来；用力拉弹簧，弹簧就会变形等。因此，在工程力学中所讲的力的概念是：力是物体之间的相互机械作用，这种作用使物体的运动状态发生变化（运动效应），或者使物体的形状发生改变（变形效应）。

力对物体的作用会产生两种效应：运动效应和变形效应。其中运动效应可以分解成移动效应和转动效应两种。例如在打乒乓球时，为造成对手接球困难，通常打出各种旋转的球，在击球时使球向前运动的同时还需使球绕球心转动。前者为移动效应，后者为转动效应。

为了抓住研究问题的共性，下面仅关注力的效应，而产生力的原因则不在本书的研究范围内。也就是说，对同一物体产生相同效应的力都是可以相互替代的，称为等效。那么力的什么因素与对物体产生的效应有关呢？同一重物，力气小的人可能抬不动，换一个力气大的人就可能将其搬开，这说明力的大小与对物体产生的效应有关。一个人用同样大但方向相反的力去推门，其结果为门一个是开，一个是关，这说明力的方向与对物体产生的效应有关。图 1-1a 是用两个大小相等方向相反的力 $\boldsymbol{F}$ 去拉一根绳子，此时绳子是直的。如将这两个力位置互换，也就是这两个力的作用位置发生改变（图 1-1b），此时绳子就不可能是直的了，这说明力的作用位置与对物体产生的效应有关。

实践表明，力对物体的效应取决于力的大小、方向和作用点三个要素，称为力的三要素。也就是说，某一物体只要所受到的力的三要素相同，则结果是一样的，与是谁施加的力无关。

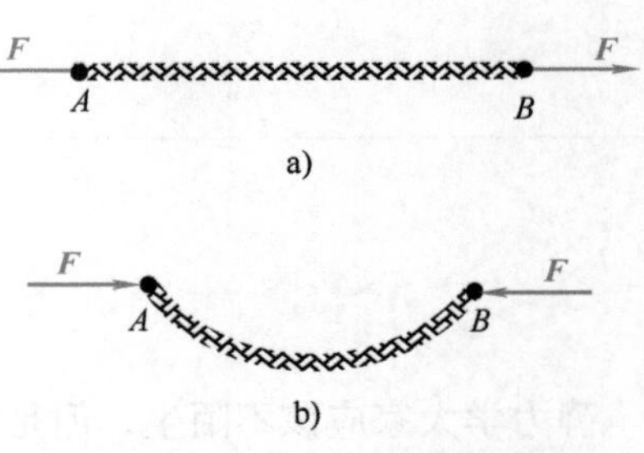

图 1-1　力作用位置对效应的影响

要准确地描述力的大小，就必须有力的单位。按照国家规定，我国使用的是国际单位制（SI），力的单位为牛顿（N）。工程实际中也常采用牛顿的倍数单位，即千牛（kN），$1kN=10^3N$。

作用于一个物体上的两个或两个以上的力所组成的系统（一群力），称为力系。对物体作用效果相同的力系，称为等效力系。如果一个力和一个力系等效，则该力为此力系的合力，而力系中的各个力称为这个力的分力。

2. 力的性质

力的性质

力是一个有大小和方向的量，所以力是矢量，可以用一段带箭头的线段来表示，线段的长度代表大小，箭头表示力的指向（图 1-2）。规定用黑体字母 $\boldsymbol{F}$ 表示力矢量，而用普通字母 F 表示力的大小，图 1-2 中力的大小可表示为 $F=150N$。通过力的作用点并沿着力的方向作一条直线，这条直线称为力的作用线。

实践表明，作用于物体上同一点的两个力可以合成为一个合力，合力也作用于该点，合力的大小、方向由这两个力为邻边所构成的平行四边形的对角线来表示。图 1-3 中作用于 A 点的两个力 $\boldsymbol{F}_1$ 和 $\boldsymbol{F}_2$，由以这两个力为邻边所构成的平行四边形 $ABCD$ 的对角线 AC 表示 $\boldsymbol{F}_1$ 和 $\boldsymbol{F}_2$ 的合力 $\boldsymbol{F}$。这一性质称为力的平行四边形法则，可用矢量式

$$\boldsymbol{F}=\boldsymbol{F}_1+\boldsymbol{F}_2$$

表示。即两个交于一点力的合力，等于这两个力的矢量和；反过来，一个力也可以依照力的平行四边形法则，按指定方向分解成两个分力。平行四边形法则也适合其他矢量进行和的运算，如速度和加速度。

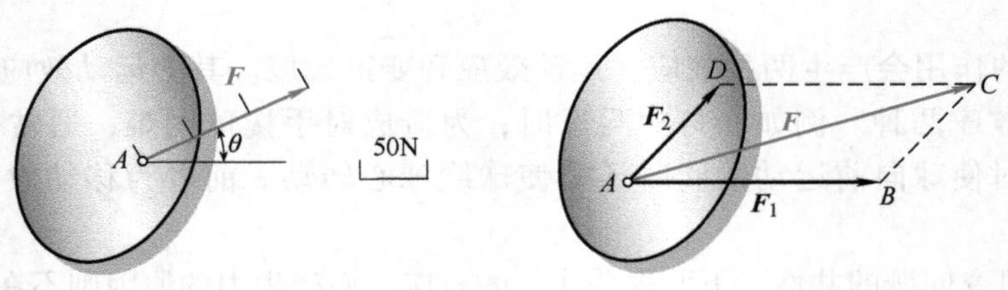

图 1-2　力矢量　　图 1-3　力的合成

同理，作用于物体上同一点的 n 个力组成的力系，多次采用两两合成的方法，最终可合成为一个合力 $\boldsymbol{F}_R$，它等于这个力系中所有力的矢量和，即

$$\boldsymbol{F}_R=\boldsymbol{F}_1+\boldsymbol{F}_2+\cdots+\boldsymbol{F}_n=\sum_{i=1}^{n}\boldsymbol{F}_i=\sum\boldsymbol{F} \tag{1-1}$$

即 n 个力交于一点，则可以合成为一个合力，合力的作用线通过原力系的交点 $\left(\Sigma \boldsymbol{F}\text{ 是 }\sum_{i=1}^{n}\boldsymbol{F}_i\text{ 在力学中的简化表示}\right)$。

由于力是物体间的相互作用，力的产生必定牵涉两个相互作用的物体，当一个物体受到另一个物体作用的同时也对另一个物体产生作用。这种两物体间相互作用的力，总是大小相等、方向相反、沿同一直线，分别作用在这两个物体上。这一性质称为力的作用与反作用定律（在物理学中称为牛顿第三定律）。

作用在同一物体上的两个力如大小相等、方向相反、沿同一直线（图 1-1a），那么这两个力对物体的运动效应没有影响，物体是平衡的；反过来，一物体上只作用了两个力，而此时物体是平衡的，那么这两个力必定大小相等、方向相反、沿同一直线。这一性质称为二力平衡原理（或二力平衡公理）。

物体在一个力系作用下处于平衡状态，则称这个力系为平衡力系，在平衡力系作用下的物体不产生运动效应。由此可知一物体上增加或减去一个平衡力系，不改变物体的运动状态。这一性质称为加减平衡力系原理（或加减平衡力系公理）。

以上很多内容已在物理中学习过，但这是学习工程力学的基本原理，在此加以强调。

二、力的投影

力在直角坐标轴上的投影（一）

前面提到力是矢量，而矢量运算比较繁琐，如要求矢量和就要用到平行四边形法则。为了便于计算，在力学计算中常常通过力在直角坐标轴上的投影将矢量运算转化为代数运算，这是必须掌握好的运算基本功。

1. 力在直角坐标轴上的投影

如图 1-4 所示，在力 $\boldsymbol{F}$ 作用的平面内建立直角坐标系 Oxy。由力 $\boldsymbol{F}$ 的起点 A 和终点 B 分别向 x 轴引垂线，垂足分别为 x 轴上的两点 A'、B'，则线段 $A'B'$ 称为力 $\boldsymbol{F}$ 在 x 轴上的投影，用 F_x 表示，即

$$F_x = \pm A'B'$$

投影的正负号规定如下：若从 A' 到 B' 的方向与轴正向一致，投影取正号；反之取负号，力在坐标轴上的投影是代数量。同样，力 $\boldsymbol{F}$ 在 y 轴上的投影 F_y 为

$$F_y = \pm A''B''$$

由图 1-4 可得

$$\left.\begin{aligned} F_x &= \pm F\cos\alpha = \pm F\sin\beta \\ F_y &= \pm F\sin\alpha = \pm F\cos\beta \end{aligned}\right\} \qquad (1\text{-}2)$$

图 1-4　力在直角坐标轴上的投影

式中，α 为力与 x 轴所夹的锐角，图 1-4 中的 $\boldsymbol{F}_1$、$\boldsymbol{F}_2$ 是力 $\boldsymbol{F}$ 沿直角坐标轴方向的两个分力，是矢量。它们的大小和力 $\boldsymbol{F}$ 在轴上投影的绝对值相等，即 $F_1 = |F_x|$、$F_2 = |F_y|$。而投影的正（负）号代表了分力的指向和坐标轴的指向一致（或相反），这样投影就将分力的大小和方向表示出来了，从而将矢量运算转化成了代数运算。在后面的运算中，也常常利用投影和沿直角坐标轴方向两力的关系来确定这两力的大小，将一个力分解成两个相互垂直的分力，称为力的正交分解，这是运算中常采用的方法，必须熟练掌握。

为了计算方便，往往先根据力与某轴所夹的锐角来计算力在该轴上投影的绝对值，再通

过观察来确定投影的正负号。

例 1-1　试分别求出图 1-5 中各力在 x 轴和 y 轴上的投影。已知 $F_1=100\text{N}$，$F_2=150\text{N}$，$F_3=F_4=200\text{N}$，各力方向如图中所示。

例 1-1

解　由式（1-2）可得出各力在 x、y 轴上的投影为

$$F_{1x}=F_1\cos45°=100\text{N}\times0.707=70.7\text{N}$$
$$F_{1y}=F_1\sin45°=100\text{N}\times0.707=70.7\text{N}$$
$$F_{2x}=-F_2\sin60°=-150\text{N}\times0.866=-129.9\text{N}$$
$$F_{2y}=-F_2\cos60°=-150\text{N}\times0.5=-75\text{N}$$
$$F_{3x}=F_3\cos90°=0$$
$$F_{3y}=-F_3\sin90°=-200\text{N}\times1=-200\text{N}$$
$$F_{4x}=F_4\sin30°=200\text{N}\times0.5=100\text{N}$$
$$F_{4y}=-F_4\cos30°=-200\text{N}\times0.866=-173.2\text{N}$$

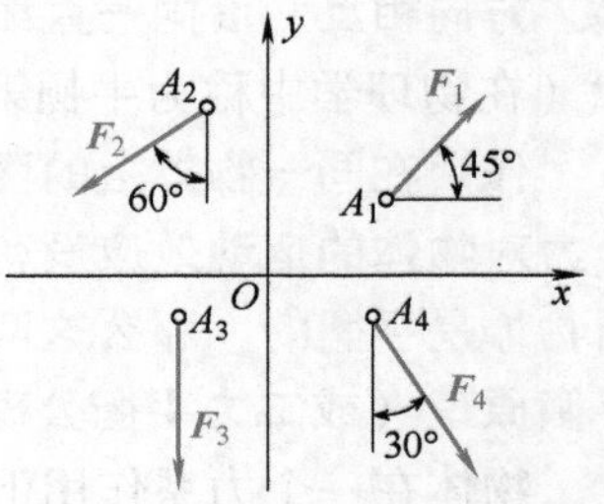

图 1-5　例 1-1 图

反过来，如已知一个力在直角坐标系的投影，可以求出这个力的大小和方向。由图 1-4 可知：

$$\begin{cases}F=\sqrt{F_x^2+F_y^2}\\ \alpha=\arctan\dfrac{|F_y|}{|F_x|}\end{cases}\tag{1-3}$$

式中，取 $0\leqslant\alpha\leqslant\pi/2$，$\alpha$ 代表力 $\boldsymbol{F}$ 与 x 轴的夹角，具体力的指向可通过投影的正负值来判定，如图 1-6 所示。

力在直角坐标轴上的投影（二）

2. 合力投影定理

由于力的投影是代数量，所以各力在同一轴的投影可以进行代数运算，由图 1-7 不难看出，由 $\boldsymbol{F}_1$ 与 $\boldsymbol{F}_2$ 的和组成力系的合力 $\boldsymbol{F}$ 在任一坐标轴（x 轴）上的投影 $F_x=A'C'=A'B'+B'C'=A'B'+A'D'=F_{1x}+F_{2x}$，对于多个力组成的力系以此推广，可得合力投影定理：合力在直角坐标轴上的投影（F_{Rx}，F_{Ry}）等于各分力在同一轴上投影的代数和，即

合力投影定理

$$\begin{cases}F_{Rx}=F_{1x}+F_{2x}+\cdots+F_{nx}=\sum\limits_{i=1}^{n}F_{ix}=\sum F_x\\ F_{Ry}=F_{1y}+F_{2y}+\cdots+F_{ny}=\sum\limits_{i=1}^{n}F_{iy}=\sum F_y\end{cases}\tag{1-4}$$

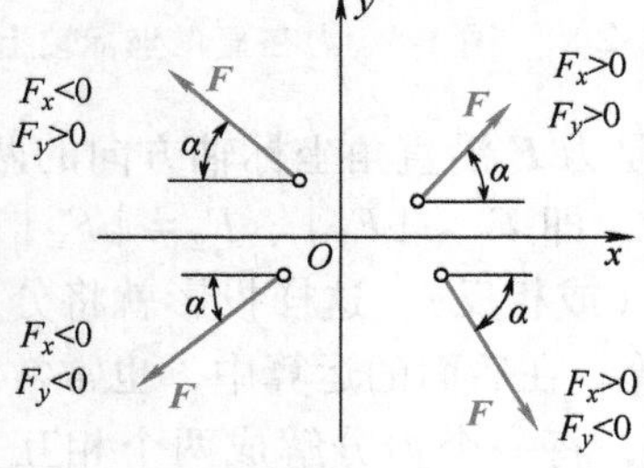

图 1-6　力方向的判断

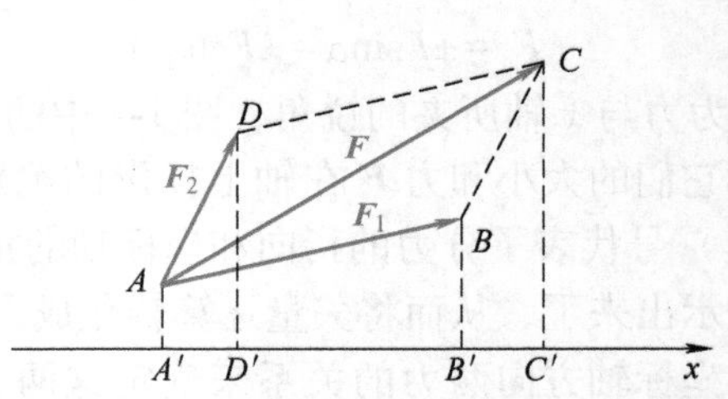

图 1-7　合力投影定理

如果将各个分力沿直角坐标轴方向进行分解，再对平行于同一坐标轴的分力进行合成（方向相同的相加，方向相反的相减），可以得到合力在该坐标轴方向上的分力（$\boldsymbol{F}_{Rx}, \boldsymbol{F}_{Ry}$）。可以证明，合力在直角坐标系坐标轴上的投影（$F_{Rx}, F_{Ry}$）和合力在该坐标轴方向上的分力（$\boldsymbol{F}_{R1}, \boldsymbol{F}_{R2}$）大小相等，而投影的正（负）号代表了分力的指向和坐标轴的指向一致（相反）。

例 1-2

例 1-2　试分别求出图 1-8 中各力的合力在 x 轴和 y 轴上的投影。已知 $F_1=20\text{kN}$，$F_2=40\text{kN}$，$F_3=50\text{kN}$，各力方向如图所示。

解　由式（1-4）可得出各力的合力在 x、y 轴上的投影为

$$F_{Rx}=\sum F_x=F_1\cos90°-F_2\cos0°+F_3\times\frac{3}{\sqrt{3^2+4^2}}$$

$$=0-40\text{kN}+50\text{kN}\times\frac{3}{5}=-10\text{kN}$$

$$F_{Ry}=\sum F_y=F_1\sin90°+F_2\sin0°-F_3\times\frac{4}{\sqrt{3^2+4^2}}$$

$$=20\text{kN}+0-50\text{kN}\times\frac{4}{5}=-20\text{kN}$$

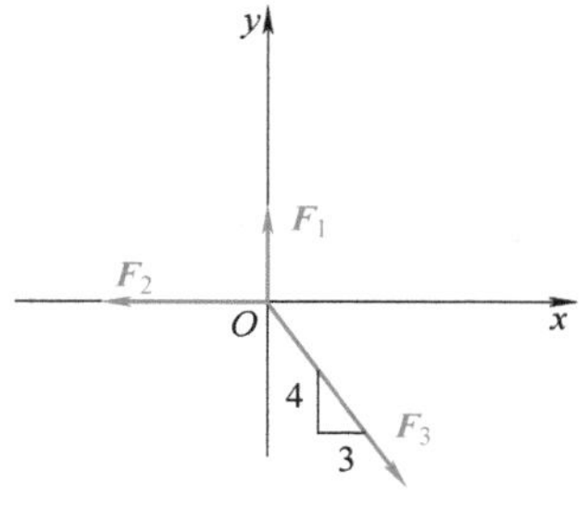

图 1-8　例 1-2 图

三、力矩

力对点的矩

1. 平面问题中力对点的矩

在生活中常常遇到物体转动的问题，如图 1-9 所示，用扳手拧紧螺母时，作用于扳手上的力 $\boldsymbol{F}$ 使扳手绕 O 点转动，所选择物体绕某点旋转，此 O 点称为矩心。力对物体的转动效应不仅与力的大小和方向有关，而且与矩心 O 点到力作用线的垂直距离 d 有关。将乘积 Fd 再冠以适当的正负号对应力绕矩心 O 点的转向，称为力 $\boldsymbol{F}$ 对 O 点的矩，简称力矩，它是力 $\boldsymbol{F}$ 使物体绕矩心 O 点转动效应的度量，用 $M_O(\boldsymbol{F})$ 表示，即

$$M_O(\boldsymbol{F})=\pm Fd \tag{1-5}$$

式中 d 称为力臂；式中的正负号用来区别力 $\boldsymbol{F}$ 使物体绕矩心 O 点转动的方向，规定力 $\boldsymbol{F}$ 使物体绕矩心 O 点逆时针转动时为正，反之取负号。

力矩在下列两种情况下等于零：力等于零或力的作用线通过矩心（即力臂等于零）。

当力沿作用线移动时，不会改变它对矩心的力矩。这是由于力的大小、方向及力臂的大小均未改变的缘故。

力矩的单位常用 N · m 或 kN · m，有时为运算方便也采用 N · mm。其中 $1\text{kN}\cdot\text{m}=10^3\text{N}\cdot\text{m}=10^6\text{N}\cdot\text{mm}$。

例 1-3　如图 1-10 所示，当扳手分别受到 $\boldsymbol{F}_1$、$\boldsymbol{F}_2$、$\boldsymbol{F}_3$ 作用时，求各力分别对螺母中心 O 点的力矩。已知 $F_1=F_2=F_3=100\text{N}$。

例 1-3

解　根据力矩的定义可知

$$M_O(\boldsymbol{F}_1)=-F_1d_1=-100\text{N}\times0.2\text{m}=-20\text{N}\cdot\text{m}$$
$$M_O(\boldsymbol{F}_2)=F_2d_2=100\text{N}\times0.2\ \text{m}/\cos30°=23.1\text{N}\cdot\text{m}$$
$$M_O(\boldsymbol{F}_3)=F_3d_3=100\text{N}\times0=0$$

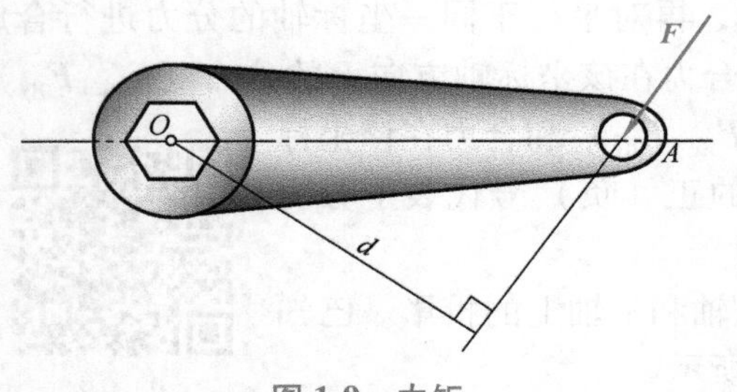

图 1-9　力矩

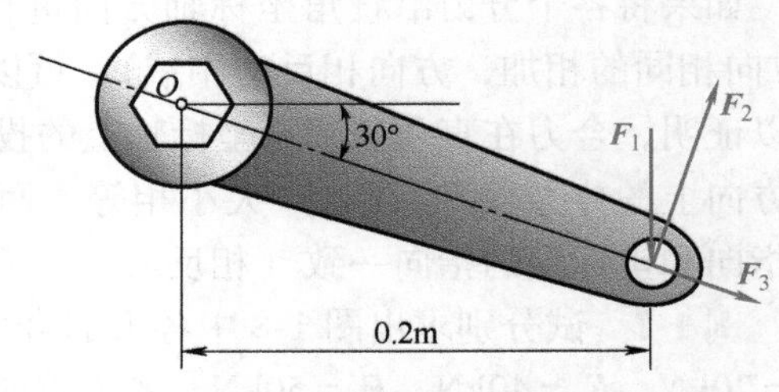

图 1-10　例 1-3 图

2. 合力矩定理

例 1-4

由于一个力系的合力产生的效应是和力系中各个分力产生的总效应是一样的。因此，合力对平面上任一点的矩等于各分力对同一点的矩的代数和，这就是合力矩定理，即

$$M_O(\boldsymbol{F}_\mathrm{R})=M_O(\boldsymbol{F}_1)+M_O(\boldsymbol{F}_2)+\cdots+M_O(\boldsymbol{F}_n)=\sum_{i=1}^{n}M_O(F_i) \tag{1-6}$$

例 1-4　图 1-11 所示每 1m 长挡土墙所受土压力的合力为 $\boldsymbol{F}_\mathrm{R}$，如 $F_\mathrm{R}=150\mathrm{kN}$，方向如图所示，求土压力使墙倾覆的力矩。

解　土压力 $\boldsymbol{F}_\mathrm{R}$ 可使挡土墙绕 A 点倾覆，故求土压力 $\boldsymbol{F}_\mathrm{R}$ 使墙倾覆的力矩，就是求 $\boldsymbol{F}_\mathrm{R}$ 对 A 点的力矩。由已知尺寸求力臂 d 不方便，但如果将 $\boldsymbol{F}_\mathrm{R}$ 分解为两分力 $\boldsymbol{F}_1$ 和 $\boldsymbol{F}_2$，则两分力的力臂是已知的，故由式（1-6）可得

$$\begin{aligned}M_A(\boldsymbol{F}_\mathrm{R})&=M_A(\boldsymbol{F}_1)+M_A(\boldsymbol{F}_2)=F_1h/3-F_2b\\&=150\mathrm{kN}\cos30°\times1.5\mathrm{m}-150\mathrm{kN}\sin30°\times1.5\mathrm{m}\\&=82.4\mathrm{kN\cdot m}\end{aligned}$$

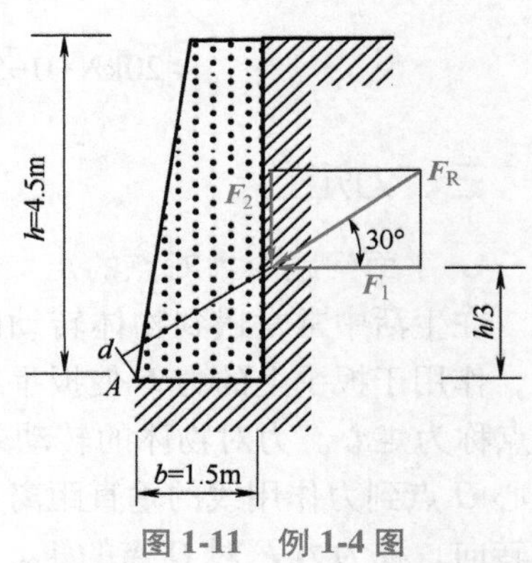

图 1-11　例 1-4 图

四、力偶

1. 力偶的概念

力偶的概念

在日常生活和工程中，经常会遇到物体受大小相等、方向相反、作用线互相平行的两个力作用的情形。例如，汽车司机用双手转动方向盘（图 1-12a），钳工用丝锥攻螺纹（图 1-12b），还有用拇指和食指拧开水龙头或钢笔帽等。实践证明，这样的两个力 $\boldsymbol{F}$、$\boldsymbol{F}'$组成的力系对物体只产生转动效应，而不产生移动效应，把这种力系称为力偶，用符号（$\boldsymbol{F},\boldsymbol{F}'$）表示。

组成力偶的两个力 $\boldsymbol{F}$、$\boldsymbol{F}'$ 所在的平面称为力偶的作用面，力偶的两个力作用线间的垂直距离称为力偶臂，用 d 表示。

在力偶作用面内任取一点 O 为矩心，如图 1-13 所示。设点 O 与力 $\boldsymbol{F}$ 作用线之间的垂直距离为 x，力偶臂为 d，则力偶的两个力对 O 点之矩的和为

$$-Fx+F'(x+d)=Fd$$

这一结果表明，力偶对作用面内任意一点的矩与点的位置无关。因此，将力偶的力 F 与力偶臂 d 的乘积冠以适当的正负号对应力偶的转向，作为力偶对物体转动效应的度量，称为

力偶矩，用 M 表示，即

$$M=\pm Fd \tag{1-7}$$

式中的正负号规定为：力偶的转向是逆时针为正，反之为负。

力偶矩的单位与力矩的单位相同，常用 N · m 或 kN · m。

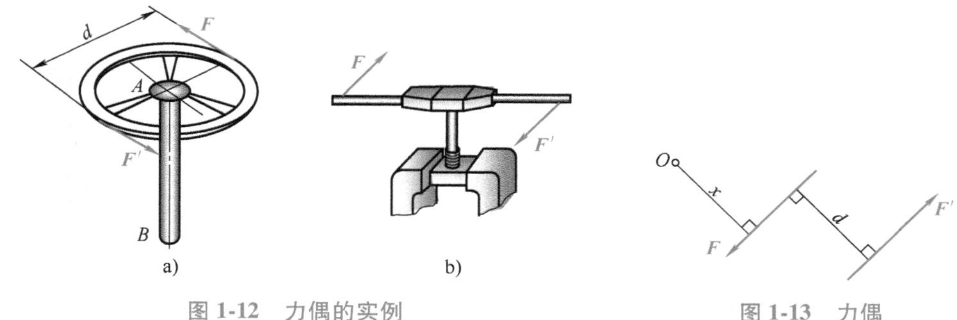

图 1-12　力偶的实例　　图 1-13　力偶

2. 力偶的性质

力偶作为一种特殊力系，具有如下独特的性质：

性质 1　力偶对物体只产生转动效应，而不产生移动效应。因此，一个力偶既不能用一个力代替，也不能和一个力平衡（力偶在任何一个坐标轴上的投影等于零）。力与力偶是表示物体间相互机械作用的两个基本元素。

性质 2　力偶对物体的转动效应，用力偶矩度量而与矩心的位置无关。

如果在同一平面内的两个力偶，它们的力偶矩彼此相等，则这两个力偶等效。

性质 3　在保持力偶矩大小和力偶转向不变的情况下，力偶可在其作用面内任意搬移，或者可任意改变力偶中力的大小和力偶臂的长短，力偶对物体的转动效应不变。

根据上述性质，可在力偶作用面内用 M↷ 或 M↲↱ 表示力偶，其中箭头表示力偶的转向，M 则表示力偶矩的大小。

必须指出，力偶在其作用平面内移动或用等效力偶替代，对物体的运动效应没有影响，但会影响变形效应。

3. 平面力偶系的合成

设在物体某平面内作用两个力偶 M_1 和 M_2（图 1-14a），任选一线段 $AB=d$ 作为公共力偶臂，将力偶 M_1、M_2 移动，并把力偶中的力分别改变为

$$F_1=F_1'=M_1/d;\ F_2=F_2'=-M_2/d$$

如图 1-14b 所示，根据性质 3，图 1-14a 与图 1-14b 中，力偶作用是等效的。于是，力偶 M_1 与 M_2 可合成为一个合力偶（图 1-14c），其力偶矩为

$$M=F_Rd=(F_1-F_2)d=M_1+M_2$$

平面力偶系的合成

若有 n 个力偶作用于物体的某一平面内，由此组成的力系称为平面力偶系。平面力偶系可合成为一合力偶，在同一个平面内的力偶可以进行代数运算，合力偶的矩等于各分力偶矩的代数和，即

$$M=M_1+M_2+\cdots+M_n=\sum_{i=1}^{n}M_i \tag{1-8}$$

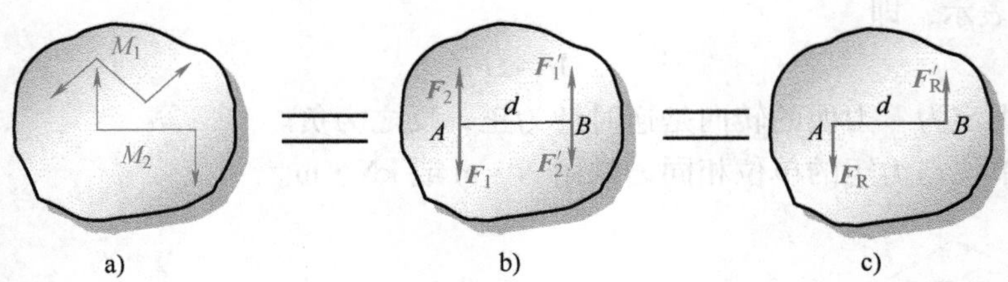

图 1-14　力偶合成

例 1-5　如图 1-15 所示，在物体的某平面内受到三个力偶的作用。设 $F_1=200\text{N}$，$F_2=600\text{N}$，$M=100\text{N}\cdot\text{m}$，求其合力偶。

例 1-5

解　各分力偶矩为

$$M_1=F_1d_1=200\text{N}\times1\text{m}=200\text{N}\cdot\text{m}$$

$$M_2=F_2d_2=600\text{N}\times0.25\text{m}/\sin30°=300\text{N}\cdot\text{m}$$

$$M_3=-M=-100\text{N}\cdot\text{m}$$

由式（1-8）得合力偶矩为

$$\begin{aligned}M&=M_1+M_2+M_3\\&=200\text{N}\cdot\text{m}+300\text{N}\cdot\text{m}-100\text{N}\cdot\text{m}=400\text{N}\cdot\text{m}\end{aligned}$$

即合力偶的矩的大小等于 400N · m，转向为逆时针方向，与原力偶系共面。

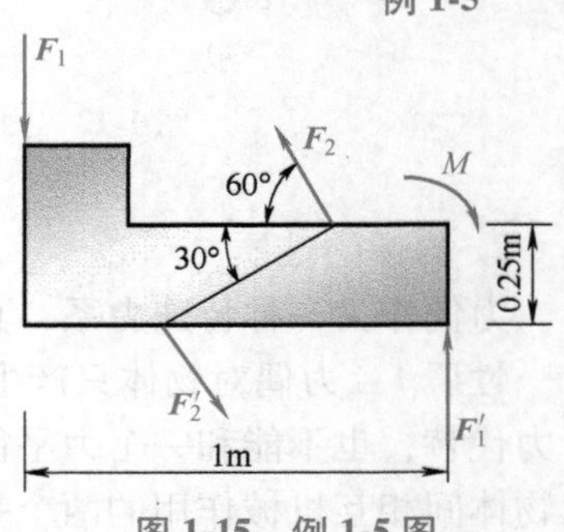

图 1-15　例 1-5 图

第二节　受力分析基础

实际工程是很复杂的，对结构进行力学分析时，如果不加区分地考虑所有实际因素，将使问题的分析计算十分困难，甚至无法进行，同时这样也是不必要的。

分析实际结构，需要利用力学知识、结构知识和工程实践经验，并根据实际受力、变形规律等主要因素，忽略一些次要因素，对结构进行科学合理的简化。这是一个将结构理想化、抽象化的简化过程，这一过程称为力学建模。

一、荷载的分类与简化

1. 受力物体

物体在受力后都会发生形状、大小的改变，称为变形，但在大多数工程问题中，这种变形相对结构尺寸而言是极其微小的。

（1）刚体　当变形对于研究物体平衡或运动的影响可以忽略不计时，可认为该物体不发生变形。这种在受力时保持形状、大小不变的力学模型称为刚体。

由于刚体受力的作用后，只有运动效应而没有变形效应，因此，增加或去掉任何一个在刚体上的平衡力系，不改变原力系对刚体的作用。这一原理称为加减平衡力系原理。力所在的直线称为力的作用线，力沿其作用线移动时，只改变物体的变形效应。因此，作用在刚体上的力可沿其作用线移动，而不改变该力对刚体的作用效应。这一原理称为力的可传性原理。

（2）变形体　当变形对于研究物体平衡或运动规律不能忽略时，物体称为变形体。变形体在外力作用下会产生两种不同性质的变形：一种是当外力撤除时，变形也会随之消失，这种变形称为弹性变形；另一种是当外力撤除后，变形不能全部消失而残留部分变形，这部分变形称为塑性变形。

当所受外力不超过一定限度时，绝大多数工程材料在外力撤除后，其变形可消失，这种物体称为弹性变形体，简称弹性体。

本课程只分析构件的小变形。小变形是指构件的变形量远小于其原始尺寸。因此，在确定构件的平衡和运动时，可不计其变形量，仍按原始尺寸进行计算，从而简化计算过程。

2. 荷载的分类

物体受到的力可以分为两类，一类是使物体运动或有运动趋势的力，称为主动力，例如重力、水压力、土压力等，工程上把主动力称为荷载；另一类是限制物体运动的力，称为约束力。对于作为研究对象的受力物体，以上两类力通称为外力。

荷载的分类

如果力集中作用于一点，这种力称为集中力或集中荷载。实际上，任何物体间的作用力都分布在有限的面积上或体积内，但如果力所作用的范围比受力作用的物体小得多时，作用在物体上力的合力都可以看成是集中力。同样，对于作用于极小范围的力偶，称为集中力偶。

对于作用范围不能忽视的力（荷载），称为分布力（荷载）。分布在物体的体积内的荷载如重力等，称为体荷载。分布在物体表面上的荷载，如楼板上的荷载（图 1-16a）、水坝上的水压力等，称为面荷载。如果力（荷载）分布在一个狭长范围内而且相互平行，则可以把它简化为沿狭长面的中心线分布的力（荷载），如分布在梁上的荷载（图 1-16b），称为线分布力或线荷载。体荷载、面荷载、线荷载统称为分布荷载。

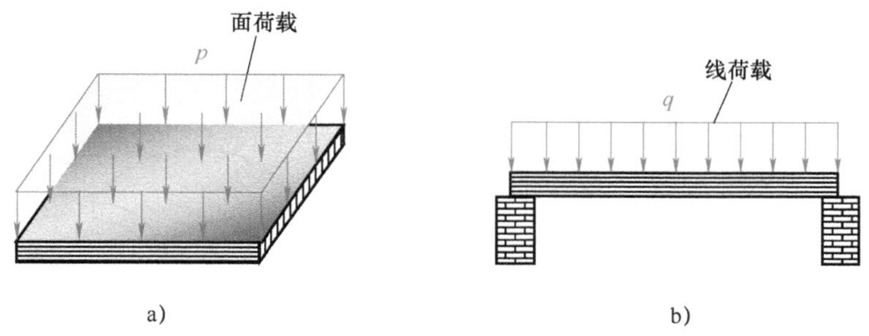

图 1-16　分布荷载

单位体积上所受的力，称为体集度，通常用 γ 表示，单位为 N/m^3 或 kN/m^3。单位面积上所受的力，称为面集度，通常用 p 表示，单位为 N/m^2 或 kN/m^2。单位长度上所受的力，称为线集度，通常用 q 表示，单位为 N/m 或 kN/m。当分布荷载各处集度大小均相同时，称为均布荷载；如分布荷载各处集度大小不相同时，称为非均布荷载。由于工程中均布荷载较为常见，因此本书只讨论均布荷载。如图 1-16a 所示，板的自重即为面均布荷载，它是以每单位面积的重力来计算的。如图 1-16b 所示，梁的自重即为线均布荷载，它是以每单位长度的重力来计算的。

在具体运算的时候通常是将体荷载或面荷载简化为线荷载来进行。就刚体而言，对于线荷载可转换成它的合力 $\boldsymbol{F}_R$ 来进行运算，其合力大小为荷载图形的面积，作用在图形的几何中心，如线均布荷载的合力 $\boldsymbol{F}_R$ 的大小为线荷载集度 q 和荷载分布的长度 l 的乘积，其方向和荷载方向一致，作用在荷载分布的中点。

例 1-6

例 1-6　求图 1-17 中均布荷载对 A 点和 B 点的矩。

解　(1) 求均布荷载的合力 $\boldsymbol{F}_R$，有

$$F_R = ql$$

方向和作用点如图 1-17 所示。

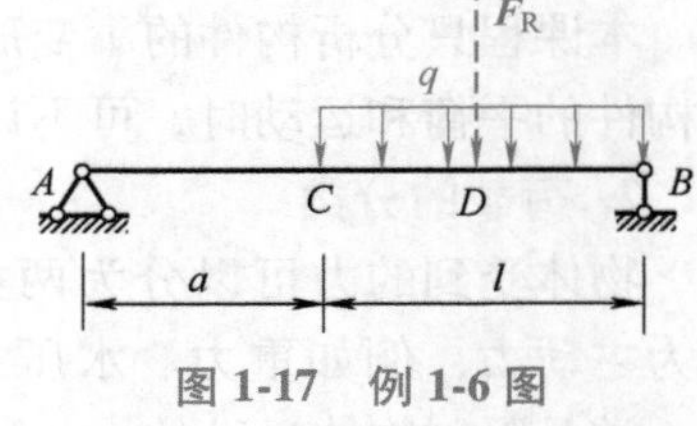

图 1-17　例 1-6 图

(2) 用合力代替线荷载分别对 A、B 两点取矩，有

$$M_A = M_A(\boldsymbol{F}_R) = -F_R \times (a + l/2) = -ql(a + l/2)$$

$$M_B = M_B(\boldsymbol{F}_R) = F_R \times l/2 = ql^2/2$$

在本书中力主要的形式是集中力、力偶和线均布荷载三类，因此这三类的投影和力矩计算是非常重要的运算基本功，必须熟练掌握。

二、力学计算简图作法要点

1. 结构的分类

工程中结构的类型是多种多样的，按几何观点可分为杆系结构（这类结构由杆件组成，杆件的特征是其长度远大于其横截面上其他两个尺度，如图 1-18a 所示）、板和壳类（这类结构的特征是长、宽两个方向的尺寸远大于厚度，如图 1-18b、c 所示）、实体结构（该类结构三个方向的尺度具有相同的量级，如图 1-18d 所示）三类。

结构的分类

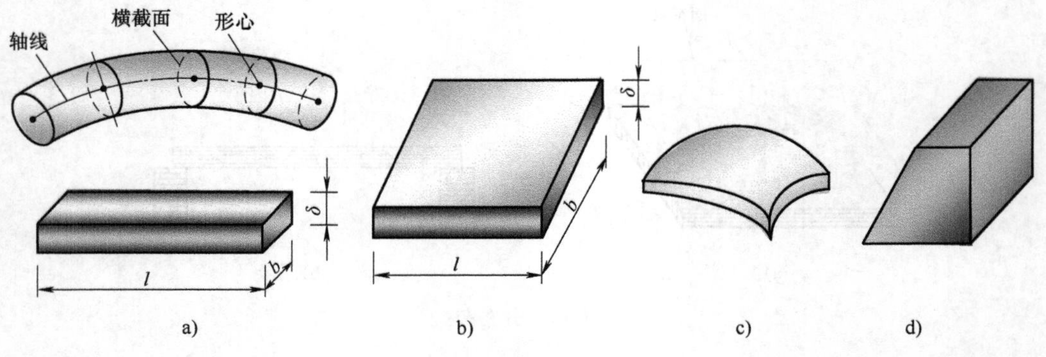

图 1-18　结构分类

杆系结构又可分为平面杆系结构（组成结构的所有杆件的轴线及外力都在同一平面内）和空间杆系结构（组成结构的所有杆件的轴线及外力不在同一平面内）两类，本书主要研究平面杆系结构。

2. 力学计算简图

对结构和构件的受力与约束经过简化后得到的、用于力学或工程分析与计算的图形，称为力学计算简图或计算简图。

力学计算简图

确定力学计算简图的原则是：

1）尽可能符合实际——力学计算简图应尽可能反映实际结构的受力、变形等特性。

2）尽可能简单——忽略次要因素，尽量使分析计算过程简单。

根据杆系结构的受力特征和构造特点，力学计算简图中常用杆件的轴线代表杆件；根据结构和约束装置的主要特征选用对应的支座；根据杆件连接处结构的受力特征和构造特点选用对应的结点。杆件的结点一般可分为：

1）铰结点——用圆柱铰链将杆件连接在一起，各杆件可围绕其作相对转动，但不能移动，如图 1-19 所示。

2）刚结点——杆件在连接处是刚性连接的，汇交于刚结点处的各杆件之间不发生相对转动（保持夹角不变）与相对移动，如图 1-20 所示。

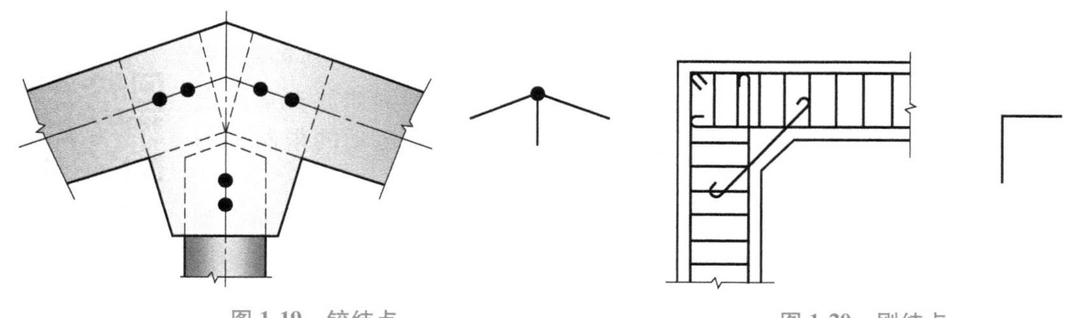

图 1-19　铰结点　　图 1-20　刚结点

力学计算简图是工程力学与土木工程中对结构或构件进行分析和计算的依据，建立力学计算简图，实际上就是建立力学与结构的分析模型，不仅需要必要的力学基础知识，而且需要具备一定的工程结构知识。

例 1-7

例 1-7　如图 1-21a 所示由角钢 AB 和 CD 在 D 处用连接钢板焊接牢固，在 A、C 两处用混凝土浇筑埋入墙内，制成搁置管道的三角支架。现在三角支架上搁置了两个管道，大管重 $\boldsymbol{W}_1$，小管重 $\boldsymbol{W}_2$，试画出三角支架的力学计算简图。

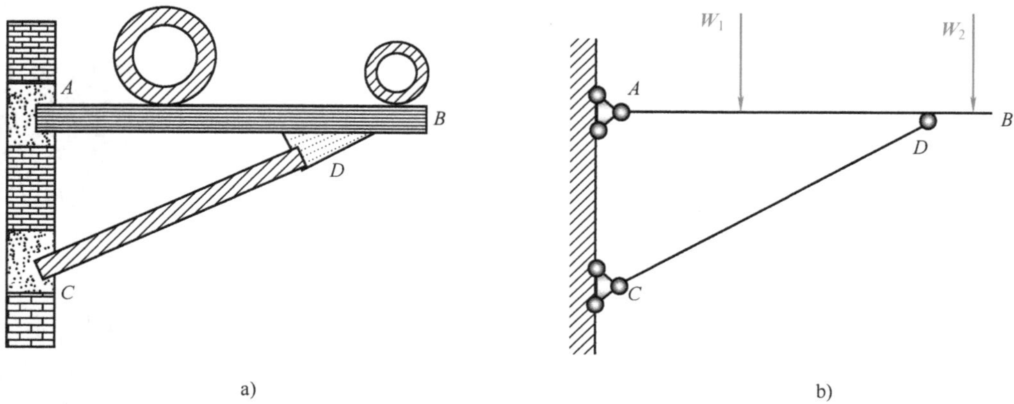

图 1-21　例 1-7 图

解 （1）构件的简化。角钢 *AB* 和 *CD* 的长度远大于其他两个尺度，是杆系结构，用杆件的轴线代表杆件，由于角钢的自重比管道的重量小得多，因此可忽略不计。

（2）支座的简化。由于杆件嵌入墙内的实际长度较短，加之砂浆砌筑的墙体本身坚实性较差，所以在受力后，杆件在 *A*、*C* 处有产生微小松动的可能，即杆件在此处可能发生微小的转动，所以起不到限制杆件在此点转动的作用，只能将 *A*、*C* 处简化成固定铰支座（杆件与基础的铰结点）。在 *D* 处的焊缝同样也不能阻止角钢 *AB* 和 *CD* 的相对微小转动，故将 *D* 处简化为铰结点。

（3）荷载的简化。由于管道和角钢接触面很小，故将管道传来的荷载简化为集中荷载。

经过以上简化，即可得到图 1-21b 所示三角支架的力学计算简图。

三、约束与约束力

在空间可以自由运动的物体称为自由体。如果物体受到某种限制、在某些方向不能运动，那么这样的物体称为非自由体，例如放在桌面上的物体，受到桌面的限制不能向下运动。这种阻碍物体运动的限制称为约束。

约束

约束对物体必然作用一定的力以阻碍物体运动，这种力就是前面提到的约束力，又称约束反力，简称反力。约束力总是作用在约束与物体的接触处，其方向总是与约束所能限制的运动方向相反。

下面介绍几种工程中常见的约束及约束力。

1. 柔体约束

工程中常见的绳索、带、链等柔性物体构成的约束称为柔体约束（图 1-22a）。这种约束只能限制物体沿着柔体伸长的方向运动，而不能限制其他方向的运动。因此，柔体约束力的方向沿着它的中心线且背离研究物体，即为拉力（图 1-22b）。

2. 光滑面约束

如果两个物体接触面之间的摩擦力很小，可忽略不计，则两物体之间就构成光滑面约束（图 1-23a）。这种约束只能限制物体沿着接触点处朝着垂直于接触面方向的运动，而不能限制其他方向的运动。因此，光滑接触面约束力的方向垂直于接触面或接触点的公切线，并通过接触点，指向研究物体（图 1-23b）。

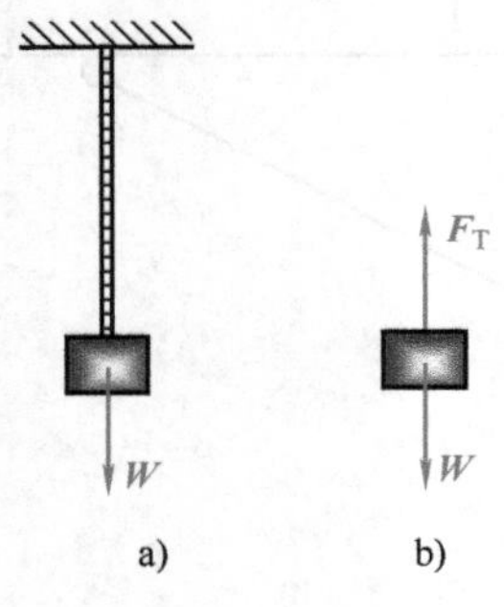

图 1-22 柔体约束

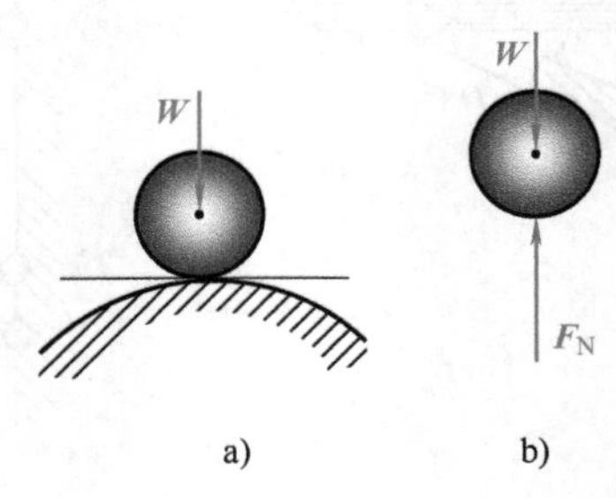

图 1-23 光滑面约束

柔体约束

光滑面约束

3. 圆柱铰链约束

在两个构件上各钻有同样大小的圆孔，并用圆柱形销钉 C 连接起来（图 1-24a）。如果销钉和圆孔是光滑的，那么销钉只限制两构件在垂直于销钉轴线的平面内相对移动，而不限制两构件绕销钉轴线的相对转动，这样的约束称为圆柱铰链约束，简称铰链或铰。图 1-24b 所示为它的简化示意图。

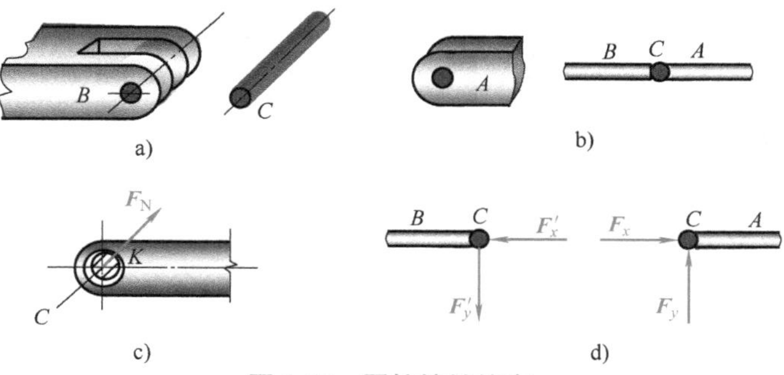

图 1-24　圆柱铰链约束

当两个构件有沿销钉径向相对移动的趋势时，销钉与构件以光滑圆面接触，因此，销钉给构件的约束力 $\boldsymbol{F}_{N}$ 沿接触点 K 的公法线方向，指向构件且通过圆孔中心（图 1-24c）。由于接触点 K 一般不能预先确定，所以约束力 $\boldsymbol{F}_{N}$ 的方向也不能确定。因此，铰链约束力作用在垂直于销钉轴线的平面内，通过圆孔中心，方向待定。通常用两个正交分力 $\boldsymbol{F}_x$ 和 $\boldsymbol{F}_y$ 来表示铰链约束力（图 1-24d），两分力的指向是假定的，图中两物体在铰链处的约束力构成作用力与反作用力关系，即大小相等，方向相反，在同一直线上。

4. 链杆约束

如一构件在其两端用铰链与其他构件相连接，此构件中间不受力，这类约束称为链杆约束（图 1-25），也称为二力杆约束。由于构件上只在两端作用了两个约束力，而构件是平衡的，因此这两个力必然大小相等，方向相反，在同一直线上。所以，链杆约束的约束力是沿着两端销钉的圆心连线，指向待定。

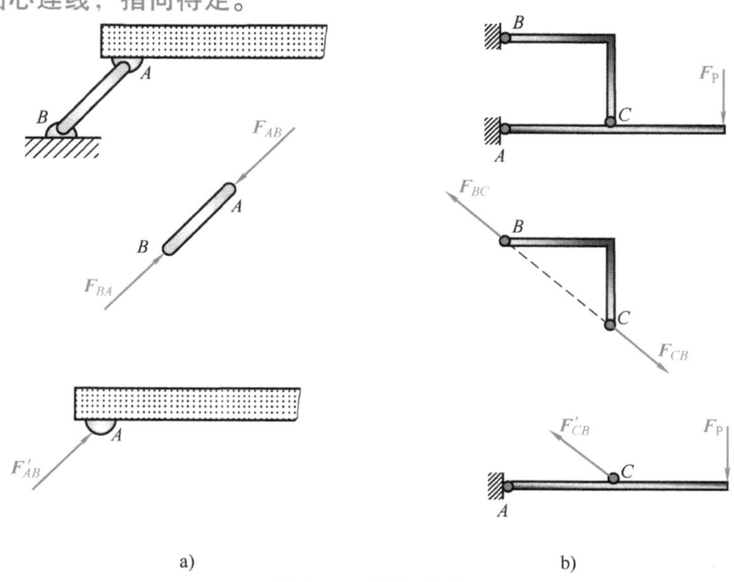

图 1-25　链杆约束

5. 支座约束

（1）固定铰支座　在连接的两个构件中，如果其中一个构件是固定在基础上的支座（图 1-26a），则这种约束称为固定铰支座，简称铰支座。图 1-26b～e是它的几种简化表示形式，固定铰支座的约束力与铰链的情形相同（图 1-26f）。

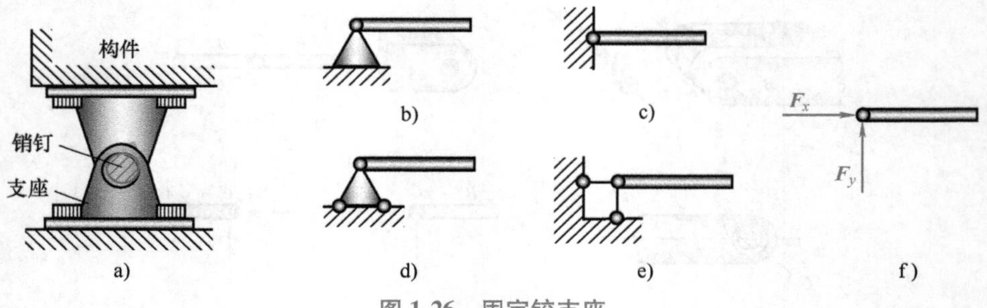

图 1-26　固定铰支座

（2）活动铰支座　如果在支座与支承面之间装上几个辊子，使支座可沿支承面移动，就成为活动铰支座，也称为辊轴支座（图 1-27a）。图 1-27b～d 是它的几种简化表示形式。如果支承面是光滑的，这种支座不限制构件沿支承面移动和绕销钉轴的转动，只限制构件沿支承面法线方向的移动。因此，活动铰支座约束力垂直于支承面，通过铰链中心，指向待定（图 1-27e）。

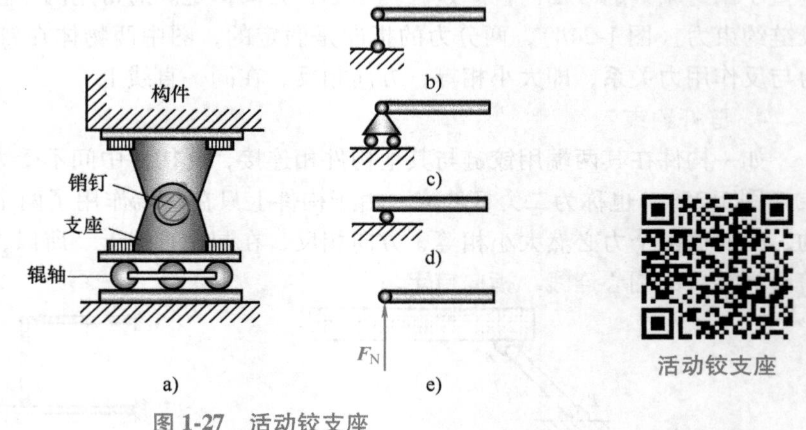

图 1-27　活动铰支座

（3）固定端约束　如房屋建筑中的挑梁，它的一端牢固地嵌入墙内（图 1-28a），墙对梁的约束使其既不能移动，也不能转动，这样的约束称为固定端约束。固定端约束为一个方向待定的约束力和一个转向待定的约束力偶。方向待定的约束力通常可用水平和竖直的两个分力表示。图 1-28b 所示为固定端约束的简化表示形式，图 1-28c 所示为支座约束力。

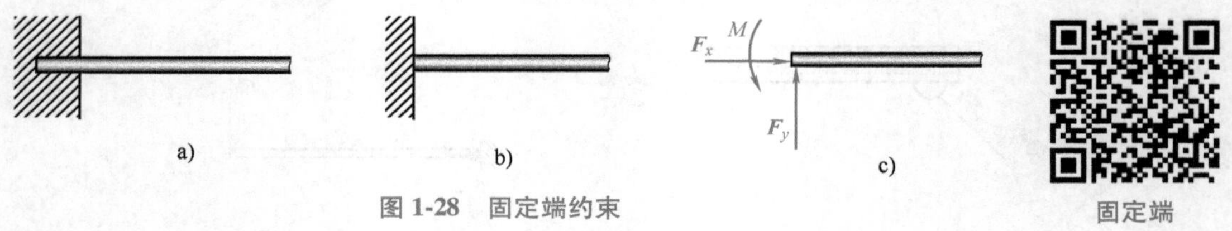

图 1-28　固定端约束

工程常见的约束主要是以上五种形式，在进行受力分析时，只要根据力学简图判断出约束的类型，再根据以上分析过程就很容易得出对应的约束力。但要注意的是，应首先判断出链杆约束力，再判断铰链和支座约束力。表 1-1 将工程中常见约束的约束力基本画法进行了归纳，供学习中参考。

工程常见约束的约束力画法

表 1-1　工程中常见约束的约束力基本画法

约束类型	计算简图	约束力		未知量数量
		图形	特点	
柔体约束		F_{T1}　F_{T2}	沿着柔体的中心线且背离研究物体，即为拉力	1
光滑面约束		F_{N2}　F_{N1}	垂直于接触面并通过接触点，指向研究物体	1
圆柱铰链约束	C	F_{Cx}　C　F_{Cy}　F'_{Cy}　C　F'_{Cx}	用两个正交分力来表示，两分力的指向是假定的	2
固定铰支座	A	F_{Ax}　A　F_{Ay}	用两个正交分力来表示，两分力的指向是假定的	2
活动铰支座	A	A　F_A	垂直于支承面，通过铰链中心，指向待定	1
固定端约束	A	M_A　F_{Ax}　A　F_{Ay}	用两个正交分力和一个力偶来表示，分力和力偶的指向或转向是假定的	3

四、受力分析与受力图

在求解工程力学问题时，一般首先需要根据问题的已知条件和待求量，选择一个或几个物体作为研究对象，然后分析它受到哪些力的作用，其中哪些是已知的，哪些是未知的，此过程称为受力分析。

对研究对象进行受力分析的步骤如下：

1）将研究对象从与其联系的周围物体中分离出来，单独画出。这种分离出来的研究对象称为分离体或隔离体。

2）画出作用于研究对象上的全部荷载，并根据约束性质确定约束处的约束力，最后得到研究对象的受力图。下面举例说明受力图的画法。

例 1-8 小车重 $\boldsymbol{W}$，由卷扬机通过钢丝绳牵引静止在斜面上（图 1-29a），不计车轮与斜面间的摩擦，试画出小车的受力图。

解 将小车从钢丝绳和斜面的约束中分离出来，单独画出。作用于小车上的主动力为 $\boldsymbol{W}$，其作用点为重心 C，竖直向下。作用于小车上的约束力有：钢丝绳的约束力 $\boldsymbol{F}_{\mathrm{T}}$，方向沿绳的中心线且背离小车；斜面的约束力 $\boldsymbol{F}_A$、$\boldsymbol{F}_B$，作用在车轮与斜面的接触点，垂直于斜面且指向小车。图 1-29b 所示为小车的受力图。

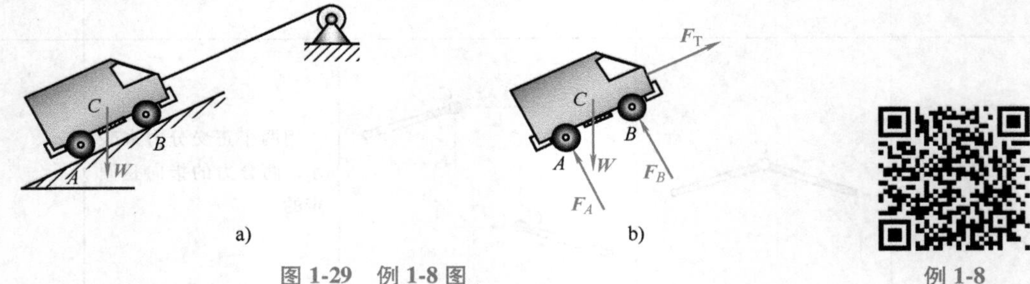

图 1-29 例 1-8 图

例 1-9 水平梁 AB 受集中荷载 $\boldsymbol{F}_{\mathrm{P}}$ 和均布荷载 q 作用，A 端为固定铰支座，B 端为活动铰支座，如图 1-30a 所示。试画出梁的受力图，梁的自重不计。

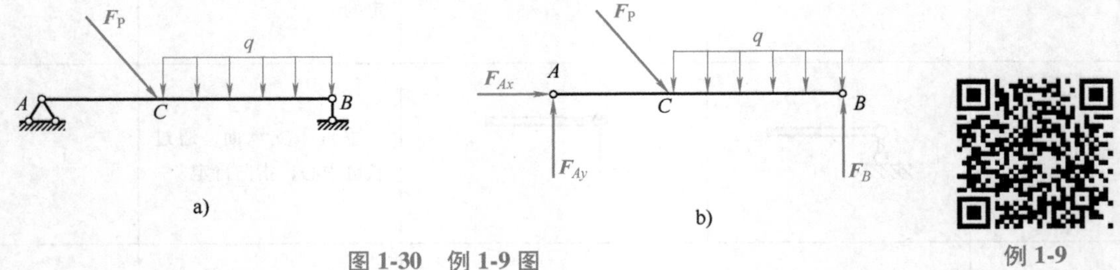

图 1-30 例 1-9 图

解 取梁为研究对象，并将其单独画出。再将作用在梁上的全部荷载画出，在 B 端活动铰支座的约束力为 $\boldsymbol{F}_B$，在 A 端固定铰支座的约束力为 $\boldsymbol{F}_{Ax}$ 和 $\boldsymbol{F}_{Ay}$。图 1-30b 为梁的受力图。

例 1-10

例 1-10 支架中悬挂的重物重 $\boldsymbol{W}$（图 1-31a），横梁 AB 和斜杆 CD 的自重不计。试分别画出斜杆 CD、横梁 AB 及整体的受力图。

解　(1) 斜杆 CD。斜杆 CD 两端均为铰链约束，中间不受力，故是二力杆。$\boldsymbol{F}_C$ 与 $\boldsymbol{F}_D$ 大小相等，方向相反，沿 C、D 两点连线。图 1-31b 为斜杆 CD 的受力图。

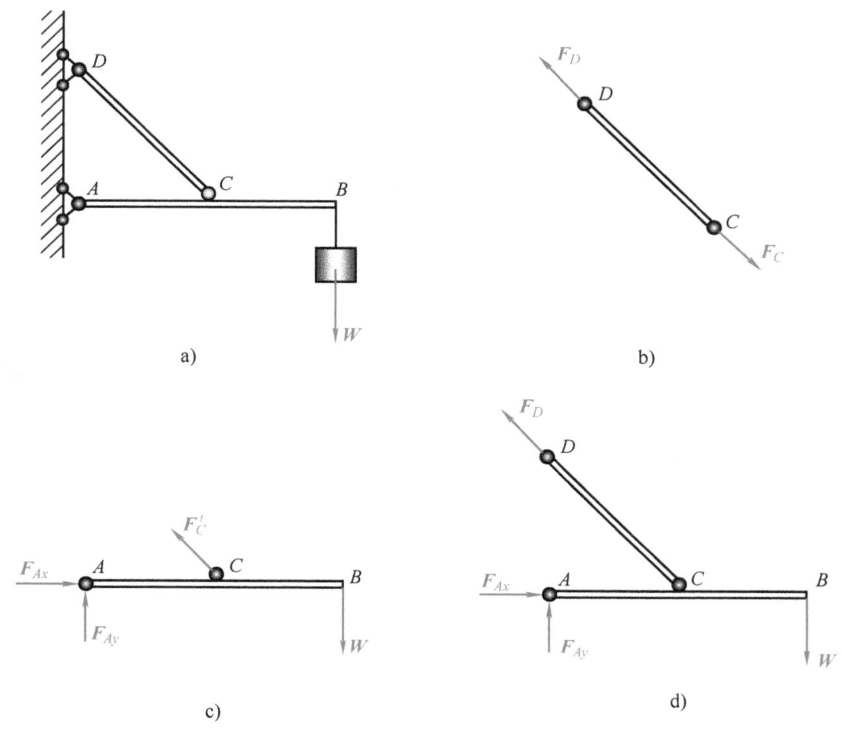

图 1-31　例 1-10 图

(2) 横梁 AB。横梁 AB 的 B 处受到荷载 $\boldsymbol{W}$ 的作用，C 处受到斜杆 CD 的作用力 $\boldsymbol{F}'_C$，$\boldsymbol{F}'_C$ 与 $\boldsymbol{F}_C$ 互为作用力与反作用力。A 处固定铰支座的约束力为 $\boldsymbol{F}_{Ax}$ 和 $\boldsymbol{F}_{Ay}$。图 1-31c 所示为横梁 AB 的受力图。

(3) 整体。作用于整体上的力有：主动力 $\boldsymbol{W}$、约束力 $\boldsymbol{F}_D$ 及 $\boldsymbol{F}_{Ax}$ 和 $\boldsymbol{F}_{Ay}$。图 1-31d 所示为整体的受力图。

画受力图时应注意以下几点：

1) 在画研究对象的受力图时，只画出外部物体对研究对象的作用力，即外力。

2) 首先判断结构中有没有柔体、光滑面和链杆约束。

3) 画约束力，应先从只有一个约束力的约束开始。

4) 在画结构内两相互作用物体各自的受力图时，必须满足作用与反作用定律。

画受力图时应注意

小　结

力学的基本知识和静力学公理

一、本章介绍了力、力矩和力偶等的基本概念及其性质。

二、引入了力的运算工具——力的投影。

三、合力投影定理：合力在坐标轴上的投影（F_{Rx}，F_{Ry}）等于各分力在同一轴上投影的代数和，即

$$F_{Rx}=\sum F_x\text{；}F_{Ry}=\sum F_y$$

四、合力矩定理：合力对平面上任一点的矩等于各分力对同一点的矩的代数和，即

$$M_O(\boldsymbol{F}_R)=\sum_{i=1}^{n}M_O(\boldsymbol{F}_i)$$

五、力偶系的合成：平面力偶系可合成为一合力偶，合力偶的矩等于各分力偶矩的代数和，即

$$M=\sum_{i=1}^{n}M_i$$

六、引入刚体、变形体、弹性变形体、集中荷载、分布荷载、杆件以及结构简图等概念。

七、力学建模的原则是在尽可能符合实际的前提下尽可能简单，使力学计算简图尽可能反映实际结构的受力、变形等特性，便于分析和计算。

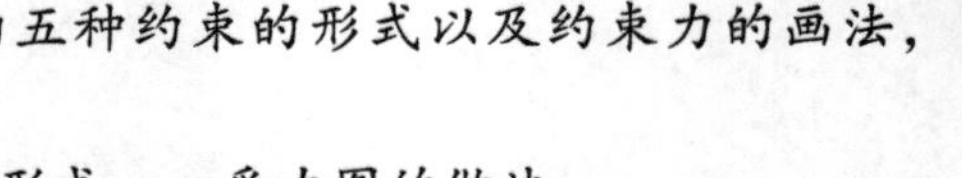

八、引入了约束的概念和常见的五种约束的形式以及约束力的画法，是工程力学中受力分析的重要环节。

物体系统的受力分析

九、介绍了物体受力分析的表达形式——受力图的做法。

思考题

1-1　将身体吊悬在单杠上，两手臂用什么姿势握住单杠最省力？为什么在吊环运动中的十字支撑是高难度动作？

1-2　在日常生活中人们通常是应用力对物体的何种效应来测量力的大小，请举两三例。

1-3　力在直角坐标轴上投影的大小和坐标原点的位置有无关系？和坐标轴的方向有无关系？如果两个力在同一轴上的投影相等，这两个力的大小是否一定相等？

1-4　在什么情况下，力在一个轴上的投影等于力本身的大小？在什么情况下，力在一个轴上的投影等于零？

1-5　当力沿着作用线移动时，力对一定点的矩会不会改变？为什么？

1-6　用手拔钉子拔不出来，为什么用羊角锤一下子就能拔出来？手握钢丝钳，为什么不需要很大的握力即可将钢丝剪断？

1-7　为什么有很多人骑上自行车前，先将脚踏板处于水平位置？

1-8　试比较力偶矩和力矩的异同点。

1-9　要使一长为4m、宽为2m的矩形钢板转动，需加力 $F=F'=200$N，如图1-32所示，试问应如何加力才能使所费的力最小？求出这最小的力。

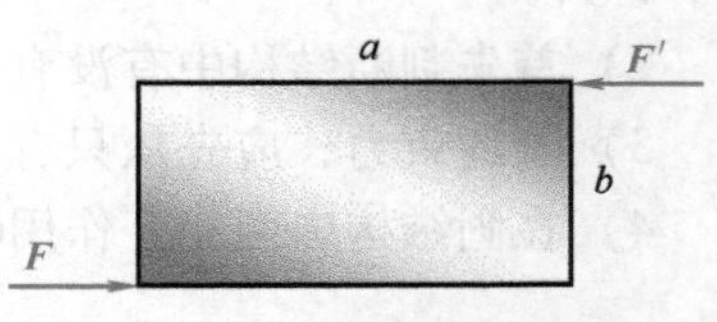

图1-32　思考题1-9图

1-10　为什么骑自行车，双手握住方向盘要比一只手握更安全？

1-11　为什么用钥匙开锁需要用两个指头？

1-12　搬运一个钢块时，钢块是否可以认为是刚体？当钢块放入压力机中加工成机器零件时，钢块是否可以认为是刚体？为什么？

1-13　拍篮球时，篮球有无变形？如有，是什么变形？

1-14　作用于刚体的分布荷载是否可以用集中力来等效替代？

1-15　同一人站在或躺在弹簧床上，这两种情况下弹簧床的变形是否一样？受同样大小的集中荷载和分布荷载作用的物体，变形是否一样？研究物体变形时，集中荷载和分布荷载能否等效？

1-16　什么叫约束？工程中常见的约束类型有哪些？各类约束力的方向如何确定？

1-17　什么是链杆约束？自行车轮子上的辐条是否可以用链杆约束来建立力学模型？

1-18　试将有一名运动员正在作支撑运动的单杠，建成力学模型。

小　实　验

小实验一

图 1-33a 表示橡皮条 GE 在两个力的共同作用下，沿着直线 GC 伸长 EO 的长度。图 1-33b 表示撤去 $\boldsymbol{F}_1$ 和 $\boldsymbol{F}_2$，用一个力 $\boldsymbol{F}$ 作用在橡皮条上，使橡皮条沿着相同的直线伸长相同的长度。力 $\boldsymbol{F}$ 对橡皮条产生的效应跟力 $\boldsymbol{F}_1$ 和 $\boldsymbol{F}_2$ 共同作用产生的效应相同，所以力 $\boldsymbol{F}$ 等于 $\boldsymbol{F}_1$ 和 $\boldsymbol{F}_2$ 的合力。

合力 $\boldsymbol{F}$ 与力 $\boldsymbol{F}_1$ 和 $\boldsymbol{F}_2$ 有什么关系呢？在力 $\boldsymbol{F}_1$ 和 $\boldsymbol{F}_2$ 的方向上各作线段 OA 和 OB，根据选定的标度，使它们的长度分别表示力 $\boldsymbol{F}_1$ 和 $\boldsymbol{F}_2$ 的大小（图 1-33c）。以 OA 和 OB 为邻边作平行四边形 $OACB$，量出这个平行四边形的对角线 OC 的长度，可以看出，根据同样的标度，合力 $\boldsymbol{F}$ 的大小和方向可以用对角线 OC 表示出来。改变力 $\boldsymbol{F}_1$ 和 $\boldsymbol{F}_2$ 的大小和方向，重做上述实验，可以得到同样的结论。

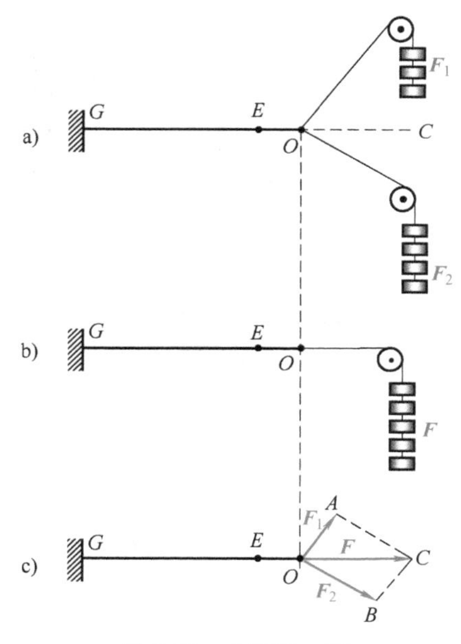

图 1-33　小实验一图

小实验二

设计一个验证二力平衡原理的简单装置，并给出验证报告。

小实验三

利用一根小弹簧或其他物品，设计一个认识弹性变形条件的简单装置，给出实验方案，并通过实验来进行验证。

习　题

1-1　力沿坐标轴方向上的分力是________量，力在轴上投影是________量。它们的大小和力在轴上投影的________相等，而投影的正（负）号代表了分力的________和坐标轴的________一致（或相反）。

1-2　交于一点的力所组成的力系，可以合成为一个合力，合力在坐标轴上的投影________各分力在同一轴上投影的________。

1-3　力对矩心的矩，是力使物体绕矩心________效应的度量。

1-4　力偶对物体的转动效应，用________度量，而与________的位置无关。

1-5　力偶的作用面是组成力偶的两个力所在的________。

1-6　力偶的三要素是____________、____________和____________。

1-7 对于作用在刚体上的力，力的三要素可以是大小、方向和______。

1-8 约束是阻碍物体运动的______。

1-9 杆件的特征是其长度______其横截面上其他两个尺度。

1-10 力学计算简图是经过简化后可以用于对实际结构进行______的力学图形。

1-11 力学计算简图中的结点一般可分为______结点和______结点。

1-12 已知 $F_1=F_2=200\text{N}$，$F_3=F_4=100\text{N}$，各力的方向如图 1-34 所示。试求各力在 x 轴和 y 轴上的投影。

1-13 图 1-35 中所示力系，$F_1=100\text{N}$，$F_2=100\text{N}$，$F_3=150\text{N}$，$F_4=200\text{N}$。F_1 水平向右，其他各力的方向如图所示。求该力系各力在 x 轴和 y 轴上的投影以及力系合力在 x 轴和 y 轴的投影与合力。

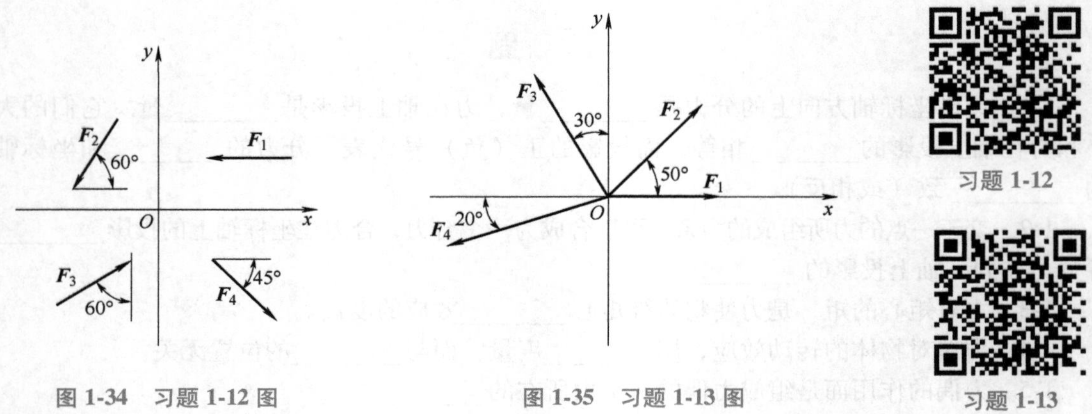

图 1-34　习题 1-12 图　　图 1-35　习题 1-13 图

1-14　图 1-36 所示钢板在孔 A、B 和 C 处分别受到 $\boldsymbol{F}_1$、$\boldsymbol{F}_2$ 和 $\boldsymbol{F}_3$ 三个力作用，其中 $F_1=160\text{N}$，$F_2=100\text{N}$，$F_3=70\text{N}$。试求这三个力的合力在 x 轴和 y 轴上的投影。

1-15　A、B 二人拉一压路碾子，如图 1-37 所示，A 施拉力 $F_A=400\text{N}$。为使碾子沿相对正前方偏斜 $\theta=15°$方向前进，沿相对正前方偏斜 60°方向施力 $\boldsymbol{F}_B$ 偏拉。试求 $\boldsymbol{F}_B$ 的值。（提示：利用合力投影定理）

习题 1-14

习题 1-15

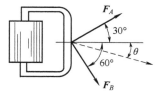

图 1-36　习题 1-14 图　　图 1-37　习题 1-15 图

1-16　试计算图 1-38 中力 $\boldsymbol{F}$ 对点 O 的矩。

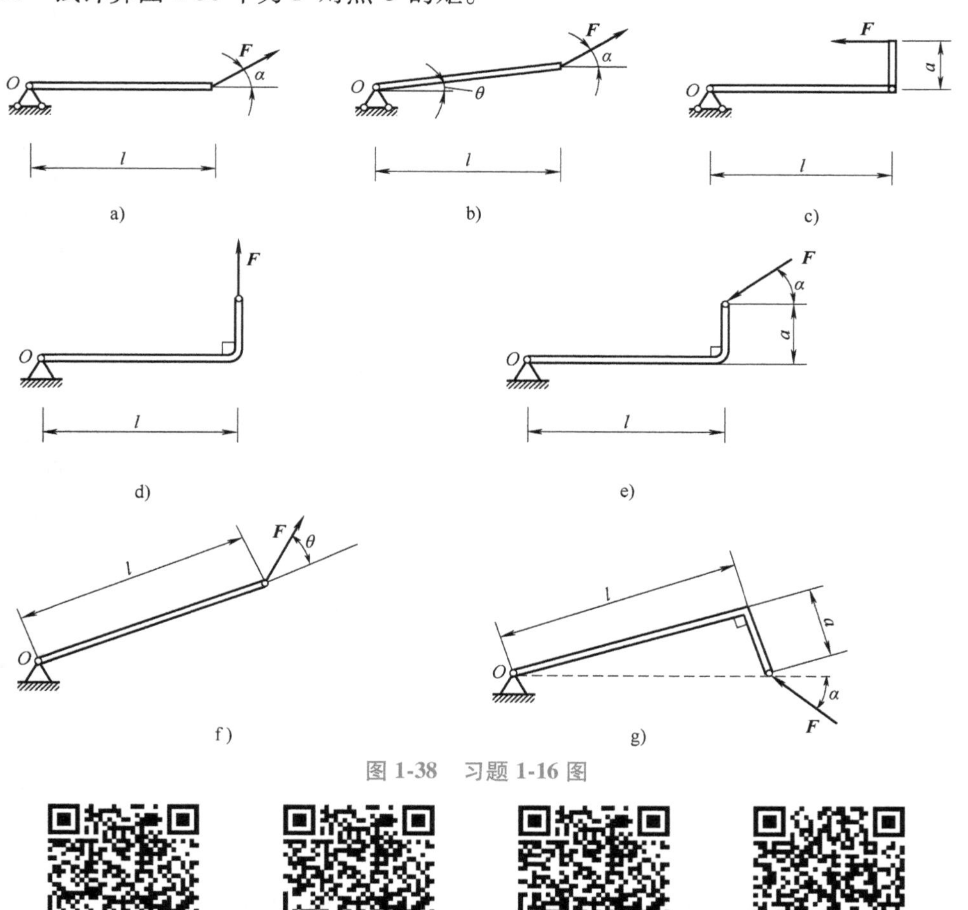

图 1-38　习题 1-16 图

习题 1-16a　习题 1-16b　习题 1-16c　习题 1-16d

习题 1-16e

习题 1-16f

习题 1-16g

1-17　图 1-39 所示力系中 $F_1=F_2=F$，$F_3=F_4=\sqrt{2}F$，图中方格的边长为 a。求图中力系的合力对 O 点的矩。

1-18　求图 1-40 所示各力的合力对 x 轴和 y 轴的投影以及对 O 点和 A 点的力矩。$F_1=10\text{N}$，$F_2=5\text{N}$，$F_3=4\text{N}$，$F_4=8\text{N}$，$F_5=6\text{N}$。图中坐标轴上每格的长度为 100mm。

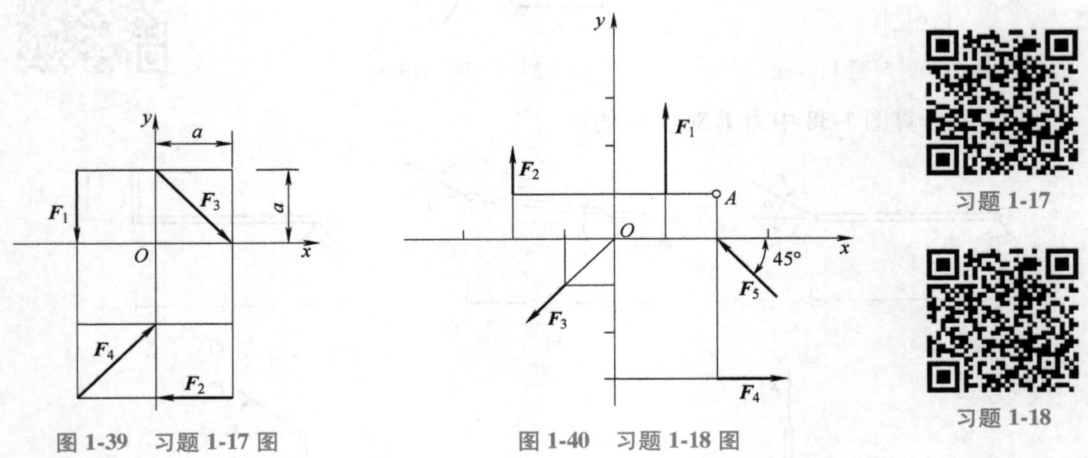

图 1-39　习题 1-17 图　　图 1-40　习题 1-18 图

1-19　计算图 1-41 所示两种情况下 $\boldsymbol{W}$ 与 $\boldsymbol{F}$ 对转心 A 的矩。

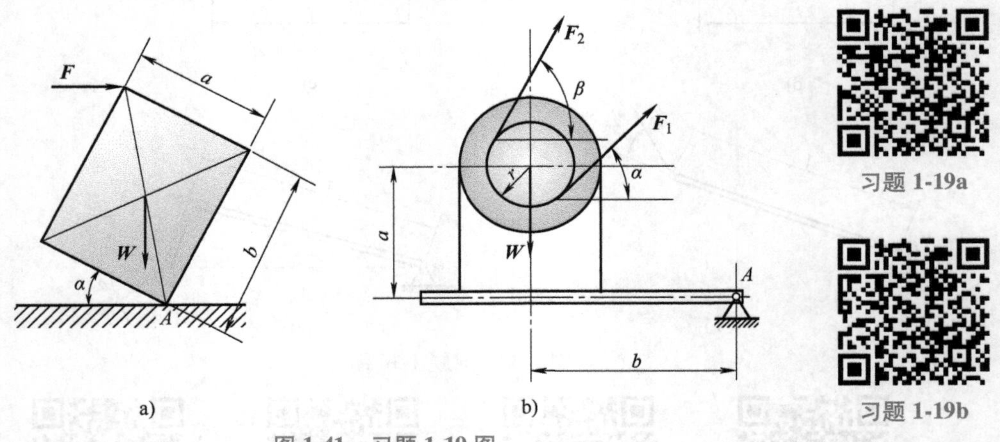

图 1-41　习题 1-19 图

1-20　图 1-42 所示矩形钢板的边长为 $a=4\text{m}$，$b=2\text{m}$，作用力偶 M（$\boldsymbol{F},\boldsymbol{F}'$），当 $F=F'=200\text{N}$ 时，才能使钢板转动。试考虑如何加力才能使钢板转动而所费力最小，并求出此最小力的值。

1-21　试求图 1-43 所示力系的合力在 x 轴和 y 轴上的投影以及对 A 点和 B 点的力矩。

习题 1-20

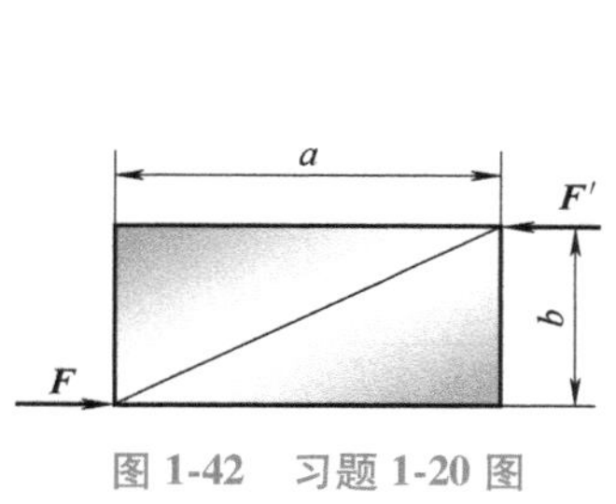

图 1-42　习题 1-20 图

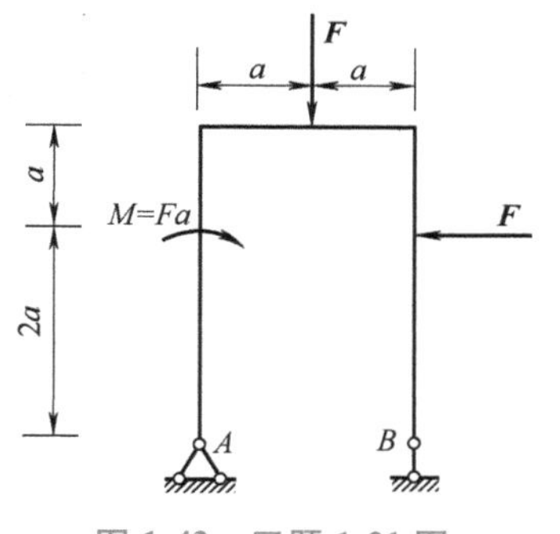

图 1-43　习题 1-21 图

习题 1-21

1-22　试求图 1-44 所示各力系的合力对 x 轴和 y 轴的投影以及对 A 点和 B 点的力矩。

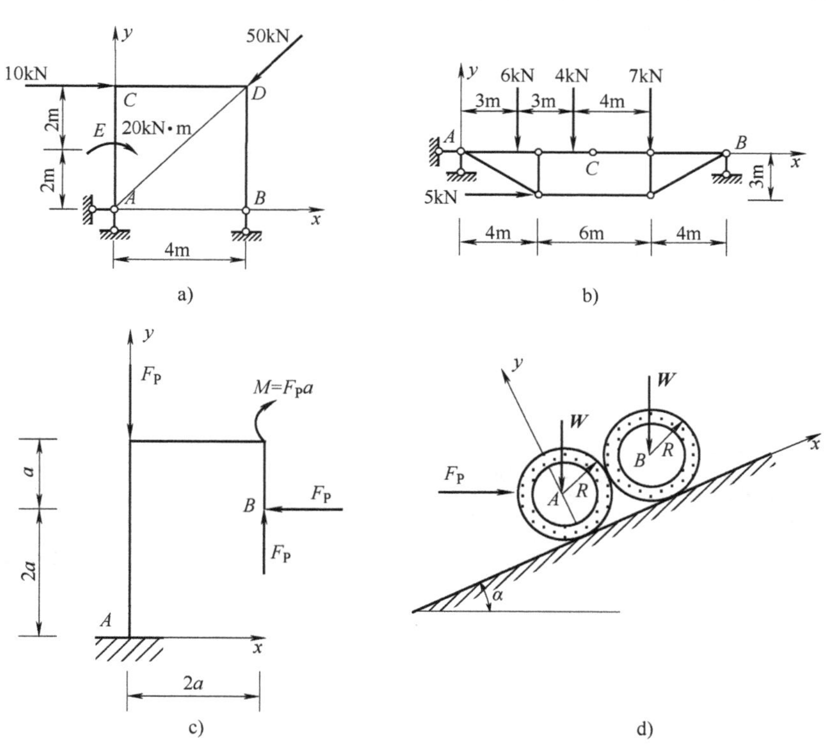

图 1-44　习题 1-22 图

习题 1-22a

习题 1-22b

习题 1-22c

习题 1-22d

1-23　试求图 1-45 所示各力系的合力对 x 轴和 y 轴的投影以及对 A 点和 B 点的力矩。

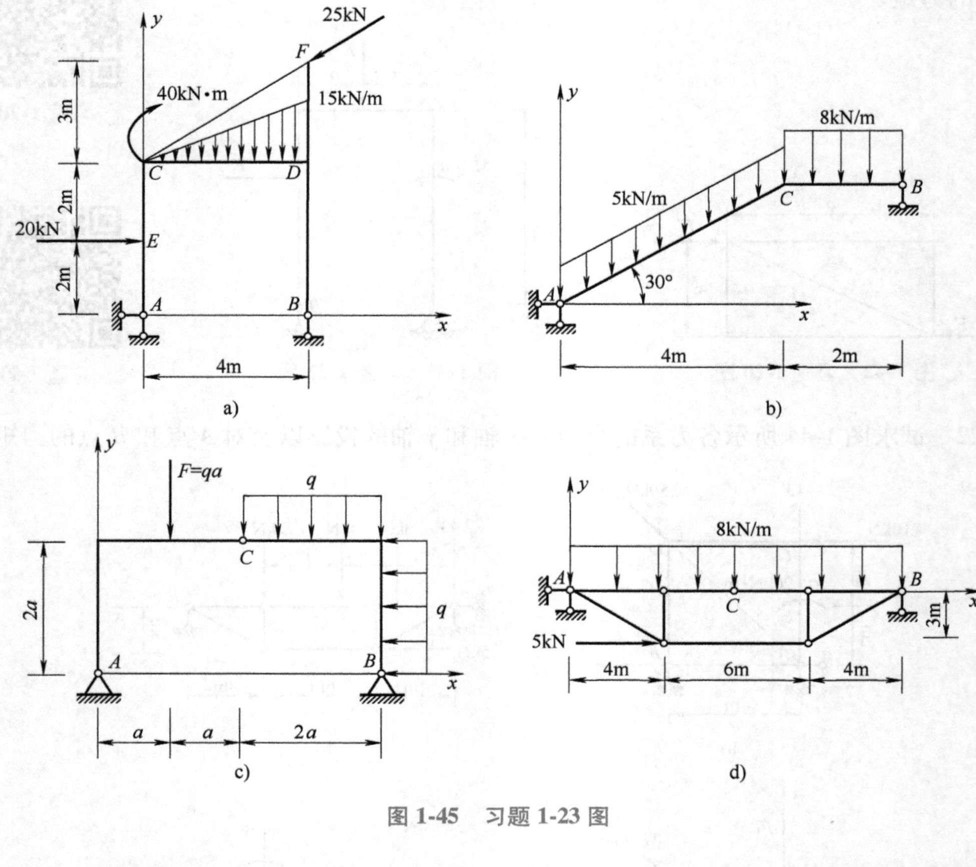

图 1-45　习题 1-23 图

习题 1-23a

习题 1-23b

习题 1-23c

习题 1-23d

1-24　试分别画出图 1-46 所示各物体的受力图。假定所有接触面都是光滑的，图中凡未标出自重的物体，自重不计。

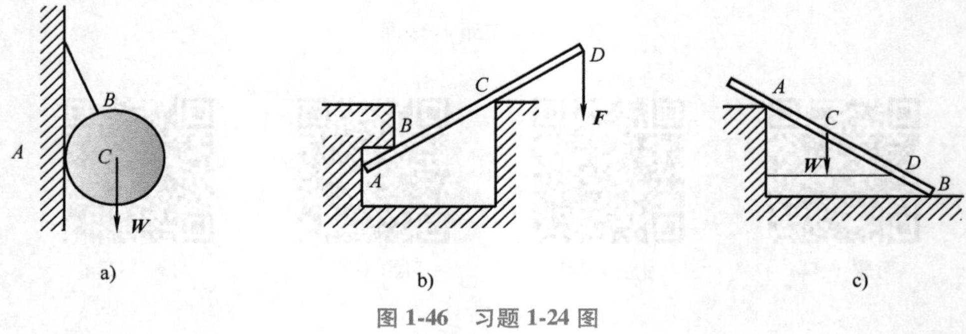

图 1-46　习题 1-24 图

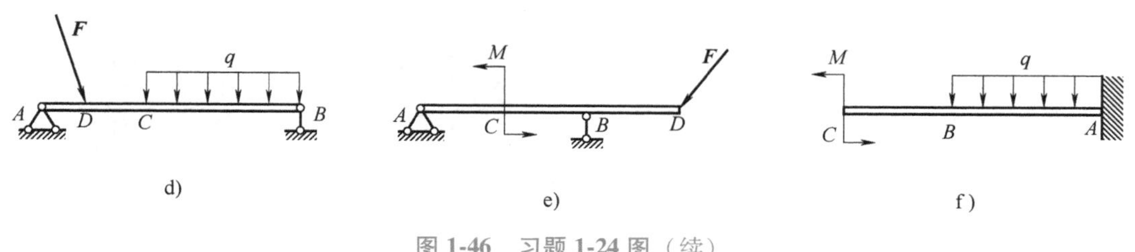

图 1-46　习题 1-24 图（续）

1-25　试分别画出图 1-47 所示体系中指定物体的受力图。假定所有接触面都是光滑的，图中凡未标出自重的物体，自重不计。

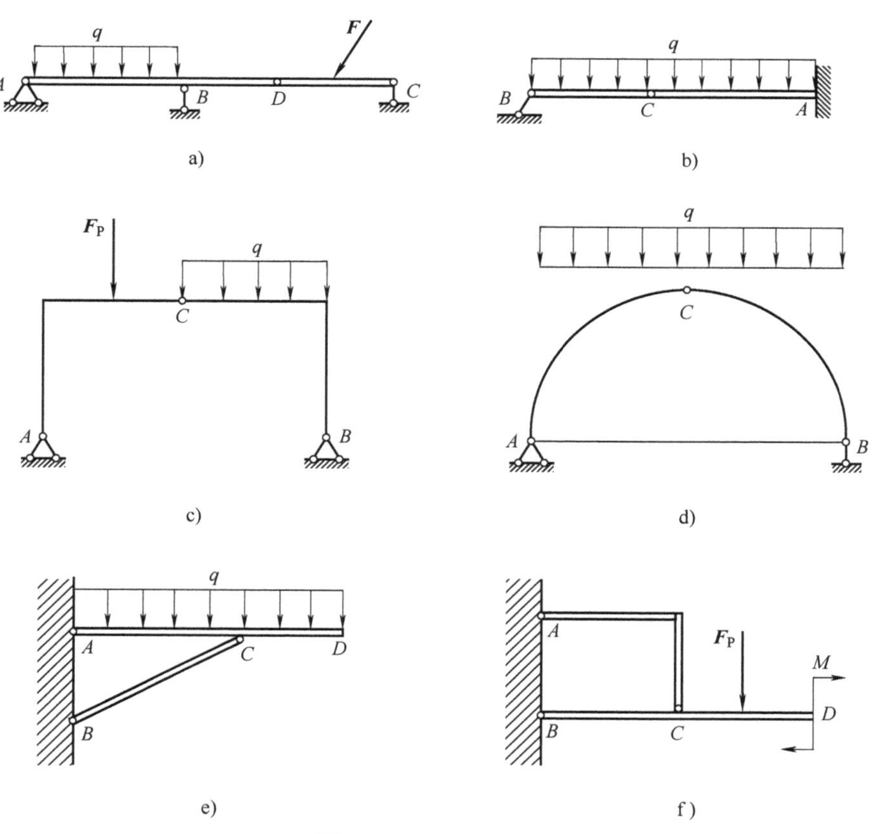

图 1-47　习题 1-25 图

a）梁 *CD*、梁 *ABD*、整体　b）梁 *BC*、梁 *AC*、整体　c）杆 *AC*、杆 *BC*、整体　d）拉杆 *AB*、曲杆 *AC*、曲杆 *BC*、整体　e）杆 *BC*、杆 *ACD*　f）杆 *AC*、杆 *BCD*

习题 1-25a

习题 1-25b

习题 1-25c

习题 1-25d

习题 1-25e

习题 1-25f

第二章 力系的平衡问题

有了第一章的基础，下面就可以运用平衡条件求解工程问题中的未知力了，要注意能求解的对象是静定结构，力一般指“外力”，这是后面深入研究内力的基础。

平面力系比较容易表达和理解，因此应重点掌握平面力系的计算。关于摩擦问题，工程中常将摩擦力视为一种特殊的约束力来处理，而空间力系一般可以转换成平面力系来进行计算。

第一节 平面力系的简化

如果作用于物体上各力的作用线都在同一平面内，则这种力系称为平面力系；如各力的作用线不在同一平面内，则这种力系称为空间力系。在实际问题中，物体所受的力大都是空间力系，但通过等效转换，很多可以等效成平面力系来处理，因此平面力系是工程计算中十分常见的力系。例如，由于屋架的厚度比其他两个方向的尺度小得多，因此屋架可以看成一个平面，屋架受到屋面自重和积雪等重力荷载 $\boldsymbol{W}$、风荷载 $\boldsymbol{F}$ 以及支座约束力 $\boldsymbol{F}_{Ax}$、$\boldsymbol{F}_{Ay}$、$\boldsymbol{F}_B$ 的作用，这些力的作用线也在屋架的平面内，这样组成了一个平面力系（图 2-1）。

平面力系的简化

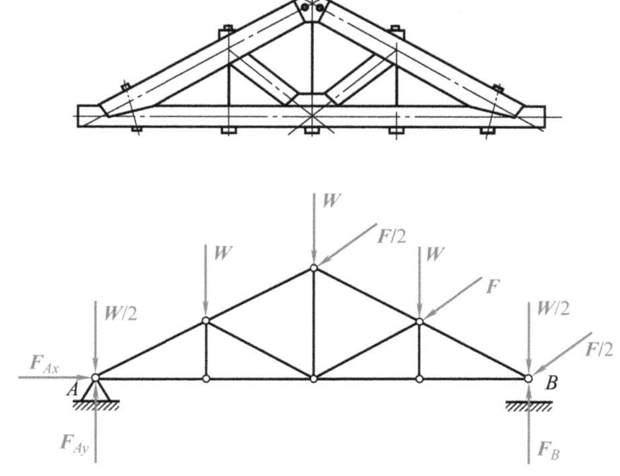

图 2-1 屋架的平面力系

有时，物体本身及作用于其上的各力都对称于某一平面，则作用于物体上的力系就可简化为该对称平面内的平面力系。例如图 2-2a 所示沿直线行驶的汽车，车受到的重力 $\boldsymbol{W}$、空气阻力 $\boldsymbol{F}$ 以及地面对左右轮的约束力的合力 $\boldsymbol{F}_A$、$\boldsymbol{F}_B$，都可简化到汽车的对称面内，组成平面力系。图 2-2b 所示的水坝，通常取单位长度的坝段进行受力分析，并将坝段所受的力简化为作用于坝段中央平面内的一个平面力系（图 2-2c）。

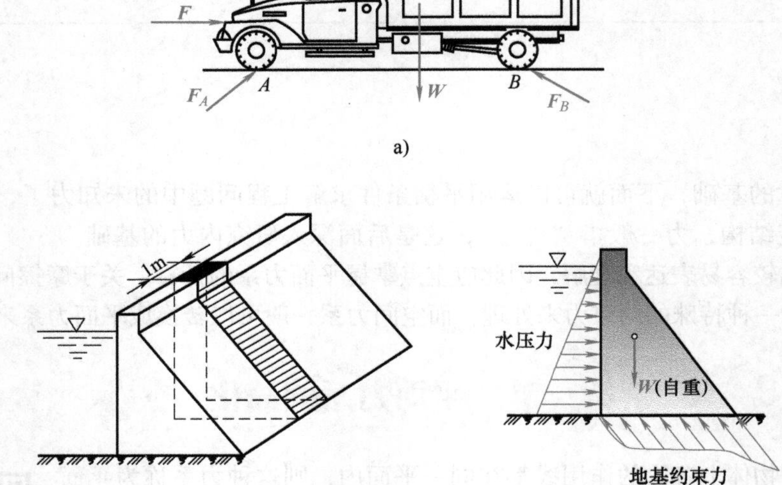

图 2-2　可简化为平面力系的实例

一、力的平移

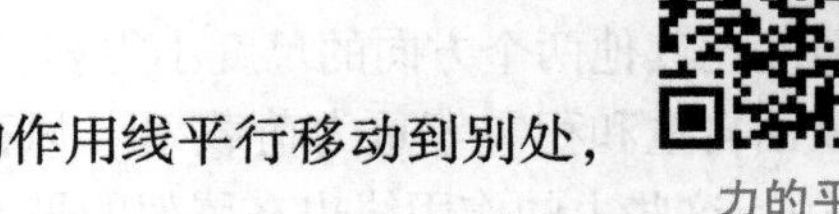

力的平移

如果一个力的大小、方向均不变，只是将力的作用线平行移动到别处，则称为力的平移。

力的平移对力的效应有什么变化？当球拍作用于乒乓球上的力通过球心时，乒乓球只向前运动而不转动；同样大小、方向相同的力如果不通过球心，乒乓球不但向前运动，并且还绕球心转动，可见两者的运动效应是不完全相同的。下面观察一个实例，从中得出力平行移动的规律。如图 2-3a 所示，设一力 $\boldsymbol{F}$ 作用在轮缘上的 A 点，此力可使轮子转动，如果将它平移到轮心 O 点（图 2-3b 的力 $\boldsymbol{F}'$），则它不能使轮子转动，可见运动效应是不同的。如果在将力 $\boldsymbol{F}$ 从 A 点平移到 O 点的同时再附加一个力偶矩为 $M=M_O(\boldsymbol{F})$ 的力偶，如图 2-3c 所示，且使其转动效应和力 $\boldsymbol{F}$ 作用在点 A 时的转动效应相同，则力对物体的运动效应就可以保持不变。力 $\boldsymbol{F}$ 作用在点 A 时，使轮子绕 O 点转动的效应由力 $\boldsymbol{F}$ 对 O 点的矩来度量，故附加力偶的力偶矩 M 应等于这个力矩。

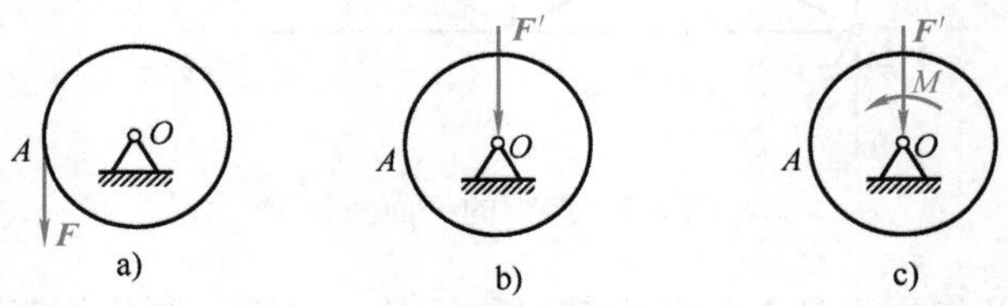

图 2-3　力的平移示例

在一般情况下，设在物体的 A 点作用一个力 $\boldsymbol{F}$，现要将它平行移动到物体内任一点 O

（图 2-4a）。为此，在点 O 加上两个大小相等、方向相反并在一条直线上的力 $\boldsymbol{F}'$ 和 $\boldsymbol{F}''$，其作用线与力 $\boldsymbol{F}$ 平行，大小与力 $\boldsymbol{F}$ 相等，如图 2-4b 所示，显然，这样和图 2-4a 的效应是一样的。力 $\boldsymbol{F}$ 与 $\boldsymbol{F}''$ 组成一个力偶，其力偶矩为

$$M = Fd = M_O(\boldsymbol{F}) \tag{2-1}$$

a) b) c)

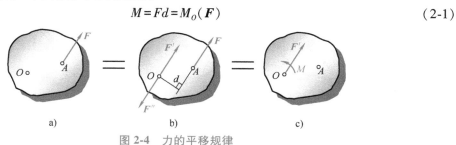

图 2-4 力的平移规律

作用在 O 点的力 $\boldsymbol{F}'$，其大小和方向与原力 $\boldsymbol{F}$ 相同，即相当于把原力 $\boldsymbol{F}$ 从点 A 平移到点 O，如图 2-4c 所示。

于是，得到力的平移定理：作用于刚体上的力 $\boldsymbol{F}$，可以平移到同一刚体上的任一点 O，但必须附加一个力偶，其力偶矩等于原力 $\boldsymbol{F}$ 对于新作用点 O 的矩。

例 2-1

例 2-1 如图 2-5a 所示，在柱子的 A 点受到由吊车梁传来的荷载 $F_{\mathrm{P}} = 100\mathrm{kN}$。求将 $\boldsymbol{F}_{\mathrm{P}}$ 平移到柱轴上 O 点时所应附加的力偶矩，其中 $e = 0.4\mathrm{m}$。

解 根据力的平移定理，力 $\boldsymbol{F}_{\mathrm{P}}$ 由 A 点平移到 O 点，必须附加一力偶，如图 2-5b 所示，它的力偶矩 M 等于力 $\boldsymbol{F}_{\mathrm{P}}$ 对 O 点的矩，即

$$M = M_O(\boldsymbol{F}_{\mathrm{P}}) = -F_{\mathrm{P}} \times e = -100\mathrm{kN} \times 0.4\mathrm{m} = -40\mathrm{kN \cdot m}$$

负号表示该附加力偶的转向是顺时针。

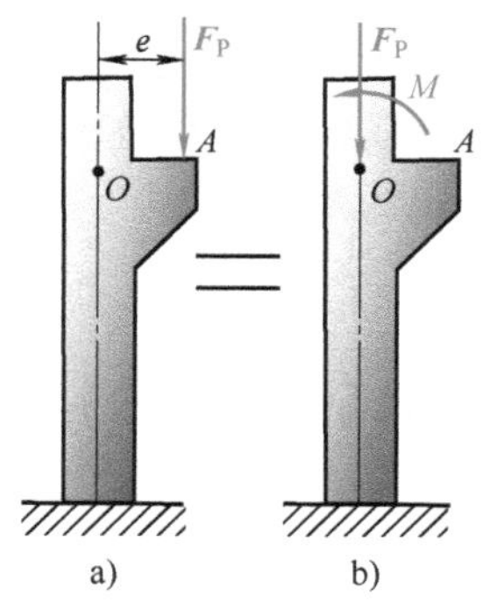

图 2-5 例 2-1 图

二、平面力系向一点的简化

平面力系向一点的简化

设在物体上作用一个平面力系 $\boldsymbol{F}_1$、$\boldsymbol{F}_2$、…、$\boldsymbol{F}_n$，各力的作用点分别为 A_1、A_2、…、A_n（图 2-6a）。在力系的作用面内任选一点 O 为简化中心，根据力的平移定理，将力系中各力全部平移到点 O，得到一个交于 O 点的力系 $\boldsymbol{F}'_1$、$\boldsymbol{F}'_2$、…、$\boldsymbol{F}'_n$ 和一个附加平面力偶系 M_1、M_2、…、M_n（图 2-6b），这些附加力偶的矩分别等于相应的力对 O 点的矩。根据合力投影定理，交

于 O 点的力系可合成为一个合力 $\boldsymbol{F}'_R$，这个交于 O 点的力系的合力称为主矢。附加平面力偶系可根据平面力偶系的合成而合成为一个合力偶 M_O，称为主矩（图 2-6c）。

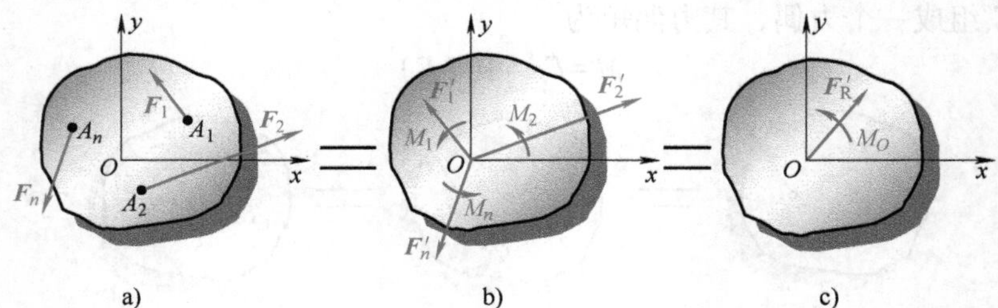

图 2-6　平面力系向一点的简化

主矢 $\boldsymbol{F}'_R$ 在 x 轴和 y 轴上的投影分别为 F'_{Rx} 和 F'_{Ry}。

$$\begin{cases} F'_{Rx} = F'_{1x} + F'_{2x} + \cdots + F'_{nx} = F_{1x} + F_{2x} + \cdots + F_{nx} = \sum F_x \\ F'_{Ry} = F'_{1y} + F'_{2y} + \cdots + F'_{ny} = F_{1y} + F_{2y} + \cdots + F_{ny} = \sum F_y \end{cases} \tag{2-2}$$

平面力系向一点简化的进一步讨论

即：主矢 $\boldsymbol{F}'_R$ 在坐标轴上的投影等于原力系的各个分力在坐标轴上投影的代数和。

根据式（1-8）和式（2-1）得附加平面力偶系的合力偶——主矩为

$$M_O = M_1 + M_2 + \cdots + M_n = M_O(\boldsymbol{F}_1) + M_O(\boldsymbol{F}_2) + \cdots + M_O(\boldsymbol{F}_n) = \sum M_O(\boldsymbol{F}) \tag{2-3}$$

即：主矩 M_O 等于原力系的各个分力对简化中心力矩的代数和。

主矢的投影和简化中心位置无关，而主矩一般是和简化中心位置有关的。

第二节　平面力系的平衡

在引言中已经介绍了，若物体相对于地球静止或做匀速直线运动，则称物体是平衡的。也就是说在力系的作用下，平衡的物体既没有移动效应，也没有转动效应，这就表明作用在平衡物体上的力系合力为零，合力矩也为零。

一、平衡条件

从以上可知，平面力系可以合成为一个力和一个力偶。因此，平面力系平衡的必要和充分条件是这个力和力偶均等于零。即

$$\begin{cases} F'_{Rx} = 0 \\ F'_{Ry} = 0 \\ M_O = 0 \end{cases} \tag{2-4}$$

二、平衡方程

由式（2-2）~式（2-4）可以得出平面力系的平衡方程为

$$\begin{cases} \sum F_x = 0 \\ \sum F_y = 0 \\ \sum M_O(\boldsymbol{F}) = 0 \end{cases} \tag{2-5}$$

平衡方程

式（2-5）称为平面力系基本形式的平衡方程（平面方程），其中前两式称为投影方程，它表示力系中所有各力在两个坐标轴上投影的代数和分别等于零；第三式称为力矩方程，它表示力系中所有各力对任一点的矩代数和等于零。

平面力系的平衡方程除了式（2-5）所示的基本形式外，还有二力矩形式和三力矩形式。

二力矩形式为

$$\begin{cases}\sum F_x=0\\ \sum M_A(\boldsymbol{F})=0\\ \sum M_B(\boldsymbol{F})=0\end{cases} \tag{2-6}$$

其中，A、B 两点的连线不与 x 轴垂直。

三力矩形式为

$$\begin{cases}\sum M_A(\boldsymbol{F})=0\\ \sum M_B(\boldsymbol{F})=0\\ \sum M_C(\boldsymbol{F})=0\end{cases} \tag{2-7}$$

其中，A、B、C 三点不共线。

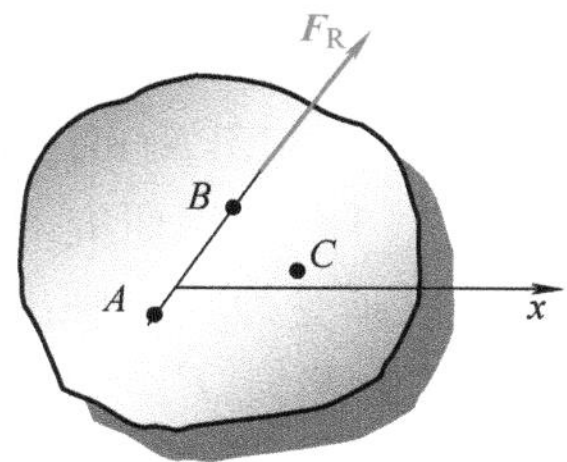

图 2-7　平衡方程其他形式的证明

满足 $\sum M_A(\boldsymbol{F})=0$ 和 $\sum M_B(\boldsymbol{F})=0$ 两个方程时，平面力系只能合成为通过 A、B 两点的一个合力 $\boldsymbol{F}_R$（图 2-7）。在与 A、B 两点的连线不垂直的 x 轴上投影之和为零，即 $\sum F_x=0$ 时，或与 A、B 两点不共线的 C 点处力矩之和为零，即 $\sum M_C(\boldsymbol{F})=0$ 时，此合力 $\boldsymbol{F}_R$ 必为零，即力系是平衡力系。

例 2-2

例 2-2　刚架受荷载 $F_P=2qa$、q 作用及约束情况如图 2-8a 所示。刚架自重不计，试求固定端约束 A 处的约束力。

解　（1）选取研究对象。取刚架为研究对象。

（2）画受力图。画出刚架的受力图，作用于刚架上的力有荷载 F_P 和 q；约束作用 $\boldsymbol{F}_{Ax}$、$\boldsymbol{F}_{Ay}$、M_A，假定指向如图 2-8b 所示，它们组成平面力系，应用三个平衡方程可求解三个未知约束力大小。

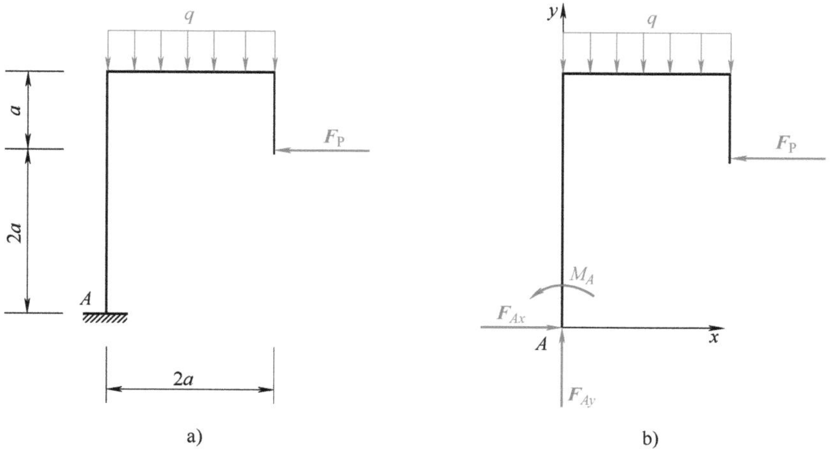

图 2-8　例 2-2 图

（3）列平衡方程并求解。本题中有一个约束力偶，由于力偶在任一轴上的投影都为零，故力偶在投影方程中不出现；又由于力偶对平面内任一点的力矩都等于力偶矩，而与矩心的位置无关，故在力矩方程中可直接将力偶矩列入。

建立坐标系如图 2-8b 所示，由

$$\sum F_x=0,\ F_{Ax}-F_P=0$$

得

$$F_{Ax}=F_P=2qa\quad(\rightarrow)$$

由

$$\sum F_y=0,\ F_{Ay}-q\times 2a=0$$

得

$$F_{Ay}=2qa\quad(\uparrow)$$

由

$$\sum M_A(\boldsymbol{F})=0,\ M_A-q\times 2a\times a+F_P\times 2a=0$$

得

$$M_A=2qa^2-2F_Pa=-2qa^2\quad(\frown)$$

正值表示实际的力与受力图中假定的指向一致，负值则相反。

例 2-3　刚架受荷载作用及约束情况如图 2-9a 所示。$F_P=20\text{kN}$，$M=20\text{kN}\cdot\text{m}$，$q=15\text{kN/m}$，刚架自重不计，试求 A、B 处的支座约束力。

例 2-3

解　（1）选取研究对象。取刚架为研究对象。

（2）画受力图。画出刚架的受力图，作用于刚架上的力有荷载 F_P、q、M；约束力 $\boldsymbol{F}_{Ax}$、$\boldsymbol{F}_{Ay}$、$\boldsymbol{F}_B$，假定指向如图 2-9b 所示。

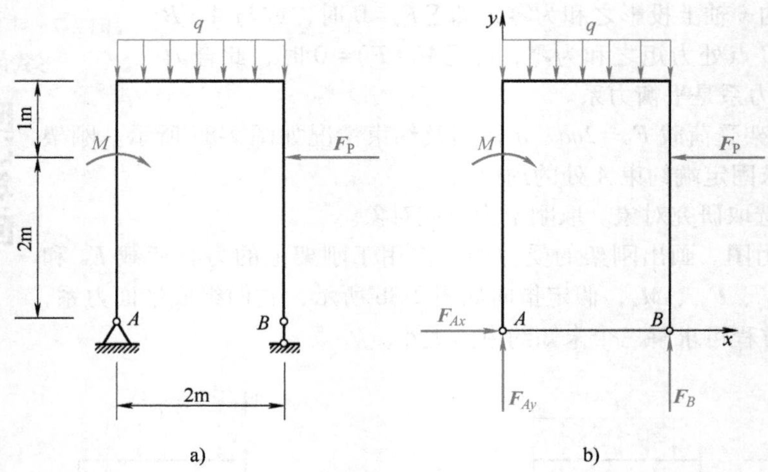

图 2-9　例 2-3 图

（3）列平衡方程并求解。建立坐标系如图 2-9b 所示，由

$$\sum F_x=0,\ F_{Ax}-F_P=0$$

得

$$F_{Ax}=F_P=20\text{kN}\quad(\rightarrow)$$

由

$$\sum M_A=0,\ F_B\times 2+F_P\times 2-M-q\times 2\times 1=0$$

得

$$F_B=q\times 1+M/2-F_P=15\text{kN/m}\times 1\text{m}+20\text{kN}\cdot\text{m}/2\text{m}-20\text{kN}=5\text{kN}\quad(\uparrow)$$

由

$$\sum M_B(\boldsymbol{F})=0,\ -F_{Ay}\times 2+F_P\times 2-M+q\times 2\times 1=0$$

得

$$F_{Ay}=q\times 1-M/2+F_P=15\text{kN/m}\times 1\text{m}-20\text{kN}\cdot\text{m}/2\text{m}+20\text{kN}=25\text{kN}\quad(\uparrow)$$

本题是应用平面力系平衡方程的二力矩形式求解的，其中 A、B 两点的连线不与 x 轴垂直。应用平面力系平衡方程解题的步骤如下：

（1）确定研究对象 根据题意分析已知量和未知量，选取适当的研究对象。

（2）画出受力图 在研究对象上画出它受到的所有荷载和约束力。约束力根据约束的类型来画。当约束力的方向未定时，一般可用两个互相垂直的分约束力表示；当约束力的指向未定时，可以先假设其指向。如果计算结果为正，则表示假设的指向正确；如果计算结果为负，则表示实际的指向与假设的相反。

（3）列平衡方程并求解 选取适当的平衡方程形式、投影轴和矩心。选取哪种形式的平衡方程，取决于计算的方便与否。通常力求在一个平衡方程中只包含一个未知量，以免求解联立方程。在应用投影方程时，投影轴的方向是可以根据解题需要来设定的，通常应考虑力和投影轴的角度易确定，利用研究对象的对称轴以及尽可能选取与较多的未知力的作用线垂直的方向等，以使运算简化。运用力矩方程时，矩心往往选择在多个未知力的交点。另外，在计算力矩时，要善于运用合力矩定理，以便使计算简单。

例 2-4 图 2-10a 所示车厢重 W，由绕过卷扬机的钢索的牵引沿斜面向上匀速运动。尺寸 a、b 及角度 α 为已知，钢索与斜面平行，不计任何摩擦。试求车轮与斜面接触点 A、B 的约束力及钢索的拉力。

例 2-4

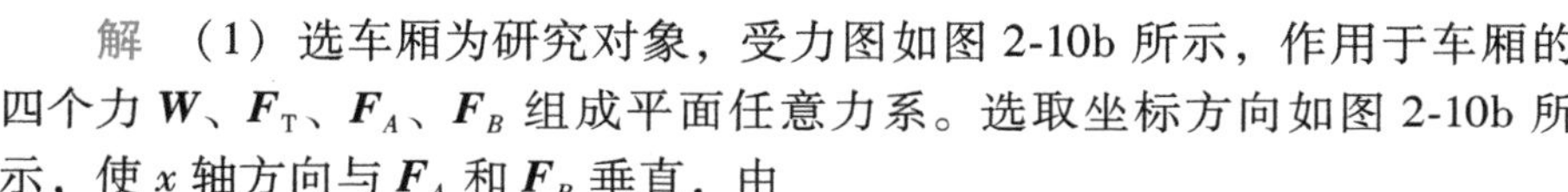

解 （1）选车厢为研究对象，受力图如图 2-10b 所示，作用于车厢的四个力 $\boldsymbol{W}$、$\boldsymbol{F}_T$、$\boldsymbol{F}_A$、$\boldsymbol{F}_B$ 组成平面任意力系。选取坐标方向如图 2-10b 所示，使 x 轴方向与 $\boldsymbol{F}_A$ 和 $\boldsymbol{F}_B$ 垂直，由

$$\sum F_x=0,\quad -F_T+W\sin\alpha=0$$

得

$$F_T=W\sin\alpha$$

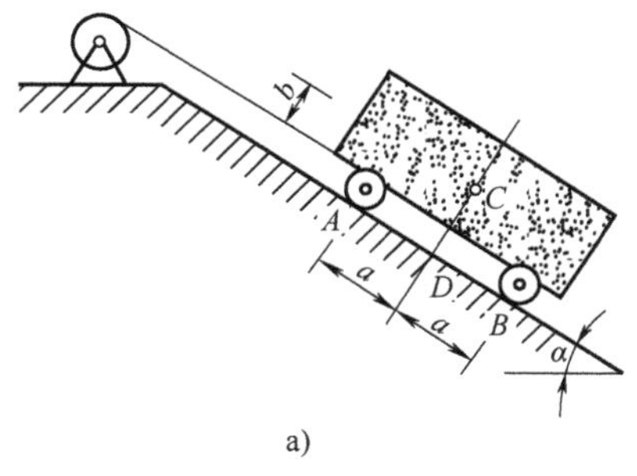

a)

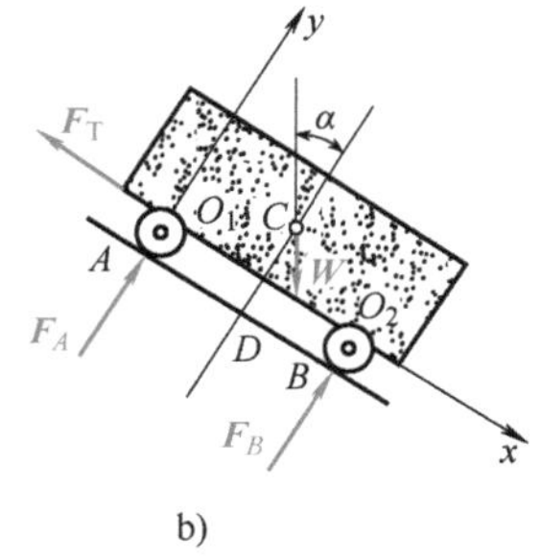

b)

图 2-10 例 2-4 图

（2）以力 $\boldsymbol{F}_A$ 和 $\boldsymbol{F}_T$ 的交点 O_1 为矩心，由

$$\sum M_{O_1}(\boldsymbol{F})=0,\quad -W\cos\alpha\cdot a-W\sin\alpha\cdot b+F_B 2a=0$$

得

$$F_B=W(a\cos\alpha+b\sin\alpha)/2a$$

（3）以力 $\boldsymbol{F}_B$ 和 $\boldsymbol{F}_T$ 的交点 O_2 为矩心，由

$$\sum M_{O_2}(\boldsymbol{F})=0,\quad W\cos\alpha\cdot a-W\sin\alpha\cdot b-F_A 2a=0$$

得

$$F_A=W(a\cos\alpha-b\sin\alpha)/2a$$

三、平面力系的几个特殊情况

平面力系的几个特殊情况

在平面力系中，各力作用线交于一点的力系，称为平面汇交力系。例如，起重机起吊重物时（图 2-11a），作用于吊钩 C 的三根绳索的拉力 $\boldsymbol{F}_{TA}$、

F_{TB}、F_T 都在同一平面内，且汇交于一点，组成平面汇交力系（图 2-11b）。支撑于砖底座上的管道（图 2-12a），受到重力 W 和约束力 F_{NA}、F_{NB} 的作用，这三个力也组成一平面汇交力系（图 2-12b）。

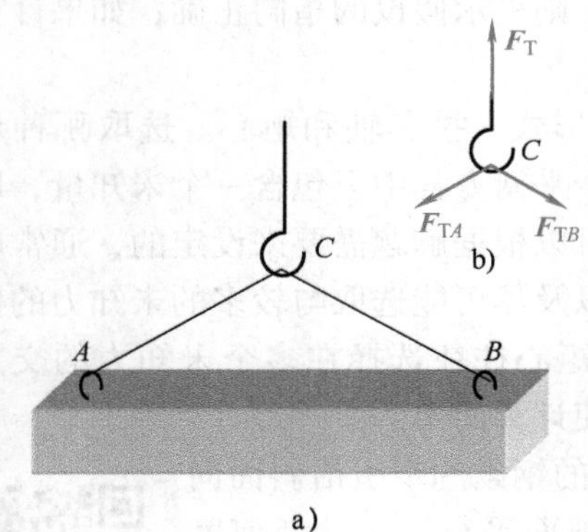

图 2-11　起吊构件

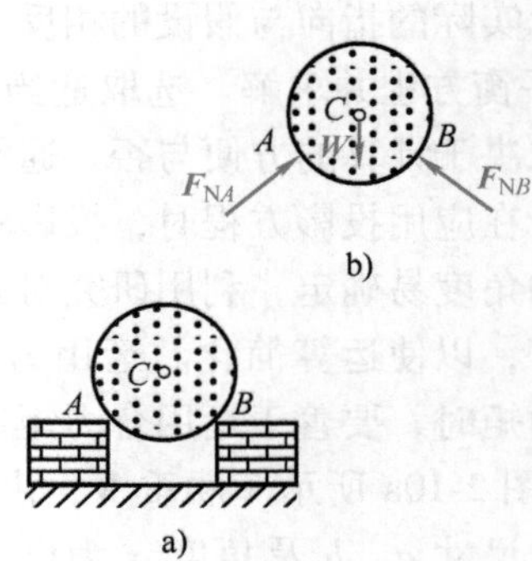

图 2-12　管道支撑在砖底座上

在平面力系中，各力作用线相互平行的力系，称为平面平行力系。例如，秤在称重物时（图 2-13a），作用于秤的三根绳索的拉力 F_{TA}、F_{TB}、F_{TC} 都在同一平面内，且都相互平行，就组成一平面平行力系（图 2-13b）。

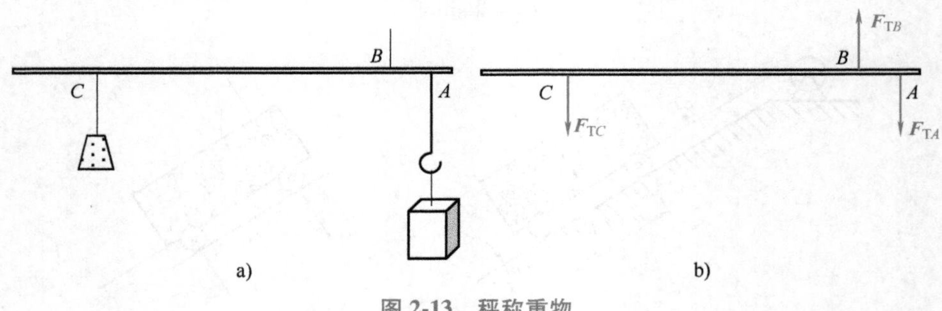

图 2-13　秤称重物

1. 平面汇交力系

对于平面汇交力系，式（2-5）中的力矩方程自然满足，因而其平衡方程为

$$\begin{cases}\sum F_x=0\\ \sum F_y=0\end{cases} \tag{2-8}$$

平面汇交力系只有两个独立的平衡方程，只能求解两个未知数。

例 2-5　制造钢筋混凝土管的管模的两端各放在两个托轮上，如图 2-14a 所示，管模和管共重 $W=44\text{kN}$，$\alpha=60°$。试求托轮对管模的支持力。

例 2-5

解　（1）取管模及管为研究对象，受力图如图 2-14b 所示。由于管模的两端各放在两个托轮上，$W/2$、F_A、F_B 三力组成平面汇交力系。

（2）选直角坐标如图 2-14b 所示，其中 y 轴为对称轴。

（3）列平衡方程

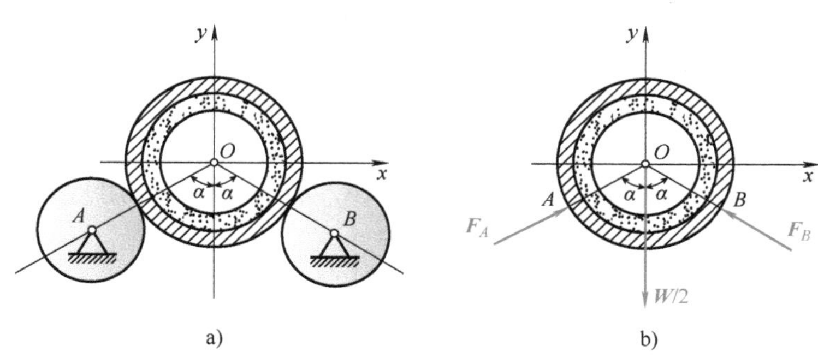

图 2-14 例 2-5 图

$$\sum F_x=0,\ F_A\sin\alpha-F_B\sin\alpha=0$$

$$\sum F_y=0,\ F_A\cos\alpha+F_B\cos\alpha-W/2=0$$

得
$$F_A=F_B=\frac{W/2}{2\cos\alpha}=\frac{22\text{kN}}{2\cos60^\circ}=22\text{kN}$$

故管模对每个托轮的压力为 22kN。

例 2-6 支架由直杆 AB、AC 构成，A、B、C 三处都是铰链，在 A 点悬挂重量为 $W=20\text{kN}$ 的重物，如图 2-15a 所示，求杆 AB、AC 所受的力。杆的自重不计。

例 2-6

解 （1）选取研究对象，取 A 铰为研究对象。

（2）画受力图。画出 A 铰的受力图（图 2-15b），因杆 AB、AC 都是二力直杆，二力直杆所受的力不是拉力就是压力，为研究方便，在受力图上都画成拉力 $\boldsymbol{F}_{AB}$ 和 $\boldsymbol{F}_{AC}$。

（3）列平衡方程并求解。建立坐标系如图 2-15b 所示，将坐标轴分别和两未知力垂直，使运算简化。由

$$\sum F_x=0,\ -F_{AC}-W\cos60^\circ=0$$

得 $F_{AC}=-W\cos60^\circ=-10\text{kN}$ （压）

由 $\sum F_y=0,\ F_{AB}-W\sin60^\circ=0$

得 $F_{AB}=W\sin60^\circ=17.3\text{kN}$ （拉）

正值表示实际的力与受力图中假定的指向一致，杆件受拉力；负值则相反，杆件受压力。

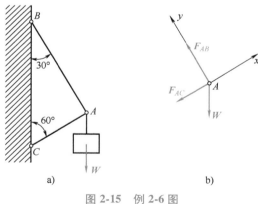

图 2-15 例 2-6 图

2. 平面平行力系

若取 x 轴和平面平行力系中各力垂直，则力系中各力在 x 轴上的投影都等于零，即投影方程 $\sum F_x=0$ 自动满足。根据式（2-5）和式（2-6），平面平行力系的平衡方程为

$$\begin{cases}\sum F_y=0\\ \sum M_O(\boldsymbol{F})=0\end{cases}\tag{2-9}$$

或二力矩形式

$$\begin{cases}\sum M_A(\boldsymbol{F})=0\\ \sum M_B(\boldsymbol{F})=0\end{cases} \tag{2-10}$$

其中，A、B 两点的连线不能与各力平行。平面平行力系只有两个独立的平衡方程，只能求解两个未知数。

例 2-7 如图 2-16a 所示水平梁受荷载 $F_P=20\text{kN}$、$q=10\text{kN/m}$ 作用，梁的自重不计，试求 A、B 处的约束力。

例 2-7

解 （1）选取研究对象，取梁 AB 为研究对象。

（2）画受力图。梁上作用的荷载 $\boldsymbol{F}_P$、q 和支座约束力 $\boldsymbol{F}_B$ 相互平行，故支座约束力 $\boldsymbol{F}_A$ 必与各力平行，才能保持力系为平衡力系，则荷载和支座约束力组成平面平行力系（图 2-16b）。

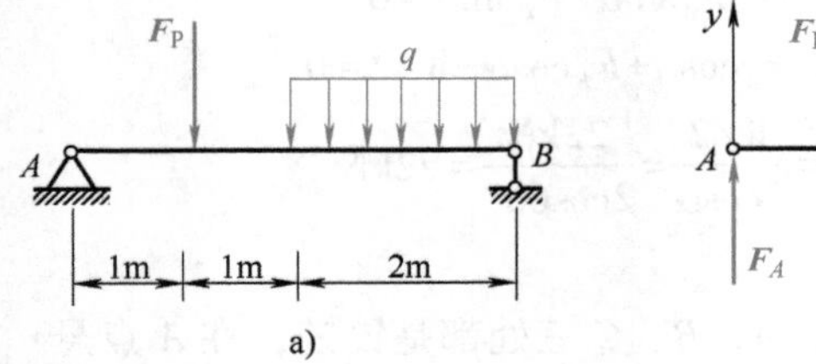

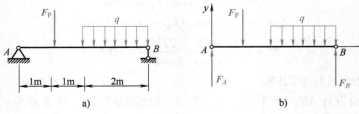

图 2-16 例 2-7 图

（3）列平衡方程并求解。建立坐标系如图 2-16b 所示，由

$$\sum M_A(\boldsymbol{F})=0,\ F_B\times4-F_P\times1-q\times2\times3=0$$

得

$$F_B=q\times3/2+F_P/4=10\text{kN/m}\times1.5\text{m}+20\text{kN}/4=20\text{kN}(\uparrow)$$

由

$$\sum F_y=0,\ F_A+F_B-F_P-q\times2=0$$

得

$$F_A=q\times2+F_P-F_B=10\text{kN/m}\times2\text{m}+20\text{kN}-20\text{kN}=20\text{kN}(\uparrow)$$

例 2-8 塔式起重机如图 2-17a 所示，机架自重为 $\boldsymbol{W}$，最大起重荷载为 $\boldsymbol{F}_P$，平衡锤的重量为 $\boldsymbol{W}_Q$，已知 $\boldsymbol{W}$、$\boldsymbol{F}_P$、a、b、e。要求起重机满载和空载时均不致翻倒，求 $\boldsymbol{W}_Q$ 的范围。

例 2-8

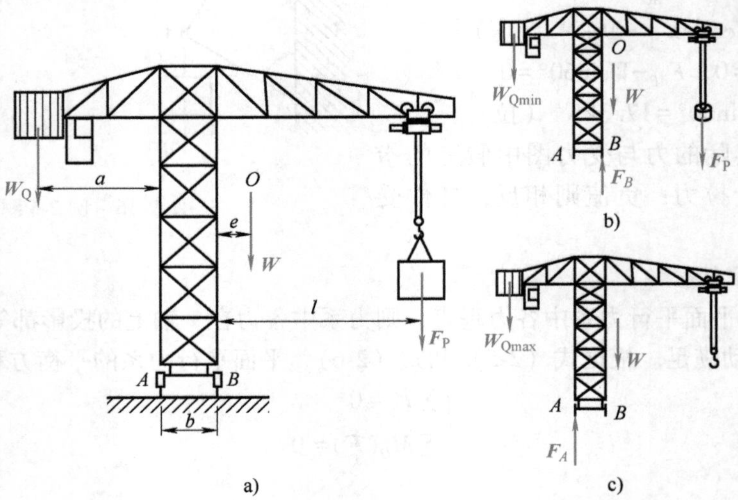

图 2-17 例 2-8 图

解 （1）满载时，机架具有绕 B 点向右翻倒的趋势，平衡锤必须有足够的重量，即 $\boldsymbol{W}_Q \geqslant \boldsymbol{W}_{Qmin}$，以对 B 点产生相反的力矩来平衡。处于临界平衡状态，如图 2-17b 所示，此时，$\boldsymbol{W}_Q = \boldsymbol{W}_{Qmin}$，起重荷载为 $\boldsymbol{F}_P$，则 A 处悬空，即 $F_A=0$，列平衡方程求解，则

$$\sum M_B(\boldsymbol{F})=0,\quad W_{Qmin}(a+b)-F_P l-We=0$$

故

$$W_{Qmin}=\frac{F_P l+We}{a+b}$$

（2）空载时，即 $F_P=0$，机架有绕 A 点向左翻倒的趋势，平衡锤的重量不能超过一定限度，即 $\boldsymbol{W}_Q \leqslant \boldsymbol{W}_{Qmax}$，以防止平衡被破坏。处于临界平衡状态，如图 2-17c 所示，此时，$\boldsymbol{W}_Q = \boldsymbol{W}_{Qmax}$，$F_P=0$，$B$ 处悬空，即 $F_B=0$，列平衡方程求解，则

$$\sum M_A(\boldsymbol{F})=0,\quad W_{Qmax}a-W(e+b)=0$$

故

$$W_{Qmax}=\frac{W(e+b)}{a}$$

故 $\boldsymbol{W}_Q$ 的范围为

$$\frac{F_P l+We}{a+b}\leqslant W_Q\leqslant\frac{W(e+b)}{a}$$

解题小结

第三节 物体系统的平衡

物体系统是指由若干个物体通过约束按一定方式连接而成的系统。当系统平衡时，组成系统的每个物体也必将处于平衡状态。一般而言，如系统由 n 个物体组成，且每个物体都受平面一般力系作用，则共可列出 $3n$ 个独立的平衡方程。系统中若所研究的平衡问题未知量大于独立的平衡方程数量，仅用平衡方程就不可能全部解出未知量，这类问题称为超静定问题，这类结构称为超静定结构，求解方法将在后面第九章中详细讨论。若未知量均可用平衡方程解出，则此系统的平衡问题称为静定问题，这类结构称为静定结构，本章研究的均是静定问题。

求解物体系统的平衡问题有两种基本方法：第一种方法是先取整个系统为研究对象，解得未知量，再取系统中某部分物体作为研究对象，求出其他未知量；第二种方法是先取某部分物体作为研究对象，再取其他部分物体或整体作为研究对象，逐步求得所有未知量。

至于采用何种方法求解，应根据问题的具体情况恰当地选取研究对象，列出较少的方程解出所有的未知量。并且，尽量使每一个方程中只包含一个未知量，以避免解联立方程。

例 2-9 试求图 2-18a 所示多跨静定梁中 A、B、E 支座的约束力，已知 $q=2.5\text{kN/m}$、$F=5\text{kN}$、$M=5\text{kN}\cdot\text{m}$、$a=1\text{m}$。

例 2-9

解 （1）选 CDE 杆为研究对象，受力图如图 2-18b 所示，有

$$\sum M_C(\boldsymbol{F})=0,\quad F_E\times4a-q\times2a\times a-M=0$$

$$F_E=q\times a/2+M/4a=2.5\text{kN/m}\times1\text{m}/2+5\text{kN}\cdot\text{m}/4\text{m}=2.5\text{kN}\quad(\uparrow)$$

（2）选整体为研究对象，受力图如图 2-18c 所示，有

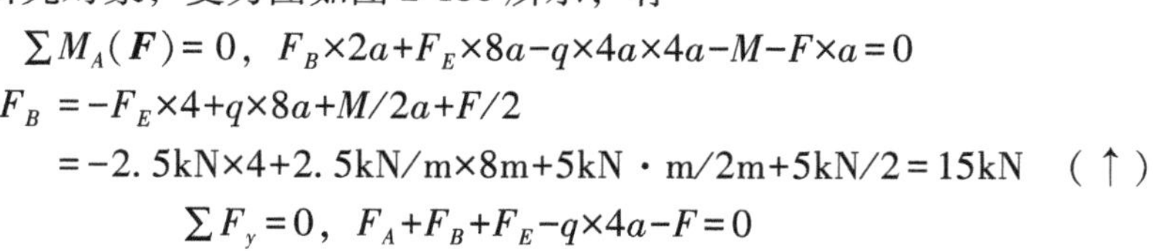

$$\sum M_A(\boldsymbol{F})=0,\quad F_B\times2a+F_E\times8a-q\times4a\times4a-M-F\times a=0$$

$$\begin{aligned}F_B&=-F_E\times4+q\times8a+M/2a+F/2\\&=-2.5\text{kN}\times4+2.5\text{kN/m}\times8\text{m}+5\text{kN}\cdot\text{m}/2\text{m}+5\text{kN}/2=15\text{kN}\quad(\uparrow)\end{aligned}$$

$$\sum F_y=0,\quad F_A+F_B+F_E-q\times4a-F=0$$

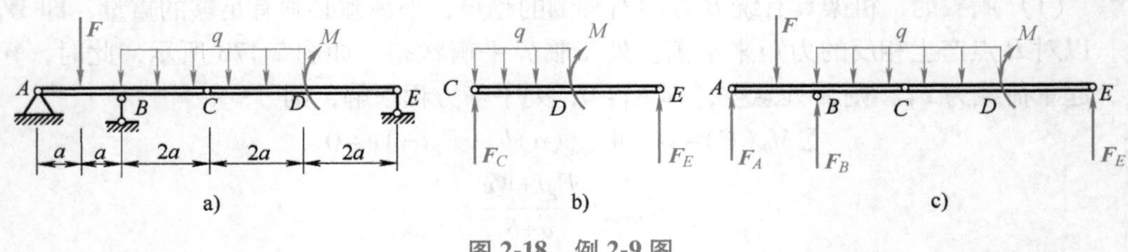

图 2-18　例 2-9 图

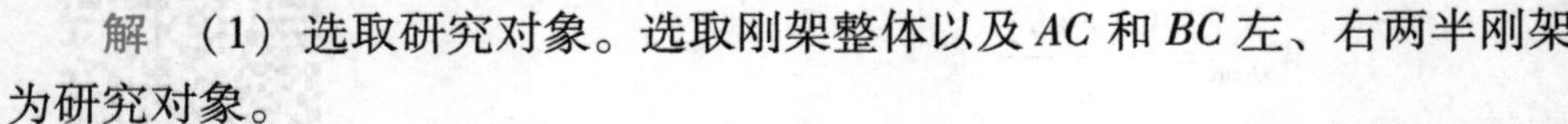

$$F_A=-F_B-F_E+q\times4a+F=-15\text{kN}-2.5\text{kN}+2.5\text{kN/m}\times4\text{m}+5\text{kN}=-2.5\text{kN}\quad(\downarrow)$$

例 2-10　刚架受荷载 $F_P=qa$、q 作用及约束情况如图 2-19a 所示。刚架自重不计，试求 A、B 处的约束力。

例 2-10

解　(1) 选取研究对象。选取刚架整体以及 AC 和 BC 左、右两半刚架为研究对象。

(2) 画受力图。作图 2-19b、c、d。由图可见，不论哪一个受力图都各有四个未知数，在 C 铰处的四个约束力是两对作用力与反作用力，因此总共有六个未知数。体系是由两个物体组成的，可列出六个独立的平衡方程。此题如先以 AC 和 BC 左、右两半刚架为研究对象，就必须解联立方程；如先以整体为研究对象，虽有四个未知数，但在 A、B 两点处均有三个未知力的作用线通过。因此，先以整体为研究对象，再以 AC 或 BC 的半刚架为研究对象。

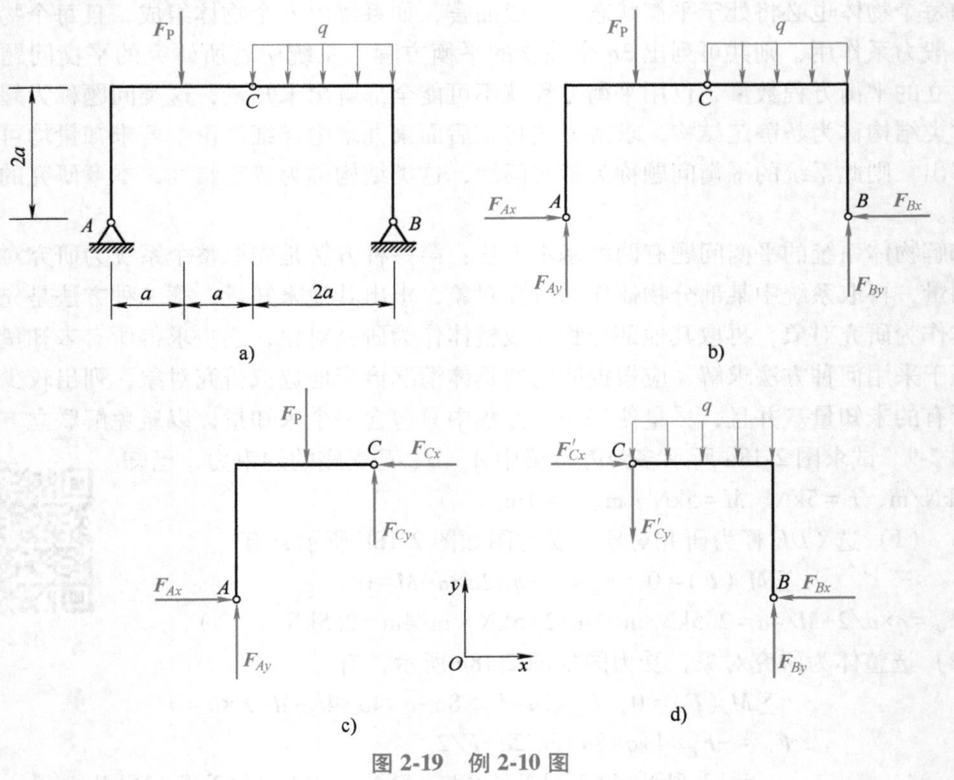

图 2-19　例 2-10 图

(3) 列平衡方程并求解。建立坐标系如图 2-19 所示。

1）以整体为研究对象，如图 2-19b 所示，由

$$\sum M_A(\boldsymbol{F})=0,\quad F_{By}\times 4a-F_{\mathrm{P}}\times a-q\times 2a\times 3a=0$$

得
$$F_{By}=q\times 3a/2+F_{\mathrm{P}}/4=7qa/4\quad(\uparrow)$$

由
$$\sum F_y=0,\quad F_{Ay}+F_{By}-F_{\mathrm{P}}-q\times 2a=0$$

得
$$F_{Ay}=q\times 2a+F_{\mathrm{P}}-F_{By}=5qa/4\quad(\uparrow)$$

由
$$\sum F_x=0,\quad F_{Ax}-F_{Bx}=0$$

得
$$F_{Ax}=F_{Bx}\tag{2-11}$$

2）以 BC 半刚架为研究对象，如图 2-19d 所示，由

$$\sum M_C(\boldsymbol{F})=0,\quad F_{By}\times 2a-F_{Bx}\times 2a-q\times 2a\times a=0$$

得
$$F_{Bx}=F_{By}-qa=3qa/4\quad(\leftarrow)$$

再由式（2-11）得
$$F_{Ax}=F_{Bx}=3qa/4\quad(\rightarrow)$$

例 2-11　图 2-20a 所示构架中，D、F 的中点有一销钉 E 套在 AC 杆的导槽内，已知 $\boldsymbol{F}_{\mathrm{P}}$、$a$。试求 B、C 两支座的约束力。

例 2-11

解　（1）选整体为研究对象，受力图如图 2-20b 所示。

$$\sum M_B(\boldsymbol{F})=0,\quad F_{Cy}\times 2a-F_{\mathrm{P}}\times 2a=0$$

$$F_{Cy}=F_{\mathrm{P}}\quad(\uparrow)$$

$$\sum F_y=0,\quad F_{By}+F_{Cy}-F_{\mathrm{P}}=0$$

$$F_{By}=0$$

$$\sum F_x=0,\quad F_{Bx}=F_{Cx}\tag{2-12}$$

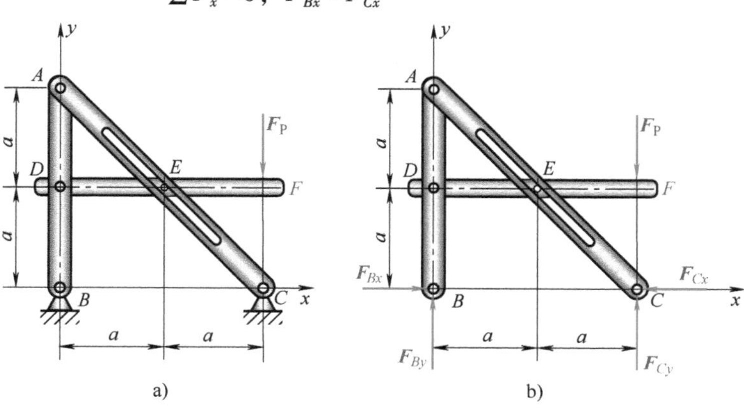

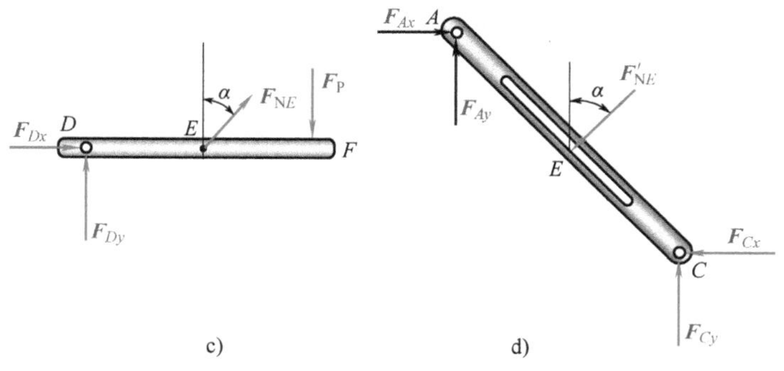

图 2-20　例 2-11 图

（2）选 DE 杆为研究对象，受力图如图 2-20c 所示。

$$\sum M_D(\boldsymbol{F})=0,\ F_{NE}\cos45°\times a-F_P\times2a=0$$

$$F_{NE}=2F_P/\cos45°=2\sqrt{2}F_P$$

（3）选 AC 杆为研究对象，受力图如图 2-20d 所示。

$$\sum M_A(\boldsymbol{F})=0,\ F_{Cy}\times2a-F_{Cx}\times2a-F'_{NE}\times\sqrt{a^2+a^2}=0$$

$$F_{Cx}=F_{Cy}-\sqrt{2}F'_{NE}/2=-F_P\quad(\rightarrow)$$

代入式（2-12）得 $$F_{Bx}=-F_P\quad(\leftarrow)$$

*第四节　考虑摩擦的平衡问题

摩擦是一种普遍存在的现象，在一些问题中，由于其不成为主要因素，故设想了一种理想化的状态，常将摩擦忽略不计。但在大多数工程技术问题中，它仍是一个不容忽略的重要因素。

摩擦在实际生活和生产中表现为有利的和有害的两个方面。人靠摩擦行走，车靠摩擦制动，螺钉无摩擦将自动松开，这些都是摩擦有利的一面；但是，摩擦会损坏机件，降低机械运行效率，消耗能量等，这是摩擦有害的一面。

一般可将摩擦分类如下：

1）按照物体接触部分可能存在的相对运动，摩擦可分为滑动摩擦与滚动摩擦。

2）按照两接触物体之间是否发生相对运动，摩擦可分为静摩擦与动摩擦。

3）按物体接触面之间是否有润滑，摩擦可分为干摩擦与湿摩擦。

本节重点介绍无润滑的静滑动摩擦的性质以及考虑摩擦时力系平衡问题的分析方法。

一、滑动摩擦

滑动摩擦

两个相互接触的物体发生相对滑动，或存在相对滑动趋势时，彼此之间就有阻碍滑动的力存在，此力称为滑动摩擦力。滑动摩擦力作用于接触处的公切面上，并与物体间滑动方向或滑动趋势的方向相反。

只有滑动趋势而无滑动事实的摩擦称为静滑动摩擦，简称静摩擦。如若滑动已经发生，则称为动滑动摩擦，简称动摩擦。

1. 静滑动摩擦

从限制物体运动的作用而言，静摩擦力也是一种被动的、未知的约束力，但它与一般的约束作用也有不同之处，这一点可通过库仑所做的实验（图 2-21）予以说明：

1）当用一个较小的力 $\boldsymbol{F}_T$ 去拉重量为 $\boldsymbol{W}$ 的物体时，物体保持平衡。由物体平衡条件可知，摩擦力 $\boldsymbol{F}_f$ 与主动力 $\boldsymbol{F}_T$ 大小相等。

2）当 $\boldsymbol{F}_T$ 逐渐增大，$\boldsymbol{F}_f$ 也随之增加，此时 $\boldsymbol{F}_f$ 似有约束力的性质，所不同的是，当 $\boldsymbol{F}_f$ 随 $\boldsymbol{F}_T$ 增加到某一临界值 $\boldsymbol{F}_{fm}$ 时，就不会再增加；若 $\boldsymbol{F}_T$ 继续增加，物体就要开始滑动。因此，静摩擦力 $\boldsymbol{F}_f$ 也可称为切向有限约束力。

库仑通过大量的简单实验，归纳出临界摩擦力 $\boldsymbol{F}_{fm}$ 为

$$F_{fm}=f_sF_N \tag{2-13}$$

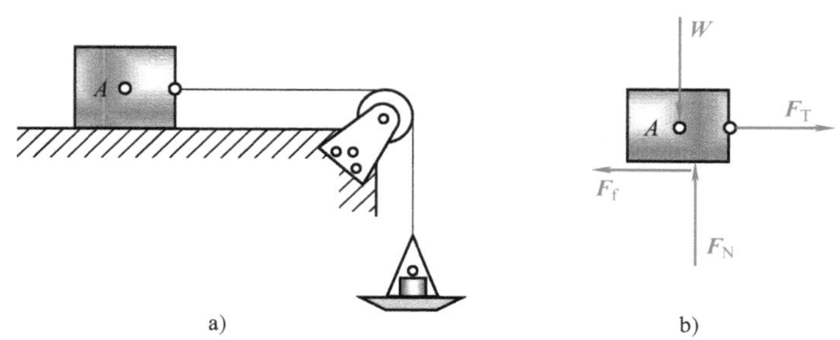

图 2-21　库仑摩擦实验

即临界摩擦力的大小与物体间的正压力成正比，式（2-13）称为库仑定律或静摩擦定律。

式（2-13）中的比例常数 f_s 称为静滑动摩擦因数，简称静摩擦因数。它的大小与两接触物体的材料及表面情况（表面粗糙度、湿度、温度等）有关。常用材料的静摩擦因数 f_s 可从一般的工程手册中查得，表 2-1 列出了部分材料的静摩擦因数，以供参考。

表 2-1　部分材料的静摩擦因数

材　料	f_s 值	材　料	f_s 值
钢对钢	0.1～0.2	混凝土对岩石	0.5～0.8
铸铁对木材	0.4～0.5	混凝土对砖	0.7～0.8
铸铁对橡胶	0.5～0.7	混凝土对土	0.3～0.4
铸铁对皮革	0.3～0.5	土对木材	0.3～0.7
砖（石）对砖	0.5～0.7	木材对木材	0.4～0.6

应当注意到，库仑通过实验只是给出了摩擦力的极限值，或者说只是给了摩擦力可能发生的范围。而在物体平衡时摩擦力 $\boldsymbol{F}_f$ 的数值，应在 $0 \sim F_{fm}$ 范围内，由物体平衡条件来决定。

静摩擦力 $\boldsymbol{F}_f$ 的三要素如下：

1）大小。$\boldsymbol{F}_f$ 的大小由物体的平衡条件决定，在临界状态下，有 $F_f = F_{fm} = f_s F_N$。

2）方向。$\boldsymbol{F}_f$ 与物体间相对滑动趋势的方向相反，并沿接触表面作用点的切向。

3）作用点。$\boldsymbol{F}_f$ 的作用点为接触点或接触面上摩擦力的合力作用点。

2. 动滑动摩擦

继续图 2-21 的实验。当力 $\boldsymbol{F}_T$ 超过 $\boldsymbol{F}_{fm}$ 时，物体开始滑动，此时物体所受的摩擦阻力已由静摩擦力转化为动摩擦力 $\boldsymbol{F}_f'$。

大量实验证明，动摩擦力 $\boldsymbol{F}_f'$ 的大小与接触面之间的正压力的大小成正比，即

$$F_f' = fF_N \tag{2-14}$$

式中，f 称为动摩擦因数。它是与接触材料和表面情况有关的常数，通常 f 值小于 f_s 值。

动摩擦

动摩擦力 $\boldsymbol{F}_f'$ 与静摩擦力 $\boldsymbol{F}_f$ 相比，有两个显著的不同点：

1）动摩擦力一般小于临界静摩擦力。这就说明维持一个物体的运动要比使它由静止进入运动要容易。

2）静摩擦力之值要由与主动力有关的平衡条件决定；而动摩擦力则不论主动力存在与否，只要相对运动存在，它就是一个常值。

图 2-22 表达了上述实验中随着 $\boldsymbol{F}_T$ 的不断增加，摩擦由静到动的变化过程。

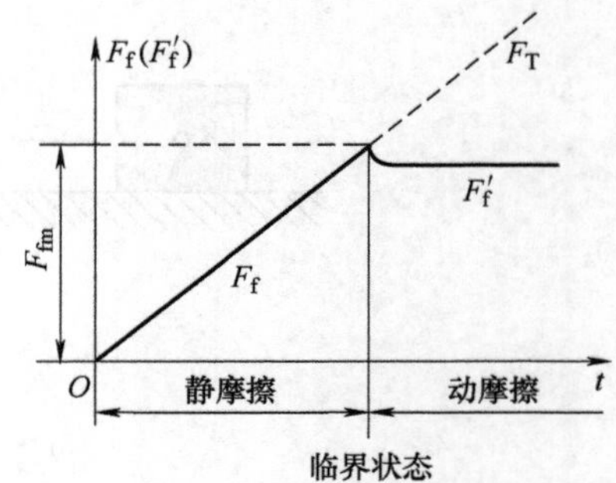

图 2-22 摩擦曲线

3. 摩擦角与自锁

当考虑摩擦时，物体所受到的接触面的约束力包括法向约束力 $\boldsymbol{F}_N$（正压力）和切向约束力 $\boldsymbol{F}_f$（摩擦力）。将此两力合成为 $\boldsymbol{F}_R$，则合力 $\boldsymbol{F}_R$ 代表了约束物体的全部作用，故称为全约束力。

摩擦角

全约束力 $\boldsymbol{F}_R$ 与接触面公法线的夹角为 α，如图 2-23a 所示。显然，夹角 α 随静摩擦力的变化而变化，当静摩擦力达到最大值 $\boldsymbol{F}_{fm}$ 时，夹角 α 也达到最大值 φ，称为临界摩擦角，简称摩擦角，如图 2-23b 所示，由图可知

$$\tan\varphi=\frac{F_{fm}}{F_N}=\frac{f_s F_N}{F_N}=f_s \tag{2-15}$$

因此，摩擦角也是表示材料和表面摩擦性质的物理量，摩擦角表示全约束力能够偏离法向的范围。如物体与支承面的摩擦因数在各个方向都相同，则这个范围在空间就形成一个锥体，称为摩擦锥，如图 2-24 所示，全约束力的作用线不能超出这个摩擦锥。

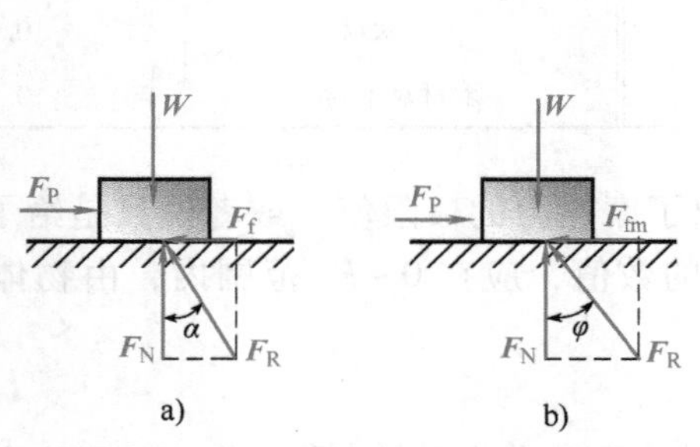

图 2-23 摩擦角

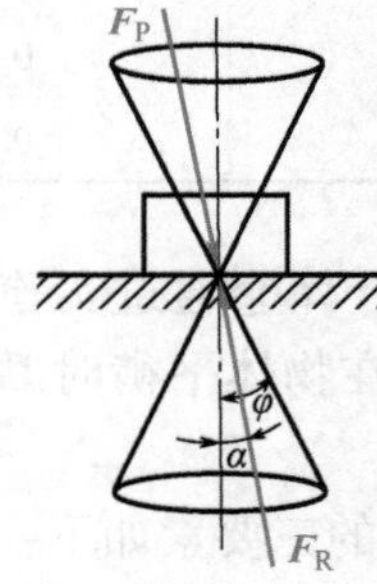

图 2-24 摩擦锥

若主动力 $\boldsymbol{F}_P$ 作用在摩擦锥范围内，则约束面必产生一个与之等值、反向且共线的全约束力 $\boldsymbol{F}_R$ 与之平衡。不论怎样增加 $\boldsymbol{F}_P$ 的大小，物体总能保持平衡而不移动，这种现象称为自锁。

由图 2-24 可知，自锁的条件应为

$$\alpha\leqslant\varphi=\arctan f_s \tag{2-16}$$

例 2-12 在倾角为 α 的斜面上放一物体（图 2-25a），物体只受一个重力 $\boldsymbol{W}$ 的作用，物体与斜面间的静摩擦因数为 f_s。求物体保持平衡时，斜面的最大倾角 α_m。

例 2-12

解 画出物体的受力图（图 2-25b）。物体受到主动力 $\boldsymbol{W}$ 及全约束力 $\boldsymbol{F}_R$ 的作用，据二力平衡公理，此二力必须等值、反向、共线，故全约束力 $\boldsymbol{F}_R$ 的方向应沿铅垂线向上，它与斜面法线间的夹角等于 α。根据静摩擦自

锁条件，α 不能大于摩擦角 φ，故能保持物体平衡的斜面最大倾角为

$$\alpha_m = \varphi = \arctan f_s$$

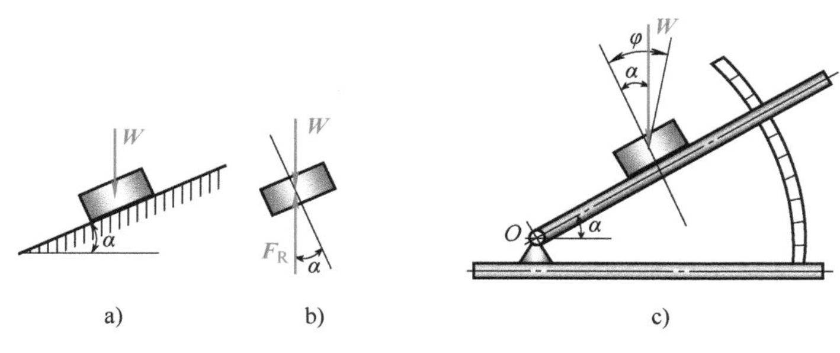

图 2-25　例 2-12 图

摩擦角与自锁原理在工程实际中常常得到广泛的运用，如例 2-12 的结果就可用来测定两种材料间的摩擦因数。用两种材料做成斜面与滑块（图 2-25c），将滑块放在斜面上，逐渐增大斜面的倾角 α，直至滑块在自重作用下开始下滑，此时斜面的 α 角即为摩擦角，其正切值就是静摩擦因数。

在堆放松散物质，如砂、土、煤或粮食时，能够堆起的最大坡角 α_m 称为休止角。休止角与例 2-12 斜面的最大倾角一样，就是松散物质间的摩擦角。用休止角可以计算出一定面积的场地能堆放松散物质的数量（图 2-26a）。在铁道上，需要确定铁路路基侧面的最大倾角 α 小于土壤的休止角（图 2-26b），以防止滑坡，这也要用到摩擦角的概念。自锁原理常可用来设计某些机构和夹具，例如脚套钩在电线杆上不会自行下滑就是运用的自锁现象。

休止角

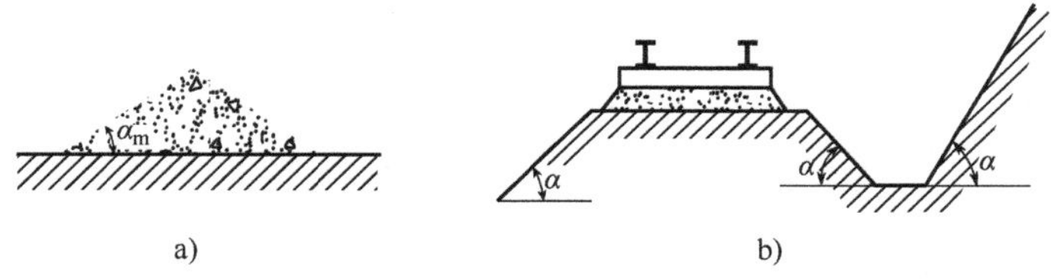

图 2-26　摩擦角的应用

二、考虑滑动摩擦时的平衡问题

解有摩擦时的平衡问题的解析法与不考虑摩擦时大体相同，所不同的是：

1）在受力图上要考虑摩擦力的存在。

2）当物体处于静平衡的临界状态时，摩擦力具有最大值 $F_{fm}=f_s F_N$，而在未达到静平衡的临界状态时，静摩擦力由平衡条件确定。因此，对于有摩擦的平衡问题，应首先判别其是处于静平衡状态还是运动状态；再判别是静平衡的临界状态（需用静摩擦定律为补充方程），还是静平衡的非临界状态（用平衡方程求解），这是此类问题求解的关键。

例 2-13

例 2-13　用绳拉一个重量 $W=500\text{N}$ 的物体，绳与水平面的夹角 $\alpha=30°$（图 2-27a）。设物体与地面间的静摩擦因数 $f_s=0.2$，当绳的拉力 $F_T=100\text{N}$

时，问物体能否被拉动？并求此时的摩擦力。

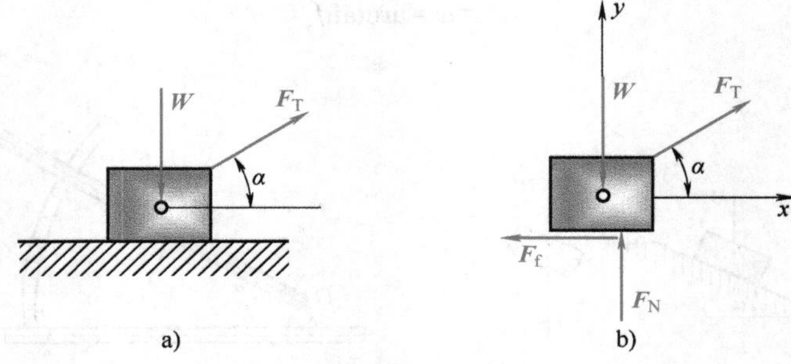

图 2-27　例 2-13 图

解　这是判断物体处于静止还是滑动状态的问题。求解这一类问题，可先假设物体处于静止状态，计算此时接触面上所具有的摩擦力的值 F，将它与接触面可能产生的最大静摩擦力 F_{fm} 相比较，如果 $F \leqslant F_{fm}$，则物体处于静止；如果 $F > F_{fm}$，则物体处于滑动状态。

为此，取物体为研究对象，画其受力图如图 2-27b 所示。

由
$$\sum F_x = 0,\ F_T\cos 30° - F = 0$$
得
$$F = F_T\cos 30° = 100\text{N} \times 0.866 = 86.6\text{N}$$
由
$$\sum F_y = 0,\ F_T\sin 30° - W + F_N = 0$$
得
$$F_N = W - F_T\sin 30° = 500\text{N} - 100\text{N} \times 0.5 = 450\text{N}$$

接触面上可能产生的最大静摩擦力为
$$F_{fm} = f_s F_N = 0.2 \times 450\text{N} = 90\text{N}$$

由于 $F < F_{max}$，所以物体处于静止状态，这时接触面上产生静摩擦力 $F = 86.6\text{N}$。

例 2-14　用逐渐增加的水平力 $\boldsymbol{F}$ 去推一重量 $W = 1000\text{N}$ 的衣橱，如图 2-28所示。已知 $h = 1.3a$，$f_s = 0.4$，问衣橱是先滑动还是先翻倒？

例 2-14

解　（1）设最大静滑动摩擦力足够大，则衣橱绕 A 处翻倒，如图 2-28a 所示。

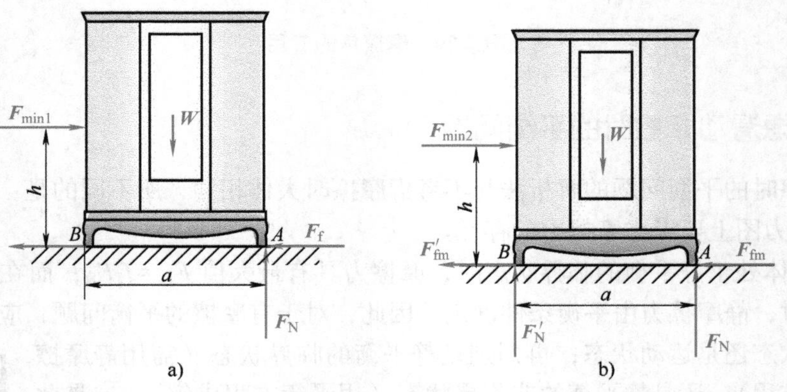

图 2-28　例 2-14 图

由
$$\sum M_A(\boldsymbol{F}) = 0,\ F_{min1} \times h - W \times \frac{a}{2} = 0$$

得
$$F_{\min 1}=\frac{Wa}{2h}=\frac{a}{2\times 1.3a}W=0.385W=385\text{N}$$

（2）设最大静滑动摩擦力不够大，则衣橱绕 A 处翻倒前已滑动，如图 2-28b 所示。

由
$$\sum F_y=0,\quad W-F_{\text{N}}-F'_{\text{N}}=0$$
得
$$F_{\text{N}}+F'_{\text{N}}=W=1000\text{N}$$
$$F_{\text{fm}}+F'_{\text{fm}}=f_{\text{s}}F_{\text{N}}+f_{\text{s}}F'_{\text{N}}=0.4\times 1000\text{N}=400\text{N}$$
由
$$\sum F_x=0,\quad F_{\min 2}-F_{\text{fm}}-F'_{\text{fm}}=0$$
得
$$F_{\min 2}=F_{\text{fm}}+F'_{\text{fm}}=400\text{N}$$
因 $F_{\min 2}>F_{\min 1}$，所以先翻倒。

滚动摩擦

三、滚动摩擦简介

车辆为什么需要安装车轮？是因为要使物体沿平面运动，物体通过圆轮与平面接触，运动时圆轮滚动比物体沿平面滑动省力得多。

如图 2-29a 所示，将一重量为 $\boldsymbol{W}$、半径为 r 的圆轮放在地面上，在轮心 O 处用水平力 $\boldsymbol{F}_{\text{H}}$ 拉圆轮，当 $\boldsymbol{F}_{\text{H}}$ 较小时，圆轮保持静止；$\boldsymbol{F}_{\text{H}}$ 增大至一定值时，圆轮开始滚动。作出圆轮的受力图，如图 2-29b 所示，由图中可看出，$\boldsymbol{F}_{\text{H}}$ 即使很小，力系对圆轮与地面的接触点 A 的力矩不为零，即 $\sum M_A(\boldsymbol{F})\neq 0$，是不平衡的。为什么此时受力图与实际情况不符？这是因为在作受力图时，把圆轮和地面均视为刚体，而事实上他们都会产生一定的局部变形，接触处实际是一个面，而不是点，如图 2-29c 所示，接触面的约束力为分布力形式。将分布力向 A 点简化，可得 $\boldsymbol{F}_{\text{N}}$、$\boldsymbol{F}$ 和 M_{f}，如图 2-29d 所示，其中 $\boldsymbol{F}_{\text{N}}$ 为法向约束力，$\boldsymbol{F}$ 为滑动摩擦力，M_{f} 为滚动摩擦力偶。图 2-29d 与图 2-29a 的受力图相比，多了一个滚动摩擦力偶，正是这个力偶起到了阻碍滚动的作用。

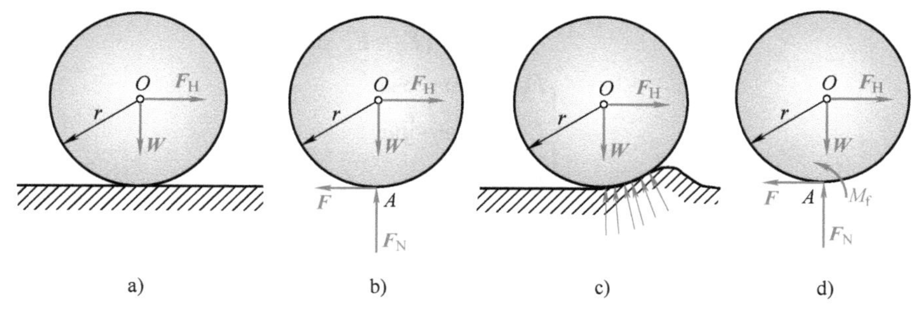

图 2-29　圆轮滚动

实验表明，滚动摩擦力偶矩的大小随主动力矩的大小而变化，但存在最大值 M_{fmax}，即
$$0\leqslant M_{\text{f}}\leqslant M_{\text{fmax}} \tag{2-17}$$
并且，M_{fmax} 与法向约束力 $\boldsymbol{F}_{\text{N}}$ 成正比，即有
$$M_{\text{fmax}}=\delta F_{\text{N}} \tag{2-18}$$
式（2-18）中的 δ 称为滚动摩擦系数，具有长度量纲。δ 一般与接触面材料的硬度、温度等有关，可在工程手册中查到，表 2-2 给出了几种材料的滚动摩擦系数。

表 2-2　几种材料的滚动摩擦系数

材料	钢质车轮与钢轨	钢质车轮与木材表面	轮胎与路面	木材与木材
滚动摩擦系数 δ/mm	0.5	1.5~2.5	2~10	0.5~0.8

滚动摩擦力偶的转向与滚动的趋势或滚动的角速度相反。

*第五节　空间力系平衡的介绍

工程中的空间力系问题常常可以转换成平面力系处理，但如何转换？一些不易转换成平面力系处理的空间力系问题如何解决？因此，需要对空间力系的平衡问题有一定的了解。

空间力系按各力作用线的分布情况，可分为空间汇交力系、空间平行力系与空间任意力系。

一、力在空间坐标轴上的投影

力在空间坐标轴上的投影

若已知力 $\boldsymbol{F}$ 与 x、y、z 轴正向的夹角分别为 α、β、γ（图 2-30），则力 $\boldsymbol{F}$ 在三个坐标轴上的投影分别为

$$\begin{cases} F_x = F\cos\alpha \\ F_y = F\cos\beta \\ F_z = F\cos\gamma \end{cases} \tag{2-19}$$

若已知力 $\boldsymbol{F}$ 与 z 轴的夹角 γ 和力 $\boldsymbol{F}$ 在此垂直面内的分量 $\boldsymbol{F}_{xy}$ 与 x 坐标的夹角 φ 时（图 2-31），可将力 $\boldsymbol{F}$ 在空间的投影转换成平面投影问题，即二次投影法。即先将力 $\boldsymbol{F}$ 分解到 Oxy 坐标平面上和与该坐标平面垂直的 z 轴方向，得到一个分力 $\boldsymbol{F}_{xy}$ 和另一个分力 $\boldsymbol{F}_z$，再将其投影到三个坐标轴上。于是，力 $\boldsymbol{F}$ 在三个坐标轴上的投影又可写为

$$F \rightarrow \begin{cases} F_z = F\cos\gamma \\ F_{xy} = F\sin\gamma \rightarrow \begin{cases} F_x = F_{xy}\cos\varphi \\ F_y = F_{xy}\sin\varphi \end{cases} \end{cases}$$

$$\begin{cases} F_x = F\sin\gamma\cos\varphi \\ F_y = F\sin\gamma\sin\varphi \\ F_z = F\cos\gamma \end{cases} \tag{2-20}$$

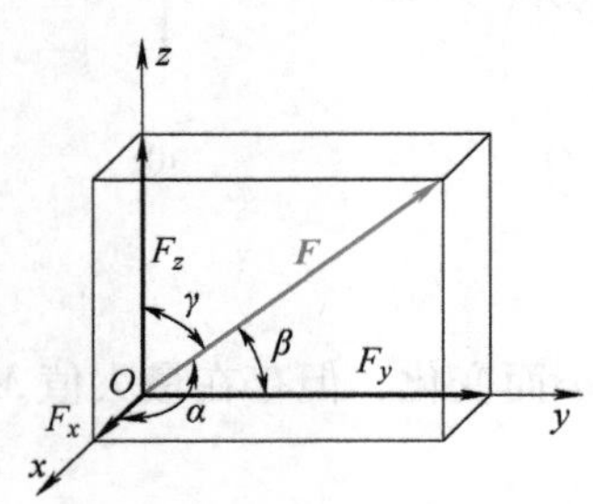

图 2-30　力在空间坐标轴上的投影

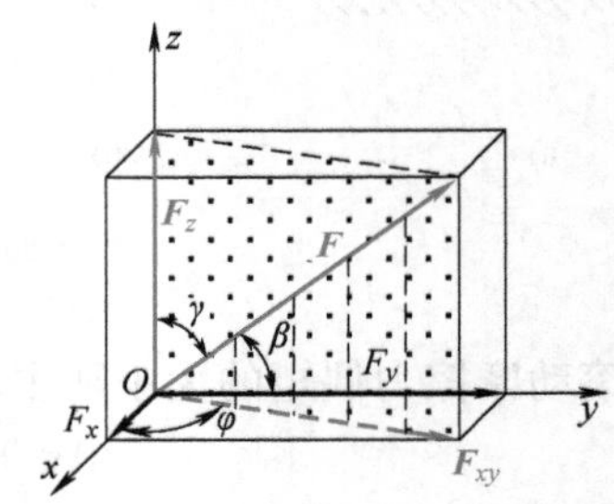

图 2-31　二次投影法

例 2-15　已知在边长为 a 的正六面体上有 $F_1 = 6\text{kN}$，$F_2 = 2\text{kN}$，$F_3 = 4\text{kN}$，如图 2-32 所示，试计算各力在三坐标轴上的投影。

例 2-15

解　(1) F_1 平行于 z 轴，故有

$$F_{1x}=0;\ F_{1y}=0;\ F_{1z}=6\text{kN}$$

(2) F_2 平行于 xy 平面，故有

$$F_{2x}=-\frac{\sqrt{2}}{2}\times F_2=-1.414\text{kN}$$

$$F_{2y}=\frac{\sqrt{2}}{2}\times F_2=1.414\text{kN};\ F_{2z}=0$$

图 2-32　例 2-15 图

(3) F_3 沿正六面体的对角线，故有

$$F_{3xy}=F_3\times\frac{\sqrt{a^2+a^2}}{\sqrt{a^2+a^2+a^2}}=\frac{\sqrt{2}}{\sqrt{3}}F_3$$

$$F_{3z}=F_3\times\frac{a}{\sqrt{a^2+a^2+a^2}}=\frac{\sqrt{3}}{3}F_3=2.31\text{kN}$$

$$F_{3x}=\frac{\sqrt{2}}{2}\times F_{3xy}=\frac{\sqrt{2}}{2}\times\frac{\sqrt{2}}{\sqrt{3}}F_3=2.31\text{kN}$$

$$F_{3y}=-\frac{\sqrt{2}}{2}\times F_{3xy}=-\frac{\sqrt{2}}{2}\times\frac{\sqrt{2}}{\sqrt{3}}F_3=-2.31\text{kN}$$

力对轴的矩

二、力对轴的矩

在第一章中已研究了力对点的矩，在图 1-9 中可以注意到力 $\boldsymbol{F}$ 使扳手绕 O 点转动，实际上是使扳手绕螺母的转轴（过 O 点且垂直于图的平面）转动。在平面力系中研究的力对点（矩心）的矩，在现实中，是指该力对过矩心，并且垂直于平面力系所在平面的轴（转轴）的力矩。以 z 轴表示转轴，力 $\boldsymbol{F}$ 使物体绕 z 轴转动的效应，用力 $\boldsymbol{F}$ 对 z 轴的矩 M_z 来度量。当力 $\boldsymbol{F}$ 作用在 Oxy 坐标面内（图 2-33a）时，如果从上往下看，即逆 z 轴方向看（图 2-33b），显然 M_z 为

$$M_z=M_O=\pm Fd \tag{2-21}$$

式中，d 为 O 点到力 $\boldsymbol{F}$ 作用线的距离；正负号可按右手螺旋法则确定，即以四指表示力矩转向，如大拇指所指方向与 z 轴正向一致，也就是图 2-33b 中力 $\boldsymbol{F}$ 绕 O 点逆时针转，则力矩取正号，反之取负号。

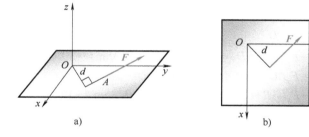

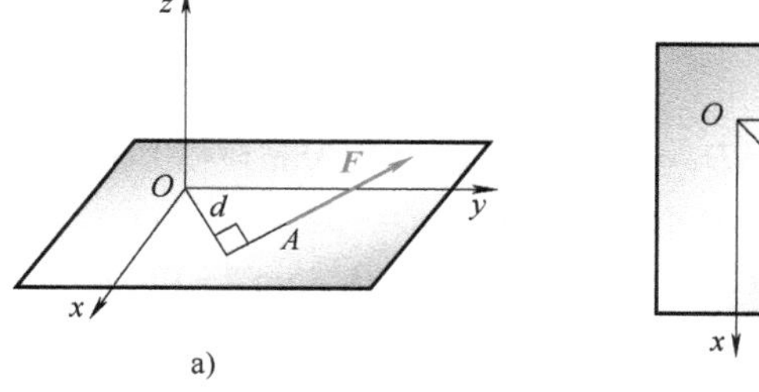

图 2-33　力对轴的矩

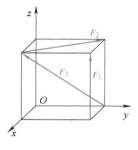

当力 $\boldsymbol{F}$ 不作用在 Oxy 坐标面内（图 2-34）时，可将其分解为两个分力：位于 Oxy 坐标面内的分力 $\boldsymbol{F}_{xy}$ 和平行于 z 轴的分力 $\boldsymbol{F}_z$。实践证明，如果一个力平行于 z 轴，例如作用于门上的力 $\boldsymbol{F}_1$（图 2-35），它是不可能使物体绕 z 轴转动的。因此，分力 $\boldsymbol{F}_z$ 对 z 轴的力矩等于零。于是，力 $\boldsymbol{F}$ 对 z 轴的力矩等于分力 $\boldsymbol{F}_{xy}$ 对 z 轴的力矩，即

$$M_z = \pm F_{xy} d \tag{2-22}$$

综合上述，力对某轴的力矩等于此力在垂直于该轴的平面上的分力对该轴与此平面的交点的力矩。力对轴的矩是代数量。

显然，当力与轴平行或相交时，力对轴的矩等于零（图 2-35）。

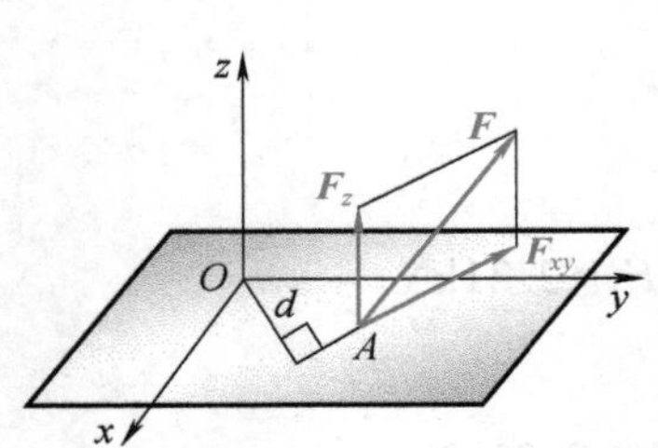

图 2-34　空间力对轴的矩

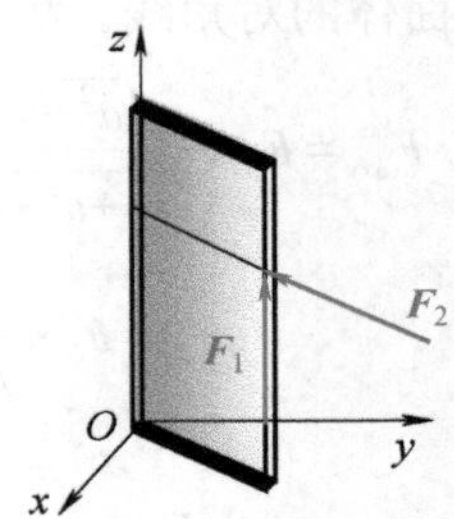

图 2-35　力对 z 轴的矩等于零

空间力系的合力对某一轴的矩等于力系中各分力对同一轴力矩的代数和，即

$$M_z = M_{z1} + M_{z2} + \cdots + M_{zn} \tag{2-23}$$

这就是空间力系的合力矩定理。

例 2-16　计算图 2-36 所示手摇曲柄上力 $\boldsymbol{F}$ 对 x、y、z 轴之矩。已知 $F=100\text{N}$，且力 $\boldsymbol{F}$ 平行于 Axz 平面，$\alpha=60°$，$AB=0.2\text{m}$，$BC=0.4\text{m}$，$CD=0.15\text{m}$，A、B、C、D 处于同一水平面上。

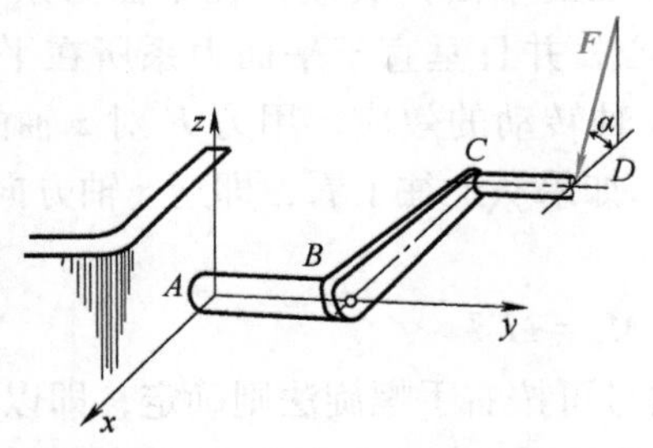

图 2-36　例 2-16 图

例 2-16

解　力 $\boldsymbol{F}$ 为平行于 Axz 平面的平面力，在 x 和 z 轴上有投影，其值为

$$F_x = F\cos\alpha,\quad F_y = 0,\qquad F_z = -F\sin\alpha$$

力 $\boldsymbol{F}$ 对 x、y、z 各轴之矩为

$$M_x(\boldsymbol{F}) = -F_z(AB+CD) = -100\text{N}\sin60°\times0.35\text{m} = -30.31\text{N}\cdot\text{m}$$

$$M_y(\boldsymbol{F}) = -F_z BC = -100\text{N}\sin60°\times0.4\text{m} = -34.64\text{N}\cdot\text{m}$$

$$M_z(\boldsymbol{F}) = -F_x(AB+CD) = -100\text{N}\cos60°\times0.35\text{m} = -17.50\text{N}\cdot\text{m}$$

三、平衡方程

类似平面力系，将空间力系向一点简化，并对简化结果进行分析后，可以得到空间力系

平衡的必要和充分条件是：各力在三个坐标轴上投影的代数和以及各力对三个坐标轴力矩的代数和分别等于零。平衡方程为

$$\begin{cases}\sum F_x=0；\ \sum F_y=0；\ \sum F_z=0\\ \sum M_x(\boldsymbol{F})=0；\ \sum M_y(\boldsymbol{F})=0；\ \sum M_z(\boldsymbol{F})=0\end{cases} \tag{2-24}$$

空间力系有六个独立的平衡方程式，可以求解六个未知量。

空间汇交力系的平衡方程是

$$\sum F_x=0；\ \sum F_y=0；\ \sum F_z=0 \tag{2-25}$$

空间平行力系的平衡方程是

$$\sum F_z=0;\sum M_x(\boldsymbol{F})=0;\sum M_y(\boldsymbol{F})=0 \tag{2-26}$$

例 2-17　悬臂刚架上作用有竖直向下的均布荷载 $q=10\text{kN/m}$ 以及作用线分别平行于 x 轴、y 轴的集中力 F_1 和 F_2（图 2-37）。已知 $F_1=20\text{kN}$，$F_2=40\text{kN}$，试求固定端处的约束力和约束力偶。

例 2-17

解　取悬臂刚架为研究对象，画出受力图，在空间问题中固定端对结构的约束是使固定端在任何方向上不能有移动，对任何轴也不能有转动，故共有六个约束力，即 O 处的约束力 $\boldsymbol{F}_x$、$\boldsymbol{F}_y$、$\boldsymbol{F}_z$ 及约束力偶 M_{Ox}、M_{Oy}、M_{Oz}，如图 2-37 所示。

列出平衡方程

$$\sum F_x=0，\ F_x+F_1=0$$

$$\sum F_y=0，\ F_y+F_2=0$$

$$\sum F_z=0，\ F_z-q\times4=0$$

$$\sum M_x(\boldsymbol{F})=0，\ M_{Ox}-q\times4\times2-F_2\times4=0$$

$$\sum M_y(\boldsymbol{F})=0，\ M_{Oy}+F_1\times6=0$$

$$\sum M_z(\boldsymbol{F})=0，\ M_{Oz}-F_1\times4=0$$

解得

$$F_x=-F_1=-20\text{kN}；\ F_y=-F_2=-40\text{kN}；$$

$$F_z=q\times4=40\text{kN}$$

$$M_{Ox}=q\times4\times2+F_2\times4=240\text{kN}\cdot\text{m}$$

$$M_{Oy}=-F_1\times6=-120\text{kN}\cdot\text{m}$$

$$M_{Oz}=F_1\times4=80\text{kN}\cdot\text{m}$$

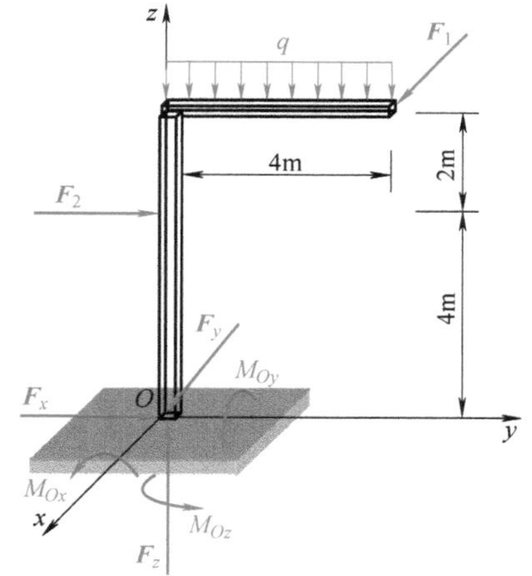

图 2-37　例 2-17 图

正值表示实际的约束力或约束力偶和受力图中的方向一致，负值则相反。

例 2-18　若图 2-38a 所示支架的杆重不计，两端铰接，其中 $\alpha=30°$，$\beta=45°$，已知 $W=1\text{kN}$，试求三根支承杆的内力。

例 2-18

解　以 O 点为研究对象，在原题图上画出受力图，并标上直角坐标系，如图 2-38a 所示。

序号	力	$\boldsymbol{W}$	$\boldsymbol{F}_{NA}$	$\boldsymbol{F}_{NB}$	$\boldsymbol{F}_{NC}$
1	F_x	0	0	$F_{NB}\sin\alpha$	$-F_{NC}\sin\alpha$
2	F_y	0	$-F_{NA}$	$-F_{NB}\cos\alpha\sin\beta$	$-F_{NC}\cos\alpha\sin\beta$
3	F_z	$-W$	0	$F_{NB}\cos\alpha\cos\beta$	$F_{NC}\cos\alpha\cos\beta$

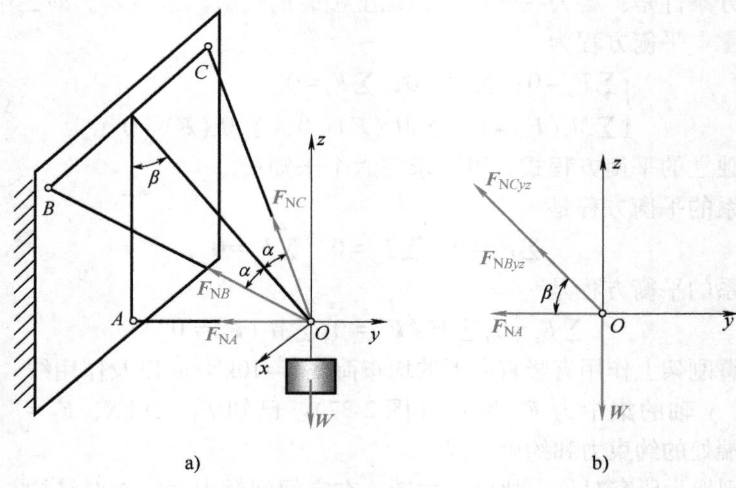

图 2-38　例 2-18 图

因 W 和 F_{NA} 在 yz 平面，由

$$\sum F_x=0，F_{NB}\sin\alpha-F_{NC}\sin\alpha=0$$

得

$$F_{NB}=F_{NC}$$

各力在 yz 平面内各分力的图形如图 2-38b 所示。

$$\sum F_z=0，F_{NB}\cos\alpha\cos\beta+F_{NC}\cos\alpha\cos\beta-W=0$$

$$F_{NB}=F_{NC}=W/(2\cos\alpha\cos\beta)=0.817\text{kN}\quad（杆件受拉）$$

$$\sum F_y=0，-F_{NB}\cos\alpha\sin\beta-F_{NC}\cos\alpha\sin\beta-F_{NA}=0$$

$$F_{NByz}=F_{NB}\cos\alpha，F_{NCyz}=F_{NC}\cos\alpha$$

$$F_{NA}=-F_{NB}\cos\alpha\sin\beta-F_{NC}\cos\alpha\sin\beta=-1\text{kN}\quad（杆件受压）$$

例 2-19　三轮推车如图 2-39a 所示。若已知 $AH=BH=0.5\text{m}$，$CH=1.5\text{m}$，$EH=0.3\text{m}$，$ED=0.5\text{m}$，荷载 $W=1.5\text{kN}$。试求 A、B、C 三轮所受到的压力。

例 2-19

解　(1) 取小车为研究对象，并作出其分离体受力图，如图 2-39b 所示。车板受已知荷载 $\boldsymbol{W}$ 及未知的 A、B、C 三轮的约束力 $\boldsymbol{F}_A$、$\boldsymbol{F}_B$ 和 $\boldsymbol{F}_C$ 作用。这些力的作用线相互平行，构成一空间平行力系。

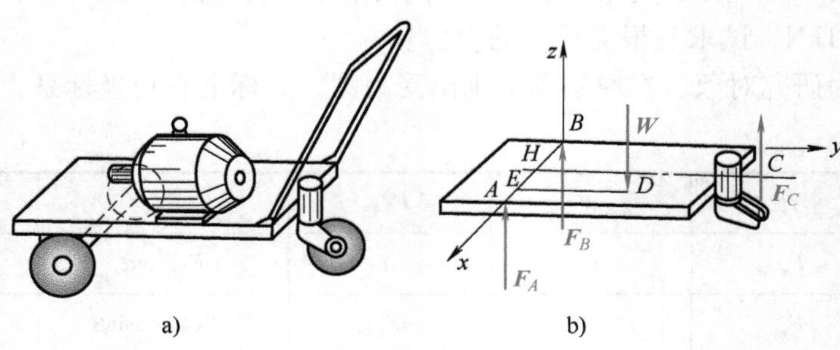

图 2-39　例 2-19 图

（2）按力作用线的方向和几何位置，取 z 轴为纵坐标，平板为 xy 平面，B 为坐标原点，BA 为 x 轴。

（3）列力系的平衡方程式求解，由

$$\sum M_x(\boldsymbol{F})=0,\ F_C\cdot HC-W\cdot DE=0$$

得
$$F_C=W\cdot DE/HC=1.5\text{kN}\times0.5\text{m}/1.5\text{m}=0.5\text{kN}$$

由
$$\sum M_y(\boldsymbol{F})=0,\ W\cdot EB-F_C\cdot HB-F_A\cdot AB=0$$

得
$$F_A=(W\cdot EB-F_C\cdot HB)/AB=(1.5\text{kN}\times0.8\text{m}-0.5\text{kN}\times0.5\text{m})/1\text{m}=0.95\text{kN}$$

由
$$\sum F_z=0,\ F_A+F_B+F_C-W=0$$

得
$$F_B=W-F_C-F_A=1.5\text{kN}-0.95\text{kN}-0.5\text{kN}=0.05\text{kN}$$

若重物放置过偏，致使 $\boldsymbol{F}_B$ 为负值，则小车将会翻倒。

例 2-20

例 2-20　水平轴上装有两个凸轮如图 2-40a 所示，凸轮上分别作用已知水平力 $\boldsymbol{F}_1=800\text{N}$ 和未知铅直力 $\boldsymbol{F}_2$。如轴处于平衡状态，求力 $\boldsymbol{F}_2$ 和 A、B 轴承的约束力。

解　（1）画出受力图。

（2）利用原题图中的坐标画出 xz 平面各分力的图形，如图 2-40b 所示。

（3）列平衡方程并求解

$$\sum M_y(\boldsymbol{F})=0,\ F_1\times0.2-F_2\times0.2=0$$

$$F_2=F_1=800\text{N}$$

$$\sum M_x(\boldsymbol{F})=0,\ F_2\times0.4+F_{Bz}\times1=0$$

$$F_{Bz}=-F_2\times0.4=-320\text{N}$$ （与图示方向相反）

$$\sum M_z(\boldsymbol{F})=0,\ -F_1\times1.4-F_{Bx}\times1=0$$

$$F_{Bx}=-F_1\times1.4=-1120\text{N}$$ （与图示方向相反）

$$\sum F_x=0,\ F_1+F_{Ax}+F_{Bx}=0$$

$$F_{Ax}=-F_1-F_{Bx}=320\text{N}$$ （与图示方向相同）

$$\sum F_y=0,\ F_{Ay}=0$$

$$\sum F_z=0,\ F_1+F_{Az}+F_{Bz}=0$$

$$F_{Az}=-F_1-F_{Bz}=-480\text{N}$$ （与图示方向相反）

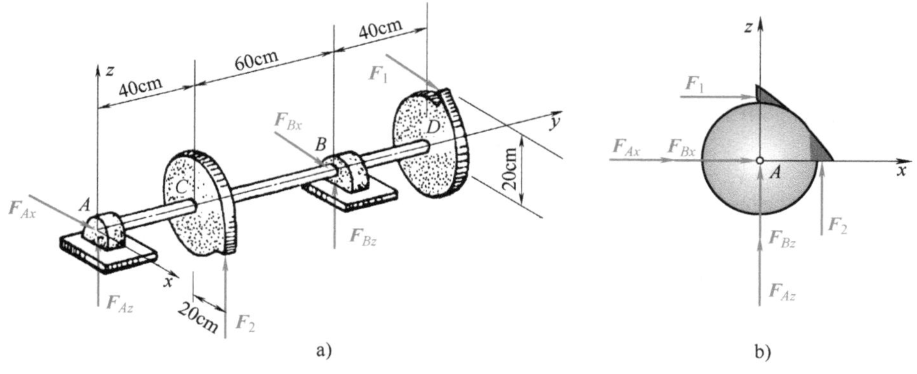

图 2-40　例 2-20 图

四、重心的概念及重心坐标

重心

地球上的物体内各质点都受到地球的引力作用，这些力可近似地认为组成一个空间平行力系，该力系的合力 $\boldsymbol{W}$ 称为物体的重力。不论物体怎样放置，这些平行力的合力作用点总是一个确定点，这个点叫作物体的重心。

在日常生活与工程实际中，都会遇到重心问题。例如，行走在钢丝上的杂技演员必须控制自己的重心与钢丝在同一铅垂面；为了保证起重机、水坝等工程设备或设施不发生倾覆，它们的重心必须在某一范围内；一些高速旋转的构件应尽可能使其重心位于转轴上，以免引起强烈振动，甚至造成破坏；一些高速运动的物体如汽车、飞机、卫星等，也必须准确地确定其重心或质心的位置。因此，重心位置的确定是十分重要的。

设有一物体由许多小块组成，每一小块都受到地球的吸引，吸引力分别为 $\Delta\boldsymbol{W}_1$、$\Delta\boldsymbol{W}_2$、…、$\Delta\boldsymbol{W}_n$，它们组成一个空间平行力系（图 2-41）。该空间平行力系的合力 $\boldsymbol{W}$，即为该物体的重力，即

$$\boldsymbol{W}=\sum(\Delta\boldsymbol{W}_k)$$

图 2-41　空间平行力系的中心坐标

若合力作用点为 $C(x_C、y_C、z_C)$，根据合力矩定理，对 y 轴的力矩有

$$Wx_C=\sum(\Delta W_k)x_k$$

所以

$$x_C=\frac{(\Delta W_k)x_k}{W}$$

同理，对 x 轴有

$$y_C=\frac{\sum(\Delta W_k)y_k}{W}$$

若将物体连同坐标系统 x 轴逆时针方向转过 90°，再对 x 轴应用合力矩定理，可得

$$z_C=\frac{\sum(\Delta W_k)z_k}{W}$$

由此可得重心 C 的坐标公式为

$$x_C=\frac{\sum(\Delta W_k)x_k}{W},y_C=\frac{\sum(\Delta W_k)y_k}{W},z_C=\frac{\sum(\Delta W_k)z_k}{W} \tag{2-27}$$

形心又称为几何中心，若物体为均质体，即物体的相对密度 γ 为常数，各微小部分和整体的体积分别为 ΔV_k 和 V，则 $W=\gamma V$，$\Delta W_k=\gamma\Delta V_k$，代入式（2-27），并消去 γ，可得

$$x_C=\frac{\sum(\Delta V_k)x_k}{V},y_C=\frac{\sum(\Delta V_k)y_k}{V}, z_C=\frac{\sum(\Delta V_k)z_k}{V} \tag{2-28}$$

可见，均质物体的重心位置完全取决于物体的几何形状，而与物体的重量无关，均质物体的质心与形心重合。对于平面图形，形心坐标可表示为

$$x_C=\frac{\sum A_k\cdot x_k}{A}, y_C=\frac{\sum A_k\cdot y_k}{A} \tag{2-29}$$

式中　A——平面图形的面积；

$x_C(y_C)$——平面图形形心在 $x(y)$ 方向的坐标；

A_k——平面图形中各部分的截面面积；

$x_k(y_k)$——平面图形中各部分形心在 $x(y)$ 方向的坐标。

以上计算重心和形心的各个公式，在取微重力（质量、面积）趋近于零极限时，可改写成定积分的形式。

悬挂法

如物体的形状十分复杂或质量分布不均匀，其重心常由实验来确定。

（1）悬挂法　对于形状复杂的薄平板，在求形心位置时，可将板悬挂于任一点 A（图 2-42），根据二力平衡公理，板的重力与绳的张力必在同一直线上，故形心一定在铅垂的挂绳延长线 AB 上；重复使用上述方法，将板挂于 D 点，可得 DE 线。显而易见，平板的重心即为 AB 和 DE 的交线 C。

（2）称重法　对于形状复杂的零件、体积庞大的物体以及由许多构件组成的机械，常用称重法确定其重心的位置。例如，连杆本身具有两个互相垂直的纵向对称面，其重心必在这两个对称平面的交线上，即连杆的中心线 AB 上，如图 2-43 所示。其重心在 x 轴上的位置可用下述方法确定：先称出连杆重量 $\boldsymbol{W}$，然后将其一端支于固定点 A，另一端支撑于秤上，使中心线 AB 处于水平位置，读出秤的读数 F_B，并量出两支点间的水平距离 l，则由

$$\sum M_A(\boldsymbol{F})=0,\ F_B l-Wx_C=0$$

可得

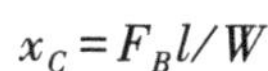

$$x_C=F_B l/W$$

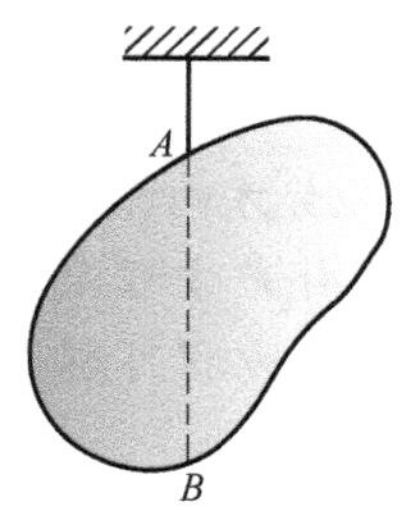

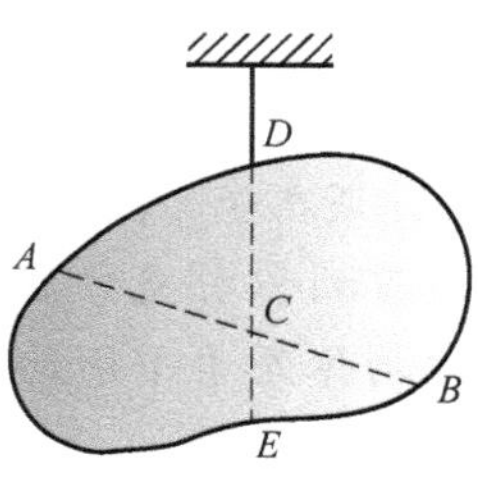

图 2-42　悬挂法求重心

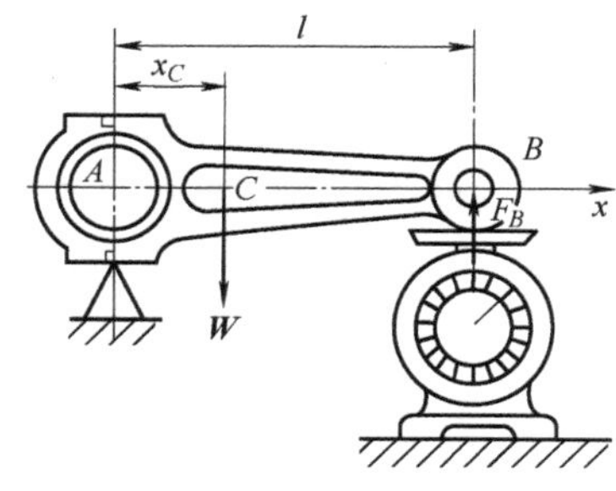

图 2-43　称重法求重心

小　结

一、力的平移定理是讨论力系简化的重要知识。

二、平面力系可以合成为一个力和一个力偶。

三、平面力系的平衡方程有

1. 基本形式

$$\sum F_x=0,\ \sum F_y=0,\ \sum M_O(\boldsymbol{F})=0$$

2. 二力矩形式

$$\sum F_x=0,\ \sum M_A(\boldsymbol{F})=0,\ \sum M_B(\boldsymbol{F})=0$$

其中，A、B 两点的连线不与 x 轴垂直。

平面方程基本形式的应用

3. 三力矩形式

$$\sum M_A(\boldsymbol{F})=0,\ \sum M_B(\boldsymbol{F})=0,\ \sum M_C(\boldsymbol{F})=0$$

其中，A、B、C 三点不共线。

四、平面力系中的特殊力系的平衡方程

1. 平面汇交力系

$$\sum F_x=0,\ \sum F_y=0$$

2. 平面平行力系

$$\sum F_y=0,\ \sum M_O(\boldsymbol{F})=0 \text{ 或二力矩形式 } \quad \sum M_A(\boldsymbol{F})=0,\ \sum M_B(\boldsymbol{F})=0$$

其中，A、B 两点的连线不能与各力平行。

五、物体系统平衡的计算，根据求解的需要，将物体系统分解成若干个研究对象，再运用平衡规律进行计算。注意分清静定结构和超静定结构的概念。

六、滑动摩擦力是在两个物体相互接触面之间有相对滑动趋势或有相对滑动时出现的阻碍力。前者为静摩擦力，后者为动摩擦力。

1）静摩擦力的方向与接触面间相对滑动趋势的方向相反，其大小在零与静摩擦力的最大值之间变化，即 $0<F_f\leqslant F_{fm}$，具体数值可由平衡条件来确定。最大静摩擦力由静滑动摩擦定律确定，即 $F_{fm}=f_sF_N$，其中 f_s 为静摩擦因数。只有当物体处于静平衡的临界状态时，摩擦力才达到最大值。

2）动摩擦力的方向与接触面间相对滑动的方向相反，其大小由动滑动摩擦定律确定，即 $F'_f=fF_N$，其中 f 为动摩擦因数。

七、当滑动即将开始时，全约束力 $\boldsymbol{F}_R$ 与接触面的法线间的夹角 α，达到它的最大值 φ，称为摩擦角。摩擦角与静摩擦系数的关系是 $\varphi=\arctan f_s$。不管主动力的合力的大小如何，只要它的作用线位于摩擦锥内，物体总是能平衡的，这种现象称为自锁。

八、求解有静滑动摩擦的平衡问题时，须在受力图上画出与物体运动趋势方向相反的摩擦力。在解题时，除原有平衡方程外，还可列出补充方程 $F_f\leqslant f_sF_N$，因为补充方程是不等式，所以答案是一个有范围的值。如考虑物体处于平衡的临界状态，则补充方程可取等式 $F_f=f_sF_N$，所得的答案也是所讨论问题相应的临界值。

九、空间力系的两项基本运算。

1. 计算力在直角坐标上的投影

（1）直接投影法　如已知力 $\boldsymbol{F}$ 及其与 x、y、z 轴之间的夹角分别为 α、β、γ，则有

$$F_x=F\cos\alpha;\ F_y=F\cos\beta;\ F_z=F\cos\gamma$$

（2）二次投影法　通过 $\boldsymbol{F}$ 向坐标面上投影，再向坐标轴投影。

2. 计算力对轴之矩

应用式 $M_z(\boldsymbol{F})=M_O(\boldsymbol{F}_{xy})$，将空间问题中力对轴之矩转化为与轴垂直平面内的分力对轴与该面交点之矩来计算。

十、空间力系平衡问题的两种解法。

1）应用空间力系的六个平衡方程式，直接求解。

2）空间问题的平面解法。将物体与力一起投影到三个坐标平面，化为三个平面力系去求解。

十一、物体重心、质心与形心位置的确定。

1. 重心、质心与形心的坐标公式均由合力矩定理导出。

2. 均质物体在地球表面附近的重心和形心是在同一位置。

思 考 题

2-1 如图 2-44 所示，两轮的半径都是 r，两种情况下力对轮的作用有何不同？

2-2 平面力系的平衡方程有哪几种形式？应用这些方程时要注意什么？

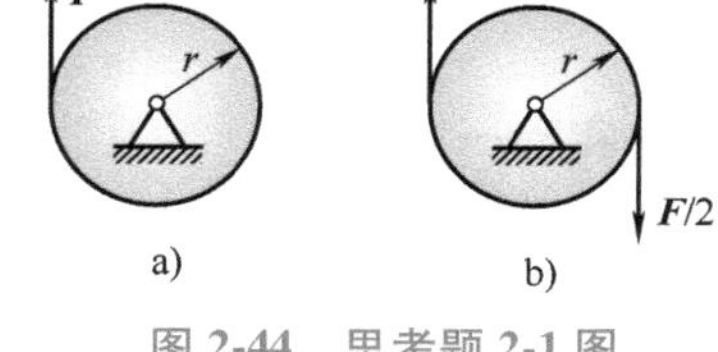

图 2-44 思考题 2-1 图

2-3 平面力系的平衡方程能不能全部采用投影方程？为什么？

2-4 在物体系统的平衡问题中，为什么有的力对整体是内力，受力图中不能标出，而对系统某个部分又是外力，受力图中必须标出？认定同一个力是内力还是外力的依据是什么？

2-5 物理中学习过杠杆原理，请用平衡方程将杠杆原理表示出来。

2-6 在求解静力学问题时，运用坐标的取向和力矩方程矩心的选择是否可以简化运算？如可以，应如何运用？

2-7 三人抬一根长 l 的均质杆件，如图 2-45 所示，为使三人受力相同，三人的位置如何布置最为合理？（可在杆件上加一自重不计的横杆）

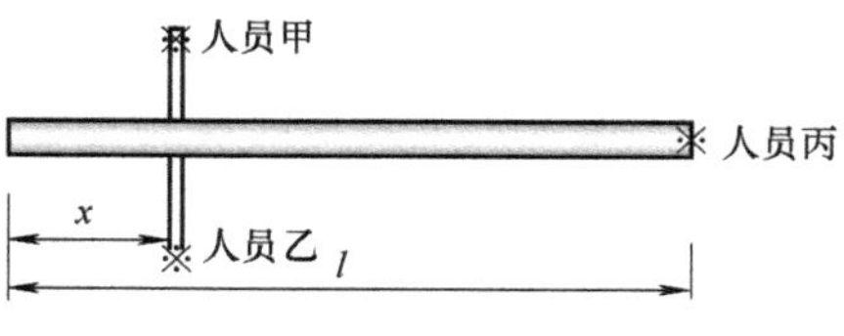

图 2-45 思考题 2-7 图

2-8 摩擦力是否一定是阻力？试分析图 2-46 所示的坦克向前行驶时地面给履带的摩擦力的方向。当坦克制动时，摩擦力的方向是否改变？

2-9 图 2-47 所示汽车在行驶时，如车轮与路面滚而不滑，后轮由发动机带动，有主动力偶 M 作用，前轮空套在轴上，被汽车用力推向前移动。试分析地面给前后轮的摩擦力的方向，并简述摩擦力各自对汽车的运动起了什么作用，是静摩擦力还是动摩擦力？

2-10 图 2-48 所示为一重量为 $W=100\text{N}$ 的物块，在 $F=400\text{N}$ 的作用下处于平衡，物块与墙间的静摩擦因数 $f_s=0.3$，求它与墙之间的摩擦力 F_f。若物块与墙间的 $f_s=0.2$、$f_s=0.15$，问在这两种情况下物块是否平衡？它与墙之间的摩擦力分别有多大？

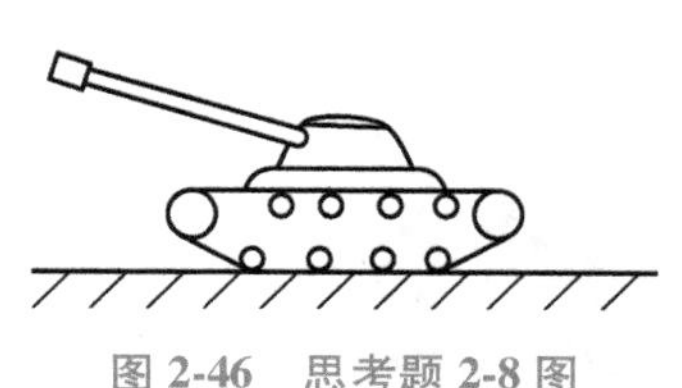
图 2-46 思考题 2-8 图

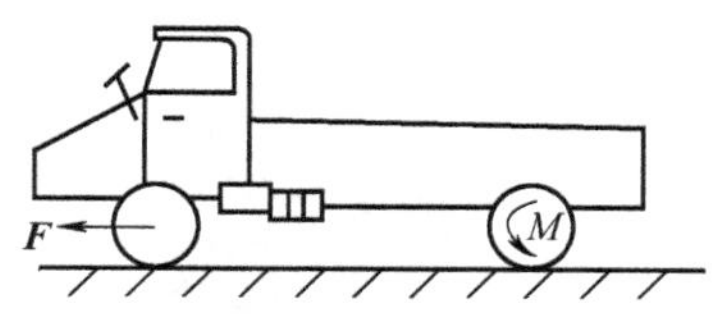

图 2-47 思考题 2-9 图

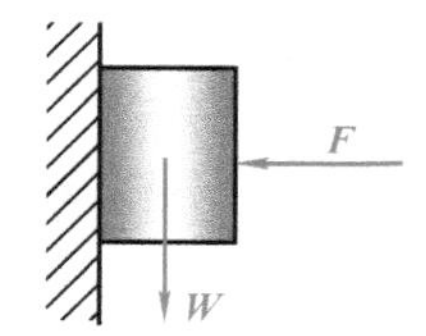

图 2-48 思考题 2-10 图

2-11 物体重 $\boldsymbol{W}$，与水平面间的静摩擦因数为 f_s，如图 2-49 所示。欲使物块向右滑动，将图 2-49a 的施力方法与图 2-49b 的施力方法相比较，哪种省力？若要最省力，α 角应多大？

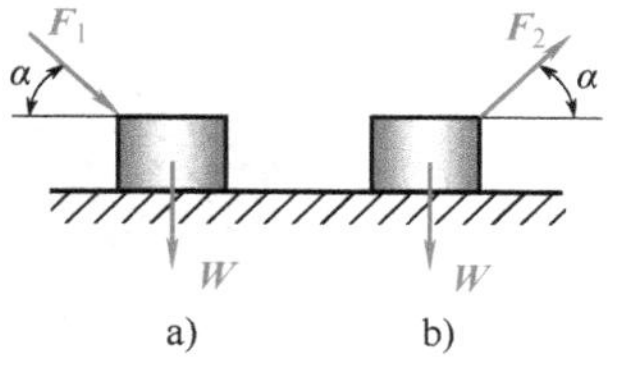

图 2-49 思考题 2-11 图

2-12 如力 $\boldsymbol{F}$ 与 x 轴的夹角为 α，在什么情况下 $F_x=F\sin\alpha$？此时 F_x 为多少？

2-13 一个空间力系问题可转化为三个平面力系问题，每个平面力系问题都可列出三个平衡方程式，为什么空间力系问题解决不了九个未知量？

2-14 物体的重心是否一定在物体的内部？

2-15 将物体沿着过重心的平面切开，两边是否等重？

小实验

小实验一

先计算图 2-50 所示拔桩机的拔桩力，其中绳索 AC、BC、DE、CE 互相连接。为了拔出木桩，在 E 点向下加一铅垂力 F_P，其大小为 400N，此时 AC 绳沿铅垂方向移动、CE 绳沿水平方向移动、BC 绳与铅垂线呈 $\alpha=4°$、DE 绳与水平线呈 $\beta=5°$。再模仿拔桩机自制一个小型的拔桩机，用来拔取木板上的钉子。

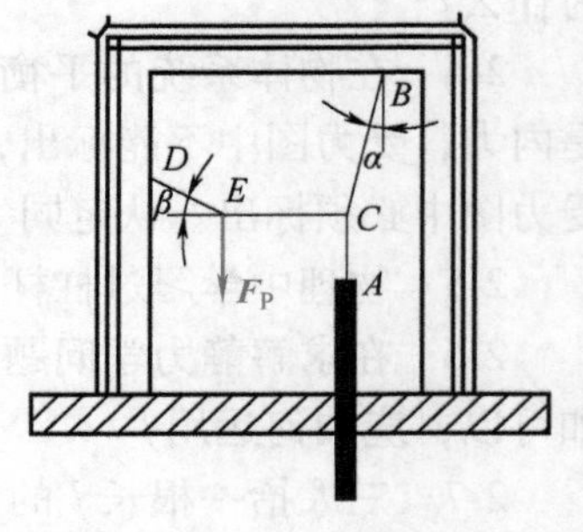

图 2-50 小实验一图

小实验二

设计两种以上的方案将一管道固定在墙上，并进行受力分析和计算，评价方案的合理性。

习 题

2-1 合力的投影和简化中心位置____关，而合力偶一般是和简化中心位置____关。

2-2 在平面力系中，各力作用线交于一点的力系，称为__________，有____个平衡方程。

2-3 在平面力系中，各力作用线相互平行的力系，称为__________，有____个平衡方程。

2-4 物体系统是指由若干个物体__________按一定方式连接而成的系统。

2-5 由 n 个物体组成的系统，如每个物体都是受平面一般力系作用，则共可列出________个独立的平衡方程。

2-6 未知量可用平衡方程解出的系统平衡问题，称为__________；仅用平衡方程不能全部解出未知量，这类问题称为__________。

习题 2-1

习题 2-2

习题 2-3

习题 2-4

习题 2-5

习题 2-6

2-7 已知 $F_1=2\text{kN}$、$F_2=4\text{kN}$、$F_3=10\text{kN}$ 三力分别作用在边长为 10cm 的正方形的 C、B、O 三点上，如图 2-51 所示。求该三力向 O 点简化的结果。

2-8 一平面任意力系每方格边长为 a，如图 2-52 所示，$F_1=F_2=F$，$F_3=F_4=\sqrt{2}F$。试求力系向 O 点简化的结果。

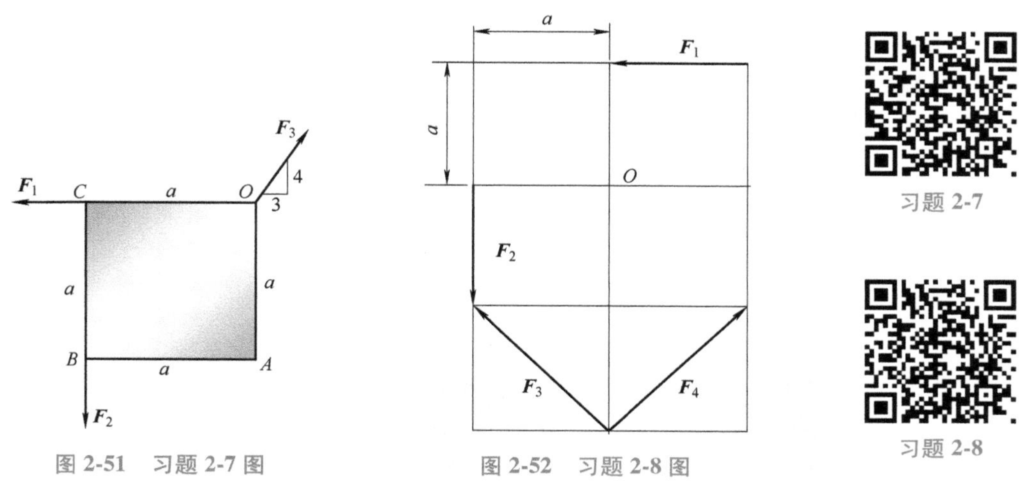

图 2-51 习题 2-7 图

图 2-52 习题 2-8 图

2-9 试求图 2-53 所示刚架的支座约束力。

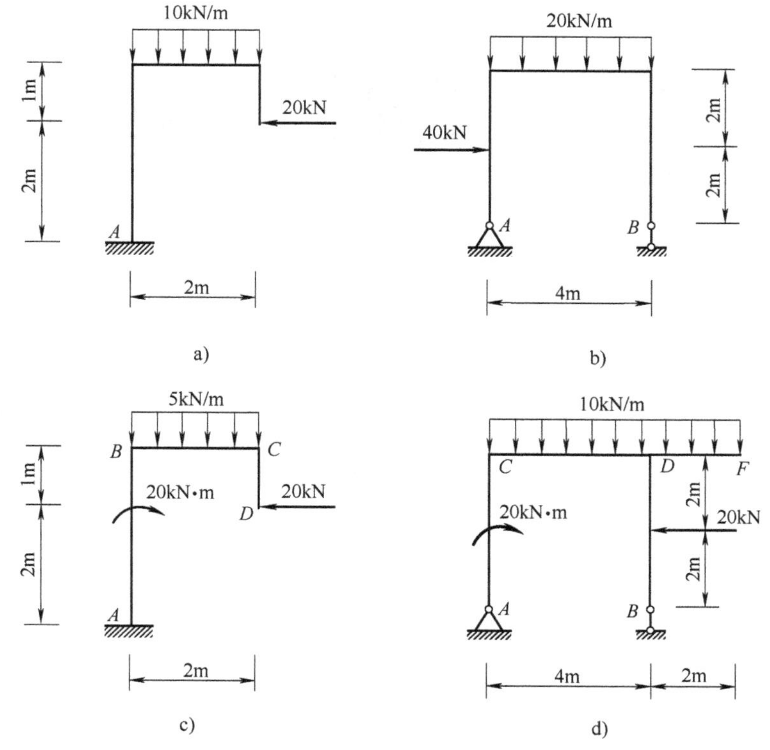

图 2-53 习题 2-9 图

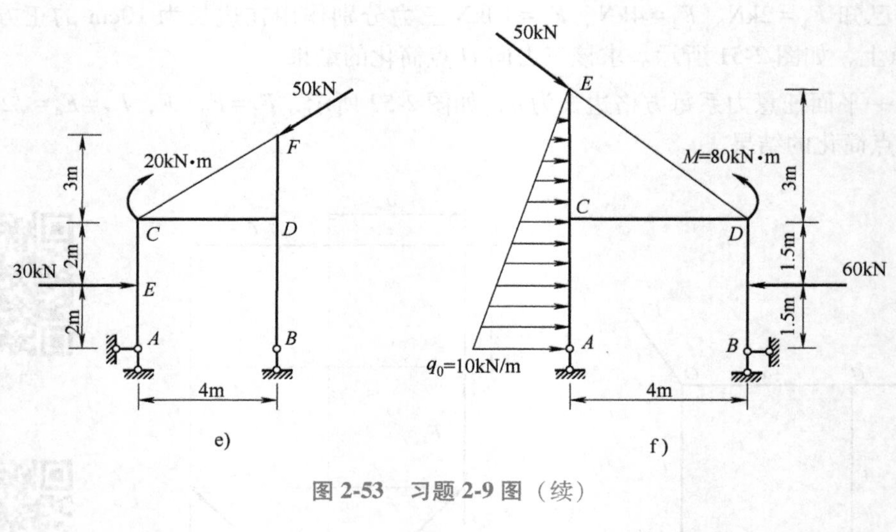

图 2-53　习题 2-9 图（续）

2-10　试求图 2-54 所示支架 A、B 处的支座约束力。

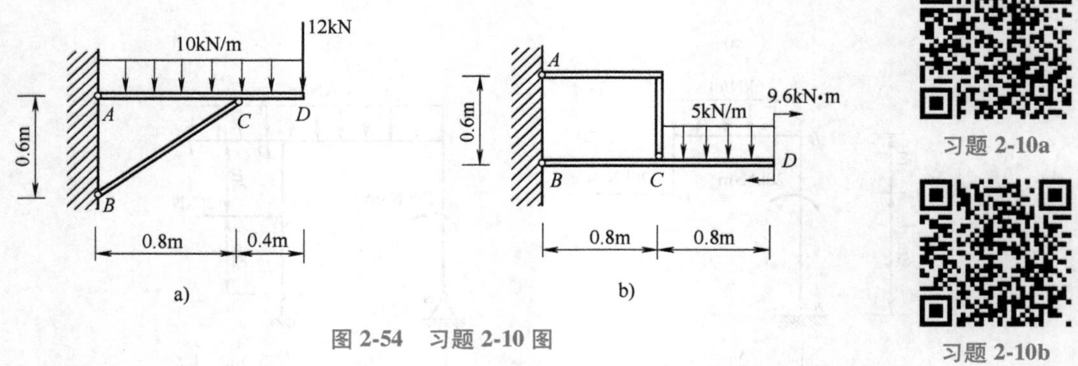

图 2-54　习题 2-10 图

2-11　试计算图 2-55 所示支架中 A、C 处的约束力。已知 $q=2\text{kN/m}$，$W=10\text{kN}$，不计杆自重。

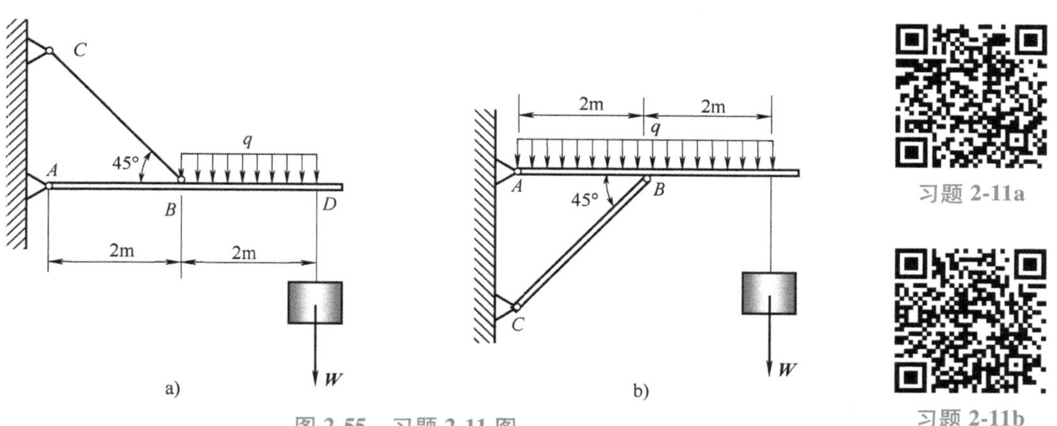

图 2-55　习题 2-11 图

2-12　支架由 AB、AC 构成，A、B、C 三处均为铰接，在 A 点悬挂重为 $F=10\text{kN}$ 的重物，试求图 2-56 所示情况下，杆 AB、AC 所受的力，并说明它们是拉力还是压力。

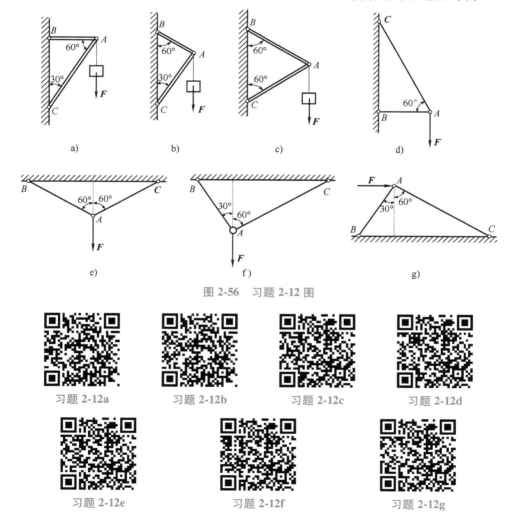

a)　b)　c)　d)

e)　f)　g)

图 2-56　习题 2-12 图

习题 2-12a　习题 2-12b　习题 2-12c　习题 2-12d

习题 2-12e　习题 2-12f　习题 2-12g

2-13　试求图 2-57 所示各梁的支座约束力。

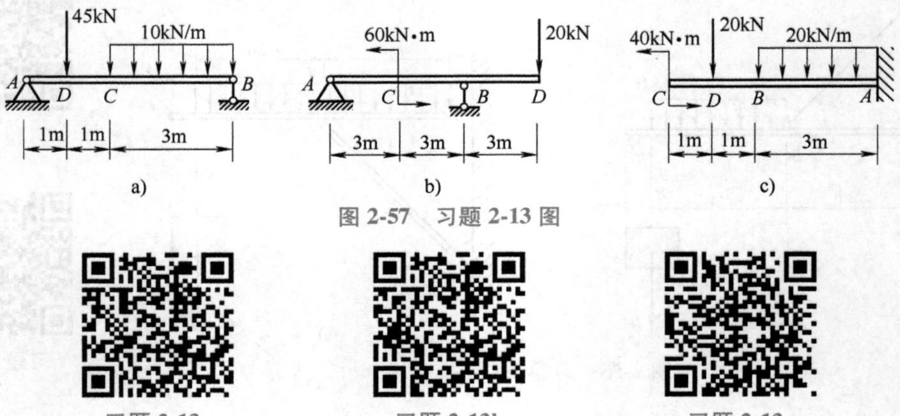

图 2-57　习题 2-13 图

习题 2-13a　　习题 2-13b　　习题 2-13c

2-14　已知 q、a，且 $F=qa$、$M=qa^2$，求图 2-58 所示各梁或刚架的支座约束力。

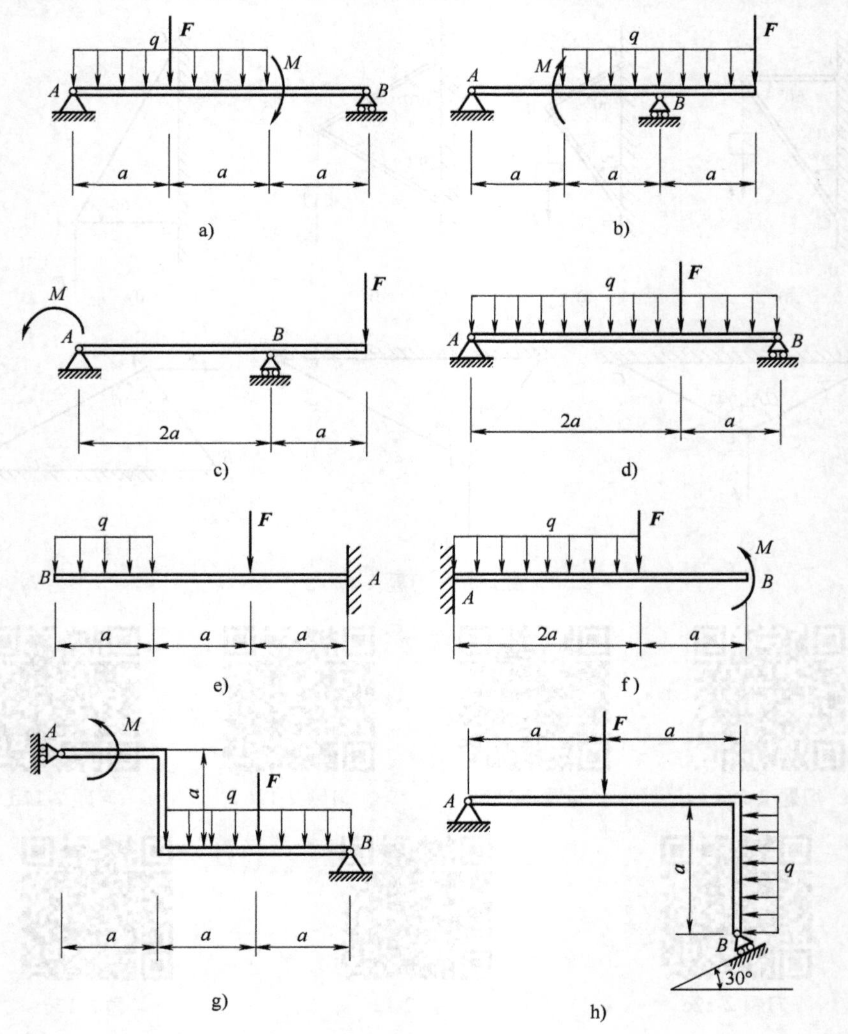

图 2-58　习题 2-14 图

习题 2-14a　习题 2-14b　习题 2-14c　习题 2-14d

习题 2-14e　习题 2-14f　习题 2-14g　习题 2-14h

2-15　均质杆 AB 重 $\boldsymbol{W}$，在 A 端用铰链连接在水平地板 AD 上，另一端 B 则用绳子 BC 将其系在铅垂墙上，如图 2-59 所示。已知 $\angle CED=\alpha$，$\angle BAD=\beta$，求绳的张力和铰链 A 的约束力。

2-16　水塔总重量 $W=160\text{kN}$，固定在支架 A、B、C、D 上。A 为固定铰支座，B 为活动铰支座，水箱左侧受风压为 $q=16\text{kN/m}$，如图 2-60 所示。为保证水塔平衡，试求 A、B 间最小距离。

2-17　图 2-61 所示起重机支架的 AB、AC 杆用铰链支撑在可旋转的立柱上，并在 A 点用铰链互相连接，由卷扬机 D 水平引出钢索过滑轮 A 起吊重物。设重物重 $F=20\text{kN}$，各杆和滑轮自重及滑轮的大小均不计，求 AB、AC 杆所受的力。

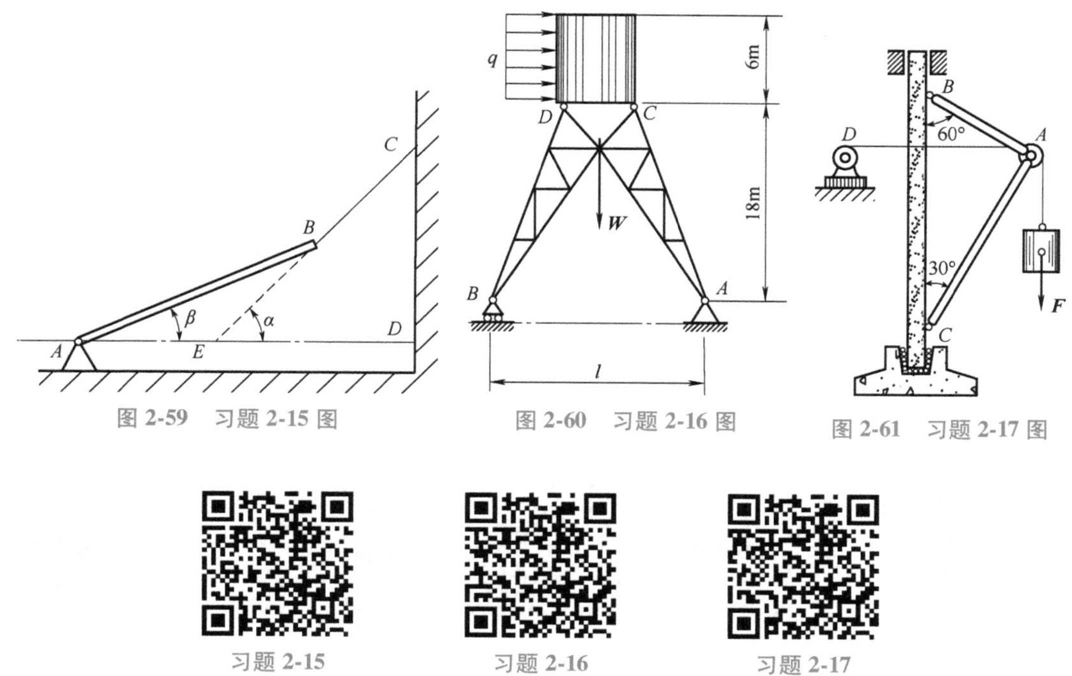

图 2-59　习题 2-15 图　　图 2-60　习题 2-16 图　　图 2-61　习题 2-17 图

习题 2-15　习题 2-16　习题 2-17

2-18　桥式起重机的跨度为 l，在图 2-62 所示位置时，小车离右轨道距离为 a，大梁 AB 重为 $\boldsymbol{W}_G$，重物连同小车共重为 $\boldsymbol{W}$，已知 $\boldsymbol{W}_G$、$\boldsymbol{W}$、a、l，试求 A、B 处的支座约束力。

2-19　图 2-63 所示汽车式起重机的车重 $W_Q=26\text{kN}$，臂重 $W_G=4.5\text{kN}$，起重机旋转及固定部分的重量 $W=31\text{kN}$。设伸臂在起重机对称面内，试求图示位置起重机不致翻倒的最大起重荷载 $\boldsymbol{W}_P$。

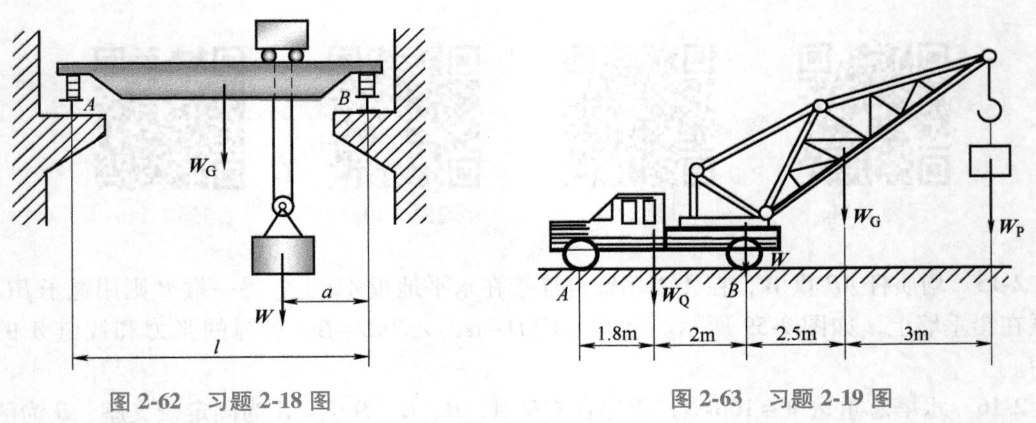

图 2-62　习题 2-18 图　　图 2-63　习题 2-19 图

2-20　驱动力偶矩使锯床转盘旋转，通过连杆 AB 带动锯弓往复移动，如图 2-64 所示。已知锯条的切削阻力 $F=2744\text{N}$，试求驱动力偶矩 M 及 O、C、D 三处支撑的约束力。

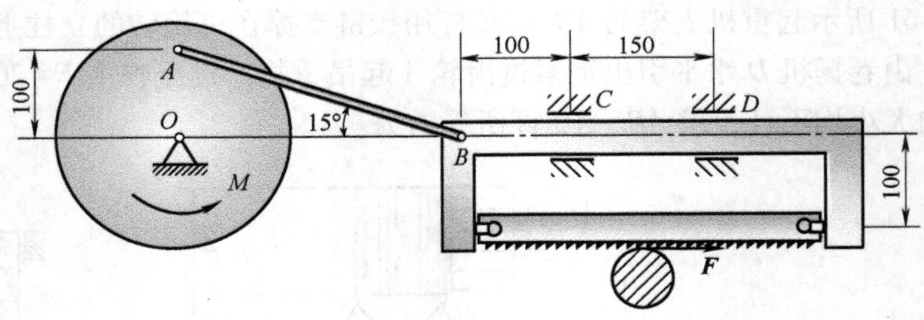

图 2-64　习题 2-20 图

2-21　试求图 2-65 所示多跨梁的支座约束力。

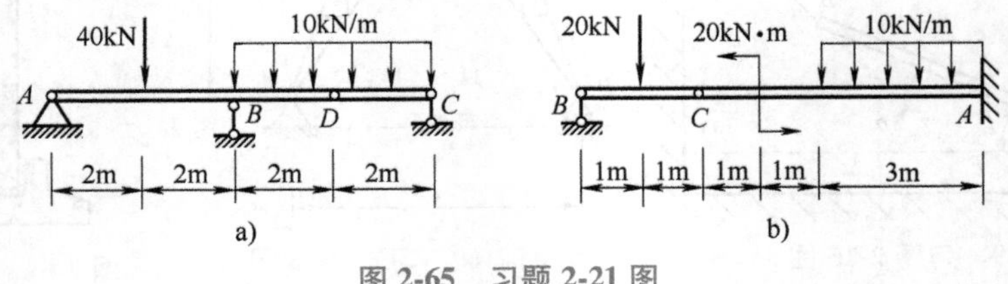

图 2-65　习题 2-21 图

习题 2-18

习题 2-19

习题 2-20

习题 2-21a

习题 2-21b

2-22　组合梁及其受力情况如图 2-66 所示。梁的自重可忽略不计，其中 q 和 a 为已知，$F=qa$、$M=qa^2$，试求各梁 A、B、D 处的约束力。

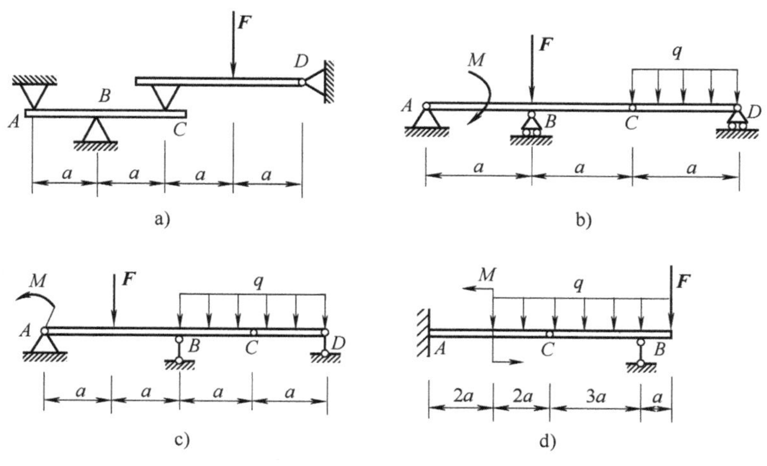

图 2-66　习题 2-22 图

习题 2-22a

习题 2-22b

习题 2-22c

习题 2-22d

2-23　图 2-67 所示结构由梁 C 和管道 O 组成，试求梁 A、B 处的支座约束力。

2-24　相同的两根钢管 A 和 B 搁放在斜坡上，并用两根铅垂立柱挡住，如图 2-68 所示。设每根管子重 $W=4\text{kN}$，求管子作用在每根立柱上的压力。假设各接触面均为光滑。

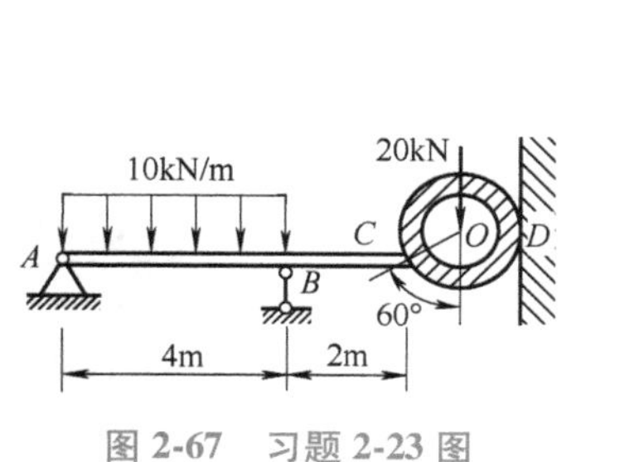

图 2-67　习题 2-23 图

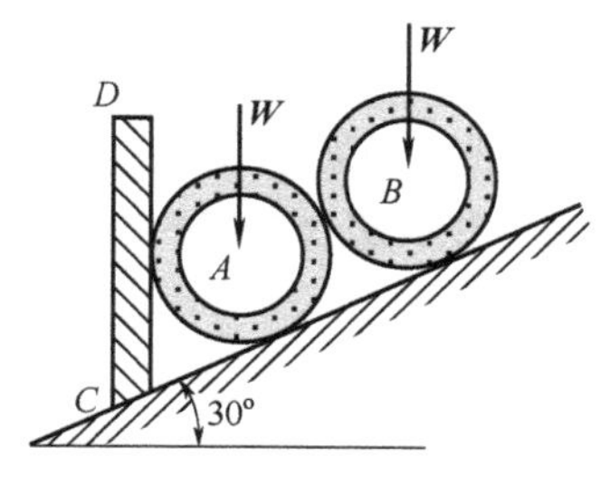

图 2-68　习题 2-24 图

习题 2-23

习题 2-24

2-25　图 2-69 所示混凝土管搁置在 30°的斜面上，用两个撑架支撑，每一个撑架承受混凝土管的一半重量。设 $W=5\text{kN}$，A、B、C 处均为铰接，且 $AD=DB$，而 AB 垂直于斜面，撑架自重不计且各接触面均为光滑。求 AC 杆和铰 B 的约束力。

2-26　重物的重量为 $\boldsymbol{W}$，杆 AB、BC 与滑轮连接如图 2-70 所示，已知 $\boldsymbol{W}$ 和 $\alpha=45°$，不

计滑轮的自重。求支座 A 处的约束力以及 BC 杆所受的力。

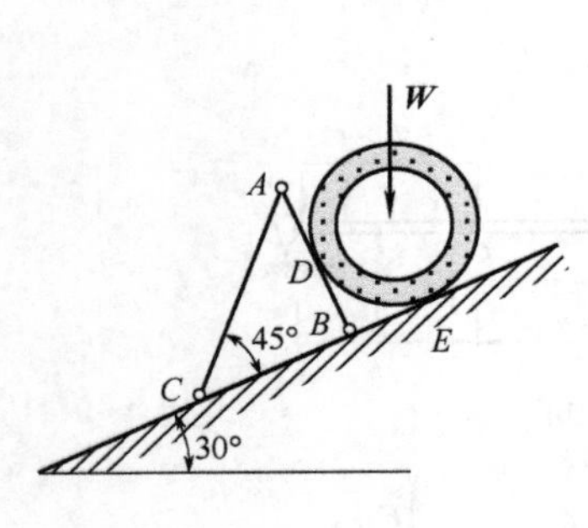

图 2-69 习题 2-25 图

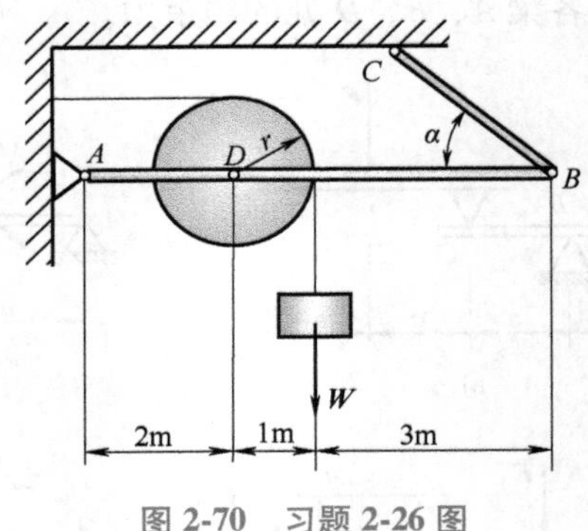

图 2-70 习题 2-26 图

习题 2-25

习题 2-26

2-27 图 2-71 所示构架中，D、F 的中点有一光滑销钉 E 套在 AC 杆的光滑导槽内，已知 $\boldsymbol{F}_{\mathrm{P}}$、$a$。试求铰 A 和光滑接触点 C 两处的约束力。

2-28 汽车地秤如图 2-72 所示，BCE 为整体台面，杠杆 AOB 可绕 O 轴转动，B、C、D 均为光滑铰链，DC 为水平二力杆。已知砝码重 $\boldsymbol{W}_1$ 和 l、a，试求汽车重量 $\boldsymbol{W}_2$，各部分自重不计。

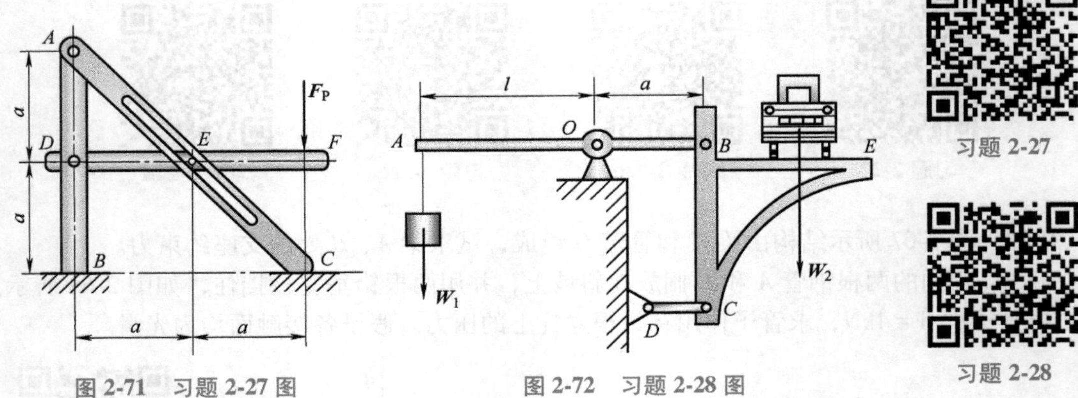

图 2-71 习题 2-27 图

图 2-72 习题 2-28 图

2-29 试求图 2-73 所示两跨刚架中 A、B、C 支座的约束力。

2-30 求图 2-74 所示三铰拱式组合屋架的拉杆 AB 的拉力及中间铰 C 所受的力，架重不计。

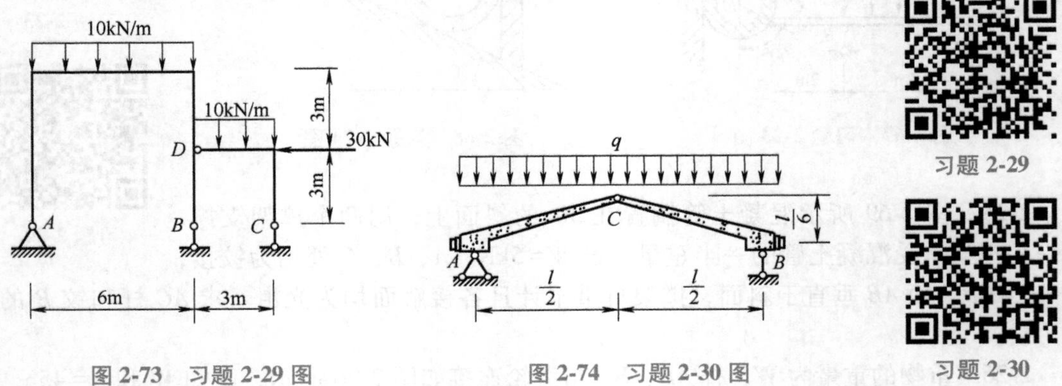

图 2-73 习题 2-29 图

图 2-74 习题 2-30 图

2-31　一组合结构的尺寸及受力如图 2-75 所示，求杆 1、2、3 所受的力。

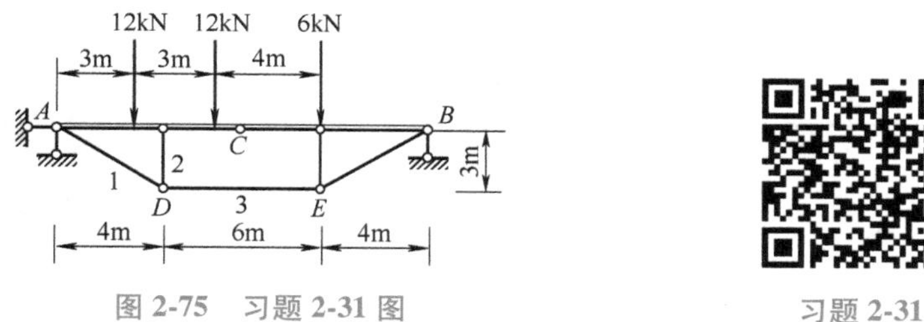

图 2-75　习题 2-31 图

习题 2-31

2-32　试求图 2-76 所示三铰结构 A、B 的支座约束力，其中 q、a 为已知。

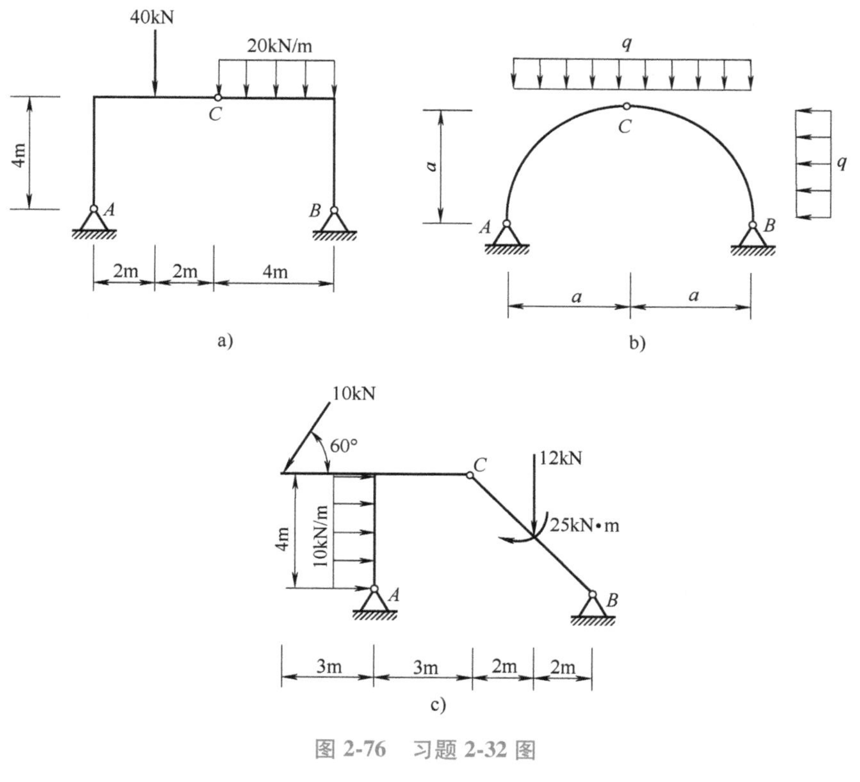

图 2-76　习题 2-32 图

习题 2-32a

习题 2-32b

习题 2-32c

2-33　判断图 2-77 中物体能否平衡，并求这时物体所受摩擦力的大小和方向。已知：

（1）如图 2-77a 所示物体重 $W=200\text{N}$，拉力 $F=5\text{N}$，$f_s=0.25$。

（2）如图 2-77b 所示物体重 $W=20\text{N}$，压力 $F=50\text{N}$，$f_s=0.3$。

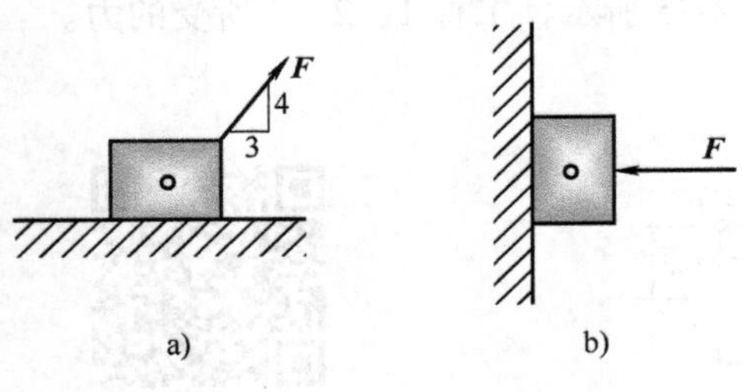

习题 2-33

图 2-77　习题 2-33 图

2-34　如图 2-78 所示，某人用双手夹一叠书，手夹书的力 $F=225\mathrm{N}$，手与书的摩擦因数为 $f_{s1}=0.45$，书与书间的摩擦因数为 $f_{s2}=0.4$。如每本书的重量为 10N，问最多能夹几本书？

2-35　设一抽屉的尺寸如图 2-79 所示。若拉力 $\boldsymbol{F}$ 偏离其中心线，稍一侧转，往往被卡住而拉不动。设 x 为偏离抽屉中心线的距离，f_s 为抽屉侧转后 A、B 二角与两侧面间的静摩擦因数。假定抽屉底的摩擦力不计，试求抽屉不致被卡住时 a、b、f_s 与 x 的关系，并简述 A、B 两处摩擦力是否同时达到临界值。

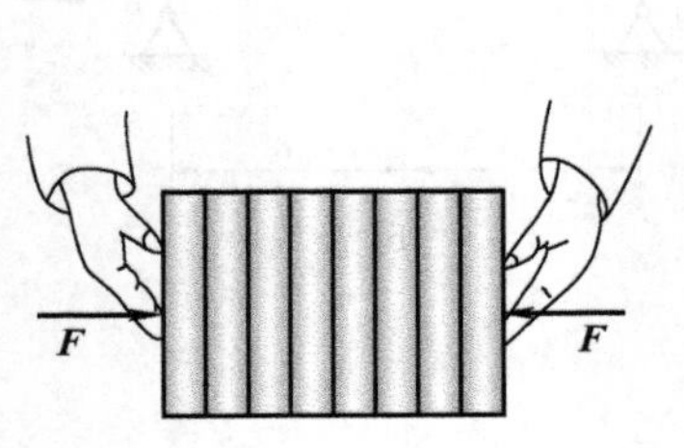

图 2-78　习题 2-34 图

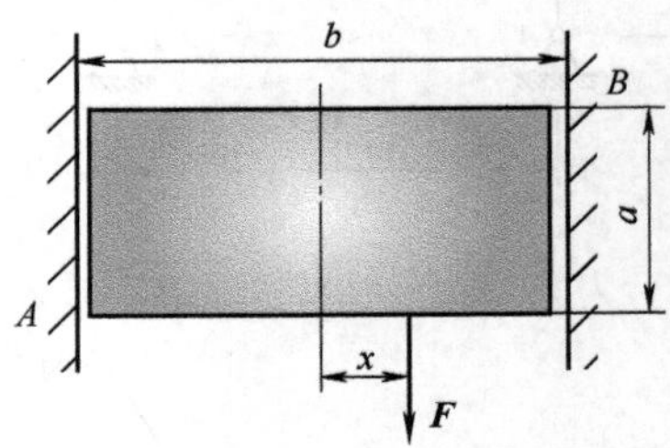

图 2-79　习题 2-35 图

2-36　砖夹宽 28cm，爪 AHB 和 $BCED$ 在 B 点铰接，尺寸如图 2-80 所示。被提起砖的重量为 $\boldsymbol{W}$，提举力 $\boldsymbol{F}$ 作用在砖夹中心线上。已知砖夹与砖之间的静摩擦因数 $f_s=0.5$，问尺寸 b 应多大才能保证砖不滑掉？

2-37　图 2-81 所示曲柄上受力 $\boldsymbol{F}$ 作用，已知 $F=1\mathrm{kN}$、$\alpha=30°$、$l=400\mathrm{mm}$、$r=50\mathrm{mm}$，试求力 $\boldsymbol{F}$ 在三坐标轴上的投影和对三坐标轴的力矩。

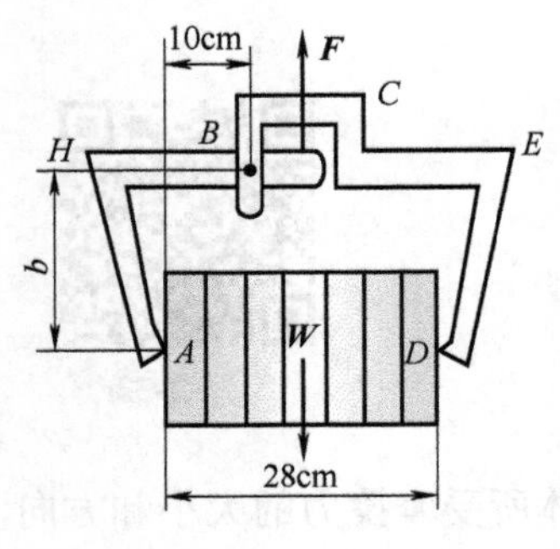

图 2-80　习题 2-36 图

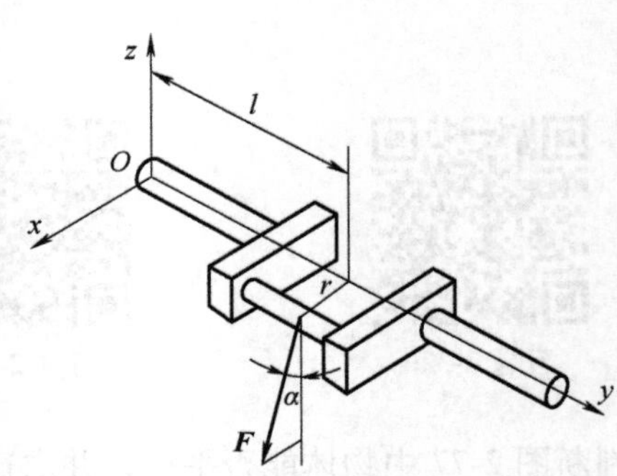

图 2-81　习题 2-37 图

习题 2-34

习题 2-35

习题 2-36

习题 2-37

2-38　图 2-82 所示悬臂梁上作用有竖直向下的均布荷载 $q=10\text{kN/m}$ 以及作用线分别平行于 x 轴、y 轴的集中力 $\boldsymbol{F}_{P2}$、$\boldsymbol{F}_{P1}$。已知 $F_{P1}=20\text{kN}$，$F_{P2}=40\text{kN}$，试求固定端处的约束力和约束力偶。

2-39　AB、AC、AD 三杆支撑一重物，如图 2-83 所示。杆端均为球铰连接，杆的自重不计。已知 $W=10\text{kN}$，$AB=4\text{m}$，$AC=3\text{m}$，且 $ABEC$ 在同一水平面内，试求三支杆的内力。

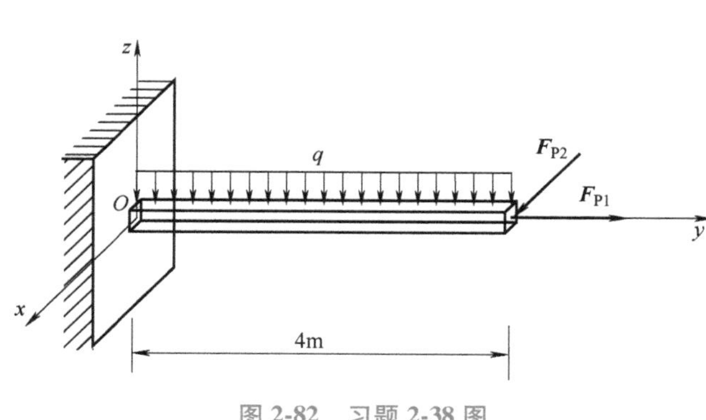

图 2-82　习题 2-38 图　　图 2-83　习题 2-39 图

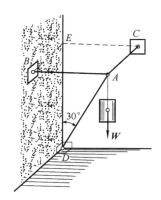

2-40　图 2-84 所示空心楼板 $ABCD$ 重 $W=2.8\text{kN}$，一端支撑在 AB 中点 E，在另一端 H、G 两处用绳悬挂，其中 $HD=GC=AD/8$。求两处绳索的拉力及 E 处的约束力。

2-41　电动卷扬机如图 2-85 所示，两带轮中心线是水平线，带两边与水平线的夹角为 30°，鼓轮半径 $r=10\text{cm}$，带轮半径 $R=20\text{cm}$，起重物的重量 $W=10\text{kN}$。设带紧边拉力为松边拉力的两倍，尺寸如图 2-81 所示。试求带的拉力及 A、B 两轴承的约束力。

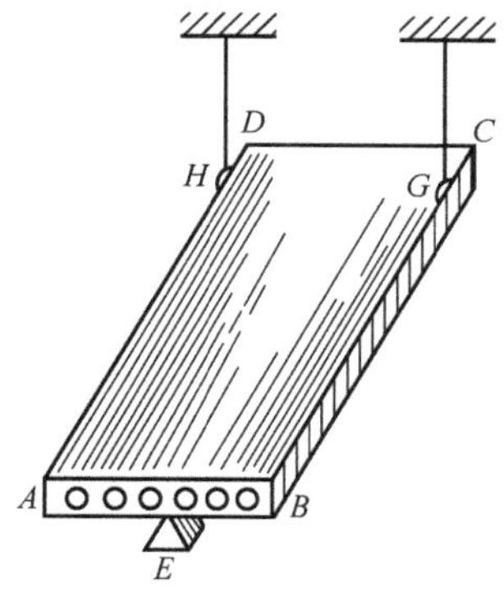

图 2-84　习题 2-40 图

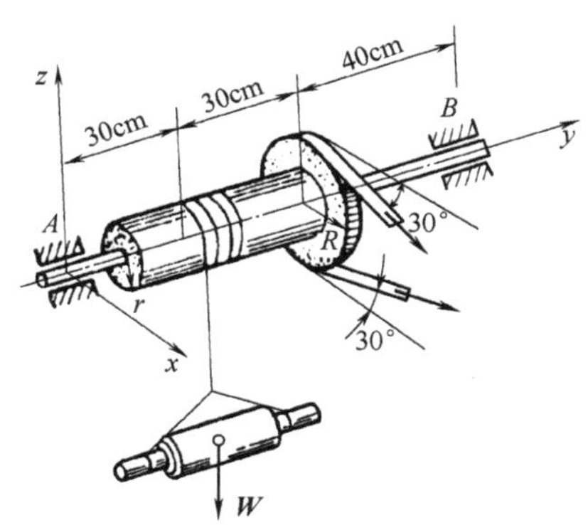

图 2-85　习题 2-41 图

习题 2-38

习题 2-39

习题 2-40

习题 2-41

第三章
平面体系的几何组成分析

本章的内容和研究方法与其他各章的关联不是很大，不讨论力，讨论的是结构机动性，如果学好了本章，可对第二章和第九章内容有更深刻的理解。本章的理论知识很基础，需要运用一些几何原理，通过反复运用这些几何原理可以很快地判断结构组成是合理还是不合理，这对工程中采用什么结构的组成有非常重要的指导作用。

杆系结构（简称结构）是由若干杆件用铰结点和刚结点连接而成的杆件体系，在结构中各个构件不发生失效的情况下，能承担一定范围的任意荷载的作用。如果结构不能承担一定范围的任意荷载的作用，这时在荷载作用下极有可能发生结构失效，这种失效是由于结构组成不合理造成的，与构件的失效不一样，往往发生比较突然，范围较大，在工程中必须避免，这就需要对结构的几何组成进行分析，以保证结构有足够、合理的约束来防止结构失效。但是，过多的约束将使结构成为超静定结构，那么超静定结构相对静定结构有什么不同的地方？对防止构件失效和结构失效又有哪些有利和不利的方面？这些问题将在本章和第九章中进行较详细的说明。几何组成分析的分析过程也可以提供合理求解体系平衡问题的顺序。

第一节　结构组成的几何规则

在荷载作用下，不考虑材料的变形时，结构体系的形状和位置都不可能变化的结构体系，称为几何不变体系（图 3-1）；形状和位置可能变化的结构体系，称为几何可变体系（图 3-2）。

几何规则

显然，几何可变体系是不能作为工程结构使用的，工程结构中只能使用几何不变体系。

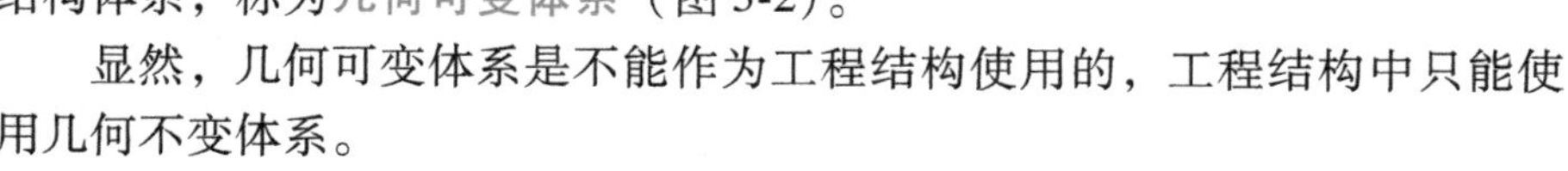

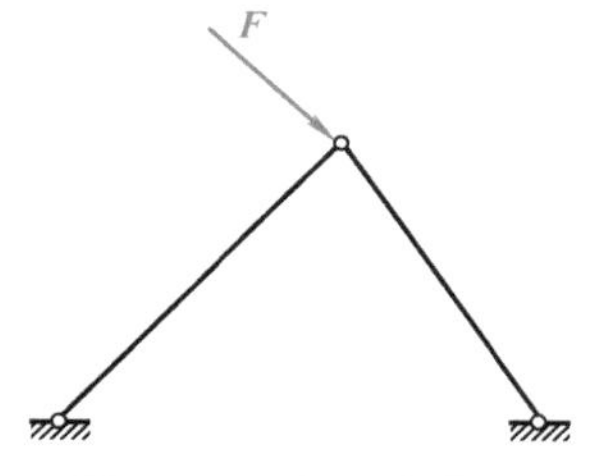

图 3-1　几何不变体系

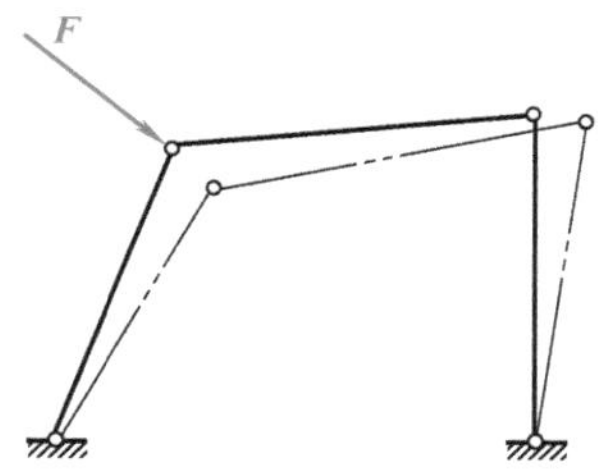

图 3-2　几何可变体系

铰接三角形是结构中最简单的几何不变体系，这是因为组成三角形的三条边一旦确定，那么这三条边组成的三角形是唯一确定的，因此铰接三角形是几何不变体系。如果在铰接三角形上任意减少一个部分，如将图 3-3a 所示铰接三角形 *ABC* 拆开，体系就成了几何可变体系，因此铰接三角形是几何不变体系中最简单的几何组成。以此作为判定几何组成的规则，称为铰接三角形规则，这是对结构进行几何组成分析最基本的规则。

如果在铰接三角形上再增加一根链杆 AD（图 3-3b），体系 $ABDC$ 仍然是几何不变体系，从维持几何不变的角度来看，有的约束是多余的（如 AD 或 AC 链杆），这些拆开后不影响体系几何不变性的约束称为多余约束。据此，在几何不变体系中又分为无多余约束几何不变体系和有多余约束几何不变体系。

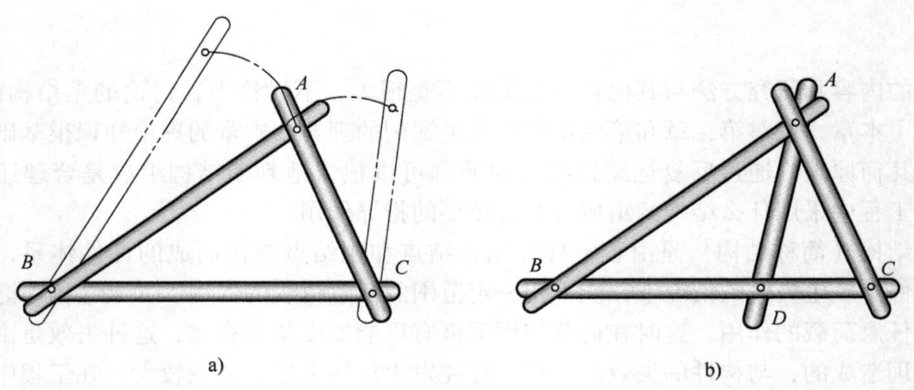

图 3-3 铰接三角形和约束的关系

对结构体系进行组成分析时不考虑各个构件的变形，因此每个构件或每个几何不变体系均可认为是刚体。由于研究的是平面问题，这些刚体通常称为刚片。刚片的形状对几何组成分析无关紧要，因此形状复杂的刚片均可以用形状简单的刚片或杆件来代替。

二元体规则、两刚片规则、三刚片规则

综合上述，可以得出对结构组成分析的基本规则：二元体规则、两刚片规则、三刚片规则。

一、二元体规则

在铰接三角形中，将一根杆视为刚片，则铰接三角形就变成一个刚片上用两根不共线的链杆在一端铰接成一个节点，这种结构叫作二元体结构（图 3-4）。于是，铰接三角形规则可表达为二元体规则：一个点与一个刚片用两根不共线的链杆相连，可组成几何不变体系，且无多余约束。

二、两刚片规则

若将铰接三角形中的杆 AB 和杆 BC 均视为刚片，杆 AC 视为两刚片间的约束（图 3-5），于是铰接三角形规则可表达为两刚片规则：两刚片间用一个铰和一根不通过此铰的链杆相连，可组成几何不变体系，且无多余约束。

在前两章已介绍了，链杆的约束力是一个，圆柱铰链的约束力是两个，故称链杆为一个约束，圆柱铰链则为两个约束，同理固定端约束为三个约束。图 3-6a 表示两刚片用两根不平行的链杆相连，两链杆的延长线相交于 A 点，两刚片可绕 A 点做微小的相对转动。这种连接方式相当于在 A 点有一个铰把两刚片相连。当然，实际上在 A 点没有铰，所以把 A 点叫作

“虚铰”。如在刚片Ⅰ、Ⅱ之间加一根不通过 A 点的链杆“3”（图 3-6b），就组成几何不变体系，且无多余约束。

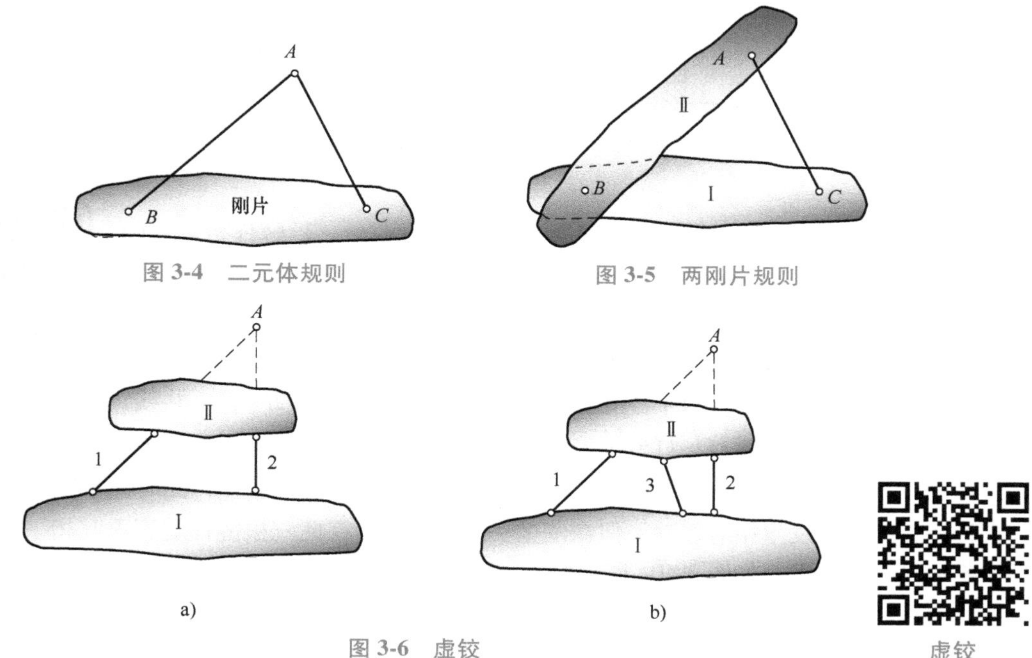

图 3-4　二元体规则

图 3-5　两刚片规则

图 3-6　虚铰

虚铰

三、三刚片规则

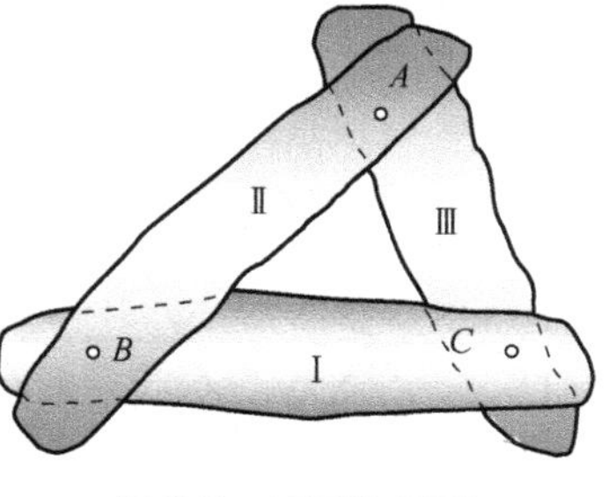

图 3-7　三刚片规则

若将铰接三角形中的三根杆均视为刚片（图 3-7），则有三刚片规则：三刚片间用不在同一直线上的三个铰两两相连，可组成几何不变体系，且无多余约束。

根据上述规则可逐步组成更为复杂的几何不变体系，也可用这些规则来判别给定体系的几何不变性。在上述组成规则中都提出了一些限制条件，如果不能满足这些条件，将会出现下面所述的情况。

四、几何组成分析中的几个特殊问题

1. 瞬变体系

如一个点与一个刚片用两根共线的链杆相连，如图 3-8 所示，从约束的布置上就可以看出是不合理的，因为两链杆都在同一水平线上，因此对限制 A 点的水平位移来说具有多余约束，而在竖向却没有约束，A 点可沿竖向移动，体系是可变的。不过当铰 A 发生微小移动至 A′时，两根链杆将不再共线，运动将不继续发生。这种在某一瞬间可以发生微小位移的体系称为瞬变体系，有时瞬变体系在受力时会对杆件产生巨大的内力，使构件发生破坏，因此瞬变体系不能作为结构使用。如图 3-9 所示的两个刚片用三根链杆相连，链杆的延长线均交于 O 点，此时，两个刚片可以绕 O 点作相对转动，但在发生一微小转动后，三

瞬变体系

根链杆就不再全交于一点，从而将不再继续作相对转动，故是瞬变体系。

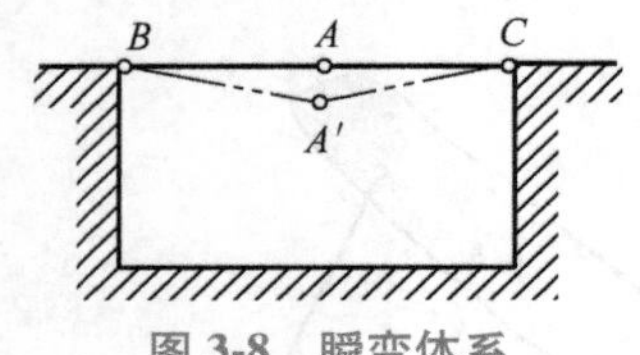

图 3-8　瞬变体系

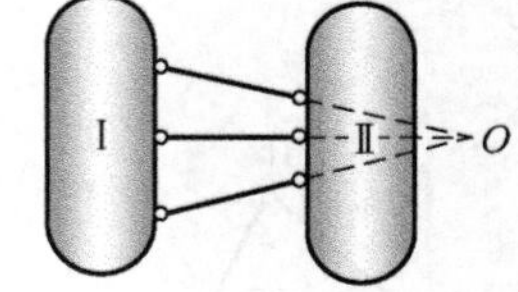

图 3-9　两刚片由共点三链杆连接的瞬变体系

2. 虚铰在无穷远

虚铰在无穷远

由两平行链杆构成的虚铰可视为在无穷远处，如这两平行链杆等长，则结构在发生位移后，虚铰仍在无穷远处；如不等长，则结构在发生位移后，虚铰在有限远处。另外，无穷远处的点具有方向性，平面上的所有无穷远点均在同一条直线上，这条直线称为无穷远直线（而一切有限远点均不在此直线上）。如图 3-10a 所示三个不同方位的无穷远处的虚铰（A、B、C）共线，但构成虚铰的链杆不等长，一旦发生微小位移，则三个虚铰在有限远处并不共线，故为瞬变体系。如图 3-10b 所示的两个刚片用三根相互平行但不等长的链杆相连，此时两个刚片可以沿着与链杆垂直的方向发生相对移动，但在发生一微小移动后，此三根链杆就不再互相平行，故这种体系也是瞬变体系。如图 3-10c 所示组成虚铰 A、B 的四根链杆彼此平行，则 A、B 在无穷远处合为一点，此点与铰 C 共线，如果这四根链杆长度彼此不等，在发生一微小移动后就不再互相平行，故这种体系也是瞬变体系。图 3-10d 所示的两个刚片用三根相互平行且等长的链杆相连，则在两个刚片发生相对移动后，这三根链杆仍保持相互平行，则运动将继续发生，这样的体系就是几何可变体系。图 3-10e 构成虚铰 A 的两根链杆等长，并与铰 B、C 的连线平行且等长，因此虚铰始终与其他两铰 B、C 共在一直线上，这样的体系就是几何可变体系。

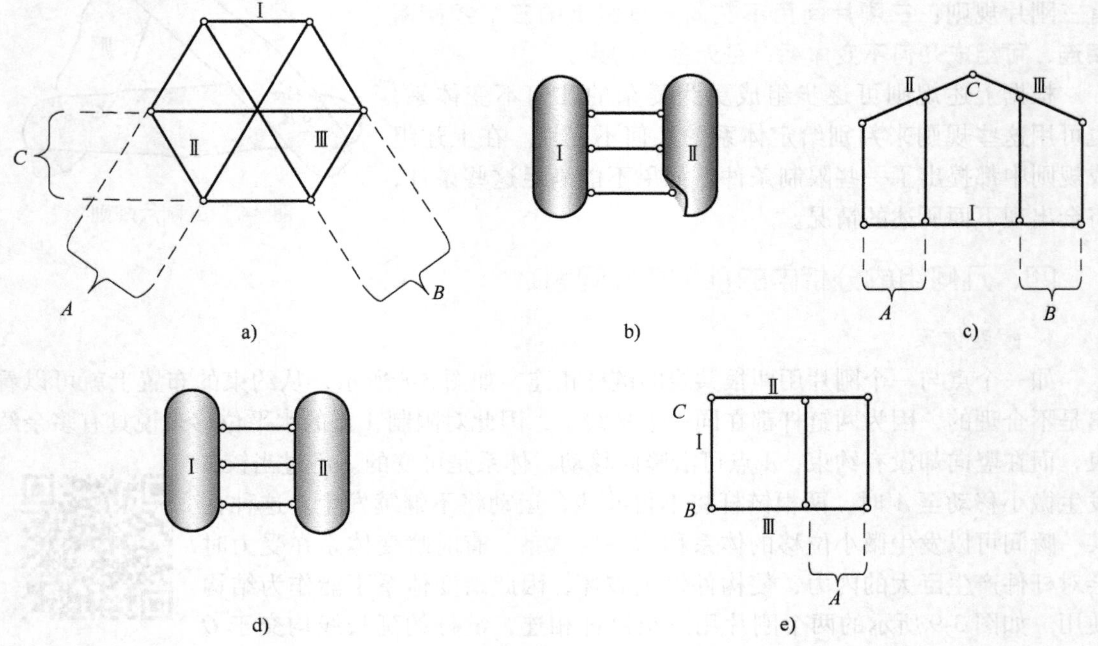

图 3-10　虚铰在无穷远

第二节　结构组成的分析方法

几何不变体系的组成规则是进行结构组成分析的依据，对体系重复使用这些规则，就可判定结构体系是否是几何不变体系以及有无多余约束。分析时，一般先从能直接观察出的几何不变部分开始，再应用组成规律，逐步扩大不变部分，直至整体。在前面学习中遇到的结构大部分是无多余约束的几何不变的结构体系，如简支结构、悬臂结构和三铰结构等。很多结构体系中有一部分结构和基础组成上述结构，这部分结构通常称为结构体系的基本部分，这是应该首先观察出来的，以此视为扩大基础；再对其他部分（称为附属部分）应用几何组成规则进行判断。对于较复杂的结构体系，为了便于分析，可先拆除不影响几何不变性的部分（如二元体），再进行几何组成分析；对于形状复杂的构件，可用直杆等效替代，使图形简化明了，利于使用几何组成分析规则判断。

例 3-1　试对图 3-11 所示结构进行组成分析。

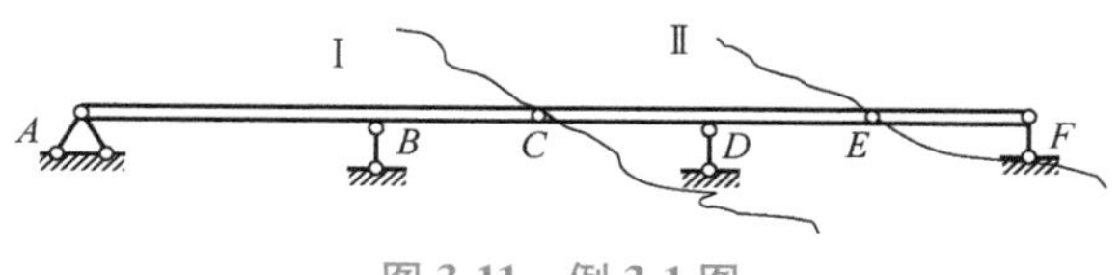

图 3-11　例 3-1 图

例 3-1

解　通过直接观察可以看到杆 *ABC* 是简支结构，杆 *ABC* 由铰 *A*、链杆 *B* 和基础相连，由两刚片规则可知，杆 *ABC* 和基础组成无多余约束的几何不变体系，从而形成扩大基础Ⅰ。杆 *CDE* 由铰 *C*、链杆 *D* 和扩大基础相连，由两刚片规则可知，杆 *CDE* 和扩大基础组成无多余约束的几何不变体系，使基础进一步扩大为Ⅱ。最后杆 *EF* 和链杆 *F* 作为二元体，因此整个结构是几何不变体系且无多余约束。此例中杆 *ABC* 是结构的基本部分，其他部分是结构的附属部分。

例 3-2　试对图 3-12 所示结构进行组成分析。

例 3-2

解　通过直接观察可以看到 *AC* 刚片Ⅰ、*BC* 刚片Ⅱ和基础由不共线的三个铰两两相连，组成三铰结构，形成扩大基础，构成结构的基本部分。*FG* 杆和 *DF* 杆在扩大基础上组成二元体，*HE* 刚片Ⅲ由铰 *H* 和不通过铰 *H* 的链杆 *E* 与扩大基础相连，因此整个结构是几何不变体系且无多余约束。

例 3-3　试对图 3-13a 所示结构进行组成分析。

例 3-3

解　用链杆 *DG*、*FG* 分别代换曲折杆 *DHG* 和 *FKG*，组成二元体，不影响对结构几何组成的判断；将其拆除，这时链杆 *EF*、*FC* 也组成二元体，也将其拆除（图 3-13b）。结构的 *ADEB* 部分是与基础用三个不共线的铰 *A*、*E*、*B* 相连的三铰刚架，因此整个结构是几何不变体系且无多余约束。

例 3-4　试对图 3-14a 所示结构进行几何分析。

例 3-4

解　结构与基础由不共线的一个链杆和一个铰相连，故此铰和链杆对判别没有影响，可拆除。将左右两个三角形分别视为刚片Ⅰ、Ⅱ，下拉杆视为刚片Ⅲ，如图 3-14b 所示。三刚片分别由两根等长且平行的链杆相连，则可认为两根等长平行的链杆组成的虚铰始终在无穷远处，这样三个虚铰可认为在同一直线上。也就是说，结构发生几何变形后，三个虚铰仍在同一直线上，因此结构是几何可变体系。

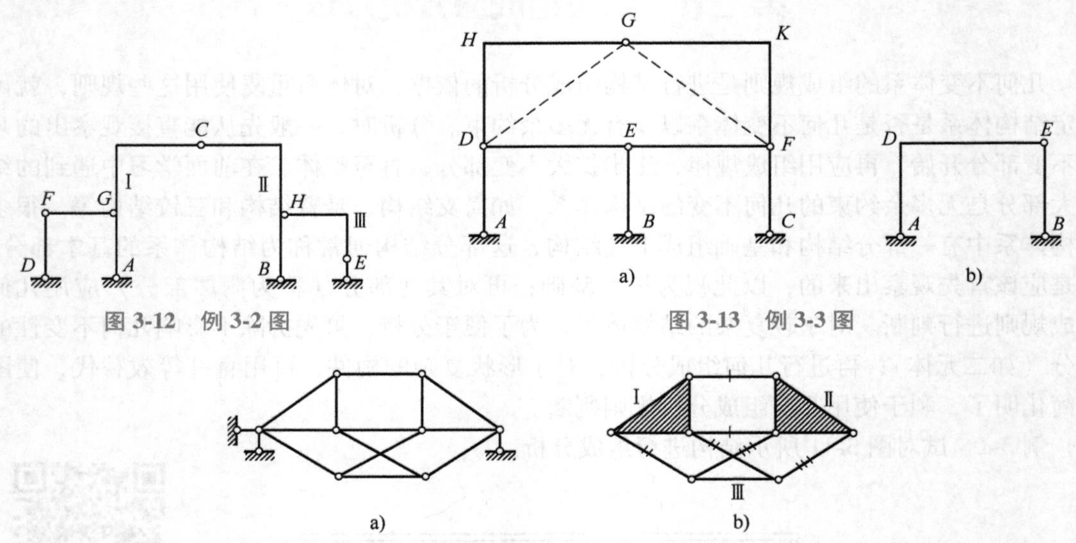

图 3-12 例 3-2 图

图 3-13 例 3-3 图

图 3-14 例 3-4 图

例 3-5　试对图 3-15a 所示结构进行几何分析。

解　三角形 *EBF* 和杆 *DC* 分别视为刚片Ⅰ、Ⅱ，基础视为第三个刚片，刚片Ⅰ与基础由链杆 *AE* 和 *B* 组成的虚铰 *B* 相连，刚片Ⅱ与基础由链杆 *AD* 和 *C* 组成的虚铰 *C* 相连，刚片Ⅰ、Ⅱ由链杆 *DE* 和 *CF* 组成的虚铰 *G* 相连，如图 3-15b 所示。三虚铰 *C*、*B*、*G* 在同一直线上，可知结构是几何瞬变体系。

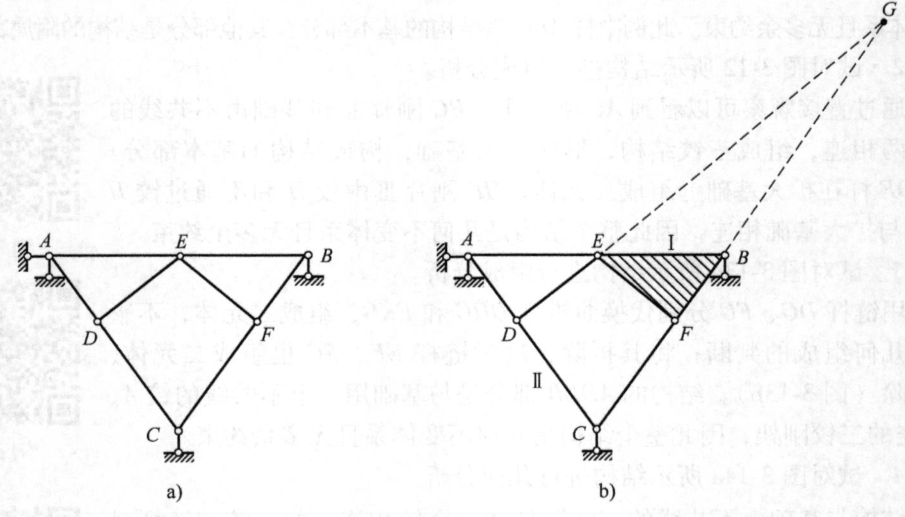

图 3-15　例 3-5 图

前面提到工程结构必须是几何不变体系，虽然在有些结构中某些构件并不受力，例如桁架中的零杆（受力为零的杆件），但是并不是说这些构件均不需要，如果缺少了这些构件，工程结构有可能成为几何可变体系，在预想不到的荷载作用时会发生工程结构的整体失效，造成严重的后果。例如近年来高层建筑越来越多，脚手架也越来越高，脚手架坍塌的事故时有发生，给人民的生命财产造成非常严重的损失。究其原因，都和结构的几何组成有一定的关系，如脚手架中缺少斜撑，或某些压杆过于细长，造成杆件失效，退出工作，使结构成为几何可变体系，从而发生整体失效。

第三节　体系的几何组成与静定性的关系

体系又称为物体系统，是指由若干个物体通过约束按一定方式连接而成的系统。当系统平衡时，组成系统的每个物体也必将处于平衡状态。一般而言，如系统由 n 个物体组成，如每个物体都受平面一般力系作用，则共可列出 $3n$ 个独立的平衡方程。系统中如所研究的平衡问题未知量大于独立的平衡方程数量，仅用平衡方程就不可能全部解出未知量，这类问题称为超静定问题，这类结构称为超静定结构。如未知量均可用平衡方程解出，则此系统的平衡问题称为静定问题，这类结构称为静定结构。

也可以通过结构几何组成分析对静定结构和超静定结构重新加以认识，由无多余约束的几何不变体系组成的结构是静定结构，这是因为体系的约束刚好限制了体系所有可能的运动方式，则体系的平衡方程数量和约束数量刚好相等，因此未知量均可用平衡方程解出。有多余约束的几何不变体系则不能用平衡方程全部解出结构的未知量，是超静定结构，有多少个多余约束就需要多少个补充方程来求解，多余约束的数量称为超静定结构的超静定次数，必须通过其他的条件补充相应的方程进行求解。

小　结

本章讨论了结构的几何组成分析，超静定结构的基本解法以及超静定结构相对静定结构具有的一些特性。

一、对结构进行几何组成分析的主要目的是判别体系是否为几何不变体系，只有几何不变体系才可作为结构使用，从几何组成角度可将结构体系分类如下：

$$
\text{体系}\begin{cases}\text{几何可变体系（包括几何瞬变体系）}\\ \text{几何不变体系}\begin{cases}\text{无多余约束——静定结构}\\ \text{有多余约束——超静定结构}\end{cases}\end{cases}
$$

二、组成几何不变体系最基本的规则是铰接三角形规则，这一规则可表达为二元体规则、两刚片规则、三刚片规则。

思考题

3-1　什么是刚片？它与刚体有何异同？

3-2　什么是几何可变体系和几何瞬变体系？这两种体系为何不能用于工程结构？

3-3　可以承受荷载的结构必须是什么体系？

3-4　什么叫二元体？

3-5　三刚片规则中，连接三刚片的三个铰应满足什么要求？

3-6　两刚片规则中，用两根链杆替代铰，那么连接两刚片的三链杆应满足什么要求，才能使两刚片组成几何不变体系？

3-7 从几何组成分析上来看，静定结构和超静定结构有何异同点？

小 实 验

用长约 30cm 且两端有孔的竹片若干根，钉子若干，把它们组成如图 3-16 所示结构，对比在力的作用下不可变体系和瞬变体系的反应。

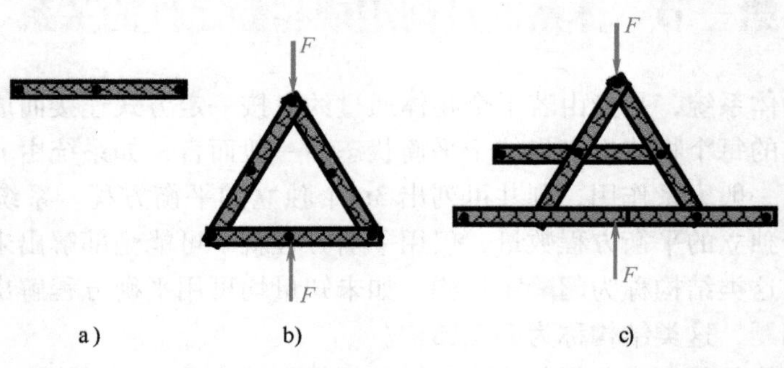

图 3-16 小实验图

a）组件 b）几何不变体系，有多余约束 c）几何瞬变体系

习 题

3-1 试对图 3-17 所示各梁进行几何组成分析。

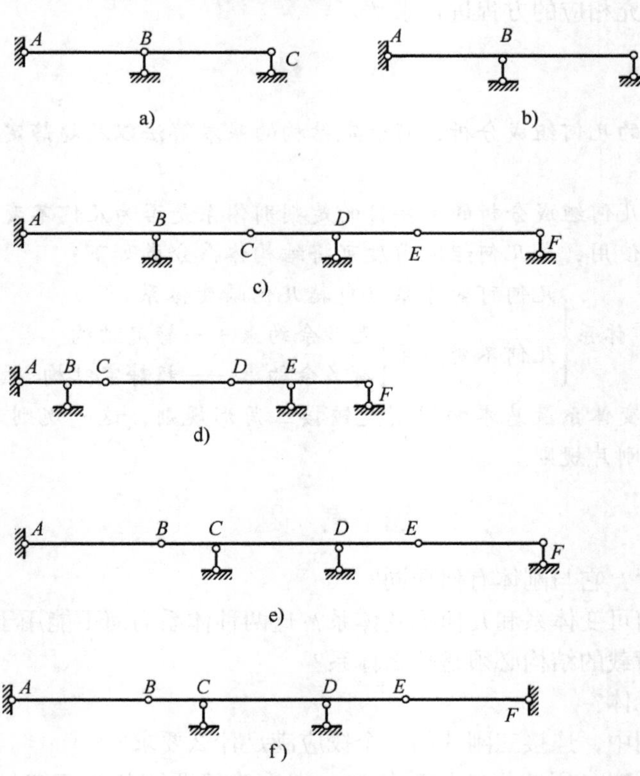

图 3-17 习题 3-1 图

3-2　试对图 3-18 所示各刚架进行几何组成分析。

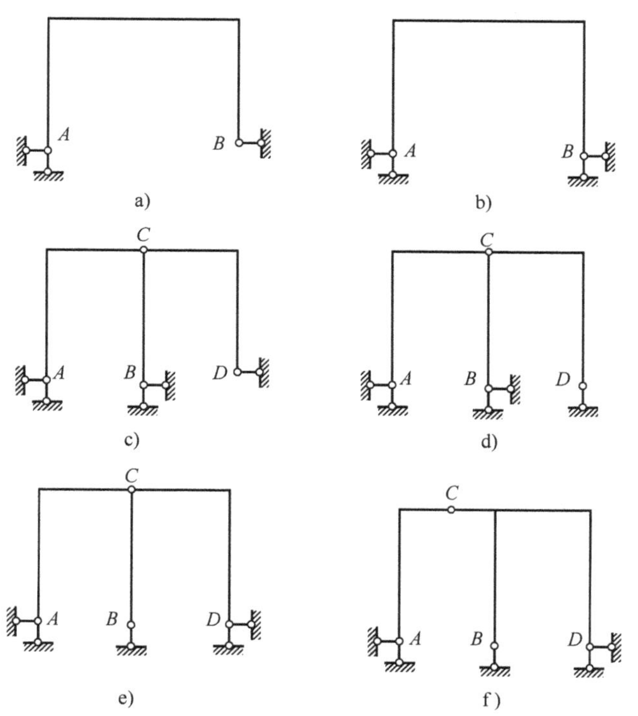

图 3-18　习题 3-2 图

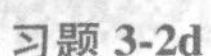
习题 3-2d

习题 3-2e

习题 3-2f

3-3　试对图 3-19 所示各桁架进行几何组成分析。

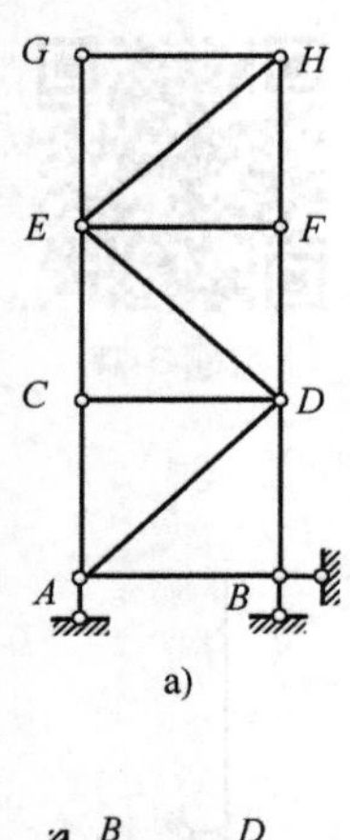

a)

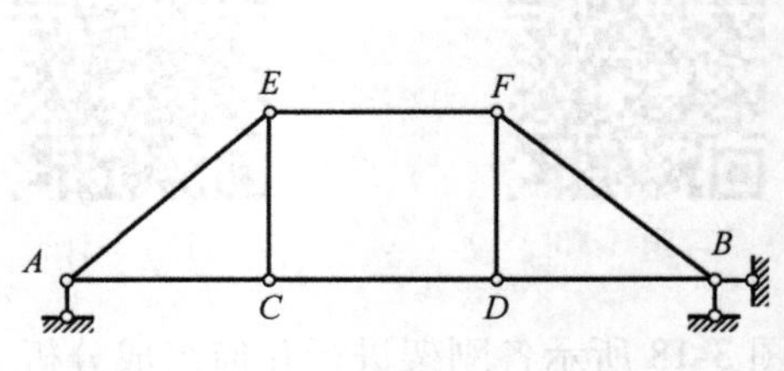

b)

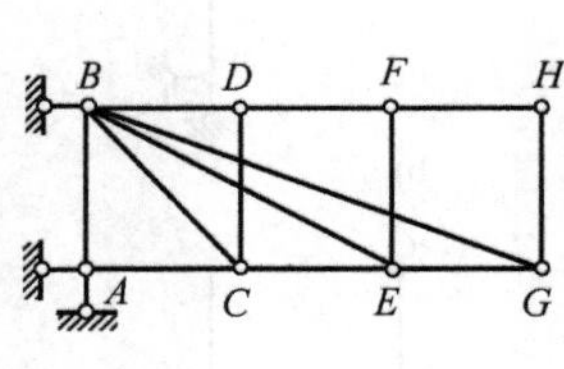

c)

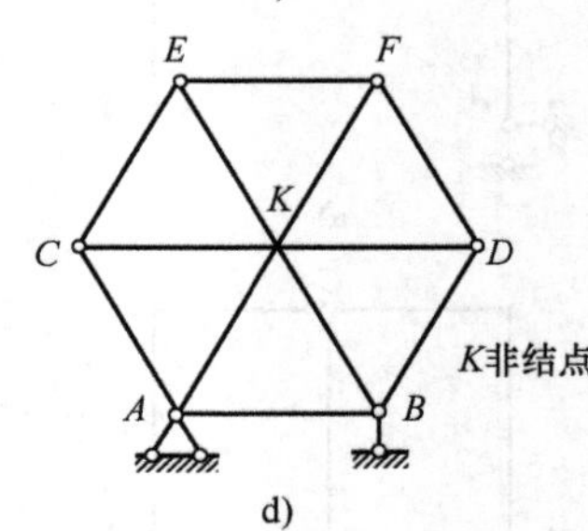

d)

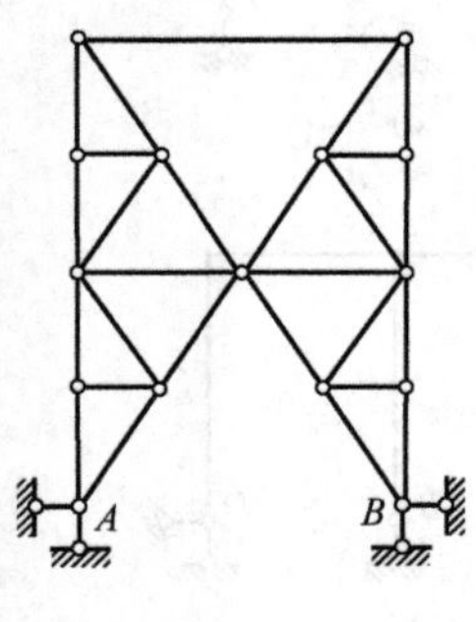

e)

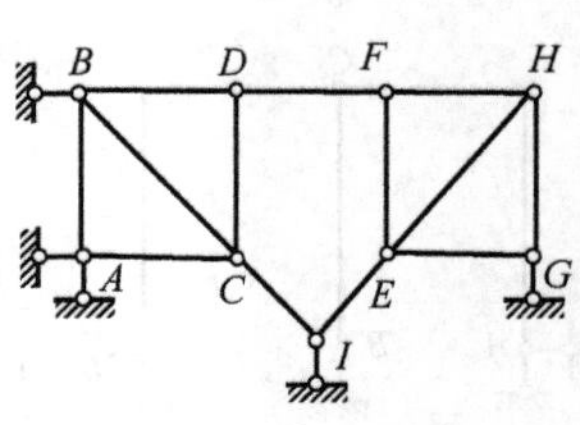

f)

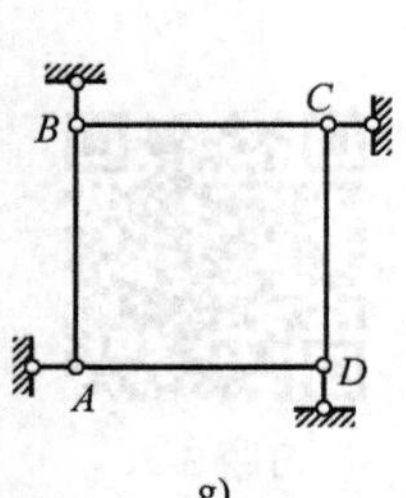

g)

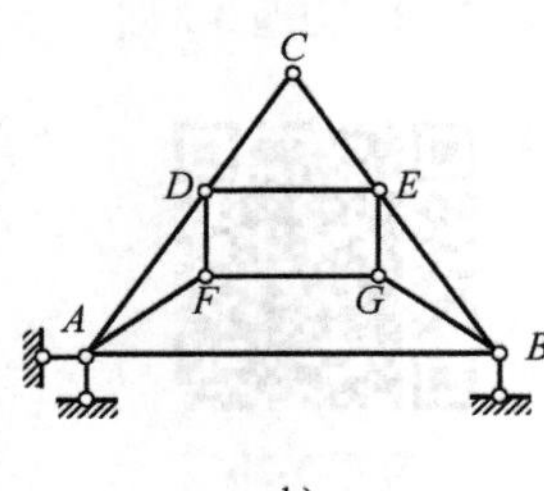

h)

F G A B D C E

i)

图 3-19　习题 3-3 图

习题 3-3a

习题 3-3b

习题 3-3c

习题 3-3d

习题 3-3e

习题 3-3f

习题 3-3g

习题 3-3h

习题 3-3i

3-4　试对图 3-20 所示各拱结构进行几何组成分析。

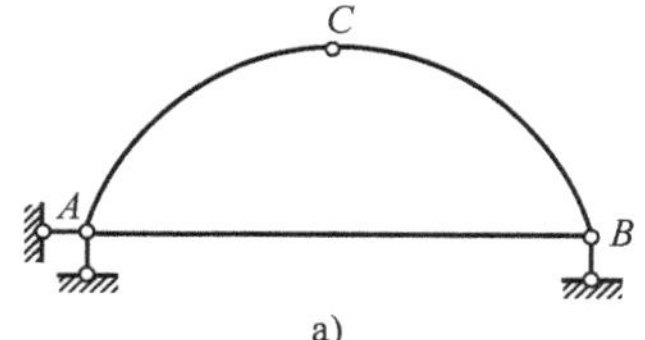

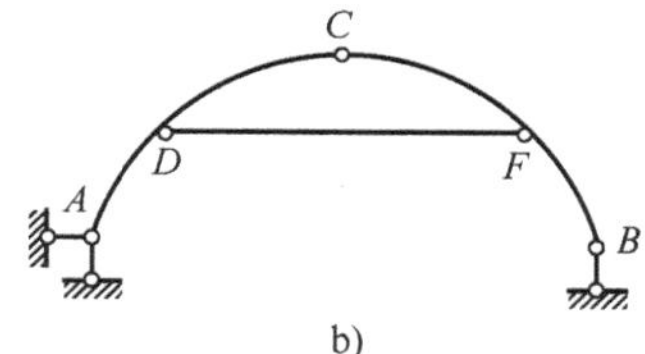

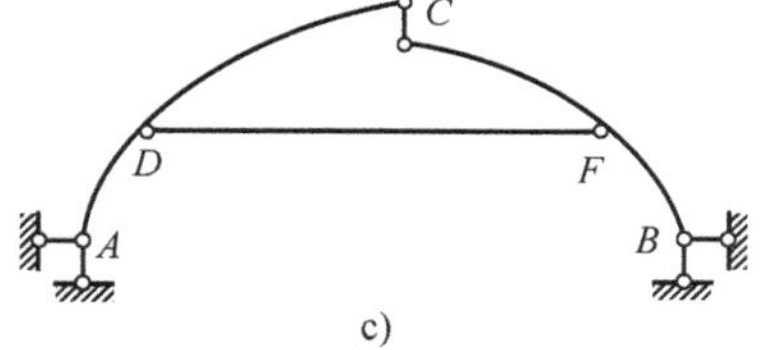

图 3-20　习题 3-4 图

习题 3-4a

习题 3-4b

习题 3-4c

第四章
静定结构的内力分析⊖

第二章中已经研究了结构在荷载作用下的平衡问题，但前提是假设构件是不变形的。然而，实际上任何构件都是由变形固体组成的，它们在荷载作用下将产生变形，因而其内部将由于变形产生附加的内力。本章就是在了解构件的基本变形的基础上，集中研究静定结构的内力分布。

第一节　内力计算基础

一、变形固体的基本假设

制造构件所用的固体材料是多种多样的，其具体组成和微观结构则更是非常复杂。为了便于对材料的承载能力进行理论分析，下面根据工程材料的主要性质对变形固体作如下基本假设：

（1）连续性假设　认为组成固体的物质毫无间隙地充满物体的几何容积。

（2）均匀性假设　认为固体各部分的力学性能是完全相同的。

（3）各向同性假设　认为固体沿各个方向的力学性能都是相同的。

实际上，一般的固体内部均存在不同程度的空隙，但这种空隙的大小与构件尺寸相比是极其微小的，可以略去不计。从微观上看，材料的各处、各方向的性能是有差异的，但构件或构件的任一部分中都包含极多的晶粒，且又杂乱无章地排列，变形固体的性质是这些晶粒性质总体的体现。这样，在以构件为对象的研究问题中，可以认为固体材料的力学性能是连续均匀、各向同性的。实验结果表明，根据这些假设得到的理论，基本符合工程实际。

二、内力

1. 内力的概念

变形体因受到外力的作用而变形，其内部各部分之间的相互作用力也发生改变。这种由于外力作用，而引起构件内部任意两部分之间改变的相互作用力，称为内力。在变形前，变形体为了保持其固有的形态，已有相互凝聚的内力存在，故这里讲的由变形引起的内力是一种附加内力，简称内力。对内力进行分析是解决构件失效问题的基础。

⊖ 从本章开始，力的符号将不用矢量形式（粗体字）表示，而用代数值表示大小，方向用箭头表示。

2. 截面法

内力是不能直接观察的，只有将构件用假想截面截开，将内力“显露”出来，再应用平衡原理，方可确定内力，这种方法称为截面法。因此，应用截面法的过程包括：

1）沿所要求内力的截面处，用假想截面将构件截开。

2）任取其中的一部分作为研究对象，在截开的截面上，用内力代替构件另一部分对这一部分的作用。

3）因为构件是平衡的，构件的任何一个局部也必然是平衡的。所以，作用在研究对象上的外力和内力组成平衡力系，应用平衡方程求出未知内力。

三、杆件的基本变形

当外力以不同方式作用于杆件时，杆件将产生不同形式的变形，杆件变形的基本形式共有四种：轴向拉伸或压缩（图 4-1a）、剪切（图 4-1b）、扭转（图 4-1c）和弯曲（图 4-1d）。实际杆件的变形是多种多样的，有时可能只是某一种基本变形，有时也可能是两种或两种以上基本变形形式的组合，称为组合变形。

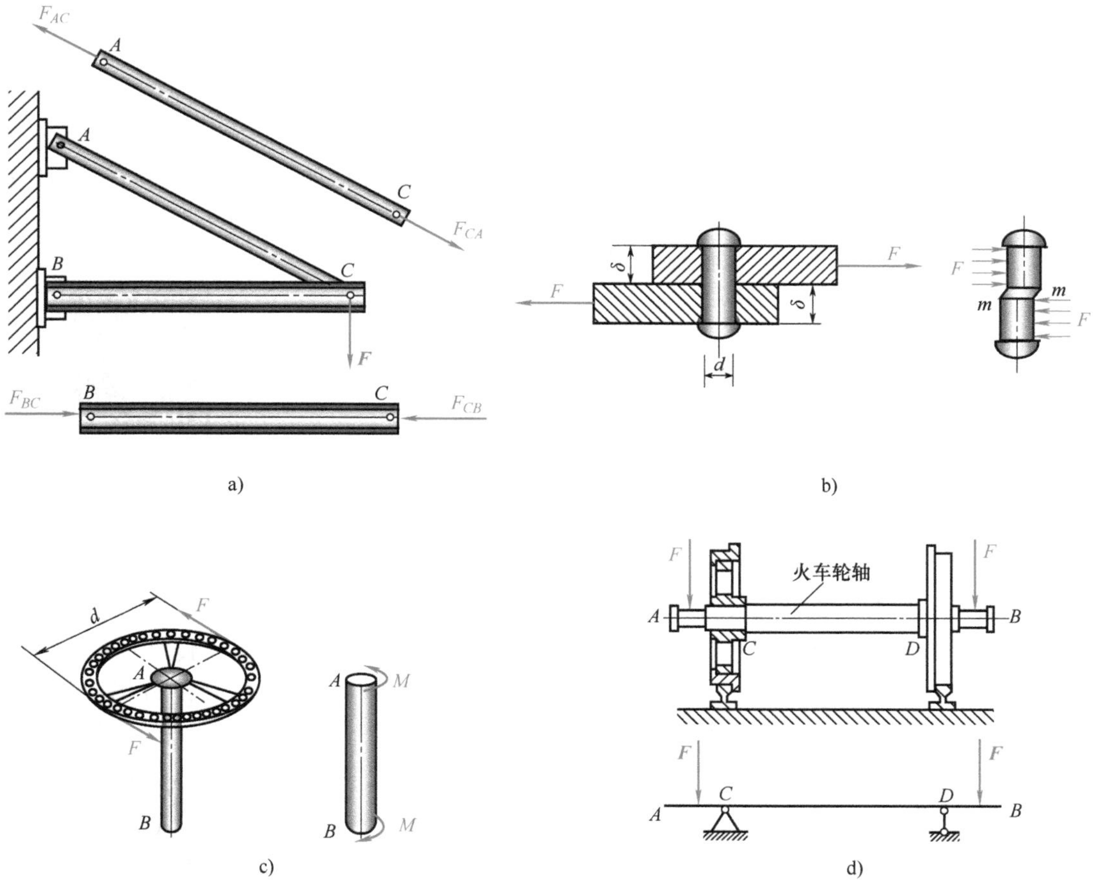

图 4-1　杆件变形的四种基本形式举例

a）轴向拉伸与压缩　b）剪切　c）扭转　d）弯曲

四、内力的形式

杆件的内力实质上是截面上各点内力的合力。根据前面的学习，一个平面力系合成为一个力和一个力偶，内力作用面可分为与截面平行和垂直两个方位，这样内力共有轴力 F_N、剪力 F_Q、扭矩 T 和弯矩 M 四种形式。其中轴力 F_N 是与杆轴线相重合（与截面垂直）的内力，剪力 F_Q 是与截面平行的内力，扭矩 T 是作用面与截面平行的内力偶，弯矩 M 是作用面与截面垂直的内力偶。如图 4-2 所示在杆件 $m—m$ 截面上有四种内力，但在杆件变形时可能是其中的一部分，具体在下面的章节中讨论。

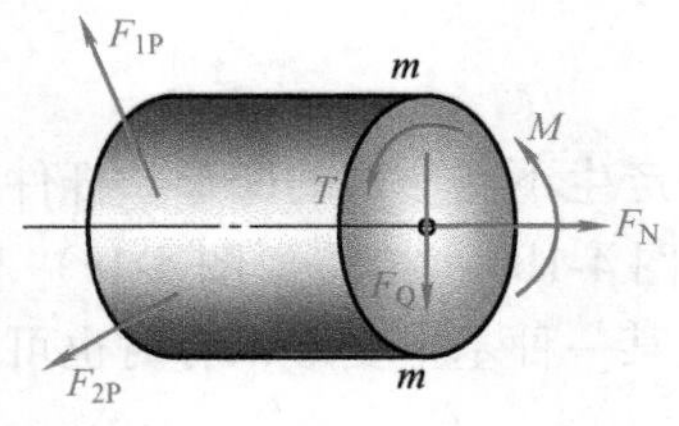

图 4-2　内力形式

内力的形式

第二节　轴向拉（压）杆的内力

轴向拉伸或压缩是杆件最基本的变形形式之一，当作用在杆件上的外力或其合力的作用线一定是沿杆件的轴线时，杆件将发生沿着轴线方向的伸长或缩短（图 4-3），这种变形形式称为轴向拉伸或轴向压缩，简称拉伸或压缩。

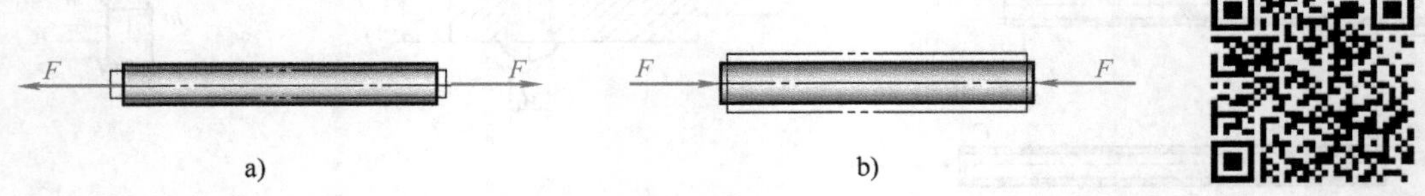

图 4-3　轴向拉伸和轴向压缩

轴向拉（压）杆的内力

一、轴力

为了解决拉（压）杆的承载能力问题，首先需要了解拉（压）杆的内力。以图 4-4a 所示拉杆为例，确定杆件任一横截面 $m—m$ 上的内力。运用截面法，将杆沿截面 $m—m$ 截开，取左段为研究对象（图 4-4b），由于整体是平衡的，所以假想切开后的两部分仍应保持平衡，这样截面上的分布内力必须组成一个与杆轴线相重合的力，称为轴力，用 F_N 表示。

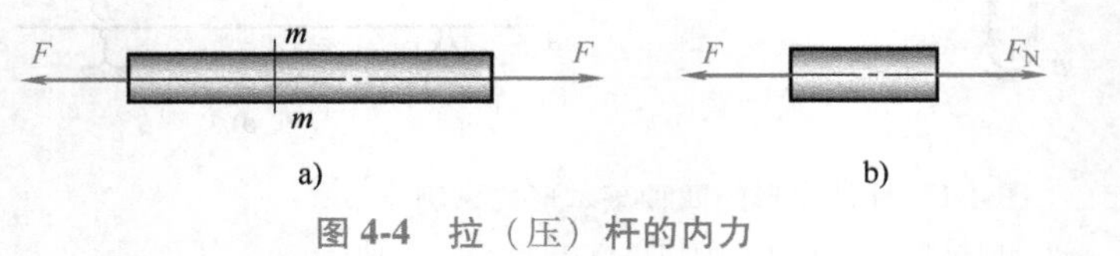

图 4-4　拉（压）杆的内力

轴力

轴力可由平衡方程 $\sum F_x=0$ 求得。当杆件受拉时，轴力的方向背离截面，轴力为拉力，通常取正号，反之为压力取负号。

例 4-1

例 4-1　杆件受力如图 4-5a 所示，已知 $F_1=8\text{kN}$，$F_2=12\text{kN}$，$F_3=4\text{kN}$，求杆件 *AB* 和 *BC* 段的轴力。

解　(1) 求 *AB* 段的轴力。用 1—1 截面在 *AB* 段内将杆件截开，取左段为研究对象（图 4-5b），以 F_{N1} 表示截面的轴力，并假定为拉力，由

$$\sum F_x=0,\quad F_{N1}-F_1=0$$

得

$$F_{N1}=F_1=8\text{kN}\quad（拉）$$

(2) 求 *BC* 段的轴力。用 2—2 截面在 *BC* 段内将杆件截开，取左段为研究对象（图 4-5c），以 F_{N2} 表示截面的轴力，并假定为拉力，由

$$\sum F_x=0,\quad F_{N2}-F_1+F_2=0$$

得

$$F_{N1}=F_1-F_2=8\text{kN}-12\text{kN}=-4\text{kN}\quad（压）$$

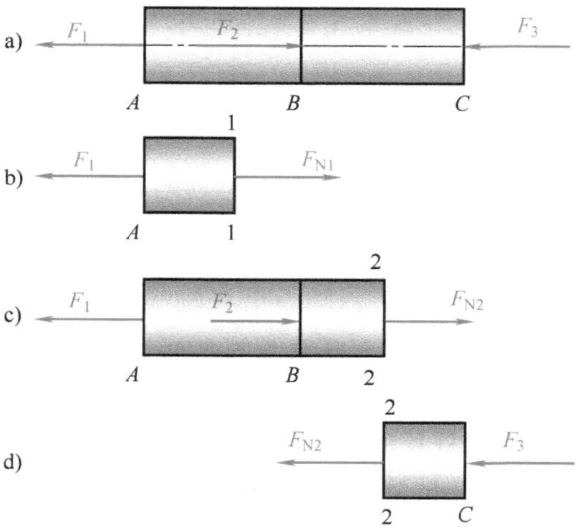

图 4-5　例 4-1 图

如取右段为研究对象（图 4-5d），由

$$\sum F_x=0,\quad -F_{N2}-F_3=0$$

得

$$F_{N2}=-F_3=-4\text{kN}\quad（压）$$

简捷法

可见后者由于外力少，计算较为简单。从上面运算中可以得出截面上的轴力 F_N 可用式

$$F_N=\sum F_P \tag{4-1}$$

来求得。式（4-1）中 $\sum F_P$ 表示研究对象上所有垂直截面的外力大小的代数和，其中和截面的法线（法线是指在截面处垂直截面并背离研究对象的射线）方向相反的取正值，反之为负。

在实际计算中有时可以采用比较简捷的方法求解，具体方法是在一纸片边缘画上一个垂直纸边指向纸内的箭头代表轴力 F_N（图 4-6），然后用纸片将待求内力的截面半边的结构挡住，以另外半边的结构为研究对象，应用式（4-1）计算。计算时，如外力方向和箭头方向相反，则在式中代入正值，反之则代入负值。

例 4-2　用简捷的方法重解例 4-1。

解　(1) 求 *AB* 段的轴力。用纸片将以 *AB* 段内 1—1 截面为界的半边挡住，如图 4-6a 所示，则有

$$F_{N1}=\sum F_P=F_1=8\text{kN}\quad（拉）$$

(2) 求 *BC* 段的轴力。用纸片将以 *BC* 段内 2—2 截面为界的半边挡住，如图 4-6b 所示，则有

$$F_{N2}=\sum F_P=-F_3=-4\text{kN}\quad（压）$$

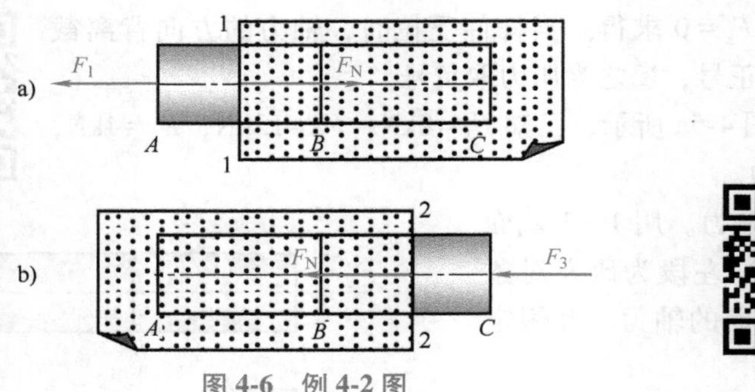

图 4-6　例 4-2 图

例 4-2

二、轴力图

为了形象地表示轴力沿杆轴线的变化情况，常采用图形来表示，这种图形称为轴力图（F_N 图）。以平行于杆轴线的坐标 x 表示杆横截面的位置，以垂直于杆轴线的坐标（竖标）F_N 表示轴力，将各截面的轴力按一定比例画在坐标图上，并连以直线。轴力图可以形象地表示轴力沿杆长的变化，方便地找到杆件的最大轴力及其所在截面。

例 4-3　试绘制例 4-1 的轴力图。

解　（1）计算杆件各段的轴力。利用例 4-1 的结果，即

$$F_{NAB}=F_{N1}=8\text{kN}\quad（拉）；\ F_{NBC}=F_{N2}=-4\text{kN}\quad（压）$$

（2）绘制轴力图。根据所求得的轴力值绘制轴力图（图 4-7）。

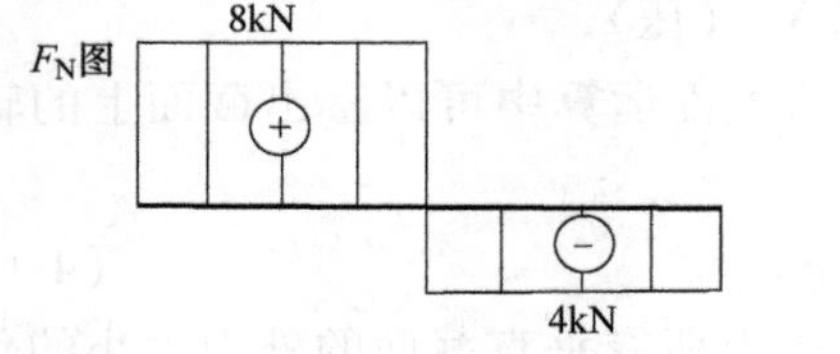

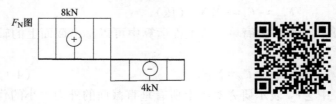

图 4-7　例 4-3 图

例 4-3

第三节　扭转杆件的内力

扭转变形是杆件的另一种基本变形。在垂直杆件轴线的两平面内，作用一对大小相等、转向相反的力偶时，杆件的横截面将发生相对转动，这种变形形式称为扭转变形，如图 4-8 所示。杆件任意两截面间的相对转角称为扭转角，图 4-8 中的 φ 角就是 B 截面相对 A 截面的扭转角，工程中习惯将以扭转变形为主的圆形截面杆件称为轴。

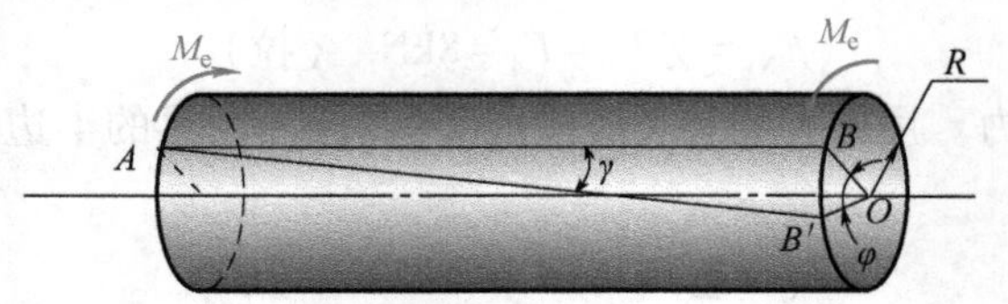

图 4-8　扭转变形

在工程中，受扭杆件是很多的，例如汽车方向盘的操纵杆（图 4-1c）、机器中的传动轴等。

计算扭转杆件内力的方法仍然是截面法。某轴在一对外力偶矩作用下产生了扭转变形（图 4-9a），为计算任一截面 C 的内力，可假想将轴在截面 C 处截开，取左半段（或右半段）为研究对象。为保持平衡，在截面 C 上必然存在一个作用面和截面重合的内力偶矩 T 与外力偶矩 M_e 平衡，这个横截面上的内力偶称为扭矩，通常用 T 表示，图 4-9b、c 所示扭矩为正方向。确定方向时，可采用右手螺旋法则，拇指指向外法线方向，扭矩的转向与四指的握向一致时为正；反之为负。

扭矩计算

由平衡条件 $\sum M_x=0$，可求得这个内力偶的大小 $T=M_e$（图 4-9b）。若取右半段为研究对象，也可得到相同的结果（图 4-9c）。

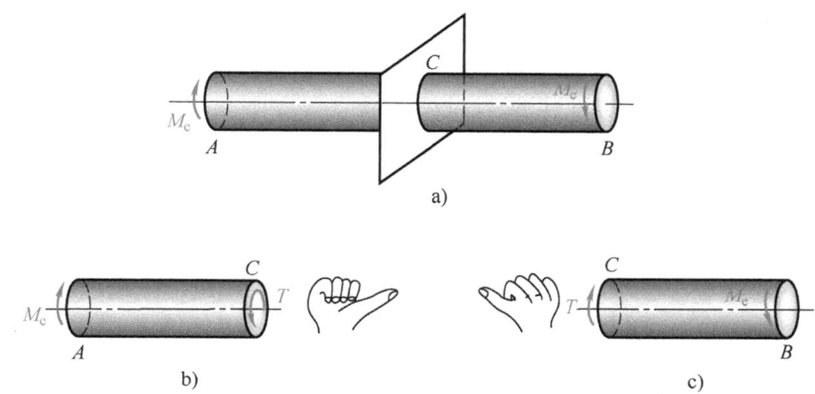

图 4-9　扭矩方向的确定

工程中作用于轴上的外力偶矩通常并不直接给出，而给出轴的转速和轴所传递的功率，它们的换算关系为

$$M=9550\frac{P}{n} \tag{4-2}$$

式中　M——外力偶矩（N · m）；

P——轴传递的功率（kW）；

n——轴的转速（r/min）。

在求扭矩时，一般按正向假设，所得为负则说明扭矩转向与所设相反。当轴上作用有多个外力偶时，须以外力偶所在的截面将轴分成数段，逐段求出其扭矩。为形象地表示扭矩沿轴线的变化情况，可仿照轴力图的方法绘制扭矩图。作图时，沿轴线方向取坐标表示横截面的位置，以垂直于轴线的方向取坐标表示扭矩。下面举例说明。

例 4-4　一传动系统的主轴 ABC（图 4-10a），其转速 $n=960\text{r/min}$，输入功率 $P_A=27.5\text{kW}$，输出功率 $P_B=20\text{kW}$、$P_C=7.5\text{kW}$，不计轴承摩擦等功率消耗，试作 ABC 轴的扭矩图。

解　(1) 计算外力偶矩。由式（4-2）得

例 4-4

$$M_A=9550\frac{P_A}{n}=9550\times\frac{27.5}{960}\text{N}\cdot\text{m}=274\text{N}\cdot\text{m}$$

$$M_B=9550\frac{P_B}{n}=9550\times\frac{20}{960}\text{N}\cdot\text{m}=199\text{N}\cdot\text{m}$$

$$M_C=9550\frac{P_C}{n}=9550\times\frac{7.5}{960}\text{N}\cdot\text{m}=75\text{N}\cdot\text{m}$$

上述计算式中，M_A 为主动力偶矩，与 ABC 轴转向相同；M_B、M_C 为阻力偶矩，其转向与 M_A 相反。

（2）计算扭矩。将轴分为两段，逐段计算扭矩。由截面法可知（图 4-10b、c）

$$T_1=-M_A=-274\text{N}\cdot\text{m}$$

$$T_2=-M_A+M_B=-75\text{N}\cdot\text{m}$$

（3）画扭矩图。根据以上计算结果，按比例画扭矩图（4-10d）。由图看出，在集中外力偶作用面处，扭矩值发生突变，其突变值等于该集中外力偶矩的大小。最大扭矩在 AB 段内，其值为 $T_{\max}=274\text{N}\cdot\text{m}$。

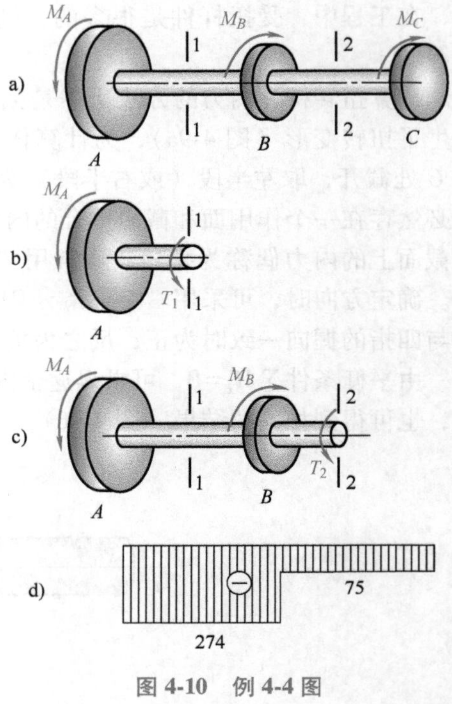

图 4-10　例 4-4 图

第四节　静定单跨梁的内力

基本概念

一、基本概念

1. 平面弯曲的概念

杆件受到垂直于杆轴的外力或通过杆轴平面内的外力偶作用，杆轴由直线变成曲线（图 4-11），这种变形称为弯曲变形。以弯曲变形为主要变形的杆件称为梁。

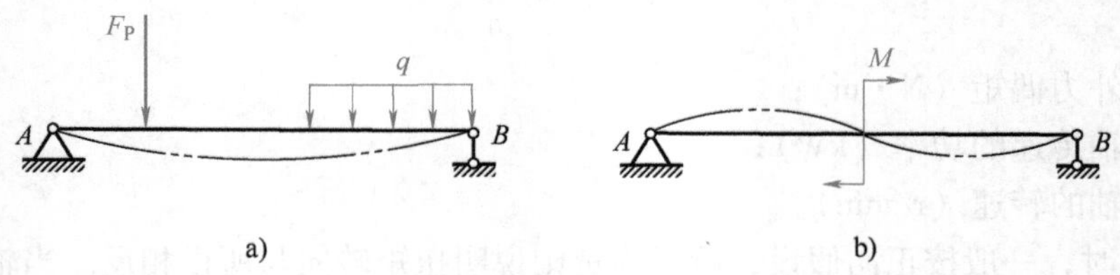

图 4-11　弯曲变形

弯曲变形是工程杆件中最常见的一种基本变形。工程中常见的梁，其横截面往往有一根对称轴，如图 4-12 所示，这根对称轴与梁轴所组成的平面，称为纵向对称面（图 4-13）。如果作用于梁上的所有外力（包括荷载与约束力）作用线都在梁的纵向对称面内，则梁的轴线变形后所成的曲线为一平面曲线，并且仍在纵向对称面内，这种弯曲称为平面弯曲。

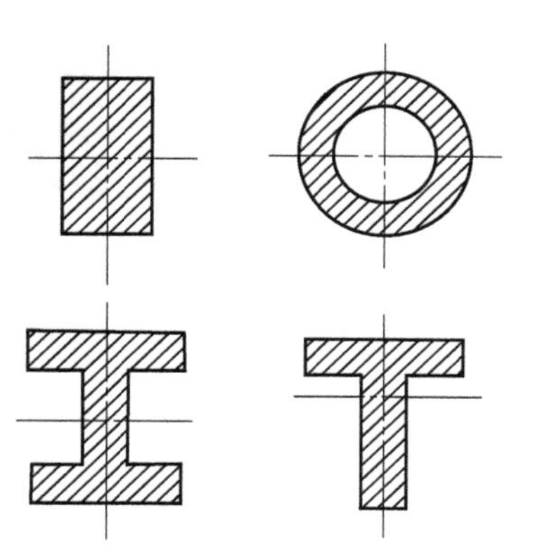

图 4-12　梁截面的对称轴

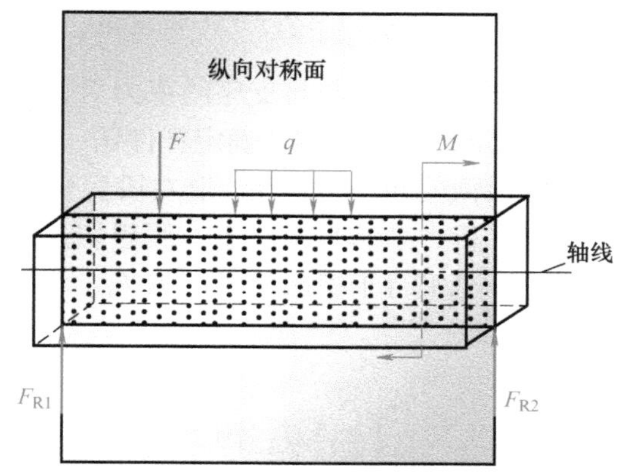

图 4-13　梁的纵向对称面

2. 静定单跨梁的类型

根据支座的特点，常见的静定单跨梁有以下三种：

（1）简支梁　一端为固定铰支座，另一端为可动铰支座的梁（图 4-14a）。

（2）悬臂梁　一端为固定端，另一端为自由端的梁（图 4-14b）。

（3）外伸梁　一端或两端伸出支座的简支梁（图 4-14c）。

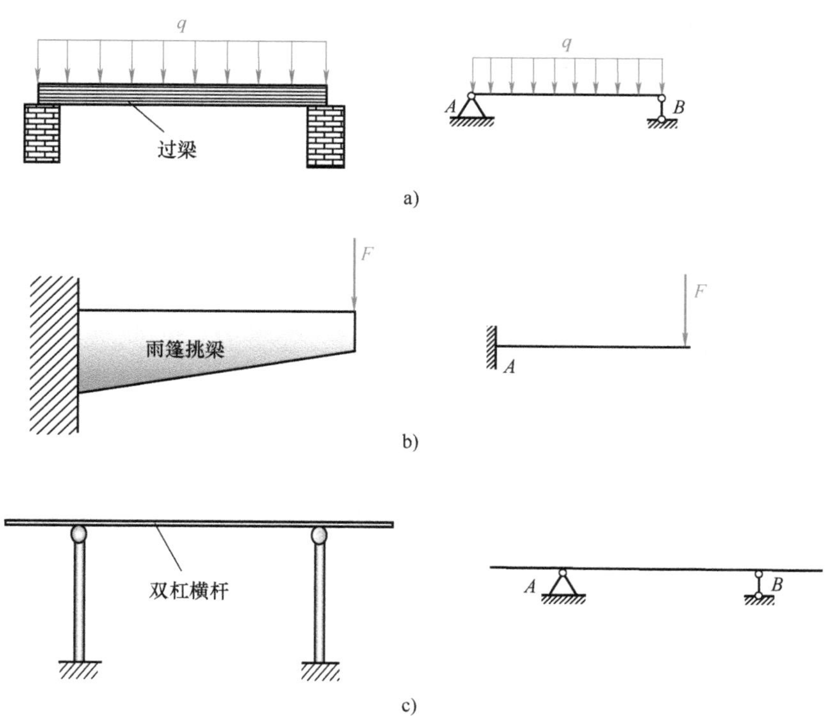

图 4-14　常见的单跨静定梁

a）简支梁　b）悬臂梁　c）外伸梁

二、剪力和弯矩

剪力和弯矩

在确定了梁上所有荷载与支座约束力后，可进一步研究其横截面上的内力。以图 4-15a 所示梁为例，确定杆件任一横截面 $m—m$ 上的内力。运用截面法，将杆沿截面 $m—m$ 截开，取左段为研究对象（图 4-15b），左段原处于一个平面平行力系的平衡状态，假想切开后仍应保持平衡。这样截面上的内力必是一个平行于横截面的内力 F_Q，称为剪力；一个作用面与横截面垂直的内力偶 M，称为弯矩。

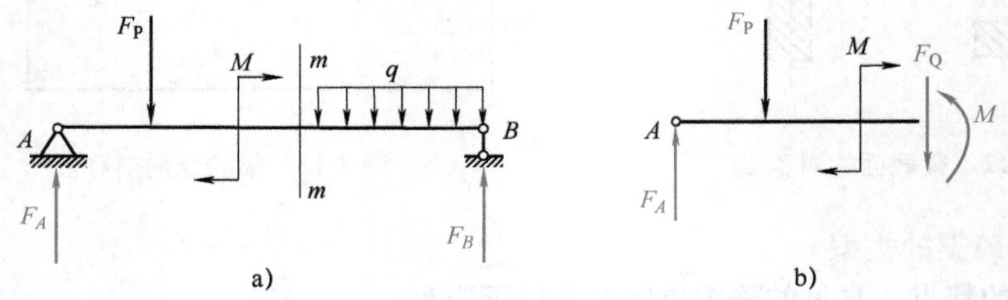

图 4-15　梁的剪力和弯矩

在工程中通常规定：当截面上的剪力 F_Q 使研究对象有顺时针转向趋势时为正（图 4-16a），反之为负（图 4-16b）。当截面上的弯矩 M 使研究对象产生向下凸的变形时（即上部受压下部受拉）为正（图 4-16c），反之为负（图 4-16d）。

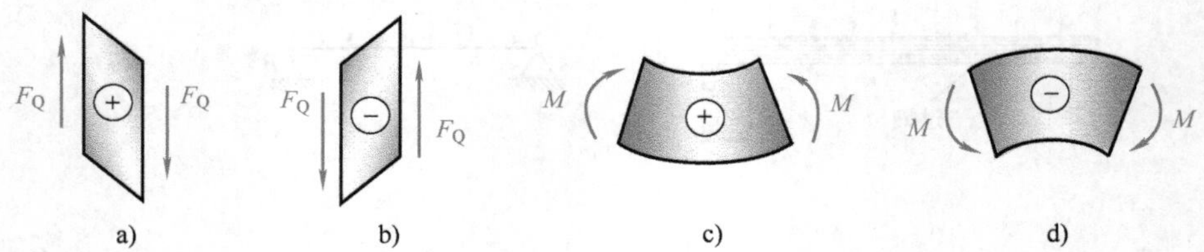

图 4-16　剪力和弯矩的正负号规定

综上所述，计算剪力与弯矩的方法概括如下：

1）计算支座约束力。

2）用假想的截面在待求内力处将梁截成两段，取其中一段为研究对象，并画出其受力图。

3）建立平衡方程，用 $\sum F_y=0$ 求解剪力 F_Q，用 $\sum M_C=0$ 求解弯矩 M，式中 C 为所切截面的形心。

例 4-5　求简支梁（图 4-17a）C 截面上的剪力和弯矩。

例 4-5

解　（1）计算支座约束力。

由
$$\sum M_A=0,\ F_B\times8-40\times2-10\times4\times6=0$$
得
$$F_B=40\text{kN}\quad(\uparrow)$$
由
$$\sum F_y=0,\ F_A+F_B-40-10\times4=0$$
得
$$F_A=40\text{kN}\quad(\uparrow)$$

（2）画受力图。用假想的截面在待求内力处将梁截成两段，取其中一段为研究对象，并画出其受力图（图4-17b）。

（3）求内力。建立平衡方程，用$\sum F_y=0$求解剪力F_Q，用$\sum M_C=0$求解弯矩M，式中C为所切截面的形心。

由
$$\sum F_y=0$$
得
$$-F_Q+F_A-40-10\times2=0$$
$$F_Q=F_A-40-10\times2=-20\text{kN} \tag{4-3}$$
由
$$\sum M_C=0$$
得
$$M_C-F_A\times6+40\times4+10\times2\times1=0$$
$$M_C=F_A\times6-40\times4-10\times2\times1=60\text{kN}\cdot\text{m} \tag{4-4}$$

也可以另一段为研究对象（图4-17c）。

由
$$\sum F_y=0$$
得
$$F_Q+F_B-10\times2=0$$
$$F_Q=-F_B+10\times2=-20\text{kN} \tag{4-5}$$
由
$$\sum M_C=0$$
得
$$-M_C+F_B\times2-10\times2\times1=0$$
$$M_C=F_B\times2-10\times2\times1=60\text{kN}\cdot\text{m} \tag{4-6}$$

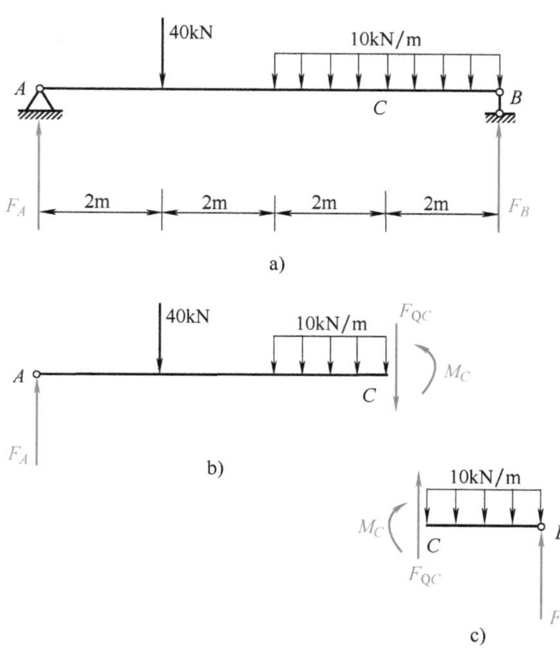

图4-17 例4-5图

通过此例可以总结出以下结论：

1）如研究对象在截面的左边，由例中式（4-3）和式（4-4）可得

$$F_Q=\sum F_{P左}$$
$$M=\sum M_C(F_{P左})$$

2）如研究对象在截面的右边，由例中式（4-5）和式（4-6）可得

$$F_Q = \sum F_{P右}$$

$$M = \sum M_C(F_{P右})$$

综上所述，梁内任一横截面上的剪力 F_Q 的大小等于该截面一侧与截面平行的所有外力的代数和；弯矩 M 的大小等于该截面左侧所有外力对该截面形心力矩的代数和，即

$$F_Q = \sum F_P \tag{4-7}$$

$$M = \sum M_C(F_P) \tag{4-8}$$

根据内力正负号的规定：列剪力方程时，凡截面左（右）侧梁上所有向上（下）外力取正号，反之取负号；列弯矩方程时，凡截面左（右）侧梁上所有绕截面形心顺（逆）时针转的外力矩取正号，反之取负号。

由于上面的规定不便记忆，方程中外力取正负值可由口诀“左上右下剪力正，左顺右逆弯矩正”来确定。这里的左（右）是指研究对象在截面的左（右）边，上（下）是指研究对象上的外力方向，顺（逆）是指研究对象上的外力对截面形心力矩的转向。符合口诀的在方程中代入正值，反之取负值。

为了简化梁的内力计算，在求出支座约束力后，可将待求内力的截面半边梁挡住，再根据式（4-7）和式（4-8）直接求出剪力和弯矩。

例 4-6 重解例 4-5。

例 4-6

解 （1）计算支座约束力

$$F_A = 40\text{kN} \quad (\uparrow)；\ F_B = 40\text{kN} \quad (\uparrow)$$

（2）直接应用式（4-7）和式（4-8）

$$F_Q = \sum F_P \qquad （左上右下剪力正）$$

$$M = \sum M_C\ (F_P) \qquad （左顺右逆弯矩正）$$

求解：挡住 C 截面的右半边梁（图 4-18a），有

$$F_Q = \sum F_P = F_A - 40 - 10\times2 = -20\text{kN}$$

$$M = \sum M_C(F_P) = F_A\times6 - 40\times4 - 10\times2\times1 = 60\text{kN}\cdot\text{m}$$

如挡住 C 截面的左半边梁（图 4-18b），有

$$F_Q = \sum F_P = -F_B + 10\times2 = -20\text{kN}$$

$$M = \sum M_C(F_P) = F_B\times2 - 10\times2\times1 = 60\text{kN}\cdot\text{m}$$

由此可见，运算得到了简化。

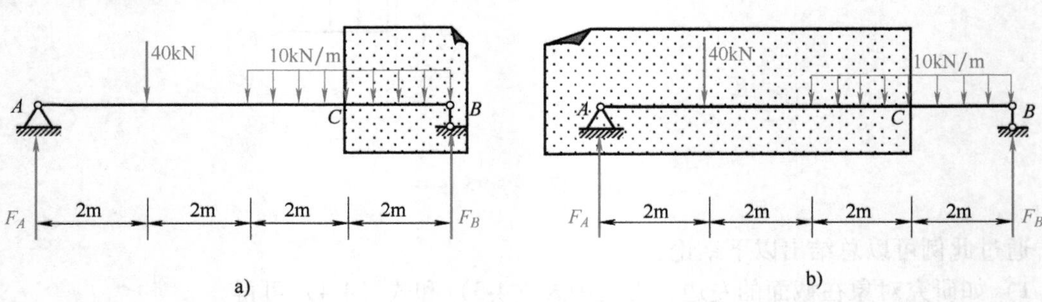

图 4-18 例 4-6 图

例 4-7 外伸梁受荷载作用如图 4-19a 所示，图中截面 1—1 和 2—2 都无限接近于截面 B，同样截面 3—3 和 4—4 也都无限接近于截面 C。试求图示各截面的剪力和弯矩。

解 （1）求支座约束力。取梁为研究对象，假设支座约束力 F_A、F_B 方向向上，列平衡方程，由

$$\sum M_A = 0$$

$$F_B \times 2a - F \times 3a + M = 0$$

得
$$F_B = 5F/4 \quad (\uparrow)$$

由
$$\sum F_y = 0$$

$$F_A + F_B - F = 0$$

得
$$F_A = -F/4 \quad (\downarrow)$$

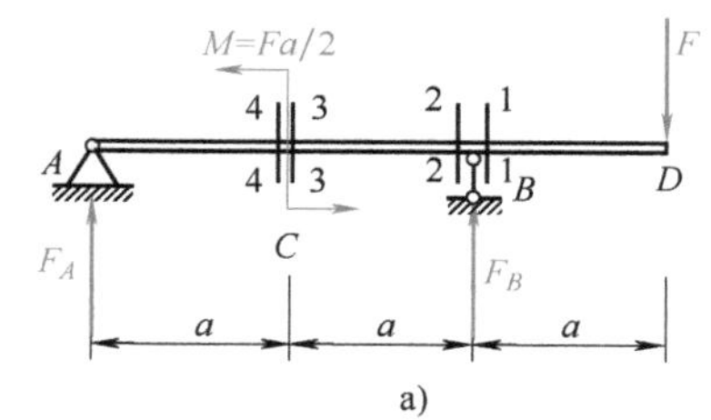

a)

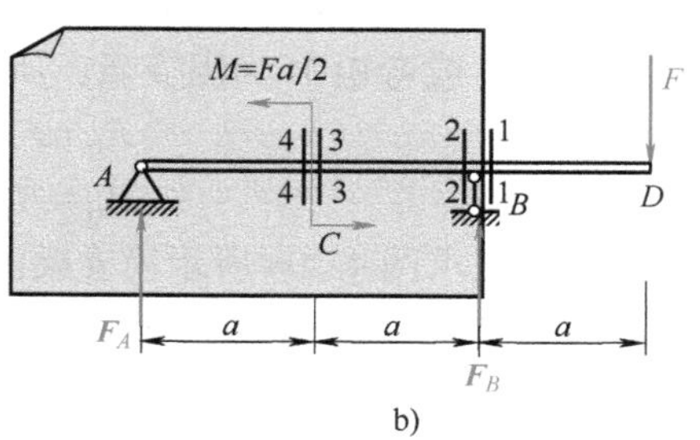

b)

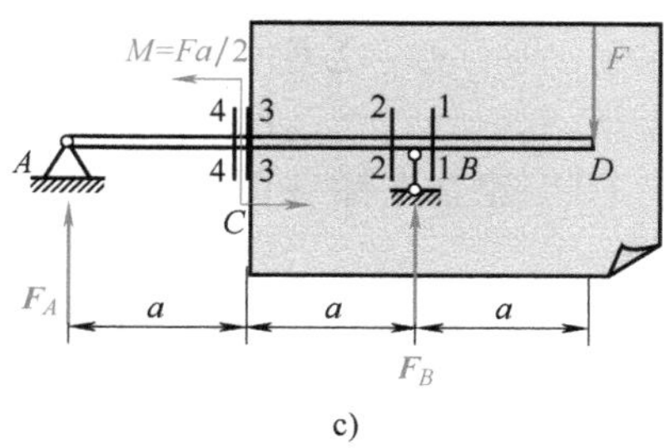

c)

图 4-19 例 4-7 图

（2）求截面 1—1 的内力。直接应用式（4-7）和式（4-8）

$$F_Q = \sum F_P \qquad \text{（左上右下剪力正）}$$

$$M = \sum M_C(F_P) \qquad \text{（左顺右逆弯矩正）}$$

求解：挡住 B 截面的左半边梁（图 4-19b），研究对象在截面的右边，按正负号的规定（右下剪力正，右逆弯矩正），有

$$F_{Q1} = \sum F_P = F$$

$$M_1 = \sum M_B(F_P) = -Fa$$

（3）求截面 2—2 的内力。运用（2）的方法可直接求出，即

$$F_{Q2} = \sum F_P = F - F_B = F - 5F/4 = -F/4$$

$$M_2 = \sum M_B(F_P) = -Fa$$

（4）求截面 3—3 的内力。挡住 C 截面的右半边梁（图 4-19c），研究对象在截面的左边，按正负号的规定（左上剪力正，左顺弯矩正），有

$$F_{Q3} = \sum F_P = F_A = -F/4$$

$$M_3 = \sum M_B(F_P) = F_A a - M = -Fa/4 - Fa/2 = -3Fa/4$$

（5）求截面 4—4 的内力。运用（4）的方法可直接求出，即

$$F_{Q4} = \sum F_P = F_A = -F/4$$

$$M_4 = \sum M_B(F_P) = F_A a = -Fa/4$$

（6）比较截面 1—1 和 2—2 的内力，由于

$$F_{Q1} - F_{Q2} = F - (-F/4) = 5F/4 = F_B$$

$$M_1 = M_2$$

可见，在集中力左右两侧无限接近的横截面上弯矩相同，而剪力不同，相差的数值等于该集中力值的大小。也就是说在集中力的两侧截面，剪力发生了突变，突变值等于该集中力的大小。

（7）比较截面 3—3 和 4—4 的内力，由于

$$F_{Q3} = F_{Q4}$$

$$M_3-M_4=-3Fa/4-(-Fa/4)=-Fa/2=-M$$

可见，在集中力偶左右两侧无限接近的横截面上剪力相同，而弯矩不同，相差的数值等于该集中力偶值的大小。也就是说在集中力偶的两侧截面，弯矩发生了突变，突变值等于该集中力偶值的大小。

三、剪力图和弯矩图

在工程中为了计算梁的强度和刚度，并为以后的进一步学习打下基础，除了要计算指定截面的剪力和弯矩外，还必须知道剪力和弯矩沿梁轴线的变化规律，从而找到梁内剪力和弯矩的最大值以及它们所在的截面位置，判断梁的截面哪些部位受拉或受压等，这就需要作出剪力图和弯矩图，直观地反映剪力和弯矩沿梁轴线的变化规律。

1. 剪力方程和弯矩方程

剪力和弯矩沿梁轴线的变化规律，可以用函数的形式来表达，以梁的轴线位置 x 为自变量，以剪力 F_Q 或弯矩 M 为因变量，所建立的方程称为**剪力方程**和**弯矩方程**，即

$$F_Q=F_Q(x)$$
$$M_Q=M_Q(x)$$

例 4-8

例 4-8 试求图 4-20a 所示简支梁的剪力方程和弯矩方程。

解 （1）求支座约束力。由

$$\sum M_A=0,\ F_B\times l-q\times l\times l/2=0$$

得
$$F_B=ql/2\quad(\uparrow)$$

由
$$\sum F_y=0,\ F_A+F_B-q\times l=0$$

得
$$F_A=ql/2\quad(\uparrow)$$

（2）建立坐标（图 4-20a），以 A 点为坐标原点建立坐标。

（3）建立剪力方程和弯矩方程。在梁上任取一截面，其坐标为 x，运用截面法可得

$$F_Q(x)=F_A-qx=q(l/2-x)\ (0<x<l)$$

$$M_Q(x)=F_Ax-qx^2/2=\frac{qx}{2}(l-x)\ (0\leqslant x\leqslant l)$$

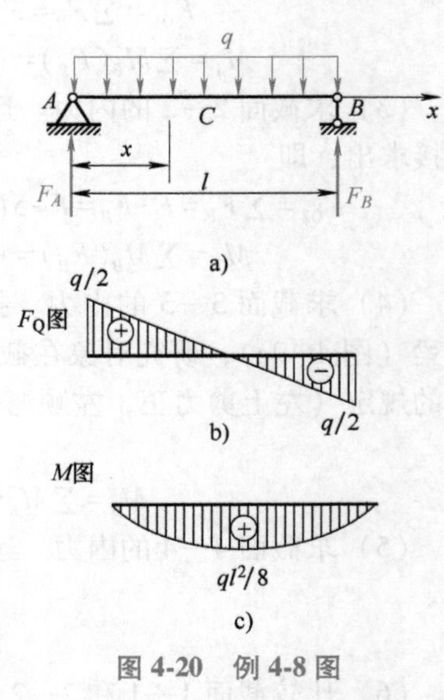

图 4-20 例 4-8 图

2. 剪力图和弯矩图

为了形象地表现剪力和弯矩沿梁轴的变化情况，常采用图形来表示。这种表示剪力变化的图形，称为**剪力图**（F_Q 图）；表示弯矩变化的图形，称为**弯矩图**（M 图）。将梁的轴线作为横坐标轴，坐标轴上的各点代表了梁各截面所处的位置，将剪力和弯矩作为图形的竖标（垂直于轴线的坐标）。在土建工程中，习惯把正剪力画在横坐标轴的上方，正弯矩画在横坐标轴的下方，这样弯矩图的图形在轴线的哪一侧，则梁的哪一侧就受拉。

例 4-9 画出例 4-8 简支梁的剪力图和弯矩图。

解 （1）根据剪力方程可知是一直线图形，需确定两个位置的剪力以画出图形，现取

例 4-9

$$x=0,\ F_{QA}=\frac{1}{2}ql$$

$$x=l,\ F_{QB}=-\frac{1}{2}ql$$

（2）绘出剪力图，如图 4-20b 所示。

（3）由弯矩方程可知弯矩图为一条抛物线，故最少需要找出三个位置的弯矩值才能大致确定此抛物线，现取

$$x=0,\ M_A=0$$

$$x=\frac{1}{2}l,\ M_C=\frac{1}{8}ql^2$$

$$x=l,\ M_B=0$$

（4）绘出弯矩图，如图 4-20c 所示。

从图中可以看出，最大剪力在靠近两支座的横截面上，其值为 $|F_Q|=\frac{1}{2}ql$；最小剪力发生在跨中处，其值为零。最大弯矩正好发生在剪力为零的跨中处，其值为 $|M|_{max}=\frac{1}{8}ql^2$。

3. 梁的荷载、剪力图以及弯矩图之间的关系

梁的荷载、剪力图以及弯矩图之间的关系

迅速准确地画出梁的剪力图和弯矩图，是学好工程力学的重要环节。为此必须了解荷载图、剪力图和弯矩图之间的关系，摸索出作图的规律。

图 4-21a 是一简支梁的计算简图（荷载图），图 4-21b 是此梁的剪力图（F_Q 图），图 4-21c 是此梁的弯矩图（M 图）。通过对图 4-21 的观察分析，通常梁的外力（包括荷载及支座约束力）共有集中力、集中力偶和均布荷载三类（其他形式的荷载由于不常见，就不在此讨论）。梁可以分割为无荷载段和均布荷载段两类（“两类段”），如图 4-21a 中的 AC 段、CD 段、DE 段为无荷载段，EB 段为均布荷载段。有荷载作用的特殊点有集中力作用点，如 A 点、B 点、C 点；集中力偶作用点，如 D 点；无荷载到均布荷载的过渡点，如 E 点三类（“三类点”）。因此，着重分析两类段、三类点共五种情况下，荷载、剪力图以及弯矩图之间对应关系的规律。

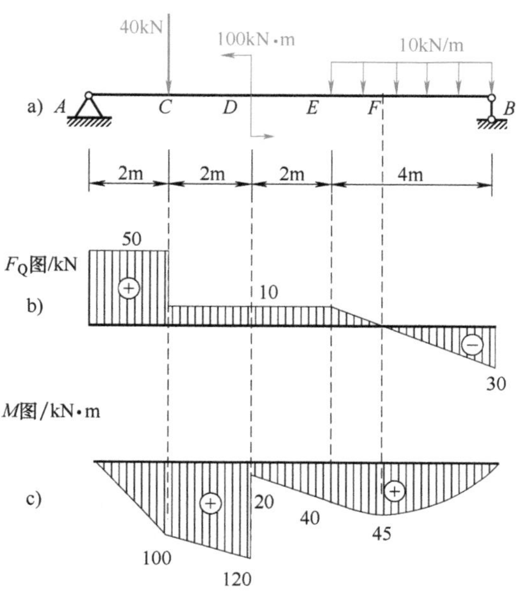

图 4-21 某简支梁的计算简图、剪力图和弯矩图

规律 1：无荷载段（如 AC 段、CD 段、DE 段）。

1）剪力图是水平线。

2）弯矩图是直线，其中包括水平线和斜直线。

规律 2：均布荷载段（如 EB 段）。

1）剪力图是斜直线。

2）弯矩图是开口向上的抛物线，极值点

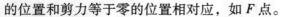

的位置和剪力等于零的位置相对应，如 F 点。

规律 3：集中力作用点（如 A 点、C 点、B 点）。

1）剪力图发生突变，从梁的左侧向右移动，突变的方向和荷载的方向一致，突变的高度为该集中荷载的大小。

2）弯矩图是转折点。

规律 4：集中力偶作用点（如 D 点）。

1）剪力图没有发生变化，和无荷载一样。

2）弯矩图发生突变，如力偶转向是逆时针的，从梁的左侧向右移动突变的方向是向上；如力偶转向是顺时针的，则突变的方向相反。

规律 5：无荷载到均布荷载的过渡点。

1）剪力图是转折点。

2）弯矩图是直线和抛物线的过渡点。

以上是从图 4-21 中归纳出的五条规律，这五条规律是可以用高等数学加以证明的。现将荷载、剪力图以及弯矩图之间关系的规律列于表 4-1 中，以便应用。

表 4-1　梁的荷载、剪力图以及弯矩图之间的关系

规律	荷　载	剪　力　图	弯　矩　图
1	无荷载段	水平线	直线
2	均布荷载段	斜直线 $F_{QC}=0$	抛物线（开口向上）C 点有极值
3	集中力作用点	作用点处有突变	作用点处有转折
4	集中力偶作用点	作用点处无变化	作用点处有突变
5	无荷载到均布荷载的过渡点	交界点处转折	交界点处为过渡

如令荷载 $q(x)$ 向上为正，应用内力分析和高等数学可知荷载、剪力方程以及弯矩方程之间的微分关系，即

$$\frac{dF_Q(x)}{dx}=q(x);\quad \frac{dM(x)}{dx}=F_Q(x);\quad \frac{d^2M(x)}{dx^2}=\frac{dF_Q(x)}{dx}=q(x)$$

4. 控制截面法作梁的内力图

1）求支座约束力（悬臂梁有时可不用求）。

2）分段。根据梁上的荷载情况，将梁分割成若干段无荷载段和均布荷载段，各段的两端称为控制截面，控制截面上的内力值称为控制值。控制值一般采用双下标，为使内力表达得清晰，在内力符号的右下方添加两个下标以标明内力所属杆件（或杆段），前一个下标表示该内力所属截面，后一个下标表示该截面所属杆（或段）的另一端。例如杆段 BC，B 端的弯矩用 M_{BC}表示，而 C 端的弯矩用 M_{CB}表示。

3）画内力图。将每段的控制值用截面法或前面归纳出的规律求出，水平线只需求一个值，斜直线需求两个值，抛物线需求两端的两个控制值。如有极值，还需将极值求出。然后画出内力图。

① 画剪力图。

② 画弯矩图。遇到画抛物线时，首先要观察剪力图上有无剪力等于零的截面。如有，可以利用相似三角形对应边成比例的关系，从剪力图上找出该截面的位置，然后用截面法算出抛物线的极值。

例 4-10　画出图 4-22a 所示悬臂梁的剪力图和弯矩图。

例 4-10

解　因为是悬臂梁，可以不用计算支座约束力。

（1）分段。根据梁上的荷载情况，梁只需计算 AB 一段。

（2）画内力图：

1）画剪力图。先由荷载的情况判断剪力图的形状，由于梁受到的是均布荷载，因此剪力图的形状是斜直线，需计算两个控制值，然后画出剪力图（图 4-22b）。

段	荷　载	F_Q 图形状	控　制　值
AB	均布	斜直线	$F_{QBA}=0$；$F_{QAB}=ql$

2）画弯矩图。先由荷载和剪力图的情况判断弯矩图的形状是抛物线，剪力图在 B 点为零且和 B 点的控制截面位置重复，故 AB 段中无极值点，只需两个控制值。再计算控制值，然后画出弯矩图（图 4-22c）。

段	荷　载	F_Q 图形状	M 图形状	控　制　值
AB	均布	斜直线	抛物线	$M_{AB}=-ql^2/2$；$M_{BA}=0$

例 4-11　画出图 4-23a 所示简支梁的剪力图和弯矩图。

例 4-11

解　（1）求支座约束力。由

$$\sum M_A=0,\ F_B\times l-F\times l/2=0$$

得

$$F_B=F/2\quad(\uparrow)$$

由

$$\sum F_y=0,\ F_A+F_B-F=0$$

得

$$F_A=F/2\quad(\uparrow)$$

（2）分段。根据梁上的荷载情况，将梁分割成 AC、CB 两段。

（3）画内力图：

1）画剪力图。由于各段均无荷载，剪力图的形状为水平线，每段只需算出一个控制值，然后画出剪力图（图 4-23b）。

段	荷　载	F_Q 图形状	控　制　值
AC	无	水平线	$F_{QAC}=F/2$
CB	无	水平线	$F_{QCB}=-F/2$

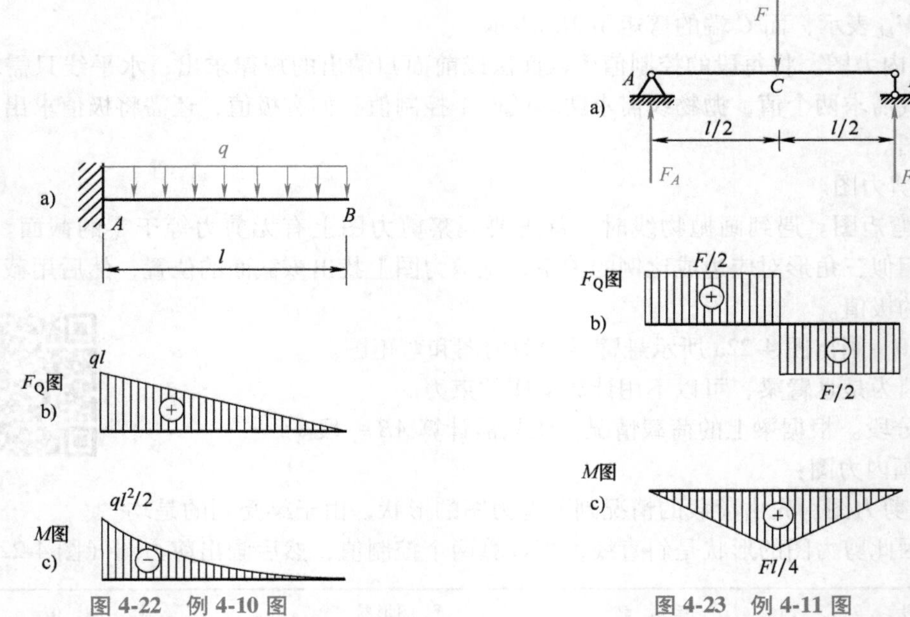

图 4-22　例 4-10 图　　　图 4-23　例 4-11 图

2）画弯矩图。由各段荷载和剪力图的情况可以判断出弯矩图的图形是直线，每段应计算两个控制值，其中弯矩图在 C 点是转折点，在 C 点左右的弯矩值是相同的。然后画出弯矩图（图 4-23c）。

段	荷　载	F_Q 图形状	M 图形状	控　制　值
AC	无	水平线	直线	$M_{AC}=0$；$M_{CA}=Fl/4$
CB	无	水平线	直线	$M_{CB}=Fl/4$；$M_{BC}=0$

例 4-12　画出图 4-24a 所示简支梁的剪力图和弯矩图。

例 4-12

解　（1）求支座约束力。由

$$\sum M_A=0,\ F_B\times4-10\times4\times2=0$$

得

$$F_B=20\text{kN}\quad(\uparrow)$$

由

$$\sum F_y=0,\ F_A+F_B-10\times4=0$$

得

$$F_A=20\text{kN}\quad(\uparrow)$$

（2）分段。根据梁上的荷载情况，梁只需计算 AB 一段。

（3）画内力图：

1）画剪力图。由于梁受到的是均布荷载，因此剪力图的形状是斜直线，需计算两个控制值，然后画出剪力图（图 4-24b）。

段	荷　载	F_Q 图形状	控　制　值
AB	均布	斜直线	$F_{QAB}=20\text{kN}$；$F_{QBA}=-20\text{kN}$

2）画弯矩图。先由荷载和剪力图的情况判断弯矩图的形状是抛物线，剪力图在梁的中点 C 处为零，故 C 点为极值点，需要三个控制值。设 AC 的长为 x，由相似三角形之间的比例关系

$$x : 20=(4-x) : 20$$

得

$$x=2\text{m}$$

运用截面法算出

$$M_C=F_A\times2-10\times2^2/2=20\text{kN}\cdot\text{m}$$

再计算控制值，然后画出弯矩图（图 4-24c）。

段	荷　载	F_Q 图形状	M 图形状	控　制　值
AB	均布	斜直线	抛物线	$M_{AB}=0$；$M_{BA}=0$；$M_C=20\text{kN}\cdot\text{m}$

以上两例的受力图，结构和荷载是左右对称的。那么通过剪力图可以发现，在对称位置的剪力大小相等、符号相反，这也是一种对称，在工程力学中称为反对称。通过弯矩图可以发现，在对称位置的弯矩大小相等、符号相同，这种对称在工程力学中称为正对称。在工程力学中有时利用对称规律可以简化计算，工程结构中也常常采用对称结构，既表现了结构的对称美，又体现了结构受力的合理性。

例 4-13　画出图 4-25a 所示外伸梁的剪力图和弯矩图。

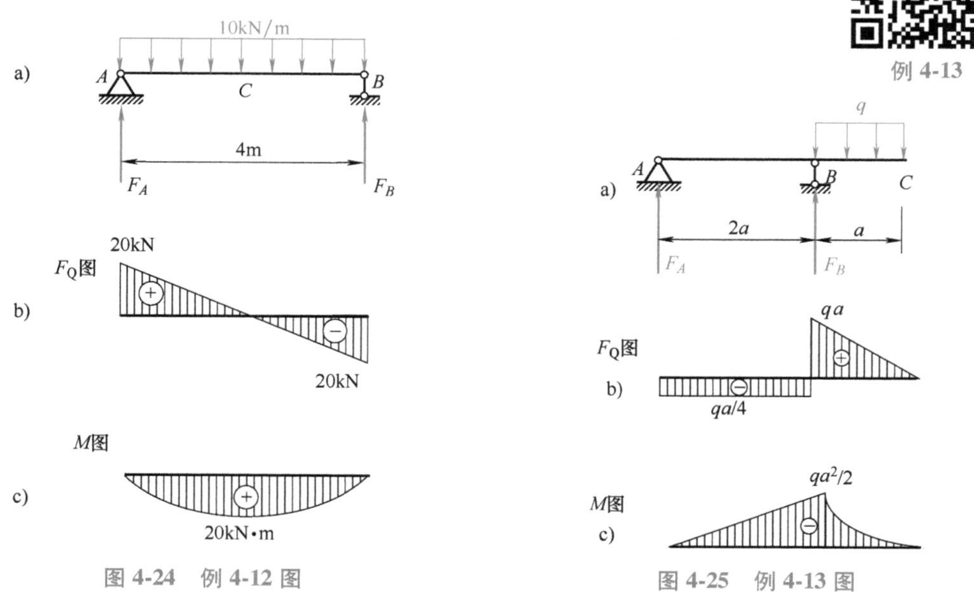

图 4-24　例 4-12 图　　　图 4-25　例 4-13 图

解　（1）求支座约束力。由

$$\sum M_A=0,\ F_B\times2a-q\times a\times2.5a=0$$

得

$$F_B=5qa/4\quad(\uparrow)$$

由

$$\sum F_y=0,\ F_A+F_B-q\times a=0$$

得

$$F_A=-qa/4\quad(\downarrow)$$

（2）分段。根据梁上的荷载情况，将梁分割成 AB、BC 两段。

（3）画内力图：

1）画剪力图。AB 段无荷载，剪力图的形状为水平线，每段只需一个控制值；BC 段有均布荷载，剪力图的形状为斜直线，需有两个控制值，然后画出剪力图（图 4-25b）。

段	荷　载	F_Q 图形状	控 制 值
AB	无	水平线	$F_{QAB}=-qa/4$
BC	均布	斜直线	$F_{QBC}=qa$；$F_{QCB}=0$

2）画弯矩图。由各段荷载和剪力图的情况可以判断出弯矩图在 AB 段的图形是直线，应有两个控制值；在 BC 段的图形是抛物线，但无极值点，应有两个控制值，然后画出弯矩图（图 4-25c）。

段	荷　载	F_Q 图形状	M 图形状	控 制 值
AB	无	水平线	直线	$M_A=0$；$M_{BA}=-qa^2/2$
BC	均布	斜直线	抛物线	$M_{BC}=-qa^2/2$；$M_{CB}=0$

例 4-14　画出图 4-26a 所示外伸梁的剪力图和弯矩图。

例 4-14

解　（1）求支座约束力。由

$$\sum M_A=0,\ F_B\times4-100\times2-10\times2\times5=0$$

得
$$F_B=75\text{kN}\quad(\uparrow)$$

由
$$\sum F_y=0,\ F_A+F_B-100-10\times2=0$$

得
$$F_A=45\text{kN}\quad(\uparrow)$$

（2）分段。根据梁上的荷载情况，将梁分割成 AC、CB、BD 三段。

（3）画内力图：

1）画剪力图。先由各段荷载的情况判断剪力图的形状，再计算控制值，然后画出剪力图（图 4-26b）。

段	荷　载	F_Q 图形状	控 制 值
AC	无	水平线	$F_{QAC}=45\text{kN}$
CB	无	水平线	$F_{QCB}=-55\text{kN}$
BD	均布	斜直线	$F_{QBD}=20\text{kN}$；$F_{QDB}=0$

2）画弯矩图。先由各段荷载和剪力图的情况判断弯矩图的形状，再计算控制值，然后画出弯矩图（图 4-26c）。其中，BD 段是抛物线，此段剪力图在 D 点为零且和 D 点的控制截面位置重复，故 BD 段中无极值点，只需两个控制值。

段	荷　载	F_Q 图形状	M 图形状	控 制 值
AC	无	水平线	直线	$M_A=0$；$M_C=90\text{kN}\cdot\text{m}$
CB	无	水平线	直线	$M_C=90\text{kN}\cdot\text{m}$；$M_B=-20\text{kN}\cdot\text{m}$
BD	均布	斜直线	抛物线	$M_B=-20\text{kN}\cdot\text{m}$；$M_D=0$

例 4-15　作图 4-27a 所示简支梁的剪力图和弯矩图。

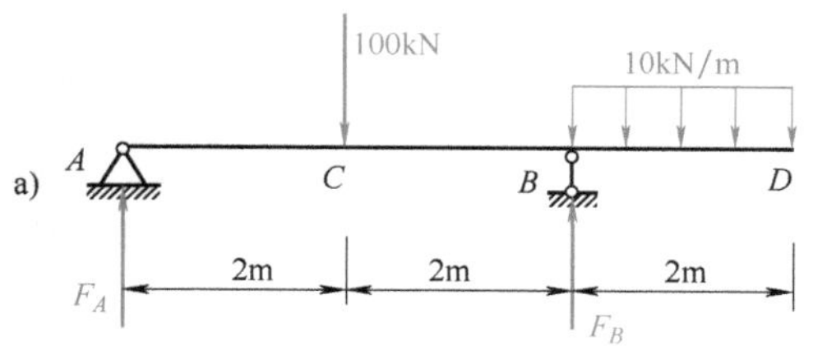

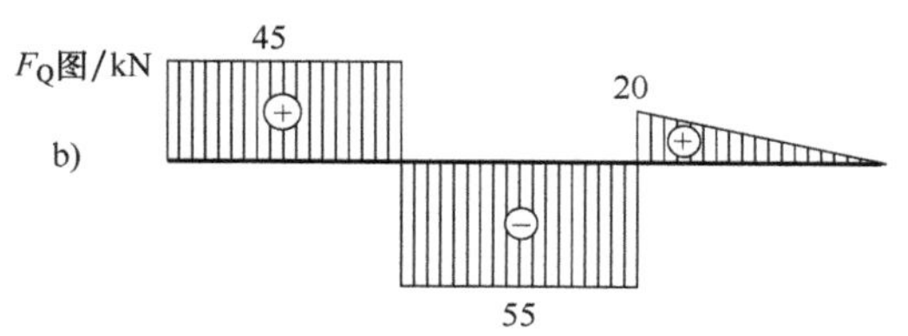

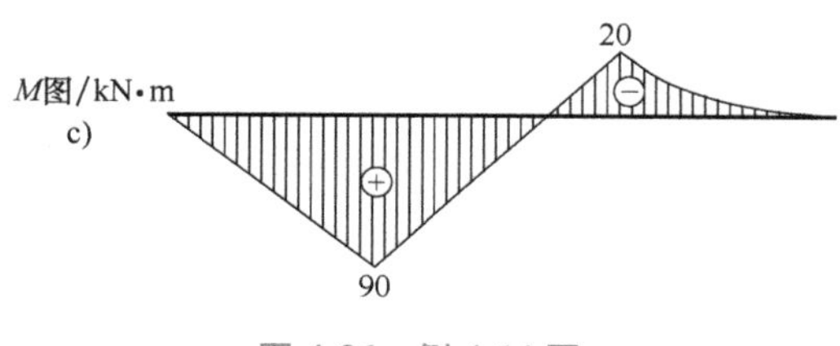

图 4-26　例 4-14 图

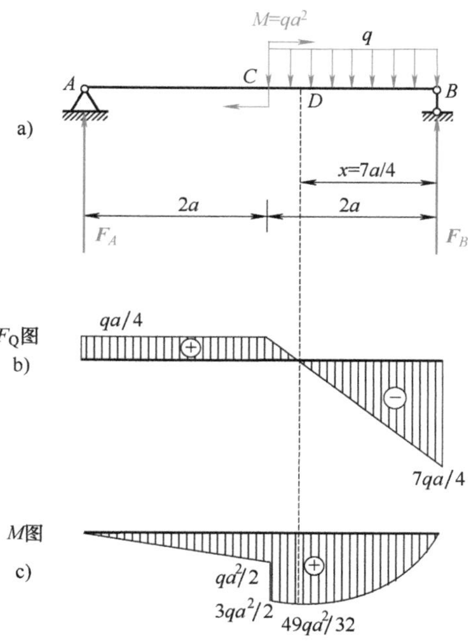

图 4-27　例 4-15 图

解　(1) 求支座约束力。由

例 4-15

$$\sum M_A=0,\ F_B\times4a-M-q\times2a\times3a=0$$

得

$$F_B=\frac{7qa}{4}\quad(\uparrow)$$

由

$$\sum F_y=0,\ F_A+F_B-q\times2a=0$$

得

$$F_A=\frac{qa}{4}\quad(\uparrow)$$

(2) 分段。根据梁上的荷载情况，将梁分割成 AC、CB 两段。

(3) 画内力图：作梁的 F_Q 图（图 4-27b），作梁的 M 图（图 4-27c）。其中，F_Q 为 0 处的 M 为极值，由 F_Q 图相似三角形之间的比例关系

$$x:7/4=(2a-x):1/4$$

得

$$x=7a/4$$

运用截面法算出　$M_{max}=M_D=F_B\cdot x-qx^2/2=49qa^2/32$

段	荷载	F_Q 图形状	M 图形状	控　制　值	
AC	无	水平线	斜直线	$F_{QAC}=F_{QCA}=qa/4$	$M_{AC}=0$；$M_{CA}=qa^2/2$
CB	均布	斜直线	抛物线	$F_{QCB}=qa/4$ $F_{QBC}=-7qa/4$	$M_{CB}=3qa^2/2$；$M_{BC}=0$； $M_{max}=49qa^2/32$

例 4-16 作图 4-28a 的剪力图和弯矩图。

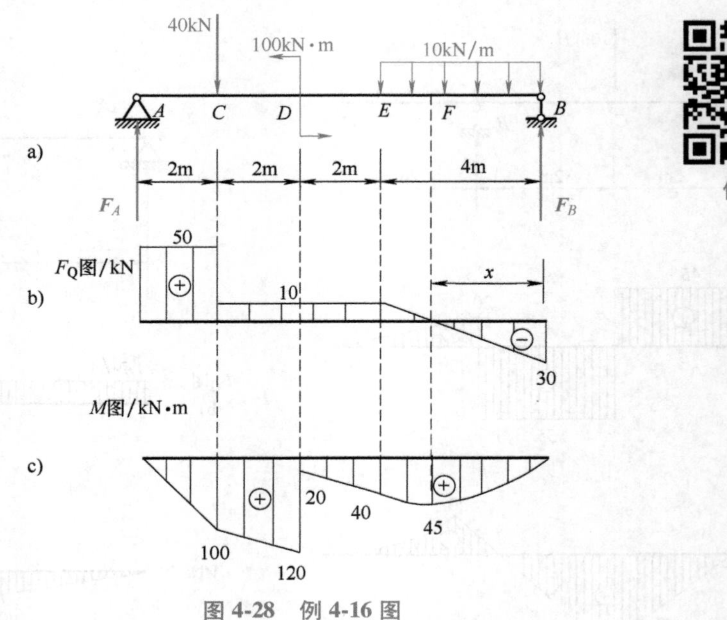

图 4-28 例 4-16 图

解 (1) 求支座约束力。由

$$\sum M_A=0,\ F_B\times10-40\times2+100-10\times4\times8=0$$

得

$$F_B=30\text{kN}\quad(\uparrow)$$

由

$$\sum F_y=0,\ F_A+F_B-40-10\times4=0$$

得

$$F_A=50\text{kN}\quad(\uparrow)$$

(2) 分段。根据梁上的荷载情况，将梁分割成 AC、CD、DE、EB 四段。

(3) 画内力图：

1) 画剪力图。先由各段荷载的情况判断剪力图的形状，再计算控制值，然后画出剪力图（图 4-28b）。

段	荷　载	F_Q 图形状	控 制 值
AC	无	水平线	$F_{QAC}=50\text{kN}$
CD	无	水平线	$F_{QCD}=10\text{kN}$
DE	无	水平线	$F_{QDE}=10\text{kN}$
EB	均布	斜直线	$F_{QEB}=10\text{kN}$ $F_{QBE}=-30\text{kN}$

2) 画弯矩图。先由各段荷载和剪力图的情况判断弯矩图的形状，再计算控制值，然后画出弯矩图（图 4-28c）。其中，*EB* 段是抛物线，此段剪力图在 *F* 点为零，故 *F* 点为极值点。设 *FB* 的长为 x，由相似三角形之间的比例关系

$$x:30=(4-x):10$$

得

$$x=3\text{m}$$

运用截面法算出　　$M_F=F_Bx-10\times x^2/2=45\text{kN}\cdot\text{m}$

段	荷　载	F_Q 图形状	M 图形状	控　制　值
AC	无	水平线	直线	$M_A=0$；$M_C=100\text{kN}\cdot\text{m}$
CD	无	水平线	直线	$M_C=100\text{kN}\cdot\text{m}$；$M_D=120\text{kN}\cdot\text{m}$
DE	无	水平线	直线	$M_D=20\text{kN}\cdot\text{m}$；$M_E=40\text{kN}\cdot\text{m}$
EB	均布	斜直线	抛物线	$M_E=-40\text{kN}\cdot\text{m}$；$M_B=0$；$M_F=45\text{kN}\cdot\text{m}$

5. 叠加法作弯矩图

区段叠加

在力学计算中常运用叠加原理。叠加原理是指在弹性和小变形（变形尺寸远小于构件自身的尺寸）前提下，由几组荷载共同作用时所引起的某一参数（约束力、内力、应力、变形）等于各组荷载单独作用时所引起的该参数值的代数和。

在下面的学习中需大量使用弯矩图，因此快速实用地画出弯矩图非常重要。运用叠加原理作弯矩图是一种实用性的方法，称为叠加法。

用叠加法作弯矩图的步骤是：先把作用在梁上的复杂荷载分成几组简单的荷载单独作用（其弯矩图简单易画），分别画出各简单荷载单独作用下的弯矩图；然后把它们相应的竖标代数相叠加，叠加顺序一般是先作直线图形，然后作折线图形，最后作曲线图形，以得到梁在复杂荷载作用下的弯矩图。

例 4-17

例 4-17　简支梁受荷载作用如图 4-29a 所示，试用叠加法画出弯矩图。

解　先将梁上的荷载分为均布荷载 q 和集中力偶 M 两组，分别画出在 q、M 单独作用下的弯矩图（图 4-29b、c）；然后将这两个弯矩图叠加。叠加时先画出 M_2 图（一般先画直线图形），如图 4-29a 所示；再以 Ab 为基线画 M_1 图，并注上控制截面的弯矩值。

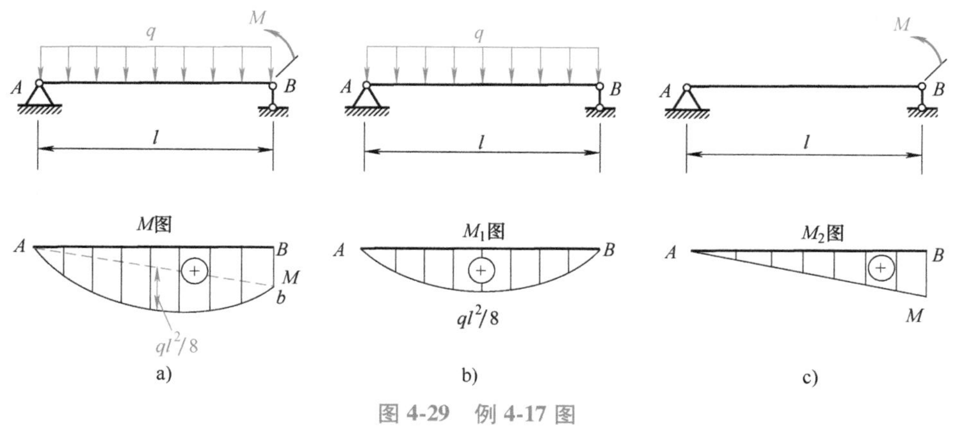

图 4-29　例 4-17 图

例 4-18

在具体作图时可直接画出图 4-29a 所示的弯矩图，省略单独作用下的图（图 4-29b、c），正负图标也可不标。

例 4-18　外伸梁受荷载作用如图 4-30a 所示，试用叠加法画出弯矩图。

解　先将梁上的荷载分为均布荷载 q 和集中力 F 两组，q 单独作用下的弯矩图可参考例 4-13，在 AB 段是直线图形；在 F 单独作用下 BD 段为悬臂部分，并且不受力，则弯矩为零，因此此时梁可视为简支梁，其弯矩图可参考例 4-11，在 AB 段是折线图形。先作 q 单独作用下的弯矩图，AB 段用虚线表示，再将 F 单独作用下的弯矩图叠加上，如图 4-30b 所示。

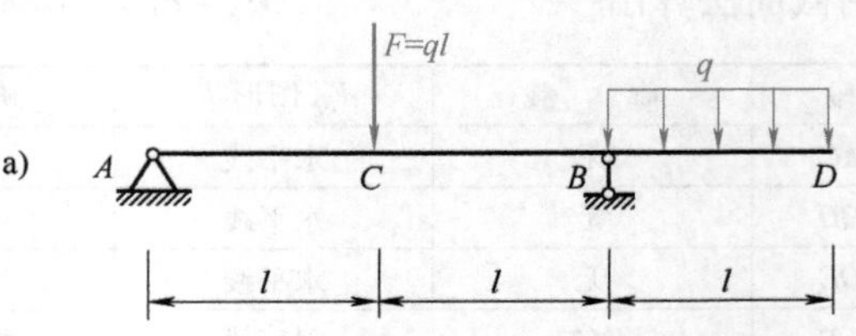

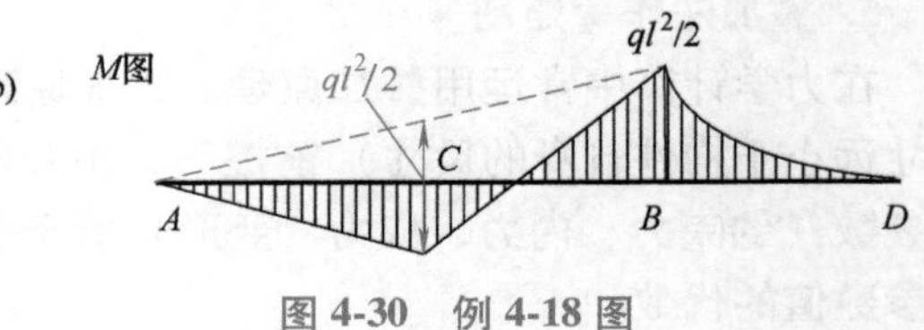

图 4-30　例 4-18 图

上面介绍了利用叠加法画整根梁的弯矩图，现在再进一步把叠加法推广到某一段梁的弯矩图，这对后面结构内力分析的学习是非常有用的，具体由下面的例题说明。

例 4-19　悬臂梁受荷载作用如图 4-31a 所示，试用叠加法画出梁 AB 段的弯矩图，其中 $F_P=qa$。

解　(1) 分段。将悬臂梁分成 AB 段和 BC 段。

(2) 计算每段杆端的弯矩，有

$$M_{AB}=-F_Pa/2-qa\times3a/2=-2qa^2$$

$$M_{BA}=-0.5qa^2$$

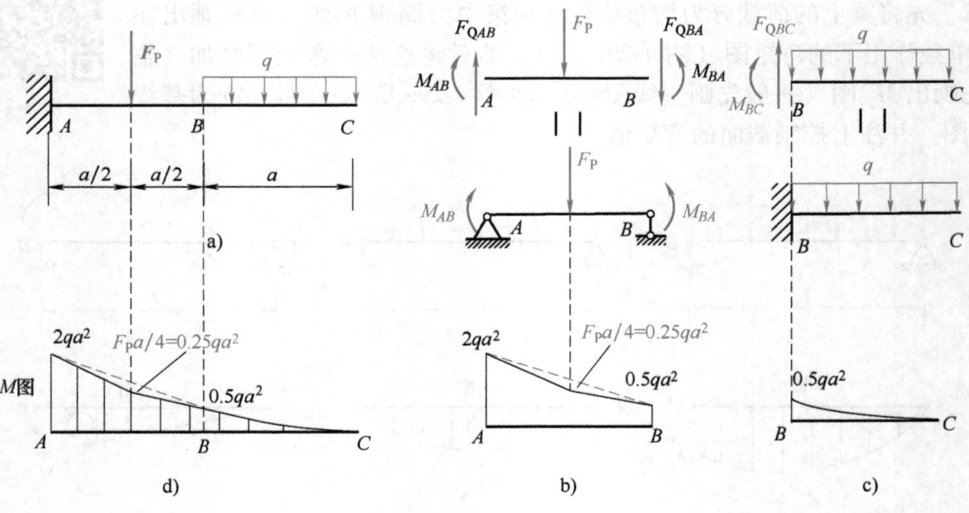

图 4-31　例 4-19 图

(3) 画出每段的等效简支梁或悬臂梁等效图，并用叠加法画出梁各段的弯矩图（图 4-31b、c）。

(4) 将各段的弯矩图连在一起（图 4-31d）。熟练后可将 (3)、(4) 两步合并，省去 (3) 步骤的图形。

第五节　静定多跨梁和刚架的内力分析

一、概述

静定多跨梁和刚架概述

工程中常见的以弯曲变形为主的结构有梁和刚架。

梁是工程中常见结构之一，如桥梁、吊车梁等，梁的轴线一般为直线，可以根据组成的杆件数量分为单跨梁和多跨梁；根据梁的约束情况还可分为静定梁和超静定梁，本章只讨论静定梁。单跨梁是一根杆件，而多跨梁是由若干根杆件用铰相连而成，用来跨越几个相连跨度的梁。除了桥梁方面较常采用这种结构形式外，在房屋建筑中的檩条有时也采用这种形式。图 4-32a 是一个多跨木檩条的构造，在檩条接头处做成斜搭接，并用螺栓紧固。这种接头不能抵抗弯矩但能防止构件的相互移动，可视为铰接，它的计算简图如图 4-32b 所示，构成多跨静定梁。

刚架是由直杆组成的，各杆件以弯曲变形为主，刚架的结点主要是刚结点，有时也有部分铰结点。刚架具有整体性好、内力分布比较均匀的优点。常见的静定平面刚架有悬臂刚架（图 4-33a）、简支刚架（图 4-33b）和三铰刚架（图 4-33c）。

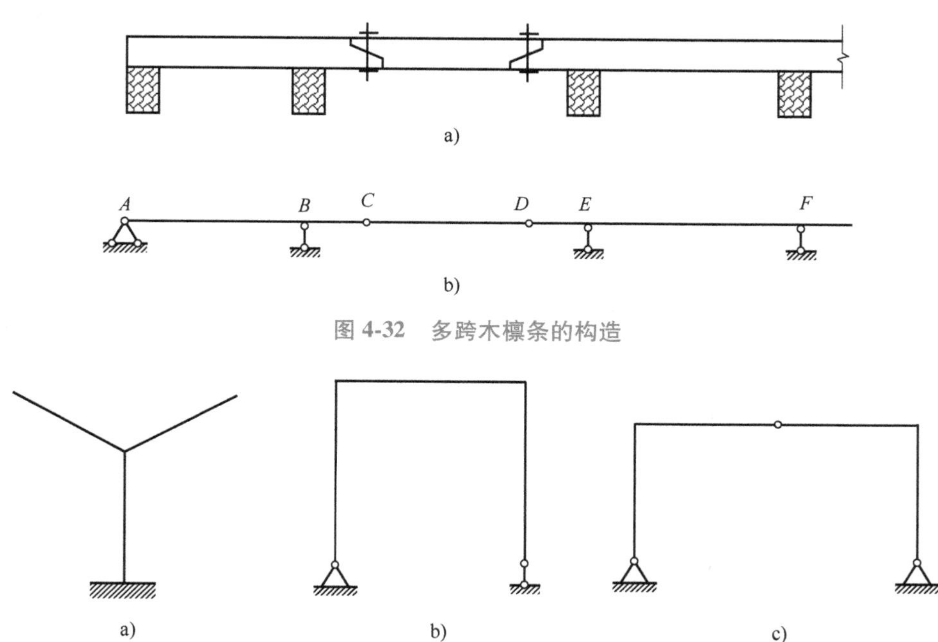

图 4-32　多跨木檩条的构造

图 4-33　常见的静定平面刚架

a）悬臂刚架　b）简支刚架　c）三铰刚架

二、内力分析

对以上结构进行内力分析，一般是先求出其支座约束力（悬臂结构有时可以省略），然后将结构按各段静定单跨梁进行分析。如是竖杆，可将其旋转成水平梁，用前面学过的方法

（本章第二节和第四节）画出内力图；最后恢复原状，将其内力图连在一起，即得出结构的内力图。其中，结构内力图的画法较前述有些改变和增减：

1）为使内力表达清晰，在内力符号的右下方添加两个下标以标明内力所属杆件（或杆段），前一个下标表示该内力所属截面，后一个下标表示该截面所属杆的另一端。例如杆段 BC，B 端的弯矩用 M_{BC} 表示，而 C 端的弯矩用 M_{CB} 表示。

2）一般先作弯矩图（M 图，通常用叠加法），规定弯矩图画在杆受拉的一侧，不用标注正负号。在铰结点处如果没有外力偶作用，此处的弯矩值是零。在两个杆件连接的刚结点处如果没有外力偶作用，这两个杆件在此处的弯矩值大小相等、同侧受拉（内侧、外侧）。

3）剪力图（F_Q 图）中，剪力仍规定使脱离体有顺时针方向转动趋势的为正。剪力图可画在杆轴的任一侧，但必须标注正负号。

4）作轴力图（F_N 图，梁常常没有轴力）时，轴力仍规定以拉力为正。轴力图和剪力图一样，可画在杆轴的任一侧，但必须标注正负号。在求某一截面的轴力时，可运用本章第二节中讲述的求轴力的方法。

例 4-20 试画出图 4-34a 所示多跨静定梁的内力图。

例 4-20

解 （1）求支座约束力。先以次梁 CD 为研究对象（图 4-34b），由

$$\sum M_D=0，F_C\times2-10\times2\times1=0$$

得

$$F_C=10\text{kN}\quad(\uparrow)$$

再以整体为研究对象（图 4-34a），由

$$\sum M_A=0，F_B\times4+F_C\times8-100\times2-10\times4\times6=0$$

得

$$F_B=90\text{kN}\quad(\uparrow)$$

由

$$\sum F_y=0，F_A+F_B+F_C-100-10\times4=0$$

得

$$F_A=40\text{kN}\quad(\uparrow)$$

（2）作弯矩图。CD 段的受力情况与简支梁受均布荷载作用的情况一样（图 4-34b），可直接利用简支梁的弯矩图，其弯矩图为二次抛物线。

BD 段和 AB 段可用叠加法，先分别求出杆两端的弯矩，因 A 点和 D 点是铰链，则 $M_{AB}=0$，$M_{DB}=0$。用截面法求出

$$M_{BA}=M_{BD}=F_C\times4-10\times4\times2=-40\text{kN}\cdot\text{m}\quad（上侧受拉）$$

两端截面的弯矩值按比例标出，用虚线相连，并以此虚线为基线再分别叠加一个 BD 段为受均布荷载作用的简支梁的弯矩图以及一个 AB 段为简支梁、跨中受集中力作用的弯矩图。跨中的弯矩值 M_E 可由虚线在 E 处的值和跨中受集中力作用的值叠加得出，即

$$M_E=-40\text{kN}\cdot\text{m}/2+100\text{kN}\cdot\text{m}=80\text{kN}\cdot\text{m}\quad（下侧受拉）$$

最后将三段梁的弯矩图连在一起，得到全梁的弯矩图（图 4-34c）。

（3）作剪力图。多跨静定梁剪力图的画法和单跨静定梁剪力图的画法基本一样，如图 4-34d 所示。

段	荷　载	F_Q 图形状	控 制 值
AE	无	水平线	$F_{QAE}=40\text{kN}$
EB	无	水平线	$F_{QEB}=-60\text{kN}$
BC	均布	斜直线	$F_{QBC}=30\text{kN}$ $F_{QCB}=-10\text{kN}$

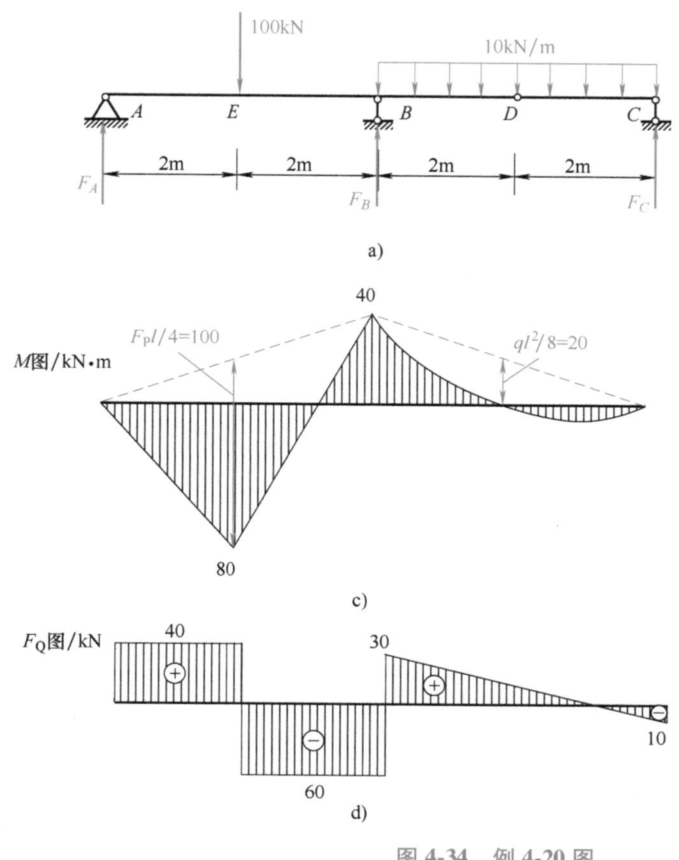

图 4-34　例 4-20 图

例 4-21　试绘制图 4-35a 所示斜梁的内力图。

解　(1) 求支座约束力，在 A、B 两位置标上支座约束力，由

例 4-21

$$\sum M_A=0,\ F_B\times l-ql^2/2=0$$

得

$$F_B=ql/2\quad(\uparrow)$$

由

$$\sum F_y=0,\ F_A+F_B-ql=0$$

得

$$F_A=ql/2\quad(\uparrow)$$

(2) 作内力图，取梁上任一截面 K 的位置，以 x 表示。取图 4-35b 所示隔离体，由 $\sum M_K=0$ 得弯矩表达式为

$$M_K=qlx/2-qx^2/2$$

当 $x=l/2$ 时，即得斜梁中点的弯矩值为 $ql^2/8$。

考虑图 4-35b 所示隔离体的平衡条件，可得剪力表达式为

$$F_{QK}=(ql/2-qx)\cos\alpha$$

轴力表达式为

$$F_{NK}=(-ql/2+qx)\sin\alpha$$

根据以上表达式绘出斜简支梁的弯矩图、剪力图和轴力图，分别如图 4-35c、d、e 所示。

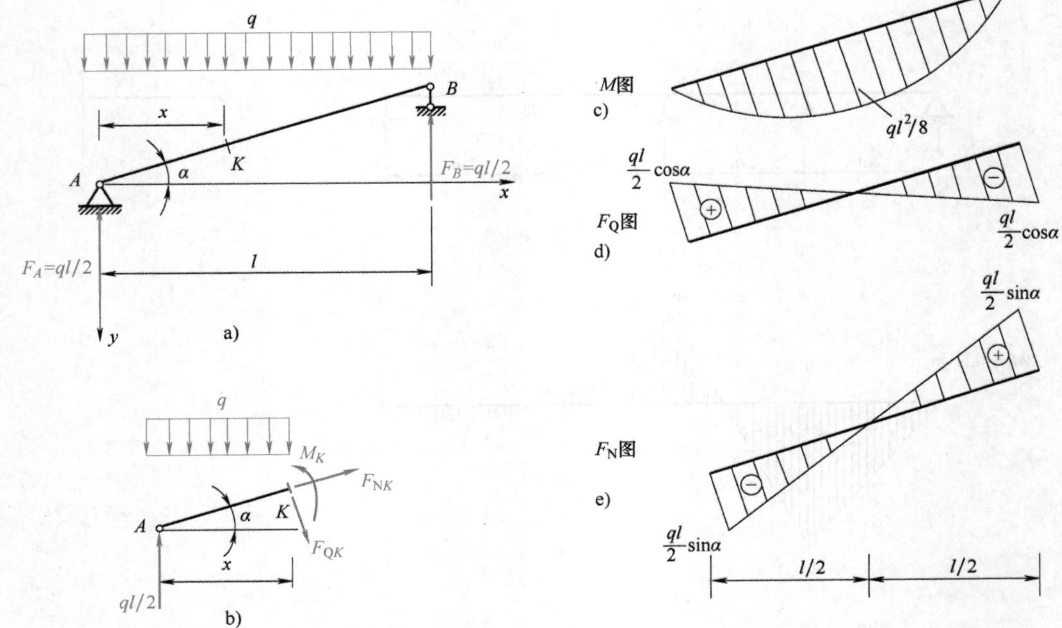

图 4-35　例 4-21 图

例 4-22

例 4-22　试画出图 4-36a 所示悬臂刚架的内力图，其中 $F=2qa$。

解　悬臂刚架可以不求支座约束力，从自由端开始作内力图。

（1）作弯矩图。将刚架分为 AB、BC、CD 三段。从 CD 段画起，将刚架旋转 90°后（图 4-36b），可视为一悬臂梁，将弯矩图画出；再转回原方位将图画在刚架上，如图 4-36c 所示。用截面法算出 BC 段两端的弯矩值

$$M_{CB}=-F\times a=-2qa^2 \quad （上侧受拉）$$

$$M_{BC}=-F\times a-q\times 2a\times a=-4qa^2 \quad （上侧受拉）$$

用叠加法把该段的弯矩图画出。

把刚架顺时针转 90°（图 4-36b），用求梁弯矩的方法算出 AB 段两端的弯矩值

$$M_{BA}=-F\times a-q\times 2a\times a=-4qa^2 \quad （上侧受拉）$$

$$M_{AB}=F\times 2a-q\times 2a\times a=2qa^2 \quad （下侧受拉）$$

将弯矩图画出，再转回原方位，这时

$$M_{BA}=4qa^2 \quad （左侧受拉）；\ M_{AB}=2qa^2 \quad （右侧受拉）$$

将图画在刚架上，如图 4-36c 所示。

（2）作剪力图。将刚架分为 AB、BC、CD 三段，对于 AB 和 BC 段竖杆还是采用和作弯矩图一样的顺序，先横着求（图 4-36b），将图画出后，再将图转回原方位。

段	荷　载	F_Q 图形状	控 制 值
AB	无	平行线	$F_{QAB}=-2qa$
BC	均布	斜直线	$F_{QBC}=2qa$ $F_{QCB}=0$
CD	无	平行线	$F_{QCD}=2qa$

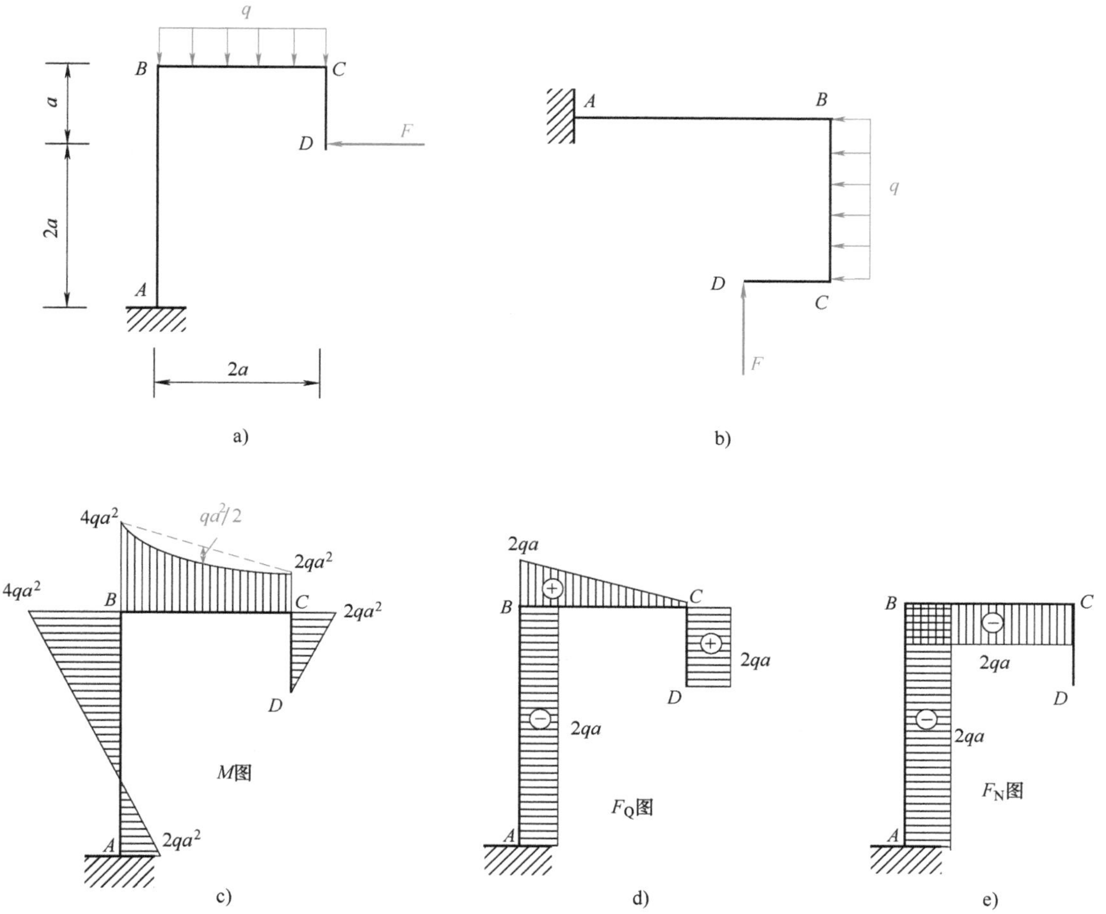

图 4-36　例 4-22 图

表中平行线是指平行于杆轴的直线，再还原画出其剪力图，如图 4-36d 所示。

（3）作轴力图。将刚架分为 AB、BC、CD 三段，可直接用截面法计算，可运用本章第二节中求轴力的简捷方法，将此截面半边的结构挡住，以另外半边的结构为研究对象，用式 $F_N=\sum F_P$ 来求得。式中的 $\sum F_P$ 表示研究对象上所有垂直截面的外力大小的代数和，其中和截面的法线（法线是指在截面处垂直截面并离开研究对象的射线）方向相反的取正值，反之为负。将有固定端支座的半边结构挡住，以另外半边的结构为研究对象，用式（4-8）计算出各杆的轴力

$$F_{NAB}=-2qa;\ F_{NBC}=-F=-2qa;\ F_{NCD}=0$$

画出其轴力图，如图 4-36e 所示。

熟练后可省去图 4-36b，只需将原图旋转 90°，挡住其半边便可得到。

例 4-23　试绘制图 4-37a 所示刚架的内力图。

例 4-23

解　（1）求支座约束力，在 A、B 两位置标上支座约束力，由

$$\sum M_A=0,\ F_B\times4-30\times2-10\times4\times2+20\times6=0$$

得

$$F_B=5\text{kN}\quad(\uparrow)$$

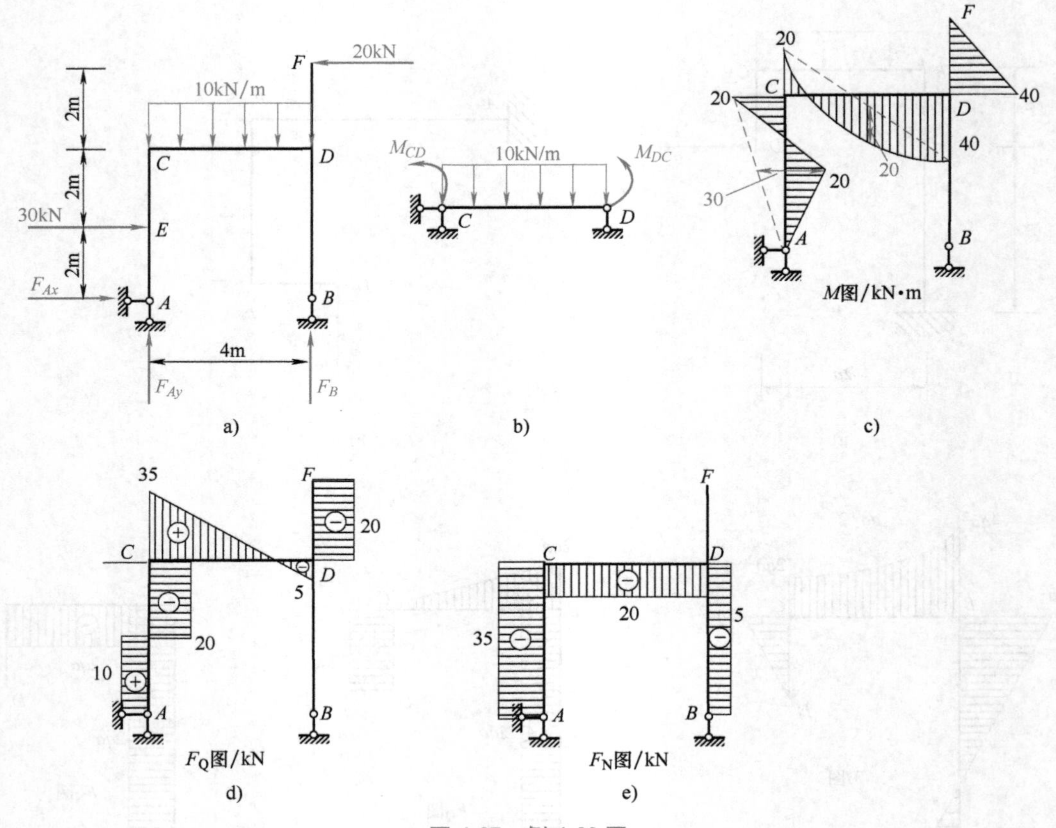

图 4-37　例 4-23 图

由
$$\sum F_y=0,\ F_{Ay}+F_B-10\times4=0$$
得
$$F_{Ay}=35\text{kN}\quad(\uparrow)$$
由
$$\sum F_x=0,\ F_{Ax}-10+30=0$$
得
$$F_{Ax}=-10\text{kN}\quad(\leftarrow)$$

（2）作弯矩图。将刚架分为 AC、CD、BD、DF 四段。从 DF 段画起，将 DF 杆旋转 90°后，可视为一悬臂梁，将弯矩图画出，再转回原方位将图画在刚架上。BD 段可视为一杆端只受轴向力 F_B 作用的悬臂梁，故杆中弯矩和剪力均为零。将 AC 杆旋转 90°后，用截面法算出 AC 杆 C 端的弯矩值并判断在哪侧受拉，用叠加法把该段的弯矩图画出，再转回原方位将图画在刚架上。

$$M_{CA}=-F_{Ax}\times4+30\times2=20\text{kN}\cdot\text{m}\quad(\text{左侧受拉})$$

CD 杆可视为一两端各受一力偶矩和其杆端弯矩相等的外力偶作用的简支梁，如图 4-37b 所示，由于 C 点是两个杆件连接的刚结点，则

$$M_{CD}=M_{CA}=-20\text{kN}\cdot\text{m}\quad(\text{上侧受拉})$$

用截面法算出 CD 杆 D 端的弯矩值并判断在哪侧受拉，有

$$M_{DC}=20\times2\text{kN}\cdot\text{m}=40\text{kN}\cdot\text{m}\quad(\text{下侧受拉})$$

用叠加法把该段的弯矩图画出，得到刚架的弯矩图（图 4-37c）。

（3）作剪力图。将刚架分为 AE、CE、CD、BD、DF 五段，对于竖杆还是采用先横着求，再转回原方位的计算方法。

段	荷　载	F_Q 图形状	控　制　值
AE	无	平行线	$F_{QAE}=10\text{kN}$
CE	无	平行线	$F_{QCE}=-20\text{kN}$
CD	均布	斜直线	$F_{QDC}=-5\text{kN}$ $F_{QCD}=35\text{kN}$
BD	无	平行线	$F_{QBD}=0$
DF	无	平行线	$F_{QDF}=-20\text{kN}$

表中平行线是指平行于杆轴的直线，画出其剪力图，如图 4-37d 所示。

（4）作轴力图。将刚架分为 AC、CD、BD、DF 四段，可直接运用轴向拉（压）杆求轴力的简捷方法求得各杆的轴力

$$F_{NAC}=-35\text{kN},\ F_{NCD}=-20\text{kN},\ F_{NBD}=-5\text{kN},\ F_{NDF}=0$$

画出其轴力图，如图 4-37e 所示。

例 4-24

例 4-24　三铰刚架受荷载 $F=qa$、q 作用，约束情况如图 4-38a 所示。刚架自重不计，试画出刚架的内力图。

解　（1）求支座约束力。由例 2-10 有

$$F_{Ax}=3qa/4\ (\rightarrow);\ F_{Bx}=3qa/4\ (\leftarrow);\ F_{Ay}=5qa/4\ (\uparrow);\ F_{By}=7qa/4\ (\uparrow)$$

下面的计算中用支座约束力作为外力代替支座，这样就和悬臂刚架的计算一样了。

（2）作弯矩图。将刚架分为 AD、CD、CE、EB 四段。从 AD 段画起，将 AD 杆旋转 90°后，可视为一悬臂梁，D 端为固定端，A 端为自由端受约束力作用，将弯矩图画出，再转回原方位将图画在刚架上。同理画出 BE 段弯矩图。用叠加法把 CD 段的弯矩图画出，其中，因 C 点是铰结点，$M_{CD}=0$，弯矩为零；D 点是无外力偶作用的两个杆件连接的刚结点，故 $M_{DC}=M_{DA}$。同理画出 BE 段弯矩图，如图 4-38b 所示。

（3）作剪力图。将刚架分为 AD、CD、CE、EB 四段，对于 AD 和 BE 段竖杆还是采用先横着求，再转回原方位的计算方法。画出剪力图，如图 4-38c 所示。

段	荷载	M 图形状	控制值	受拉侧	F_Q 图形状	控制值	F_N 图形状	控制值
AD	无	直线	$M_{AD}=0$ $M_{DA}=3qa^2/2$	左	平行线	$F_{QAD}=-3qa/4$	平行线	$F_{NAD}=-5qa/4$
CD	无	折直线	$M_{DC}=3qa^2/2$ $M_{CD}=0$	上	平行线	$F_{QDC}=5qa/4$ $F_{QCD}=qa/4$	平行线	$F_{NCD}=-3qa/4$
CE	均布	抛物线	$M_{CE}=0$ $M_{EC}=3qa^2/2$	上	斜直线	$F_{QCE}=qa/4$ $F_{QEC}=-7qa/4$	平行线	$F_{NCE}=-3qa/4$
EB	无	直线	$M_{EB}=3qa^2/2$ $M_{BE}=0$	右	平行线	$F_{QBE}=3qa/4$	平行线	$F_{NBE}=-7qa/4$

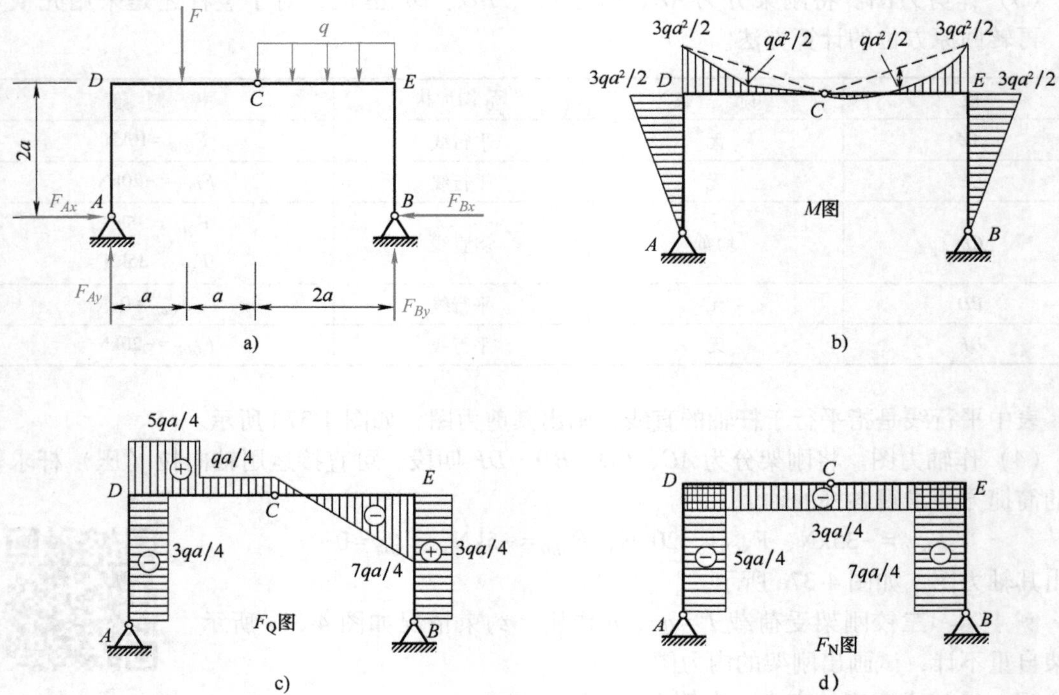

图 4-38　例 4-24 图

（4）作轴力图。可直接运用轴向拉（压）杆求轴力的简捷方法求得各段的轴力图，最后拼装成整体轴力图（图 4-38d）。

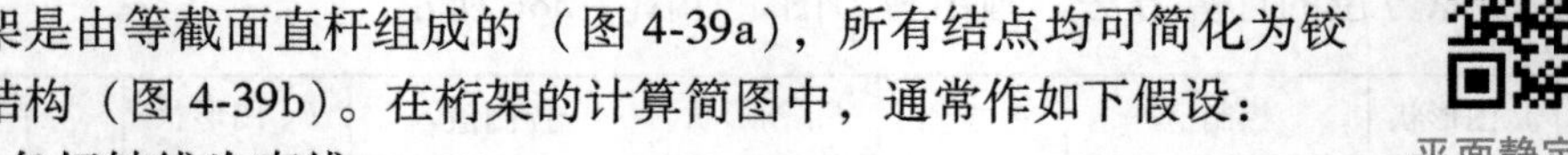

第六节　平面静定桁架的内力分析

一、概述

平面静定桁架概述

桁架是由等截面直杆组成的（图 4-39a），所有结点均可简化为铰结点的结构（图 4-39b）。在桁架的计算简图中，通常作如下假设：

1）各杆轴线为直线。

2）不考虑桁架本身的自重。

3）各结点为圆柱铰，铰中心为杆轴线的交点。

4）外力作用于结点上，各杆轴线与外力在同一平面内。

实际的桁架与上述的假设有一定的差别，例如实际的桁架的结点是榫接（木桁架）或焊接、铆接（钢桁架）或整浇（钢筋混凝土桁架），而不都是由圆柱铰链来进行连接的。但是，上述的假设能反映桁架结构的主要力学特征，因此，所得结果对一般桁架已能满足工程需要。

由于桁架的主要内力为轴力，在杆件的横截面上分布均匀，这样杆件的材料可以得到充分利用，故与同跨度的梁比较，具有自重轻、承载大的特点，因此桁架在大跨度结构中经常

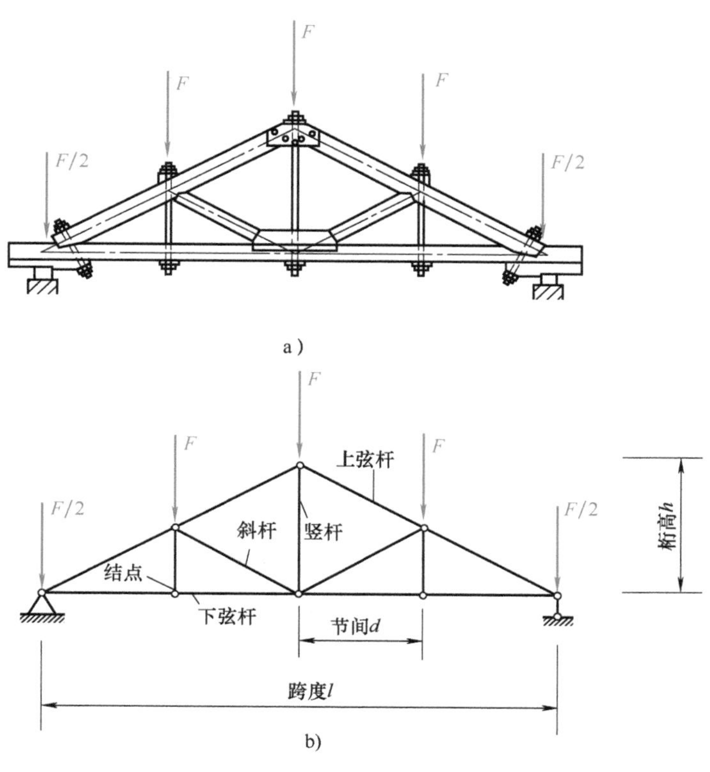

图 4-39　桁架形式的木结构屋架

采用。桁架的杆件，依其所在位置不同，可分为弦杆和腹杆两类。弦杆又分为上弦杆和下弦杆，腹杆又分为斜杆和竖杆。弦杆上相邻两结点间的区间称为节间，其间距 d 称为节间长度，两支座间的水平距离 l 称为跨度，支座连线至桁架最高点的距离 h 称为桁高。

二、内力分析

内力分析

静定平面桁架的内力计算的基本方法有结点法和截面法。

结点法是取结点为脱离体作为研究对象，利用平衡方程求杆的内力。作用于每个结点上的力组成平面汇交力系，由于一个平面汇交力系只可列出两个独立的平衡方程，所以每个结点的未知内力数量一般应少于两个。截面法是用一假想截面（平面或曲折面）截取桁架的某一部分（两个结点以上）为脱离体，利用平衡方程求杆的内力。由于分离体所受的力通常构成平面任意力系，而对于一个平面任意力系只能列出三个独立的平衡方程。因此，用截面法截断的杆件的未知内力数量一般不超过三个。另外，在求解时应尽可能做到一个方程求解一个未知力，避免求解联立方程组。

在计算桁架内力时，有些情况下可以不经过计算即可判断某些杆件的内力，从而使计算得以简化。通常有以下情况：

1）两杆汇交的结点上无荷载作用，如图 4-40a 所示，在该结点上由 $\sum F_y=0$ 得 $F_{N2}=0$；再由 $\sum F_x=0$ 得 $F_{N1}=0$，该结点上两杆的内力都等于零。内力为零的杆称为零杆。

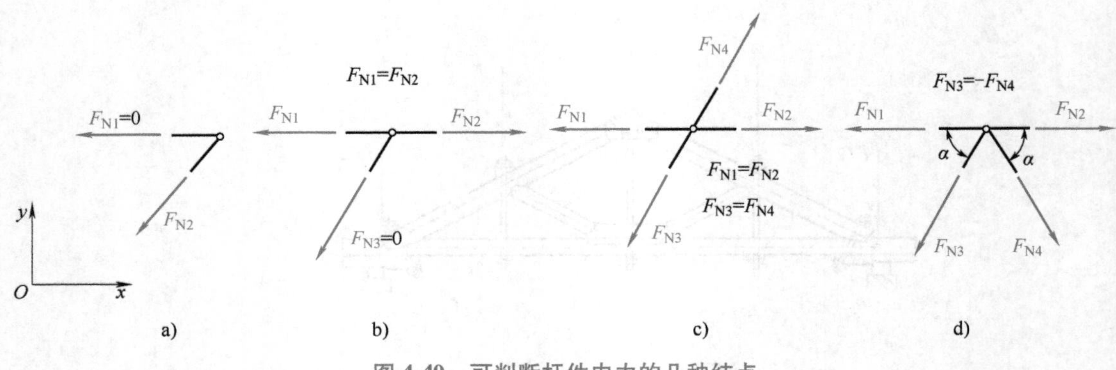

图 4-40　可判断杆件内力的几种结点

2）三杆汇交的结点上无荷载作用时，如果其中两杆共线，如图 4-40b 所示，在该结点上由 $\sum F_y=0$ 得 $F_{N3}=0$；再由 $\sum F_x=0$ 得 $F_{N1}=F_{N2}$。可知，第三杆必为零杆，共线的两杆内力相等。

3）四杆汇交的结点上无荷载作用时，如果其中每两杆共线，如图 4-40c 所示，在该结点上由 $\sum F_y=0$，$F_{N4}\sin\alpha-F_{N3}\sin\alpha=0$，得 $F_{N3}=F_{N4}$；再由 $\sum F_x=0$，得 $F_{N1}=F_{N2}$。可知，共线的两杆内力相等。

4）四杆汇交的结点上无荷载作用时，如果其中两杆共线并和另两杆的夹角相等，如图 4-40d所示，则在该结点上由 $\sum F_y=0$，$-F_{N4}\sin\alpha-F_{N3}\sin\alpha=0$，得 $F_{N3}=-F_{N4}$。可知，夹角相等的两杆内力大小相等、符号相反。

对作用在结点上的力，如方向离开结点，可视为一拉杆，反之则为压杆。

在用以上方法判断时，应按结点顺序逐个进行，将判断出的零杆从桁架中除去，再对零杆另一端的结点（如已判断过）进行重新判断。反复几次，可将能判断出的零杆全判断出来。

例 4-25　一屋架的尺寸及所受荷载如图 4-41a 所示，试用结点法求每根杆的内力。

例 4-25

解　（1）首先求支座约束力。取桁架整体为研究对象，画出其受力图如图 4-41a 所示。荷载与支座约束力组成一平面平行力系，由

$$\sum M_A=0,\ F_B\times8-10\times8-20\times6-20\times4-20\times2=0$$

得

$$F_B=40\text{kN}\quad(\uparrow)$$

由

$$\sum F_y=0,\ F_A+F_B-10-20-20-20-10=0$$

得

$$F_A=40\text{kN}\quad(\uparrow)$$

（2）计算杆件内力。先对桁架各结点进行判断，可知 $F_{NDF}=F_{NEH}=0$，$F_{NAF}=F_{NFG}$，$F_{NHG}=F_{NBH}$。再从只有两个未知力的支座结点 A 开始，逐个截取桁架的结点为研究对象，应用平衡方程求各杆件的内力。由于本例中结构和荷载都是对称的，所以左右两边对称位置杆件的内力必然相等，因而只需计算半个屋架即可。其中

1）取 A 点，受力图如图 4-41b 所示，由

$$\sum F_y=0,\ F_{NAD}\sin\alpha+40-10=0$$

得

$$F_{NAD}=30\text{kN}/0.447=-67.1\text{kN}\quad(\text{压})$$

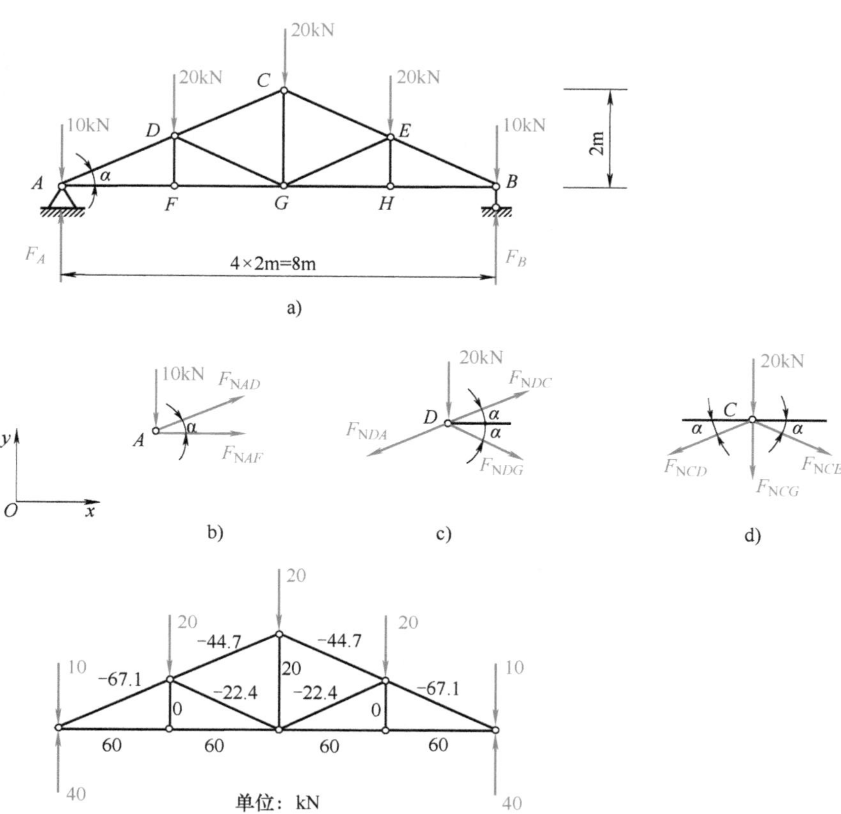

图 4-41　例 4-25 图

由
$$\sum F_x=0,\ F_{NAD}\cos\alpha+F_{NAF}=0$$
得
$$F_{NAF}=F_{NAD}\cos\alpha=67.1\text{kN}\times0.894=60\text{kN}\quad(拉)$$

$$\sin\alpha=\frac{2\text{m}}{\sqrt{(2\text{m})^2+(4\text{m})^2}}=\frac{1}{\sqrt{5}}=0.447;\cos\alpha=\frac{2\text{m}}{\sqrt{(2\text{m})^2+(4\text{m})^2}}=\frac{2}{\sqrt{5}}=0.894$$

2）取 D 点，受力图如图 4-41c 所示，由

$$\sum F_x=0,\ -F_{NDA}\cos\alpha+F_{NDC}\cos\alpha+F_{NDG}\cos\alpha=0$$
$$\sum F_y=0,\ -F_{NDA}\sin\alpha+F_{NDC}\sin\alpha-F_{NDG}\sin\alpha-20=0$$

联立解得
$$F_{NDC}=-44.7\text{kN}\quad(压)$$
$$F_{NDG}=-22.4\text{kN}\quad(压)$$

3）取 C 点，受力图如图 4-41d 所示，由

$$\sum F_x=0,\ F_{NCD}\cos\alpha-F_{NCE}\cos\alpha=0$$
得
$$F_{NCD}=F_{NCE}=-44.7\text{kN}$$
由
$$\sum F_y=0,\ -F_{NCD}\sin\alpha-F_{NCE}\sin\alpha-F_{NCG}-20=0$$
得
$$F_{NCG}=20\text{kN}\quad(拉)$$

最后将各杆件的内力标在图上（图 4-41e），其中正号表示拉力，负号表示压力。

例 4-26 试用截面法求例 4-25 中 DC、DG、FG 杆的内力。

例 4-26

解 （1）首先求支座约束力。由例 4-25 已知

$$F_B=40\text{kN}\quad(\uparrow);\ F_A=40\text{kN}\quad(\uparrow)$$

（2）计算杆件内力。用截面 $n—n$ 将杆件 DC、DG、FG 截断，取左半桁架为研究对象，其受力图如图 4-42b 所示，由

$$\sum M_A=0,\ -F_{NDG}\sin\alpha\times2-F_{NDG}\cos\alpha\times1-20\times2=0$$

得
$$F_{NDG}=-22.4\text{kN}\quad(\text{压})$$

由
$$\sum M_D=0,\ F_{NFG}\times1-F_A\times2+10\times2=0$$

得
$$F_{NFG}=60\text{kN}\quad(\text{拉})$$

由
$$\sum M_G=0,\ -F_{NDC}\sin\alpha\times4-F_A\times4+10\times4+20\times2=0$$

得
$$F_{NDG}=-44.7\text{kN}\quad(\text{压})$$

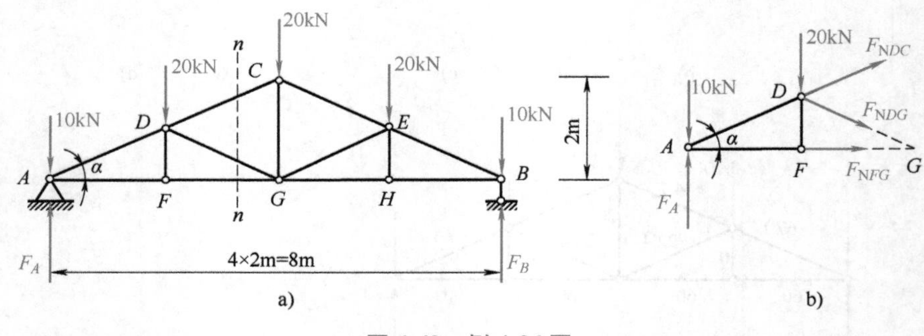

图 4-42　例 4-26 图

例 4-27 求图 4-43a 所示桁架中指定杆的内力。

例 4-27

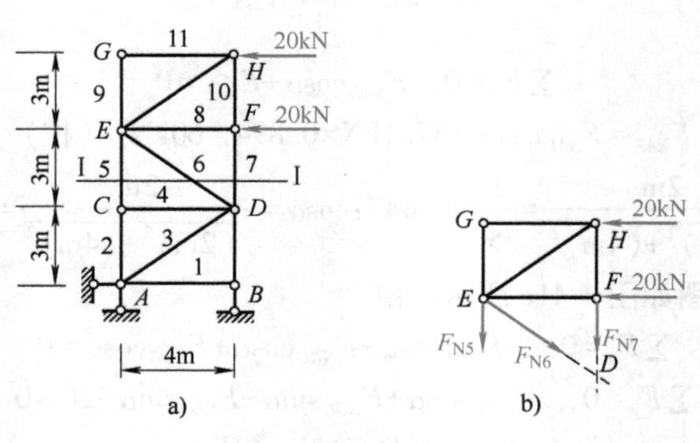

图 4-43　例 4-27 图

解 （1）对桁架各结点进行判断，可知

$$F_{N1}=F_{N4}=F_{N9}=F_{N11}=0,\ F_{N2}=F_{N5},\ F_{N3}=-F_{N6}$$

对于指向 F 结点上的外力，可视为一根压杆，则 $F_{N7}=F_{N10}$，$F_{N8}=-20\text{kN}$。

（2）求指定杆的内力，使用 I—I 截面，取桁架上半部分为研究对象（图 4-43b）。如取桁架下半部分为研究对象，则必须先将支座约束力算出。为了使每一个平衡方程中只包含一个未知力，可取两个未知力的延长线的交点为矩心，建立力矩方程。由

$$\sum M_D=0,\ -F_{\mathrm{N5}}\times4+20\times6+20\times3=0$$

得
$$F_{\mathrm{N5}}=-45\mathrm{kN}\quad(压)$$

由
$$\sum M_E=0,\ -F_{\mathrm{N7}}\times4+20\times3=0$$

得
$$F_{\mathrm{N7}}=15\mathrm{kN}\quad(拉)$$

由
$$\sum F_x=0,\ F_{\mathrm{N6}}\times4/5-20-20=0$$

得
$$F_{\mathrm{N6}}=50\mathrm{kN}\quad(拉)$$

最后有　　$F_{\mathrm{N2}}=-45\mathrm{kN}$（压）；$F_{\mathrm{N3}}=-50\mathrm{kN}$（压）；$F_{\mathrm{N10}}=15\mathrm{kN}$（拉）

由上例可以看出，在求解时不拘泥某一种方法，既可选用计算量小的方法，也可将两种方法配合起来使用。

例 4-28　试求图 4-44a 所示平面桁架 a 杆的内力，其中 ABC 为等边三角形，E、F、D 为两腰及底边的中点。

解　（1）对 E 节点进行判断：E 结点处 $F_{NED}=0$，$F_{NEA}=F_{NEC}$。

（2）沿 I—I 截面切开取右半部为研究对象，受力图如图 4-44b 所示，设 $DB=l$，列平衡方程求解。

例 4-28

$$\sum M_B(F)=0$$

$$-F_{\mathrm{N}a}\times l-F_{\mathrm{P}}\times l\sin60°=0$$

$$F_{\mathrm{N}a}=-F_{\mathrm{P}}\sin60°=-0.866F_{\mathrm{P}}$$

此解法是结点法（零杆判别）和截面法的联合使用，如只用一种方法，此题的运算量将会增加很多。

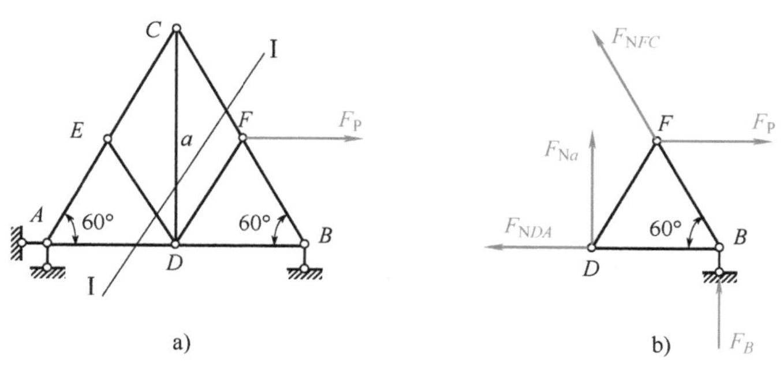

图 4-44　例 4-28 图

第七节　其他常见结构的内力分析介绍

一、组合结构的内力分析

组合结构是工程中较常见的一种结构，它将不同结构的优点加以结合，使材料的利用率大为提高。常见组合结构是指由链杆和受弯杆件混合组成的结构，常用于房屋建筑中的屋架、吊车梁以及桥梁的承重结构。组合结构内力分析的步骤一般是先求出约束力，然后计算各链杆的轴力，最后再分析受弯杆件的内力。当然，如受弯杆件的弯矩图很容易先行绘出时，则不必拘泥于上述步骤。

例 4-29 试求图 4-45a 所示组合结构中 ACB 梁的弯矩图以及桁架中各杆的内力。

例 4-29

解 由于结构和荷载均是对称的，所以其约束力和内力也是对称的，故只需求一半结构的内力。

（1）求支座约束力，$F_A=F_B=168\text{kN}$ （↑）

（2）求桁架中各杆的内力，沿 I—I 截面切开取右半部为研究对象，受力图如图 4-45b 所示。

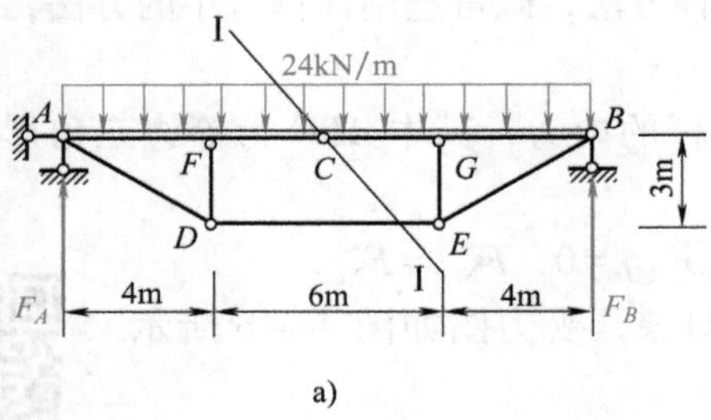

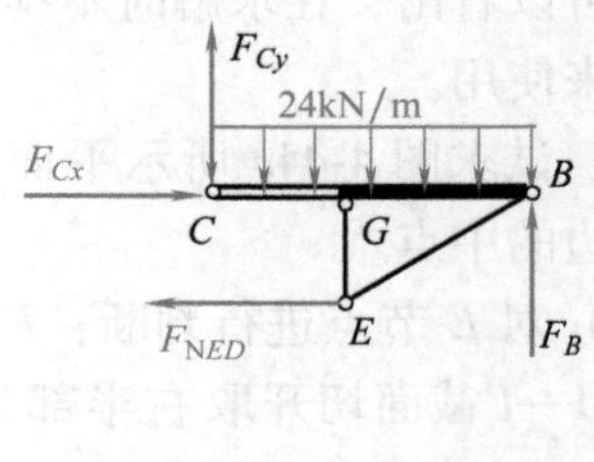

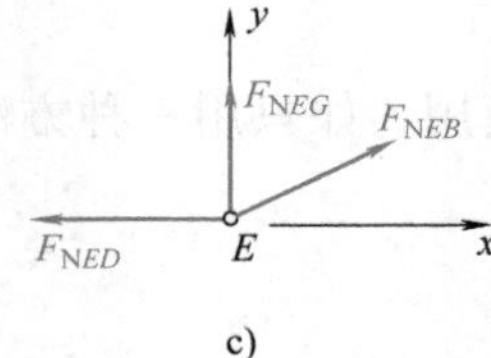

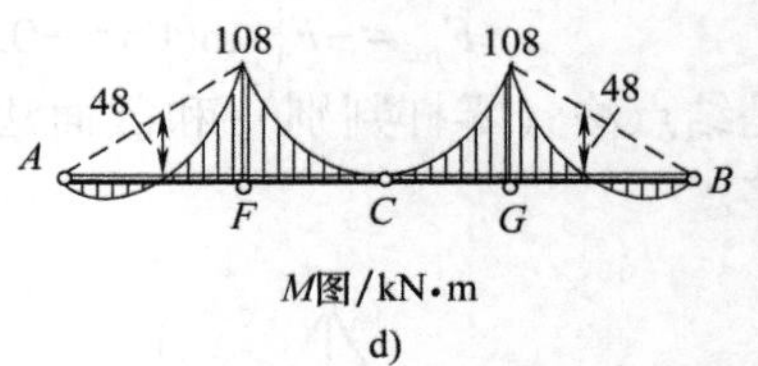

图 4-45 例 4-29 图

由
$$\sum M_C=0$$
$$F_B\times7-F_{NED}\times3-24\times7\times3.5=0$$
得
$$F_{NED}=196\text{kN} \quad (\text{拉})$$
由
$$\sum F_y=0,\ F_{Cy}+F_B-24\times7=0$$
得
$$F_{Cy}=0$$

再取 E 结点为研究对象，并画出受力图，如图 4-45c 所示。

由
$$\sum F_x=0,\ F_{NEB}\times4/5-F_{NED}=0$$
得
$$F_{NEB}=245\text{kN} \quad (\text{拉})$$
由
$$\sum F_y=0,\ F_{NEG}+F_{NEB}\times3/5=0$$
得
$$F_{NEG}=-147\text{kN} \quad (\text{压})$$
有
$$F_{NDA}=F_{NEB}=245\text{kN} \quad (\text{拉})$$
$$F_{NDF}=F_{NEG}=-147\text{kN} \quad (\text{压})$$

（3）求 ACB 梁的弯矩图，如图 4-45b 所示，由截面法得
$$M_{GC}=-24\text{kN/m}\times3\times1.5\text{kN}\cdot\text{m}=-108\text{kN}\cdot\text{m} \quad (\text{上侧受拉})$$
B、C 均为铰，故 $M_{BG}=M_{CG}=0$。

利用对称性，得 ACB 梁的弯矩图，如图 4-45d 所示。

二、三铰拱简介

三铰拱

杆轴线为曲线，在竖向荷载作用下支座处会产生水平推力的结构称为拱。拱分为三铰拱（图 4-46a）、二铰拱（图 4-46b）、无铰拱（图 4-46c）。二铰拱和无铰拱属超静定结构，三铰拱属静定结构。

拱的两端支座称为拱趾，两趾间的水平距离称为拱跨，拱的最高点到拱趾连线的高度称为拱高。拱高与拱跨之比，称为拱的高跨比，即 f/l。

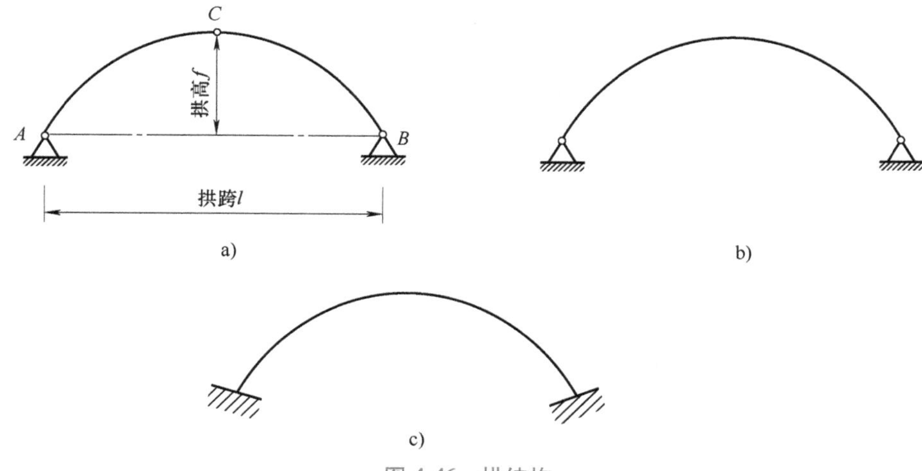

图 4-46　拱结构

例 4-30

例 4-30　图 4-47a 所示对称三铰拱，其拱轴线为一抛物线，受均布荷载 q 作用，在图示坐标情况下，拱轴线方程为 $y=\frac{4f}{l^2}x(l-x)$，试求：（1）A、B 处的支座约束力。（2）任一截面上的弯矩。（3）如 $f=l/2$，当 $x=l/4$ 时截面 K 上的内力。

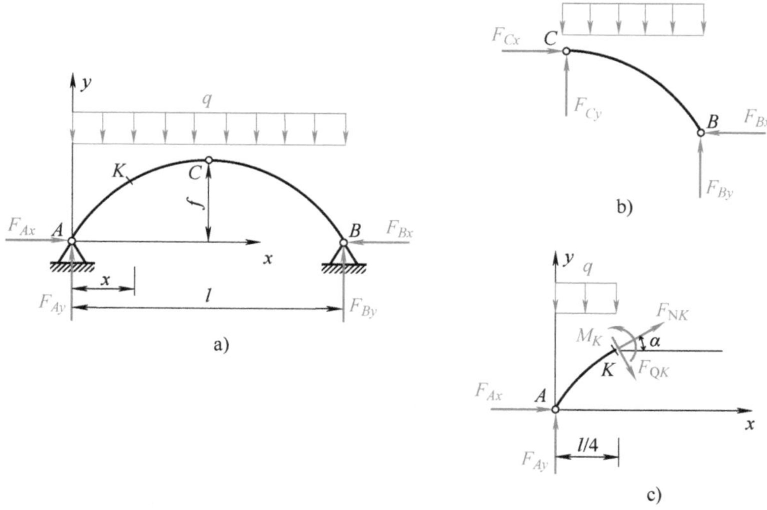

图 4-47　例 4-30 图

解 （1）选取研究对象。选取三铰拱整体以及 BC 部分的三铰拱为研究对象，受力图如图 4-47a、b 所示。

1）以整体为研究对象，如图 4-47a 所示。

由
$$\sum M_A=0,\ F_{By}\times l-q\times l\times l/2=0$$
得
$$F_{By}=ql/2\quad (\uparrow)$$
由
$$\sum F_y=0,\ F_{Ay}+F_{By}-q\times l=0$$
得
$$F_{Ay}=ql/2\quad (\uparrow)$$
由
$$\sum F_x=0,\ F_{Ax}-F_{Bx}=0$$
得
$$F_{Ax}=F_{Bx}$$

2）以 BC 半拱为研究对象，如图 4-47b 所示。

由
$$\sum M_C=0,\ F_{By}\times l/2-F_{Bx}\times f-q(l/2)\times(ql/4)=0$$
得
$$F_{Bx}=ql^2/(8f)\quad (\leftarrow)$$
则
$$F_{Ax}=F_{Bx}=ql^2/(8f)\quad (\rightarrow)$$

可见拱在竖向荷载作用下，拱趾有水平推力存在。

（2）求拱任一截面 K 的弯矩。由截面法有

$$M_K=F_{Ay}x-F_{Ax}y-qx^2/2=qlx/2-\frac{ql^2}{8f}\times\frac{4f}{l^2}x(l-x)-qx^2/2=0$$

（3）$f=l/2$，$x=l/4$，求 K 的内力。此时，$y=2x(l-x)/l$，拱轴线在 K 处的斜率 $\tan\alpha=1$，则拱轴线在 K 处与 x 轴的夹角为 $\alpha=45°$，另有 $F_{Ax}=ql/4$，受力图如图 4-47c 所示。

$$\begin{aligned}F_{QK}&=-F_{Ax}\sin\alpha+F_{Ay}\cos\alpha-(ql/4)\cos\alpha\\&=-(ql/4)\sin45°+(ql/2)\cos45°-(ql/4)\cos45°=0\end{aligned}$$

$$\begin{aligned}F_{NK}&=-F_{Ax}\cos\alpha-F_{Ay}\sin\alpha+(ql/4)\sin\alpha\\&=-(ql/4)\cos45°-(ql/2)\sin45°+(ql/4)\sin45°=-\frac{\sqrt{2}ql}{4}\quad（压力）\end{aligned}$$

在拱中由于水平推力的存在，其各个截面的弯矩将比相应的曲梁或简支梁要小，只要轴线的曲线选择得当，则拱的内力主要以轴向压力为主。因此，拱的优点是用料较为节省，自重较轻，能跨越较大的空间，故可利用抗压性能好而抗拉性能差的材料（如砖、石、混凝土等）来建造。其缺点是需要比梁更为坚固的基础或支撑结构，外形较梁要复杂，施工较困难。

由于拱在竖向荷载作用下支座会产生水平推力，并且高跨比越小水平推力越大，所以对基础的要求就较高。若基础不能承受水平推力，可用一根拉杆来代替水平支杆 AB 承受拱的拉力，以减小水平推力，如图 4-48 所示。

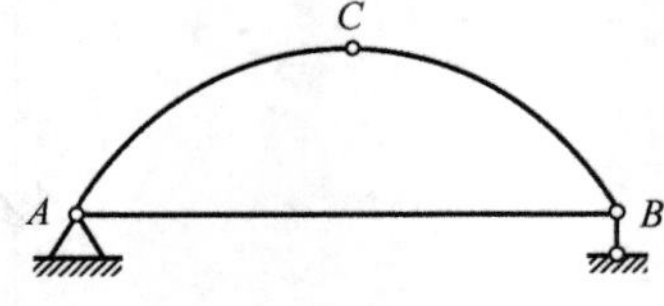

图 4-48 拉杆三铰拱

小　结

一、工程力学中研究的固体有连续、均匀和各向同性三个假设。

二、内力的概念以及求内力的基本方法——截面法。

三、杆件的基本变形有四种：轴向拉伸（或压缩）、剪切、扭转和弯曲。

四、轴向拉伸（或压缩）时的内力——轴力 F_N，规定拉力为正号，压力为负号。

五、用截面法求轴向拉（压）杆的轴力，并作出其轴力图。

六、扭转时的内力——扭矩 T。

七、梁平面弯曲时的内力——剪力 F_Q 和弯矩 M，规定截面上的剪力使研究对象有顺时针转动的趋势时为正，反之为负；截面上的弯矩使研究对象产生向下凸的变形时为正，反之为负。

快速准确地绘制剪力图

八、用截面法求梁的内力，应用简捷的方法快速求出梁上指定截面的内力。

九、运用控制截面法和叠加法准确快速地画出梁的内力图。

十、将单个杆件的内力分析方法运用到受弯静定结构的内力分析上，准确画出多跨静定梁和各类静定刚架的内力图。

十一、运用结点法和截面法计算平面静定桁架中杆件的内力。

十二、组合结构是将不同结构的优点加以结合的结构。

十三、拱结构的受力特征主要以轴向压力为主，在竖向荷载作用下支座会产生水平推力，并且高跨比越小水平推力越大，所以对基础的要求就较高。

快速准确地绘制弯矩图

思 考 题

4-1　工程力学中的内力指的是什么？截面法计算内力的步骤是怎样的？

4-2　两根材料不同、截面不同的杆件，受同样的轴向拉力作用时，它们的内力是否相同？受其他同样形式的外力作用时，内力是否也相同？

4-3　内力有哪几种形式？

4-4　什么是轴力？轴力的正负号是如何规定的？如何计算轴力？

4-5　杆件在怎样的荷载作用下会发生扭转变形？

4-6　著名的验证万有引力并测量出引力常数的卡文迪许实验，是运用了一个扭秤的实验装置，如图 4-49 所示，在实验中扭秤上的金属丝发生了什么变形？

4-7　平面弯曲受力变形的特点是什么？

4-8　梁的内力即剪力和弯矩的正负号是如何规定的？

4-9　在集中力与集中力偶作用处，梁的剪力图和弯矩图各有什么特点？

4-10　标准双杠如图 4-50 所示，$a=l/4$，一体重为 W 的运动员在双杠上时，双杠上可能出现的最大正弯矩和最大负弯矩的大小分别为多少？

4-11　人字梯能不能放在光滑的地面上？人字梯类似三铰结构，说明三铰结构在竖向荷载作用下会产生水平推力。如人字梯需要放在光滑的地面上时，必须采取什么措施？

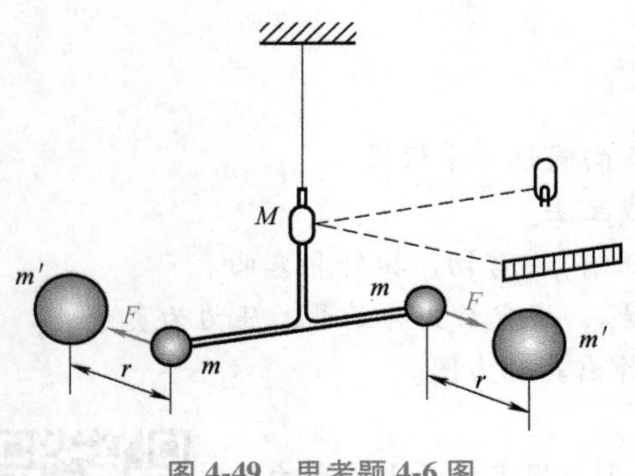

图 4-49　思考题 4-6 图

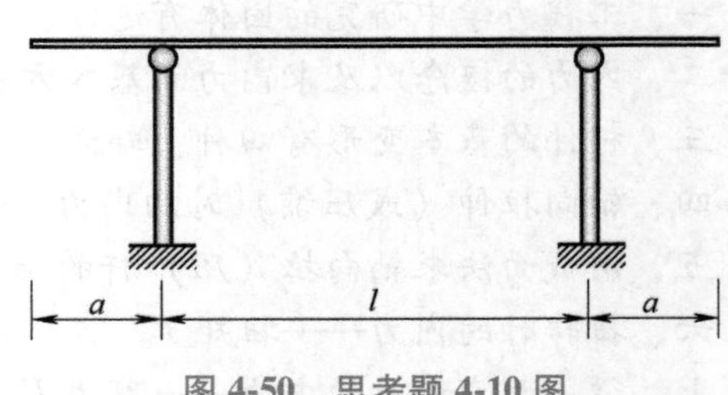

图 4-50　思考题 4-10 图

小 实 验

小实验一

一段浅色的橡胶管上画有一个深色的正方形图案，这段橡胶管竖直放着，并且底端固定不动，如图 4-51 所示。在橡胶管上施加不同的力使橡胶管发生形变，请观察小正方形的变形形式。

1） 向上拉橡胶管。

2） 向下压橡胶管。

3） 在橡胶管顶部施一水平向右的力。

4） 在橡胶管顶部施一水平的力偶。

5） 在正方形上沿施一水平向右的力，下沿施一水平向左的同样大小的力。

6） 在橡胶管顶部的右边缘施一竖直向下的力。

小实验二

你能一指断铁丝吗？设计如图 4-52 所示的装置，用手指在铰链处用力向下按，细铁丝就会被拉断。调整装置的高跨比进行试验，由此能不能推断出三铰拱的高跨比越小，产生的水平推力就越大的结论？

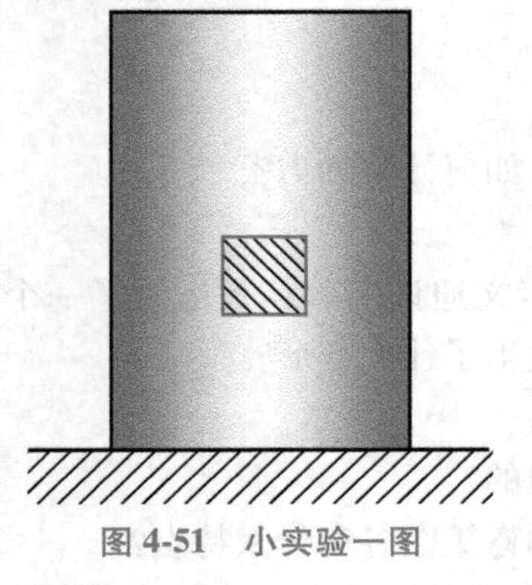
图 4-51　小实验一图

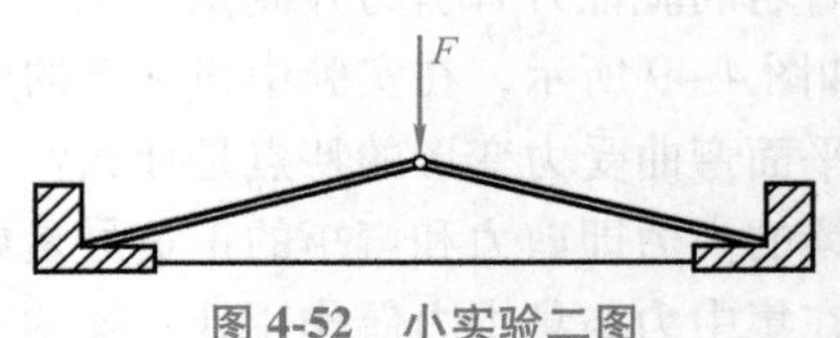

图 4-52　小实验二图

习 题

4-1　杆件变形的基本形式共有____________、____________、____________和____________四种。

4-2　轴力是指沿着_______________的内力。

4-3　在垂直杆件轴线的两平面内，作用一对大小相等、转向相反的力偶时，杆件就产生了_________变形。

4-4　平面弯曲是指作用于梁上的所有荷载都在梁的_____________内，则变形后梁的轴线仍在此平面内弯曲。

4-5　平行于梁横截面的内力是_______，和作用面与梁横截面垂直的内力偶是_______。

4-6　截面上的剪力 F_Q 使研究对象有顺时针转向趋势时取____值，当截面上的弯矩 M 使研究对象产生向下凸的变形时（即上部受压下部受拉）取____值。

4-7　叠加原理：在弹性和小变形前提下由几组荷载共同作用时所引起的某一参数等于各组荷载单独作用时所引起的该参数值的_______________。

4-8　桁架中内力为零的杆称为___________。

习题 4-1　习题 4-2　习题 4-3　习题 4-4

习题 4-5　习题 4-6　习题 4-7　习题 4-8

4-9　试求图 4-53 所示各杆指定截面上的轴力，并绘制杆件的轴力图。

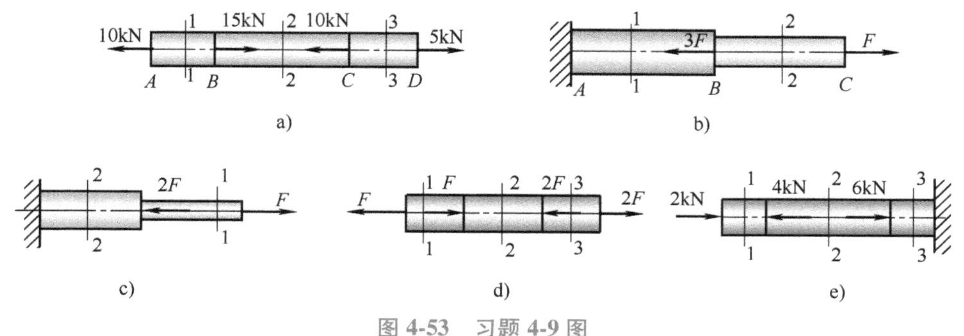

图 4-53　习题 4-9 图

习题 4-9a

习题 4-9b

习题 4-9c

习题 4-9d

习题 4-9e

4-10　试求图 4-54 所示各梁在 C、D 点左右截面上的剪力和弯矩。

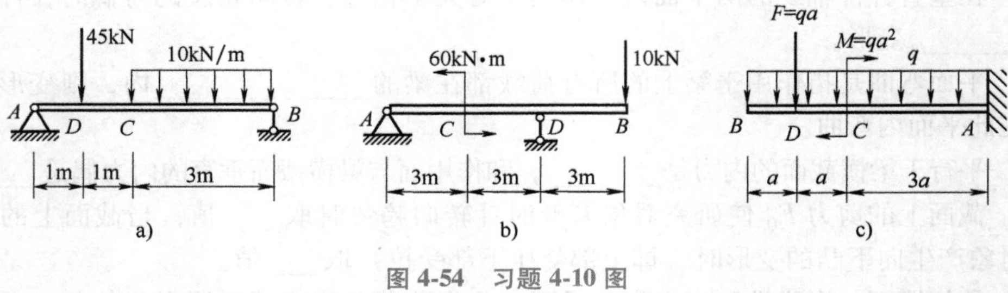

图 4-54　习题 4-10 图

习题 4-10a

习题 4-10b

习题 4-10c

4-11　试将图 4-55 所示单种荷载作用下各梁的剪力图和弯矩图填入对应的位置，以便在叠加法中直接采用。

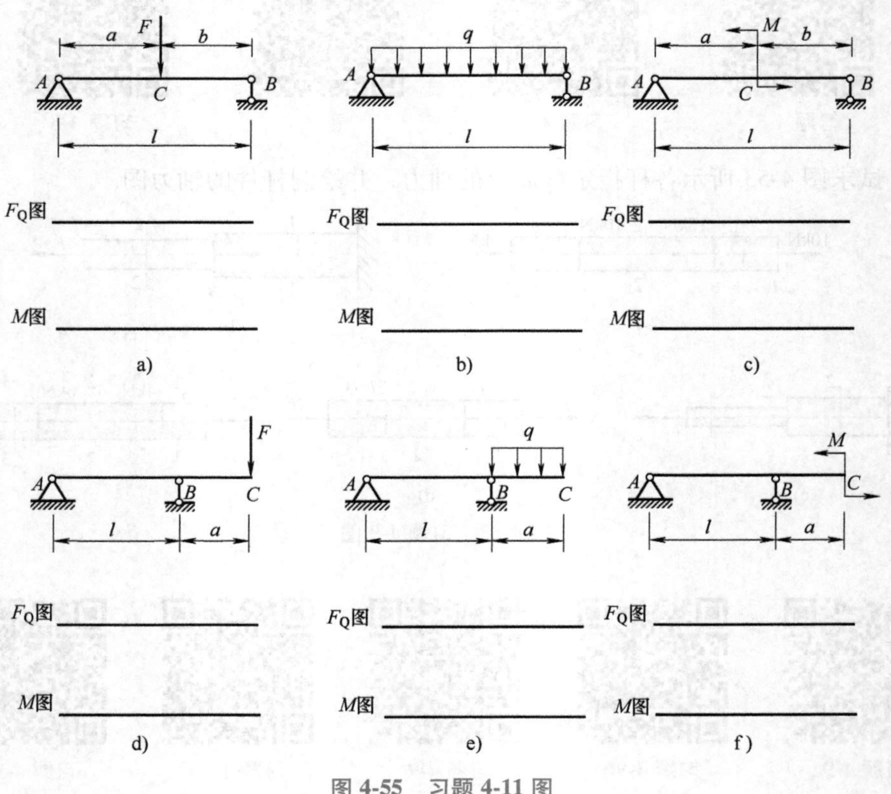

图 4-55　习题 4-11 图

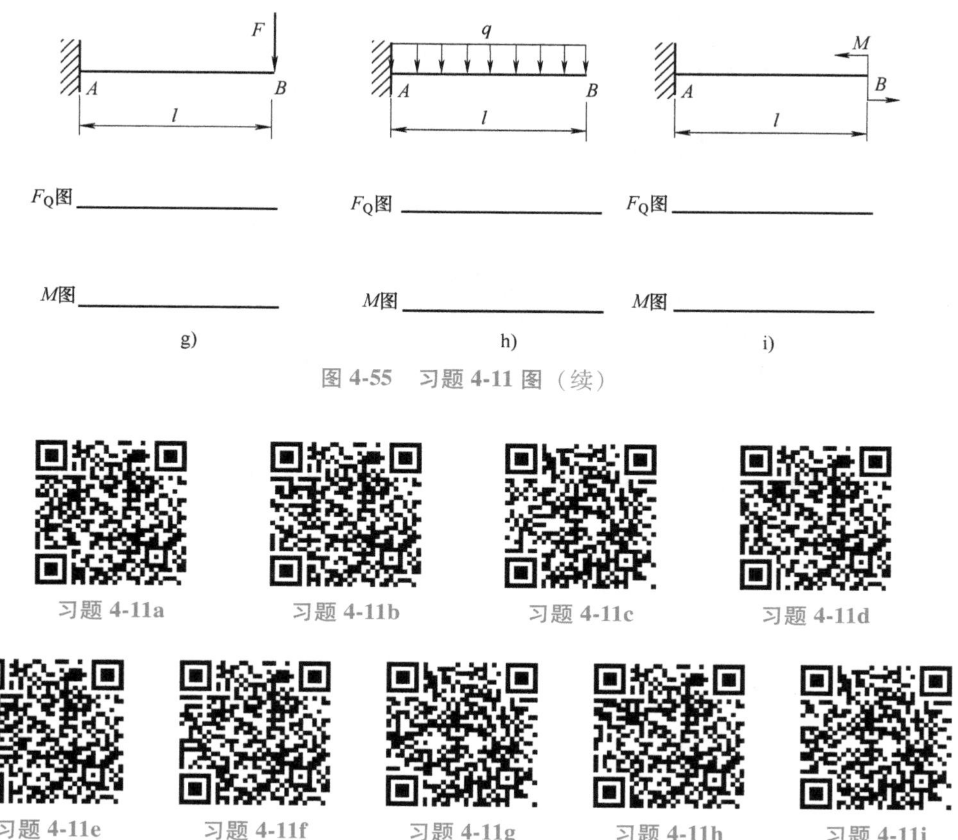

图 4-55 习题 4-11 图（续）

4-12 试绘制图 4-56 所示各梁的剪力图和弯矩图。

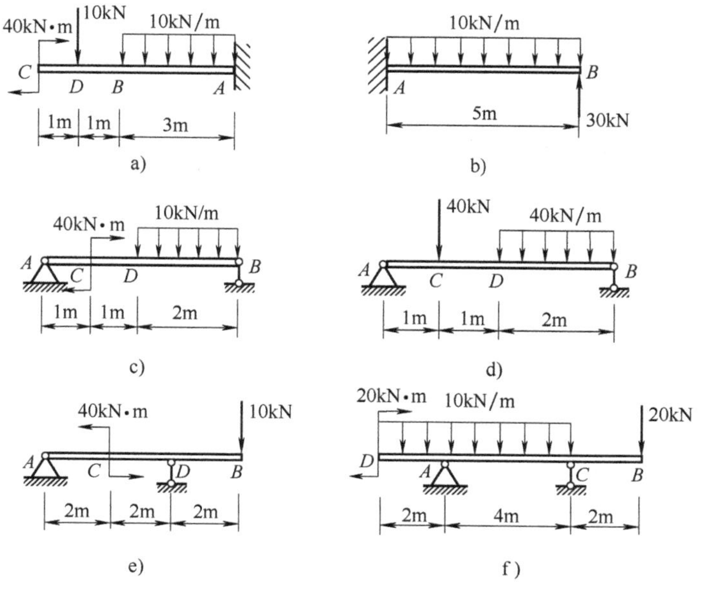

图 4-56 习题 4-12 图

4-13　试作图 4-57 所示各梁的剪力图和弯矩图，并求出剪力和弯矩的绝对值的最大值，设 q、F、a、l 均为已知。

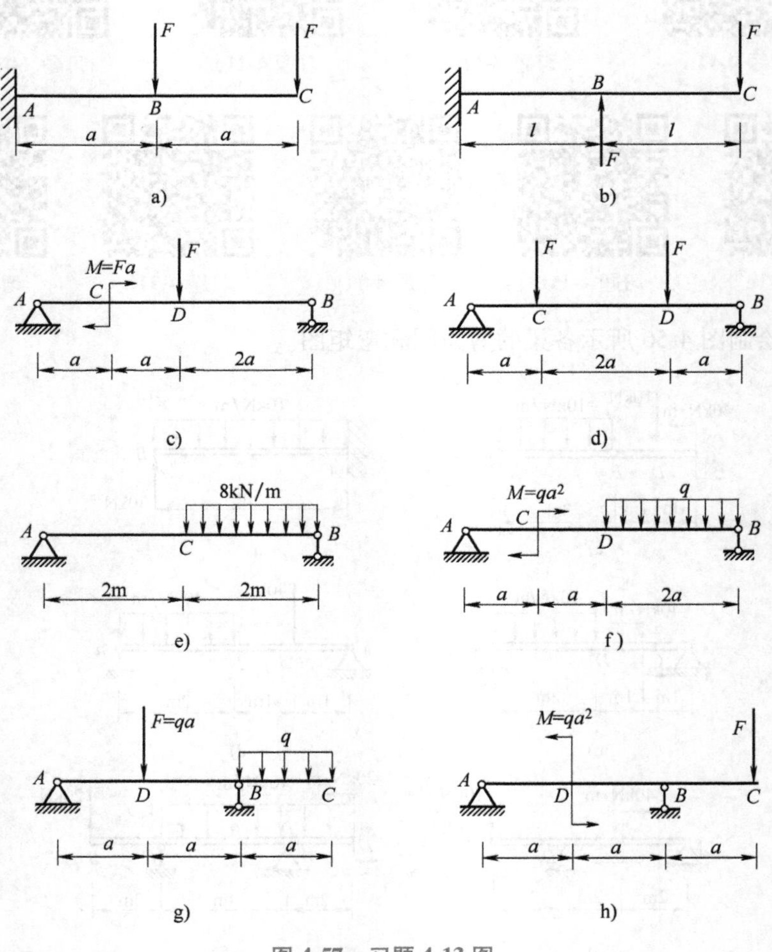

图 4-57　习题 4-13 图

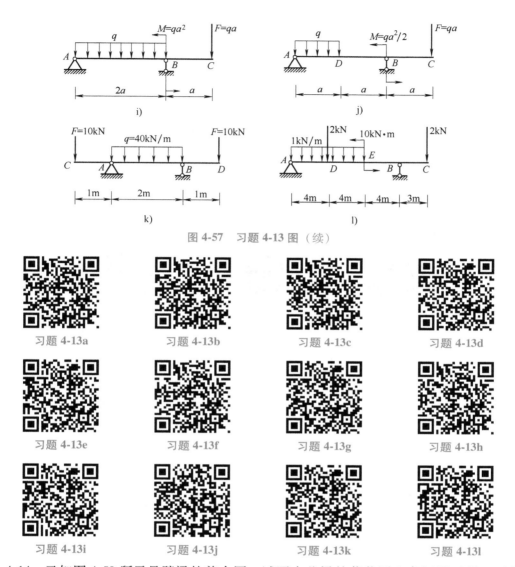

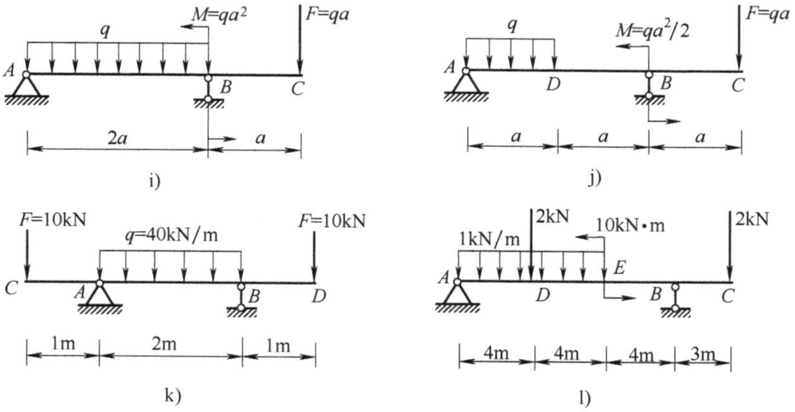

i)　j)　k)　l)

图 4-57　习题 4-13 图（续）

习题 4-13a　习题 4-13b　习题 4-13c　习题 4-13d

习题 4-13e　习题 4-13f　习题 4-13g　习题 4-13h

习题 4-13i　习题 4-13j　习题 4-13k　习题 4-13l

4-14　已知图 4-58 所示悬臂梁的剪力图，试画出此梁的荷载图和弯矩图（梁上无集中力偶作用）。

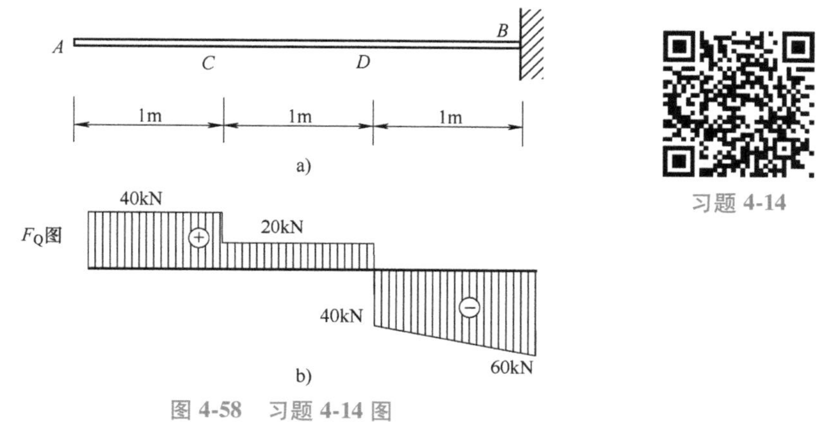

图 4-58　习题 4-14 图

4-15　已知梁的弯矩图如图 4-59 所示，试作梁的荷载图和剪力图。

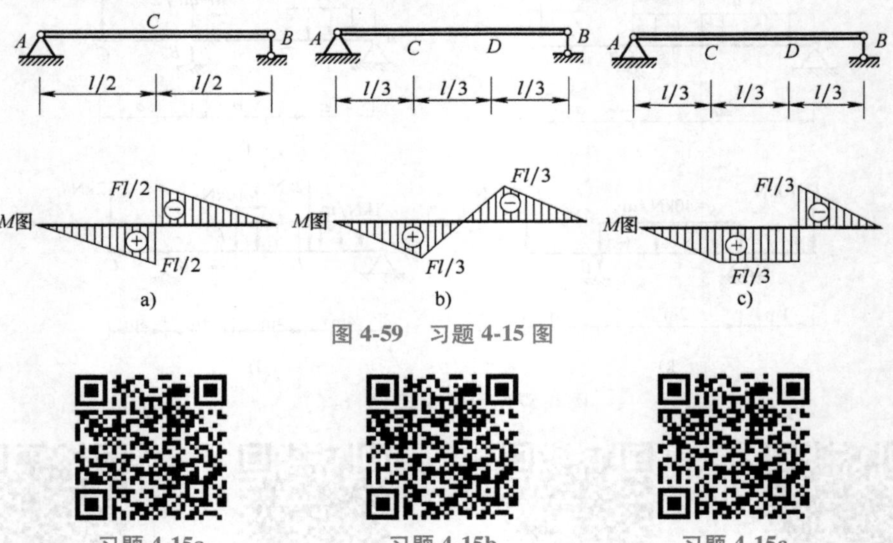

图 4-59　习题 4-15 图

习题 4-15a　　习题 4-15b　　习题 4-15c

4-16　试用叠加法绘制图 4-60 所示各梁的弯矩图，设 q、F、a、l 均为已知。

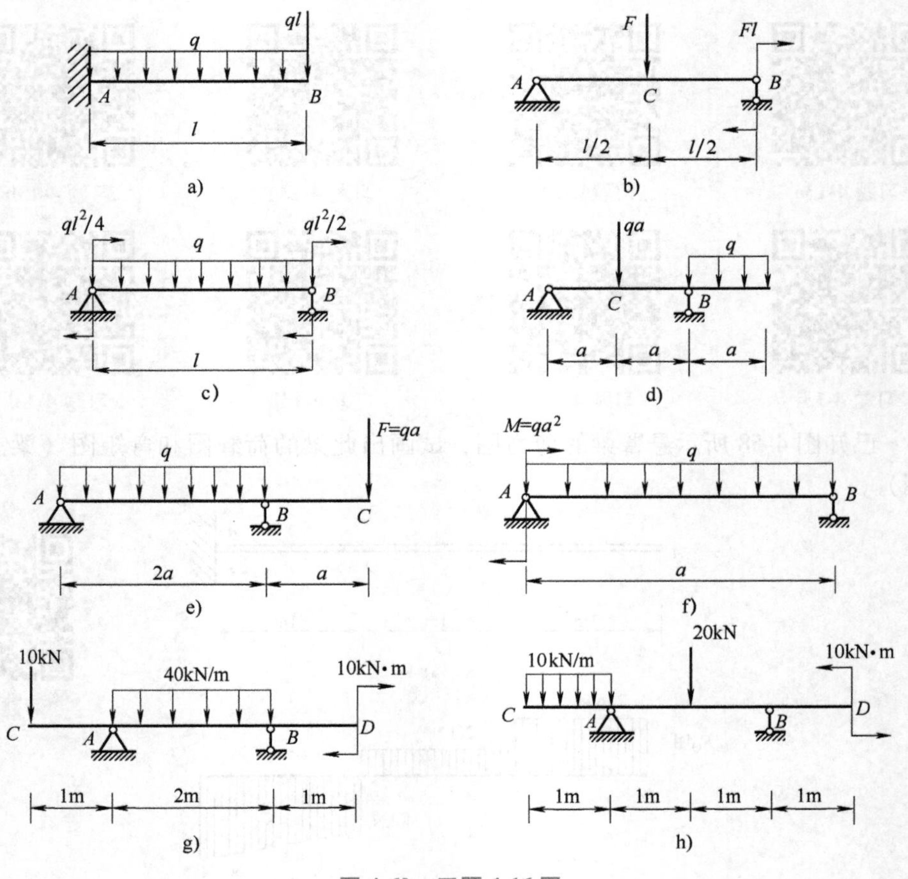

图 4-60　习题 4-16 图

习题 4-16a　习题 4-16b　习题 4-16c　习题 4-16d

习题 4-16e　习题 4-16f　习题 4-16g　习题 4-16h

4-17　试绘制图 4-61 所示多跨梁的剪力图和弯矩图。

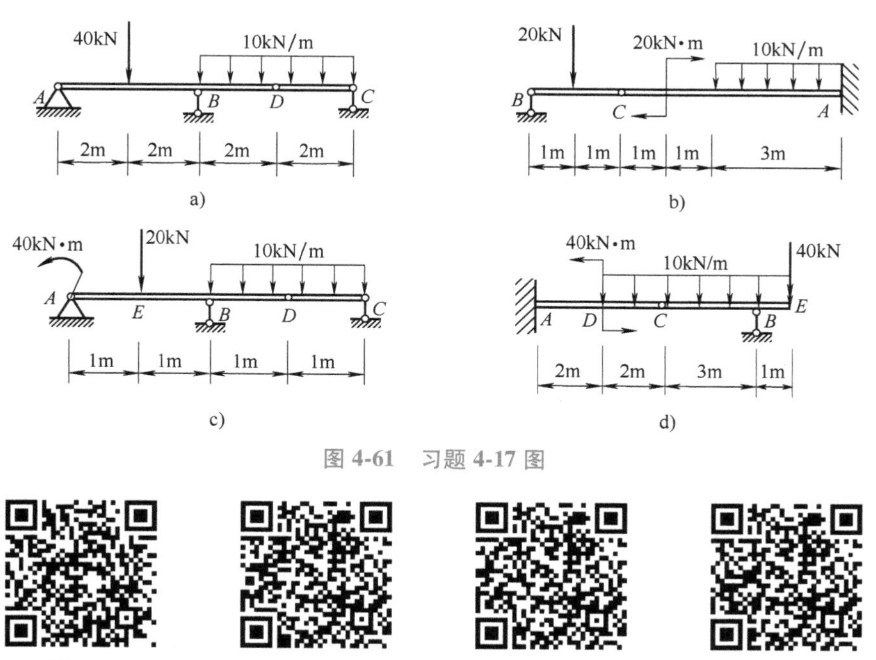

图 4-61　习题 4-17 图

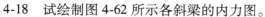

习题 4-17a　习题 4-17b　习题 4-17c　习题 4-17d

4-18　试绘制图 4-62 所示各斜梁的内力图。

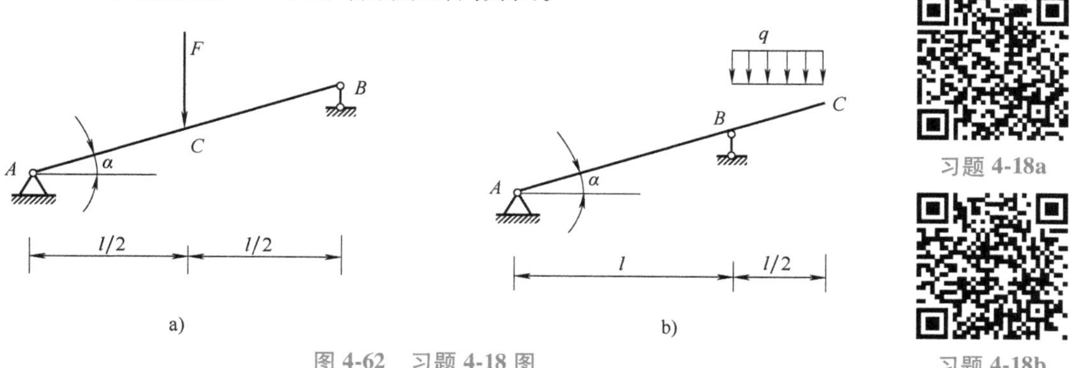

图 4-62　习题 4-18 图

习题 4-18a

习题 4-18b

4-19　试绘制图 4-63 所示刚架的内力图。

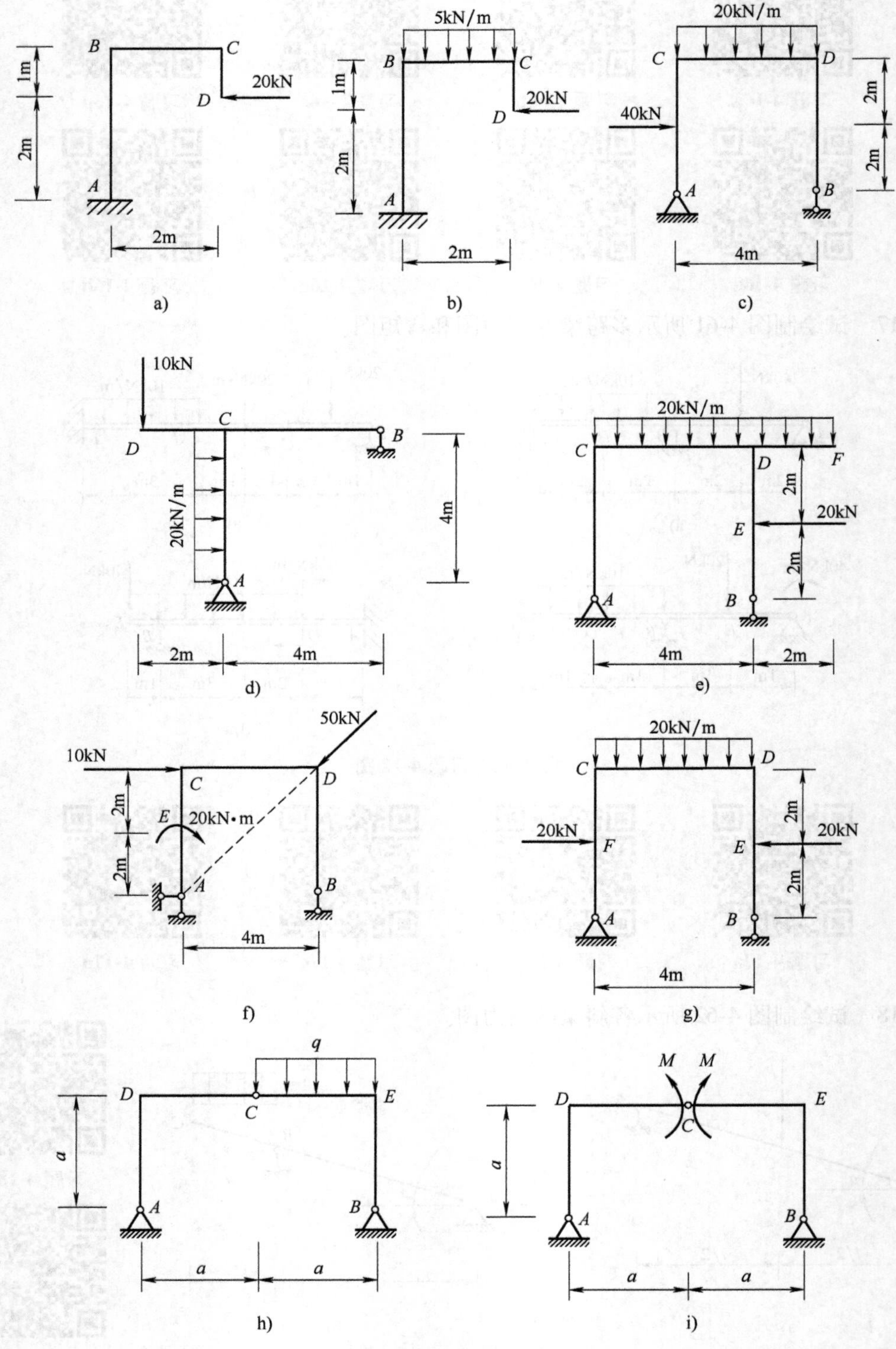

图 4-63　习题 4-19 图

习题 4-19a　习题 4-19b　习题 4-19c　习题 4-19d

习题 4-19e　习题 4-19f　习题 4-19g　习题 4-19h　习题 4-19i

4-20　试判断图 4-64 所示各桁架中的零杆。

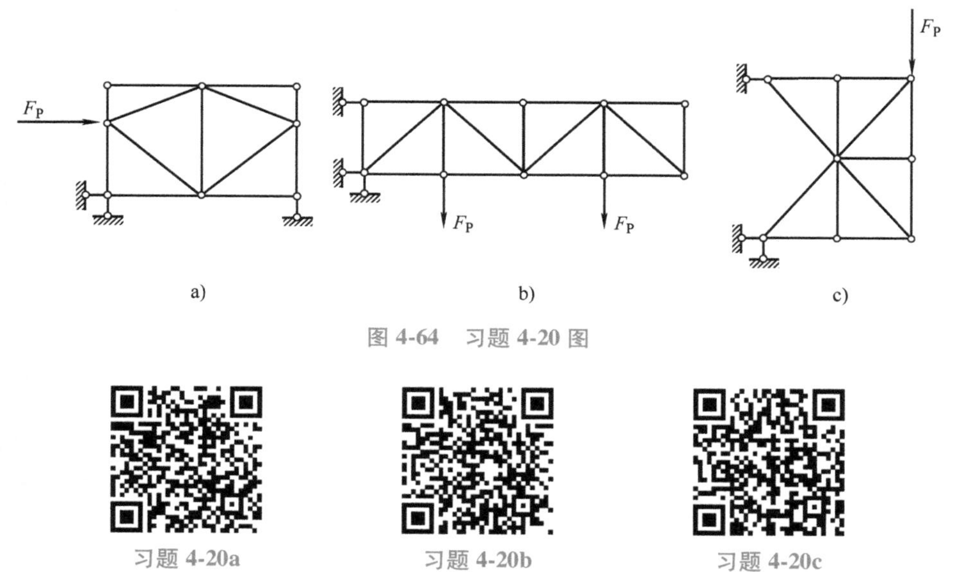

图 4-64　习题 4-20 图

4-21　试用结点法求出图 4-65 所示各桁架中各个杆件的内力。

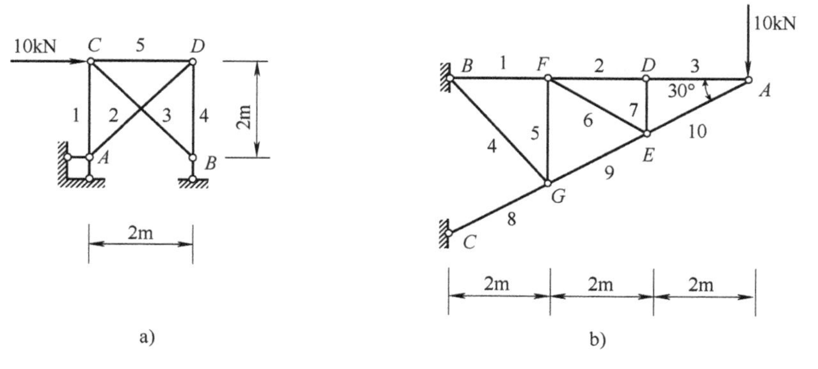

图 4-65　习题 4-21 图

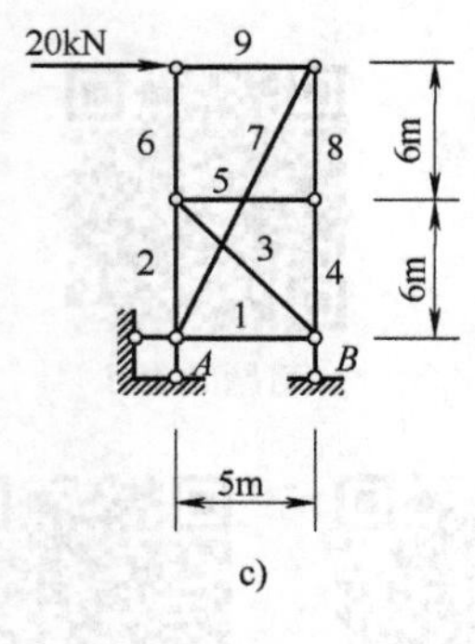

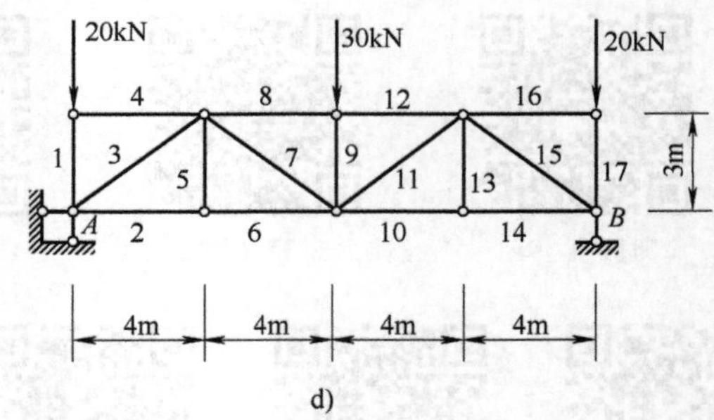

图 4-65　习题 4-21 图（续）

习题 4-21a

习题 4-21b

习题 4-21c

习题 4-21d

4-22　试用截面法求出图 4-66 所示桁架中指定杆件的内力。

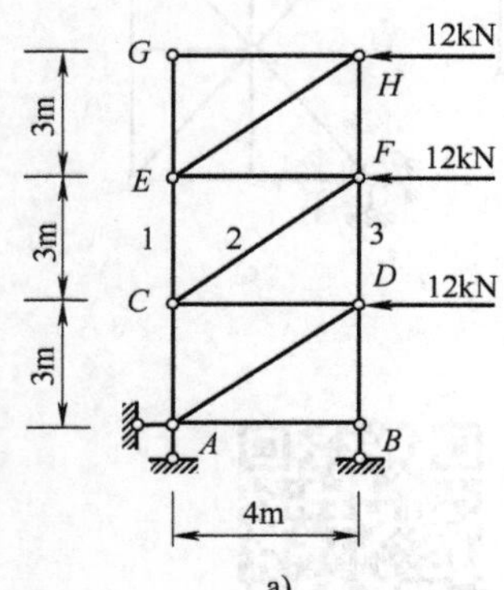

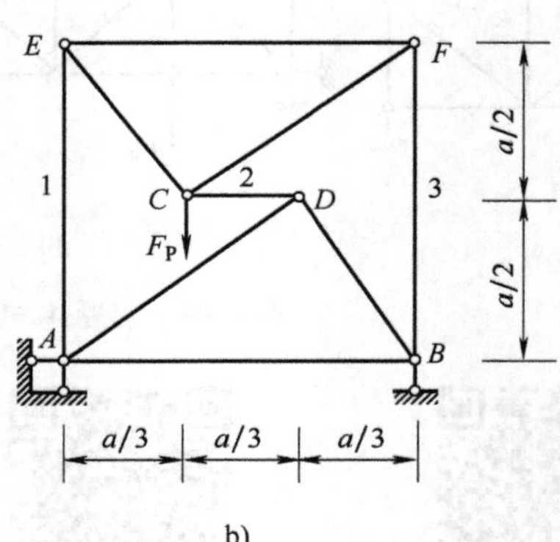

习题 4-22a

习题 4-22b

图 4-66　习题 4-22 图

4-23　试求出图 4-67 所示各桁架中指定杆件的内力。

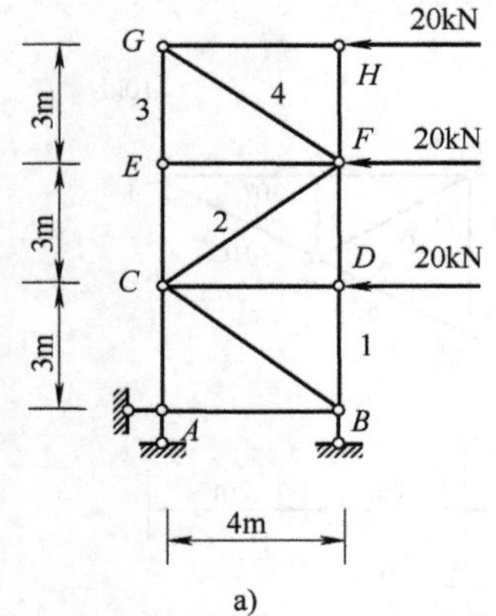

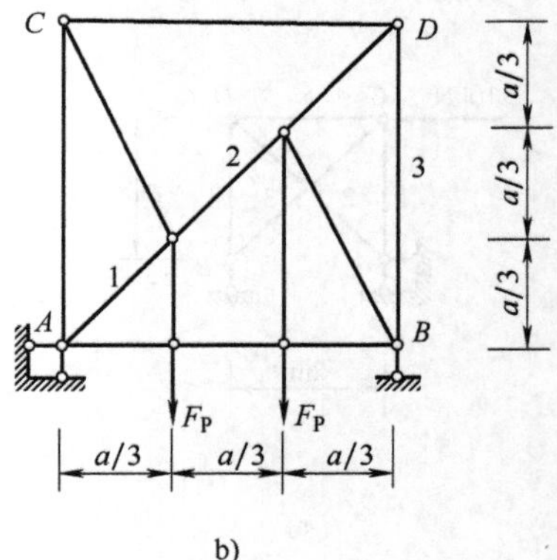

图 4-67　习题 4-23 图

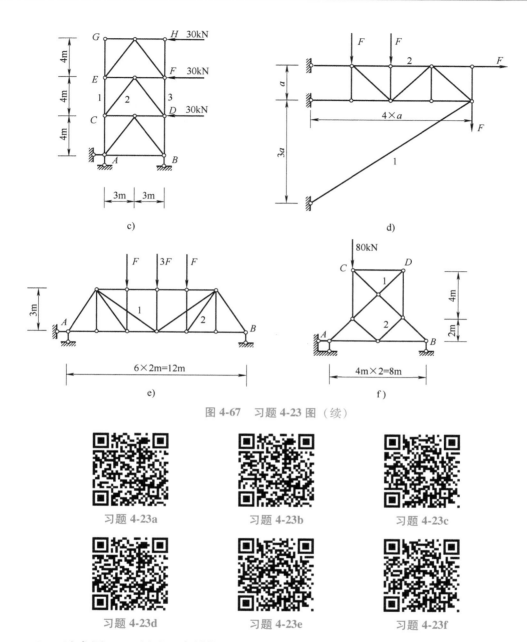

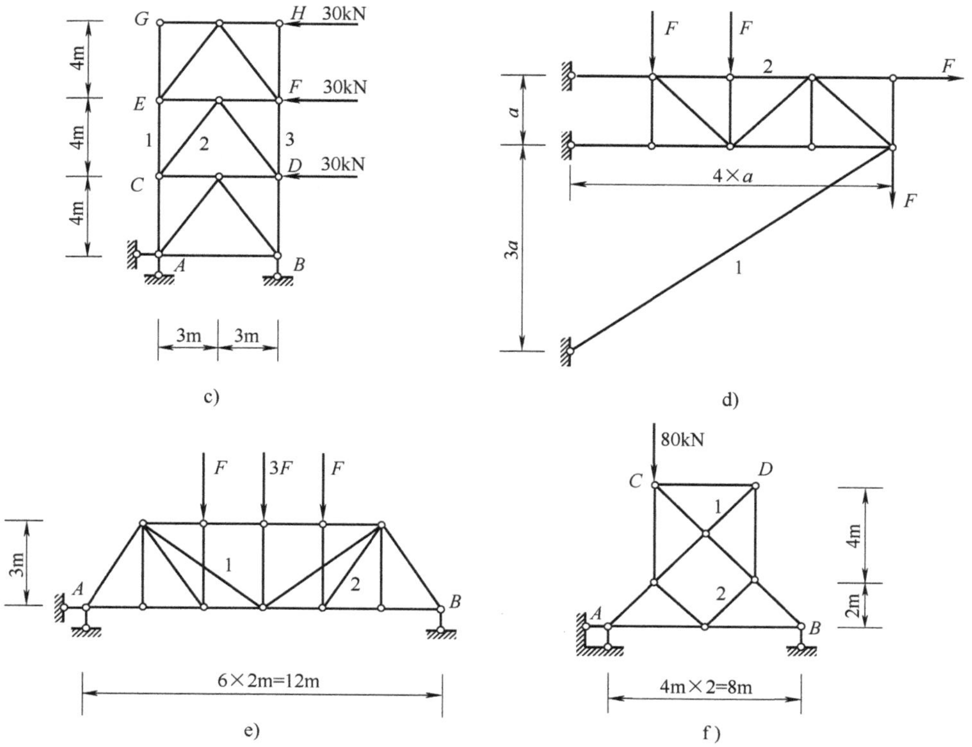

c)　d)

e)　f)

图 4-67　习题 4-23 图（续）

习题 4-23a　习题 4-23b　习题 4-23c

习题 4-23d　习题 4-23e　习题 4-23f

4-24　试求图 4-68 所示组合结构中 ACB 梁的弯矩图以及桁架中各杆的内力。

4-25　试求图 4-69 所示组合结构的弯矩图以及 BE 杆的内力。

4-26　试求图 4-70 所示圆弧三铰拱的支座约束力，并求出截面 K 的内力。

习题 4-24

习题 4-25

习题 4-26

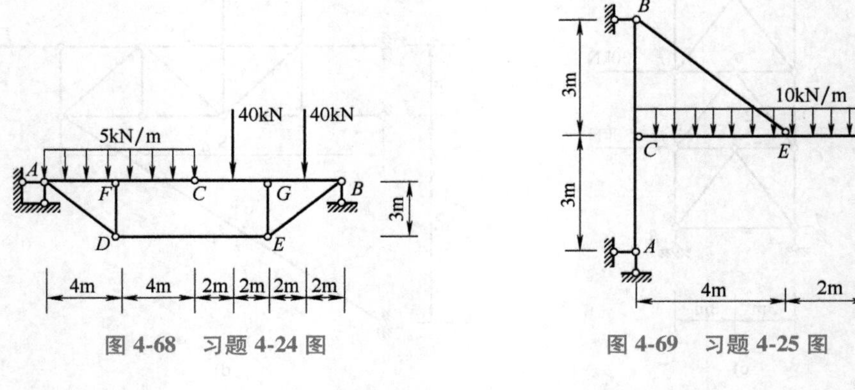

图 4-68　习题 4-24 图

图 4-69　习题 4-25 图

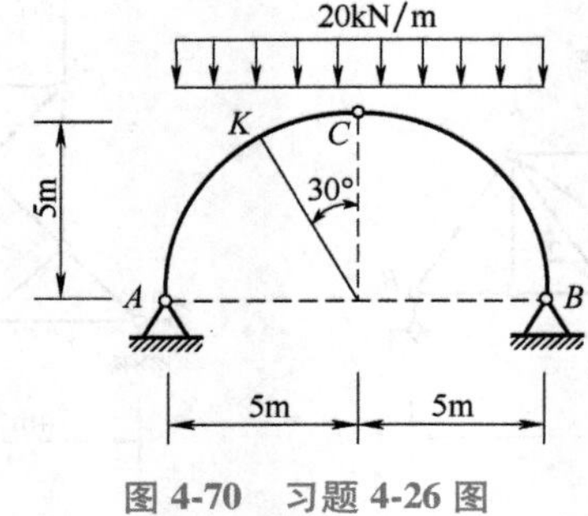

图 4-70　习题 4-26 图

第五章 构件失效分析基础

工程中的每一个构件都要发挥其应有的功能，保证结构安全、有效、可靠地工作。反之，某一构件一旦由于某种原因失去了应有的功能（构件失效），就可能引发整个结构无法正常工作，甚至触发严重的工程事故。而构件失效常常是构件内部某一点发生了断裂或变形过大引起的。虽然在第四章中讨论了构件截面的内力，但内力是指截面各点内力的总和，所以下面必须要进一步讨论点的内力状态。

由于材料的多样性和复杂性，失效机理各不相同，目前还没有完善的失效理论。通常是实验和理论相结合进行研究，得出的结论常常是经验的或半经验半理论的，而且研究手段也比较复杂，因此本书不作过多讲解，只侧重基本方法和其应用结论。

第一节　应力、应变、胡克定律

一、应力

应力

内力是构件内部某截面上相连两部分之间的相互作用力，是该截面上连续分布内力的合成结果，构件的失效或破坏，不仅与截面上的总内力有关，而且与截面上内力分布的密集程度有关。截面上内力分布的密集程度简称集度。

设在受力构件的 $m—m$ 截面上，围绕 K 点取微面积 ΔA（图 5-1a），并设作用在该面积上的微内力 ΔF，当微面积 ΔA 趋于无穷小时，ΔF 与 ΔA 的比值趋于一个极限值，这个极限值称为截面上一点的应力。应力是指内力在截面上某一点处的集度（单位面积上的内力），用 p 表示，即

$$p=\frac{\Delta F}{\Delta A}\quad(\Delta A\to 0) \tag{5-1}$$

或写成

$$p=\lim_{\Delta A\to 0}\frac{\Delta F}{\Delta A}=\frac{\mathrm{d}F}{\mathrm{d}A}$$

通常将应力分解成垂直于截面的法向分量 σ 和与截面平行的切向分量 τ（图 5-1b），σ 称为 K 点处的正应力，规定正应力（沿离开研究对象方向）称为拉应力时为正值，反之称为压应力时为负值。τ 称为 K 点处的剪应力（切应力），剪应力绕研究对象顺时针转为正值。应力与一点处的微面积相乘，就等于作用在微面积上的内力。

在国际单位制中，力与面积的基本单位分别为 N 与 m^2；应力的单位为 Pa（帕），其名称为“帕斯卡”，$1\mathrm{Pa}=1\mathrm{N/m^2}$。工程实际中常采用兆帕（MPa）和吉帕（GPa），其换算关系为 $1\mathrm{MPa}=10^6\mathrm{Pa}$，$1\mathrm{GPa}=10^9\mathrm{Pa}$。

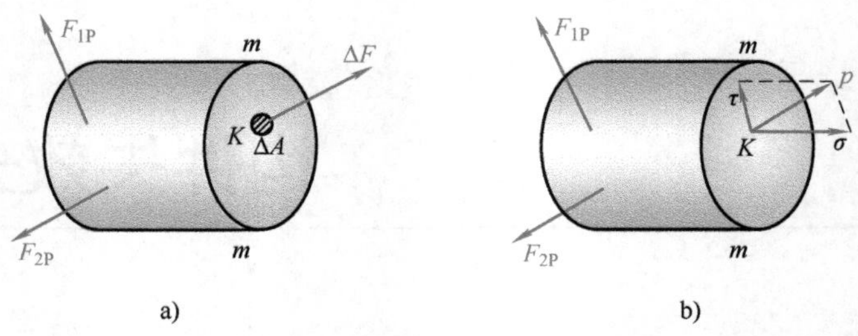

图 5-1　截面某一点的应力

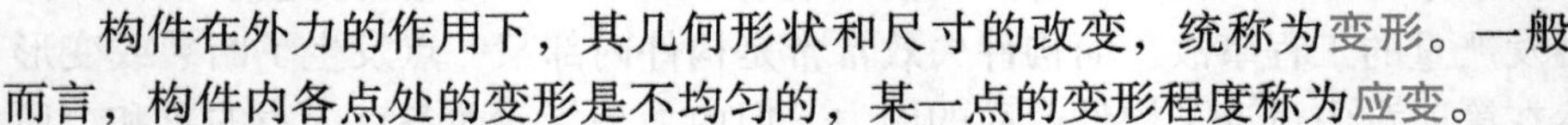

二、应变

构件在外力的作用下，其几何形状和尺寸的改变，统称为变形。一般而言，构件内各点处的变形是不均匀的，某一点的变形程度称为应变。

1. 线应变

围绕构件内 K 点取一微小的正六面体（图 5-2），这种正六面体称为单元体。当单元体沿 x 方向有正应力作用时，单元体变形如图 5-3 所示。设其沿 x、y 轴方向的棱边长为 Δx 和 Δy，变形后边长为 $\Delta x+\Delta u$ 和 $\Delta y+\Delta v$，Δu 称为单元体的纵向线变形，Δv 称为单元体的横向线变形（以伸长为正值）。当 Δx 趋于无穷小时，比值

$$\varepsilon=\frac{\Delta u}{\Delta x}\quad(\Delta x\to 0) \tag{5-2}$$

或写成

$$\varepsilon=\lim_{\Delta x\to 0}\frac{\Delta u}{\Delta x}=\frac{\mathrm{d}u}{\mathrm{d}x}$$

表示一点处沿正应力方向微小长度的相对变形量，称为这一点的线应变或正应变，用 ε 表示。

当 Δy 趋于无穷小时，比值

$$\varepsilon'=\frac{\Delta v}{\Delta y}\quad(\Delta y\to 0) \tag{5-3}$$

或写成

$$\varepsilon'=\lim_{\Delta y\to 0}\frac{\Delta v}{\Delta y}=\frac{\mathrm{d}v}{\mathrm{d}y}$$

表示一点处沿与正应力相垂直方向微小长度的相对变形量，称为这一点的横向线应变，用 ε' 表示。横向线应变和线应变的比值的绝对值称为泊松比，$\mu=\left|\frac{\varepsilon'}{\varepsilon}\right|$，泊松比的值根据材料的不同而不同，绝大多数钢铁材料的泊松比接近 0.3。

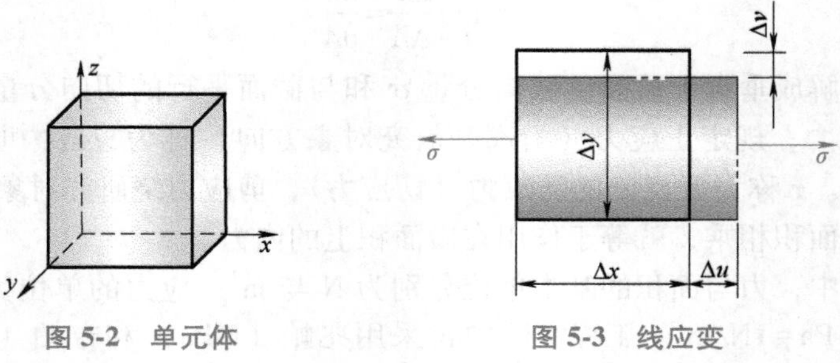

图 5-2　单元体　　　图 5-3　线应变

对于两端受力作用的轴向拉（压）杆，如图 5-4a 所示，就可以视为一个放大的单元体。其横截面上各点内力均匀分布（证明部分在第六章第三节），如图 5-4b 所示，合力为轴力 F_N，由应力的定义得横截面上各点应力为

$$\sigma=\frac{F_N}{A} \tag{5-4}$$

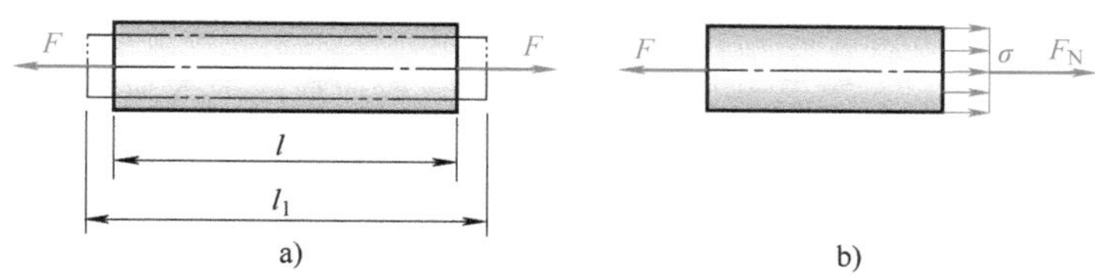

图 5-4　轴向拉压变形与应力

式（5-4）中的 A 为横截面面积，其线应变 ε 可写为

$$\varepsilon=\frac{\Delta l}{l}=\frac{l_1-l}{l} \tag{5-5}$$

式（5-5）中的 l 为杆件原长，l_1 为杆件变形后的长度，$\Delta l=(l_1-l)$ 称为杆件的纵向线变形。

2. 剪应力互等定理

根据单元体平衡的条件，受力构件内任意一点的两个相互垂直面上，剪应力总是成对产生，它们的大小相等，方向同时垂直指向或者背离两截面的交线，如图 5-5 所示，且与截面上是否存在正应力无关，即

$$\tau=\tau' \tag{5-6}$$

3. 剪应变

当单元体受剪应力作用时，单元体变形如图 5-6 所示。一点处单元体直角的改变量，称为这一点的剪应变（切应变），并用 γ 表示。

正应变 ε 和剪应变 γ 是度量构件内一点变形程度的两个基本量，它们都是无量纲的量。γ 的单位通常使用的是 rad（弧度）。

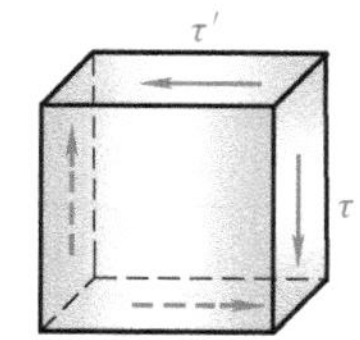

图 5-5　剪应力互等关系

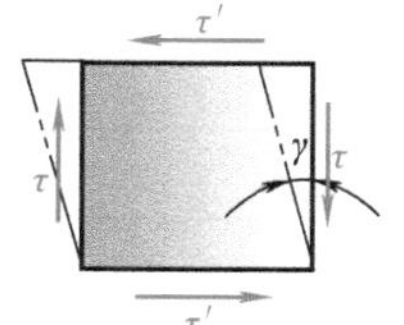

图 5-6　剪应力与剪应变的关系

三、胡克定律

对于确定的材料，应力与应变之间存在一定的关系。

实验结果表明（图 5-3），当正应力小于一定数值时，即在弹性范围内加载时，正应力 σ 与其相应的正应变 ε 成正比。引入比例常数 E，则可得

胡克定律

$$\sigma=E\varepsilon \tag{5-7}$$

上式称为胡克定律。式（5-7）中的比例系数 E 称为弹性模量或杨氏模量。它是材料的力学性质之一，是衡量材料抵抗弹性变形能力的一个指标，对同一材料，弹性模量 E 为常数，并由试验测定。弹性模量 E 的单位与应力的单位相同。

注：将 $\sigma=F_N/A$ 和 $\varepsilon=\Delta l/l$ 代入式（5-7），可得宏观形式的胡克定律 $\Delta l=F_N l/EA$，详见第六章第三节和第八章第一节。

实验还表明（图 5-6），对于大多数各向同性材料，当剪应力小于一定数值时，即在弹性范围内加载时，剪应力 τ 与其相应的剪应变 γ 成正比，即

$$\tau=G\gamma \tag{5-8}$$

式（5-8）称为剪切胡克定律，式中的比例系数 G 称为剪切模量。它是材料的又一力学性质。对同一材料，剪切模量 G 为常数，G 的单位与应力的单位相同。

胡克定律揭示了材料在弹性范围内力和变形的对应关系。在工程中通常先测量到构件的变形及应变，再由胡克定律计算出构件应力的大小和分布等情况。

对于各向同性材料，弹性模量 E、泊松比 μ 与剪切模量 G 之间的关系为

$$G=\frac{E}{2(1+\mu)} \tag{5-9}$$

常用材料的 E、μ 值见表 5-1。

表 5-1　常用材料的 E、μ 值

材料名称	E/GPa	μ
Q235 低碳钢	200~210	0.25~0.33
低合金高强度钢	200~220	0.22~0.33
预应力钢筋	220	0.22~0.25
灰铸铁	60~162	0.23~0.27
球墨铸铁	150~180	0.24~0.27
2A12 铝合金	72	0.33
铜及铜合金	100~110	0.31~0.36
混凝土	15~36	0.16~0.20
木材（顺纹）	9~12	—
石灰岩	6~9	0.16~0.28
青砖、红砖	2.7~3.5	0.12~0.20
橡胶	0.008	0.47~0.50

例 5-1　一板状试件如图 5-7 所示，在其表面贴上纵向和横向的电阻应变片来测定试件的应变。已知 $b=4\text{mm}$，$h=30\text{mm}$，当施加 3kN 的拉力时，测得试件的纵向线应变 $\varepsilon_1=120\times10^{-6}$，横向应变 $\varepsilon_2=-38\times10^{-6}$。求试件材料的弹性模量 E 和泊松比 $\mu$$\left(\text{其中横截面上只有正应力 }\sigma=\dfrac{F_N}{A}\right)$。

解
$$\sigma=\frac{F_N}{A}=\frac{F}{bh}=\frac{3\times10^3\text{N}}{4\text{mm}\times30\text{mm}}=25\text{MPa}$$

由
$$\sigma = E\varepsilon$$

得
$$E=\frac{\sigma}{\varepsilon_1}=\frac{25\text{MPa}}{120\times10^{-6}}=208.33\text{GPa}$$

泊松比
$$\mu=\left|\frac{\varepsilon_2}{\varepsilon_1}\right|=\left|\frac{-38\times10^{-6}}{120\times10^{-6}}\right|=0.316$$

例 5-1

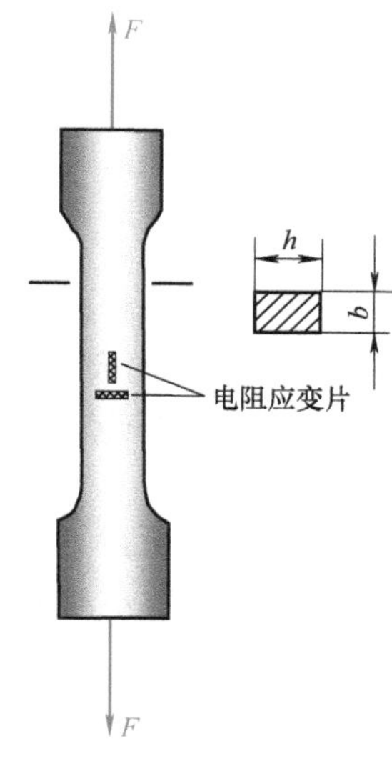

图 5-7　例 5-1 图

*第二节　应力状态分析介绍

受力构件内同一点的各个不同方位截面上的应力情况是不一样的，要了解一点的全部应力情况，必须研究该点在所有斜截面上的应力情况，找出它们的变化规律，从而求出最大应力值及其所在截面的方位，为以后的强度计算提供依据。

一、点的应力状态

点的应力状态

通过一个点的所有方位截面上的应力情况的总体，称为该点的应力状态。

研究一点的应力状态时，往往围绕该点取一个无限小的正六面体——单元体来研究。任何应力状态，总可找到三对互相垂直的面，在这些面上剪应力等于零，只有正应力（图 5-8），这样的面称为主平面（简称主面）。主平面上的正应力称为主应力，一般以 σ_1、σ_2、σ_3 表示（按代数值大小 $\sigma_1 \geqslant \sigma_2 \geqslant \sigma_3$）。三对面上均有主应力存在的应力状态称为三向应力状态；如有一对面上有主应力为零的应力状态称为平面应力状态或二向应力状态（图 5-9）；仅一对面上有主应力存在的应力状态称为单向应力状态（图 5-10），如轴向拉（压）变形杆横截面上的应力；只有剪应力存在而无正应力的应力状态称为纯剪应力状态。单向应力状态和纯剪应力状态称为简单应力状态。

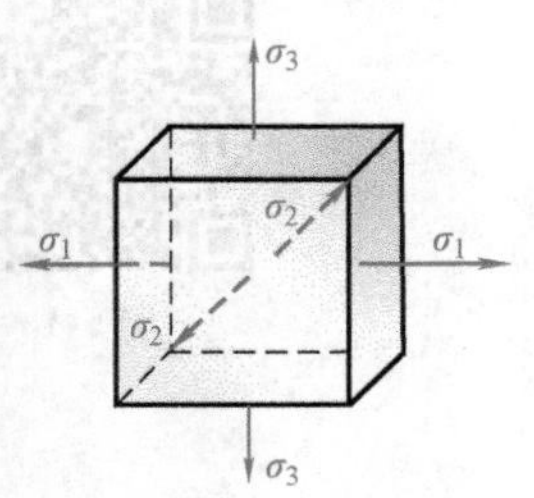

图 5-8　三向应力状态

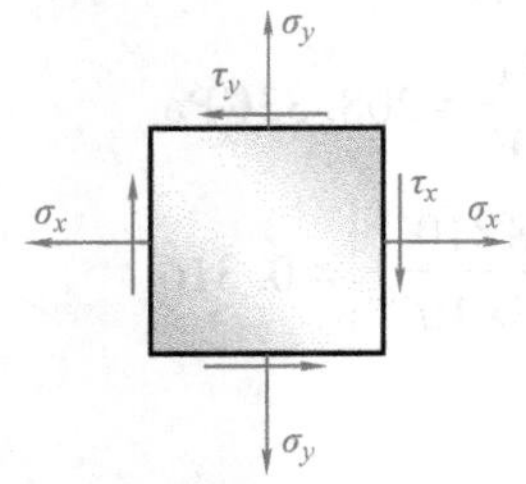

图 5-9　平面应力状态

图 5-10　单向应力状态

二、平面应力状态分析

平面应力状态分析

工程中许多受力构件的危险点都是处于平面应力状态，对这类构件进行强度计算时，常需要知道构件在危险点处主应力的大小及方位。为此，首先必须确定单元体任一截面上的应力，也就是了解该点的应力状态。

1. 斜截面上的应力

在平面应力状态下研究斜截面上的应力时，所指斜截面并不是任意方位的面，而是与主应力等于零的主平面相垂直的斜截面。图 5-11a 所示单元体为平面应力状态最一般的情况，在外法线分别与 x 轴和 y 轴重合的两对平面上，应力 σ_x、τ_x 和 σ_y、τ_y 都是已知的。现以与前后两个面垂直的某个平面去截此单元体，得一斜截面 BE。设此斜截面 BE 的外法线 n 与 x 轴正向夹角为 α，并规定从 x 轴逆时针转到外法线 n 的 α 角为正，求此斜截面上的应力 σ_α 和 τ_α。

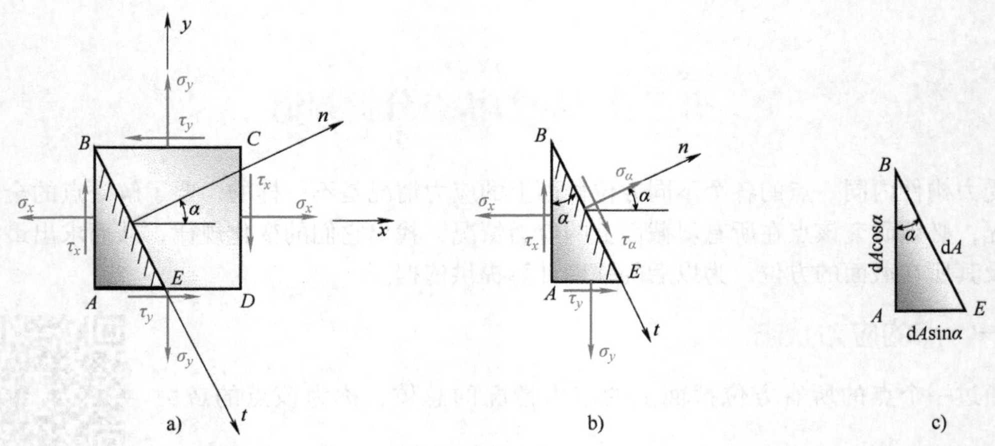

图 5-11　平面应力状态分析

用截面法取楔形体 ABE 为研究对象（图 5-11b），设斜截面面积为 dA（图 5-11c），则 AB 和 AE 的相应面积分别为 dAcosα 和 dAsinα，由平衡条件可得

$$\begin{cases}\sum F_n=0\\ \sigma_\alpha \mathrm{d}A+(\tau_x \mathrm{d}A\cos\alpha)\sin\alpha-(\sigma_x \mathrm{d}A\cos\alpha)\cos\alpha+(\tau_y \mathrm{d}A\sin\alpha)\cos\alpha-(\sigma_y \mathrm{d}A\sin\alpha)\sin\alpha=0\end{cases}$$

$$\begin{cases}\sum F_t=0\\ \tau_\alpha \mathrm{d}A-(\tau_x \mathrm{d}A\cos\alpha)\cos\alpha-(\sigma_x \mathrm{d}A\cos\alpha)\sin\alpha+(\tau_y \mathrm{d}A\sin\alpha)\sin\alpha+(\sigma_y \mathrm{d}A\sin\alpha)\cos\alpha=0\end{cases}$$

由剪应力互等定律知 $\tau_x=\tau_y$，并利用 $2\sin\alpha\cos\alpha=\sin2\alpha$，$\cos^2\alpha=(1+\cos2\alpha)/2$，$\sin^2\alpha=(1-\cos2\alpha)/2$，将上述两式化简为

$$\sigma_\alpha=\frac{\sigma_x+\sigma_y}{2}+\frac{\sigma_x-\sigma_y}{2}\cos2\alpha-\tau_x\sin2\alpha \tag{5-10}$$

$$\tau_\alpha=\frac{\sigma_x-\sigma_y}{2}\sin2\alpha+\tau_x\cos2\alpha \tag{5-11}$$

式（5-10）和式（5-11）为计算平面应力状态下斜截面上应力的公式，这种方法称为解析法。

需要指出，正应力 σ_x、σ_y 和 σ_α 以拉应力为正，反之为负；剪应力 τ_x、τ_y 和 τ_α 对单元体内任一点产生顺时针转向的矢量矩为正，反之为负。

2. 应力圆

应力圆

（1）应力圆的概念　在式（5-10）和式（5-11）中，若消去参数 2α，则可得到 σ_α 和 τ_α 的函数关系。为此，先将式（5-10）改写为

$$\sigma_\alpha-\frac{\sigma_x+\sigma_y}{2}=\frac{\sigma_x-\sigma_y}{2}\cos2\alpha-\tau_x\sin2\alpha \tag{5-12}$$

再将式（5-12）和式（5-11）的两边各自平方，然后相加，可得

$$\left(\sigma_\alpha-\frac{\sigma_x+\sigma_y}{2}\right)^2+\tau_\alpha^2=\left(\frac{\sigma_x-\sigma_y}{2}\right)^2+\tau_x^2 \tag{5-13}$$

可以看出，平面坐标系内式（5-13）的图像为圆，其圆心坐标为$\left(\frac{\sigma_x+\sigma_y}{2},0\right)$，圆的半径为$\sqrt{\left(\frac{\sigma_x-\sigma_y}{2}\right)^2+\tau_x^2}$，而圆周上任一点的纵、横坐标值则分别代表所研究单元体内某一斜截面上的剪应力和正应力，这样的圆称为应力圆。应力圆上的点的纵、横坐标与单元体上的正剪应力有着对应的关系，这种关系称为点面对应。

（2）应力圆的画法　现在以图 5-12a 所示单元体为例说明应力圆的画法，其步骤如下：

1）建立 $\sigma O\tau$ 直角坐标系（图 5-12b）。

2）按选定的比例尺，在 $\sigma O\tau$ 坐标系中定出 $D_1(\sigma_x,\tau_x)$ 点和 $D_2(\sigma_y,-\tau_y)$ 点，则 D_1、D_2 两点分别代表单元体上法线为 x 轴和 y 轴的平面。

3）连接 D_1 和 D_2 两点，连线 D_1D_2 与横轴的交点为 C。以 C 点为圆心，CD_1 或 CD_2 为半径作圆，此圆即为图 5-12a 所示单元体的应力圆。

（3）利用应力圆面积求斜截面上的应力　欲求单元体 α 斜截面上的应力，可将图 5-12b 中的半径 CD_1 逆时针旋转 2α 角，转至 CE 处，则 E 点的横坐标 OF 及纵坐标 EF 分别为该斜截面上的正应力 σ_α 和剪应力 τ_α，这种关系称为转角二倍。

（4）主应力和最大剪应力的确定　利用应力圆可以很方便地确定主应力的大小及主平面的方位。在图 5-12b 中，A_1 和 A_2 两点分别代表了单元体内的两个主平面，因此 A_1 和 A_2 点的横坐标$\overline{OA_1}$和$\overline{OA_2}$即为单元体的主应力 σ' 和 σ''（$\sigma'>\sigma''$），因有一主应力为零，具体按代数值大小 $\sigma_1\geqslant\sigma_2\geqslant\sigma_3$ 排序命名，则

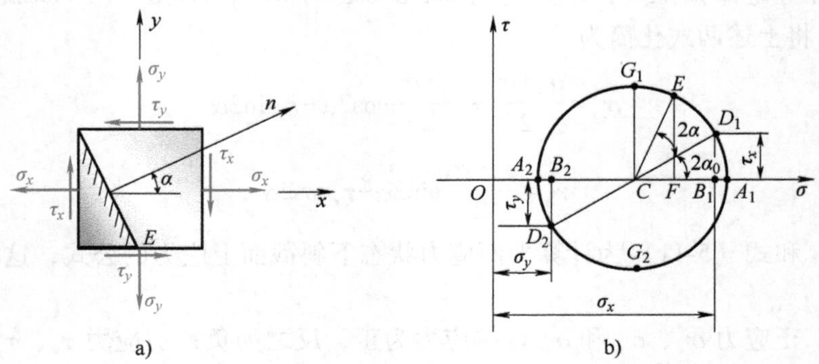

图 5-12　应力圆

$$\sigma'=\overline{OA_1}=\overline{OC}+\overline{CA_1}=\frac{\sigma_x+\sigma_y}{2}+\sqrt{\left(\frac{\sigma_x-\sigma_y}{2}\right)^2+\tau_x^2}\tag{5-14}$$

$$\sigma''=\overline{OA_2}=\overline{OC}-\overline{CA_2}=\frac{\sigma_x+\sigma_y}{2}-\sqrt{\left(\frac{\sigma_x-\sigma_y}{2}\right)^2+\tau_x^2}\tag{5-15}$$

由图 5-12b 可知，从 D_1 点顺时针转 $2\alpha_0$ 角即到 A_1 点。这意味着，在单元体上从 x 轴顺时针转 α_0 角，就可以得到主应力 σ'所在主平面的外法线位置。并且，单元体两个主平面的实际夹角为 90°。由图 5-12b 有

$$\tan 2\alpha_0=-\frac{\overline{D_1B_1}}{\overline{CB_1}}=-\frac{2\tau_x}{\sigma_x-\sigma_y}\tag{5-16}$$

$$\tau_{\max}=\overline{CG_1}=\sqrt{\left(\frac{\sigma_x-\sigma_y}{2}\right)^2+\tau_x^2}\tag{5-17}$$

$$\tau_{\min}=\overline{CG_2}=-\sqrt{\left(\frac{\sigma_x-\sigma_y}{2}\right)^2+\tau_x^2}\tag{5-18}$$

由图 5-12b 还可看出，最大剪应力和最小剪应力所在平面与主平面的夹角均为 45°。

例 5-2　平面应力状态的单元体如图 5-13a 所示。试求：（1）α 斜截面上的应力；（2）主应力、主平面和主应力单元体；（3）最大剪应力。

例 5-2

解　由图 5-13a 可得 $\sigma_x=60\text{MPa}$，$\sigma_y=-40\text{MPa}$，$\tau_x=-30\text{MPa}$，$\tau_y=30\text{MPa}$，$\alpha=-30°$。

1. 解法一（解析法）

（1）α 斜截面上的应力，由式（5-10）和式（5-11）得

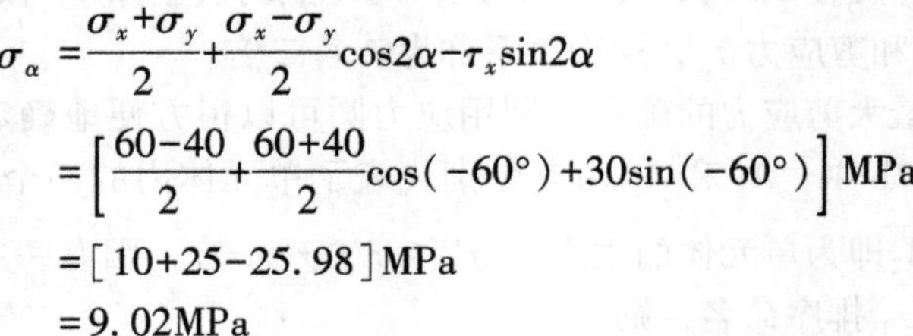

$$\begin{aligned}\sigma_\alpha&=\frac{\sigma_x+\sigma_y}{2}+\frac{\sigma_x-\sigma_y}{2}\cos 2\alpha-\tau_x\sin 2\alpha\\&=\left[\frac{60-40}{2}+\frac{60+40}{2}\cos(-60°)+30\sin(-60°)\right]\text{MPa}\\&=[10+25-25.98]\text{MPa}\\&=9.02\text{MPa}\end{aligned}$$

$$\begin{aligned}\tau_\alpha &= \frac{\sigma_x-\sigma_y}{2}\sin 2\alpha+\tau_x\cos 2\alpha \\ &= \left[\frac{60+40}{2}\sin(-60^\circ)-30\cos(-60^\circ)\right]\text{MPa} \\ &= [-43.3-15]\text{MPa} \\ &= -58.3\text{MPa}\end{aligned}$$

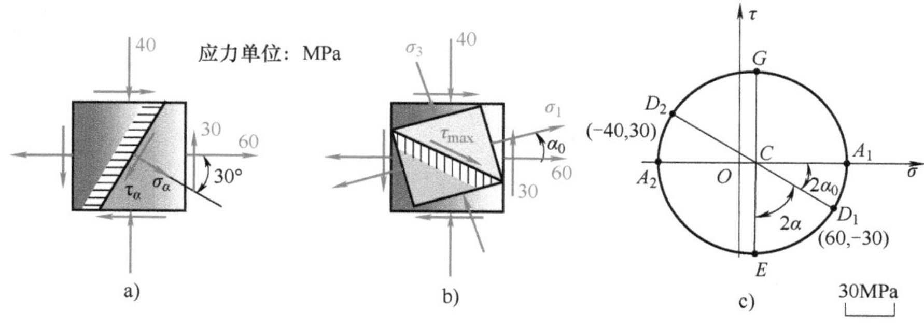

图 5-13　例 5-2 图

a）单元体　b）主平面位置及主应力　c）应力圆

（2）主应力、主平面和主应力单元体，由式（5-14）、式（5-15）和式（5-16）有

$$\left.\begin{matrix}\sigma_{max}\\ \sigma_{min}\end{matrix}\right\} = \frac{\sigma_x+\sigma_y}{2}\pm\sqrt{\left(\frac{\sigma_x-\sigma_y}{2}\right)^2+\tau_x^2} = \left[\frac{60-40}{2}\pm\sqrt{\left(\frac{60+40}{2}\right)^2+(-30)^2}\right]\text{MPa} = \begin{matrix}68.3\text{MPa}\\ -48.3\text{MPa}\end{matrix}$$

由此可得

$$\sigma_1=68.3\text{MPa},\ \sigma_2=0,\ \sigma_3=-48.3\text{MPa}$$

$$\tan 2\alpha_0=-\frac{2\tau_x}{\sigma_x-\sigma_y}=-\frac{-60}{(60+40)}=\frac{3}{5}$$

解得 $\alpha_{01}=15.5^\circ$，$\alpha_{02}=105.5^\circ$或 $\alpha_{02}=-74.5^\circ$，利用应力圆可知 $\sigma_x>\sigma_y$，$|\alpha_0|<45^\circ$，故 α_{01}主平面的主应力为 σ_1，α_{02}主平面的主应力为 σ_3。可画出主应力单元体，如图 5-13b 所示。

（3）最大剪应力，由式（5-17）有

$$\tau_{max}=\sqrt{\left(\frac{\sigma_x-\sigma_y}{2}\right)^2+\tau_x^2}=\frac{\sigma_{max}-\sigma_{min}}{2}=\left(\frac{68.3+48.3}{2}\right)\text{MPa}=58.3\text{MPa}$$

2. 解法二（应力圆法）

（1）作 $O\sigma\tau$ 直角坐标系和比例尺，根据已知条件确定 $D_1=(60,-30)$、$D_2=(-40,30)$ 两点的位置，并连此两点交 σ 轴于 C 点。以 C 点为圆心以 CD_1 为半径，作出应力圆，如

图 5-13c所示。

（2）将 CD_1 顺时针转60°，得圆周上 E 点，量得水平坐标 $\sigma_\alpha=9\text{MPa}$，竖向坐标 $\tau_\alpha=-58\text{MPa}$。

（3）量得 $\sigma_1=OA_1=68\text{MPa}$，$\sigma_3=OA_2=-48\text{MPa}$，$\alpha_0=16°$。

（4）在单元体上绘出主平面位置及主应力方向，如图 5-13b 所示。

（5）量得 $\tau_{\max}=CG=58\text{MPa}$。

3. 常见应力状态

常见应力状态

工程中常见的应力状态大都是平面应力状态中只有一对正应力的状态，称为常见应力状态，如图 5-14 所示。此时，$\sigma=\sigma_x$、$\sigma_y=0$、$\tau_x=\tau_y=\tau$，由式（5-14）和式（5-15）得常见应力状态的主应力公式为（$\sigma_2=0$）

$$\left.\begin{matrix}\sigma_1\\\sigma_3\end{matrix}\right\}=\frac{\sigma}{2}\pm\sqrt{\left(\frac{\sigma}{2}\right)^2+\tau^2} \tag{5-19}$$

$$\tan2\alpha_0=-\frac{2\tau}{\sigma} \tag{5-20}$$

图 5-14 常见应力状态

由式（5-17）可得常见应力状态的最大剪应力公式，即

$$\tau_{\max}=\sqrt{\left(\frac{\sigma}{2}\right)^2+\tau^2}=\frac{\sigma_1-\sigma_3}{2} \tag{5-21}$$

例 5-3

例 5-3 在图 5-15a 所示的单元体中，试求主应力、主平面方位和最大剪应力（应力单位：MPa）。

解 由图知 $\sigma=40\text{MPa}$，$\tau=-15\text{MPa}$，则有：

（1）主应力

$$\left.\begin{matrix}\sigma_1\\\sigma_3\end{matrix}\right\}=\frac{\sigma}{2}\pm\sqrt{\left(\frac{\sigma}{2}\right)^2+\tau^2}=\left[\frac{40}{2}\pm\sqrt{\left(\frac{40}{2}\right)^2+(-15)^2}\right]\text{MPa}=\begin{cases}45\text{MPa}\\-5\text{MPa}\end{cases}$$

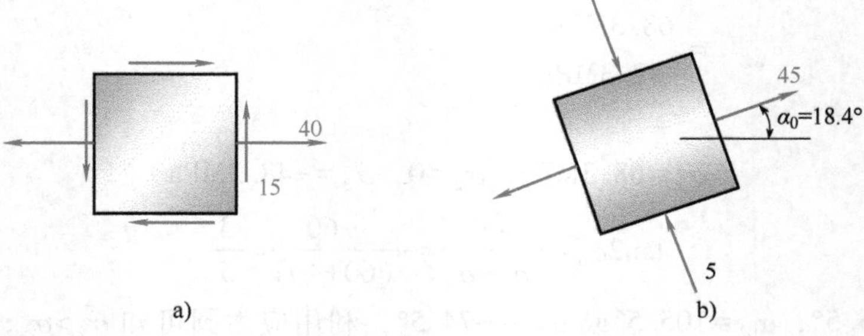

图 5-15 例 5-3 图

（2）主平面方位

$$\tan2\alpha_0=-\frac{2\tau}{\sigma}=-\frac{-2\times15\text{MPa}}{40\text{MPa}}=\frac{3}{4}$$

解得 $\alpha_0=18.4°$，可画出主应力单元体，如图 5-15b 所示。

（3）最大剪应力

$$\tau_{\max}=\frac{\sigma_1-\sigma_3}{2}=\left(\frac{45+5}{2}\right)\text{MPa}=25\text{MPa}$$

三、广义胡克定律

广义胡克定律

构件内某一点的三向应力状态，可用沿三个主平面切取的单元体表示，如图 5-16 所示。单元体上三个主应力分别为 σ_1、σ_2 和 σ_3，此单元体沿三个主应力方向产生的应变分别为 ε_1、ε_2 和 ε_3。在小变形范围内，根据叠加原理可将三向应力状态看作是三个单向应力状态的叠加，如图 5-16 所示。

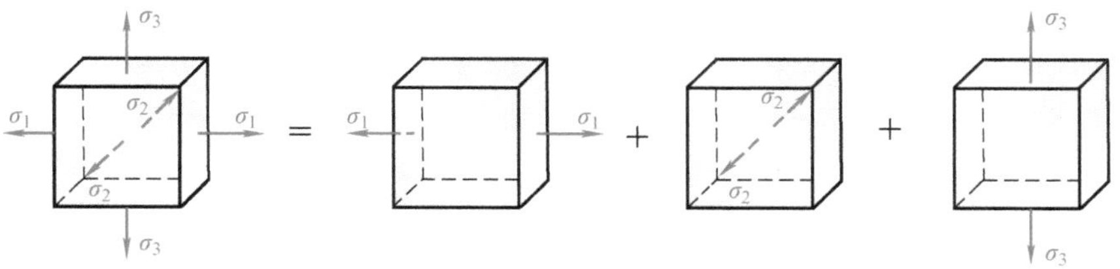

图 5-16　三向应力状态的分解

下面首先讨论应变的计算。根据单向应力状态下的胡克定律可知，三个主应力 σ_1、σ_2 和 σ_3 各自对 ε_1 的影响分别为

$$\varepsilon_1'=\frac{\sigma_1}{E},\quad \varepsilon_1''=-\mu\frac{\sigma_2}{E},\quad \varepsilon_1'''=-\mu\frac{\sigma_3}{E}$$

所以

$$\varepsilon_1=\varepsilon_1'+\varepsilon_1''+\varepsilon_1'''=[\sigma_1-\mu(\sigma_2+\sigma_3)]/E$$

同理，可求出 ε_2 和 ε_3。由此得广义胡克定律为

$$\begin{cases}\varepsilon_1=[\sigma_1-\mu(\sigma_2+\sigma_3)]/E\\ \varepsilon_2=[\sigma_2-\mu(\sigma_1+\sigma_3)]/E\\ \varepsilon_3=[\sigma_3-\mu(\sigma_1+\sigma_2)]/E\end{cases}\tag{5-22}$$

式（5-22）中的 ε_1、ε_2 和 ε_3 均为主应变。

对于各向同性材料，在线弹性小变形的前提下，一点处的线应变只与该点处的正应力有关，而与剪应力无关，同时该点的剪应变也仅与同一平面内的剪应力有关。若单元体上各面上作用的应力既有正应力又有剪应力，这时的应力-应变关系可由式（5-22）和式（5-8）变换得到另一形式的广义胡克定律，即

$$\varepsilon_x=[\sigma_x-\mu(\sigma_y+\sigma_z)]/E$$
$$\varepsilon_y=[\sigma_y-\mu(\sigma_x+\sigma_z)]/E$$
$$\varepsilon_z=[\sigma_z-\mu(\sigma_x+\sigma_y)]/E$$
$$\gamma_{xy}=G/\tau_{xy},\gamma_{yz}=G/\tau_{yz},\gamma_{zx}=G/\tau_{zx}\tag{5-23}$$

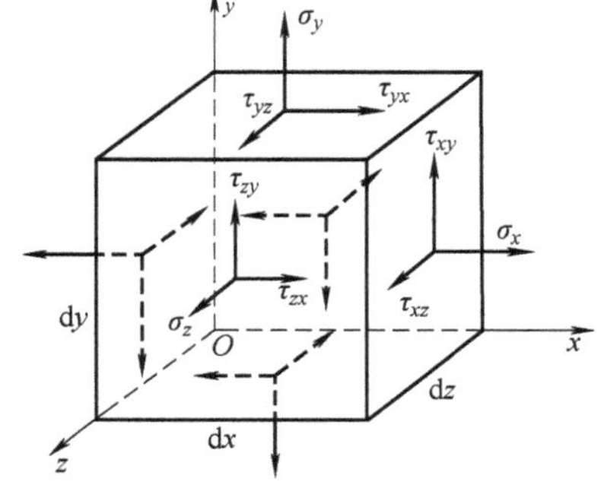

图 5-17　应力正方向

式（5-23）中各应力和应变值的正值和方位如图 5-17 所示。

例 5-4　边长 $a=200$mm 的正立方混凝土块，无空隙地放在刚性凹座中，如图 5-18a 所示，上受压力 $F=300$kN 作用。已知混凝土的泊松比 $\mu=1/6$，试求凹座壁上所受的压力 F_N。

例 5-4

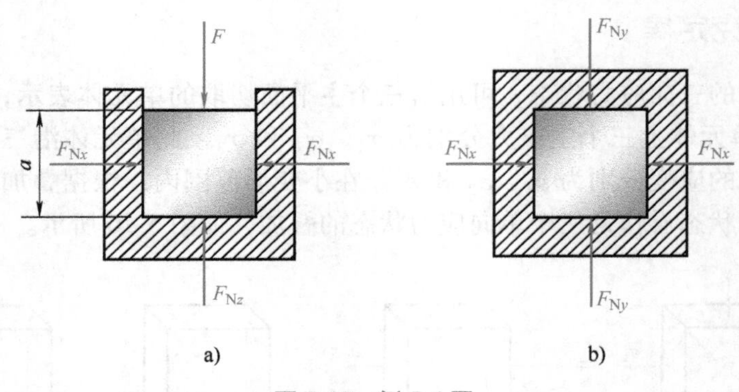

图 5-18　例 5-4 图

解　混凝土块受铅直（z）方向的压力 F 作用，由于凹座的限制，在水平面两方向上的应变为零，则

$$\varepsilon_1=\varepsilon_x=\varepsilon_2=\varepsilon_y=0$$
$$\varepsilon_1=[\sigma_1-\mu(\sigma_2+\sigma_3)]/E=0$$
$$\varepsilon_2=[\sigma_2-\mu(\sigma_1+\sigma_3)]/E=0$$

而 $\sigma_3=-F/A$，又因水平面上受力对称（图 5-18b），则 $\sigma_1=\sigma_2$。

得
$$\sigma_1=\sigma_2=\sigma_x=\sigma_y=\frac{\mu}{1-\mu}\sigma_3=\frac{1/6}{1-1/6}\cdot\frac{-300\times10^3\text{N}}{200^2\text{mm}^2}=-1.5\text{MPa}$$

$$F_N=F_{Nx}=F_{Ny}=\sigma_1 A=\sigma_1 a^2=-1.5\text{MPa}\times200^2\text{mm}^2=-60\times10^3\text{N}=-60\text{kN}(\text{压力})$$

例 5-5　对于物体内处于平面应力状态的一个点，如图 5-19a 所示。通常工程中线应变易于测定，已测得沿 x、y 轴及 45°方向（图 5-19b）的线应变 ε_x、ε_y 及 $\varepsilon_{45°}$，试求该点处的应力 σ_x、σ_y 及 τ_x。

例 5-5

解　由式（5-23）可得

$$\varepsilon_x=\frac{1}{E}(\sigma_x-\mu\sigma_y) \tag{5-24}$$

$$\varepsilon_y=\frac{1}{E}(\sigma_y-\mu\sigma_x) \tag{5-25}$$

由式（5-24）得 $\sigma_x=\varepsilon_x E+\mu\sigma_y$，代入式（5-25）得

$$\varepsilon_y E=\sigma_y-\mu\varepsilon_x E-\mu^2\sigma_y$$

则
$$\sigma_y=\frac{E}{1-\mu^2}(\varepsilon_y+\mu\varepsilon_x) \tag{5-26}$$

同理
$$\sigma_x=\frac{E}{1-\mu^2}(\varepsilon_x+\mu\varepsilon_y) \tag{5-27}$$

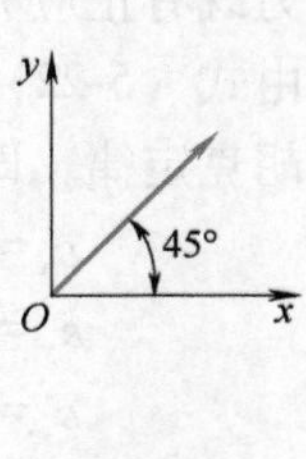

图 5-19　例 5-5 图

由式（5-10）可得

$$\sigma_{45°}=\frac{\sigma_x+\sigma_y}{2}-\tau_x;\ \sigma_{-45°}=\frac{\sigma_x+\sigma_y}{2}+\tau_x$$

在 45°方向上，由式（5-23）可得

$$\varepsilon_{45°}=\frac{1}{E}(\sigma_{45°}-\mu\sigma_{45°})=\frac{1}{E}\left[\left(\frac{\sigma_x+\sigma_y}{2}-\tau_x\right)-\mu\left(\frac{\sigma_x+\sigma_y}{2}+\tau_x\right)\right]$$

将式（5-26）、式（5-27）代入上式，得

$$\tau_x=\frac{E}{1+\mu}\left(\frac{\varepsilon_x+\varepsilon_y}{2}-\varepsilon_{45°}\right) \tag{5-28}$$

这就是工程中经常用到的根据实测线应变推算应力，从而确定一点处应力状态的公式。

第三节 材料拉伸和压缩时的力学性能

材料的力学性能是指材料在外力作用下的强度和变形性能。材料的力学性能可通过试验来测定。

一、低碳钢在拉伸时的力学性能

低碳钢拉伸

常温、静载下的低碳钢单向拉伸试验，可在万能试验机上进行。为了便于比较不同材料的试验结果，必须将试验材料按照国家标准制成标准试样，如图 5-20 所示。标准试件中间部分的工作长度为 l_0，称为标距。规定标准试件的标距 l_0 与截面面积 A_0 的比值为 $l_0=11.3\sqrt{A_0}$ 或 $l_0=5.65\sqrt{A_0}$。常用截面有圆形（图 5-20a）和矩形（图 5-20b），圆形截面标准试件的中部工作段的直径为 d_0，且 $l_0=10d_0$ 或 $l_0=5d_0$。

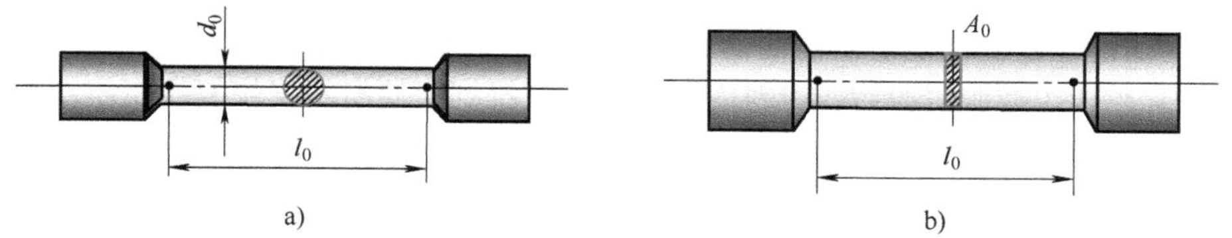

图 5-20 拉伸试验标准试样

将试样装在试验机上，缓慢平稳地加载直至拉断，对应着每一个拉力 F_P，试样标距 l_0 有一伸长量 Δl。试验过程中，试验机可以自动绘制出力与变形的关系曲线，称为应力-应变曲线或是 F_P-Δl 曲线。图 5-21a 为低碳钢的 F_P-Δl 曲线，为了消除试样尺寸的影响，将纵坐标 F_P 和横坐标 Δl 分别除以试样横截面的原始面积 A_0 和标距的原始长度 l_0（参见第六章第三节与第八章第二节），得到材料拉伸时的应力-应变曲线或 σ-ε 曲线（图 5-21b）。

$$\sigma=\frac{F_P}{A_0} \tag{5-29}$$

$$\varepsilon=\frac{\Delta l}{l_0} \tag{5-30}$$

根据 σ-ε 曲线，低碳钢的拉伸过程可分为以下四个阶段：

（1）线弹性阶段 在拉伸的初始阶段，为一斜直线 OA，表明此阶段内 σ 与 ε 成正比，材料服从胡克定律，即 $\sigma=E\varepsilon$，直线 OA 的斜率在数值上等于材料的弹性模量，此阶段内的变形为弹性变形。线弹性阶段的最高点 A 对应的应力是应力与应变保持正比关系的最大应力，称为比例极限，用 σ_P 表示。低碳钢 Q235 的比例极限 $\sigma_P\approx200$MPa，弹性模量 $E\approx$

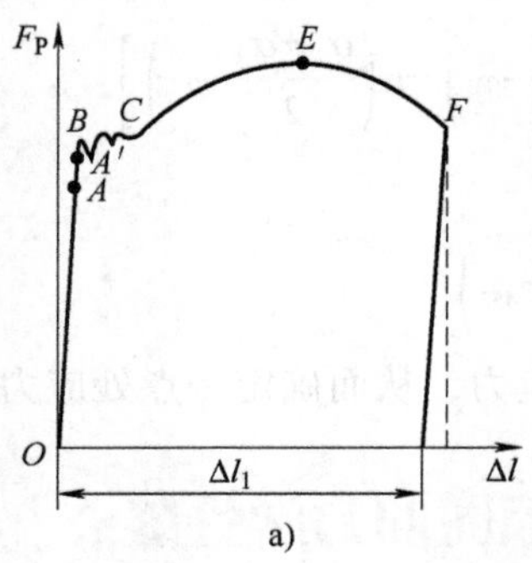

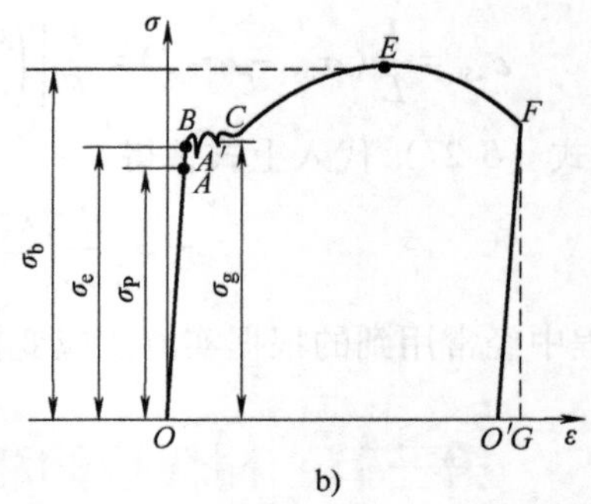

图 5-21　低碳钢的拉伸试验结果

200GPa。从 A 点到 A'点，σ 与 ε 的关系不再是直线，但变形仍然是线弹性的。A'点对应的应力是材料只产生弹性变形的最大应力，称为弹性极限，用 σ_e 表示。σ_P 与 σ_e 虽含义不同，但数值接近，工程上对此二者不作严格的区分。

（2）屈服阶段　超过比例极限后，应力与应变不再保持正比关系。当应力增加到某一定值时，应变有非常明显的增加，而应力在很小范围内波动，在 σ-ε 曲线上形成一段接近水平的小锯齿形线段（BC 段），这种应力变化不大而应变显著增加的现象称为屈服或流动。屈服阶段的最低应力称为屈服应力或屈服极限，用 σ_s 表示。低碳钢 Q235 的屈服应力 $\sigma_s \approx$ 235MPa。材料屈服时，光滑试样表面会出现与轴线呈 45°的条纹（图 5-22）。这是由于材料内部晶格间相对滑移形成的，称为滑移线。材料屈服时产生显著的塑性变形，这是构件正常工作所不允许的，因此屈服应力 σ_s 是衡量材料强度失效的重要指标。

（3）硬化阶段　屈服阶段后，材料内部晶格重新排列，使材料又恢复了抵抗变形的能力，要使它继续变形就必须增加拉力。这种现象称为材料的应变硬化，图 5-21 中的 CE 段即为硬化阶段。硬化阶段的最高点 E 对应的应力，是材料所能承受的最大应力，称为强度极限，用 σ_b 表示。低碳钢 Q235 的强度极限 $\sigma_b \approx$380MPa。强度极限是衡量材料强度的另一重要指标。

（4）缩颈破坏阶段　应力达到强度极限后，在试样的某一局部范围内，横向尺寸将急剧缩小，形成缩颈现象（图 5-23）。此时，使试件变形所需的拉力也迅速减小，最后导致试样拉断。

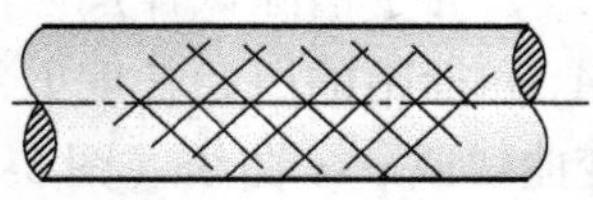

图 5-22　屈服现象

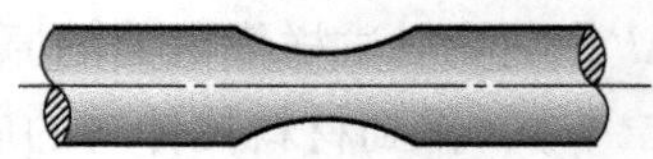

图 5-23　缩颈现象

试样拉断后，由于弹性变形自动消失，只保留了塑性变形，试样标距长度由原来的 l_0 变为 l_1，用百分比表示比值为

$$\delta=\frac{l_1-l_0}{l_0}\times 100\% \tag{5-31}$$

式（5-31）中的 δ 称为伸长率。试样的塑性变形（l_1-l_0）越大，δ 也越大。因此，伸长率是衡量材料塑性的指标。

工程中将伸长率 $\delta \geqslant 5\%$的材料称为塑性材料，如低碳钢 Q235 的伸长率 $\delta=20\%\sim30\%$，是典型的塑性材料；而把 $\delta<5\%$的材料称为脆性材料，如铸铁的 $\delta=0.5\%\sim0.6\%$，属于典型

的脆性材料。

原始横截面面积为 A_0 的试样，拉断后缩颈处的最小截面面积变为 A_1，用百分比表示的比值为

$$\psi=\frac{A_0-A_1}{A_0}\times100\% \tag{5-32}$$

称为断面收缩率。低碳钢 Q235 的断面收缩率 $\psi\approx60\%$。ψ 也是衡量材料塑性的指标。

二、铸铁在拉伸时的力学性能

图 5-24 是灰铸铁拉伸时的 σ-ε 曲线，它没有明显的直线部分，在拉应力较低时就被拉断，没有屈服和缩颈现象，拉断前应变很小，伸长率也极小。灰铸铁是典型的脆性材料。

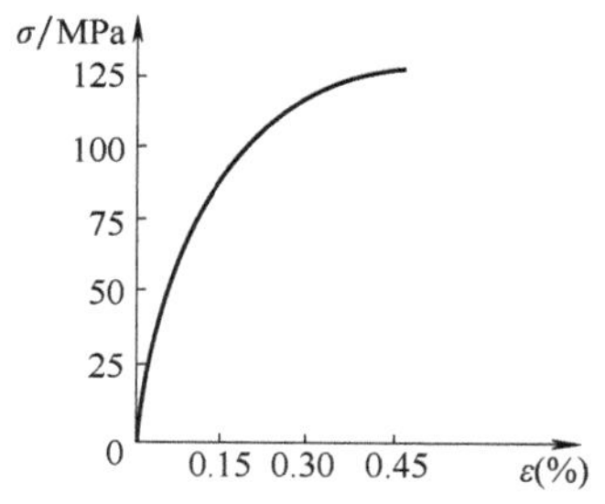

图 5-24　灰铸铁拉伸试验曲线

铸铁拉伸

铸铁拉断时的应力为强度极限，因为没有屈服现象，强度极限 σ_b 是衡量其强度的唯一指标。由于铸铁等脆性材料的抗拉强度很低，因此不宜用于制作受拉构件。

三、材料在压缩时的力学性能

材料压缩

金属的压缩试样常被制成短的圆柱，圆柱的高度为直径的 1.5~3 倍。

图 5-25a 是低碳钢压缩时的 σ-ε 曲线。试验表明，低碳钢等塑性材料在压缩时的弹性模量 E 和屈服应力 σ_s 都与拉伸时基本相同。屈服阶段以后，试样越压越扁。

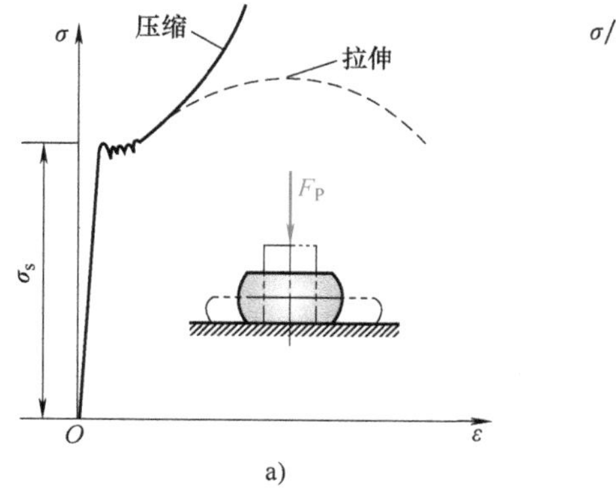

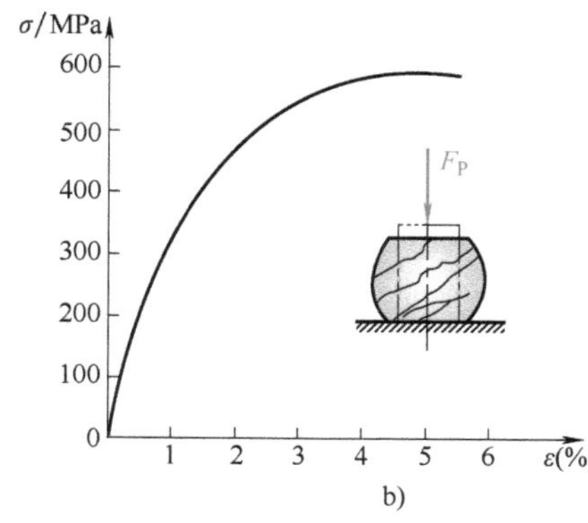

图 5-25　金属材料的压缩试验曲线

a）低碳钢压缩试验曲线　b）铸铁压缩试验曲线

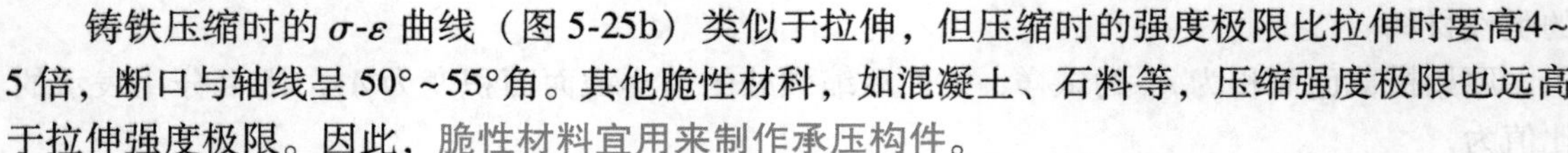

铸铁压缩时的σ-ε曲线（图 5-25b）类似于拉伸，但压缩时的强度极限比拉伸时要高4~5 倍，断口与轴线呈 50°~55°角。其他脆性材料，如混凝土、石料等，压缩强度极限也远高于拉伸强度极限。因此，脆性材料宜用来制作承压构件。

第四节　构件的失效及其分类

设计构件时要根据设计要求使构件具有确定的功能。在某些条件下，例如荷载过大等，构件有可能丧失其应有的功能，这就是构件的失效。因此，构件失效是指由于材料的力学行为而使构件丧失正常功能的现象。

一、强度失效

前述试验表明，当正应力达到强度极限σ_b时，会引起断裂；当正应力达到屈服应力σ_s时，将产生屈服，即出现显著塑性变形。以上情况都会使构件丧失正常的工作能力，工程中称为构件被破坏。构件抵抗塑性变形和破坏的能力称为强度，由于构件屈服或断裂引起的失效现象称为强度失效。

二、刚度失效

构件的弹性变形过大也会影响正常工作，例如屋面上的檩条变形过大时，可能使屋面漏水；厂房的吊车梁变形过大会影响起重机的正常行驶。构件抵抗弹性变形的能力称为刚度，由于构件弹性变形过量引起的失效现象称为刚度失效。

三、稳定性失效

受压构件在荷载增大到某一数值时，在外界微小扰动下，其原有的平衡形式可能突然发生改变。例如，用一根没有锯弓的钢锯条去锯物体，只要推力较大，钢锯条就会突然从原来的直线形状变成弯曲形状，从而无法正常工作，这种现象称为失稳。构件保持原有平衡形式的能力称为稳定性，由于构件平衡形式的突然转变而引起的失效现象称为稳定失效。

通常将构件的强度、刚度和稳定性统称为构件的承载能力。在工程中，首先要求构件不发生失效而能安全正常的工作，在这个基础上运用工程力学的理论和试验技术，合理确定构件的材料和形状尺寸，达到既安全可靠又经济的要求。

小　　结

一、正应力σ、剪应力τ、正应变ε、剪应变γ、强度失效、刚度失效和失稳失效等是工程力学的基本概念。

二、胡克定律是工程力学的重要理论基础之一，它将应力和应变在弹性范围内的对应关系用数学式体现出来，对于以后的学习非常重要。除此之外，还应正确理解弹性模量E和剪切模量G的力学含义。

三、应力状态分析是对材料力学特性更深入了解的基本研究方法，作为工程技术人员应有一定的基本了解。

四、材料的拉伸和压缩试验是工程力学的基本试验，尤其要了解低碳钢拉伸试验的四个阶段，并正确认识比例极限、屈服极限和强度极限三个重要的试验指标。正确理解塑性材料和脆性材料的力学性能的异同。

思　考　题

5-1　什么是应力？什么是正应力与剪应力？应力的单位是什么？

5-2　什么是正应变？什么是剪应变？

5-3　胡克定律的适用条件是什么？

5-4　低碳钢在拉伸试验过程中表现为几个阶段？有哪几个特征点？怎样从 σ-ε 曲线上求出弹性模量。

5-5　如何从材料的 σ-ε 曲线上判断材料的强度、刚度和塑性的特征？

5-6　现有低碳钢和铸铁两种材料，在图 5-26 所示结构中，若用低碳钢制造杆①，用铸铁制造杆②，是否合理？

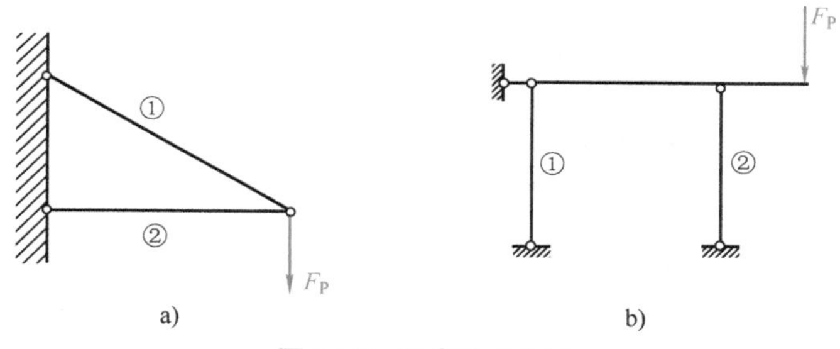

图 5-26　思考题 5-6 图

5-7　什么是构件失效？构件失效有哪几种形式？

5-8　书包背带断裂是什么失效？

5-9　自行车的车胎气不足，以至自行车不能正常行驶，这是什么失效？

5-10　用钢锯条锯东西，用力过大钢锯条会折断，这是什么失效？

小　实　验

小实验一

用橡皮筋进行拉伸试验，观察其变形过程。

小实验二

用粉笔进行拉伸、压缩和扭转试验，观察各个破坏断面的形状。判断粉笔是否是脆性材料。

习　　题

5-1　应力是构件截面某点上________的集度，垂直于截面的应力称为__________。

5-2　剪应变是正六面体直角的__________。

5-3　轴向拉压的正应力大小是和轴力大小成________，规定________为正，________为负。

5-4　做材料的拉伸、压缩试验的试件，其中间部分的长度是________，l 称为标距。规定圆形截面的试件，标距与直径之比为________或________。

5-5　低碳钢的拉伸试验中一般有________、________、________和________四个阶段。

5-6 胡克定律的应力适用范围从材料拉（压）试验的应力-应变图上可以判定，应力不应超过材料的________极限。

5-7 在低碳钢试样拉伸时，在开始阶段应力和应变呈__________关系，变形是弹性的。而这种弹性变形在卸载后，能完全消失的特征一直要维持到应力为__________极限的时候。

5-8 在低碳钢的应力-应变图上，开始的一段直线与横坐标的夹角为 α，由此可知其正切 $\tan\alpha$ 在数值上相当于低碳钢____________的值。

5-9 弹性模量 E 值不相同的两根杆件，在产生相同弹性应变的情况下，其弹性模量 E 值大的杆件的应力必然__________。

5-10 低碳钢试样拉伸超出弹性范围之后，________再产生弹性变形的可能。

5-11 材料的伸长率和截面收缩率是衡量其________的重要指标。

5-12 通常脆性材料的抗拉能力________于其抗压能力。

习题 5-1　习题 5-2　习题 5-3　习题 5-4

习题 5-5　习题 5-6　习题 5-7　习题 5-8

习题 5-9　习题 5-10　习题 5-11　习题 5-12

5-13 在低碳钢进行拉伸试验的硬化阶段，逐步减小荷载至零，这时应力-应变关系由开始减小荷载的点（新的比例极限）变成平行于试验开始时线弹性阶段的直线的一道直线，因此材料有了一定的塑性变形，同时比例极限也有所提高，这种现象称为冷作硬化。对比例极限 $\sigma_P = 214.62\text{MPa}$ 的低碳钢进行拉伸试验，在应力为 310.66MPa 时产生 0.0615 的应变。试求此时的弹性应变 ε_P 和塑性应变 ε_s 的大小。设弹性模量 $E = 205.8\text{GPa}$。

5-14 拉伸试验时，某试件的直径 $d = 10\text{mm}$，在标距 $l = 100\text{mm}$ 内的伸长量为 $\Delta l = 0.06\text{mm}$。已知该材料的比例极限 $\sigma_P = 200\text{MPa}$，弹性模量 $E = 200\text{GPa}$，问此时试件的应力是多少？所受的拉力是多大？

5-15 设低碳钢的弹性模量 $E_1 = 210\text{GPa}$，混凝土的弹性模量 $E_2 = 28\text{GPa}$，求：

（1）在正应力相同的情况下，低碳钢和混凝土的应变的比值。

（2）在应变相同的情况下，低碳钢和混凝土的正应力的比值。

（3）当应变相同 $\varepsilon = -0.00015$ 时，低碳钢和混凝土的正应力。

5-16　图5-27中a、b、c、d四种材料的应力-应变曲线所反映的强度最好的是（　　），刚度最好的是（　　），塑性最好的是（　　）。

A. a　　　　B. b　　　　C. c　　　　D. d

习题 5-13

习题 5-14

习题 5-15

习题 5-16

5-17　图5-28所示平板拉伸试件的宽度 $b=29.8\text{mm}$，厚度 $h=4.1\text{mm}$。在拉伸试验时，每增加3kN拉力，测得沿轴线方向产生 $\varepsilon=120\times10^{-6}$ 的应变。求试件材料的弹性模量 E（应力可用式 $\sigma=F_N/A$ 来计算，其中 F_N 为增加的拉力、A 为试件横截面面积）。

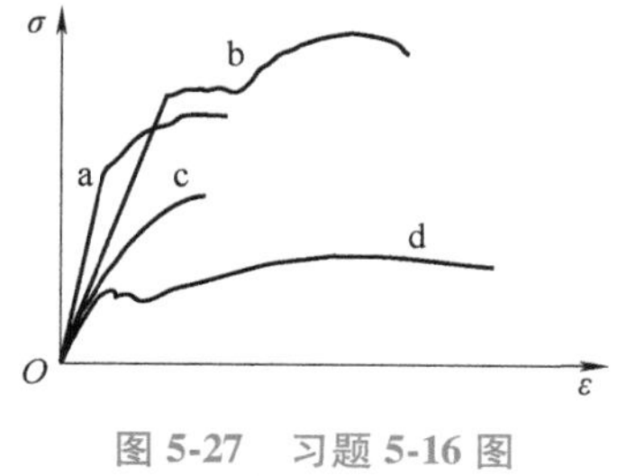

图 5-27　习题 5-16 图

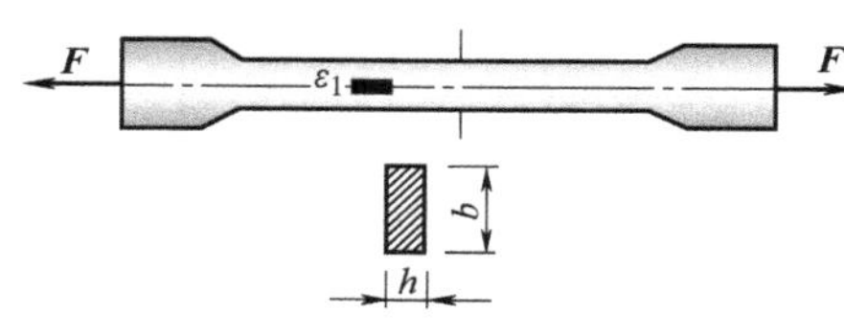

图 5-28　习题 5-17 图

5-18　图5-29所示杆件中，各段的横截面面积分别为 $A_1=800\text{mm}^2$ 和 $A_2=400\text{mm}^2$，材料的弹性模量 $E=2\times10^5\text{MPa}$，试求杆件各段横截面上的应力和应变（应力可用式 $\sigma=F_N/A$ 来计算）。

5-19　一根钢质圆杆长3m，直径为25mm，两端受到100kN的轴向拉力作用时伸长2.5mm，试计算钢杆的应力、应变和弹性模量（在胡克定律范围内）。

5-20　圆形截面杆如图5-30所示。已知弹性模量 $E=200\text{GPa}$，受到轴向拉力 $F=150\text{kN}$，如果中间部分直径为30mm，试计算中间部分的应力 σ。如杆的总伸长为0.2mm，试求中间部分杆长（忽略应力集中影响）。

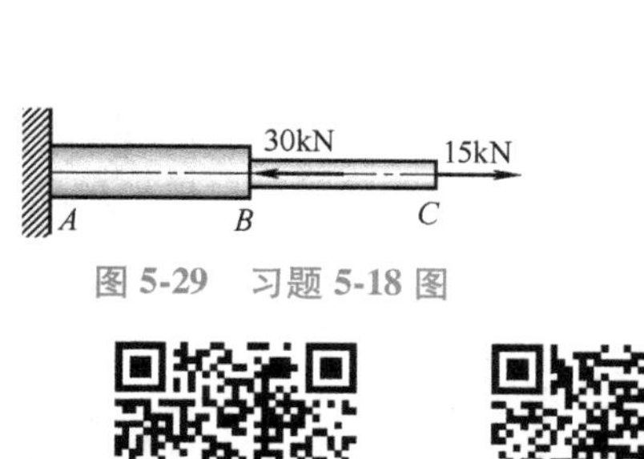

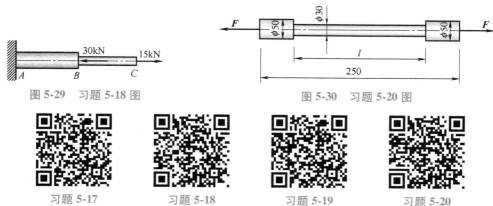

图 5-29　习题 5-18 图

图 5-30　习题 5-20 图

习题 5-17

习题 5-18

习题 5-19

习题 5-20

5-21　图5-31所示硬铝试样，厚度 $\delta=2\text{mm}$，试验段板宽 $b=20\text{mm}$，标距 $l=70\text{mm}$。在轴向拉力 $F=6\text{kN}$ 的作用下，测得试验段伸长 $\Delta l=0.15\text{mm}$，板宽缩短 $\Delta b=0.014\text{mm}$。试计

算硬铝的弹性模量 E 与泊松比 μ。

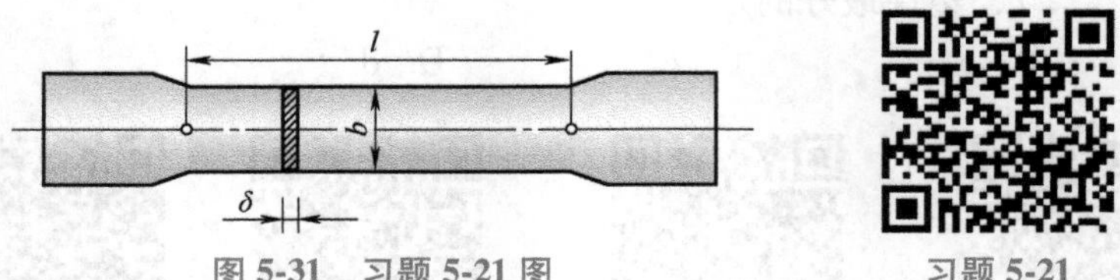

图 5-31　习题 5-21 图

习题 5-21

5-22　已知单元体的应力状态如图 5-32 所示（应力单位：MPa），试求：

1）主应力大小。

2）主平面方位并绘出主平面位置及主应力方向。

3）最大剪应力。

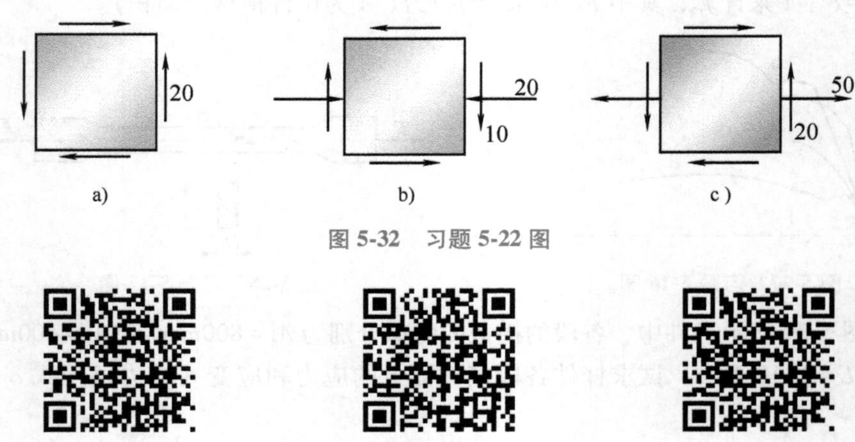

图 5-32　习题 5-22 图

习题 5-22a　习题 5-22b　习题 5-22c

5-23　一刚性槽如图 5-33 所示。在槽内紧密地嵌入一铝质立方块，其尺寸为 1cm×1cm×1cm。铝材的弹性模量 $E=70\text{GPa}$，泊松比 $\mu=0.33$。求铝块受到 $F=6\text{kN}$ 的作用时，铝块的三个主应力及相应变形。

5-24　如图 5-34 所示，直径为 d 的橡胶圆柱体放置在刚性圆筒内，并承受合力为 F 的均布压力作用，试求橡胶柱的主应力。设橡胶的弹性模量与泊松比分别为 E 与 μ。

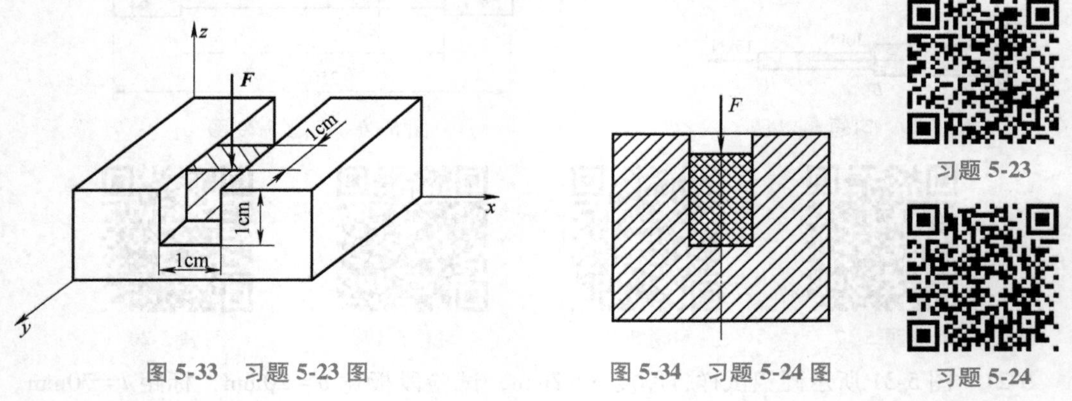

图 5-33　习题 5-23 图　　图 5-34　习题 5-24 图

习题 5-23

习题 5-24

第六章
构件的应力与强度计算

工程中必须保证每个构件安全可靠地工作，并要经济节约，强度要求是其中的一个重要条件。本章将讨论用强度理论来解决构件的强度问题，将在第四章和第五章内容的基础上进一步针对构件的强度进行计算。因为工程构件有一定的复杂性，因此有些地方是采用的实用计算。

第一节　强度失效和强度条件

一、极限应力和许用应力

在前面的学习中已经了解，塑性材料的正应力达到屈服应力 σ_s 时，将产生屈服，即出现显著的塑性变形；脆性材料的正应力达到强度极限 σ_b 时，会引起断裂。这两种情况都会使构件丧失正常的工作能力，造成强度失效。材料强度失效时的应力，称为极限应力，用 σ^0 来表示。对于塑性材料，$\sigma^0=\sigma_s$；对于脆性材料，$\sigma^0=\sigma_b$。对于屈服阶段不十分明确而塑性变形又较大的材料，取名义屈服应力 $\sigma_{0.2}$ 作为材料的极限应力 σ^0。名义屈服应力是指材料产生 0.2%的塑性变形所对应的应力值。

构件在荷载等因素作用下所产生的应力，称为工作应力。为了保证构件有足够的强度，应使构件的工作应力小于材料的极限应力。此外，构件还应留有必要的安全储备。在强度计算中，把极限应力除以大于 1 的安全因数 n，作为设计时的最高值，称为许用应力，用［σ］表示，即

$$[\sigma]=\frac{\sigma^0}{n} \tag{6-1}$$

确定安全因数是一个复杂的问题，一般应考虑材料的均匀性、荷载估计的准确性、计算简图和计算方法的精确性、构件在结构中的重要性以及构件的工作条件等因素。安全因数的选取直接关系到构件是否安全和经济，若安全因数偏大，则构件过于安全，造成材料浪费；反之，则构件工作时不安全。在工程设计中，安全因数可从有关规范或手册中查到。在常温静载下，对于塑性材料，取 $n_s=1.2\sim2.5$；对于脆性材料，取 $n_b=2\sim3.5$。

同样，对剪应力也用许用剪应力［τ］表示，对于抗拉和抗压性能不一样的材料有许用拉应力 $[\sigma]^+$ 和许用压应力 $[\sigma]^-$ 等。

二、强度条件

根据以上分析，为了保证构件在工作时不致因强度不够而破坏，并有足够的强度储备，

在简单应力状态（单向和纯剪应力状态）下，构件内的最大工作应力不得超过材料的许用应力，即要求

$$\sigma_{max} \leqslant [\sigma] \tag{6-2}$$

$$\tau_{max} \leqslant [\tau] \tag{6-3}$$

以上即为构件的强度条件。

利用强度条件，可以进行强度校核、截面设计和确定许用荷载等强度计算。

三、四种常见的强度理论和判别准则

强度理论是研究构件在复杂应力状态下如何建立强度条件的理论。

当构件处于简单应力状态时，其强度条件分别为式（6-2）或式（6-3）。但是，工程中有许多构件的危险点是处于复杂应力状态的，其单元体中σ_1、σ_2和σ_3的不同组合代表了不同的应力状态。因此，不能仿照拉（压）杆的强度计算方式来解决问题。据实验和观察，尽管材料的破坏从表面看是十分复杂的现象，但总不外乎是脆性断裂或塑性屈服两种类型。脆性断裂是指没有明显塑性变形的破坏，即突然断裂；塑性屈服是指材料出现屈服现象或发生显著的塑性变形，致使构件不能正常工作。同一类型的破坏可以认为是由某一个共同的因素所致，找出这个因素，即可通过简单的拉、压试验结果来推测材料在复杂应力状态下的破坏，从而建立相应的强度条件，即强度理论。这也可以说是关于材料的某一类破坏是由什么因素引起的假说。

1. 最大拉应力理论（第一强度理论）

此理论认为，不论材料处于何种应力状态，只要最大拉应力σ_1达到单向拉伸下发生脆性断裂时的强度极限值σ_b，则材料就发生脆性断裂破坏。试验证明，这一强度理论能较好地解释石料、铸铁等脆性材料沿最大拉应力所在截面发生断裂的现象；而对于单向受压或三向受压等没有拉应力的情况则不适用。引入安全因数后，其强度条件为

$$\sigma_{xd1} = \sigma_1 \leqslant [\sigma] \tag{6-4}$$

式（6-4）中的σ_{xd1}为第一强度理论的相当应力。

2. 最大伸长线应变理论（第二强度理论）

这一理论认为，最大伸长线应变是使材料发生脆性断裂的原因。也就是说，不论材料处于何种应力状态，只要最大伸长线应变ε_1达到了单向拉伸断裂时的最大伸长线应变值，材料就会发生断裂破坏。试验证明，这一理论能够较好地解释石料或混凝土等脆性材料受轴向压缩时，沿横向发生断裂的现象。引入安全因数后，第二强度理论的强度条件为

$$\sigma_{xd2} = \sigma_1 - \mu(\sigma_2 + \sigma_3) \leqslant [\sigma] \tag{6-5}$$

式（6-5）中的σ_{xd2}为第二强度理论的相当应力。

3. 最大剪应力理论（第三强度理论）

这一理论认为，最大剪应力是材料产生塑性屈服破坏的原因。试验证明，这一理论可以较好地解释塑性材料出现塑性变形的现象。但是，由于它没有考虑σ_2的影响，故按这一理论设计构件会偏于安全。引入安全因数后，第三强度理论的强度条件为

$$\sigma_{xd3} = \sigma_1 - \sigma_3 \leqslant [\sigma] \tag{6-6}$$

式（6-6）中的σ_{xd3}是按第三强度理论计算的相当应力。

对于常见应力状态 $\begin{matrix}\sigma_1\\ \sigma_3\end{matrix}=\frac{\sigma}{2}\pm\sqrt{\left(\frac{\sigma}{2}\right)^2+\tau^2}$，有

$$\sigma_{xd3}=\sigma_1-\sigma_3=\sqrt{\sigma^2+4\tau^2}\leqslant[\sigma] \tag{6-7}$$

4. 形状改变比能理论（第四强度理论）

这一理论认为，形状改变比能是引起材料发生屈服破坏的原因。试验表明，对塑性材料，第四强度理论比第三强度理论更符合试验结果，因此在工程中得到广泛的应用，其强度条件为

$$\sigma_{xd4}=\sqrt{\frac{1}{2}[(\sigma_1-\sigma_2)^2+(\sigma_2-\sigma_3)^2+(\sigma_3-\sigma_1)^2]}\leqslant[\sigma] \tag{6-8}$$

式（6-8）中的 σ_{xd4} 是按第四强度理论计算的相当应力。

对于常见应力状态 $\begin{matrix}\sigma_1\\ \sigma_3\end{matrix}=\frac{\sigma}{2}\pm\sqrt{\left(\frac{\sigma}{2}\right)^2+\tau^2}$，$\sigma_2=0$，有

$$\sigma_{xd4}=\sqrt{\sigma^2+3\tau^2}\leqslant[\sigma] \tag{6-9}$$

一般而言，对脆性材料宜用第一或第二强度理论，对塑性材料宜采用第三和第四强度理论。

前面通过拉伸试验建立了单向应力状态下材料失效的判别准则，由于工程构件的多种受力状态，还不能将所有的构件都用以上的拉、压试验来校核，但也不可能逐一建立材料失效的判别准则。但发现材料的破坏还是有规律的，在常温静载下，材料的破坏大致可分为两大类：一类是脆性断裂（破坏时无明显的塑性变形）；另一类是屈服或剪断（破坏时有明显的塑性变形）。由此提出了以上理论，经过实践的验证，认为是较符合实际的，这些理论称为强度失效的判别准则。

第二节　截面图形的几何性质

构件的截面都是具有一定几何形状的平面图形，与截面的形状、尺寸有关的几何量都叫作截面的几何性质，如面积等。由于截面的几何性质是影响构件承载能力的重要因素之一，本节将集中讨论有关的几个平面图形的几何性质。

截面图形的几何性质

一、截面的形心和面积矩

形心和面积矩

1. 形心

截面的形心就是其几何中心。当截面具有两个对称轴时，两者的交点就是形心，据此，很容易确定圆形、圆环、正方形的形心（图 6-1）；只有一个对称轴的截面，其形心一定在对称轴上，具体在对称轴上的哪一点则需要计算才能确定。例如图 6-2 中的 T 形截面，其形心一定在对称轴 y 上，而坐标 y_C 值需要计算。

通过形心的坐标轴称为形心轴。

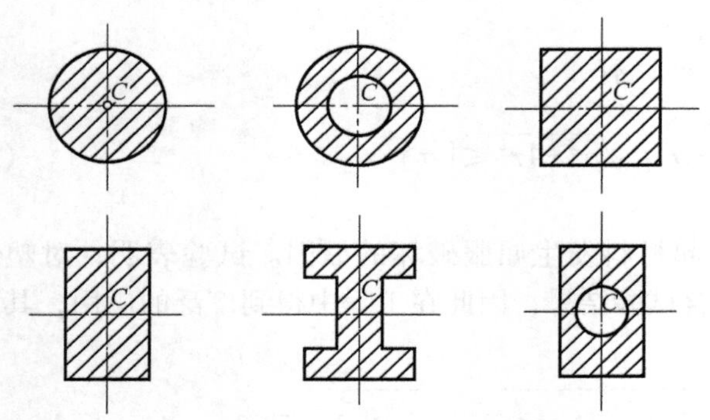

图 6-1　常见对称截面形状的形心

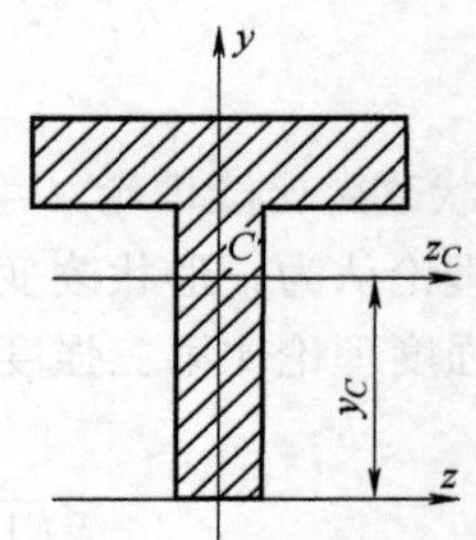

图 6-2　T 形截面的形心

2. 面积矩

截面的面积 A 与其形心到 z 轴的距离 y_C 的乘积，叫作该截面对 z 轴的面积矩，用 S_z 表示

$$S_z = Ay_C \tag{6-10}$$

面积矩的量纲是长度的三次方，常用单位为 mm^3 或 m^3。

由面积矩的定义可知：截面对通过形心的坐标轴（简称形心轴）的面积矩等于零。

面积矩具有可加性，如将平面图形（图 6-3）分成若干个微小的面积，用每一个微小面积 $\Delta A(\Delta A \to 0)$ 乘以其到某一坐标 $z(y)$ 轴的坐标 $y(z)$，将这些乘积相加所得的结果 $\sum y\Delta A(\sum z\Delta A)$，也是该平面图形对该轴的面积矩，即

$$\begin{cases} S_z = \sum y\Delta A & (\Delta A \to 0) \\ S_y = \sum z\Delta A & (\Delta A \to 0) \end{cases} \tag{6-11}$$

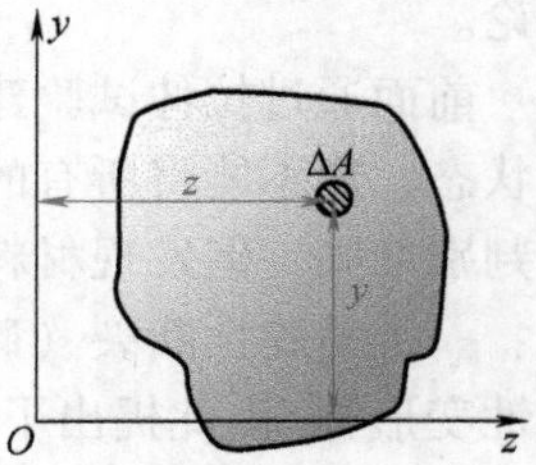

图 6-3　截面对坐标轴面积矩的定义

3. 形心坐标公式

土木工程中常用构件的截面形状，一般可划分成几个简单的平面图形的组合，叫作组合图形。例如图 6-2 中的 T 形截面，可视为两个矩形的组合。若两个矩形的面积分别是 A_1 和 A_2，它们的形心到某一坐标轴 z 的距离分别为 y_1、y_2，根据面积矩的定义，可以写出它们对轴 z 的面积矩是

$$\begin{cases} S_{z1} = A_1 y_1 \\ S_{z2} = A_2 y_2 \end{cases} \tag{6-12}$$

若 T 形截面的面积为 A，整个图形对 z 轴的形心坐标是 y_C，那么，整个截面对 z 轴的面积矩就等于各部分面积对 z 轴面积矩的代数和，即

$$S_z = S_{z1} + S_{z2}$$

$$Ay_C = A_1 y_1 + A_2 y_2$$

得

$$y_C = (A_1 y_1 + A_2 y_2)/A$$

从而可以确定 T 形截面的形心位置。

当组合图形划分为若干个简单平面图形时，则有

$$y_C = \frac{\sum A_i y_i}{A} \tag{6-13}$$

式中　A——组合截面的面积；

y_C——组合截面在 y 方向的形心坐标；

A_i——组合截面中各部分的截面面积；

y_i——组合截面中各部分的截面在 y 方向的形心坐标。

同理可得

$$z_C=\frac{\sum A_i z_i}{A} \tag{6-14}$$

例 6-1　试计算图 6-4 所示 T 形截面的形心坐标。

解　由于 y 轴是截面的对称轴，形心 C 必在 y 轴上，即 $z_C=0$。将 T 形截面分割为Ⅰ、Ⅱ两个矩形，每个矩形的面积及其形心坐标分别为

矩形Ⅰ：$A_1=60\text{mm}\times20\text{mm}=1200\text{mm}^2$

$y_1=60\text{mm}+10\text{mm}=70\text{mm}$

矩形Ⅱ：$A_2=60\text{mm}\times20\text{mm}=1200\text{mm}^2$

$y_2=30\text{mm}$

例 6-1

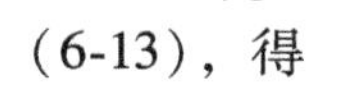

由式（6-13），得

$$y_C=\frac{\sum A_i y_i}{A}=\frac{A_1y_1+A_2y_2}{A_1+A_2}=\frac{1200\text{mm}^2\times70\text{mm}+1200\text{mm}^2\times30\text{mm}}{1200\text{mm}^2+1200\text{mm}^2}=50\text{mm}$$

例 6-2　试计算图 6-5 所示截面的形心坐标。

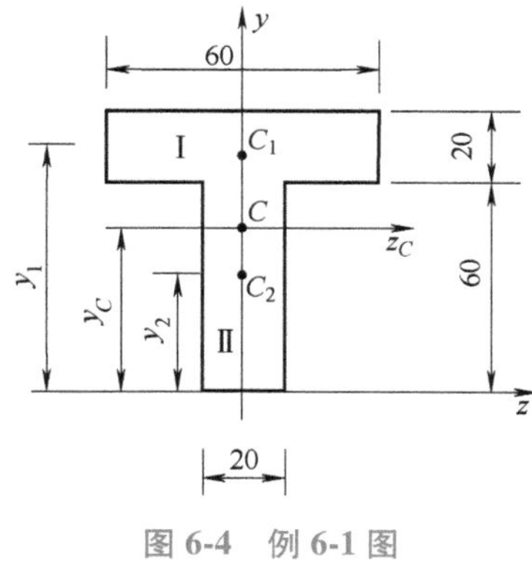

图 6-4　例 6-1 图

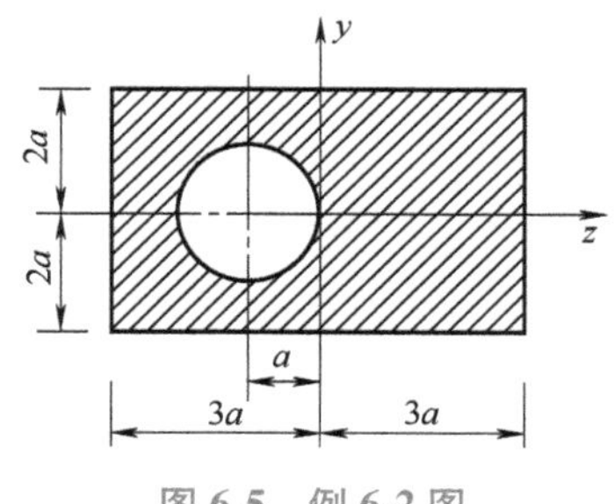

图 6-5　例 6-2 图

例 6-2

解　由于 z 轴是截面的对称轴，形心 C 必在 z 轴上，即 $y_C=0$。截面面积 A 可看成一个矩形 $A_1=4a\times6a=24a^2$ 和一个圆形的负面积 $A_2=-\pi a^2$ 之和（对于从规则图形中挖出的规则图形，可将挖出的规则图形的面积按负值计算）。

因为 $z_1=0$，$z_2=-a$，由式（6-14）得

$$z_C=\frac{\sum A_i z_i}{A}=\frac{A_1z_1+A_2z_2}{A_1+A_2}=\frac{24a^2\times0+(-\pi a^2)\times(-a)}{24a^2+(-\pi a^2)}=\frac{\pi}{24-\pi}a=0.15a$$

二、惯性矩

惯性矩

将平面图形（图 6-6）分成无数个微小的面积，用每一个微小面积 $\Delta A(\Delta A\to0)$ 乘以其到某一坐标 $z(y)$ 轴的距离 $y(z)$ 的平方，将这些乘积

相加所得的结果$\sum y^2\Delta A$（$\sum z^2\Delta A$），称为平面图形对该轴的惯性矩。惯性矩一般用I_y、I_z来表示（表示图形对下标轴的惯性矩），即

$$\begin{cases}I_z=\sum y^2\Delta A & (\Delta A\to 0)\\ I_y=\sum z^2\Delta A & (\Delta A\to 0)\end{cases} \tag{6-15}$$

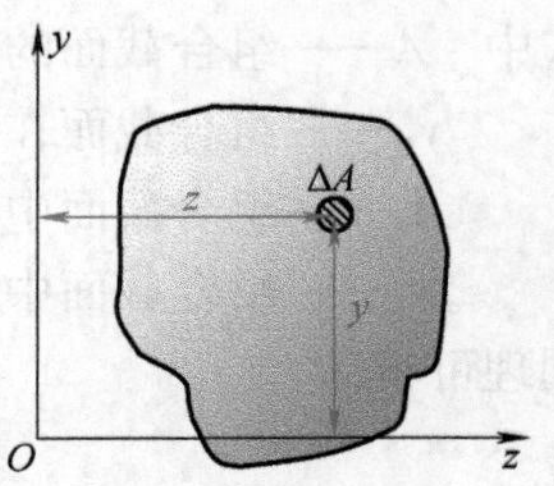

图 6-6　截面对坐标轴惯性矩的定义

惯性矩恒大于零，惯性矩的常用单位为mm^4或m^4，因此相同面积的图形，离坐标轴越远的图形对该轴的惯性矩越大。常用的简单截面图形对其形心轴的惯性矩可在表 6-1 中查得。

表 6-1　常见截面的几何性质

图　形	面积 A	形心位置	形心轴惯性矩 I	抗弯截面系数 W	惯性半径 i
	$A=hb$	$z_C=b/2$ $y_C=h/2$	$I_z=h^3b/12$ $I_y=hb^3/12$	$W_z=h^2b/6$ $W_y=hb^2/6$	$i_z=h/\sqrt{12}$ $i_y=b/\sqrt{12}$
	$A=\pi D^2/4$	$z_C=D/2$ $y_C=D/2$	$I_z=I_y=\pi D^4/64$ 极惯性矩 $I_P=\pi D^4/32$	$W_z=W_y=\pi D^3/32$ 抗扭截面系数 $W_P=\pi D^3/16$	$i_z=i_y=D/4$
	$A=\pi(D^2-d^2)/4$	$z_C=D/2$ $y_C=D/2$	$I_z=I_y$ $=\pi D^4(1-\alpha^4)/64$ $\alpha=d/D$ 极惯性矩 $I_P=\pi D^4(1-\alpha^4)/32$	$W_z=W_y$ $=\pi D^3(1-\alpha^4)/32$ 抗扭截面系数 $W_P=\pi D^3(1-\alpha^4)/16$	$i_z=i_y$ $=D\sqrt{1+\alpha^2}/4$

三、惯性半径

惯性矩 $I_z(I_y)$ 除以截面面积 A，然后开方得出的值用 $i_z(i_y)$ 表示，称为截面对 $z(y)$ 轴的惯性半径，即

$$\begin{cases} i_z=\sqrt{\dfrac{I_z}{A}} \\ i_y=\sqrt{\dfrac{I_y}{A}} \end{cases} \tag{6-16}$$

四、极惯性矩

把平面图形分成无数个微小的面积，用每一个微小面积乘以其形心到某一坐标原点距离（图 6-7）的平方，再把这些乘积相加所得到的结果，称为平面图形对该坐标系的极惯性矩。极惯性矩一般用 I_P 来表示，即

$$I_P=\sum\rho^2\Delta A \qquad (\Delta A\to 0) \tag{6-17}$$

五、惯性矩的平行移轴公式

截面对任意轴的惯性矩，等于截面对与该轴平行的形心轴的惯性矩加上截面面积与两轴间距的平方的乘积（图 6-8），即

移轴公式

$$\begin{cases} I_z=I_{z_C}+a^2A \\ I_y=I_{y_C}+b^2A \end{cases} \tag{6-18}$$

式（6-18）中的 a、b 分别是坐标轴 z、y 和形心轴 z_C、y_C 之间的距离。

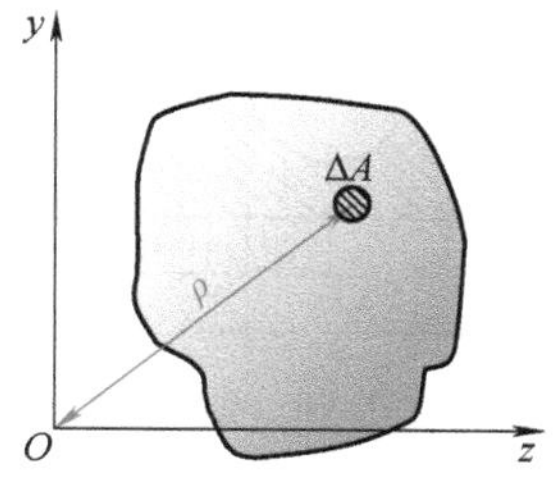

图 6-7 截面对坐标轴极惯性矩的定义

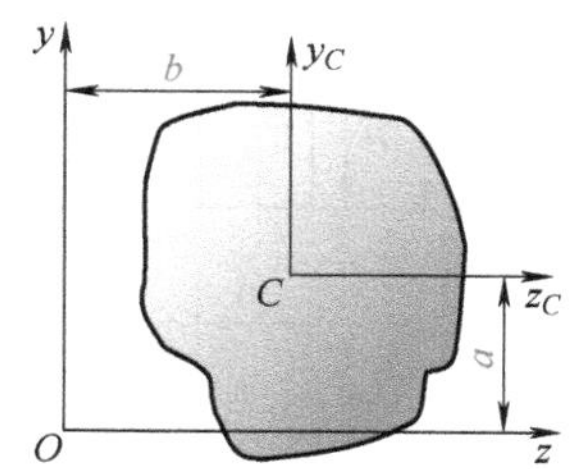

图 6-8 截面惯性矩的平行移轴

*例 6-3 试计算图 6-9 所示 T 形截面对形心轴的惯性矩。

例 6-3

解 将 T 形截面分割为Ⅰ、Ⅱ两个矩形（图 6-9），由表 6-1 和式（6-18）可知，矩形Ⅰ和矩形Ⅱ对截面形心轴 z_C 的惯性矩分别为

$$I_{z_C}^{\mathrm{I}}=I_{z_{C1}}+a_1^2A_1=60\text{mm}\times20^3\text{mm}^3/12+1200\text{mm}^2\times(70-50)^2\text{mm}^2=5.2\times10^5\text{mm}^4$$

$$I_{z_C}^{\mathrm{II}}=I_{z_{C2}}+a_2^2A_2=20\text{mm}\times60^3\text{mm}^3/12+1200\text{mm}^2\times(50-30)^2\text{mm}^2=8.4\times10^5\text{mm}^4$$

因此，T 形截面对形心轴 z_C 的惯性矩 I_{z_C} 为

$$I_{z_C}=I_{z_C}^{\mathrm{I}}+I_{z_C}^{\mathrm{II}}=5.2\times10^5\text{mm}^4+8.4\times10^5\text{mm}^4=1.36\times10^6\text{mm}^4$$

矩形Ⅰ和矩形Ⅱ对截面形心轴 y_C 的惯性矩分别为

$$I_{y_C}^{\mathrm{I}}=20\mathrm{mm}\times60^3\mathrm{mm}^3/12=3.6\times10^5\mathrm{mm}^4$$

$$I_{y_C}^{\mathrm{II}}=60\mathrm{mm}\times20^3\mathrm{mm}^3/12=0.4\times10^5\mathrm{mm}^4$$

因此，T 形截面对形心轴 y_C 的惯性矩 I_{y_C} 为

$$I_{y_C}=I_{y_C}^{\mathrm{I}}+I_{y_C}^{\mathrm{II}}=3.6\times10^5\mathrm{mm}^4+0.4\times10^5\mathrm{mm}^4=0.4\times10^6\mathrm{mm}^4$$

*例 6-4　试计算图 6-10 所示截面对形心轴的惯性矩。

例 6-4

解　将截面看成一个矩形Ⅰ与圆形Ⅱ（图 6-10）对截面形心轴的惯性矩之差，由表 6-1 可知，矩形Ⅰ和圆形Ⅱ对截面形心轴 z_C 的惯性矩分别为

$$I_{z_C}^{\mathrm{I}}=bh^3/12=6a\times(4a)^3/12=32a^4$$

$$I_{z_C}^{\mathrm{II}}=\pi d^4/64=\pi a^4/4$$

因此，截面对形心轴 z_C 的惯性矩 I_{z_C} 为

$$I_{z_C}=I_{z_C}^{\mathrm{I}}-I_{z_C}^{\mathrm{II}}=(32-\pi/4)a^4=31.21a^4$$

由表 6-1 和式（6-18）可知，矩形Ⅰ和圆形Ⅱ对截面形心轴 y_C 的惯性矩分别为

$$I_{y_C}^{\mathrm{I}}=hb^3/12+hb\times(0.15a)^2=4a\times(6a)^3/12+4a\times6a\times(0.15a)^2=72.54a^4$$

$$I_{y_C}^{\mathrm{II}}=\pi d^4/64+(a+0.15a)^2\times\pi d^2/4=\pi a^4/4+1.15^2\pi a^4=4.94a^4$$

因此，截面对形心轴 y_C 的惯性矩 I_{y_C} 为

$$I_{y_C}=I_{y_C}^{\mathrm{I}}-I_{y_C}^{\mathrm{II}}=(72.54-4.94)a^4=67.60a^4$$

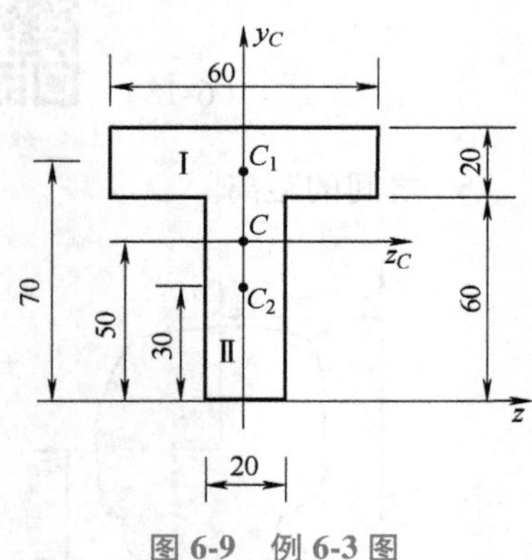

图 6-9　例 6-3 图

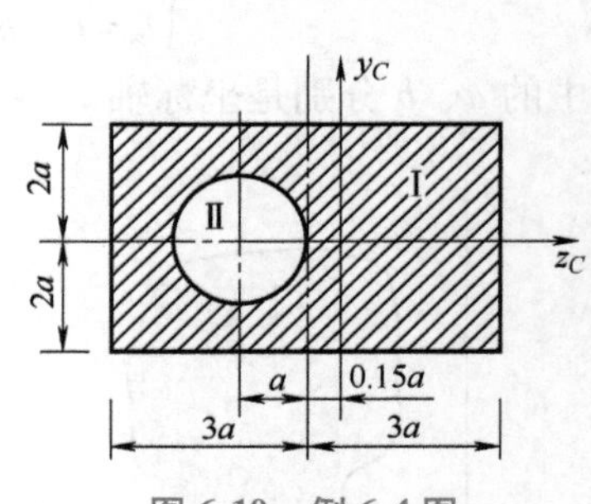

图 6-10　例 6-4 图

第三节　轴向拉（压）杆的应力与强度

一、轴向拉（压）杆横截面上的应力

拉（压）杆应力

为确定杆件截面上的应力分布，可通过杆件受力后外形的变化，推论出截面上各个点的应变情况，从而根据胡克定律确定截面上应力的分布。

图 6-11a 所示为一等截面直杆，可用易变形材料如橡胶制成。为便于观察，试验前，在杆表面画两条垂直于杆轴的横线 1—1 与 2—2；然后，在杆两端施加一对大小相等、方向相

反的轴向荷载 F_P。从试验中观察到：横线 1—1 与 2—2 仍为直线，且仍垂直于杆件轴线，只是间距增大，分别平移至图示 1′—1′与 2′—2′位置。

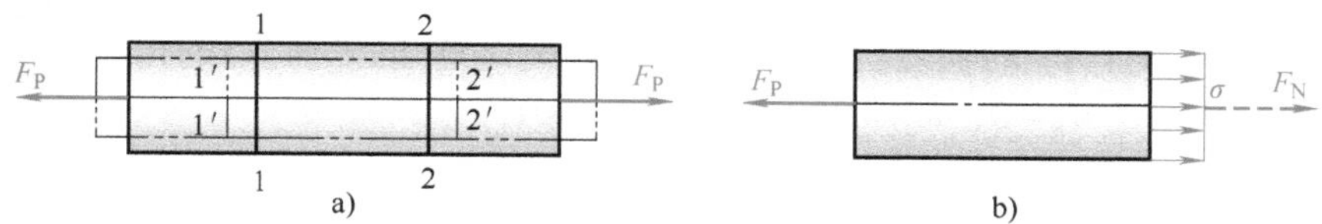

图 6-11　轴向拉、压试验

由表及里，横线 1—1 与 2—2 实质上是代表了其所在的横截面。根据上述现象可以判断，纵线与横线的直角关系没变，说明横截面上剪应变为零，则横截面上无剪应力。杆件承受轴向拉伸或压缩时，杆件任意两横截面间的各对应点的距离被拉长并且距离均相同，那么横截面上各点的应变只有线应变并且大小相同，由胡克定律可知横截面上各点的应力仅有正应力 σ 并沿横截面均匀分布（图 6-11b）。设杆件横截面面积为 A，轴力为 F_N，于是有

$$\sigma=\frac{F_N}{A} \tag{6-19}$$

正应力的正负号与轴力的正负号规定相同，即拉应力为正，压应力为负。

二、轴向拉（压）杆的强度条件

为了保证轴向拉（压）杆的正常工作，必须使杆内的最大工作应力 σ_{max} 不超过材料的许用应力［σ］。对于等截面直杆，有

$$\sigma_{max}=F_{Nmax}/A\leqslant[\sigma] \tag{6-20}$$

式（6-20）称为轴向拉（压）杆的强度条件。

三、轴向拉（压）杆的强度计算

应用强度条件可以进行以下强度计算：

1. 强度校核

当已知轴向拉（压）杆的截面尺寸、许用应力和所受外力时，通过比较工作应力与许用应力的大小，以判断该杆在所受外力作用下能否安全工作。

2. 截面设计

如果已知轴向拉（压）杆所受外力和许用应力，根据强度条件可以确定该杆所需横截面面积。例如，对于等截面拉（压）杆，其所需横截面面积为

$$A\geqslant F_{Nmax}/[\sigma] \tag{6-21}$$

3. 确定许用荷载

如果已知轴向拉（压）杆截面尺寸和许用应力，根据强度条件可以确定该杆所能承受的最大轴力，即许用轴力，其值为

$$[F_N]=A[\sigma] \tag{6-22}$$

然后根据受力情况，再确定许用荷载［F_P］。

例 6-5

例 6-5　图 6-12a 为一简易起重机简图，斜杆 AC 为直径 $d=20\text{mm}$ 的圆形钢杆，材料为 Q235 钢，其许用应力 $[\sigma]=160\text{MPa}$，荷载 $F_P=20\text{kN}$。试校核斜杆 AC 的强度。

解　(1) 计算斜杆 AC 的轴力。由横梁 BC（图 6-12b）的平衡方程有

$$\sum M_B=0,\ F_N\sin30°\times3.2-F_P\times4=0$$

得

$$F_N=\frac{F_P\times4}{3.2\times\sin30°}=\frac{20\text{kN}\times4\text{m}}{3.2\text{m}\times0.5}=50\text{kN}$$

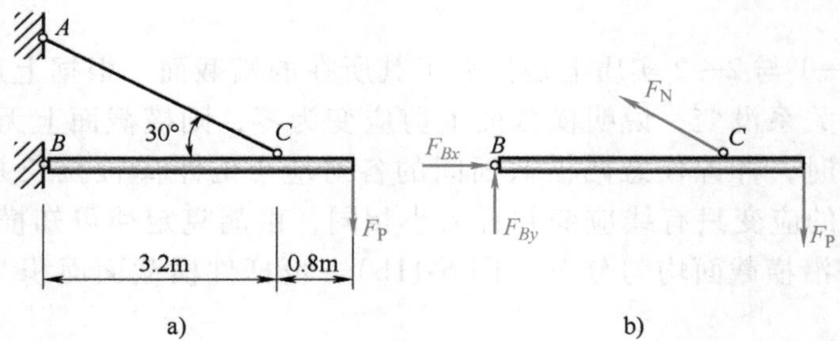

图 6-12　例 6-5 图

(2) 强度校核。斜杆 AC 横截面上的应力为

$$\sigma=\frac{F_N}{\frac{1}{4}\pi d^2}=\frac{50\times10^3\text{N}}{\frac{1}{4}\pi\times20^2\text{mm}^2}=159.2\text{MPa}<[\sigma]$$

所以斜杆 AC 满足强度要求。

例 6-6

例 6-6　某屋架下弦杆由两根等肢角钢制成（图 6-13），已知下弦杆承受的沿轴线的拉力为 $F_P=80\text{kN}$，许用应力 $[\sigma]=140\text{MPa}$，试选择角钢的型号。

解　根据强度条件确定所需的角钢截面面积，有

$$A\geqslant F_N/[\sigma]=\frac{80000\text{N}}{140\text{MPa}}=571.4\text{mm}^2$$

查型钢表，选两根 40mm×40mm×4mm 的角钢，实际面积为

$$A=2\times3.086\text{cm}^2=6.17\text{cm}^2=617\text{mm}^2$$

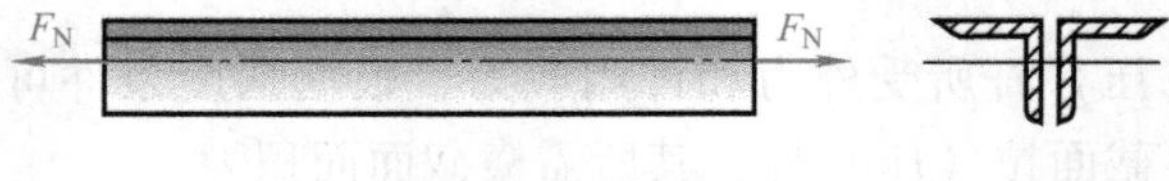

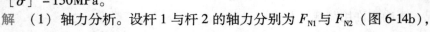

图 6-13　例 6-6 图

例 6-7

例 6-7　图 6-14a 所示桁架由杆 1 与杆 2 组成，在结点 C 承受集中荷载 F_P 作用。试计算荷载 F 的最大允许值，即许用荷载 $[F_P]$。已知杆 1 与杆 2 的横截面面积均为 $A=100\text{mm}^2$，许用拉应力为 $[\sigma]^+=200\text{MPa}$，许用压应力为 $[\sigma]^-=150\text{MPa}$。

解　(1) 轴力分析。设杆 1 与杆 2 的轴力分别为 F_{N1} 与 F_{N2}（图 6-14b），

则根据节点 B 的平衡方程

$$\sum F_x=0,\ F_{N2}-F_{N1}\cos45°=0$$
$$\sum F_y=0,\ F_{N1}\sin45°-F_P=0$$

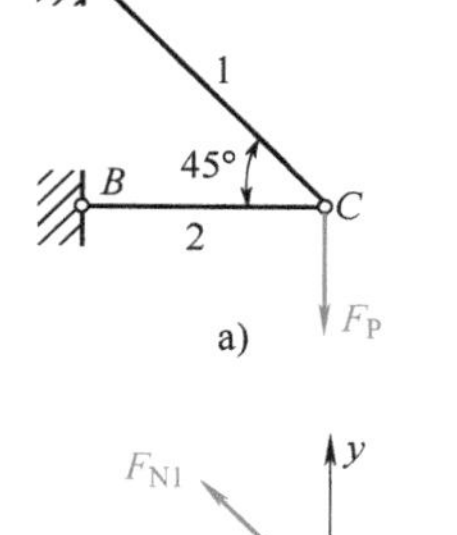

图 6-14　例 6-7 图

得

$$F_{N1}=\sqrt{2}F_P\quad（拉伸）$$
$$F_{N2}=F_P\quad（压缩）$$

（2）确定 F_P 的许用值。杆 1 的强度条件为

$$\frac{F_{N1}}{A}=\frac{\sqrt{2}F_P}{A}\leqslant[\sigma]^+$$

由此得

$$F_P\leqslant\frac{A[\sigma]^+}{\sqrt{2}}=\frac{100\text{mm}^2\times200\text{MPa}}{\sqrt{2}}=1.414\times10^4\text{N}$$

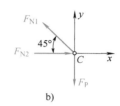

杆 2 的强度条件为

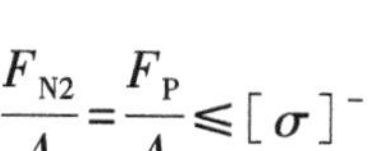

$$\frac{F_{N2}}{A}=\frac{F_P}{A}\leqslant[\sigma]^-$$

由此得

$$F_P\leqslant A[\sigma]^-=100\text{mm}^2\times150\text{MPa}=1.50\times10^4\text{N}$$

可见，桁架所能承受的最大荷载即许用荷载为

$$[F_P]=14.14\text{kN}$$

四、应力集中

由于构造与使用等方面的需要，构件上有切口、油孔、螺纹、带有过渡圆角的轴肩等，在这些部位处截面尺寸发生了突变，在外力作用下，这些部位处应力出现急剧增大的现象称为应力集中。例如，图 6-15a 所示含圆孔的受拉薄板，圆孔处截面 $A—A$ 上的应力分布如图 6-15b所示。应力集中会对构件强度产生不利影响，并与构件截面变化的程度有关，在工程中应尽量使杆件的外形变化平缓，以减小应力集中效应。

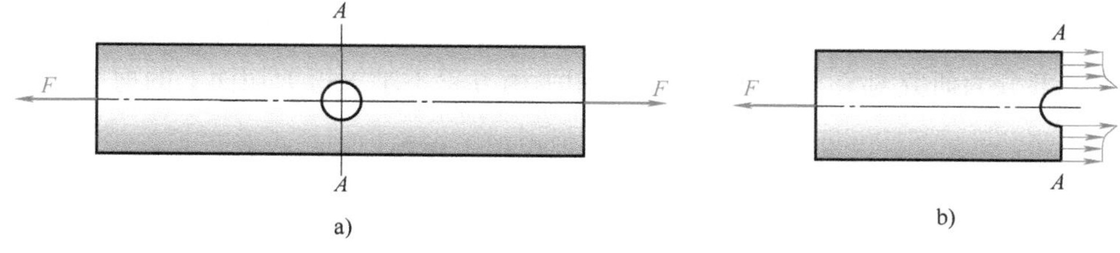

图 6-15　应力集中

脆性材料与塑性材料对应力集中的敏感程度是不一样的，由于脆性材料在整个破坏过程中变形始终很小，所以当脆性材料开孔处的 σ_{max} 达到 σ_b（材料的强度应力点）时，虽然周围的应力还比较小，可杆件仍会在小孔边缘处出现裂缝而发生破坏。但对于塑性材料而言，由于它在整个破坏过程中将产生较大的变形，当孔周边处的应力达到 σ_s（材料的屈服应力点）时，应力将不再增大，而是向相邻材料传递荷载，依次使相邻材料的应力达到 σ_s，最

终使整个截面上的应力达到 σ_s，这就是塑性材料的应力重分布特性。它避免了杆件的突然破坏，使材料的承载能力充分发挥，也减小了应力集中的危害性。

第四节　连接件的实用计算

工程中的零件、构件之间，往往采用铆钉、螺栓、销钉以及键等部件相互连接（图 6-16）。起连接作用的部件称为连接件，连接件在工作中主要承受剪切和挤压作用。由于连接件大多为短粗杆，应力和变形规律比较复杂，因此理论分析十分困难，通常采用假定实用计算法。

连接件的实用计算概述

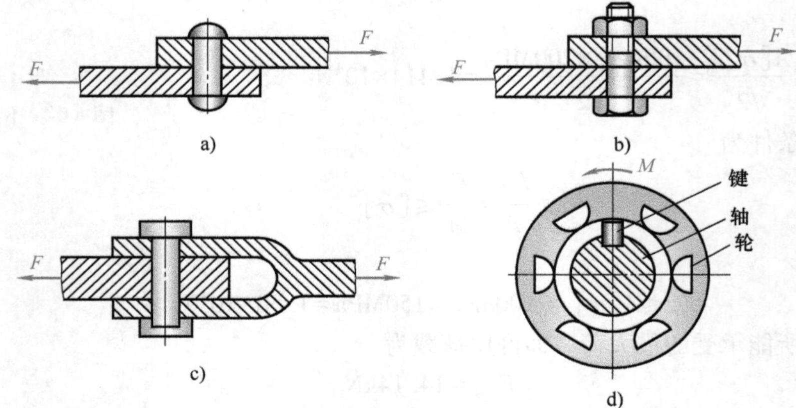

图 6-16　工程常见的零件、构件之间的连接方式

a）铆钉连接　b）螺栓连接　c）销钉连接　d）键连接

剪切

一、剪切的实用计算

现以铆钉为例（图 6-17a），介绍剪切的概念及其实用计算。当上、下两块钢板以大小相等、方向相反、作用线相距很近且垂直于铆钉轴线的两个力 F 作用于铆钉上时，铆钉将沿 $m—m$ 截面发生相对错动，即剪切变形（图 6-17b）。如 F 过大，铆钉会被剪断，$m—m$ 截面称为剪切面。应用截面法，假设铆钉沿 $m—m$ 截面切开，并取其中一部分为研究对象（图 6-17c），利用平衡方程不难求得剪切面上的剪力 $F_Q=F$。

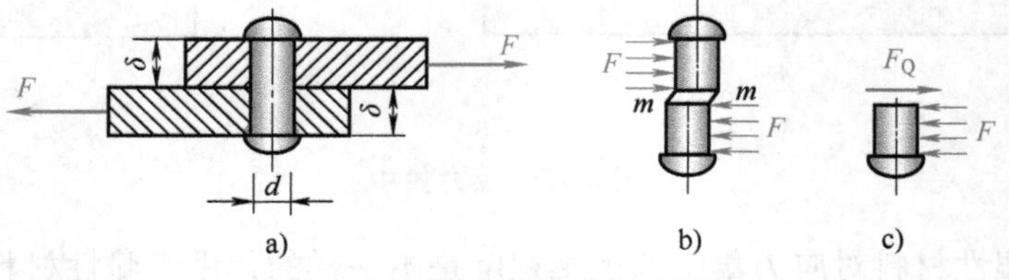

图 6-17　铆钉的受力示意图

假定剪应力在剪切面上均匀分布，有

$$\tau=\frac{F_Q}{A} \tag{6-23}$$

式（6-23）中的 A 为剪切面面积，F_Q 为该剪切面上的剪力。

剪切强度条件为

$$\tau=\frac{F_Q}{A}\leqslant[\tau] \tag{6-24}$$

式（6-24）中的［τ］为连接件的许用剪应力，由剪切破坏试验确定。

挤压

二、挤压的实用计算

图 6-18 所示的铆钉在受剪切的同时，在钢板和铆钉的相互接触面上，还会出现局部受压的现象，称为挤压。这种挤压作用有可能使接触处局部区域内的材料发生较大的塑性变形。连接件与被连接件的相互接触面，称为挤压面（图 6-18a）。挤压面上传递的压力称为挤压力，用 F_{bs}表示。挤压面上的应力比较复杂（图 6-18b），不利于计算。实用计算时，假定由挤压引起的在挤压面的计算面积 A_{bs}上均匀分布的应力称为挤压应力，用 σ_{bs}表示，有

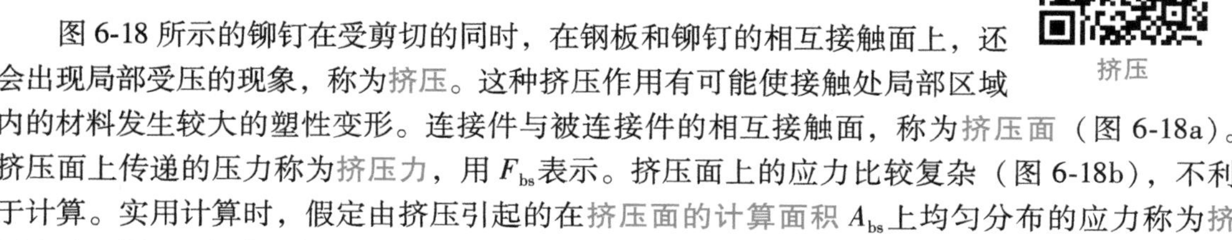

$$\sigma_{bs}=\frac{F_{bs}}{A_{bs}} \tag{6-25}$$

挤压强度条件为

$$\sigma_{bs}=\frac{F_{bs}}{A_{bs}}\leqslant[\sigma_{bs}] \tag{6-26}$$

式（6-26）中的［σ_{bs}］为材料的挤压许用应力，由试验测定。

式（6-25）、式（6-26）中的挤压面计算面积 A_{bs}规定如下：当挤压面为平面时（如键连接），A_{bs}即为该平面的面积；当挤压面为半圆柱面时（如铆钉、螺栓连接），A_{bs}为挤压面在其直径平面上投影的面积。这时由其计算所得的挤压应力值，与理论分析所得的最大挤压应力值相近（图 6-18b）。

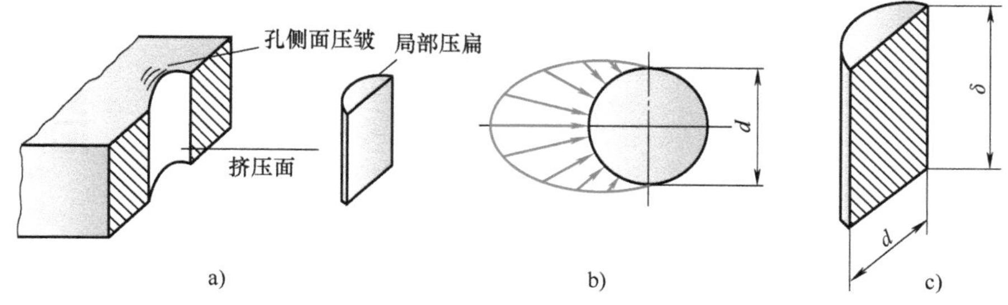

图 6-18　铆钉的局部受压现象

例 6-8

例 6-8　图 6-19a、b 中的钢板和铆钉的材料相同，已知荷载 $F=52\text{kN}$，板宽 $b=60\text{mm}$，板厚 $\delta=10\text{mm}$，铆钉直径 $d=16\text{mm}$，许用剪应力［τ］$=140\text{MPa}$，许用挤压应力［σ_{bs}］$=320\text{MPa}$，许用拉应力［σ］$=160\text{MPa}$，试校核接头的强度。

解　（1）校核铆钉强度。连接部位的各铆钉剪切变形相同，承受的剪力也相同，因而拉力平均分配在每个铆钉上，每个铆钉受到的作用力为 $F/2$，有

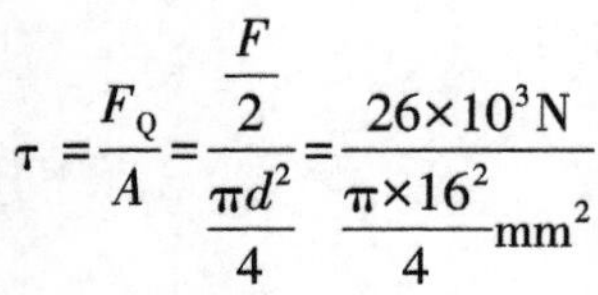

$$\tau=\frac{F_Q}{A}=\frac{\frac{F}{2}}{\frac{\pi d^2}{4}}=\frac{26\times10^3\text{N}}{\frac{\pi\times16^2}{4}\text{mm}^2}$$

$$=129.4\text{MPa}<[\tau]$$

铆钉连接满足剪切强度要求。

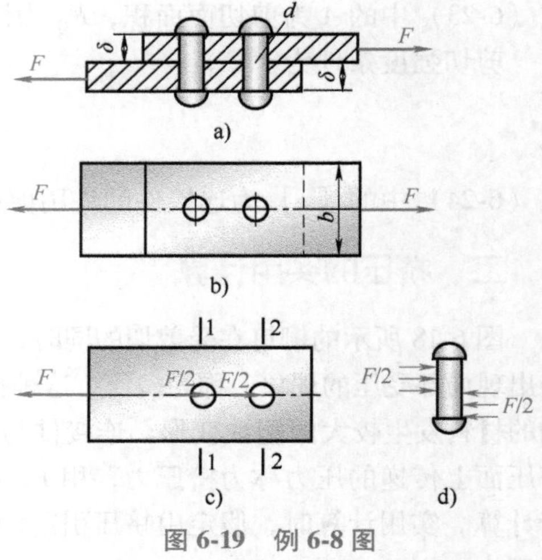

图 6-19　例 6-8 图

（2）校核挤压强度。每个铆钉受到的挤压力为

$$F_{bs}=F/2=26\text{kN}$$

计算挤压面积为

$$A_{bs}=d\delta=16\text{mm}\times10\text{mm}=160\text{mm}^2$$

有

$$\sigma_{bs}=\frac{F_{bs}}{A_{bs}}=\frac{26\times10^3\text{N}}{160\text{mm}^2}=162.5\text{MPa}<[\sigma_{bs}]$$

铆钉连接满足挤压强度要求。

（3）校核钢板的抗拉强度。钢板上有铆钉孔减小了钢板的截面面积，截面 1—1 的轴力 $F_{N1}=F$，截面 2—2 的轴力 $F_{N2}=F/2$，以上两截面的面积均相等，可知截面 1—1 是危险截面，因此需要对其进行拉、压强度校核，有

$$\sigma_1=\frac{F_{N1}}{A_1}=\frac{F}{(b-d)\delta}=\frac{52\times10^3\text{N}}{(60\text{mm}-16\text{mm})\times10\text{mm}}=118.2\text{MPa}<[\sigma]$$

钢板的拉、压强度满足要求，整个连接均满足强度要求。

例 6-9　拖车挂钩用销钉连接（图 6-20a），销钉材料的许用应力 $[\tau]=60\text{MPa}$，$[\sigma_{bs}]=100\text{MPa}$。挂钩与被连接的板件厚度分别为 $\delta_1=8\text{mm}$、$\delta_2=12\text{mm}$，拖车拉力 $F=15\text{kN}$。试确定销钉的直径 d。

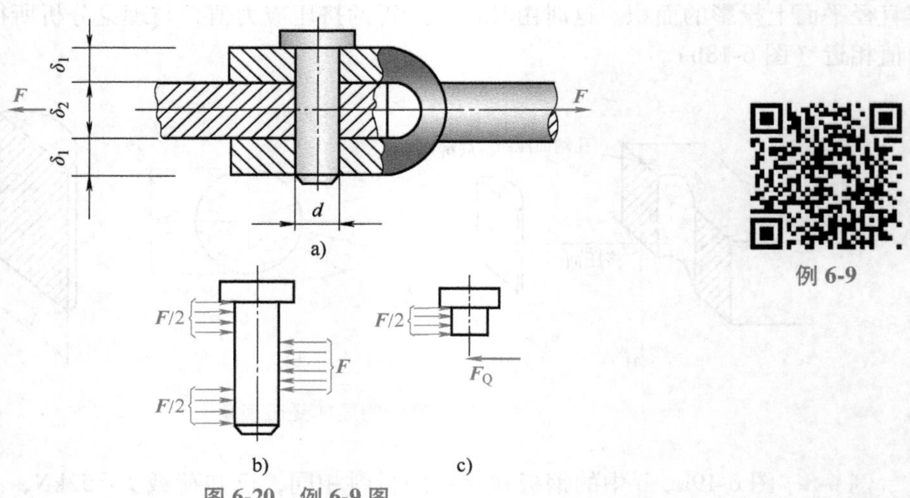

图 6-20　例 6-9 图

解　（1）由销钉的剪切强度条件确定销钉直径 d。根据销钉的受力情况（图 6-20b），销钉有 m—m 和 n—n 两个剪切面，这种情况称为双剪切。取销钉中段为研究对象（图 6-20c），由平衡方程 $\sum F_x=0$，得

$$F_Q=F/2$$

根据剪切强度条件

$$\tau=\frac{F_Q}{A}=\frac{\frac{F}{2}}{\frac{\pi d^2}{4}}\leqslant[\tau]$$

可得

$$d\geqslant\sqrt{\frac{2F}{\pi[\tau]}}=\sqrt{\frac{2\times15\times10^3}{\pi\times60}}\text{mm}=12.6\text{mm}$$

（2）由销钉的挤压强度条件确定销钉直径 d。由于销钉上段及下段的挤压力之和等于中段的挤压力，而中段的挤压面计算面积为 $\delta_2 d$，小于上段及下段挤压面计算面积之和 $2\delta_1 d$（图 6-20a），故应按中段进行挤压强度计算。

由挤压强度条件

$$\sigma_{bs}=\frac{F_{bs}}{A_{bs}}=\frac{F}{\delta_2 d}\leqslant[\sigma_{bs}]$$

可得

$$d\geqslant\frac{F}{\delta_2[\sigma_{bs}]}=\frac{15\times10^3\text{N}}{12\text{mm}\times100\text{MPa}}=12.5\text{mm}$$

最后，选取销钉直径为 $d=14\text{mm}$。

例 6-10 图 6-21 所示销钉受拉力 F 作用，已知材料的许用剪应力 $[\tau]$、许用挤压应力 $[\sigma_{bs}]$ 和许用拉应力 $[\sigma]$ 之间的关系分别为 $[\tau]=0.6[\sigma]$，$[\sigma_{bs}]=1.8[\sigma]$。试求销钉头部高度 h 以及直径 D 与销钉直径 d 的合理比例。

例 6-10

解 （1）由拉、压强度条件有

$$\sigma=\frac{F}{A}=\frac{4F}{\pi d^2}=[\sigma]$$

（2）由剪切强度条件有

$$\tau=\frac{F_Q}{A_\tau}=\frac{F}{hd\pi}=[\tau]=0.6[\sigma]$$

$$h:d=\frac{1}{4\times0.6}=0.417$$

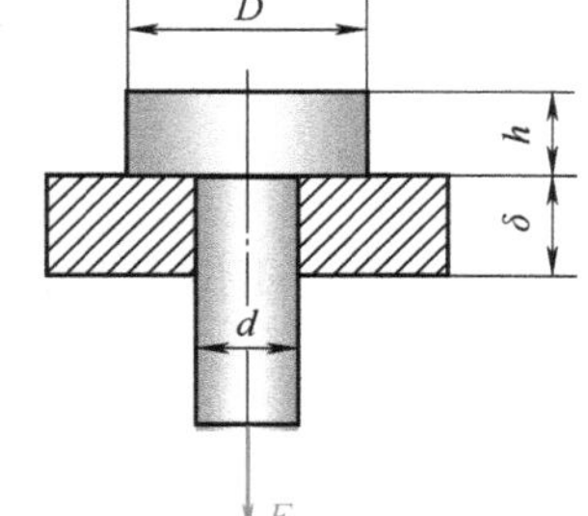

图 6-21 例 6-10 图

（3）由挤压强度条件有

$$\sigma_{bs}=\frac{F_{bs}}{A_{bs}}=\frac{4F}{\pi(D^2-d^2)}=[\sigma_{bs}]=1.8[\sigma]$$

$$\frac{D^2-d^2}{d^2}=\frac{1}{1.8}$$

$$D:d=\sqrt{\frac{1}{1.8}+1}=1.25$$

例 6-11 两块厚度 $t=10\text{mm}$、宽度 $b=50\text{mm}$ 的钢板对接，铆钉的数量和分布如图 6-22a 所示，上下盖板的厚度 $t_1=6\text{mm}$，$F=50\text{kN}$，铆钉和钢板的许用应力为 $[\sigma]=170\text{MPa}$，$[\tau]=100\text{MPa}$，$[\sigma_{bs}]=250\text{MPa}$。试设计铆钉直径。

例 6-11

解 （1）根据铆钉的剪切强度条件设计铆钉直径。各铆钉剪切面上的剪力 $F_Q=F/6$，剪切面积 $A=\pi d^2/4$，由剪切强度条件

$$\tau=\frac{F_Q}{A}=\frac{F/6}{\pi d^2/4}\leqslant[\tau]$$

得 $$d_1\geqslant\sqrt{\frac{2F}{3\pi[\tau]}}=\sqrt{\frac{2\times50\times10^3}{3\times3.14\times100}}\text{mm}=10.3\text{mm}$$

（2）根据铆钉的挤压强度条件设计铆钉直径。计算挤压面积 $A_{bs}=td$，挤压力 $F_{bs}=F/3$，有

$$\sigma_{bs}=\frac{F_{bs}}{A_{bs}}=\frac{F/3}{td}\leqslant[\sigma_{bs}]$$

得 $$d_2\geqslant\frac{F}{3t[\sigma_{bs}]}=\frac{50\times10^3\text{N}}{3\times10\text{mm}\times250\text{MPa}}=6.7\text{mm}$$

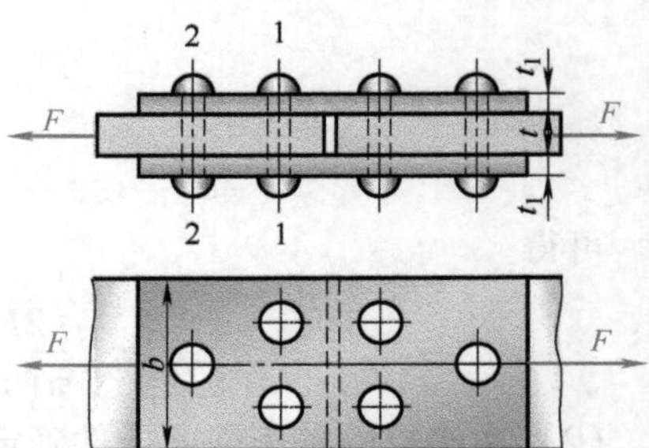

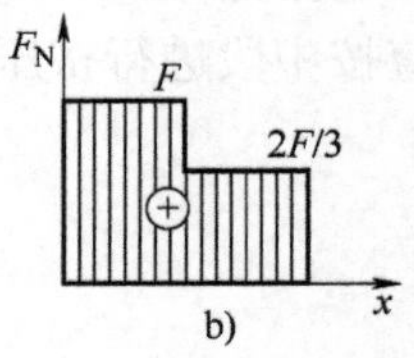

图 6-22 例 6-11 图

（3）根据钢板的抗拉强度条件设计铆钉直径。中部钢板的受力情况及轴力图如图 6-22b 所示，横截面 1—1 位置中部钢板的轴力 $F_N=2F/3$，横截面面积 $A=bt-2td$，有

$$\sigma=\frac{F_N}{A}=\frac{2F/3}{bt-2td}\leqslant[\sigma]$$

得 $$d_3\leqslant\frac{b}{2}-\frac{F}{3t[\sigma]}=\frac{50}{2}\text{mm}-\frac{50\times10^3\text{N}}{3\times10\text{mm}\times170\text{MPa}}=15.2\text{mm}$$

横截面 2—2 位置中部钢板的轴力 $F_N=F$，横截面面积 $A=bt-td$，根据拉伸强度条件

$$\sigma=\frac{F_N}{A}=\frac{F}{bt-td}\leqslant[\sigma]$$

得 $$d_4\leqslant b-\frac{F}{t[\sigma]}=50\text{mm}-\frac{50\times10^3\text{N}}{10\text{mm}\times170\text{MPa}}=20.6\text{mm}$$

横截面 1—1 位置上下盖板的轴力 $F_N=F/2$，横截面面积 $A=bt_1\text{-}2t_1d$。

$$\sigma=\frac{F_N}{A}=\frac{F/2}{bt_1-2t_1d}\leqslant[\sigma]$$

得 $$d_5\leqslant\frac{b}{2}-\frac{F}{4t_1[\sigma]}=\frac{50\text{mm}}{2}-\frac{50\times10^3\text{N}}{4\times6\text{mm}\times170\text{MPa}}=12.7\text{mm}$$

综合以上各方面，取 $d=11$mm 合适。

*第五节 圆轴扭转时的应力与强度

一、圆轴扭转时的应力

圆轴扭转

为了分析圆截面轴的扭转应力，首先观察其变形。取一等截面圆轴，并在其表面等间距地画上纵线与圆周线（图 6-23a），然后在轴两端施加一

对大小相等、转向相反的力偶，使圆轴发生扭转变形（图 6-23b）。变形后各圆周线的形状不变，仅绕轴线作相对旋转；当变形很小时，各圆周线的大小与间距均不改变。

根据上述现象，对轴内变形作如下假设：变形后，横截面仍保持平面，其形状、大小与横截面间的距离均不变，而且半径仍为直线。总之，圆轴扭转时，各横截面刚性地绕轴线作相对旋转，这一假设称为圆轴扭转的平面假设，已得到理论与试验的证实。

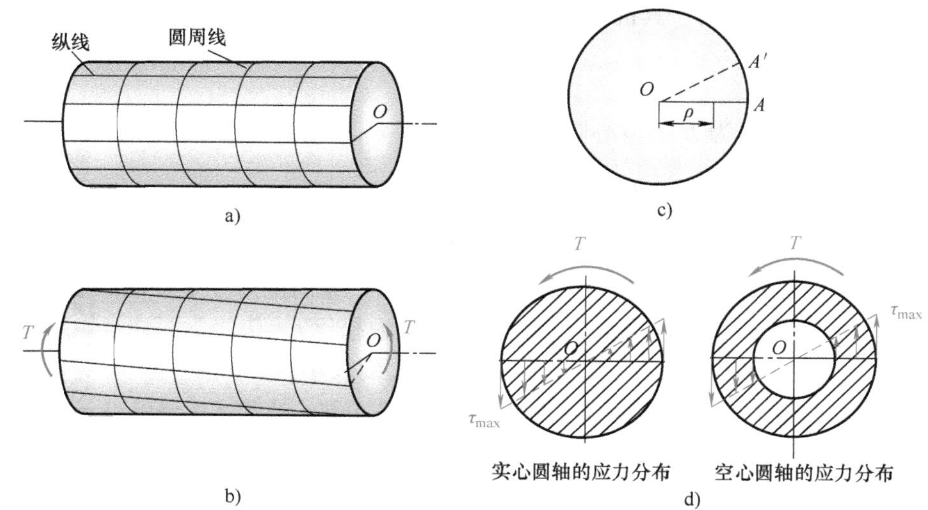

图 6-23　圆轴扭转试验

圆轴最外层的柱面小方格的剪切变形最大，里面各层柱面小方格的剪切变形逐渐减小，到轴心处剪切变形为零。又由于横截面上的半径仍为直线（图 6-23c），可以证明小方格的剪切变形大小与这一层到轴心的距离成正比。而各层表面小方格的剪切变形是由对应横截面上各点的剪应力引起的，根据胡克定律中应变和应力的对应关系可以推论：在横截面上各点的剪应力与该点到圆心的距离 ρ 成正比，即 $\tau=K_1\rho$，方向与半径垂直（图 6-23d）。绕圆心的转向和该横截面上的扭矩一致（扭矩是各点剪应力合成的结果），横截面上的扭矩 T 是由各微面积 $\Delta A(\Delta A\to 0)$ 上内力 $\tau\Delta A$ 对截面圆心力矩 $\tau\Delta A\rho$ 合成的结果，即

$$T=\sum\rho\tau\Delta A=\sum K_1\rho^2\Delta A=K_1\sum\rho^2\Delta A=K_1 I_P$$

将 $K_1=\tau/\rho$ 代入上式，得到圆轴扭转时的应力公式

$$\tau=\frac{T\rho}{I_P} \tag{6-27}$$

式中　τ——横截面上某点的剪应力；

T——横截面上的扭矩；

ρ——剪应力作用点到圆心的距离；

I_P——横截面对圆心的极惯性矩（表 6-1）。

剪应力的最大值发生在横截面的圆周线上，其值为

$$\tau_{max}=\frac{TR}{I_P} \tag{6-28}$$

式（6-28）中的比值 I_P/R 是一个仅与截面几何量有关的量，称为抗扭截面系数，用 W_P 表示，即

$$W_P = \frac{I_P}{R} \tag{6-29}$$

于是，式（6-28）可写成

$$\tau_{max} = \frac{T}{W_P} \tag{6-30}$$

对于直径为 D 的圆截面，其抗扭截面系数为

$$W_P = \frac{\pi D^3}{16} \tag{6-31}$$

对于内径为 d、外径为 D 的空心圆截面，其抗扭截面系数为

$$W_P = \frac{\pi(D^4-d^4)}{16D} = \frac{\pi D^3}{16}(1-\alpha^4) \tag{6-32}$$

式（6-32）中的 $\alpha=d/D$。

*例 6-12　图 6-24a 所示受扭圆杆表面与轴线呈 45°方向的应变 $\varepsilon=4\times10^{-4}$，圆杆直径 $d=20\text{mm}$，弹性模量 $E=2\times10^5\text{MPa}$，泊松比 $\mu=0.25$。试求最大剪应力 τ_{max} 和最大切应变 γ_{max}，以及轴的扭矩 M_e 的大小。

例 6-12

解　在圆轴扭转时，横截面上只有剪应力，由图 6-24a 可知 $T=-M_e$，因此横截面上也是负值，则表面单元体的应力状态如图 6-24b 所示，是纯剪切状态。在 45°斜面上剪应力为零，为主平面。根据主应力计算公式可知主应力 $\sigma_1=\tau_{max}$；135°斜截面为另一主平面，其上有主应力 $\sigma_3=-\tau_{max}$。由广义胡克定律 $\varepsilon_{45°}=\varepsilon=\frac{1}{E}(\sigma_1-\mu\sigma_3)$ 有

$$\varepsilon=\frac{\tau_{max}}{E}(1+\mu)$$

则 $\tau_{max}=\frac{\varepsilon E}{(1+\mu)}=\frac{4\times10^{-4}\times2\times10^5}{(1+0.25)}\text{MPa}=64\text{MPa}$

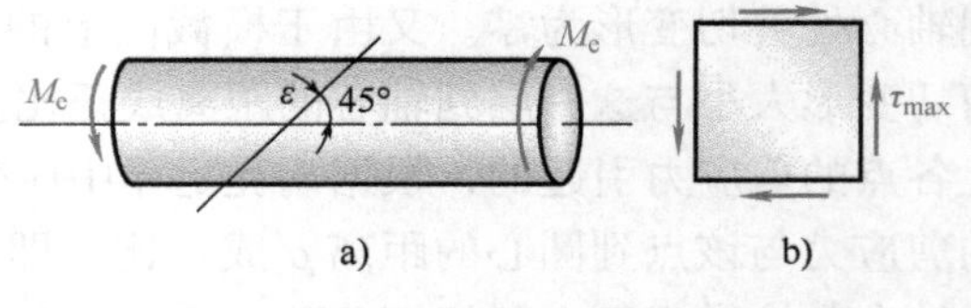

图 6-24　例 6-12图

由 $G=\frac{E}{2(1+\mu)}$ 和剪切胡克定律 $\tau=\gamma G$ 有

$$\gamma_{max}=\tau_{max}/G=\frac{\varepsilon E}{(1+\mu)G}=2\varepsilon=8\times10^{-4}\text{rad}$$

由

$$\tau_{max}=\frac{T}{W_P}=\frac{16T}{d^3\pi}$$

有

$$|M_e|=T=\frac{d^3\pi\tau_{max}}{16}=\frac{20^3\times\pi\times64}{16}\text{N}\cdot\text{mm}=100.53\times10^3\text{N}\cdot\text{mm}=0.1\text{kN}\cdot\text{m}$$

二、圆轴的强度计算

为保证圆轴能安全工作，要求最大剪应力 τ_{max} 不超过许用剪应力［τ］，即强度条件为

$$\tau_{max}=\frac{T}{W_P}\leqslant[\tau] \tag{6-33}$$

利用强度条件，可以进行强度校核、截面设计和确定许用荷载等强度计算。对于圆轴扭

转的截面设计，一般是求其外径，可由式（6-32）和式（6-33）得出，即

$$D \geqslant \sqrt[3]{\frac{16T}{\pi(1-\alpha^4)[\tau]}} \tag{6-34}$$

式（6-34）中的 $\alpha=d/D$，为圆轴内、外径的比值，实心圆轴的 $\alpha=0$。

例 6-13　某传动轴，轴内的最大扭矩 $T=1.5\text{kN}\cdot\text{m}$，若许用剪应力 $[\tau]=50\text{MPa}$，试按下列两种方案确定轴的直径，并比较其重量。

例 6-13

（1）实心圆截面轴。

（2）空心圆截面轴，其内、外径的比值 $\alpha=d_2/D_2=0.9$。

解　（1）确定实心圆截面轴的直径，根据式（6-34）得

$$D_1 \geqslant \sqrt[3]{\frac{16T}{\pi[\tau]}}=\sqrt[3]{\frac{16\times(1.5\times10^3)}{\pi(50\times10^6)}}\text{m}=0.0535\text{m}$$

取

$$D_1=54\text{mm}$$

（2）确定空心圆截面轴的内、外径，根据式（6-34）得

$$D_2 \geqslant \sqrt[3]{\frac{16T}{\pi(1-\alpha^4)[\tau]}}=\sqrt[3]{\frac{16\times(1.5\times10^3)}{\pi(1-0.9^4)\times(50\times10^6)}}\text{m}=0.0763\text{m}$$

而其内径则相应为

$$d_2=0.9D_2=0.9\times0.0763\text{m}=0.0687\text{m}$$

取

$$D_2=76\text{mm};\ d_2=68\text{mm}$$

（3）重量比较。上述空心与实心圆轴的长度与材料均相同，所以二者的重量比 β 等于其横截面面积之比，即

$$\beta=\frac{\pi(D_2^2-d_2^2)}{4}\times\frac{4}{\pi D_1^2}=\frac{(0.076)^2-(0.068)^2}{(0.054)^2}=0.395$$

上述数据充分说明，在承受相同荷载下，空心圆轴远比实心圆轴轻，从而可以节约材料。

三、矩形截面杆在自由扭转时的应力

矩形截面扭转

在推导圆截面杆扭转时的应力分布时，是根据试验现象作了平面假设才得到的。但是在研究矩形截面杆的扭转时，通过类似的试验观察到，所有的横截面在扭转后不再保持为平面了。例如，图 6-25a 所示的矩形截面杆，变形前在其表面刻上一系列纵向直线和横向直线，扭转变形后可看到，所有的横向直线都变为曲线（图 6-25b），这说明原来为平面的横截面，变形后成为了曲面，即截面上的各点在发生横向位移的同时还发生了纵向位移，而纵向位移可能引起正应力。这种现象称为翘曲，凡是非圆形截面杆在扭转时都会发生翘曲。

非圆截面杆的扭转可分为自由扭转（或纯扭转）和约束扭转。若杆件各横截面的翘曲都相同，即杆的纵向线段虽有纵向位移但其长度无变化，因而横截面上无正应力而只有剪应力，这种情况称为自由扭转，否则称为约束扭转；等直杆两端无约束并受一对平衡力偶矩作用的情况就属于自由扭转。

由于矩形截面杆在扭转时横截面发生翘曲而变为曲面，对这曲面要作简单的假设是困难

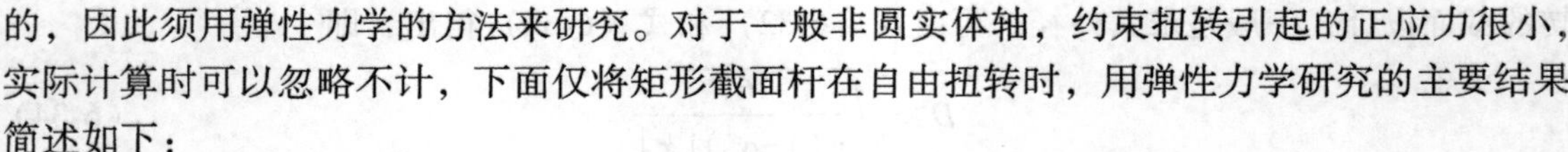

的，因此须用弹性力学的方法来研究。对于一般非圆实体轴，约束扭转引起的正应力很小，实际计算时可以忽略不计，下面仅将矩形截面杆在自由扭转时，用弹性力学研究的主要结果简述如下：

1）矩形截面杆在自由扭转时，横截面上只有剪应力而无正应力。

2）周边上各点的剪应力的方向与周边平行。在对称轴上各点的剪应力垂直于对称轴，在其他各点上剪应力的方向是程度不同的斜方向，如图 6-26 所示。

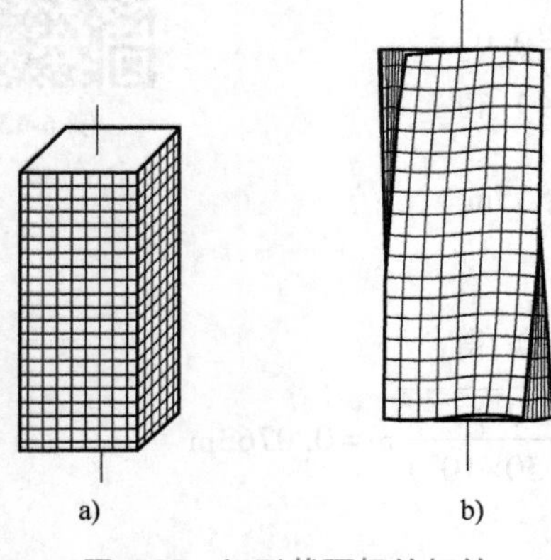

图 6-25　矩形截面杆的扭转

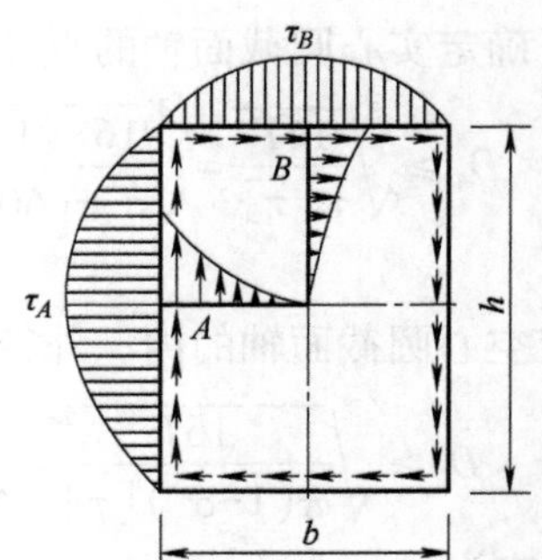

图 6-26　矩形截面自由扭转应力分布

3）在截面的中心和四个角点处，剪应力等于零。

4）最大剪应力 $\tau_{\max}$ 发生在截面长边的中点。此外，短边中点的剪应力亦较大，它们分别为

$$\tau_A=\tau_{\max}=\frac{T}{W_t}=\frac{T}{\beta b^3} \tag{6-35}$$

$$\tau_B=\gamma\tau_{\max} \tag{6-36}$$

式（6-35）、式（3-36）中的 β 和 γ 是与截面的长边 h 对短边 b 的比值（h/b）有关的系数，列入表 6-2 中。

表 6-2　矩形截面扭转的有关系数 α、β 与 γ

h/b	1.0	1.2	1.5	1.75	2.0	2.5	3.0	4.0	6.0	8.0	10.0	∞
α	0.208	0.219	0.231	0.239	0.246	0.258	0.267	0.282	0.299	0.307	0.313	0.333
β	0.141	0.166	0.196	0.214	0.229	0.249	0.263	0.281	0.299	0.307	0.313	0.333
γ	1.000	0.930	0.859	0.820	0.795	0.766	0.753	0.745	0.743	0.742	0.742	0.742

当 $h/b>10$ 时，有

$$I_t\approx\frac{1}{3}hb^3 \tag{6-37}$$

$$W_t\approx\frac{1}{3}hb^2 \tag{6-38}$$

5）对于工程中常遇到的一些开口薄壁截面（图 6-27）杆，在自由扭转时，最大剪应力

τ_{max}的计算公式如下

$$\tau_{max}=\frac{T}{I_t}b_{max} \tag{6-39}$$

式中，

$$I_t=\frac{1}{3}(h_1b_1^3+h_2b_2^3+\cdots+h_nb_n^3)=\frac{1}{3}\sum_{i=1}^{n}h_ib_i^3 \tag{6-40}$$

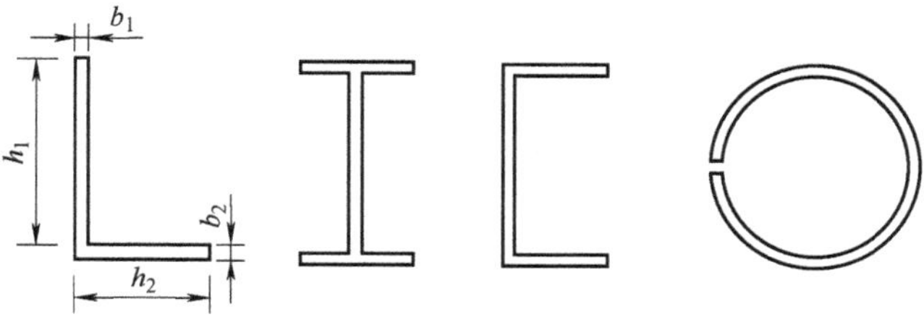

图 6-27　开口薄壁截面

式（6-39）、式（6-40）中的 h_i 和 b_i 分别为组成截面的每个矩形部分的长边和短边的长度；b_{max}为各短边中的最大者。开口薄壁截面杆的抗扭性能很差，截面易产生明显翘曲。因此，对于受扭构件，尽量不要采用开口薄壁截面杆。

例 6-14　有一 T 形截面的钢杆如图 6-28 所示，两端自由，受一对平衡的外力偶矩 M_e 作用。已知：杆长 $l=2$m，$M_e=100$N · m，$G=80$GPa。求：τ_{max}。

例 6-14

解　先求 I_t 值，有

$$I_t=\frac{1}{3}\sum_{i=1}^{n}h_ib_i^3$$

对此例，截面可看成由两块钢板组合而成，$n=2$，h_i 分别为 120mm 和 100mm，b_i 分别为 12mm 和 10mm，代入上式得

$$I_t=\frac{1}{3}\times(120\times12^3+100\times10^3)\times10^{-12}\text{mm}^4=10.25\times10^{-8}\text{m}^4$$

$$b_{max}=12\text{mm}$$

$$\tau_{max}=\frac{T}{I_t}b_{max}=\frac{100\text{N}\cdot\text{m}}{10.25\times10^{-8}\text{m}^4}\times12\times10^{-3}\text{m}=11.71\text{MPa}$$

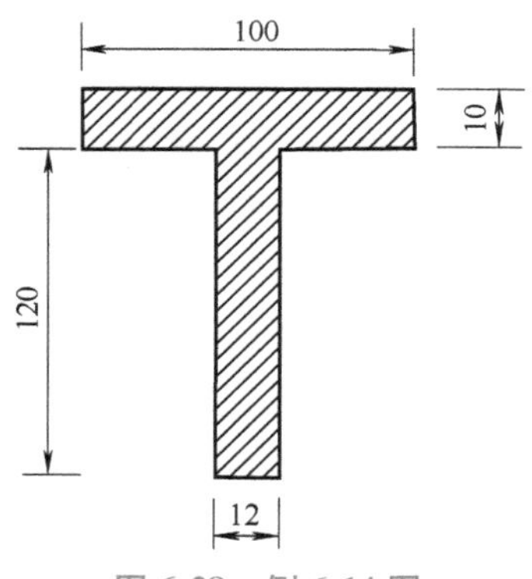

图 6-28　例 6-14 图

第六节　梁弯曲时的应力和强度

一、梁纯弯曲时的应力

梁纯弯曲时的正应力

取一根矩形截面梁，在其表面画上纵线和横线（图 6-29a），并在梁两端纵向对称面内施加一对大小相等、转向相反的力偶，使梁处于纯弯曲（梁横截面上只有弯矩而无剪力）状态，如图 6-29b 所示。从试验中观察到：

1）梁表面的横线仍为直线，仍与纵线垂直，只是横线间作相对转动。

2）纵线变为曲线，而且靠近梁顶面的纵线缩短，靠近梁底面的纵线伸长。

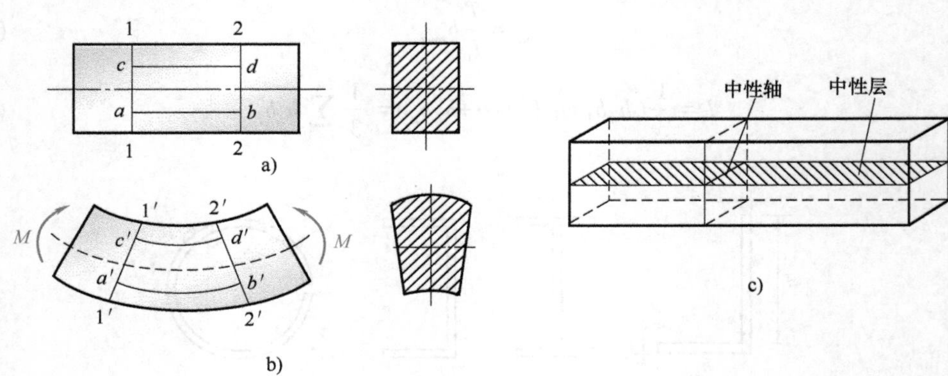

图 6-29 矩形截面梁的纯弯曲试验

根据上述现象可以假设，梁变形后，横截面仍保持平面，且仍垂直于纵线。说明横截面上各点均无剪应变，因此纯弯曲时梁的横截面上不存在剪应力；梁的一侧拉长，另一侧压短，其间必存在一长度不变的过渡层，称为中性层（图 6-29c）。中性层与横截面的交线，称为中性轴。横截面上各点的正应变的大小与该点到中性轴的距离成正比。由胡克定律可知：横截面上各点的正应力 σ 与该点到中性轴的距离 y 成正比，即沿截面高度呈线性分布（图 6-30），$\sigma=Ky$，中性层上各点的正应力为零，在距中性轴等距离的各点处正应力相同。此时，横截面上的轴力 $F_N=0$，而轴力 F_N 是横截面上各微面积 $\Delta A(\Delta A\to 0)$ 与其上正应力 σ 乘积合成的结果，即

$$F_N=\sum\sigma\Delta A=\sum Ky\Delta A=K\sum y\Delta A=KS_z=0$$

$S_z=0$ 说明中性轴必通过截面形心（图 6-30），中性轴 z 轴为形心轴。

横截面上的弯矩 M 是由各微面积 $\Delta A(\Delta A\to 0)$ 上内力 $\sigma\Delta A$ 对中性轴力矩 $\sigma\Delta Ay$ 合成的结果，即

$$M=\sum y\sigma\Delta A=\sum Ky^2\Delta A=K\sum y^2\Delta A=KI_z$$

因 $$K=\frac{\sigma}{y}$$

得 $$\sigma=\frac{My}{I_z} \tag{6-41}$$

式中 σ——横截面上某点的正应力；

M——横截面上的弯矩；

y——正应力作用点到中性轴的距离；

I_z——截面对中性轴的惯性矩（表 6-1）。

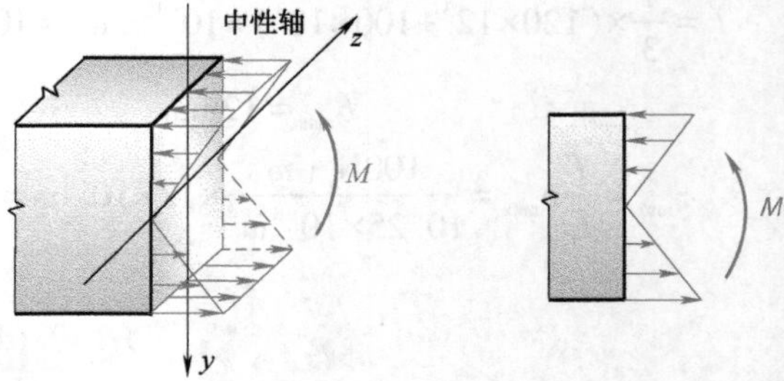

图 6-30 矩形梁弯曲时正应力分布图

即弯矩 M 是和应力成正比的。式（6-41）是在满足胡克定律的范围内，得出的梁在纯弯曲时其横截面上任一点处正应力的计算公式。

应该指出，以上结论虽然是在矩形截面梁、平面纯弯曲的情况下建立的，但对工程中大部分非矩形截面梁以及非平面纯弯曲的情况仍然适用。

正应力的最大值发生在横截面的边缘上，其值为

$$\sigma_{max}=\frac{My_{max}}{I_z} \tag{6-42}$$

式（6-42）中的比值 I_z/y_{max} 是一个仅与截面几何量有关的量，称为抗弯截面系数，并用 W_z 表示，即

$$W_z=\frac{I_z}{y_{max}} \tag{6-43}$$

于是，最大弯曲正应力为

$$\sigma_{max}=\frac{M}{W_z} \tag{6-44}$$

二、梁弯曲时正应力强度计算

对于等截面直梁，最大弯曲正应力发生在有最大弯矩的横截面上离中性轴最远的各点处，梁上有最大弯矩的横截面称为危险截面；危险截面上的最大应力点称为危险点。梁弯曲时正应力的强度条件为

$$\sigma_{max}=\frac{M_{max}}{W_z}\leqslant[\sigma] \tag{6-45}$$

对于拉伸强度极限与压缩强度极限不等的材料，则要求梁的最大拉应力 σ_{max}^{+} 不超过材料的拉伸许用应力 $[\sigma]^{+}$，最大压应力 σ_{max}^{-} 不超过材料的压缩许用应力 $[\sigma]^{-}$，即

$$\sigma_{max}^{+}\leqslant[\sigma]^{+};\ \sigma_{max}^{-}\leqslant[\sigma]^{-} \tag{6-46}$$

例 6-15

例 6-15　一矩形截面的简支木梁（图 6-31a），梁上作用均布荷载 $q=5\text{kN/m}$，跨长 $l=4\text{m}$，横截面尺寸 $b=160\text{mm}$，$h=250\text{mm}$，弯曲时木材的许用正应力 $[\sigma]=9\text{MPa}$，试校核梁的正应力强度。

解　（1）绘出梁的弯矩图（图 6-31b），最大弯矩为

$$M_{max}=\frac{ql^2}{8}=\frac{5\text{kN/m}\times4^2\text{m}^2}{8}=10\text{kN}\cdot\text{m}$$

（2）校核强度

$$\sigma_{max}=\frac{M_{max}}{W_z}=\frac{M_{max}}{\frac{h^2b}{6}}$$

$$=\frac{6\times10\times10^6\text{N}\cdot\text{mm}}{250^2\text{mm}^2\times160\text{mm}}=6\text{MPa}\leqslant[\sigma]$$

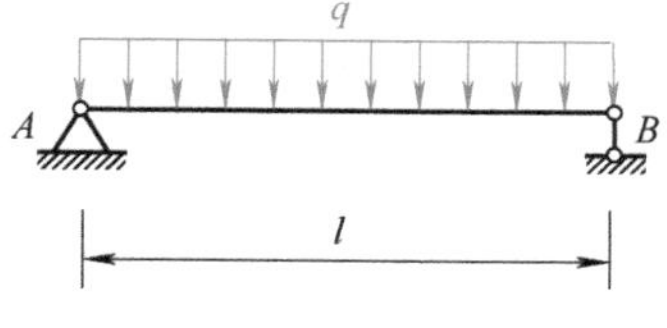

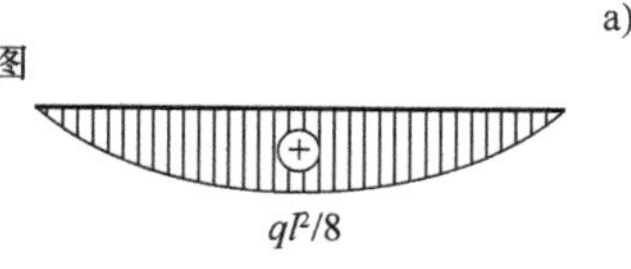

图 6-31　例 6-15 图

梁满足正应力强度要求。

例 6-16　试求例 6-15 中梁能承受的许用荷载 $[q]$。

例 6-16

解　根据强度条件，梁能承受的最大弯矩为

$$M_{max}=W_z[\sigma]$$

而

$$M_{max}=[q]l^2/8$$

则
$$[q]l^2/8=W_z[\sigma]$$
得
$$[q]=\frac{8W_z[\sigma]}{l^2}=\frac{8\times\frac{h^2b}{6}[\sigma]}{l^2}=\frac{8\times 0.25^2\mathrm{m}^2\times 0.16\mathrm{m}\times 9\times 10^6\mathrm{Pa}}{6\times 4^2\mathrm{m}^2}$$
$$=7500\mathrm{N/m}=7.5\mathrm{kN/m}$$
所以，梁能承受的许用荷载 $[q]$ 为 7.5kN/m。

例 6-17　一悬臂梁长 $l=4\mathrm{m}$，自由端受集中荷载 $F=40\mathrm{kN}$ 作用（图 6-32），梁由工字钢制成，材料的许用应力 $[\sigma]=160\mathrm{MPa}$，试选择工字钢的型号（梁的自重不计）。

例 6-17

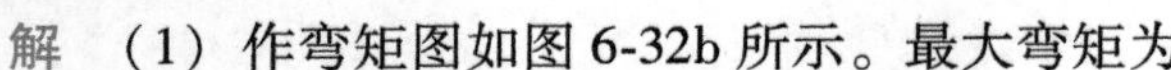

解　（1）作弯矩图如图 6-32b 所示。最大弯矩为
$$M_{\max}=Fl$$
（2）由梁的弯曲正应力强度条件
$$\sigma_{\max}=\frac{|M_{\max}|}{W_z}=\frac{Fl}{W_z}\leqslant[\sigma]$$
得
$$W_z\geqslant\frac{F_\mathrm{P}l}{[\sigma]}=\frac{40\times10^3\mathrm{N}\times4\times10^3\mathrm{mm}}{160\mathrm{MPa}}=10^6\mathrm{mm}^3$$
（3）选择工字钢型号。由型钢表查得 40a 工字钢的 $W_z=1090\mathrm{cm}^3$，略大于所需的 W_z，故采用 40a 工字钢。

例 6-18　如图 6-33 所示由 20b 工字钢制成的悬臂梁，其中 $l=4\mathrm{m}$，弹性模量 $E=200\mathrm{GPa}$，许用正应力 $[\sigma]=160\mathrm{MPa}$，受均布荷载 q 作用，在 C 截面下沿测得线应变 $\varepsilon=-1.5\times10^{-4}$，试校核梁的正应力强度，并确定许用荷载 $[q]$。

例 6-18

解　（1）由胡克定律 $\sigma=\varepsilon E$ 可得 C 截面下沿正应力为
$$\sigma_C=\varepsilon E=-1.5\times10^{-4}\times2\times10^5\mathrm{MPa}=-30\mathrm{MPa}$$
（2）C 截面处弯矩为 $M_C=ql^2/8$，由正应力公式有
$$M_C=\sigma_C W_z=-ql^2/8$$
（3）作弯矩图如图 6-33b 所示，A 截面处有最大弯矩，为
$$|M_{\max}|=|M_A|=ql^2/2$$

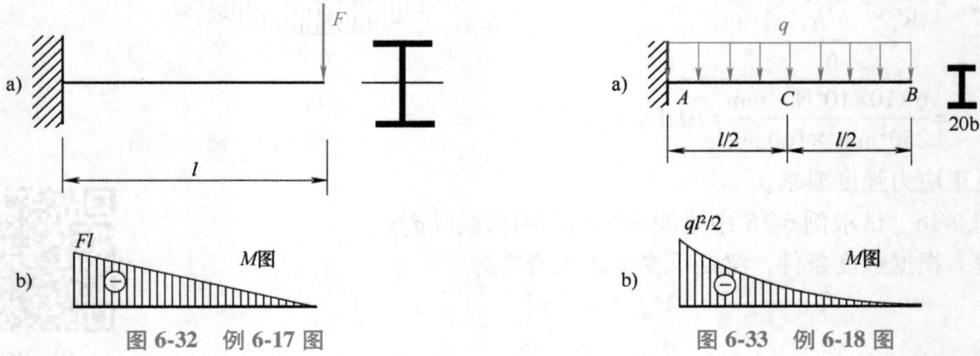

图 6-32　例 6-17 图　　图 6-33　例 6-18 图

故 A 截面为危险截面，梁最大正应力为

$$\sigma_{max}=|M_A|/W_z=4|M_C|/W_z=4|\sigma_C|=120MPa<[\sigma]=\sigma_A W_z$$

该梁满足正应力强度要求。

（4）查型钢表有 $W_z=250cm^3$，由荷载与最大弯矩的关系得许用荷载为

$$[q]=\frac{2|M_{max}|}{l^2}=\frac{2W_z[\sigma]}{l^2}=\frac{2\times2.5\times10^5mm^3\times160MPa}{(4\times10^3mm)^2}=5kN/m$$

例 6-19　由铸铁制成的外伸梁（图 6-34a）的横截面为 T 形，截面对形心轴的惯性矩 $I_{zC}=1.36\times10^6cm^4$，已知铸铁的许用拉应力 $[\sigma]^+=30MPa$，许用压应力 $[\sigma]^-=140MPa$。试校核梁的正应力强度。

例 6-19

解　（1）作弯矩图确定最大弯矩值。由梁的平衡方程求得梁的支座约束力为

$$F_A=0.8kN\quad(\uparrow);\ F_B=4.4kN\quad(\uparrow)$$

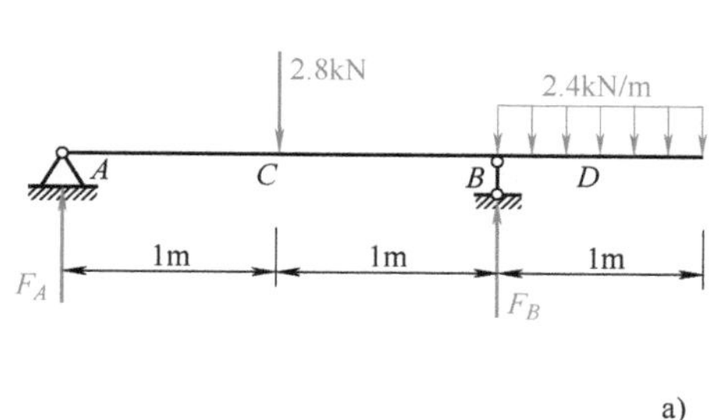

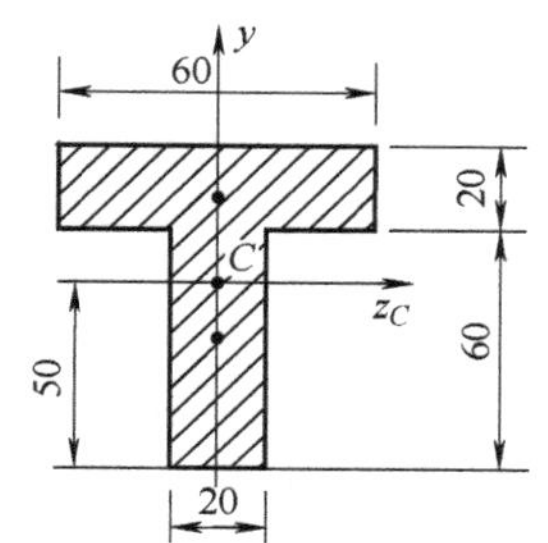

a)

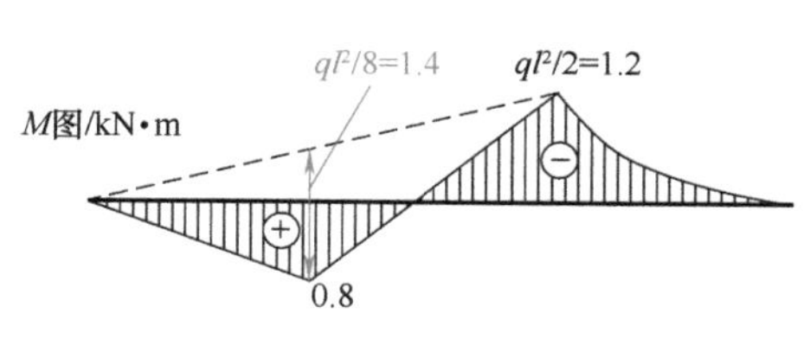

b)

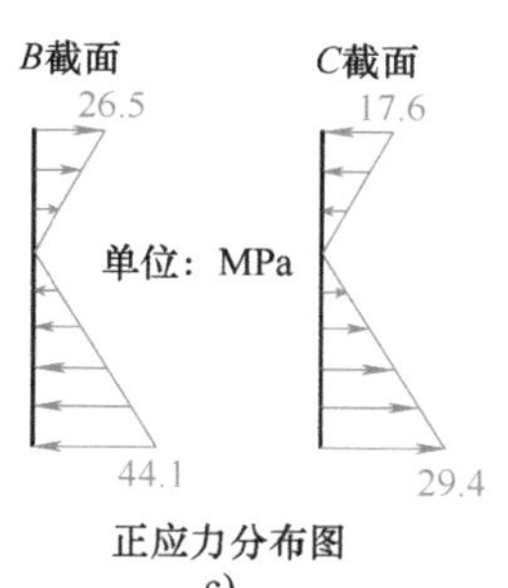

c)

图 6-34　例 6-19 图

（2）画出弯矩图（图 6-34b），从弯矩图可以得出 $M_C=0.8kN\cdot m$ 为最大正弯矩，$M_B=1.2kN\cdot m$ 为最大负弯矩。

（3）强度校核。由于材料的抗拉和抗压性能不同，且截面又不对称于中性轴，所以对梁的最大正弯矩与最大负弯矩截面都要进行强度校核。

1）B 截面。该截面的最大拉应力在截面的上边缘，最大压应力在截面的下边缘，有

$$\sigma_{max}^+=\frac{M_B y_{上}}{I_z}=\frac{1.2\times10^6N\cdot mm\times30mm}{1.36\times10^6mm^4}=26.5N/mm^2=26.5MPa<[\sigma]^+$$

$$\sigma_{max}^-=\frac{M_B y_{下}}{I_z}=\frac{1.2\times10^6N\cdot mm\times50mm}{1.36\times10^6mm^4}=44.1N/mm^2=44.1MPa<[\sigma]^-$$

2）C 截面。该截面的最大拉应力在截面的下边缘，最大压应力在截面的上边缘，有

$$\sigma_{max}^{-}=\frac{M_B y_{上}}{I_z}=\frac{0.8\times10^6\text{N}\cdot\text{mm}\times30\text{mm}}{1.36\times10^6\text{mm}^4}=17.6\text{N/mm}^2=17.6\text{MPa}<[\sigma]^{-}$$

$$\sigma_{max}^{+}=\frac{M_C y_{下}}{I_z}=\frac{0.8\times10^6\text{N}\cdot\text{mm}\times50\text{mm}}{1.36\times10^6\text{mm}^4}=29.4\text{N/mm}^2=29.4\text{MPa}<[\sigma]^{+}$$

所以梁的强度符合要求。

（4）画出 B、C 截面的正应力分布图（图 6-34c） 从图中可以看出 C 截面的弯矩绝对值虽不是最大值，但因截面的受拉边缘距中性轴较远，而求得的最大拉应力比 B 截面大。所以，当截面不对称于中性轴时，对梁的最大正弯矩与最大负弯矩截面都要进行校核。

三、梁的合理截面

梁的合理截面

在设计梁时，既要保证梁具有足够的强度，使梁在荷载作用下能安全可靠地工作，又要充分发挥材料的潜力，节省材料，减轻自重，达到既安全又经济的要求。

在一般情况下，梁的弯曲强度是由正应力控制的，因此正应力分布是否合理直接关系到梁的强度。由等截面梁的正应力强度条件式（6-45）可知，梁内最大正应力是与抗弯截面系数 W_z 成反比的，W_z 值越大，梁能够抵抗的弯矩也越大。因此，经济合理的截面形状应该是在截面面积相同的情况下，取得最大抗弯截面系数的截面。

一根矩形截面梁，其横截面尺寸为 $2a\times a$，跨度为 l，现比较将梁“立放”和“平放”（图 6-35）时的最大正应力值。

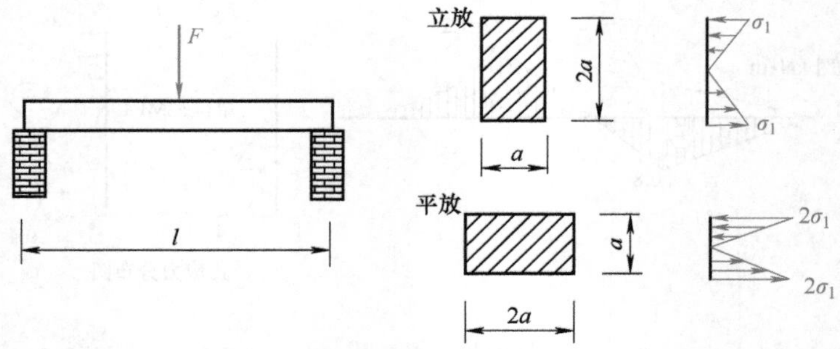

图 6-35　矩形截面梁“立放”和“平放”时的最大正应力

梁“立放”时，截面宽度为 $b=a$，截面高度 $h=2a$。“立放”时的抗弯截面系数为 W_1，最大正应力为 σ_{max1}，有

$$W_1=\frac{bh^2}{6}=\frac{a(2a)^2}{6}=\frac{2a^3}{3}$$

$$\sigma_{max1}=\frac{M}{\frac{2a^3}{3}}=\frac{3M}{2a^3}$$

梁“平放”时，截面宽度为 $b=2a$，截面高度 $h=a$，“平放”时的抗弯截面系数为 W_2，最大正应力为 σ_{max2}，有

$$W_2=\frac{bh^2}{6}=\frac{2a\times a^2}{6}=\frac{a^3}{3}$$

$$\sigma_{\max 2}=\frac{M}{\frac{a^3}{3}}=\frac{3M}{a^3}$$

在以上两种情况下梁的弯矩相等，所以最大正应力的比值是

$$\frac{\sigma_{\max 2}}{\sigma_{\max 1}}=\frac{W_1}{W_2}=\frac{\frac{2}{3}a^3}{\frac{a^3}{3}}=2$$

计算结果表明：同一根梁的放置方式不同，最大正应力也不同。梁“立放”时的抗弯截面系数 W_1 是梁“平放”时的抗弯截面系数 W_2 的两倍，因而，在弯矩相同时，梁“平放”时的最大正应力是“立放”时的两倍。“平放”的梁容易发生破坏，所以，常见的矩形截面梁通常是截面高度大于截面宽度。为什么“立放”时最大正应力较“平放”时的小，可以用正应力分布规律来说明。

弯曲正应力沿截面高度呈直线规律分布，在中性轴附近的正应力很小，这部分材料没有充分利用。如果把中性轴附近的材料尽量减少，而把大部分材料布置在距中性轴较远处，截面就显得合理（图 6-36）。可以用抗弯截面系数和截面面积的比值 W_z/A 的大小来判断截面形状的合理性，也就是说从正应力的角度看，W_z/A 比值越大，截面形状越经济合理。下面对圆形、矩形、工字形截面在抗弯截面系数相等的条件下进行比较，将它们的 W_z/A 值列于表 6-3 中。

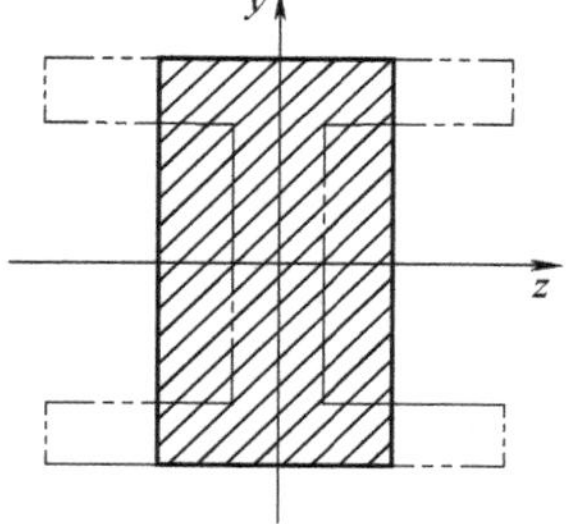

图 6-36　合理的截面形状

表 6-3　圆形、矩形、工字形截面的 W_z/A 值

序号	截面形状	截面尺寸/mm	W_z/mm^3	A/mm^2	$(W_z/A)/\mathrm{mm}$
1		$d=137$	250×10^3	148×10^2	16.9
2		$b=72$ $h=144$	250×10^3	104×10^2	24.0

（续）

序号	截面形状	截面尺寸/mm	W_z/mm^3	A/mm^2	$(W_z/A)/\text{mm}$
3	y O z	工字钢 I 20b	250×10^3	39.5×10^2	63.3

因此，工程中的钢梁通常是采用工字形、圆环形、箱形（图 6-37）等截面形式。

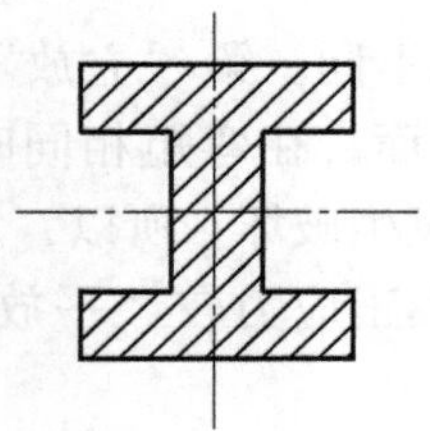
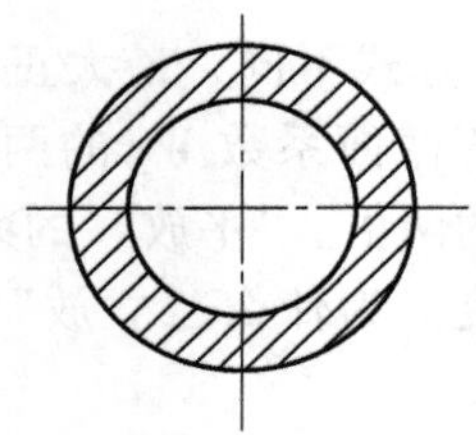
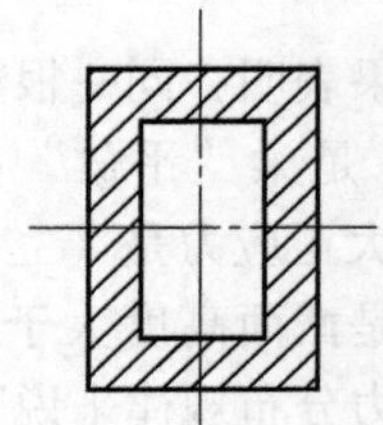

图 6-37　常用钢梁的截面形式

由于脆性材料的抗拉与抗压能力不同，所以最好选用上下不对称的截面，使中性轴靠近许用应力较小的一边。例如用铸铁制成的梁，常采用 T 形截面（图 6-38），若满足如下关系

$$\frac{[\sigma]_{拉}}{[\sigma]_{压}}=\frac{y_2}{y_1}$$

就能使危险截面上的受压与受拉边同时达到许用应力。

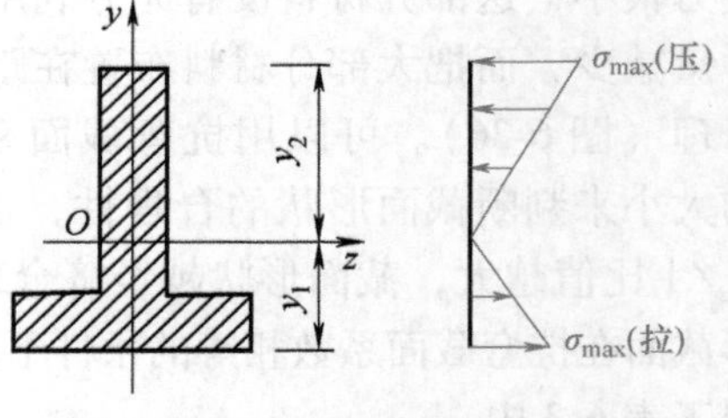

图 6-38　T 形截面梁的最大应力

四、梁弯曲时剪应力（切应力）及剪应力强度（切应力强度）计算介绍

切应力强度

梁在弯曲变形时，一般情况下横截面上不仅有正应力，同时还有剪应力。除薄壁截面梁外，剪应力的方向和截面上的剪力方向一致。剪力就是截面上各点剪应力的合成，通常中性轴处的剪应力有最大值（图 6-39）。

运用剪应力互等定理和平衡关系可得剪应力公式为

$$\tau=\frac{F_Q S_z}{I_z b} \tag{6-47}$$

式中　F_Q——横截面上的剪力；

S_z——横截面上待求剪应力处的水平线以下（或以上）部分面积 A 对中性轴的面积矩；

I_z——整个横截面对中性轴的惯性矩；

b——待求剪应力处横截面的宽度。

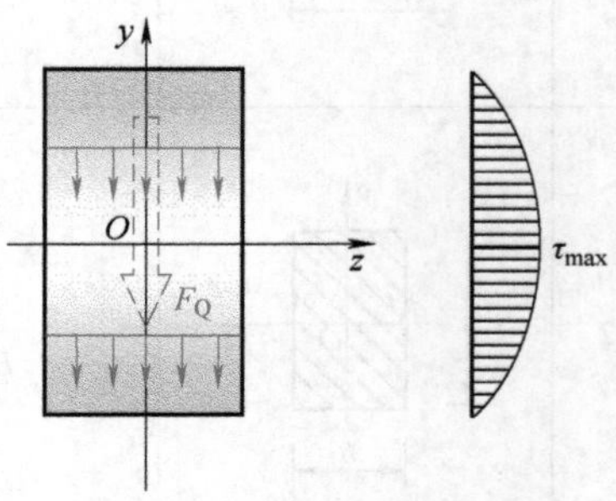

图 6-39　梁截面上的剪应力分布

大部分工程构件中，最大剪应力要比最大正应力小得多。通常对梁进行强度计算只考虑正应力强度，但对跨度

较小或支座附近有较大荷载作用的梁，以及截面宽度较小的梁和木梁等，还需进行剪应力强度计算。

对于简单应力状态，剪应力的强度条件为

$$\tau_{max} \leqslant [\tau] \tag{6-48}$$

截面的最大剪应力可由下式求得

$$\tau_{max} = kF_Q/A \tag{6-49}$$

式（6-49）中的 k 为横截面系数，与截面形状有关，对矩形截面 $k=3/2$，对圆形截面 $k=4/3$；F_Q 和 A 分别是横截面上的剪力和横截面面积。对工字形型钢（图 6-40）或其他型钢，主要剪应力分布在中间腹板处，可用式（6-49）计算。

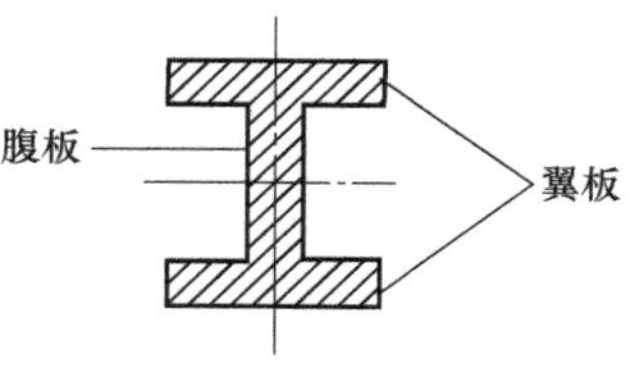

图 6-40 工字形型钢

例 6-20 已知例 6-15 中梁的许用剪应力 $[\tau]=1\text{MPa}$，试校核其剪应力强度。

例 6-20

解 梁上剪力最大值 $F_Q=ql/2=10\text{kN}$，由式（6-49）得

$$\tau_{max} = k\frac{F_Q}{A} = \frac{3}{2}\frac{F_Q}{A} = \frac{3\times10\times10^3\text{N}}{2\times160\text{mm}\times250\text{mm}} = 0.375\text{MPa} < [\tau]$$

可见剪应力符合强度要求。

例 6-21 试选择图 6-41 所示枕木的矩形截面尺寸，已知截面尺寸的比例为 $b:h=3:4$，许用正应力 $[\sigma]=10\text{MPa}$，许用剪应力 $[\tau]=2.5\text{MPa}$，枕木跨度 $l=2\text{m}$，钢轨传给枕木的压力为 $F=98\text{kN}$，并且两钢轨间的间距（轨距）为 1.6m。

例 6-21

解 （1）画出枕木的内力图，最大弯矩 $M_{max}=19.6\text{kN}\cdot\text{m}$，最大剪力 $F_{Qmax}=98\text{kN}$。

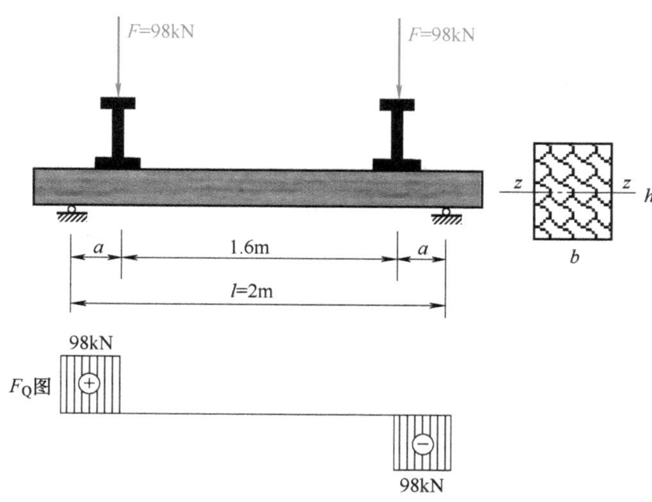

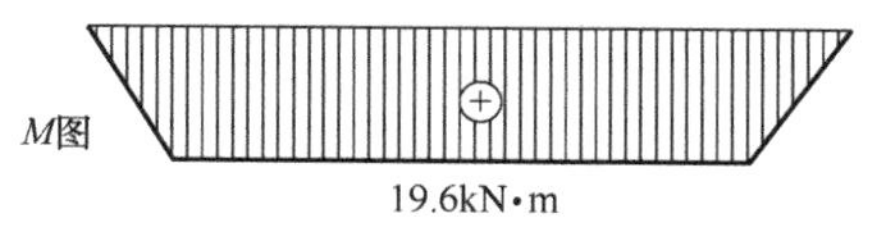

图 6-41 例 6-21 图

（2）按正应力强度条件设计截面尺寸，根据梁弯曲的正应力强度条件，得梁的抗弯截面系数为

$$W_z \geqslant \frac{M_{\max}}{[\sigma]} = \frac{19.6\times10^6\text{N}\cdot\text{mm}}{10\text{MPa}} = 1960\times10^3\text{mm}^3 = 1960\text{cm}^3$$

对于矩形截面 $W_z = bh^2/6$，因 $b:h=3:4$，则有

$$W_z = h^3/8$$

因此

$$h \geqslant \sqrt[3]{8\times W_z} = \sqrt[3]{8\times1960}\text{cm} = 25.03\text{cm}$$

取 $h=26\text{cm}$。

$$b=\frac{3}{4}h=\frac{3}{4}\times26\text{cm}=19.5\text{cm}$$

取 $b=20\text{cm}$。

（3）按剪应力强度条件进行校核。由于钢轨靠近枕木支座，枕木弯曲时的剪应力将很大。因此，应按梁弯曲的剪应力强度条件进行校核，即

$$\tau_{\max}=k\frac{F_{Q\max}}{A}=\frac{3F_{Q\max}}{2\times h\times b}=\frac{3\times98\times10^3\text{N}}{2\times260\text{mm}\times200\text{mm}}=2.83\text{MPa}>2.5\text{MPa}=[\tau]$$

说明按正应力强度条件设计的截面（$h=26\text{cm}$，$b=20\text{cm}$），梁弯曲的剪应力强度不足。

（4）再按剪应力强度条件重新设计截面尺寸，由

$$\tau_{\max}=k\frac{F_{Q\max}}{A}\leqslant[\tau]$$

得

$$A\geqslant k\frac{F_{Q\max}}{[\tau]}=\frac{3}{2}\frac{F_{Q\max}}{[\tau]}=\frac{3\times98\times10^3\text{N}}{2\times2.5\text{MPa}}=588\times10^2\text{mm}^2=588\text{cm}^2$$

对于矩形截面 $A=bh$，因 $b:h=3:4$，则有

$$A=3h^2/4$$

因此

$$h\geqslant\sqrt{\frac{4\times A}{3}}=\sqrt{\frac{4\times588}{3}}\text{cm}=28\text{cm}$$

取 $h=28\text{cm}$。

$$b=\frac{3}{4}h=\frac{3}{4}\times28\text{cm}=21\text{cm}$$

取 $b=21\text{cm}$。

显然，此时梁弯曲的正应力强度条件一定满足，不必再进行验算了。

*例 6-22　试校核图 6-42a、b 所示焊接梁的强度。已知梁的材料为 Q235 钢，其许用应力 $[\sigma]=180\text{MPa}$，$[\tau]=100\text{MPa}$，其他条件如图所示。

例 6-22

解　（1）作梁的 F_Q、M 图（图 6-42c、d）。

（2）梁的弯曲正应力强度校核。危险点在梁的跨中截面 E 的上、下边缘处，应力状态如图 6-42e 所示，有

$$I_z=\left[\frac{1}{12}\times240\times(800+2\times20)^3-2\times\frac{1}{12}\times\left(\frac{240-10}{2}\right)\times800^3\right]\text{mm}^4=2.04\times10^9\text{mm}^4$$

$$W_z=\frac{I_z}{y}=\frac{2.04\times10^9}{420}\text{mm}^3=4.86\times10^6\text{mm}^3$$

$$\sigma_{\max}=\frac{M_{\max}}{W_z}=\frac{870\times10^6}{4.86\times10^6}\text{MPa}=179\text{MPa}\leqslant[\sigma]$$

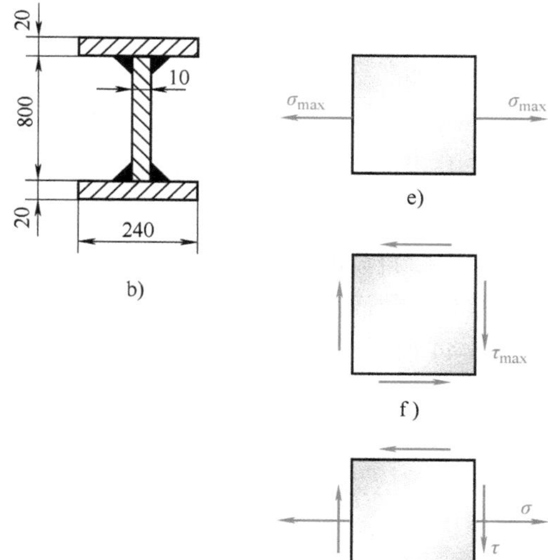

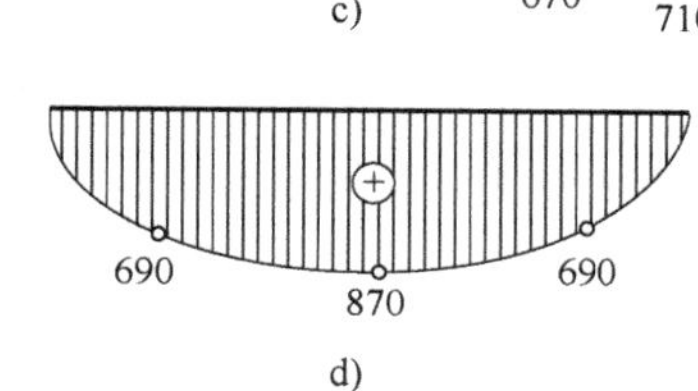

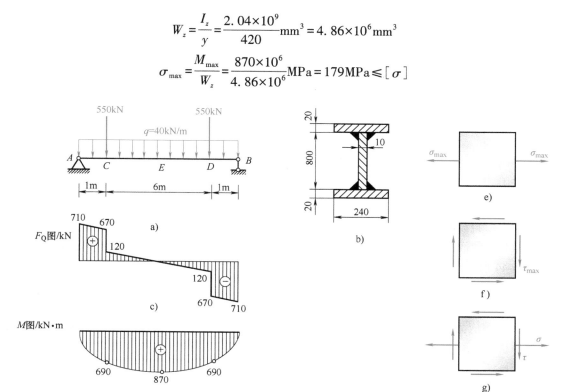

图 6-42　例 6-22 图

（3）梁的剪应力强度校核。危险点在两支座内侧截面的中性轴上，应力状态如图 6-42f 所示，有

$$S_{\max}=(240\times20\times410+10\times400\times200)\text{mm}^3=2.77\times10^6\text{mm}^3$$

$$\tau_{\max}=\frac{F_{Q\max}S_{\max}}{I_zb}=\frac{719\times10^3\times2.77\times10^6}{10\times2.04\times10^9}\text{Pa}=96.4\text{MPa}\leqslant[\tau]$$

（4）梁的主应力强度校核。危险点在 C（或 D）外侧截面上的翼缘与腹板交界处，应力状态如图 6-42g 所示，有

$$S_z=240\times20\times410\text{mm}^3=1.97\times10^6\text{mm}^3$$

$$\sigma=\frac{My}{I_z}=\frac{690\times10^6\times400}{2.04\times10^9}\text{MPa}=135\text{MPa}$$

$$\tau=\frac{F_QS}{I_zb}=\frac{670\times10^3\times1.97\times10^6}{10\times2.04\times10^9}\text{MPa}=64.8\text{MPa}$$

按第四强度理论校核，将主应力的表达式代入第四强度理论的强度条件中，可简化为

$$\sigma_{xd4}=\sqrt{\sigma^2+3\tau^2}=\sqrt{135^2+3\times64.8^2}\text{MPa}=175.56\text{MPa}\leqslant[\sigma]$$

计算结果在强度允许限度内。

对于符合国家标准的型钢（工字钢、槽钢）来说，并不需要对腹板与翼线交界处的点用强度理论进行强度校核。因为型钢截面在腹板与翼缘的交界处有圆弧，而且工字钢翼缘的

内边又有 1∶6 的斜度，因而增加了交界处的截面宽度，保证了在截面上下边缘处的正应力和中性轴上的剪应力都处于不超过允许应力的情况下，腹板与翼缘交界处的附近各点不会发生主应力强度不够的问题。

五、梁的主应力迹线介绍

前面讨论了梁在横截面上的应力分布及计算，并分别建立了横截面上的正应力和剪应力强度条件，即

$$\sigma_{\max} \leqslant [\sigma]; \ \tau_{\max} \leqslant [\tau]$$

实际上，梁往往还会沿斜截面发生破坏。例如钢筋混凝土梁在荷载作用下，除产生跨中的竖向裂缝外，在支座附近还会发生斜向裂缝（图 6-43）。这些裂缝的产生不仅与横截面上的应力有关，还与斜截面上的应力有关。在荷载作用下，梁内任一点的斜截面上都存在着应力，这个应力值和横截面上的正应力和剪应力有关，而且随斜截面的倾斜角度的变化而变化。

图 6-44 所示单元体是梁上某点的应力状态，在横截面方位有正应力 σ 和剪应力 τ（在第五章提到的常见应力状态），根据式（5-19）和式（5-20），主平面由 $\tan 2\alpha_0 = -\dfrac{2\tau}{\sigma}$ 确定，主平面上无剪应力，而有最大的拉应力。对于脆性材料，最大的主应力（拉）是产生开裂的主要原因，也就是钢筋混凝土梁在荷载作用下产生斜向裂缝的原因。

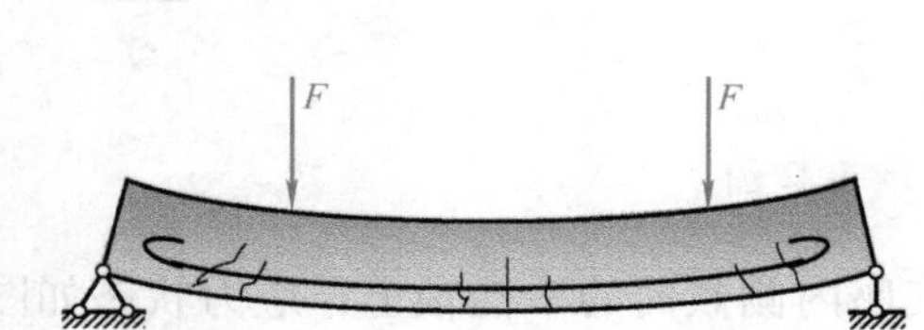

图 6-43　钢筋混凝土梁在荷载作用下产生斜向裂缝

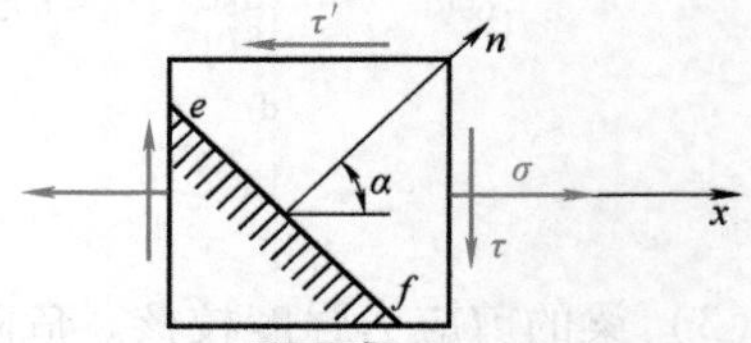

图 6-44　梁上某点的应力分布

在钢筋混凝土结构里，放钢筋的目的主要是让它承受拉应力。既然如此，则最好让钢筋沿着最大拉应力的方向放置。通常梁在弯曲变形时，每个横截面上既有剪力又有弯矩，因而在同一横截面上的各点就既有正应力又有剪应力。于是，由主应力的概念可知，各点的最大拉应力的方向将随不同的截面和截面上不同的点而变化。因而梁内主拉应力的方向及其变化规律，是放置钢筋的重要依据。

如图 6-45 所示，在构件中，是把 m—m 截面上的 a 点的主拉应力方向绘出并延长下去，交于 m'—m'截面的 b 点；然后把 b 点的主拉应力方向绘出并延长到 m''—m''截面的 c 点；再把 c 点的主拉应力方向绘出并延长到 d 点，依次继续下去，就可以得到一条连接主拉应力方向的曲线。当截面取到无穷多，同时每个截面上的点也取到无穷多时，就可以得到无穷多条曲线，曲线上任一点的切线即代表该点的主应力方向。这样的曲线称为主应力迹线。主应力迹线共有两族，一族是主拉应力迹线，另一族是主压应力迹线，它们是相互正交的。

图 6-46 绘出了简支梁受均布荷载时的主应力迹线，其中实线代表主拉应力迹线，虚线代表主压应力迹线。根据截面上各点主应力方向的变化情况，可知主应力迹线都与中性层相交呈 45°角，在靠近梁的顶面或底面处，主应力迹线的切线或与顶面平行，而与底面垂直；

或与顶面垂直，而与底面平行（根据弯矩的正负号确定）。

在钢筋混凝土梁中，受拉钢筋的布置大致与主拉应力迹线一致。当然，考虑到施工的方便，不可能把钢筋弯成理想的曲线形，而是弯成与迹线方向接近的直线形。

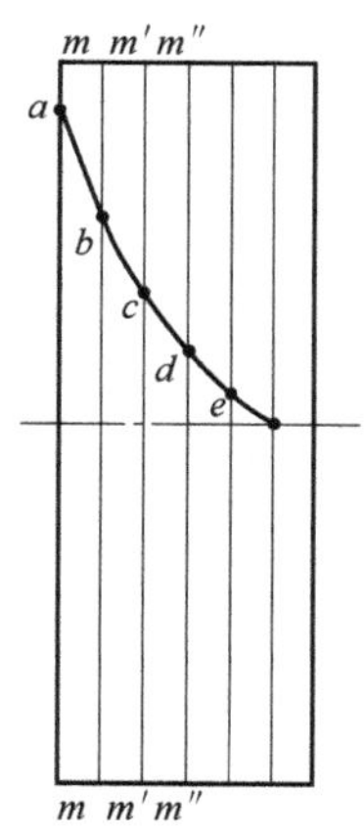

图 6-45　主拉应力迹线作法

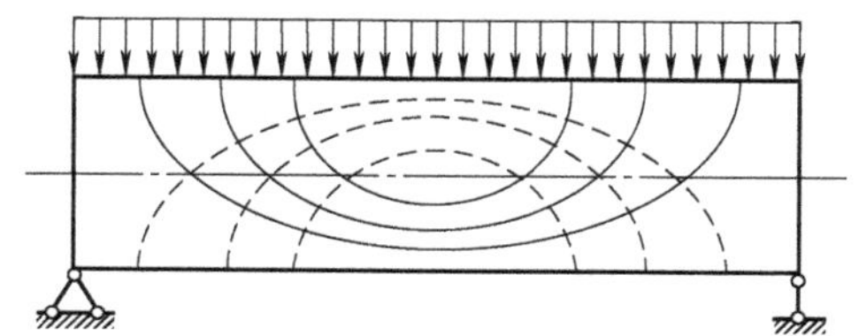

图 6-46　主应力迹线

例 6-23　试分析粉笔扭转时沿与轴线呈 45°螺旋面破坏的原因。

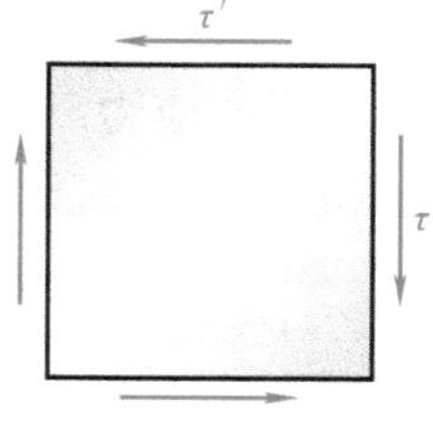

图 6-47　例 6-23 图

例 6-23

解　因圆轴在扭转时，横截面上只有剪应力，即 $\sigma=0$；$\tau=\dfrac{T\rho}{I_{\mathrm{P}}}$，单元体如图 6-47 所示。由式（5-20）有

$$\tan 2\alpha_0=-\frac{2\tau}{\sigma}=-\frac{2\tau}{0}=-\infty$$

$\alpha_0=-45°$，$\alpha_0'=45°$。主应力和横截面上剪应力大小相等，主平面和横截面夹角为 45°。

粉笔是脆性材料，抗拉强度低于抗剪强度，因此在主平面被破坏、粉笔扭转时沿与轴线呈 45°螺旋面破坏。

*第七节　组合变形杆件的强度计算

一、组合变形杆件的计算方法

前面已经讨论了杆件在基本变形时的强度计算。但是，在实际工程中，有些杆件的受力情况比较复杂，其变形不只是某一种基本变形，而是可以分解成两种或两种以上的基本变形。反过来，由两种或两种以上的基本变形组合而成的变形，称为组合变形。

解决组合变形杆件强度问题的基本方法是叠加法。分析问题的基本步骤为：首先，将杆件的组合变形分解为基本变形；然后，计算杆件在每一种基本变形情况下所产生的应力，再将同一点的应力叠加起来，便可得到杆件在组合变形下的应力；最后，用强度条件对危险点进行强度计算。实践证明，只要杆件符合小变形条件，且材料在弹性范围内工作，由上述方法所计算的结果与实际情况基本上是符合的。

在工程中，拉（压）与弯组合、弯与弯组合和弯与扭组合是三种较为常见的组合变形。

例 6-24

例 6-24　正方形截面的立柱，截面边长 $a=100\text{mm}$，柱高 $h=2\text{m}$，顶端受轴向压力 $F=300\text{kN}$，侧面受均布荷载 $q=5\text{kN/m}$，如图 6-48a 所示。已知材料的许用拉应力 $[\sigma]^+=30\text{MPa}$，许用压应力 $[\sigma]^-=120\text{MPa}$，试校核其强度。

解　（1）分解组合变形。将立柱受到的荷载分解为一个轴向压荷载 F（图 6-48b）和一个侧面均布荷载 q（图 6-48c），这样立柱的变形可以分解成轴向压缩和平面弯曲两个基本变形。

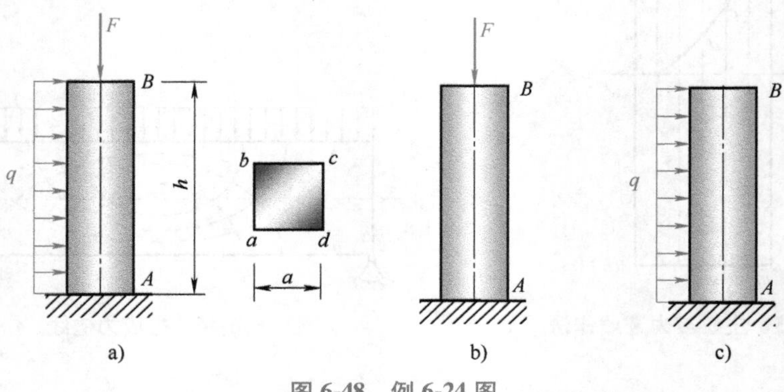

图 6-48　例 6-24 图

（2）计算基本变形的应力。

1）计算轴向压缩应力。对于图 6-48b 杆件上各点的应力均为

$$\sigma_N=\frac{F_N}{A}=-\frac{F}{a^2}=-\frac{300\times10^3\text{N}}{100^2\text{mm}^2}=-30\text{N/mm}^2=-30\text{MPa}$$

2）计算平面弯曲应力。对于图 6-48c 在 A 截面有最大弯矩 $M_{\max}=qh^2/2=10\text{kN}\cdot\text{m}$，左侧受拉。

在 A 截面的 ab 边缘处有最大的拉应力，cd 边缘处有最大的压应力，最大应力值为

$$\sigma_{M\max}=\frac{M_{\max}}{W_z}=\frac{6M_{\max}}{a^3}=\frac{6\times10\times10^6\text{N}\cdot\text{mm}}{100^3\text{mm}^3}=60\text{MPa}$$

（3）应力叠加。在 A 截面的 ab 边缘处为拉应力危险点，cd 边缘处为压应力危险点，将两处的应力叠加，有

$$\sigma^+_{\max}=|\sigma_{M\max}|-|\sigma_N|=60\text{MPa}-30\text{MPa}=30\text{MPa}=[\sigma]^+$$

$$\sigma^-_{\max}=|\sigma_{M\max}|+|\sigma_N|=60\text{MPa}+30\text{MPa}=90\text{MPa}<[\sigma]^-$$

因此，立柱符合强度要求。

二、拉伸（压缩）与弯曲组合的强度计算

拉伸（压缩）与弯曲组合

拉伸（压缩）与弯曲组合变形是杆件在受轴向拉（压）变形的同时还受到横向力作用，从而产生弯曲变形。如图 6-49a 所示工业厂房的柱子（牛腿），外力 F 作用线与杆轴平行但不重合，外力作用线到杆件形心的垂直距离称为偏心距，用 e 表示。可将外力平移到杆轴上，力的大小、方向不变，需附加一个力偶，其力偶矩大小为 $M=Fe$，如图 6-49b 所示。这样偏

心压缩可以分解成一个轴向压缩变形和一个弯曲变形，形成轴向压缩与平面弯曲变形的组合，称为偏心压缩，是拉伸（压缩）与弯曲组合的一种。

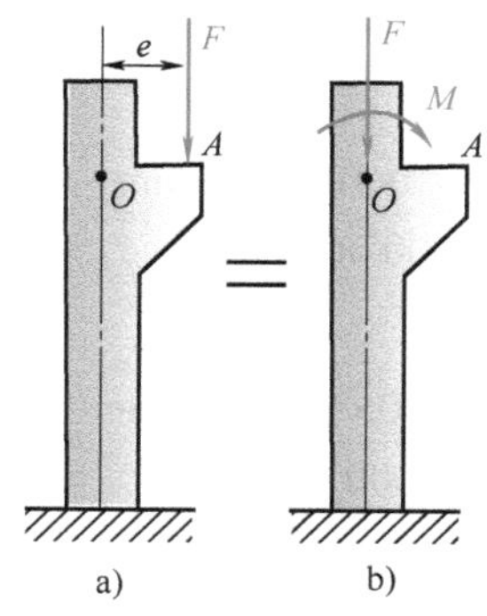

图 6-49　偏心压缩

例 6-25　砖墙和基础如图 6-50a 所示，设在 1m 长的墙上有偏心力 $F=40\text{kN}$ 作用，偏心距 $e=0.05\text{m}$。试画出 1—1、2—2、3—3 截面上的正应力分布图。

解　（1）分解组合变形。将偏心力 F 平移到砖墙中心，如图 6-50b 所示。

（2）应力分析。

1）轴力 F_N 在横截面上产生的应力为

$$\sigma_N=\frac{F_N}{A}=-\frac{F}{hb}$$

例 6-25

2）力偶 M 在横截面两侧上产生的应力

$$\sigma_M=\frac{M}{W_z}=\pm\frac{6Fe}{h^2b}$$

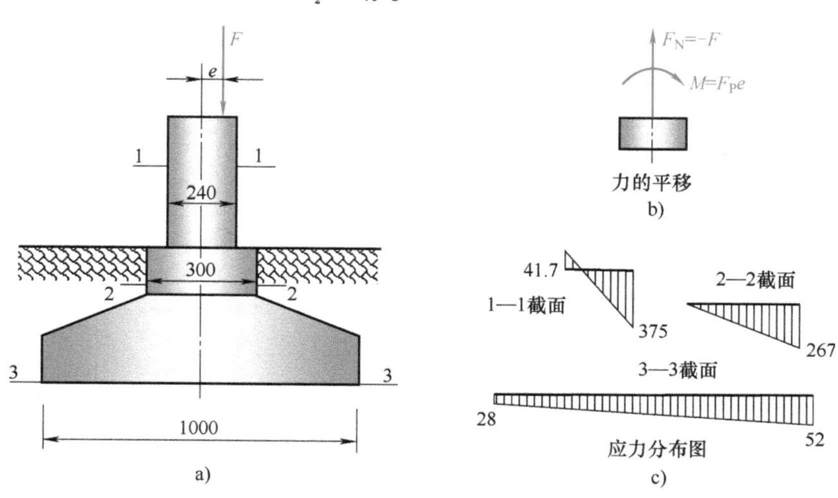

图 6-50　例 6-25 图

这样，横截面上的最大和最小应力在横截面的左侧和右侧，有

$$\left.\begin{matrix}\sigma_{max}\\ \sigma_{min}\end{matrix}\right\}=\sigma_N+\sigma_M=-\frac{F}{hb}\pm\frac{6Fe}{h^2b}$$

1—1 截面

$$\left.\begin{matrix}\sigma_{1\max}\\ \sigma_{1\min}\end{matrix}\right\}=-\frac{40\times10^3\text{N}}{240\times10^3\text{mm}^2}\pm\frac{6\times40\times10^3\text{N}\times50\text{mm}}{240^2\times10^3\text{mm}^2}=\begin{matrix}0.0417\text{N/mm}^2\\ -0.375\text{N/mm}^2\end{matrix}=\begin{matrix}41.7\text{kPa}\\ -375\text{kPa}\end{matrix}$$

2—2 截面

$$\left.\begin{matrix}\sigma_{2\max}\\ \sigma_{2\min}\end{matrix}\right\}=-\frac{40\times10^3\text{N}}{300\times10^3\text{mm}^2}\pm\frac{6\times40\times10^3\text{N}\times50\text{mm}}{300^2\times10^3\text{mm}^3}=\begin{matrix}0\\ -0.267\text{N/mm}^2\end{matrix}=\begin{matrix}0\\ -267\text{kPa}\end{matrix}$$

3—3 截面

$$\left.\begin{matrix}\sigma_{3\max}\\ \sigma_{3\min}\end{matrix}\right\}=-\frac{40\times10^3\text{N}}{1000\times10^3\text{mm}^2}\pm\frac{6\times40\times10^3\text{N}\times50\text{mm}}{1000^2\times10^3\text{mm}^2}=\begin{matrix}-0.028\text{N/mm}^2\\ -0.052\text{N/mm}^2\end{matrix}=\begin{matrix}-28\text{kPa}\\ -52\text{kPa}\end{matrix}$$

（3）画出应力分布图，如图 6-50c 所示，拉应力标注在截面的上方，压应力标注在截面的下方。

工程中，对由砖、石、混凝土等抗拉性能较差的材料制成的构件，在承受偏心压缩时，应设法避免横截面上出现拉应力。从例 6-25 可以得出截面上不出现拉应力的条件是

$$\sigma_{\max}=-\frac{F}{hb}+\frac{6Fe}{h^2b}\leqslant0$$

即

$$e\leqslant\frac{h}{6} \tag{6-50}$$

由此可知，当偏心压力作用点在截面形心周围的某个小范围内时，截面上不会出现拉应力。通常这个小范围称为**截面核心**。矩形截面的截面核心为一菱形（图 6-51a），圆截面的截面核心为一同心圆（图 6-51b）。各种截面的截面核心可从有关设计手册中查到。

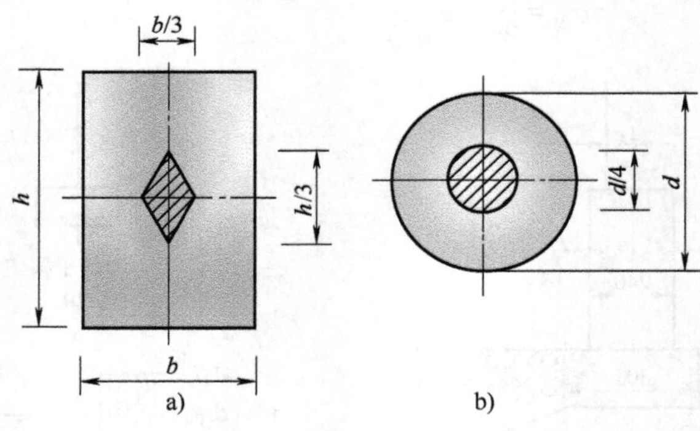

图 6-51　截面核心

例 6-26

例 6-26　简易摇臂起重机如图 6-52a 所示，吊重 $F=8\text{kN}$，梁由两根槽钢组成，许用应力 $[\sigma]=120\text{MPa}$。试按正应力强度条件选择槽钢的型号。

解　梁的受力图如图 6-52b 所示，有

$$\sum M_A=0,\ F\times(2.5+1.5)-F_C\sin30^\circ\times2.5=0$$

$$F_C=25.6\text{kN}$$

F_C 在 x，y 方向的分量分别为

$$F_{Cx}=F_C\cos30^\circ=22.2\text{kN}$$

$$F_{Cy}=F_C\sin30°=12.8\text{kN}$$

AB 梁受轴力 F_{Cx}、横向力 F 及 F_{Cy} 作用发生压缩弯曲组合变形，其轴力图和弯矩图分别如图 6-52c、d 所示，危险截面是 C 截面。

$$\sigma_{max}=\frac{F_N}{A}+\frac{M_{max}}{W_z}\leqslant[\sigma]$$

有两个未知参数，可先不考虑轴力的影响，按弯曲应力选取

$$W_z\geqslant M_{max}/[\sigma]=10\times10^4\text{mm}^3$$

每根槽钢的抗弯截面系数 $W_z'\geqslant5\times10^4\text{mm}^3$，查型钢表，选取 12.6 槽钢，其 $W_z'=6.2\times10^4\text{mm}^3$，$A=1569\text{mm}^2$。根据压缩和弯曲的组合应力进行校核，有

$$\sigma_{max}=\frac{F_N}{A}+\frac{M_{max}}{W_z}=\left(\frac{22.2\times10^3}{2\times1569}+\frac{12\times10^6}{2\times6.2\times10^4}\right)\text{MPa}$$

$$=104\text{MPa}<[\sigma]$$

满足强度要求，选定 12.6 槽钢。

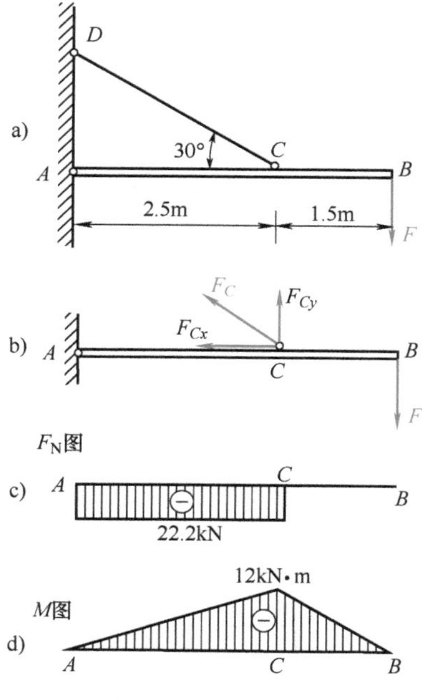

图 6-52　例 6-26 图

三、两相互垂直平面的弯曲

两相互垂直平面的弯曲

对于横截面具有对称轴的梁，当横向外力或外力偶作用在梁的纵向对称面内时，梁发生对称弯曲。这时，梁变形后的轴线是一条位于外力所在平面内的平面曲线，因而称为平面弯曲。在工程实际中，有时会碰到外力合力通过梁轴，但不与梁的纵向对称平面重合的情况，此时可将外力分解成平行于垂直纵向对称面的两部分外力，形成两相互垂直平面的弯曲变形，如图 6-53 所示，又称为斜弯曲变形。通常是先分别计算两个平面弯曲变形的应力，再将危险点应力进行叠加来进行强度计算。

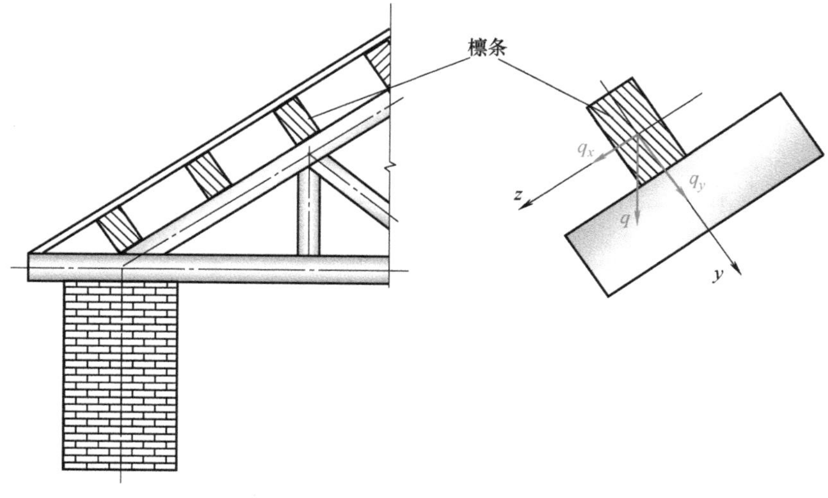

图 6-53　屋架檩条

例 6-27 图 6-54a 所示矩形截面悬臂梁长 l，受力 F 作用于截面形心处，方向如图所示。截面尺寸 h、b 为已知，求梁上的最大拉应力和最大压应力以及所在的位置。

例 6-27 的另一种形式

解　力 F 通过梁轴，但不与梁的纵向对称平面重合，为斜弯曲变形，为求梁内的最大弯曲正应力，先将 F 沿纵向对称面分解成 F_z 和 F_y，有

$$F_z = F\cos\alpha;\quad F_y = F\sin\alpha$$

这两个力在梁上产生最大弯矩的截面均在固定端处，其中 $M_{y\max}$ 由 F_z 引起，$M_{z\max}$ 由 F_y 引起，有

$$M_{z\max} = F_y l = Fl\cos\alpha \quad（上沿受拉）$$

$$M_{y\max} = F_z l = Fl\sin\alpha \quad（后沿受拉）$$

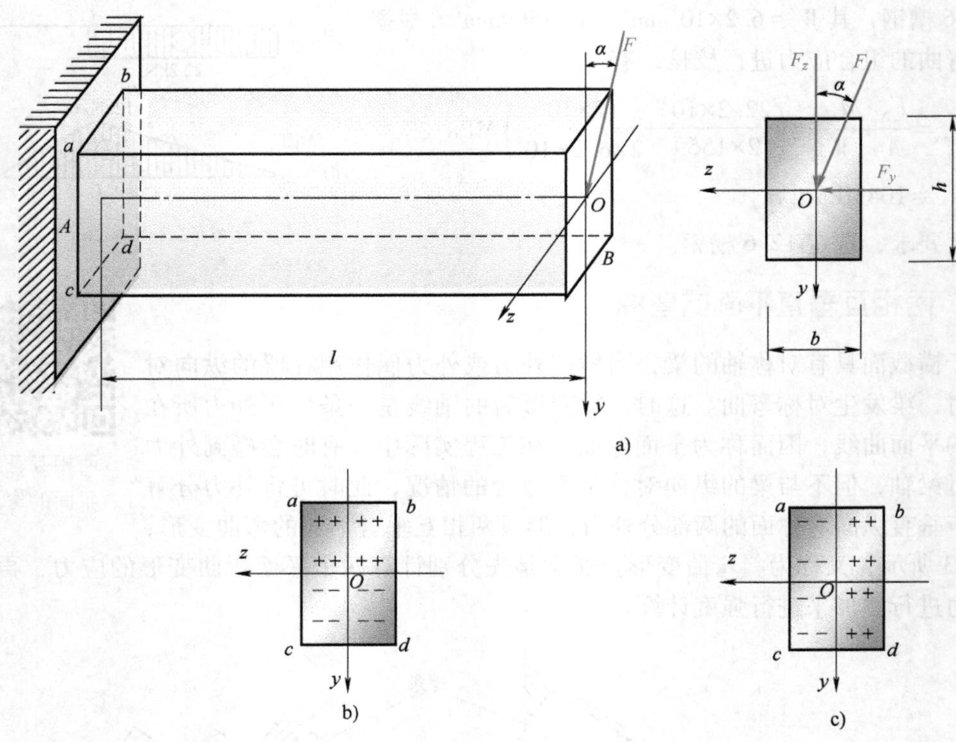

图 6-54　例 6-27 图

对于矩形截面，在 $M_{y\max}$ 作用下最大拉应力和最大压应力为

$$\sigma_{1\max} = \frac{|M_{z\max}|}{W_z}$$

分别发生在 ab 边和 cd 边，如图 6-54b 所示。

在 $M_{z\max}$ 作用下最大拉应力和最大压应力为

$$\sigma_{2\max} = \frac{|M_{y\max}|}{W_y}$$

分别发生在 bd 边和 ac 边，如图 6-54c 所示。最大拉应力和最大压应力作用点分别用“+”

和“-”表示。

两者叠加的结果：在 A 截面 b 点和 c 点分别有最大拉应力 σ_{max}^{+} 和最大压应力 σ_{max}^{-}，其大小为

$$\sigma_{max}=|\sigma_{max}^{+}|=|\sigma_{max}^{-}|=\frac{|M_{zmax}|}{W_z}+\frac{|M_{ymax}|}{W_y} \tag{6-51}$$

$$\sigma_{max}=|\sigma_{max}^{+}|=|\sigma_{max}^{-}|=\frac{F_y l}{W_z}+\frac{F_z l}{W_y}=\frac{6Fl\cos\alpha}{h^2 b}+\frac{6Fl\sin\alpha}{hb^2}$$

补例

四、弯扭组合的强度计算

弯曲与扭转

机械工程中，转轴在扭转变形的同时常常有横向力的作用，造成扭转与弯曲变形的组合，即弯扭组合，如图 6-55a 所示的电动机轴，在外伸端装有带轮，工作时，电动机给轴输入一定的转矩，通过带轮的带传递给其他设备。设带的紧边拉力为 $2F$，松边拉力为 F，受力状况如图 6-55b 所示。

圆轴扭转时，最大剪应力 $\tau_{max}=\frac{T}{W_P}$ 在轴的边缘处。而梁发生平面弯曲时，最大正应力 $\sigma_{max}=\frac{M}{W_z}$ 在梁的上下边缘处。也就是说在此时，转轴的上下边缘处同时有最大剪应力和最大正应力，因此上下边缘这两点为转轴的危险点。由于转轴通常是由塑性材料制成的，对于塑性材料的强度条件，目前常用的是第三、第四强度理论，即

$$\sigma_{xd3}=\sqrt{\sigma_{max}^2+4\tau_{max}^2}\leqslant[\sigma]$$

$$\sigma_{xd4}=\sqrt{\sigma_{max}^2+3\tau_{max}^2}\leqslant[\sigma]$$

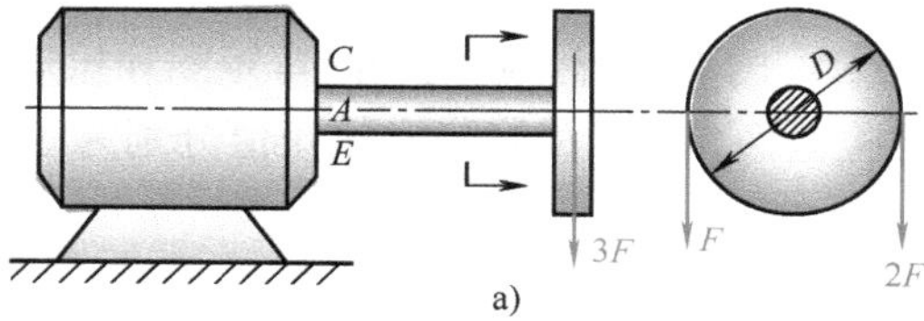

a)

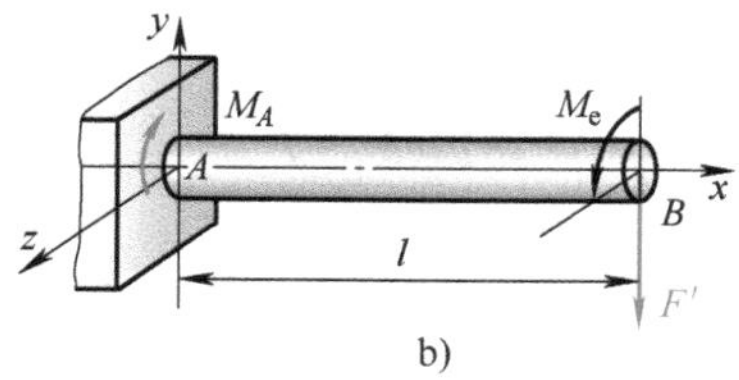

b)

图 6-55　弯扭组合圆轴

注意到圆轴的 $W_P=2W_z$，即可得到按第三和第四强度理论的强度条件，分别为

$$\frac{\sqrt{M^2+T^2}}{W_z}\leqslant[\sigma] \tag{6-52}$$

$$\frac{\sqrt{M^2+0.75T^2}}{W_z}\leqslant[\sigma] \tag{6-53}$$

例 6-28　图 6-56a 所示转轴 AB 由电动机带动，轴长 $l=1\text{m}$，在跨中央装有带轮，轮的直径 $D=1\text{m}$，重量不计，带紧边和松边的张力分别为 $F_1=4\text{kN}$，$F_2=2\text{kN}$，转轴材料的许用应力为 $[\sigma]=140\text{MPa}$。试用第三强度理论确定轴的直径 d。

例 6-28

解　(1) 外力分析。将作用于带上的张力 F_1 和 F_2 向轴线简化，得一个力 F 和一个力偶 M_e，M_e 与电动机驱动力偶 M 平衡（图 6-56b），F 和 M_e 的值分别为

$$F=F_1+F_2=6\text{kN}$$

$$M_e=(F_1-F_2)\frac{D}{2}=1\text{kN}\cdot\text{m}$$

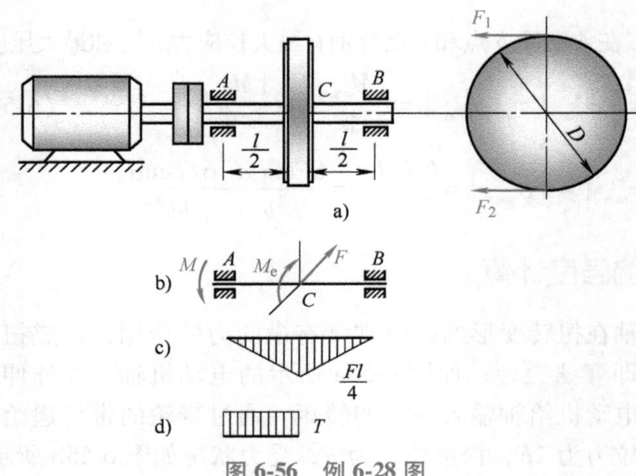

图 6-56　例 6-28 图

（2）内力分析。画出轴的弯矩图和扭矩图（图 6-56c、d）。由图可见，轴中部的截面 C 为危险截面，其上的弯矩和扭矩值分别为

$$M = Fl/4 = 6 \times l/4 = 1.5\text{kN} \cdot \text{m}$$
$$T = M_e = 1\text{kN} \cdot \text{m}$$

（3）确定轴的直径。将 $W_z = \pi d^3/32$ 和危险截面上的弯矩和扭矩值代入式（6-52），得轴的直径为

$$d \geqslant \sqrt[3]{\frac{32\sqrt{M^2+T^2}}{\pi[\sigma]}}$$
$$= \sqrt[3]{\frac{32\sqrt{(1.5\times10^6)^2+(1\times10^6)^2}}{\pi\times140}}\text{mm} = 50.8\text{mm}$$

故取 $d = 50\text{mm}$。

小　结

强度计算在工程中有着非常重要的实际意义，学习中应首先注重应用，正确理解和掌握公式，并能够解决实际工程问题。至于公式的由来，并不是学习的重点。

一、材料的强度条件：简单变形情况下构件内的最大工作应力不得超过材料的许用应力，即

$$\sigma_{\max} \leqslant [\sigma]，\tau_{\max} \leqslant [\tau]$$

对复杂变形有时需应用强度理论作为材料的强度条件。

二、截面的几何性质

1. 使用表 6-1 和公式

$$y_C = \frac{\sum A_i y_i}{A}，\ z_C = \frac{\sum A_i z_i}{A}$$

确定截面的形心位置，以及形心位置和面积矩 S_z、S_y 之间的关系。

2. 使用表 6-1 确定简单图形对形心轴的惯性矩和惯性半径，以及圆形截面的极惯性矩。

应用惯性矩的平行移轴公式

$$I_z=I_{zC}+a^2A$$

求解组合图形对形心轴的惯性矩。

三、轴向拉（压）杆的应力与强度计算

$$\sigma_{max}=F_{Nmax}/A\leqslant[\sigma]$$

四、连接件实用计算的常用公式

$$\tau=\frac{F_Q}{A}\leqslant[\tau],\quad \sigma_{bs}=\frac{F_{bs}}{A_{bs}}\leqslant[\sigma_{bs}]$$

五、圆轴扭转时的应力与强度计算的常用公式

$$\tau_\rho=\frac{T\rho}{I_P},\quad W_P=\frac{\pi(D^4-d^4)}{16D}=\frac{\pi D^3}{16}(1-\alpha^4),\quad \tau_{max}=\frac{T}{W_P}\leqslant[\tau]$$

六、梁弯曲时的应力与强度计算

1. 梁弯曲时正应力及强度计算的常用公式

$$\sigma=\frac{My}{I_z},\quad \sigma_{max}=\frac{M_{max}}{W_z}\leqslant[\sigma]$$

2. 梁弯曲时，从正应力强度条件推论的合理截面形状。

3. 梁弯曲时剪应力的强度计算的常用公式

$$\tau_{max}=kF_Q/A\leqslant[\tau]$$

4. 主应力和主平面的概念。

七、组合变形杆件的强度计算方法，是先分解成若干基本变形，并计算各自应力；然后再将危险点的应力进行叠加，得出最大应力，最后进行强度计算。常见的组合变形主要有拉（压）与弯组合、弯与弯组合和弯与扭组合。

思考题

6-1　工程中脆性材料和塑性材料的极限应力是如何确定的？

6-2　什么是许用应力？许用应力、极限应力和安全因数三者之间是什么关系？

6-3　什么是强度条件？利用强度条件可以解决哪些形式的强度问题？

6-4　如图 6-57 所示，矩形截面宽为 b，高为 $h=2b$，问：（1）宽度增加一倍时、（2）高度增加一倍时、（3）高度与宽度互换时，图形对形心轴 z 的惯性矩 I_z 各是原来的多少倍？

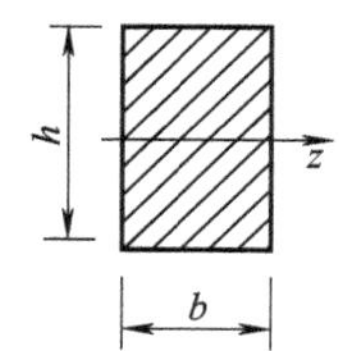

图 6-57　思考题 6-4 图

6-5　杆件在轴向拉压时，横截面上应力是如何分布的？

6-6　图 6-58 中圆轴扭转时，横截面上剪应力分布图正确的是____图。

6-7　图 6-59 中梁受正弯矩 M 作用时，正应力分布图正确的是____图。

6-8　长条椅为什么常常将椅腿安放在两端偏中的位置？

6-9　一矩形截面梁如图 6-57 所示，受竖向荷载作用，问竖放和横放时的正应力最大值相差多少倍？

6-10　脚手架为什么多采用空心圆管，而不采用实心圆钢？

6-11　丁字尺使用不当常常折断，是受什么方向的力而折断的？为什么？

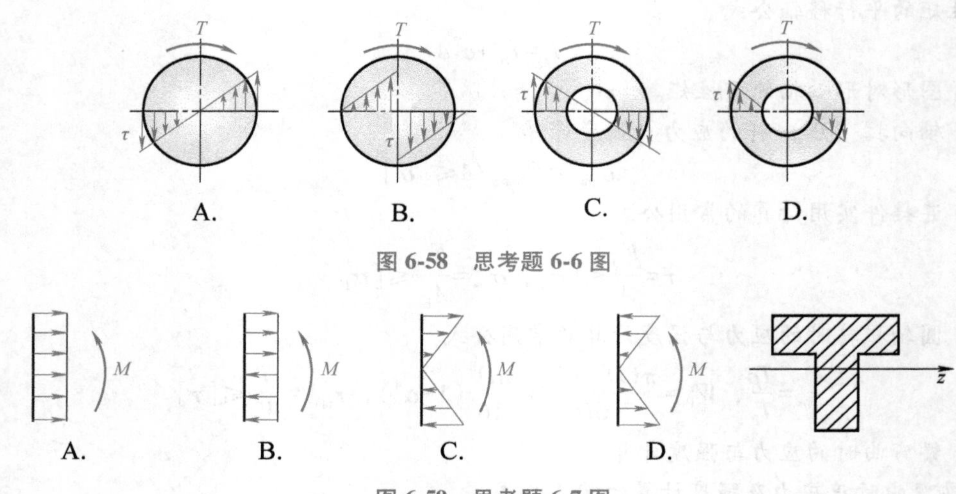

图 6-58　思考题 6-6 图

图 6-59　思考题 6-7 图

6-12　扁担为什么两头较中间细？

6-13　射箭用的弓，弓架的横截面比弓弦大得多，而有时弓架断了而弓弦还没断，为什么？

6-14　粉笔为什么容易被撇断，却较难被拉断，而压断则更难了？

6-15　简支木梁的横截面采用两种形式，如图 6-60 所示，其中叠在一起的两根梁之间为光滑接触。试分析梁横截面上的正应力分布，比较两者最大正应力的比例。

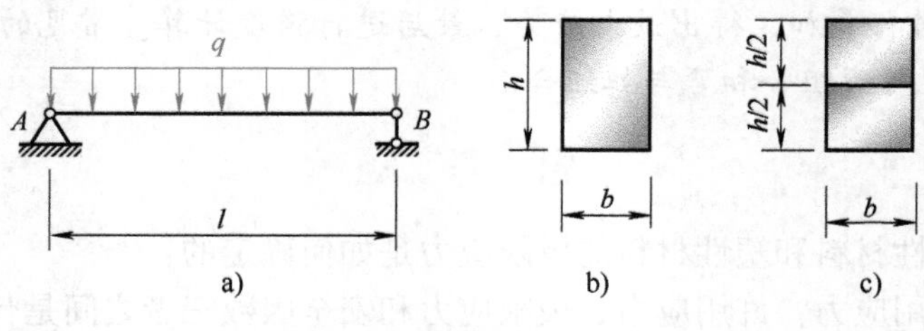

图 6-60　思考题 6-15 图

小实验

小实验一

取两根相同的甘蔗，将其中一根刨去皮，分别将两根甘蔗折断，比较折断时所用力的大小。观察甘蔗断裂的过程，断裂是从甘蔗的什么部位开始的，用学过的力学知识加以解释。

小实验二

取 1mm 厚的纸板，在材料用量相同的前提下，制成不同截面若干个跨度 $l=1\text{m}$ 的梁，进行承载实验，选择最合理的截面形状，并用掌握的力学知识说明道理。

习　题

6-1　任何一种构件材料都存在着一个承受应力的固有极限，称为____________，如构件内应力超过此值时，构件即告________。

6-2 在工程中为保证构件安全正常地工作，则构件的________________不得超过材料的许用应力［σ］，而许用应力［σ］是由材料的________________和________________决定的。

6-3 安全因数取值________于1的目的是为了使构件具有足够的________储备。

6-4 平面图形的对称轴一定通过图形的________心。

6-5 有面积相等的正方形和圆形，比较两图形对形心轴的惯性矩的大小，可知前者比后者________。

6-6 平面图形对任一轴的惯性矩，等于它对平行于该轴的________轴的惯性矩加上平面图示面积与两轴间距离平方的乘积。

习题 6-1　习题 6-2　习题 6-3

习题 6-4　习题 6-5　习题 6-6

6-7 试计算图6-61所示截面的形心位置，并求出对截面形心轴 z_C、y_C 的惯性矩。

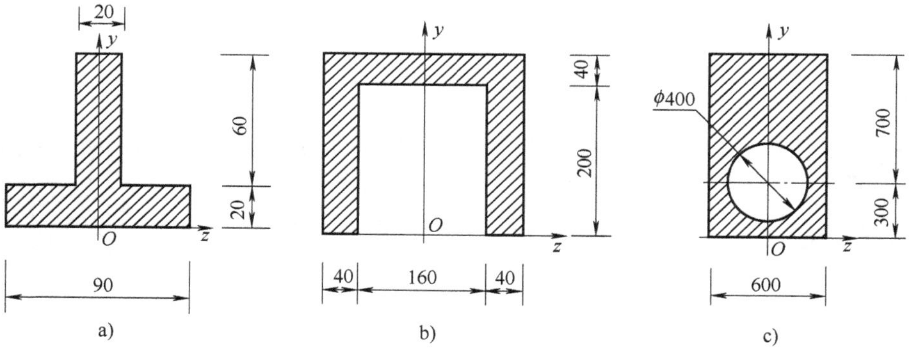

图6-61 习题6-7图

习题 6-7（a）　习题 6-7（b）　习题 6-7（c）

6-8 杆由两个22号槽钢组成，其截面如图6-62所示，若要求截面对其形心轴的惯性矩 $I_z = I_y$，则 b 等于多少？

6-9　一矩形截面木杆，两端的截面被圆孔削弱，中间的截面被两个切口减弱，如图 6-63 所示。杆端承受轴向拉力 $F=70\text{kN}$，已知 $[\sigma]=7\text{MPa}$，问杆是否安全。

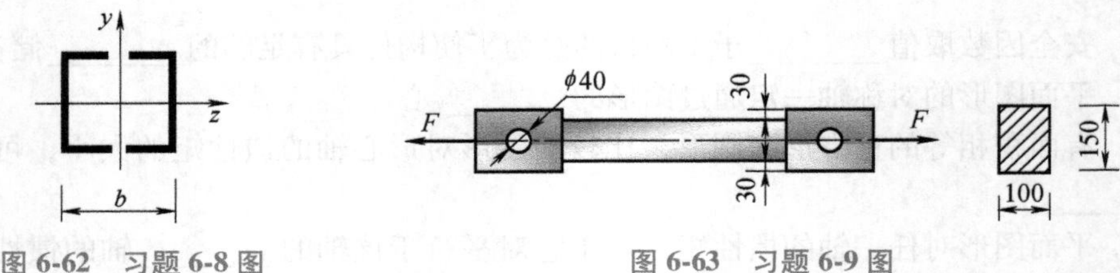

图 6-62　习题 6-8 图　　　　图 6-63　习题 6-9 图

6-10　用绳索起吊重 10kN 的管子，如图 6-64 所示。绳索的直径 $d=40\text{mm}$，许用应力 $[\sigma]=10\text{MPa}$，试校核绳索的强度。问绳索的直径为多少时更经济。

6-11　图 6-65 所示雨篷结构简图，水平梁 AB 上受均布荷载 $q=10\text{kN/m}$，B 端用斜杆 BC 拉住。试按下列两种情况设计截面：

（1）斜杆由两根等边角钢制造，材料的许用应力 $[\sigma]=160\text{MPa}$，选择角钢的型号。

（2）若斜杆用钢丝绳代替，每根钢丝绳的直径 $d=2\text{mm}$，钢丝的许用应力 $[\sigma]=160\text{MPa}$，求所需钢丝的数量。

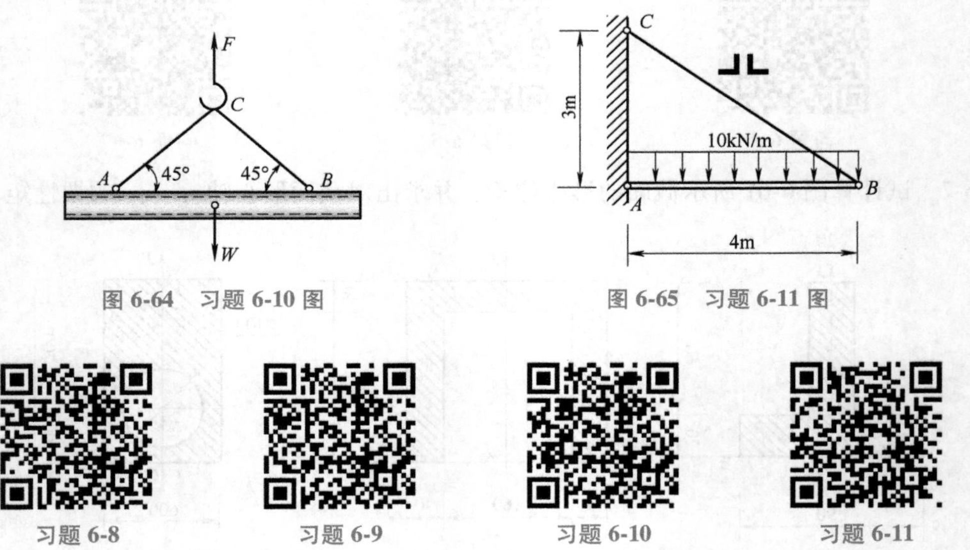

图 6-64　习题 6-10 图　　　　图 6-65　习题 6-11 图

习题 6-8　　习题 6-9　　习题 6-10　　习题 6-11

6-12　某悬臂起重机如图 6-66 所示，最大起重荷载 $W=20\text{kN}$，AB 杆为 Q235A 圆钢，许用应力 $[\sigma]=120\text{MPa}$。试设计 AB 杆的直径 d。

6-13　图 6-67 所示支架，在 B 处需承受荷载 80kN，杆 AB 为圆形截面的钢杆，其许用应力 $[\sigma_1]=160\text{MPa}$；杆 BC 为正方形截面木杆，其许用应力 $[\sigma_2]=4\text{MPa}$。试确定钢杆的直径 d 和木杆截面的边长 a。

6-14　如图 6-68 所示结构中，AB 杆可视为刚性杆，CD 杆的横截面面积 $A=500\text{mm}^2$，材料的许用应力 $[\sigma]=160\text{MPa}$。试求 B 点能承受的最大荷载 F_P。

6-15　如图 6-69 所示结构中，AC 与 BC 杆材料的许用应力分别为 $[\sigma_1]=100\text{MPa}$，$[\sigma_2]=160\text{MPa}$，两杆截面面积均为 $A=200\text{mm}^2$。求许用荷载 $[F]$。

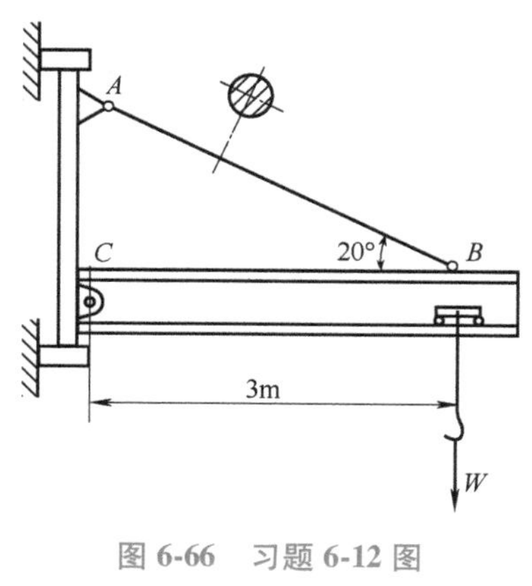

图 6-66 习题 6-12 图

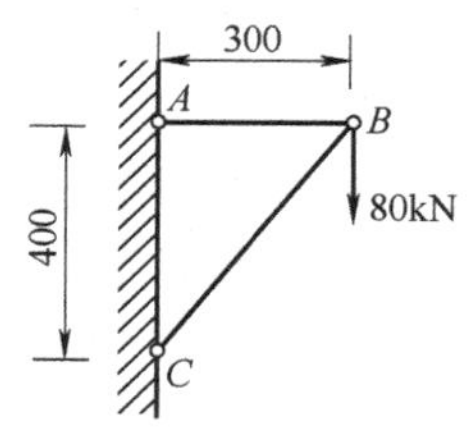

图 6-67 习题 6-13 图

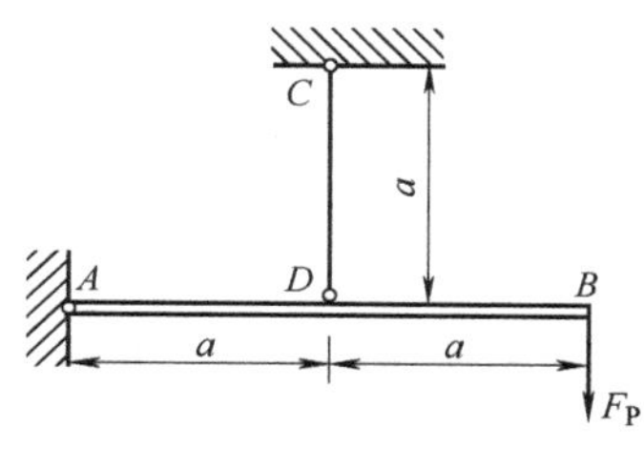

图 6-68 习题 6-14 图

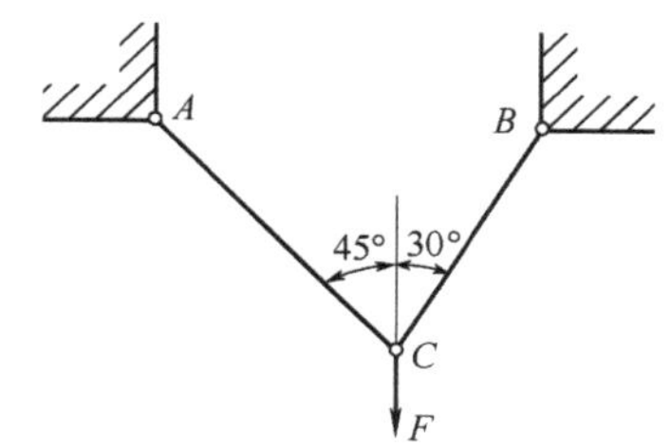

图 6-69 习题 6-15 图

习题 6-12

习题 6-13

习题 6-14

习题 6-15

6-16 如图 6-70 所示支架，从试验中测得杆 BC 的纵向正应变为 $\varepsilon=0.04\%$，试确定 AB 梁上荷载的线集度 q。已知 BC 杆的横截面面积 $A=250\text{mm}^2$，弹性模量 $E=200\text{GPa}$。

6-17 如图 6-71 所示支架，在结点 C 处承受荷载 F 作用。从试验中测得杆 1 与杆 2 的纵向正应变分别为 $\varepsilon_1=0.04\%$ 与 $\varepsilon_2=-0.02\%$，试确定荷载 F 及其方位角 θ 的值。已知两杆的横截面面积 $A=200\text{mm}^2$，弹性模量 $E=200\text{GPa}$。

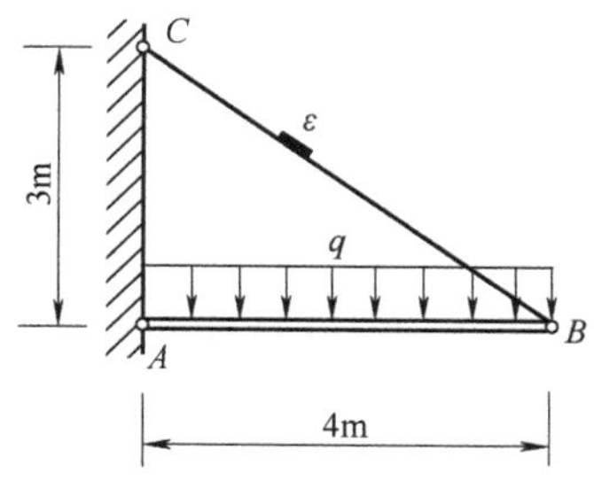

图 6-70 习题 6-16 图

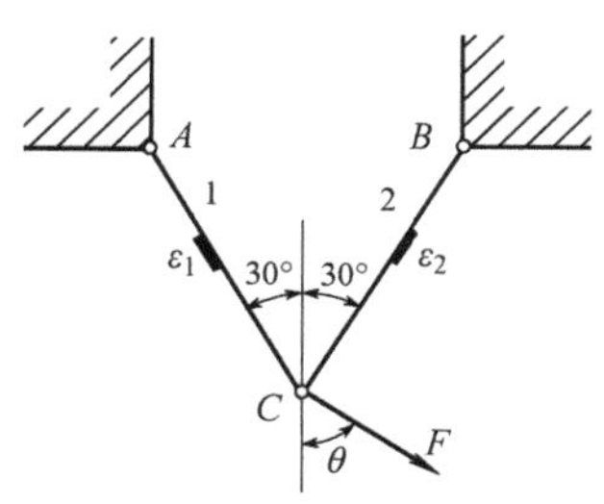

图 6-71 习题 6-17 图

6-18　钢板由两个直径 $d=16\text{mm}$ 的铆钉连接，如图 6-72 所示，钢板的宽度 $b=60\text{mm}$。已知 $F=100\text{kN}$，$\delta=20\text{mm}$，许用应力 $[\tau]=140\text{MPa}$，$[\sigma_{bs}]=280\text{MPa}$，$[\sigma]=160\text{MPa}$，试校核此连接的强度。

6-19　两钢板由一个铆钉连接，如图 6-73 所示，已知 $F=10\text{kN}$，$\delta=5\text{mm}$，许用应力 $[\tau]=80\text{MPa}$，$[\sigma_{bs}]=200\text{MPa}$，试确定铆钉的直径 d。

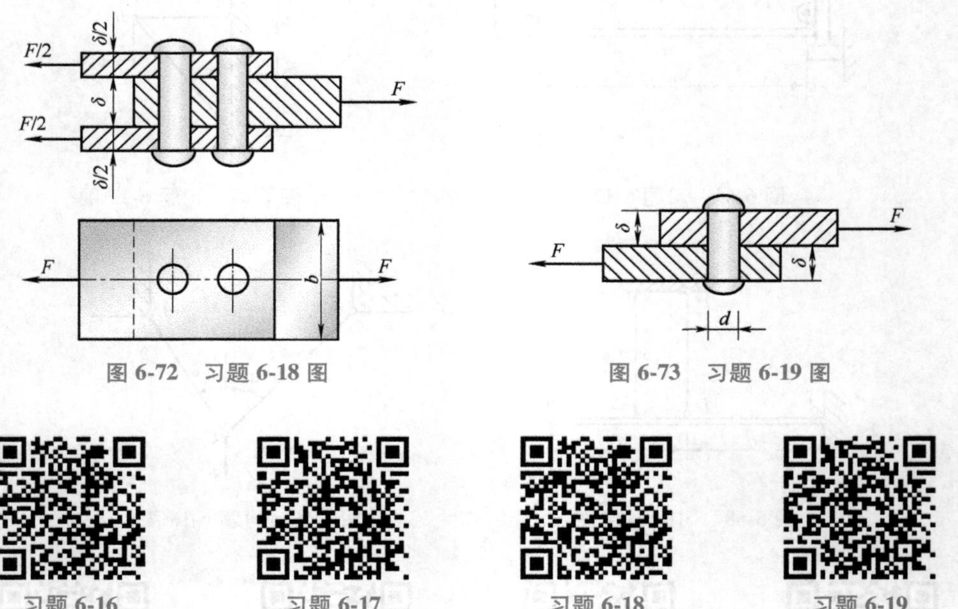

图 6-72　习题 6-18 图

图 6-73　习题 6-19 图

习题 6-16　习题 6-17　习题 6-18　习题 6-19

6-20　已知图 6-74 所示铆接头的铆钉直径 $d=20\text{mm}$，剪切许用应力 $[\tau]=145\text{MPa}$，钢板挤压许用应力 $[\sigma_{bs}]=340\text{MPa}$，抗拉许用应力 $[\sigma]=170\text{MPa}$，试校核铆接头强度。

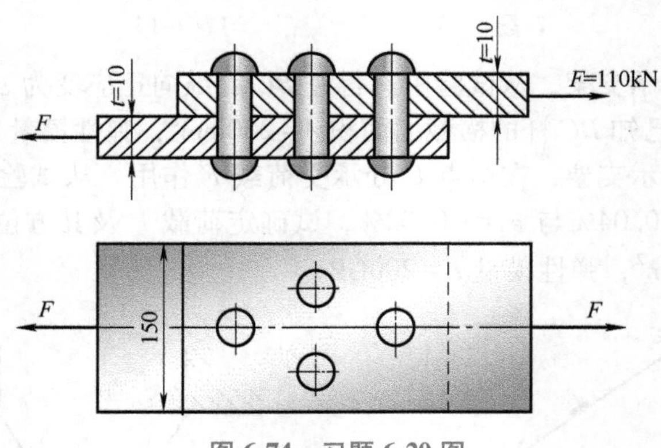

图 6-74　习题 6-20 图

6-21　图 6-75 所示铆钉连接，承受轴力 $F_N=280\text{kN}$，铆钉直径 $d=20\text{mm}$，许用剪应力 $[\tau]=140\text{MPa}$，试按剪切条件确定所需铆钉数量。

6-22　设计图 6-76 所示钢销钉的尺寸 h 和 δ，并校核拉杆的强度。已知钢拉杆及销钉材料的许用应力 $[\sigma]=100\text{MPa}$，$[\tau]=80\text{MPa}$，$[\sigma_{bs}]=150\text{MPa}$，直径 $d=50\text{mm}$，承受荷载 $F=100\text{kN}$。

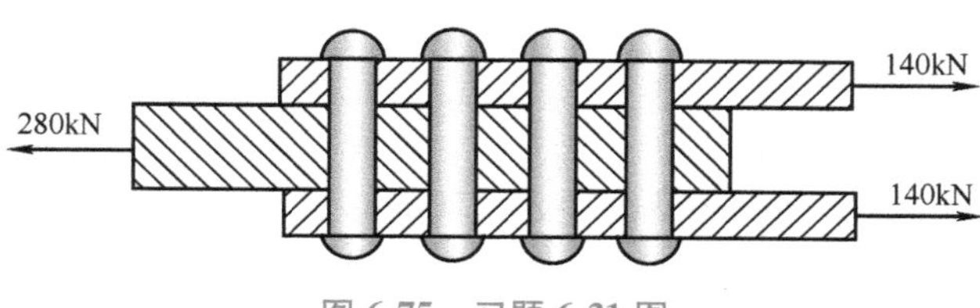

图 6-75　习题 6-21 图

6-23　宽 $b=0.1\mathrm{m}$ 的两矩形木杆互相连接，如图 6-77 所示。若荷载 $F=50\mathrm{kN}$，木杆许用剪应力 $[\tau]=1.5\mathrm{MPa}$，许用挤压应力 $[\sigma_{bs}]=12\mathrm{MPa}$，求尺寸 a 和 t。

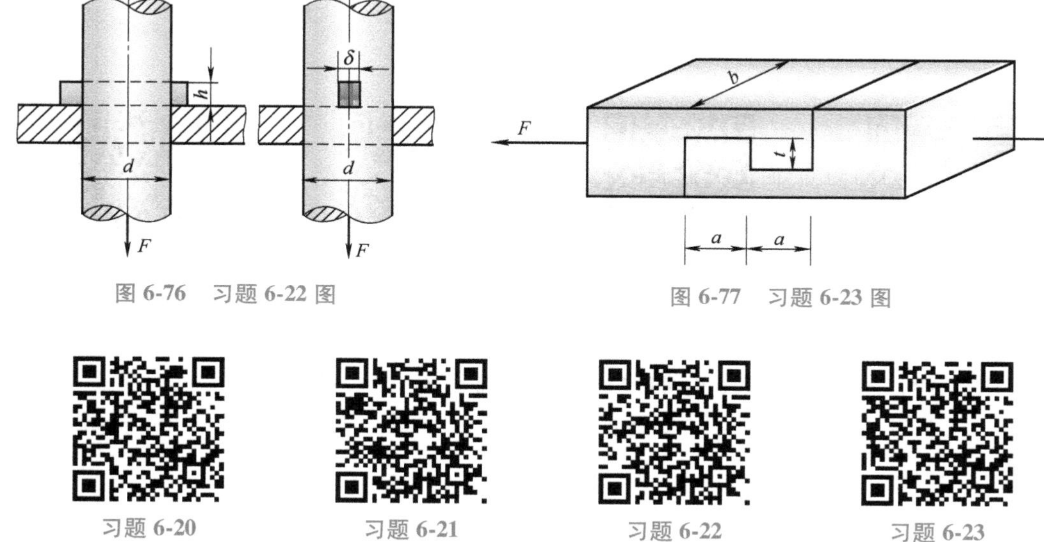

图 6-76　习题 6-22 图

图 6-77　习题 6-23 图

习题 6-20　习题 6-21　习题 6-22　习题 6-23

6-24　实心圆轴的直径 $D=100\mathrm{mm}$，两端受外力偶矩 $M_e=15\mathrm{kN\cdot m}$ 作用，如图 6-78 所示。试求：

（1）轴内阴影截面上 A、B、O 三点处的剪应力的大小及方向。

（2）轴内的最大剪应力。

6-25　空心圆轴外径 $D=100\mathrm{mm}$，内径 $d=50\mathrm{mm}$，受 $M_e=15\mathrm{kN\cdot m}$ 作用，如图 6-79 所示。试求：

（1）截面剪应力最大值和最小值。

（2）画出截面的剪应力分布图。

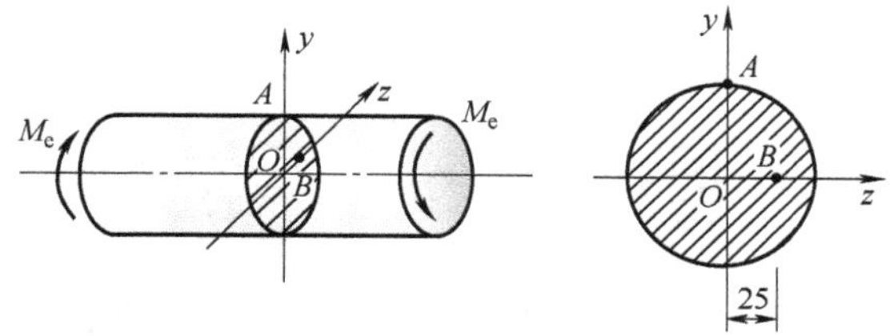

图 6-78　习题 6-24 图

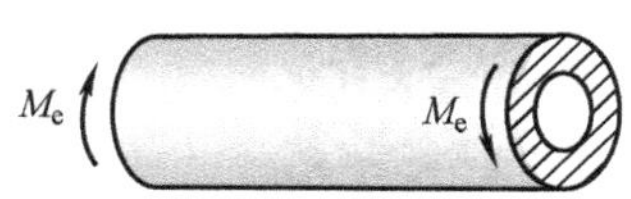

图 6-79　习题 6-25 图

6-26　某轴两端受外力偶矩 $M_e=300\text{N}\cdot\text{m}$ 作用，已知材料的许用应力 $[\tau]=70\text{MPa}$，试按下列两种情况校核轴的强度：

（1）实心圆轴，直径 $D=30\text{mm}$。

（2）空心圆轴，外径 $D_1=40\text{mm}$，内径 $d_1=20\text{mm}$。

6-27　图 6-80 所示实心轴和空心轴通过牙嵌离合器连在一起，已知轴的转速 $n=100\text{r/min}$，传递功率 $P=7.5\text{kW}$，$[\tau]=20\text{MPa}$。试选择实心轴的直径 d_1 和内外径比值为 1∶2 的空心轴外径 D_2。

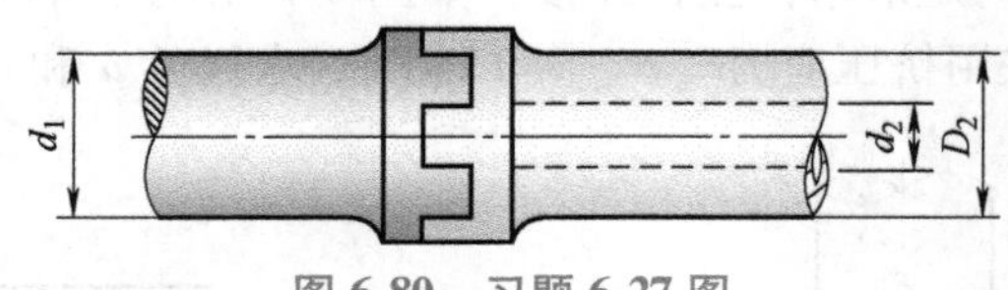

图 6-80　习题 6-27 图

习题 6-24

习题 6-25

习题 6-26

习题 6-27

6-28　一圆轴因扭转而产生的最大剪应力 τ_{max} 达到许用剪应力 $[\tau]$ 的两倍，为使轴能安全可靠地工作，要将轴的直径 d_1 加大到 d_2。试确定 d_2 是 d_1 的几倍？

6-29　试求图 6-81 所示简支梁 C 截面上 a、b、c、d 四点处正应力的大小，并说明是拉应力还是压应力。

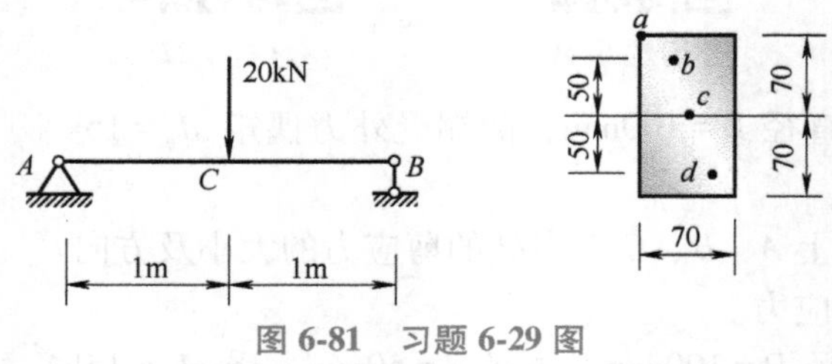

图 6-81　习题 6-29 图

6-30　试画出图 6-82 所示梁上 B、C 截面处正应力沿横截面高度的分布图，已知 $I_z=2\times10^7\text{mm}^4$，$y_1=100\text{mm}$，$y_2=200\text{mm}$。

6-31　梁的截面为 T 字形，如图 6-83 所示，中性轴为 z 轴，已知：A 点的拉应力 $\sigma_A=40\text{MPa}$，离中性轴的距离 $y_1=10\text{mm}$，同一截面上 B、C 两点离中性轴的距离分别为 $y_2=8\text{mm}$、$y_3=30\text{mm}$。试确定 B、C 两点的正应力的大小和方向，以及该截面上的最大拉应力和最大压应力。

习题 6-28

习题 6-29

习题 6-30

习题 6-31

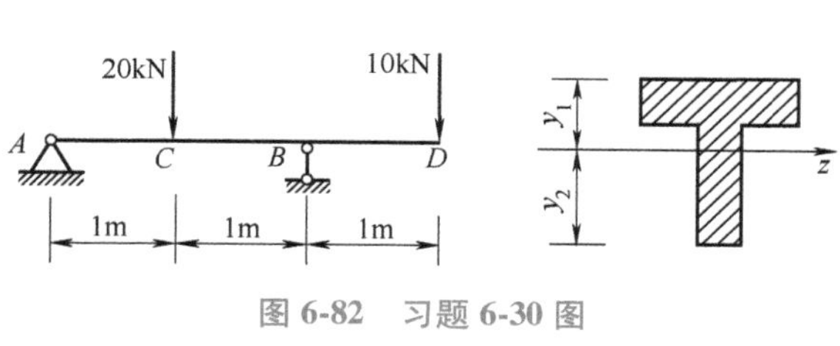

图 6-82 习题 6-30 图

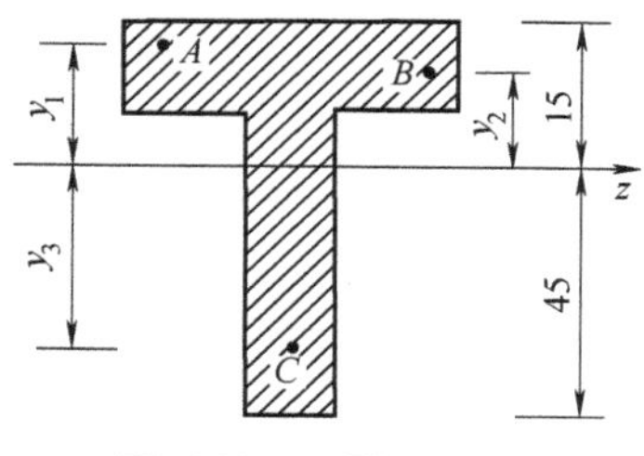

图 6-83 习题 6-31 图

6-32 悬臂梁长 $l=1.5\mathrm{m}$，自由端受集中荷载 $F=7\mathrm{kN}$ 作用，梁由两根不等边角钢 2∟125×80×10 组成，如图 6-84 所示。材料的许用正应力 $[\sigma]=160\mathrm{MPa}$。试校核梁的正应力强度。

6-33 简支梁受均布荷载作用，已知 $l=4\mathrm{m}$，截面为矩形，宽 $b=140\mathrm{mm}$，高 $h=210\mathrm{mm}$，如图 6-85 所示。材料的许用应力 $[\sigma]=10\mathrm{MPa}$。试求梁的许用荷载 $[q]$。

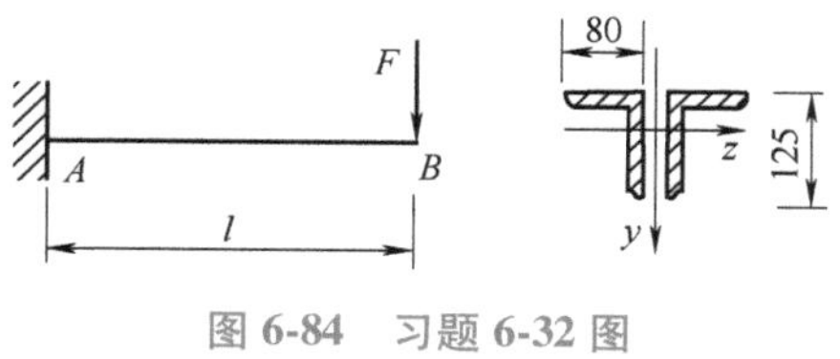

图 6-84 习题 6-32 图

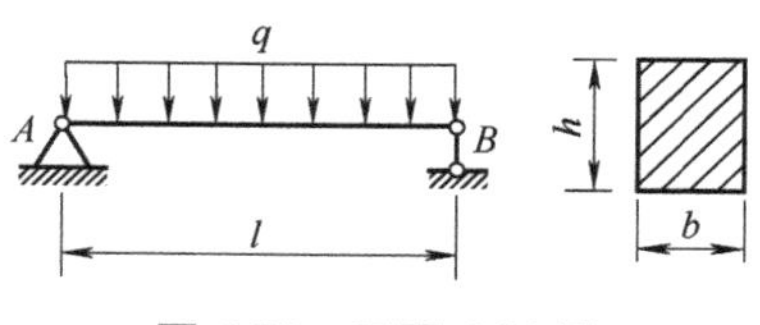

图 6-85 习题 6-33 图

6-34 外伸圆木梁受荷载作用如图 6-86 所示，已知 $F=4\mathrm{kN}$，木材的许用应力 $[\sigma]=10\mathrm{MPa}$，$[\tau]=2\mathrm{MPa}$。试选择梁的直径 d。

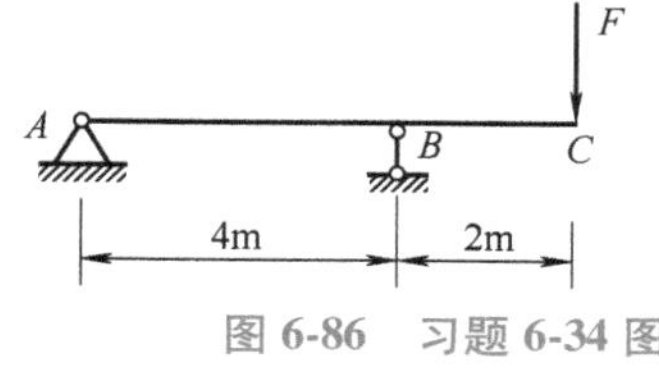

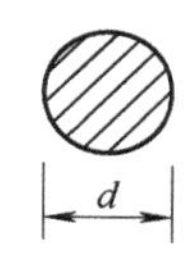

图 6-86 习题 6-34 图

6-35 外伸梁如图 6-87 所示，截面对形心轴的惯性矩 $I_z=2\times10^8\mathrm{mm}^4$，已知 $y_1=100\mathrm{mm}$，$y_2=200\mathrm{mm}$，许用拉应力 $[\sigma]^+=30\mathrm{MPa}$，许用压应力 $[\sigma]^-=60\mathrm{MPa}$。试校核梁的正应力强度。

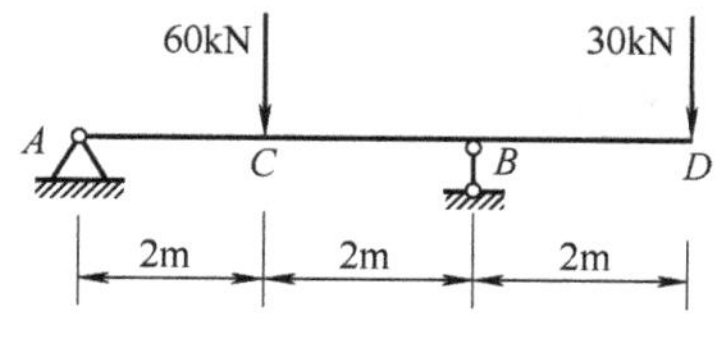

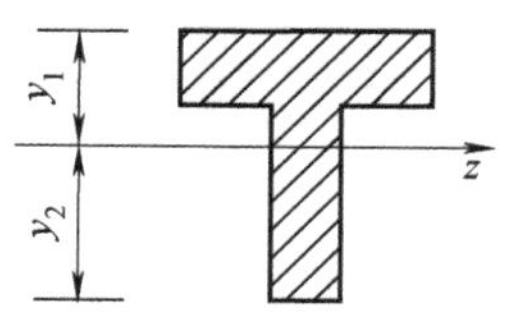

图 6-87 习题 6-35 图

习题 6-32

习题 6-33

习题 6-34

习题 6-35

6-36 槽形铸铁梁受荷载作用如图 6-88 所示，槽形截面对中性轴 z 的惯性矩 $I_z=40\times10^6\mathrm{mm}^4$，材料的许用拉应力 $[\sigma_l]=40\mathrm{MPa}$，许用压应力 $[\sigma_y]=150\mathrm{MPa}$。试校核此梁的强度。

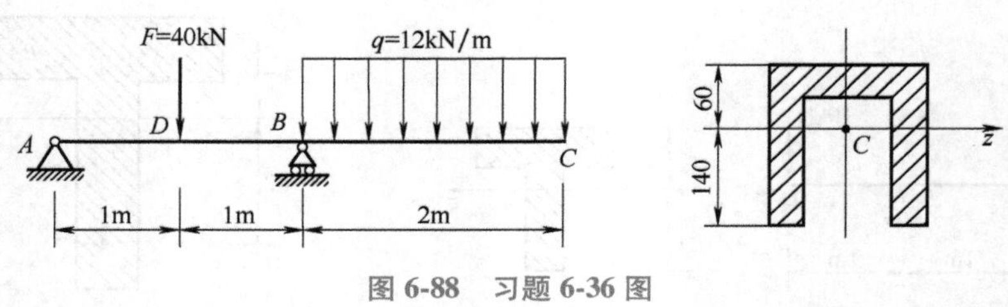

图 6-88　习题 6-36 图

6-37　试求图 6-89 所示各梁的最大正应力和最大剪应力的大小及其所在位置。

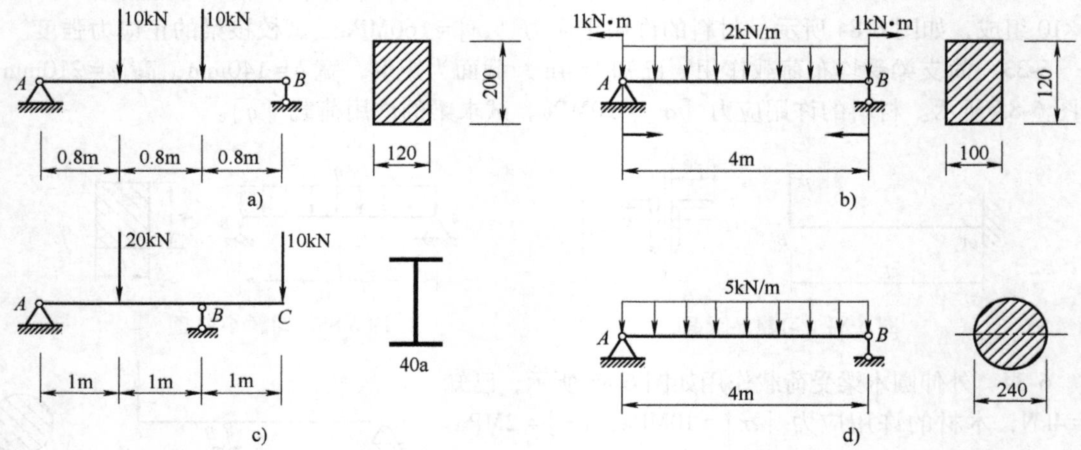

图 6-89　习题 6-37 图

6-38　一矩形截面的木梁，其截面尺寸及荷载如图 6-90 所示。已知 $[\sigma]=10\text{MPa}$、$[\tau]=2.5\text{MPa}$，试校核梁的正应力强度和剪应力强度。

6-39　由工字钢制成的外伸梁，梁上荷载如图 6-91 所示，已知 $l=6\text{m}$、$F=30\text{kN}$、$q=6\text{kN/m}$，材料的许用应力 $[\sigma]=160\text{MPa}$、$[\tau]=90\text{MPa}$，试选择工字钢的型号。

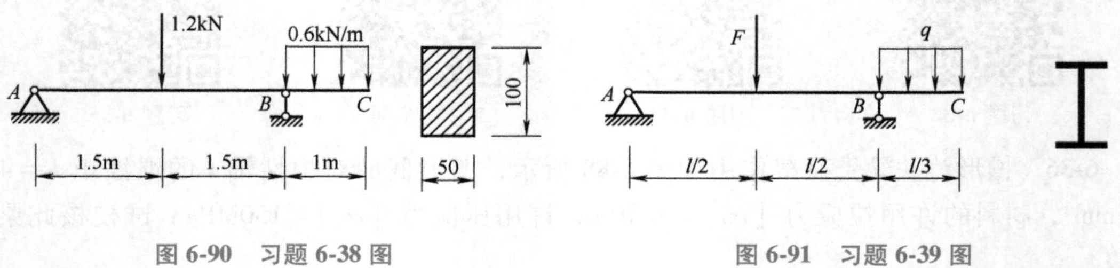

图 6-90　习题 6-38 图　　　　图 6-91　习题 6-39 图

6-40　图 6-92 所示跳水用跳板，弹跳时作用在板端的力 $F=2\text{kN}$，板的横截面为矩形，且 $h/b=1/5$，已知许用正应力 $[\sigma]=7.2\text{MPa}$，试根据正应力强度条件设计板的高 h 和宽 b 的值。若许用剪应力 $[\tau]=2\text{MPa}$，试问跳板是否能满足剪应力强度条件？

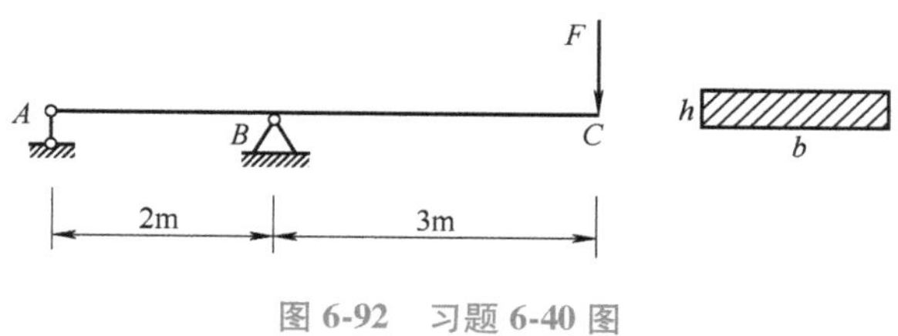

图 6-92　习题 6-40 图

6-41　圆形截面柱如图 6-93 所示，$F_1=100\text{kN}$，$F_2=2.5\text{kN}$，$h=2\text{m}$，$d=200\text{mm}$，许用正应力 $[\sigma]=10\text{MPa}$，试校核正应力强度。

6-42　夹具如图 6-94 所示，最大夹紧力 $F=5\text{kN}$，偏心距 $e=100\text{mm}$，$b=10\text{mm}$，材料的许用应力 $[\sigma]=80\text{MPa}$。求夹具立柱的尺寸 h。

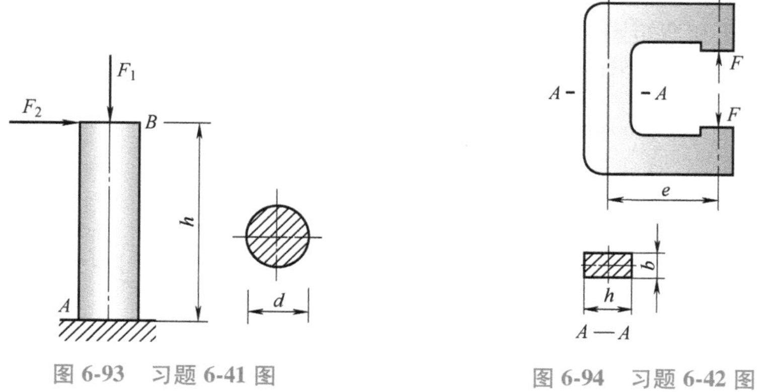

图 6-93　习题 6-41 图　　　图 6-94　习题 6-42 图

6-43　图 6-95 所示柱截面为正方形，边长为 a，顶端受轴心压力 F 作用，在右侧中部挖一个槽，槽深 $a/4$。求：

（1）开槽前后柱内最大压应力值。

（2）若在槽的侧面再挖一个相同的槽，则最大压应力有何变化。

6-44　如图 6-96 所示，一矩形截面柱子受压力 F_1 及 F_2 作用，$F_1=100\text{kN}$，$F_2=45\text{kN}$，F_2 与柱轴线有一个偏心距 $e_y=20\text{cm}$；$b=18\text{cm}$，$h=30\text{cm}$；求 $\sigma_{拉\max}$ 及 $\sigma_{压\max}$。如要求柱截面内不出现拉应力，试问截面高度 h 应为多少？此时的 $\sigma_{压\max}$ 为多大？

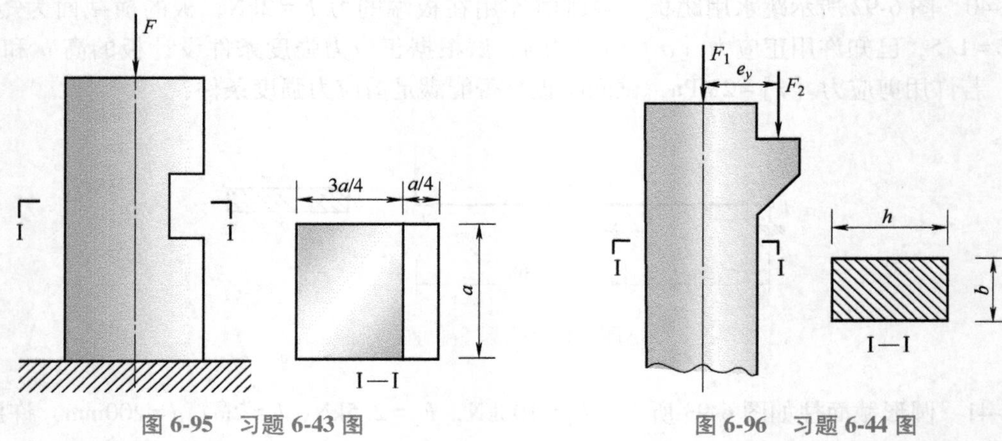

图 6-95　习题 6-43 图　　　　图 6-96　习题 6-44 图

6-45　图 6-97 所示简支梁截面为 22a 工字钢，已知 $F=100\text{kN}$，$l=1.2\text{m}$，材料的许用应力 $[\sigma]=160\text{MPa}$。试校核梁的强度。

习题 6-42　　习题 6-43　　习题 6-44　　习题 6-45

6-46　图 6-98 所示一木制楼梯梁，受铅直荷载作用，已知 $l=4\text{m}$，$b=0.12\text{m}$，$h=0.2\text{m}$，$q=3.0\text{kN/m}$，试求：

（1）作轴力图和弯矩图。

（2）求危险截面（跨中截面）上的最大拉应力和最大压应力值。

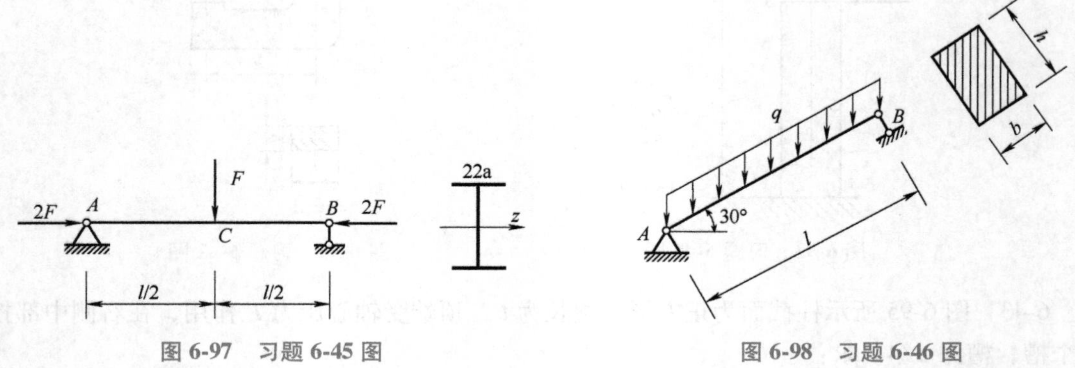

图 6-97　习题 6-45 图　　　　图 6-98　习题 6-46 图

6-47　图 6-99 所示起重构架，梁 ACD 由两根槽钢组成。已知 $a=3\text{m}$，$b=1\text{m}$，$F=30\text{kN}$，杆材料的许用应力 $[\sigma]=140\text{MPa}$。试选择槽钢型号。

6-48　图 6-100 所示 25a 工字钢简支梁处于斜弯曲状态，已知 $l=4\text{m}$，$F=20\text{kN}$，$\varphi=15°$，杆材料的许用应力 $[\sigma]=160\text{MPa}$。试校核强度。

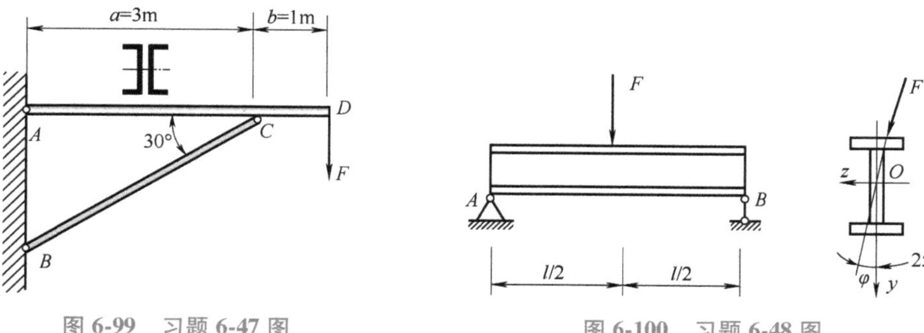

图 6-99 习题 6-47 图

图 6-100 习题 6-48 图

6-49 图 6-101 所示卷扬机的最大载重量 $W=0.8\text{kN}$，鼓轮的直径 $D=380\text{mm}$，卷扬机车轴材料的许用应力 $[\sigma]=80\text{MPa}$。试用第三强度理论确定卷扬机车轴直径 d。

6-50 图 6-102 所示折杆的 AB 段为圆截面，AB 垂直于 BC，已知 AB 杆直径 $d=100\text{mm}$，材料的许用应力 $[\sigma]=80\text{MPa}$。试按第三强度理论确定许用荷载 $[F]$。

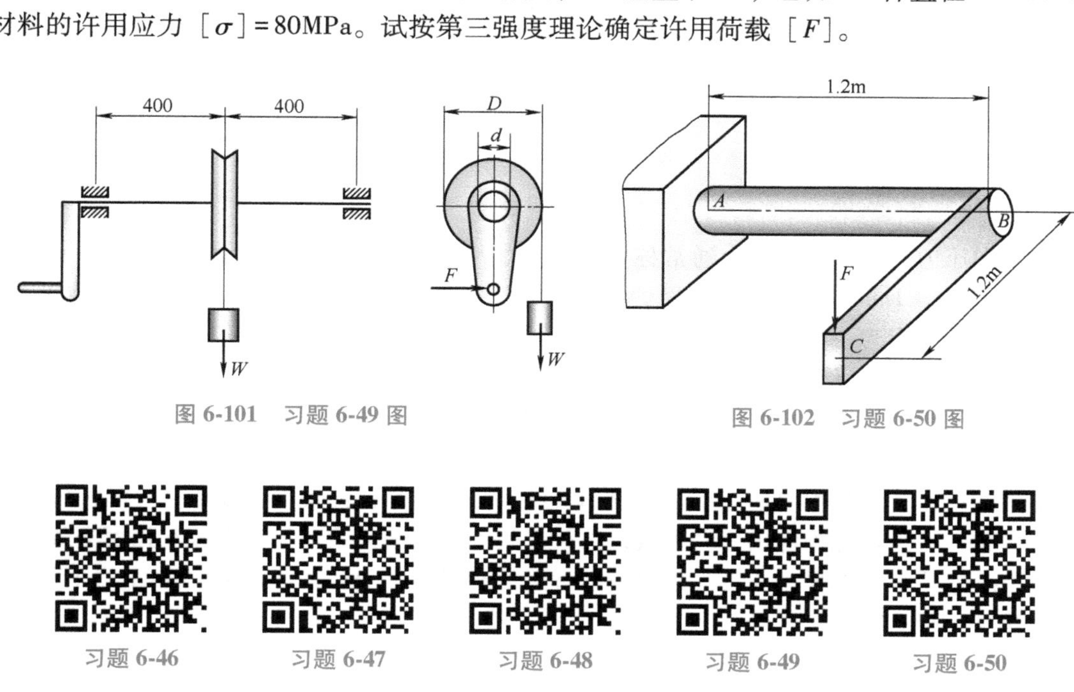

图 6-101 习题 6-49 图

图 6-102 习题 6-50 图

习题 6-46　习题 6-47　习题 6-48　习题 6-49　习题 6-50

第七章
压杆稳定

前面章节基本上都是在平衡的基础上讨论力学问题，本章则进一步讨论平衡的稳定性，这在工程中非常重要，尤其是对于受压直杆构件。本章的欧拉公式是通过归纳实验总结出来的，但此公式是应用力学中为数不多的理论公式，可以在力学模型中通过严谨的数学推演而推导出来。通过本章的学习，除了掌握压杆稳定性的计算，还应掌握提高压杆稳定措施的手段。

失稳的概念

第一节 压杆的失稳失效

一、失稳的概念

受轴向压力的直杆，工程上通常称为压杆。如果取一根长 300mm 的钢锯条，其横截面尺寸约为 10mm×1mm。假定钢的强度容许应力为 $[\sigma]=160\text{MPa}$，则按强度条件计算此钢条所能承受的轴力应为

$$F_N=[\sigma]A=160\text{MPa}\times10\text{mm}\times1\text{mm}=1600\text{N}=1.6\text{kN}$$

从强度的角度看，如果用手抓住其两端，用全力也压不坏它。但若将此钢锯条竖立在桌上，用一个手指压其上端，只要不到 20N 的压力就轻易地将其明显压弯，这时钢锯条就不可能承担更多的压力。这种现象显然不是材料的强度不够，而是杆件丧失了稳定性，简称失稳或屈曲。通常，失稳也是构件的一种失效，这种失效称为失稳失效。失稳失效与强度失效和刚度失效有着本质上的差异，前者失效时荷载远远低于后者，而且往往是突发性的，因而常常造成灾难性后果。

在工程史上，曾经发生过不少这类满足强度条件的压杆突然破坏导致整个结构毁坏的事故。例如，1907 年，美国和加拿大交界的圣劳伦斯河上的魁北克大桥，因桁架中受压杆的突然失稳，引起了大桥的坍塌。尤其需要指出的是，近年来工程施工中由于脚手架倒塌时有发生，给人民的生命财产造成了巨大的损失，而事故中相当一部分是由于构件失稳失效造成的；还有一部分是由于结构的几何组成不合理而造成的结构失效，这将在后面的章节中讨论。

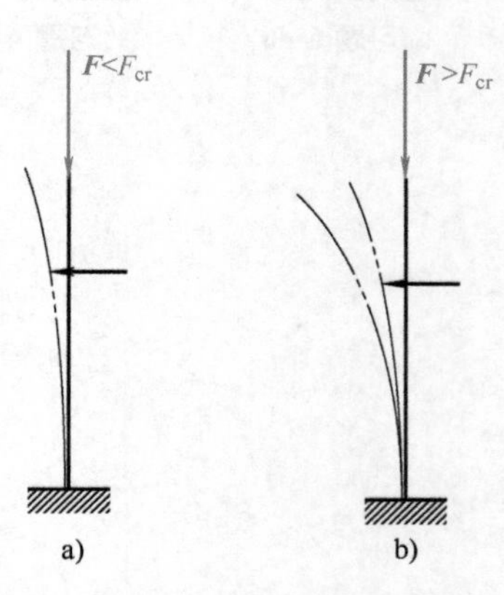

图 7-1 压杆不同的稳定状态

一根压杆的平衡状态，根据它对干扰的承受能力可以分为稳定平衡状态和不稳定平衡状态。图 7-1 为一压杆，保持着直线形状的平衡状态。当压力 F 不太大时，用一微小横向

力给以干扰，杆有微弯；当干扰力撤去，杆会立即恢复原有的直线状态（图 7-1a），这样的平衡状态称为稳定平衡状态。当压力 F 超过 F_{cr}后，如有干扰，压杆不仅不能恢复直线形状，而且将继续弯曲，产生显著的弯曲变形，甚至破坏，即发生了失稳现象（图 7-1b），这样的平衡称为不稳定平衡状态。

由此可以看出，直线形状平衡状态的稳定性与杆上受到的压力大小有关。在 $F<F_{cr}$时是稳定的，在 $F>F_{cr}$时是不稳定的。特定值 F_{cr}称为压杆的临界荷载。

工程实际中的压杆，由于种种原因，如不可能达到理想的中心受压状态，制作的误差、材料的不均匀、周围物体的振动等，当压杆上的荷载达到临界荷载 F_{cr}时，甚至还小于临界荷载 F_{cr}时，就会发生失稳现象。

二、和临界荷载有关的因素

用一根和钢锯条形状一样的卡片纸和钢锯条进行对比失稳实验，可以发现钢锯条的临界荷载要大得多，说明在其他条件都一样的前提下，临界荷载 F_{cr}随弹性模量 E 增大而增大。用一张卡片纸竖放在桌上，其自重就可能使它失稳，但如果把纸片折成像角钢似的形状，则由于其横截面的最小惯性矩增大，须在其顶端放上一个轻砝码才能使它失稳；而若将纸片卷成圆筒形，并将接口粘住，则由于圆筒的横截面的最小惯性矩显著增大，以致虽放上更重的砝码仍不能压弯而保持稳定平衡，那么临界荷载 F_{cr}又随最小惯性矩 I 增大而增大。以上说明临界荷载 F_{cr}是随抗弯刚度 EI 增加而增大的。

如果用抗弯刚度相同、但长度不一样的压杆来做以上实验，可以发现杆件越长，临界荷载越小，即稳定性越差。在这些基础上还可以通过实验发现临界荷载的大小还和压杆两端的支撑有关，见表 7-1。为了计算方便，将两端支撑的因素折算到杆件的长度中，不同的支撑用不同的长度因数 μ 来体现。通常将长度因数 μ 和杆长 l 的乘积 μl 称为有效长度。理论和实验都证实了临界荷载是按计算长度的平方的增加而减小的。

表 7-1 压杆长度因数

支撑情况	一端固定另一端自由	两端铰支	一端固定另一端铰支	两端固定
简图	F_{cr}	F_{cr}	F_{cr}	F_{cr}
临界力 F_{cr}	$\pi^2 EI/(2l)^2$	$\pi^2 EI/l^2$	$\pi^2 EI/(0.7l)^2$	$\pi^2 EI/(0.5l)^2$
计算长度	$2l$	l	$0.7l$	$0.5l$
长度因数 μ	2	1	0.7	0.5

综上所述，压杆的临界荷载 F_{cr}是随抗弯刚度 EI 增大而增大，随有效长度 μl 增大而减小的。当压杆在胡克定律范围内，临界荷载 F_{cr}可表达为理论公式（欧拉公式），即

$$F_{cr}=\frac{\pi^2EI}{(\mu l)^2} \tag{7-1}$$

三、临界应力

当压杆处在临界状态时，杆件可以在直线情况下维持不稳定的平衡，这时压杆的压应力称为临界应力 σ_{cr}，即

$$\sigma_{cr}=F_{cr}/A \tag{7-2}$$

式（7-2）中的 A 为压杆的横截面面积。

由式（7-2）不难看出，临界应力 σ_{cr} 是随 I/A 增大而增大的，而 $I/A=i^2$，其中 i 为截面的惯性半径。令

$$\lambda=\mu l/i \tag{7-3}$$

式（7-3）中的 λ 称为压杆的柔度或长细比，是一个无量纲的量，它综合反映了压杆的长度、支撑情况、截面形状与尺寸等因素对临界应力的影响。在材料相同的前提下 λ 大，表示压杆细而长，临界应力就小，压杆容易屈曲；λ 小，压杆粗而短，临界应力就大，压杆不易屈曲。所以，柔度 λ 是压杆稳定计算中一个重要的几何参数。

根据柔度的大小，可将压杆分为三类：

（1）大柔度杆　将材料的比例极限 σ_P 代入欧拉公式，这时压杆材料处于线弹性阶段，得到对应的某个极限值 λ_P（极限柔度）。由式（7-1）~式（7-3）可得 $\sigma_P=\frac{\pi^2E}{\lambda_P^2}$，即

$$\lambda_P=\pi\sqrt{\frac{E}{\sigma_P}} \tag{7-4}$$

式（7-4）中的 E 为材料的弹性模量。注意，λ_P 的实验值通常与理论值有一定差异，工程中常采用实验值。

当柔度 λ 大于或等于 λ_P 时，材料内应力超出比例极限，压杆将发生失稳，称为弹性失稳，这类压杆称为大柔度杆或细长杆。

（2）中柔度杆　柔度 λ 小于 λ_P，此时材料进入屈服阶段，有塑性变形，因此欧拉公式失效。但大于或等于某个极限值 λ_s 时，压杆也会发生失稳，失稳机理比较复杂，称为非弹性失稳，这类压杆称为中柔度杆或中长杆。对于中长杆，目前在设计中多采用经验公式计算其临界应力。

（3）小柔度杆　柔度 λ 小于 λ_s，这类压杆称为小柔度杆或粗短杆，通常首先发生的是强度失效，承载能力由强度决定，即不用考虑其稳定性。

其中，λ_P 和 λ_s 可以在有关手册中查到。

四、临界应力的计算公式

压杆临界应力的计算公式根据其柔度大小分别可用理论公式（欧拉公式）和经验公式（抛物线公式）来计算。对于细长杆，临界应力可以用理论公式（欧拉公式）

$$\sigma_{cr}=\pi^2E/\lambda^2 \tag{7-5}$$

来进行计算。

对于中长杆，临界应力可以用经验公式（抛物线公式）

$$\sigma_{cr}=\sigma_0-k\lambda^2 \tag{7-6}$$

来进行计算，式（7-6）中的 σ_0、k 都是和材料有关的参数。例如：

Q235 钢

$$\sigma_{cr}=(235-0.00668\lambda^2)\,\text{MPa} \qquad (\lambda<\lambda_p=123)$$

例 7-1

例 7-1　图 7-2a、b 中所示压杆，其直径均为 d，材料都是 Q235 钢，比例极限 $\sigma_P=200\text{MPa}$，弹性模量 $E=200\text{GPa}$，但二者长度和约束条件各不相同。

（1）分析哪一根杆的临界荷载较大？

（2）计算 $d=150\text{mm}$ 时二杆的临界荷载。

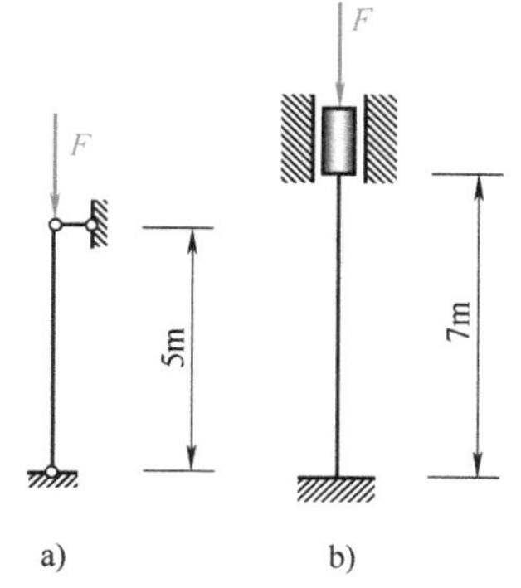

图 7-2　例 7-1 图

解　（1）计算柔度，判断哪一根杆的临界荷载大，因为 $\lambda=\mu l/i$，其中 $i=\sqrt{\dfrac{I}{A}}$，而二者均为圆截面且直径相同，故有

$$i=d/4$$

因二者约束条件和杆长均不相同，所以 λ 不一定相同。

对于两端铰支的压杆，$\mu=1$，$l=5000\text{mm}$，有

$$\lambda=\mu l/i=1\times5\times4/d=20/d$$

对于两端固定的压杆，$\mu=0.5$，$l=7000\text{mm}$，有

$$\lambda=\mu l/i=0.5\times7\times4/d=14/d$$

可见本例中两端铰支压杆的临界荷载小于两端固定的压杆的临界荷载。

（2）计算各杆临界荷载

$$\lambda_P=\pi\sqrt{\frac{E}{\sigma_P}}=\pi\sqrt{\frac{200\times10^3}{200}}=99.35$$

对于两端铰支的压杆

$$\lambda=20/d=20/0.15=133.3>\lambda_P=99.35$$

属于细长杆，利用欧拉公式有

$$\begin{aligned}F_{cr}&=\sigma_{cr}A=A\pi^2E/\lambda^2=\pi^3Ed^2/4\lambda^2\\&=\pi^3\times200\times10^3\text{MPa}\times150^2\text{mm}^2/(4\times133.3^2)\\&=1963\times10^3\text{N}=1963\text{kN}\end{aligned}$$

对于两端固定的压杆有

$$\lambda=14/d=14/0.15=93.33<\lambda_P=99.35$$

属于中长杆，利用抛物线公式有

$$\begin{aligned}F_{cr}&=\sigma_{cr}A=(235-0.00668\times93.33^2)\,\text{MPa}\times\pi\times150^2\text{mm}^2/4\\&=3125\times10^3\text{N}=3125\text{kN}\end{aligned}$$

例 7-2

例 7-2　图 7-3 所示一连杆，压杆材料为 Q235 钢，弹性模量 $E=206\text{GPa}$，横截面面积 $A=1.0\times10^4\text{mm}^2$，惯性矩 $I_y=120\times10^4\text{mm}^4$，$I_z=797\times10^4\text{mm}^4$，极限柔度取 $\lambda_P=123$，试求临界压力 F_{cr}。

解　以 y 轴为中性轴时，压杆两端的约束为固定端约束；以 z 轴为中性轴时，弯曲平面压杆两端的约束为铰支，则

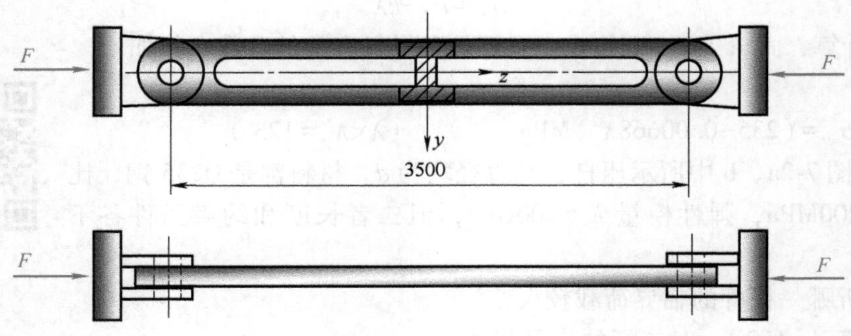

图 7-3　例 7-2 图

长度因数　$\mu_y=0.5$，$\mu_z=1$

惯性半径　$i_y=\sqrt{\dfrac{I_y}{A}}=\sqrt{\dfrac{120\times10^4}{1\times10^4}}\text{mm}=10.95\text{mm}$

$$i_z=\sqrt{\frac{I_z}{A}}=\sqrt{\frac{797\times10^4}{1\times10^4}}\text{mm}=28.23\text{mm}$$

柔度　$\lambda_y=\mu_y l/i_y=\dfrac{0.5\times3500\text{mm}}{10.95\text{mm}}=160>123$

$$\lambda_z=\mu_z l/i_z=\frac{1\times3500\text{mm}}{28.23\text{mm}}=124>123$$

均按细长杆计算，有

$$F_{cr}=\frac{\pi^2EI_y}{(\mu_y l)^2}=\frac{\pi^2EI_y}{(0.5l)^2}=\frac{\pi^2\times206\times10^3\text{MPa}\times120\times10^4\text{mm}^4}{(0.5\times3500\text{mm})^2}$$
$$=796.7\times10^3\text{N}=796.7\text{kN}$$

$$F_{cr}=\frac{\pi^2EI_z}{(\mu_z l)^2}=\frac{\pi^2EI_z}{l^2}=\frac{\pi^2\times206\times10^3\text{MPa}\times797\times10^4\text{mm}^2}{(3500\text{mm})^2}$$
$$=1322.8\times10^3\text{N}=1322.8\text{kN}$$

则
$$F_{cr}=796.7\text{kN}$$

第二节　压杆的稳定条件

一、稳定条件

当压杆的应力达到临界应力时，压杆就会失稳失效。为了保证压杆不失稳，必须满足下述条件

$$\sigma\leqslant\sigma_{cr}/n_{st}=[\sigma_{st}] \tag{7-7}$$

式（7-7）中的 n_{st} 为稳定安全因数；$[\sigma_{st}]$ 为稳定许用应力。式（7-7）为压杆的稳定条件。

工程中通常有安全因数法、图表法和折减系数法等实用方法，这里仅介绍折减系数法。

二、折减系数法

在工程实际中，常采用折减系数法进行稳定性计算。在这种情况下，稳定许用应力被写成

$$[\sigma_{st}]=\varphi[\sigma] \tag{7-8}$$

则稳定条件为

$$\sigma\leqslant\varphi[\sigma] \tag{7-9}$$

式（7-8）、式（7-9）中的［σ］为强度许用压应力；φ 是一个小于 1 的系数，称为折减系数，其值与压杆的柔度及所用材料有关。

式（7-8）也可以写为

$$F/A\leqslant\varphi[\sigma] \tag{7-10}$$

式（7-10）中的 F 为压杆上的压力；A 为压杆的横截面面积。表 7-2 列出了几种材料的 φ 值供查用。

表 7-2　几种压杆材料的折减系数 φ

λ	φ 值				
	Q235	Q345B	铸铁	木材	混凝土
0	1.000	1.000	1.00	1.000	1.00
20	0.981	0.973	0.91	0.932	0.96
40	0.927	0.895	0.69	0.822	0.83
60	0.842	0.776	0.44	0.658	0.70
70	0.789	0.705	0.34	0.575	0.63
80	0.731	0.627	0.26	0.460	0.57
90	0.669	0.546	0.20	0.371	0.51
100	0.604	0.462	0.16	0.300	0.46
110	0.536	0.384		0.248	
120	0.466	0.325		0.209	
130	0.401	0.279		0.178	
140	0.349	0.242		0.153	
150	0.306	0.213		0.134	
160	0.272	0.188		0.117	
170	0.243	0.168		0.102	
180	0.218	0.151		0.093	
190	0.197	0.136		0.083	
200	0.180	0.124		0.075	
210	0.164	0.113			
220	0.151	0.104			
230	0.139	0.096			
240	0.129	0.089			
250	0.120	0.082			

三、压杆的稳定性计算

应用式（7-10），可对压杆进行稳定方面的三种计算。

1. 稳定校核

已知压杆的杆长、支撑情况、材料、截面及作用力，检查它是否满足稳定条件。这时，式（7-10）中的 F、A、$[\sigma]$ 都已知，再按支撑情况、杆长及截面惯性矩计算出杆的柔度 λ；再在表 7-2 中查出 φ 值，代入式（7-10）便可校核。

例 7-3 一圆形木柱高 6m，直径 $d=20\text{cm}$，两端铰支，承受轴向压力 $F=50\text{kN}$，木材的许用应力 $[\sigma]=10\text{MPa}$。试校核柱的稳定性。

例 7-3

解 （1）计算截面的惯性半径 i

$$i=\sqrt{\frac{I}{A}}=d/4=20\text{cm}/4=5\text{cm}$$

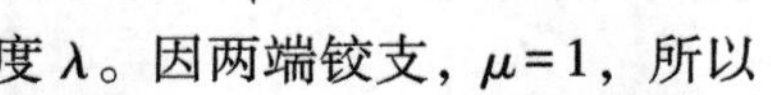

（2）计算柔度 λ。因两端铰支，$\mu=1$，所以

$$\lambda=\mu l/i=1\times600\text{cm}/5\text{cm}=120$$

（3）查折减系数 φ。从表 7-2 中查得 $\varphi=0.209$。

（4）稳定校核

$$\sigma=F/A=\frac{50\times10^3\text{N}}{\dfrac{\pi\times200^2}{4}\text{mm}^2}=1.59\text{N/mm}^2=1.59\text{MPa}$$

$$\varphi[\sigma]=0.209\times10\text{MPa}=2.09\text{MPa}$$

由于 $\sigma<\varphi[\sigma]$，所以木柱符合稳定性要求。

例 7-4

例 7-4 图 7-4a 所示结构是由两根直径相同的圆杆组成，杆的材料为 Q235 钢，已知 $h=0.4\text{m}$，直径 $d=20\text{mm}$，许用应力 $[\sigma]=170\text{MPa}$，荷载 $F=15\text{kN}$。试校核该结构的稳定性。

解 （1）求各杆所承受的压力。取结点 A 为研究对象，如图 7-4b 所示，平衡方程为

$$\sum F_x=0,\ F_{NAB}\cos45°-F_{NAC}\cos30°=0$$

$$\sum F_y=0,\ F_{NAB}\sin45°+F_{NAC}\sin30°-F=0$$

解得

$$F_{NAB}=0.896F;\ F_{NAC}=0.732F$$

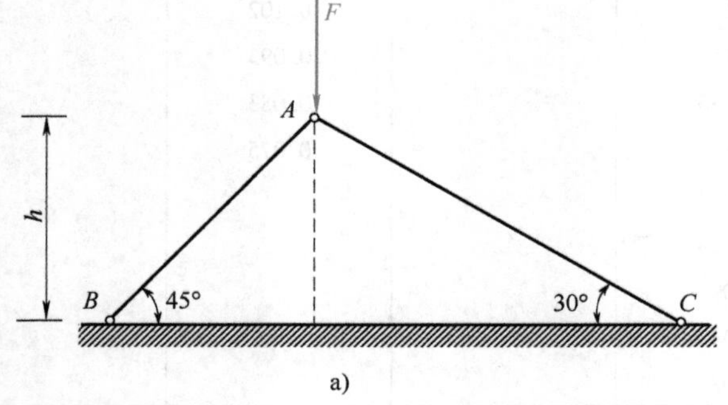

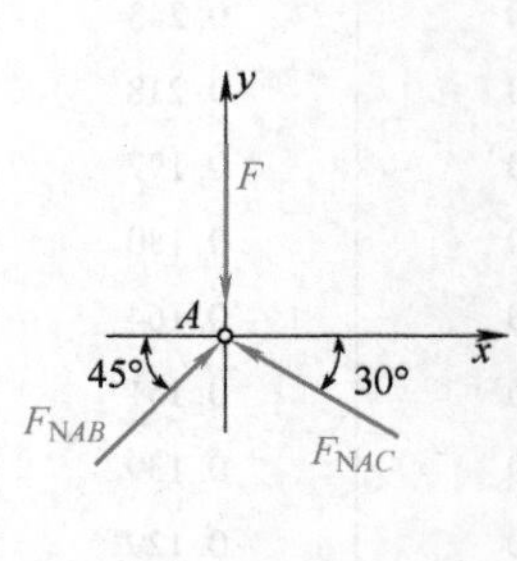

图 7-4 例 7-4 图

（2）计算两杆的柔度。两杆的长度为

$$l_{AB}=h/\sin45°=0.566\text{m};\quad l_{AC}=h/\sin30°=0.8\text{m}$$

AB 和 AC 的长度因数分别为 $\mu_{AB}=1$、$\mu_{AC}=1$。

两杆的柔度为

$$\lambda_{AB}=\mu_{AB}l_{AB}/i=\frac{\mu_{AB}l_{AB}}{d/4}=\frac{4\times1\times0.566\times10^3\text{mm}}{20\text{mm}}=113$$

$$\lambda_{AC}=\mu_{AC}l_{AC}/i=\frac{\mu_{AC}l_{AC}}{d/4}=\frac{4\times1\times0.8\times10^3\text{mm}}{20\text{mm}}=160$$

（3）查折减系数 φ。从表 7-2 中查得

$$\varphi_{AB}=0.536+(0.466-0.536)\times(113-110)/10=0.515$$

$$\varphi_{AC}=0.272$$

（4）按稳定条件 $F_N/(A\varphi)\leqslant[\sigma]$ 分别校核两杆稳定性

$$F_{NAB}/(A\varphi_{AB})=0.896F/(A\varphi_{AB})=\frac{0.896\times15\times10^3\text{N}}{\pi\left(\frac{20}{2}\right)^2\text{mm}^2\times0.515}=83\text{MPa}<[\sigma]$$

$$F_{NAC}/(A\varphi_{AC})=0.732F/(A\varphi_{AC})=\frac{0.732\times15\times10^3\text{N}}{\pi\left(\frac{20}{2}\right)^2\text{mm}^2\times0.272}=128\text{MPa}<[\sigma]$$

两杆均满足稳定性要求。

2. 确定许用荷载

已知压杆的长度、支撑情况、材料及截面，可按稳定条件来确定杆的最大承受压力——许用荷载 $[F]$ 的大小。此时式（7-10）可写为 $[F]=\varphi[\sigma]A$。

例 7-5

例 7-5 试求例 7-3 中木柱的许用荷载 $[F]$。

解 先重复例 7-3 中（1）~（3）步骤。

（4）确定许用荷载

$$[F]=\varphi[\sigma]A=0.209\times10\text{MPa}\times200^2\text{mm}^2\times\pi/4$$
$$=6.57\times10^4\text{N}=65.7\text{kN}$$

例 7-6

例 7-6 在图 7-5 所示结构中，AB 为圆截面杆，直径 $d=80$mm；杆 BC 为正方形截面，边长 $a=70$mm，两杆材料均为 Q235 钢，$E=200$GPa，两部分可以各自独立发生失稳而互不影响。已知 A 端固定，B、C 为球铰，$l=3$m，许用应力 $[\sigma]=160$MPa。试求此结构的许用荷载 $[F]$。

解 （1）确定两杆 AB 和 BC 的长度因数，$\mu_{AB}=0.7$，$\mu_{BC}=1$。

（2）计算两杆的柔度

$$\lambda_{AB}=\mu_{AB}1.5l/i_{AB}=4\times\mu_{AB}1.5l/d=4\times0.7\times1.5\times3\text{m}/0.08\text{m}=157.5$$

$$\lambda_{BC}=\mu_{BC}l/i_{BC}=\sqrt{12}\times\mu_{BC}l/a=\sqrt{12}\times1\times3\text{m}/0.07\text{m}=148.5$$

因为 $\lambda_{AB}>\lambda_{BC}$，故 AB 杆容易失稳，则应以 AB 杆的稳定性确定结构的许用荷载 $[F]$。

（3）查折减系数 φ。从表 7-2 中查得

$$\varphi_{157.5}=\varphi_{150}+(\varphi_{160}-\varphi_{150})(157.5-150)/10$$
$$=0.306+(0.272-0.306)\times(157.5-150)/10=0.2805$$

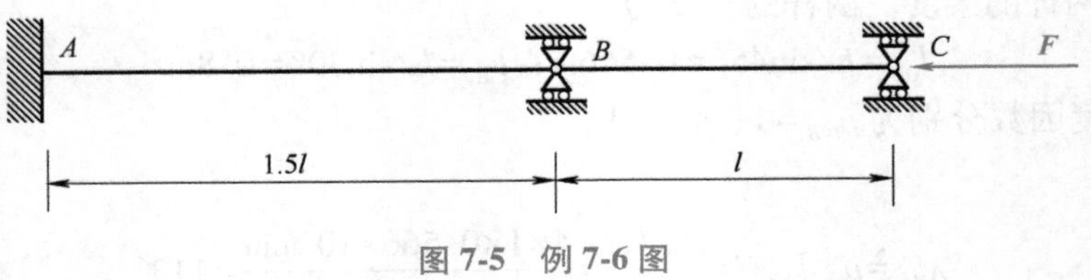

图 7-5　例 7-6 图

（4）确定结构的许用荷载 $[F]$

$$[F]=\varphi_{157.5}[\sigma]A=0.2805\times160\text{MPa}\times80^2\text{mm}^2\times\pi/4$$
$$=22.56\times10^4\text{N}=225.6\text{kN}$$

3. 选择截面

已知压杆的长度、支撑情况、材料及作用力，由稳定条件选择截面时，可将式（7-10）写为

$$A\geqslant F/\varphi[\sigma] \tag{7-11}$$

但由于 φ 本身与 A 的大小有关（φ 与 λ 有关，λ 与 i 有关，i 与 A 有关），所以在 A 未求得之前，φ 值不能确定。因此工程上常采用试算法来进行截面选择，其步骤如下：

1）先假定一适当的 φ_1 值（一般取 $\varphi_1=0.5\sim0.6$），由此定出截面尺寸 A_1。

2）按初选的截面尺寸 A_1 计算 i、λ，查出对应的 φ_1'。比较 φ_1' 与 φ_1，若两者比较接近，可对所选截面进行稳定校核。

3）若 φ_1' 与 φ_1 相差较大，可再设

$$\varphi_2=(\varphi_1+\varphi_1')/2$$

重复 1）、2）步骤，直至求得的 φ' 与所设 φ 值接近为止。一般重复两三次便可达到目的。

例 7-7

*例 7-7　图 7-6 所示立柱，下端固定，上端承受轴向压力 $F=200\text{kN}$。立柱用工字钢制成，柱长 $l=2\text{m}$，材料为 Q235 钢，许用应力 $[\sigma]=160\text{MPa}$。在立柱中点横截面 C 处，因构造需要开一直径为 $d=70\text{mm}$ 的圆孔。试选择工字钢型号。

解　工字钢上圆孔对稳定性计算没有影响，但对强度计算有直接影响，所以稳定性计算后还要进行强度计算。

（1）第一次试算。先设 $\varphi_1=0.5$，由式（7-11）有

$$A_1\geqslant200\times10^3\text{N}/(0.5\times160\text{MPa})=2.5\times10^3\text{mm}^2$$

从型钢表中查得，16 工字钢的横截面面积 $A_1=2.61\times10^3\text{mm}^2$，最小惯性半径 $i_{\min1}=18.9\text{mm}$，如果选用该型钢作立柱，则其柔度为

$$\lambda_1=\mu l/i_{\min1}=2\times2\text{m}/0.0189\text{m}=211.6$$

折减系数 φ_1' 可用插入法由表 7-2 查算：$\lambda=210$ 时，$\varphi=0.164$；$\lambda=220$ 时，$\varphi=0.151$；则 $\lambda_1=211.6$ 时，有

$$\varphi_1'=0.164+(211.6-210)\times(0.151-0.164)/10=0.162$$

由于 φ_1' 与 φ_1 差别较大，需作进一步试算。

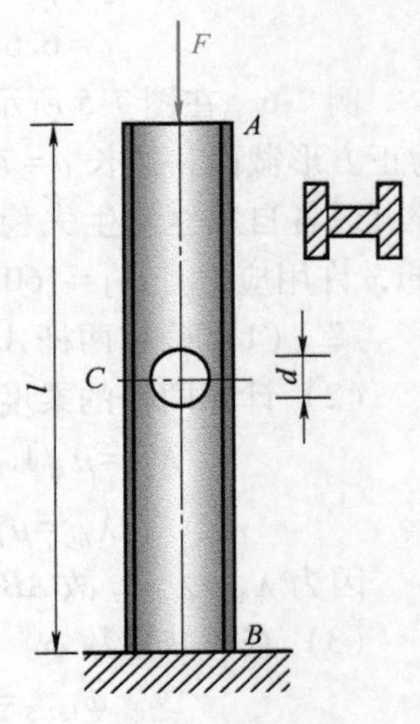

图 7-6　例 7-7 图

（2）第二次试算。设取

$$\varphi_2=(\varphi_1+\varphi_1')/2=(0.5+0.162)/2=0.331$$

得 $$A_2 \geqslant 200\times10^3\text{N}/(0.331\times160\text{MPa}) = 3.78\times10^3\text{mm}^2$$

根据上述要求，从型钢表中查得，22a 工字钢的横截面面积 $A_2 = 4.20\times10^3\text{mm}^2$，最小惯性半径 $i_{\min2} = 23.1\text{mm}$，由此得立柱的柔度为

$$\lambda_2 = \mu l / i_{\min2} = 2\times2\text{m}/0.0231\text{m} = 173.2$$

折减系数 φ_2' 可用插入法由表 7-2 查算：$\lambda = 170$ 时，$\varphi = 0.243$；$\lambda = 180$ 时，$\varphi = 0.218$；则 $\lambda_2 = 173.2$ 时，有

$$\varphi_2' = 0.243 + (173.2-170)\times(0.218-0.243)/10 = 0.235$$

由于 φ_2'与 φ_2 差别较大，需作进一步试算。

（3）第三次试算。设取

$$\varphi_3 = (\varphi_2 + \varphi_2')/2 = (0.331+0.235)/2 = 0.283$$

得 $$A_3 \geqslant 200\times10^3\text{N}/(0.283\times160\text{MPa}) = 4.42\times10^3\text{mm}^2$$

根据上述要求，从型钢表中查得，25a 工字钢的横截面面积 $A_3 = 4.85\times10^3\text{mm}^2$，最小惯性半径 $i_{\min3} = 24.03\text{mm}$，由此得立柱的柔度为

$$\lambda_3 = \mu l / i_{\min3} = 2\times2\text{m}/0.02403\text{m} = 166.5$$

折减系数 φ_3' 可用插入法由表 7-2 查算：$\lambda = 160$ 时，$\varphi = 0.272$；$\lambda = 170$ 时，$\varphi = 0.243$，则 $\lambda_2 = 166.5$ 时，有

$$\varphi_3' = 0.272 + (166.5-160)\times(0.243-0.272)/10 = 0.253$$

由于 φ_3'与 φ_3 差别较小，可校核其稳定性，无需作进一步试算。

$$\sigma = F/A_3 = 200\times10^3\text{N}/(4.85\times10^3\text{mm}^2) = 41.2\text{N/mm}^2 = 41.2\text{MPa}$$

$$\varphi_3'[\sigma] = 0.253\times160\text{MPa} = 40.5\text{MPa}$$

$$(41.2-40.5)/40.5 = 1.7\% < 5\%$$

工作应力仅超过稳定许用应力的 1.7%，因此选用 25a 工字钢符合稳定性要求。

（4）强度校核。从型钢表中查得，25a 工字钢的腹板厚度 $\delta = 8\text{mm}$，所以横截面 C 的净面积为

$$A_C = A - \delta d = 4.85\times10^3\text{mm}^2 - 8\text{mm}\times70\text{mm} = 4.29\times10^3\text{mm}^2$$

而该截面的工作应力为

$$\sigma = F/A_C = 200\times10^3\text{N}/(4.29\times10^3\text{mm}^2) = 46.6\text{N/mm}^2 = 46.6\text{MPa}$$

其值小于许用应力［σ］。可见，选用 25a 工字钢作立柱，其强度也符合要求。

四、提高压杆承载能力的途径

提高压杆承载能力

压杆的失效主要是失稳失效，为了提高压杆的承载能力，首先应防止发生失稳失效，这需要综合考虑杆长、支撑、截面的合理性以及材料性能等因素的影响。

1. 尽量减小压杆的长度

对于细长杆，其临界荷载与杆长的平方成反比。因此，减小杆长可以显著提高压杆的承载能力。在某些情况下，通过改变结构或增加支点可以达到减小杆长、提高压杆承载能力的目的。例如，在图 7-7 所示的两种桁架中，不难分析，两种桁架中的 1 杆和 4 杆均为压杆，但图 7-7b 中的压杆承载能力要远远高于图 7-7a 中的压杆。

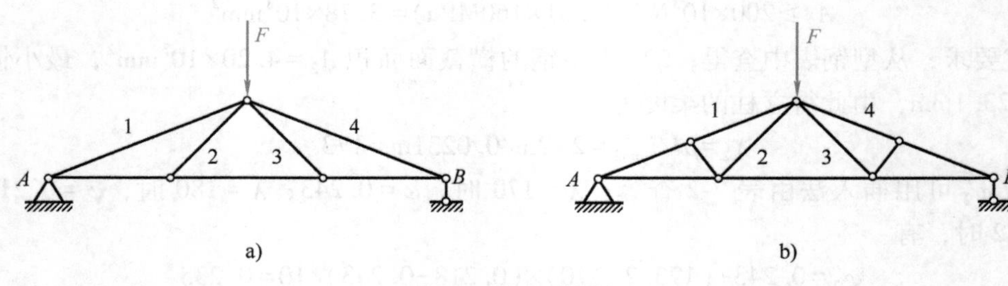

图 7-7　桁架式屋架

2. 增强约束

增强约束可降低压杆的长度因数 μ 值，则临界荷载将增大。例如，将两端铰支的细长杆，改变成两端固定约束的情形，临界荷载会成倍增加。

3. 合理选择截面

细长杆与中长杆的临界应力均与柔度 λ 有关，而且柔度越小，临界应力越高。压杆的柔度为

$$\lambda=\mu l/i=\mu l\sqrt{\frac{A}{I}}$$

所以，对于一定长度和约束方式的压杆，在横截面面积一定的情况下，应选择惯性矩较大的截面形状。

在选择截面形状与尺寸时，还应考虑到失稳的方向性。例如，如果压杆两端为球形铰（图 7-8）或固定端，也就是压杆在各个方向上具有相同的约束条件时，则宜选择惯性矩 $I_y=I_z$ 的截面，例如空心圆截面等。如果压杆两端为柱状铰（图 7-9），由于不同方向的计算长度不同，截面上不同方向的惯性矩也应相应不同，理想的设计是使压杆在不同的方向上柔度相等。

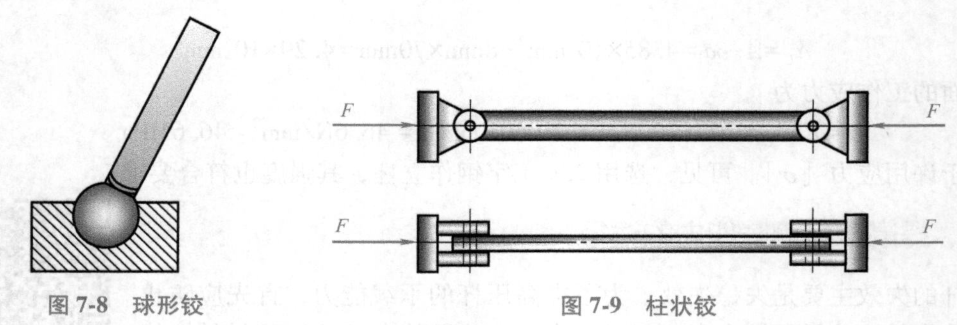

图 7-8　球形铰　　　　图 7-9　柱状铰

4. 合理选择材料

由式（7-5）可以看出，细长杆的临界应力，与材料的弹性模量 E 成正比。因此，选择弹性模量较高的材料，显然可以提高细长杆的稳定性。然而，就钢材而言，由于各种钢材的弹性模量大致相同，因此如果仅从稳定性考虑，选用高强度钢作细长杆是不必要的。

中长杆的临界应力与材料的比例极限、压缩强度极限等有关，因而强度高的材料，临界应力相应也高。所以，选用高强度材料作中长杆有利于稳定性的提高。

小 结

一、压杆的失稳

压杆直线形状的平衡状态，根据它对干扰力的抵抗能力不同，可分为稳定的与不稳定的两种状态。压杆丧失稳定是指压杆在压力作用下，直线形状的平衡状态由稳定变成了不稳定。

二、临界力

临界力是指压杆从稳定平衡状态过渡到不稳定平衡状态的压力值。确定临界力（或临界应力）的大小，是解决压杆稳定问题的关键。

三、柔度

柔度 λ 是压杆的长度、支撑情况、截面形状与尺寸等因素的一个综合值，即

$$\lambda=\mu l/i$$

柔度 λ 是稳定计算中的重要几何参数，有关压杆的稳定计算都要先算 λ。

四、稳定性计算

土建工程通常采用折减系数法，稳定条件为

$$F/A\leqslant\varphi[\sigma]$$

折减系数 φ 值随压杆的柔度和材料而变化。应用稳定条件可以校核稳定性、确定稳定许用荷载、设计压杆截面等。

在压杆截面有局部削弱时，稳定计算可不考虑削弱，但必须同时对削弱的截面（用净面积）进行强度校核。

思 考 题

7-1 压杆的稳定平衡和不稳定平衡指的是什么状态？如何区分这两种状态？

7-2 什么叫柔度？它与哪些因素有关？

7-3 什么是折减系数？它随什么因素而变化？用折减系数法对压杆进行稳定计算时，是否需区分细长杆和中长杆？为什么？

7-4 使用钢锯条锯物体时，一般要将钢锯条装在锯弓上使用，这是为什么？为什么锯条装在锯弓上时，必须预先将其拉紧？你能根据以上分析，找出本书中没有介绍过的提高压杆承载能力的方法吗？

7-5 撑竿运动员使用的撑杆既不能过重，又不能太粗，还要有足够的长度，这样就必须要求制造撑竿的材料具有什么特性？

小 实 验

小实验一

请读者使用一张 A4 纸，制成一可放置 2N 重物的 30cm 高的柱子。

小实验二

用一个空牙膏盒竖着放在桌面上，在牙膏盒上放 1kg 以下的重物，观察是否能保持平衡。再将空牙膏盒分解成四个长纸片粘在一起，重复以上的实验。通过以上实验能否得出：对材料而言，科学的“团结”才能增加力量。

习　题

7-1　压杆丧失了稳定性，称为________。

7-2　压杆上的压力________临界荷载，是压杆稳定平衡的前提。

7-3　两端固定的压杆的长度因数是一端固定，一端自由压杆的________倍。

7-4　在材料相同的前提下，压杆的柔度越________，压杆就越容易失稳。

7-5　细长压杆其他条件不变，只将长度增加一倍，则压杆的临界应力为原来的________倍。

7-6　折减系数 φ 可由压杆的________以及________查表得出。

7-7　压杆的稳定条件为______________。

7-8　为了充分发挥压杆的抗失稳能力，若采取合理选择截面形状的措施，则应使压杆在任一纵向平面内具有相同或相近的________值。

7-9　图 7-10 中四根细长压杆的材料和截面均相同，临界荷载最大的是________，临界荷载最小的是________。

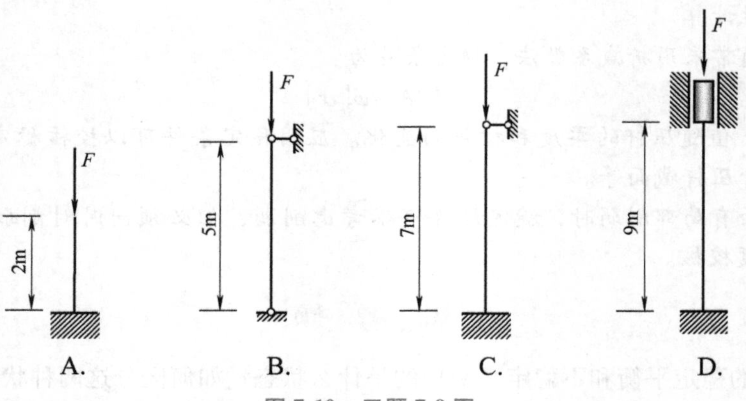

图 7-10　习题 7-9 图

7-10　一个一端固定，一端自由的细长压杆，全长为 l，为提高其稳定性，在杆件的中部加一固定支撑，如图 7-11 所示，则支撑加在离自由端 x=(　　) 处最为合理。

A. $l/2$　　B. $l/3$　　C. $l/4$　　D. $l/5$

习题 7-1

习题 7-2

习题 7-3

习题 7-4

习题 7-5

习题 7-6

习题 7-7

习题 7-8

习题 7-9

习题 7-10

7-11　图 7-12 所示两端球形铰支细长压杆，弹性模量 $E=200\text{GPa}$，比例极限 $\sigma_{\text{P}}=200\text{MPa}$。试计算其临界应力和临界荷载。

（1）圆形截面，$d=30\text{mm}$，$l=1.2\text{m}$。

（2）矩形截面，$h=2b=50\text{mm}$，$l=1.2\text{m}$。

（3）10 工字钢，$l=2\text{m}$。

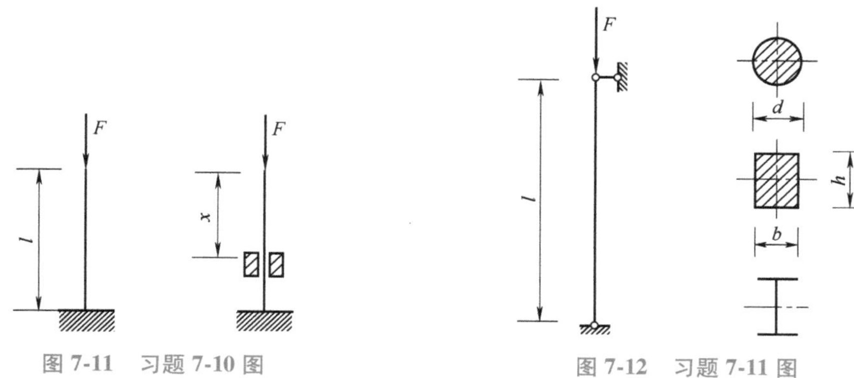

图 7-11　习题 7-10 图　　图 7-12　习题 7-11 图

7-12　图 7-13 所示三根两端约束不同、其他相同的压杆，$l=400\text{mm}$，$b=12\text{mm}$，$h=20\text{mm}$，材料为 Q235 钢，$E=206\text{GPa}$，$\lambda_{\text{P}}=123$。试求三种支撑情况下压杆的临界力各为多少？

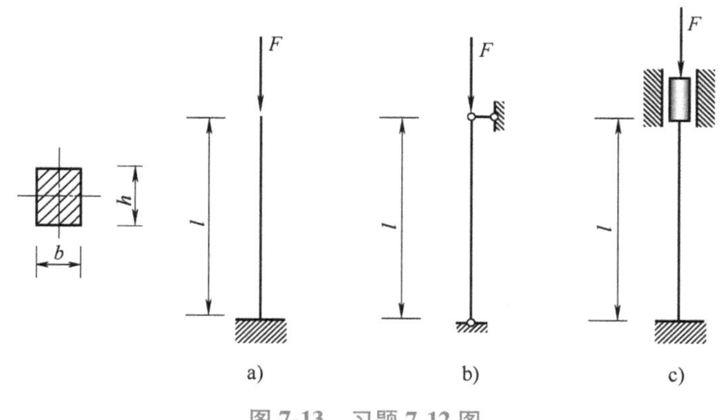

图 7-13　习题 7-12 图

7-13　压杆材料为 Q235 钢，$E=206\text{GPa}$，$\lambda_{\text{P}}=123$，横截面为图 7-14 所示四种几何形状，面积均为 $3.6\times10^{3}\text{mm}^{2}$。试计算它们的临界应力，并比较它们的稳定性。

7-14　图 7-15 所示一矩形截面连杆，压杆材料为 Q235 钢，弹性模量 $E=205\text{GPa}$，横截面尺寸 $h=60\text{mm}$，$b=40\text{mm}$，极限柔度取 $\lambda_{\text{P}}=123$，试求临界压力 F_{cr}。

习题 7-11

习题 7-12

习题 7-13

习题 7-14

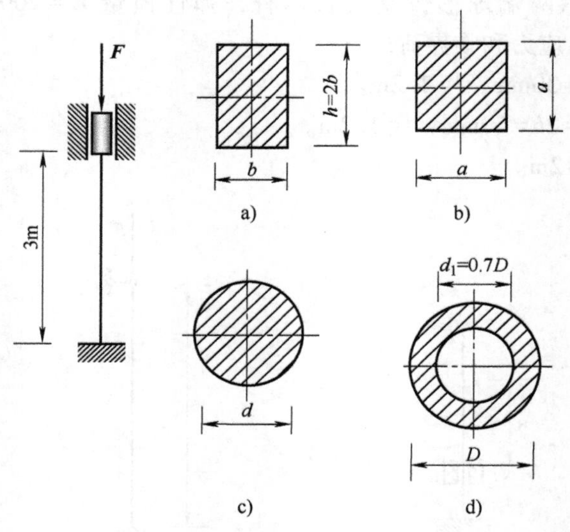

图 7-14　习题 7-13 图

7-15　图 7-16 所示下端固定、上端铰支的钢柱，材料为 Q235 钢，为 22b 工字钢，许用应力［σ］= 170MPa，试校核其稳定性。

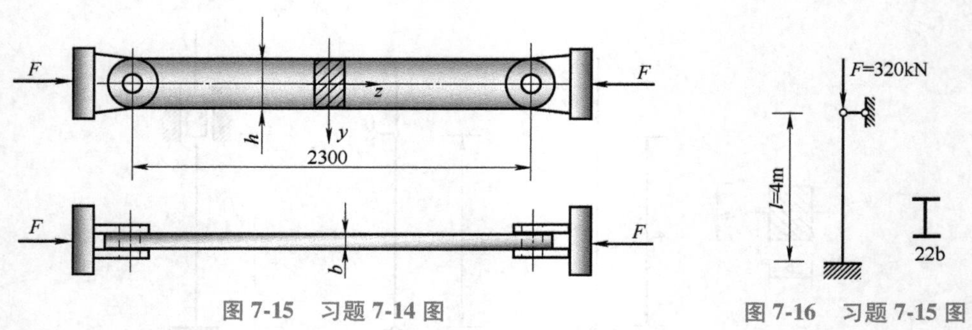

图 7-15　习题 7-14 图　　图 7-16　习题 7-15 图

7-16　一压杆两端固定，受轴向压力 F 作用，杆长 2m，截面为圆形，直径 d = 40mm，材料为 Q235 钢，［σ］= 160MPa。试求此压杆的许用荷载［F］。

7-17　一正方形截面木制压杆杆长 l = 4m，两端铰支，受轴向压力 F = 200kN，许用应力［σ］= 10MPa，试确定该杆的截面尺寸。

7-18　图 7-17 所示千斤顶的最大起重量 F = 120kN，已知丝杆的有效长度 l = 500mm，衬套高度 h = 100mm，丝杆内径 d = 52mm，材料为 Q235 钢，［σ］= 80MPa，试校核该柱的稳定性。

习题 7-15

习题 7-16

习题 7-17

习题 7-18

7-19 压杆由材料为 Q235 钢的两根等边角钢 ∟140×140×12 组成，如图 7-18 所示。杆长 $l=2.4\text{m}$，两端铰支，承受轴向压力 $F=800\text{kN}$，$[\sigma]=160\text{MPa}$，铆钉孔直径 $d=23\text{mm}$，试对压杆作稳定和强度校核。

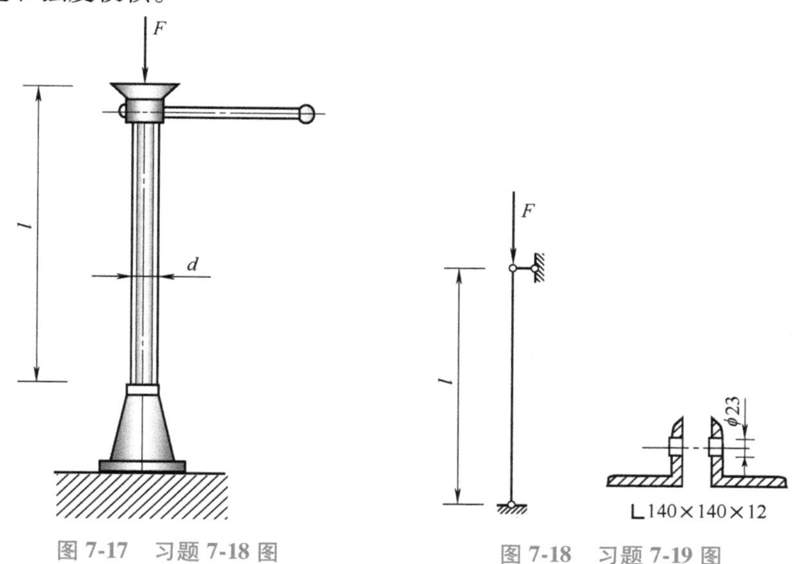

图 7-17 习题 7-18 图　　图 7-18 习题 7-19 图

7-20 图 7-19 所示三角形架中，BC 为圆截面钢（Q235 钢）杆，已知 $F=12\text{kN}$，$a=1\text{m}$，$d=0.04\text{m}$，材料的许用应力 $[\sigma]=170\text{MPa}$。试：

（1）校核 BC 杆的稳定。

（2）从 BC 杆的稳定考虑，求此三角形架所能承受的最大安全荷载 $[F_{max}]$。

7-21 图 7-20 所示三角形架中，BC 为圆截面钢（Q235 钢）杆，已知 $F=100\text{kN}$，BC 杆材料的许用应力 $[\sigma]=170\text{MPa}$，试选择 BC 杆的直径 d。

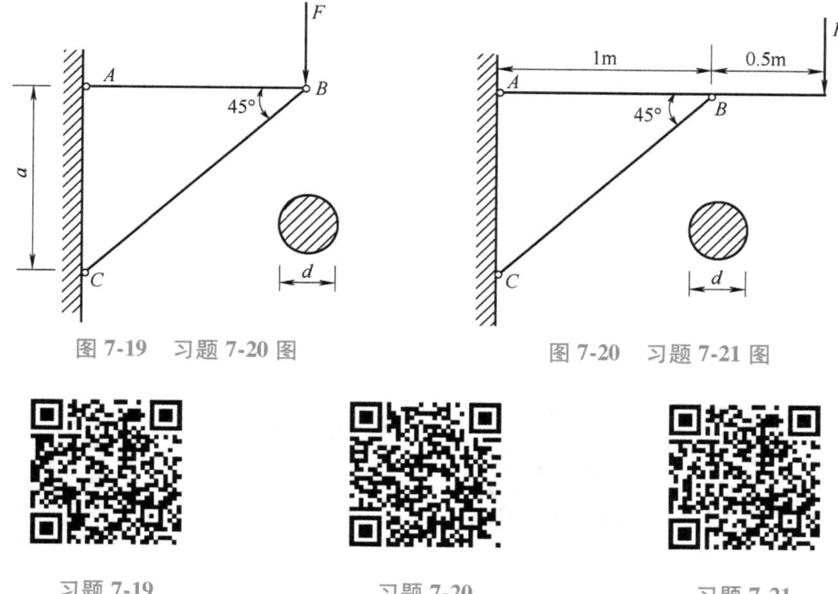

图 7-19 习题 7-20 图　　图 7-20 习题 7-21 图

习题 7-19　　习题 7-20　　习题 7-21

7-22　图 7-21 所示立柱，下端固定，上端承受轴向压力 $F=200\text{kN}$。立柱用工字钢制成，柱长 $l=1\text{m}$，材料为 Q235 钢，许用应力 $[\sigma]=160\text{MPa}$。在立柱中点横截面 C 处，因构造需要开一直径为 $d=70\text{mm}$ 的圆孔。试选择工字钢型号。

7-23　图 7-22 所示结构是由两根直径相同、材料相同的圆细长杆组成，问：当 F（其方向竖直向下）从零开始逐渐增加时，哪个杆首先失稳？

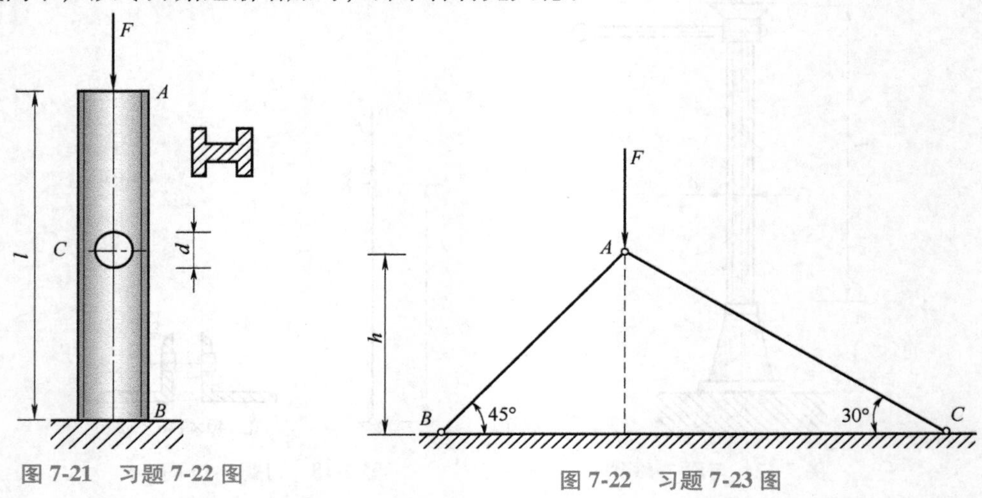

图 7-21　习题 7-22 图

图 7-22　习题 7-23 图

7-24　五根钢杆用铰链连接成正方形，如图 7-23 所示，钢杆材料为 Q235 钢，许用应力 $[\sigma]=140\text{MPa}$，各杆的直径 $d=40\text{mm}$，杆长 $a=1\text{m}$。试求：

（1）图示情况下的许用荷载 $[F_1]$。

（2）如将图中两个 F 反方向，再求其许用荷载 $[F_2]$。

7-25　图 7-24 所示受力结构中，AB 横梁和 BC 柱均为 Q235 钢，已知立柱直径 $d=20\text{mm}$，长 $a=1\text{m}$；横梁长 $l=6\text{m}$，其截面尺寸为 $h=90\text{mm}$，$b=60\text{mm}$，材料的许用应力 $[\sigma]=170\text{MPa}$，试求许用荷载 $[q]$。

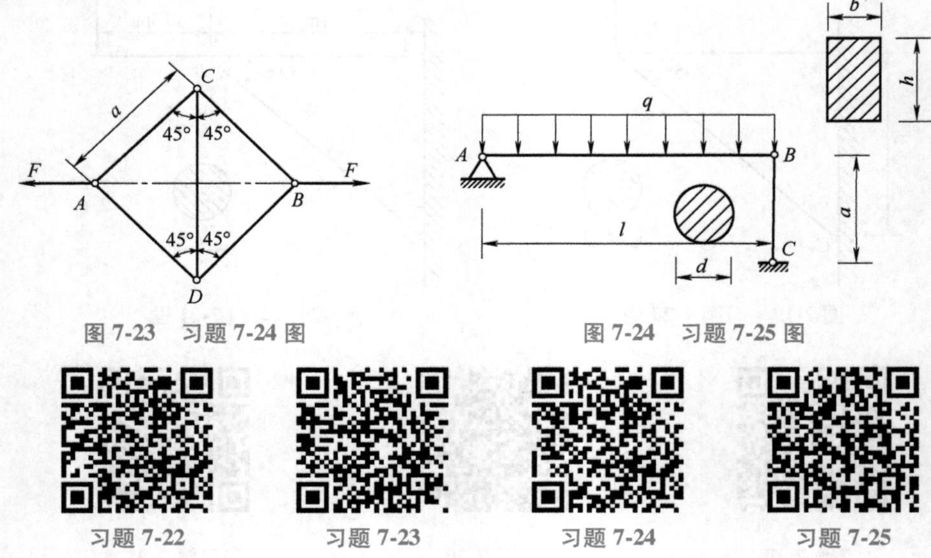

图 7-23　习题 7-24 图

图 7-24　习题 7-25 图

习题 7-22　　习题 7-23　　习题 7-24　　习题 7-25

第八章
静定结构的位移计算与刚度校核

如结构或构件的变形超过一定的范围，就会影响结构或构件的正常使用，甚至使结构或构件失效。前面已提到由于构件弹性变形过量引起的失效现象，称为刚度失效。因此，必须对结构或构件的变形有足够的认识。

静定结构的位移计算与刚度校核概述

荷载作用、温度变化、支座移动以及制造误差等因素，都会使结构产生变形，结构上各点的位置也将随之改变，这种位置的改变称为位移。结构的位移有两种：截面的移动和截面的转动。

截面的移动称为线位移，如图 8-1 中 B 截面的形心沿某方向移动到 B' 点，$\overline{BB'}$称为 B 点的线位移，用 Δ_B 表示。Δ_B 又可以用两个相互垂直的分量来表示，如图 8-1b 中的 Δ_{BH}和 Δ_{BV}，它们分别称为 B 点的水平位移和竖向位移。

截面的转动称为角位移，如图 8-1a 中 B 截面相对原来方向转过的角度 θ_B，就是 B 截面的角位移。对于结构中两任意截面相对位置的移动，称为相对线位移，如图 8-1a 中的$\overline{BC}$—$\overline{B'C'}$，用 Δ_{BC}表示。对于结构中两任意截面相对位置的转动，称为相对角位移，如图 8-1a 中的 θ_B—θ_C，用 θ_{BC}表示。

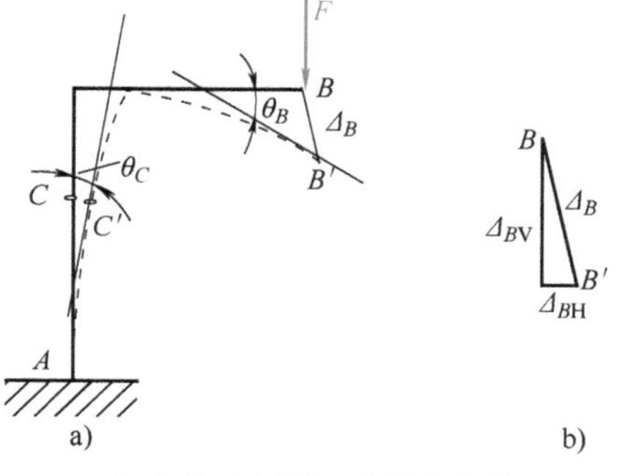

图 8-1 结构变形后的位移

位移计算是根据胡克定律通过物体的受力推算出物体的变形的，从而得出结构的位移。由于常规方法运算量巨大，本章采用虚功原理使运算量显著下降。虚功原理熟悉的人不多，但并不妨碍读者学习，只要能运用其结论就可以了。虚功原理是运用物理法则简化计算的典型范例，说明了力学与数学的紧密关系。

第一节 轴向拉（压）杆的变形

直杆受轴向拉（压）力作用时，其产生的主要变形是沿轴线方向的伸长（缩短），同时杆的横截面尺寸也有所缩小（增加），如图 8-2 所示。

轴向拉（压）杆的变形

设杆的原长为 l，变形后的长度为 l_1，则该杆沿长度方向的变形为

$$\Delta l = l_1 - l \tag{8-1}$$

Δl 称为杆的纵向变形。在拉伸变形的情况下，$l_1>l$，$\Delta l>0$；在压缩变形的情况下，$l_1<l$，$\Delta l<0$。纵向变形 Δl 反映了杆沿纵向的总变形量。由正应变

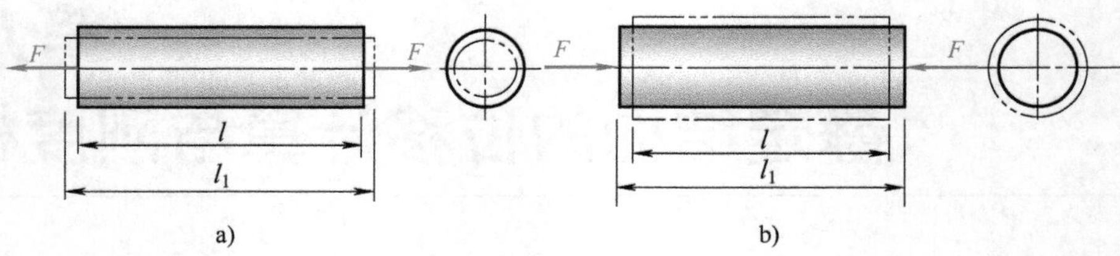

图 8-2 直杆受轴向拉（压）时的变形

的概念可知，在杆的各部分都均匀伸长的情况下，纵向变形 Δl 与原长 l 的比值就是应变（线应变）ε，即

$$\varepsilon=\frac{\Delta l}{l} \tag{8-2}$$

线应变 ε 和正应力的正负号规定一样，即拉为正，压为负。

由式（5-7）和式（6-19）得

$$\frac{\Delta l}{l}=\frac{F_{\mathrm{N}}}{EA}$$

即

$$\Delta l=\frac{F_{\mathrm{N}}l}{EA} \tag{8-3}$$

式（8-3）是另一种形式的胡克定律，即当杆件应力不超过某一限度时，其纵向变形与轴力及杆长成正比，与横截面面积成反比。从式（8-3）可以看出，杆件的纵向变形是与弹性模量 E 和横截面面积 A 的乘积呈反比关系，EA 越大，杆件抵抗纵向变形的能力越强，因此将 EA 称为拉（压）杆的抗拉（压）刚度。

在用式（8-3）计算杆件的纵向变形时，必须在杆长 l 内，它的轴力 F_{N}、材料的弹性模量 E 及截面面积 A 都是常量时才能直接使用。

例 8-1

例 8-1 一方木柱（图 8-3）受轴向荷载作用，横截面边长 $a=200\text{mm}$，材料的弹性模量 $E=10\text{GPa}$，杆的自重不计。试求柱 C 截面的位移。

解 由于上下两段柱的轴力不等，故两段的纵向变形要分别计算。各段柱的轴力为

$$F_{NBC}=-40\text{kN},\ F_{NAB}=-100\text{kN}$$

各段柱的纵向变形为

$$\Delta l_{BC}=\frac{F_{NBC}l_{BC}}{EA}=-\frac{40\times10^3\text{N}\times2\times10^3\text{mm}}{10\times10^3\text{MPa}\times200^2\text{mm}^2}=-0.2\text{mm}$$

$$\Delta l_{AB}=\frac{F_{NAB}l_{AB}}{EA}=-\frac{100\times10^3\text{N}\times2\times10^3\text{mm}}{10\times10^3\text{MPa}\times200^2\text{mm}^2}=-0.5\text{mm}$$

全柱的总变形为两段柱的变形之和，即

$$\Delta l=\Delta l_{BC}+\Delta l_{AB}=-0.2\text{mm}-0.5\text{mm}=-0.7\text{mm}$$

全柱缩短了 0.7mm，由于 A 截面固定不动，则 C 截面下降了 0.7mm。

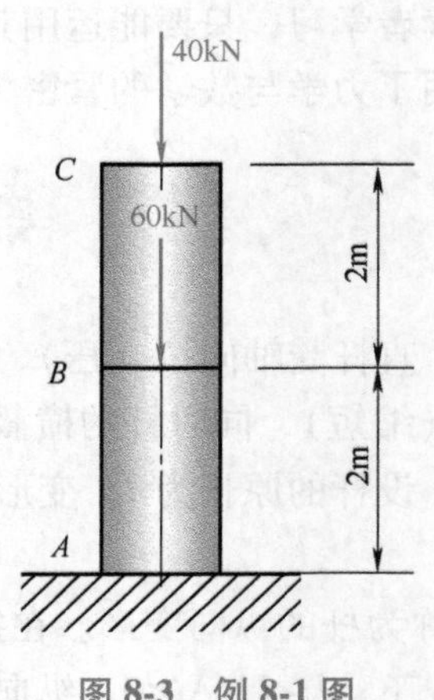

图 8-3 例 8-1 图

例 8-2 图 8-4a 所示结构，水平杆 CBD 可视为刚性杆，在 D 点加垂直向下的力 F_{P}；AB 杆为钢杆，其直径 $d=30\text{mm}$，$a=$

1m，$E=2\times10^5$MPa，$\sigma_P=200$MPa。

（1）若在 AB 杆上沿轴线方向贴有一电阻应变片，加力后测得其应变值为 $\varepsilon=715\times10^{-6}$，求这时所加力 F_P 的大小。

（2）若 AB 杆的许用应力［σ］=160MPa，试求结构的许用荷载及此时 D 点的垂直位移。

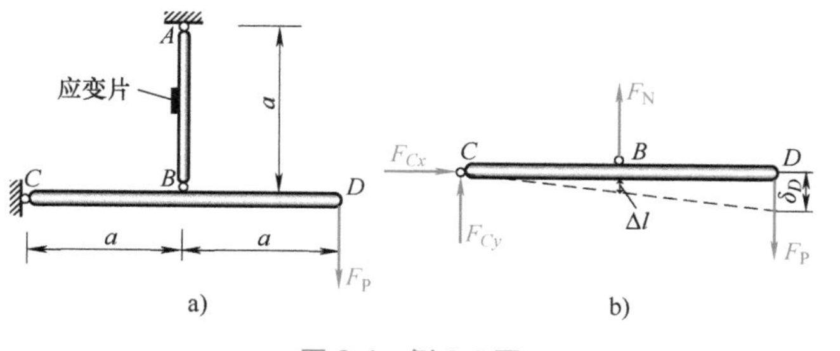

图 8-4　例 8-2 图

例 8-2

解　（1）求力的大小。以水平梁 CBD 为研究对象，作受力图及结构的变形位移图（图 8-4b）。检验 AB 杆的变形是否在线弹性范围之内

$$\varepsilon_P=\frac{\sigma_P}{E}=\frac{200\times10^6}{2\times10^{11}}=1000\times10^{-6}>\varepsilon$$

钢杆变形在线弹性范围之内，因此杆中的应力为

$$\sigma=E\varepsilon=2\times10^5\times715\times10^{-6}\text{MPa}=143\text{MPa}$$

AB 杆中的轴力为

$$F_N=\sigma A=143\times10^6\times\frac{\pi}{4}(30)^2\times10^{-6}\text{N}=101.1\text{kN}$$

由平衡条件

$$\sum M_C(F)=0,-F_P\times2a+F_N\times a=0$$

求得

$$F_P=F_N/2=50.5\text{kN}$$

（2）求许用荷载及 D 点位移。由 AB 杆的强度条件求得杆的许用轴力

$$[F_N]=[\sigma]A=160\times10^6\times\frac{\pi}{4}(30)^2\times10^{-6}\text{N}=113.1\text{kN}$$

并将其代入平衡方程，得许用荷载

$$[F_P]=[F_N]/2=56.5\text{kN}$$

由变形位移图可得 D 点的垂直位移

$$\delta_D=2\Delta l=2\times\frac{[\sigma]}{E}\times a=2\times\frac{160\times10^6}{2\times10^{11}}\times1\text{m}=1.6\times10^{-3}\text{m}=1.6\text{mm}\quad(\downarrow)$$

例 8-3　两根截面相同的钢杆上悬挂一根刚性的横杆 AB，如图 8-5a 所示。今在刚性杆上加力 F_P，问若要使 AB 杆保持水平，加力点位置应在何处（不考虑梁的自重）。

例 8-3

解　（1）受力分析。以刚性梁为研究对象，由于 AC 杆和 BD 杆均是二力直杆，两杆的内力都是轴力，画出受力图如图 8-5b 所示。

（2）假设 F_P 的加力点到 A 点的距离为 x，列出平衡方程

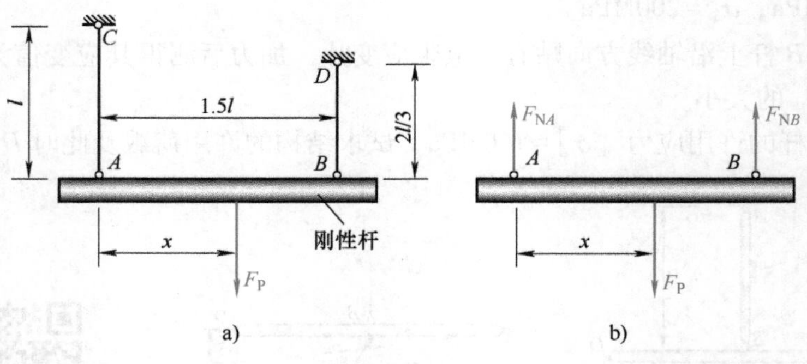

图 8-5　例 8-3 图

$$\sum F_y=0,\ F_{NA}+F_{NB}-F_P=0 \tag{8-4}$$

$$\sum M_A=0,\ F_{NB}\times 1.5l-F_P\times x=0 \tag{8-5}$$

（3）根据变形协调要求列出补充方程

$$\Delta l_{AC}=\Delta l_{BD}$$

即

$$\frac{F_{NA}l_{AC}}{EA}=\frac{F_{NB}l_{BD}}{EA} \tag{8-6}$$

由于 AC 杆和 BD 杆材料相同、横截面相同，因此式（8-6）可写成

$$F_{NA}l=2F_{NB}l/3$$

即 $$F_{NA}=2F_{NB}/3$$

由式（8-4） $$F=F_{NA}+F_{NB}=5F_{NB}/3$$

代入式（8-5），得 $$F_{NB}\times 1.5l-5F_{NB}/3\times x=0$$

由此解得 $$x=0.9l$$

一般而言，轴向拉（压）杆的纵向（横向）变形相对杆件其他的变形要小得多，在多种变形存在的情况下，刚度计算中一般是可以忽略的，尤其是土木工程中。

第二节　圆轴扭转时的变形与刚度计算

一、圆轴扭转时的变形计算

圆轴扭转时的变形

扭转变形是用两个横截面绕轴线的相对扭转角 φ（图 8-6）来表示的。对于 T 为常值的等截面圆轴，由于其 γ 很小，由几何关系可得

$$BB'=\gamma l,\ BB'=R\varphi$$

所以 $$\varphi=\gamma l/R$$

将剪切胡克定律 $\gamma=\frac{\tau_{max}}{G}=\frac{TR}{GI_P}$ 代入上式，得

$$\varphi=\frac{Tl}{GI_P} \tag{8-7}$$

GI_P 反映了轴抵抗扭转变形的能力，称为截面的扭转刚度。

当两个截面间的 T、G 或 I_P 为变量时，需分段计算扭转角，然后求其代数和，扭转角的正负号与扭矩相同。

例 8-4　一传动轴如图 8-7a 所示，直径 $d=40\text{mm}$，材料的剪切模量 $G=80\text{GPa}$，荷载如图示。试计算该轴两端面的相对扭转角 φ_{AC}。

例 8-4

解　画出轴的扭矩图（图 8-7b），AB 和 BC 段的扭矩分别为

$$T_{AB}=1200\text{N}\cdot\text{m},\quad T_{BC}=-800\text{N}\cdot\text{m}$$

圆轴截面的极惯性矩为

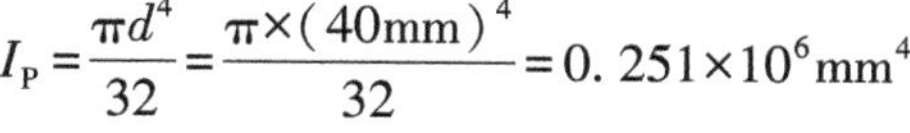

$$I_P=\frac{\pi d^4}{32}=\frac{\pi\times(40\text{mm})^4}{32}=0.251\times10^6\text{mm}^4$$

AB 段的相对扭转角为

$$\varphi_{AB}=\frac{T_{AB}l_{AB}}{GI_P}=\frac{32T_{AB}l_{AB}}{\pi d^4G}=\frac{32\times1.2\times10^6\text{N}\cdot\text{mm}\times800\text{mm}}{\pi\times(40\text{mm})^4\times80\times10^3\text{MPa}}=0.0478\text{rad}$$

BC 段的相对扭转角为

$$\varphi_{BC}=\frac{T_{BC}l_{BC}}{GI_P}=\frac{32T_{BC}l_{BC}}{\pi d^4G}=-\frac{32\times0.8\times10^6\text{N}\cdot\text{mm}\times1000\text{mm}}{\pi\times(40\text{mm})^4\times80\times10^3\text{MPa}}=-0.0398\text{rad}$$

由此得轴的总扭转角为

$$\varphi_{AC}=\varphi_{AB}+\varphi_{BC}=(0.0478-0.0398)\text{rad}=0.008\text{rad}$$

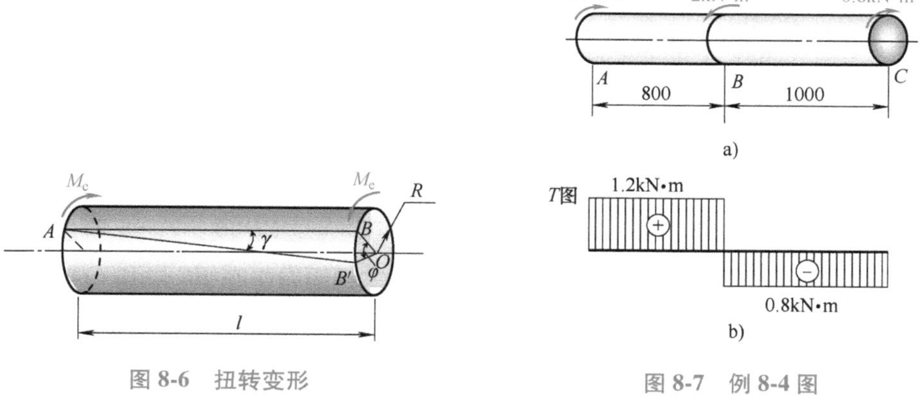

图 8-6　扭转变形

图 8-7　例 8-4 图

二、圆轴扭转时的刚度计算

在设计轴类构件时，不仅要满足强度要求，有些轴还要考虑刚度问题。由于杆在扭转时各横截面上的扭矩可能并不相同，且杆的长度也各不相同，因此在工程上，对于扭转杆的刚度通常用相对扭转角沿杆长度的变化率 $\varphi'=\text{d}\varphi/\text{d}x$ 来度量，φ' 为单位长度扭转角。刚度要求通常是限制单位长度扭转角 φ' 的最大值 $\varphi'_{\max}$ 不超过规定的许用值［φ'］，即

$$\varphi'_{\max}\leqslant[\varphi'] \tag{8-8}$$

［φ'］称为许可单位长度的扭角，其常用单位是（°）/m。式（8-8）即为等直圆杆在扭转时

的刚度条件。

由于按式（8-7）计算所得结果的单位是 rad，故须先将其单位换算为（°）/m，再代入式（8-8），于是可得

$$\varphi'_{max}=\frac{d\varphi}{dx}=\frac{\varphi}{l}=\frac{T_{max}}{GI_P}\times\frac{180}{\pi}\leqslant[\varphi'] \tag{8-9}$$

式（8-9）中的单位应采用国际标准单位，即 T_{max}、G、I_P 的单位分别为 N·m、Pa 和 m^4。

$[\varphi']$ 值按轴的工作条件和机器的精度来确定，可查阅有关工程手册，一般规定如下：

1）精密机器的轴，$[\varphi']=0.25\sim0.5°/m$。

2）一般传动轴，$[\varphi']=0.5\sim1.0°/m$。

3）精度较低的轴，$[\varphi']=1.0\sim2.5°/m$。

例 8-5

例 8-5 传动轴如图 8-8a 所示。已知该轴转速 $n=300r/min$，主动轮输入功率 $P_C=30kW$，从动轮输出功率 $P_D=15kW$，$P_B=10kW$，$P_A=5kW$，材料的剪切模量 $G=80GPa$，许用剪应力 $[\tau]=40MPa$，$[\varphi']=1°/m$。试按强度条件及刚度条件设计此轴直径。

解（1）求外力偶矩。由 $M_e=9550\frac{P}{n}$ 可得

$$M_A=9550\times\frac{5}{300}N\cdot m=159.2N\cdot m$$

$$M_B=9550\times\frac{10}{300}N\cdot m=318.3N\cdot m$$

$$M_C=9550\times\frac{30}{300}N\cdot m=955N\cdot m$$

$$M_D=9550\times\frac{15}{300}N\cdot m=477.5N\cdot m$$

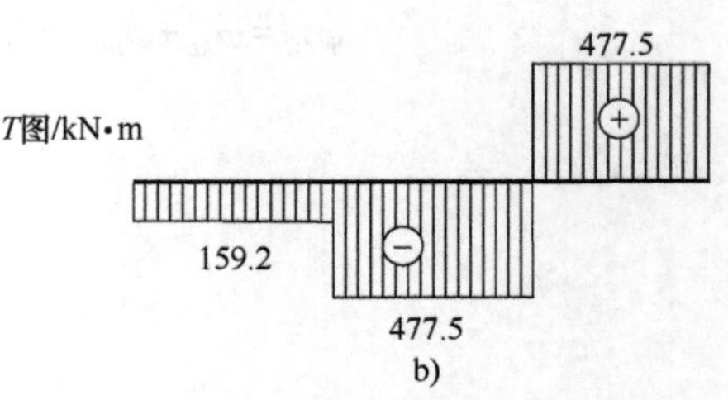

a) b)

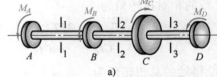

图 8-8 例 8-5 图

（2）画扭矩图。首先计算各段扭矩，有

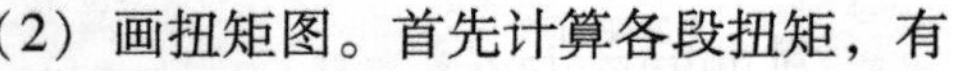

AB 段：$T_1=-159.2N\cdot m$；BC 段：$T_2=-477.5N\cdot m$；CD 段：$T_3=477.5N\cdot m$

按求得的扭矩值画出扭矩图（图 8-8b），由图可知最大扭矩发生在 BC 段和 CD 段，即

$$T_{max}=477.5N\cdot m$$

（3）按强度条件设计轴的直径。由式 $W_P=\frac{\pi d^3}{16}$ 和强度条件 $\frac{T_{max}}{W_P}\leqslant[\tau]$ 得

$$d\geqslant\sqrt[3]{\frac{16T_{max}}{\pi[\tau]}}=\sqrt[3]{\frac{16\times477.5\times10^3}{\pi\times40}}mm=39.3mm$$

（4）按刚度条件设计轴的直径。由式 $I_P=\frac{\pi d^4}{32}$ 和刚度条件 $\frac{T_{max}}{GI_P}\times\frac{180}{\pi}\leqslant[\varphi']$ 得

$$d\geqslant\sqrt[4]{\frac{32T_{max}\times180}{\pi^2G[\varphi']}}=\sqrt[4]{\frac{32\times477.5\times180}{\pi^2\times80\times10^9\times1}}m=0.0432m=43.2mm$$

为使轴同时满足强度条件和刚度条件，可选取较大的值，即 $d=44mm$。

第三节 静定结构的位移计算

到目前为止，本书所研究的力学问题基本上是通过对物体进行受力分析来解决的。但这样，有时会使一些力学问题的解决过于繁琐，因此在一些力学问题的解决上注重的不是力，而是具有更广泛意义的功以及能量。

一、功、广义力、广义位移

功

在物理学中人们知道，功是与力和位移两个因素有关的，功 W 的大小等于力 F 和物体沿力的方向上的位移 Δ 的乘积，即 $W=F\Delta$。

如果上式中的位移是由式中的力引起的，则两者的乘积称为实功；如果上式中的位移不是由式中的力引起的，而是由于其他因素引起的，则两者的乘积称为虚功。如果是外力的虚功称为外力虚功，如果是内力的虚功称为内力虚功。

由于功也可以由其他两个物理量的乘积得到，和力对应的物理量称为广义力，而和位移对应的物理量则称为广义位移。

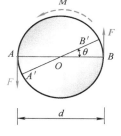

例如，图 8-9 中力偶 $M=Fd$ 做的功

$$W=2\times F\times\Delta=2\times F\times\frac{d}{2}\times\theta=Fd\theta=M\theta$$

这里的力偶 M 为广义力，θ（角位移）为广义位移。

图 8-9 力偶做功

对于结构中两任意截面的相对线位移，如图 8-1a 中 Δ_{BC} 的广义力是在 B、C 两点沿 BC 连线分别作用两个大小相等、方向相反的力。对于结构中两任意截面的相对角位移，如图 8-1a 中 θ_{BC} 的广义力是在 B、C 两点分别作用两个大小相等、转向相反的力偶。

二、虚功原理

虚功原理

虚功原理可表述为：第一组外力和由它引起的内力在第二组外力所产生的位移和变形上所做的虚功相等。

设图 8-10 所示结构，在第一组荷载 F_{P1} 作用下达到平衡，在 F_{P1} 作用位置沿 F_{P1} 方向产生位移 Δ_{11}（Δ_{ij} 的下标意义是：第一个下标 i 表示位移的地点和方向，第二个下标 j 表示引起位移的原因）。在此基础上再加上第二组荷载 F_{P2}，结构将继续变形达到新的平衡，从而引起 F_{P1} 作用点沿 F_{P1} 方向产生新的位移 Δ_{12}，同时 F_{P2} 作用点沿 F_{P2} 方向产生位移 Δ_{22}。这样，F_{P1} 就在 Δ_{12} 位移上做了外力虚功 W_{12}，其所做的功为

$$W_{12}=F_{P1}\cdot\Delta_{12}$$

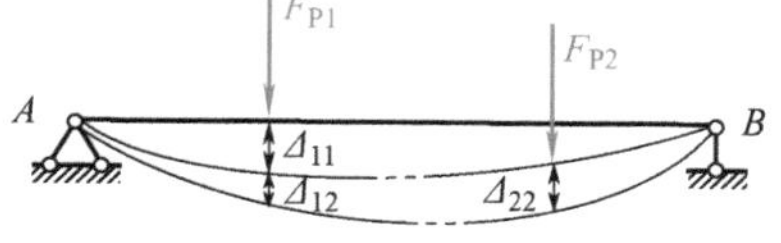

图 8-10 虚功中力和位移的关系

由第一组荷载 F_{P1} 在结构中产生的内力在第二组荷载 F_{P2} 引起的相应变形上作的内力虚功为 W'_{12}，根据能量守恒，内、外力所做的功应相等，可得出虚功原理

$$W_{12}=W'_{12} \tag{8-10}$$

如将第一组荷载 F_{P1} 在结构中产生的状态称为力状态，并作为虚拟的状态，将第二组荷

载 F_{P2} 在结构中产生的状态称为位移状态，并作为实际的状态，这时的虚功原理称为虚力原理。

三、单位荷载法

单位荷载法

首先通过虚力原理对轴向拉（压）杆件组成的结构进行位移计算，来说明单位荷载法的应用。在图 8-11a 所示结构中，为求 B 点的竖向位移 Δ，在虚拟的状态中的同样位置，加一个和所求位移对应的单位广义力 $\overline{F}=1$ 作为力状态（图 8-11b）。此时，外力作的虚功 $W=\overline{F}\Delta$。对于内力虚功 W'，在实际的状态中任取一微段 Δx，在此微段上其轴力 F_N 产生的轴向变形为 Δu（图 8-11c），由式（5-2）和式（5-7），得

$$\Delta u=\varepsilon\Delta x=\frac{\sigma}{E}\Delta x=\frac{F_N\Delta x}{EA}$$

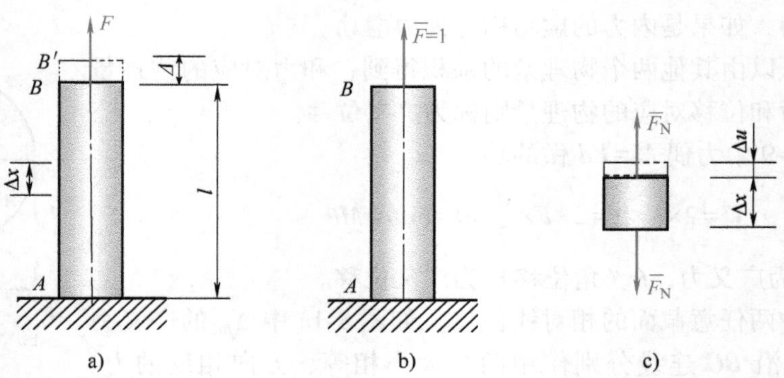

图 8-11 拉（压）杆的单位荷载法

a）实际的状态 b）虚拟的状态 c）内力虚功

这样，整个结构中内力作的虚功 W' 为各微段上内力作的虚功 $\overline{F}_N\Delta u$ 的总和，即

$$W'=\sum\overline{F}_N\Delta u=\sum\frac{\overline{F}_NF_N\Delta x}{EA}$$

由虚力原理有

$$\Delta=\overline{F}\Delta=\sum\frac{\overline{F}_NF_N\Delta x}{EA} \tag{8-11}$$

对于桁架结构，由于每根杆的轴力 $\overline{F}_N$、F_N 和 EA 是常量，故式（8-11）可写成

$$\Delta=\sum\frac{\overline{F}_NF_Nl}{EA} \tag{8-12}$$

式（8-12）中的 l 为桁架中各杆的长度，$\sum$ 表示对各杆的虚功求和。当计算结果为正时，表示实际位移的方向与虚拟单位力所指的方向相同；当计算结果为负时，则相反。

例 8-6

例 8-6 试用单位荷载法重解例 8-1。

解 由于上下两段柱的轴力不等，故结构应按两段来计算。首先在 C

截面上加一竖向单位荷载 $\overline{F}=1$，如图 8-12 所示。实际状态下各段柱的轴力已知为

$$F_{NBC}=-40\text{kN};\ F_{NAB}=-100\text{kN}$$

虚拟的状态下的轴力为 $\overline{F}_N=1$

由式

$$\begin{aligned}\Delta_C &= \sum\frac{\overline{F}_N F_N l}{EA}=\frac{\overline{F}_N F_{NAB} l_{AB}}{EA}+\frac{\overline{F}_N F_{NBC} l_{BC}}{EA}\\ &=-\frac{40\times10^3\text{N}\times2\times10^3\text{mm}}{10\times10^3\text{MPa}\times200^2\text{mm}^2}-\frac{100\times10^3\text{N}\times2\times10^3\text{mm}}{10\times10^3\text{MPa}\times200^2\text{mm}^2}\\ &=-0.7\text{mm}\quad(\downarrow)\end{aligned}$$

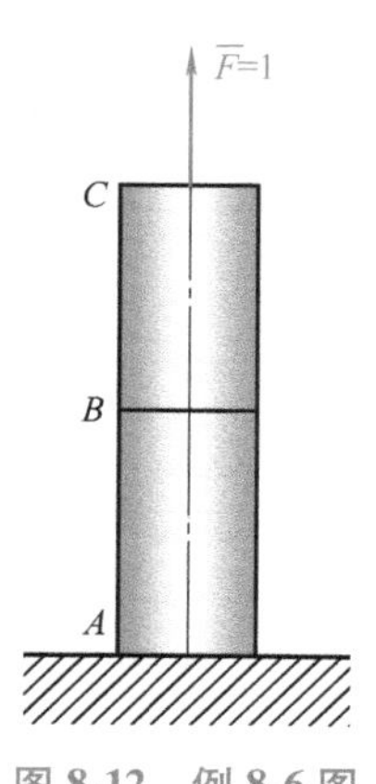

图 8-12　例 8-6 图

结果是负值，说明 C 截面位移的方向和虚拟力的方向相反。

例 8-7　试用单位荷载法求例 4-25 中图示屋架 G 点的竖向位移 Δ_{GV}，图 8-13a中右半部分各括号内数值为杆件的截面面积 A，其单位为 mm^2，设 $E=2.1\times10^2\text{kN/mm}^2$。

例 8-7

解　(1) 在 G 结点加上和待求位移对应的单位广义力，如图 8-13c 所示。用结点法算出各杆虚拟内力并填入表 8-1，将例 4-25 中已得出实际荷载作用下的各杆内力（图 8-13b）填入表 8-1，并将各杆的长度和截面面积也填入表 8-1。由于对称，只需计算半个屋架，表 8-1 中也只列出半个屋架的数值。

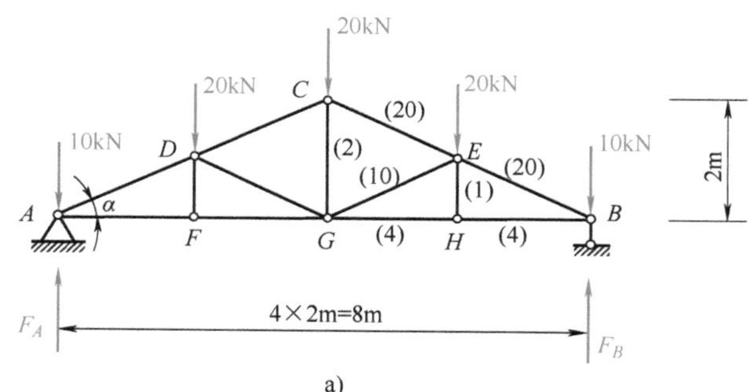

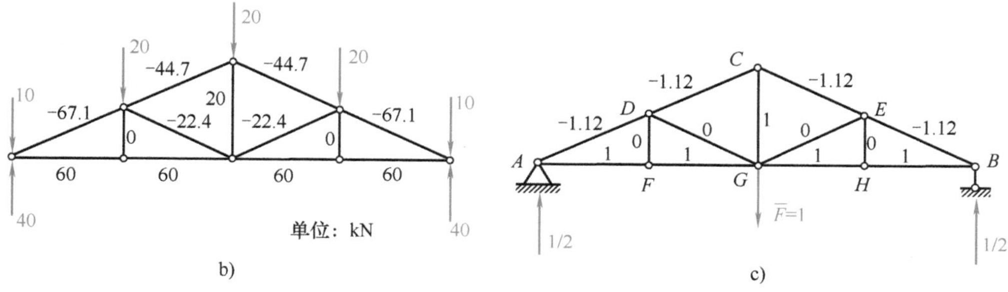

图 8-13　例 8-7 图

(2) 对各杆的 $\overline{F}_N F_N l/A$ 进行计算，并填入表 8-1。

表 8-1　屋架的位移计算

杆　件		l/mm	A/mm²	$\overline{F}_N$	F_N/kN	$(\overline{F}_N F_N l/A)$/(kN/mm)
上弦	AD	2240	2000	−1.12	−67.1	84.2
	DC	2240	2000	−1.12	−44.7	56.1
下弦	AG	4000	400	1	60	600
斜杆	DG	2240	1000	0	−22.4	0
竖杆	DF	1000	100	0	0	0
	CG	2000	200	1	20	200

（3）利用式（8-12）计算 G 点的竖向位移

$$\Delta_{GV}=\sum\frac{\overline{F}_N F_N l}{EA}=\frac{2\times(84.2+56.1+600)\text{kN/mm}+200\text{kN/mm}}{2.1\times10^2\text{kN/mm}^2}=8.0\text{mm}\quad(\downarrow)$$

计算结果为正值，说明 Δ_{GV} 的实际位移方向与虚拟单位力方向一致。

对于梁和刚架等以弯曲变形为主的结构，造成变形的主要内力是弯矩，可以用类比的方法从正应力的公式中得出轴向拉（压）杆件的正应力是与其横截面面积 A 成反比的，而梁的弯曲正应力是与其横截面的惯性矩 I 成反比的。另外，由于两者都遵循胡克定律，则变形都是和弹性模量 E 成反比的。根据以上推论，将轴力对应换成弯矩，横截面面积 A 对应换成横截面的惯性矩 I，可得以弯曲变形为主的结构的位移计算公式

$$\Delta=\overline{F}\Delta=\sum\frac{\overline{M}M\Delta x}{EI}\tag{8-13}$$

由于 EI 与弯曲变形成反比关系，故称为抗弯刚度。

用类比的方法是科学研究的重要手段之一，有很多重大的科学发现就是通过类比的方法得到的，虽然类比的方法对推导精确的公式有一定的缺陷，但可以用更严谨的方法加以论证和修改，公式（8-13）是可以用严谨的方法得到的。

同理，对于杆系结构的平面位移计算问题，最一般的情况为

$$\Delta=\overline{F}\Delta=\overbrace{\sum\frac{\overline{F}_N F_N\Delta x}{EA}}^{①}+\overbrace{\sum k\frac{\overline{F}_Q F_Q\Delta x}{GA}}^{②}+\overbrace{\sum\frac{\overline{M}M\Delta x}{EI}}^{③}\tag{8-14}$$

式（8-14）中的第①项为轴力引起的位移；第②项为剪力引起的位移（k 为截面剪应力分布不均匀系数，只与截面的形状有关，如矩形截面 $k=1.2$）；第③项为弯矩引起的位移。

对于由桁架和梁（刚架）组成的组合结构，位移公式可写为

$$\Delta=\sum\frac{\overline{F}_N F_N l}{EA}+\sum\frac{\overline{M}M\Delta x}{EI}\tag{8-15}$$

四、图乘法

图乘法

虽然有了对梁和刚架等以弯曲变形为主的结构的计算公式，但由于同一杆件的弯矩值是随位置变化而变化的，在实际计算中需要应用较复杂的数学工具，为此可采用弯矩图相乘的方法来解决，这种方法称为图乘法。

如果以弯曲变形为主的结构满足条件：杆件为等截面直杆，且 EI 为常数；在 M 和 $\overline{M}$ 两个弯矩图中至少有一个是直线图形，就可以采用图乘法进行位移计算。

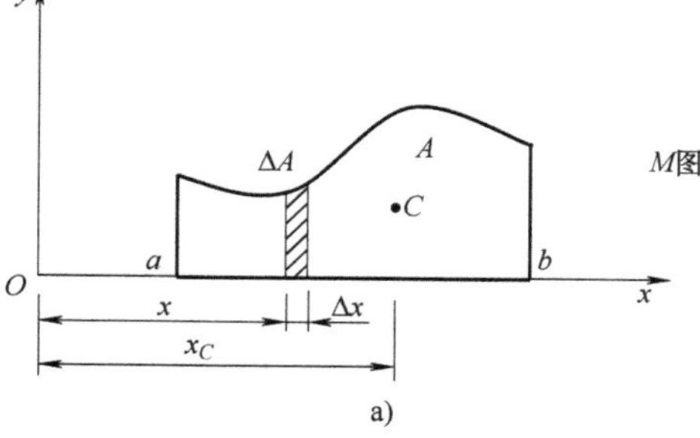

a)

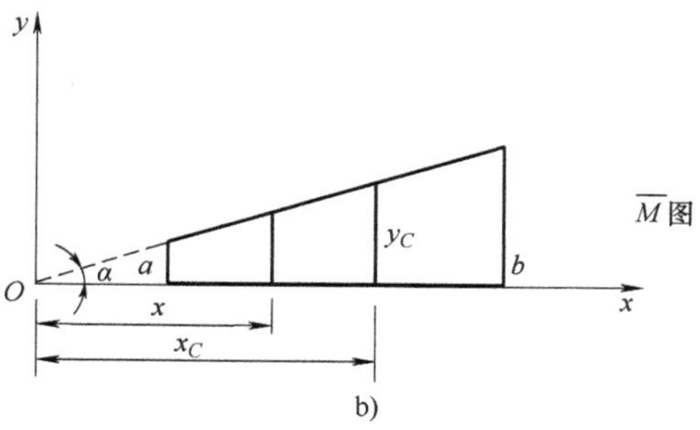

b)

图 8-14　图乘法的推导

设结构的 M 图（图 8-14a）与 $\overline{M}$ 图（图 8-14b）已知，且 EI 为常数，其中 ab 段上的 $\overline{M}$ 图为直线图形，取 $\overline{M}$ 图的延长线与 x 轴交点为坐标原点。对于杆件上很小的一段 Δx 上的 M 和 $\overline{M}$ 可以看成是常量，两端的相对位移 δ 可由式（8-15）得

$$\delta=\frac{\overline{M}M\Delta x}{EI}$$

式中　δ——杆件上很小一段两端的相对位移；

Δx——杆件上很小一段的长度。

杆件的位移是各段相对位移相加的结果，则

$$\begin{aligned}\Delta &= \sum\delta=\sum\overline{M}M\Delta x/EI\\ &=\frac{1}{EI}\sum M\overline{M}\Delta x=\frac{1}{EI}\sum\overline{M}\Delta A=\frac{1}{EI}\sum x\tan\alpha\Delta A=\frac{1}{EI}\tan\alpha\sum x\Delta A\end{aligned} \tag{8-16}$$

式（8-16）中的 $\Delta A=M\Delta x$ 为杆件上很小一段 Δx 上 M 图的面积；$\sum x\Delta A$ 则为 M 图的面积对 y 轴的静矩，它等于 M 图的面积乘以其形心到 y 轴的距离，即

$$\sum x\Delta A=Ax_C \tag{8-17}$$

代入式（8-16），得

$$\Delta=\frac{1}{EI}Ax_C\tan\alpha \tag{8-18}$$

又因为 $y_C=x_C\tan\alpha$，则有

$$\Delta=\frac{1}{EI}Ay_C \tag{8-19}$$

式（8-19）中的 y_C 为 M 图的形心 C 下相应的 $\overline{M}$ 图中的竖标。式（8-19）表明，式（8-16）求和之值等于 M 图的面积 A 乘以其形心下相应的 $\overline{M}$ 图（直线图形）中的竖标 y_C，再除以杆的抗弯刚度 EI，这就是图乘法。

对于多根杆组成的结构，只要将每段杆图乘的结果相加，即

$$\Delta=\sum\frac{1}{EI}Ay_C \tag{8-20}$$

应用图乘法计算时，应注意以下几点：

1）竖标 y_C 要在直线段的弯矩图上取得。

2）每一个面积 A 只对应一条直线段的弯矩图。

3）当 A 与 y_C 在杆的同一侧时，两者乘积取正号，反之取负号。

用图乘法计算位移时，需要确定弯矩图的图形面积及其形心位置。下面给出几种经常使

用的图形面积和形心位置，如图 8-15 所示。应注意，在各抛物线图形中，顶点是指其切线平行于底边的点，凡顶点在中点或端点的抛物线称为**标准抛物线**。

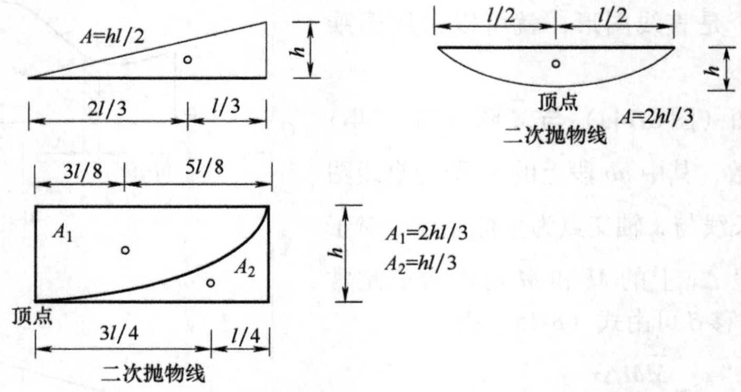

图 8-15　常用图形的面积和形心位置

当图形比较复杂，面积或形心位置不易确定时，可采用叠加的方法先分解为几个简单的图形，然后分别与另一个图形相乘，最后把所得结果相叠加。下面对图乘过程中可能会遇到的一些问题加以讨论。

1）当两个弯矩图都为三角形，且三角形的高在同一边时（图 8-16a），有

$$Ay_C=\frac{1}{2}h_1l\,\frac{2}{3}h_2=\frac{1}{3}h_1h_2l$$

当三角形的高在相反的一边时（图 8-16b），有

$$Ay_C=\frac{1}{2}h_1l\,\frac{1}{3}h_2=\frac{1}{6}h_1h_2l$$

2）当其中一个图形为梯形时，可将其分成两个三角形（图 8-16c），设两个三角形的面积分别为 A_1 和 A_2，两个面积形心下相应的 $\overline{M}$ 图的纵坐标分别为 y_{C1} 和 y_{C2}，则有

$$\sum Ay_C=A_1y_{C1}+A_2y_{C2}=\frac{1}{3}acl+\frac{1}{6}bcl$$

3）当两个弯矩图都是梯形时（图 8-16d），可将两个弯矩图都分成同底长的三角形。计算时 A_1、A_2 要分别与 $\overline{M}$ 中的两个三角形相乘，然后再相加，即

$$\sum Ay_C=\frac{1}{3}acl+\frac{1}{6}adl+\frac{1}{3}bdl+\frac{1}{6}bcl$$

4）若 M 图或 $\overline{M}$ 图的竖标 a、b 或 c、d 不在基线的同一侧时，如图 8-16e 所示，可由图示虚线相连成两个在轴线异侧的三角形，设两个三角形的面积分别为 A_1 和 A_2，两面积形心下相应的 $\overline{M}$ 图的纵坐标分别为 y_{C1} 和 y_{C2}，则有

$$\sum Ay_C=A_1y_{C1}+A_2y_{C2}=\frac{1}{3}acl-\frac{1}{6}adl+\frac{1}{3}bdl-\frac{1}{6}bcl$$

$$y_{C1}=2c/3-d/3$$

$$y_{C2}=2d/3-c/3$$

5）对于某一区段由于均布荷载所引起的 M 图（图 8-16f），则 M 图可作为一个梯形

ABCD 和一个标准抛物线组合而成。因此，可将 M 图分解为上述两个图形分别与 $\overline{M}$ 图相乘，然后取其代数和，即可得出其结果。

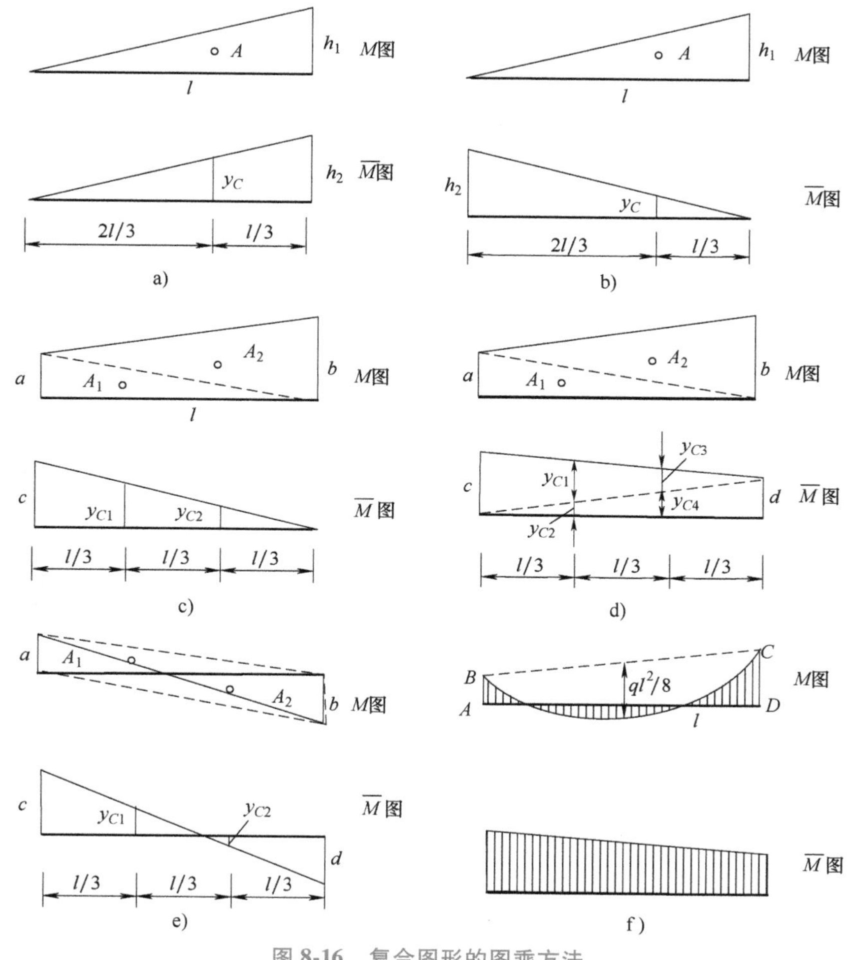

图 8-16 复合图形的图乘方法

6）当两个弯矩图都是直线图形时，y_C 可取自任意一个弯矩图。

7）当 A 的面积对应的不是一条直线图形时（图 8-17），则要将 A 图形分割成数个面积，使每个面积对应一条直线图形，分别进行图乘再相加，即

$$\sum Ay_C = A_1y_{C1}+A_2y_{C2}+A_3y_{C3}$$

例 8-8 试用图乘法求图 8-18a 所示悬臂梁 B 截面的竖向位移 Δ_{BV}，设 EI 为常数。

例 8-8

解 实际状态的 M 图为标准二次抛物线，顶点在 B（图 8-18b）。在 B 点加一个和 Δ_{BV} 对应的单位虚拟力 $\overline{F}=1$，并画出虚拟状态的 $\overline{M}$ 图（图 8-18c），$\overline{M}$ 图为直线图形，按图乘法要求，面积 A 取自 M 图，得

$$\Delta_{BV}=\frac{Ay_C}{EI}=\frac{1}{EI}\left(\frac{1}{3}\times\frac{ql^2}{2}\times l\right)\times\frac{3l}{4}=\frac{ql^4}{8EI} \quad (\downarrow)$$

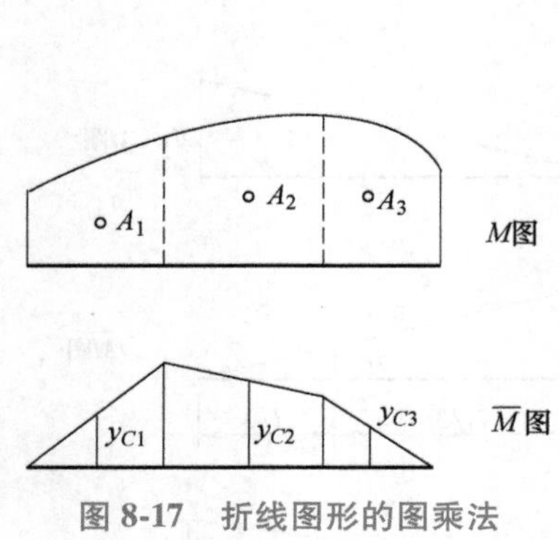

图 8-17　折线图形的图乘法

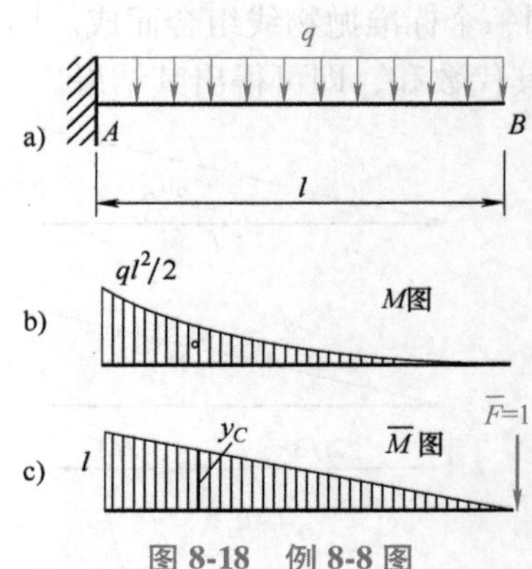

图 8-18　例 8-8 图

因为 M 图与 $\overline{M}$ 图都在杆的同一侧，所以乘积取正号，表示实际位移与所设的方向相同。

例 8-9　试用图乘法求图 8-19a 所示悬臂刚架 C 截面的角位移 θ_C，其中 $F_P=ql$，设 EI 为常数。

例 8-9

解　绘出实际状态的 M 图（图 8-19b）。在 C 截面加一个和 θ_C 对应的单位力偶 $\overline{M}=1$，画出 $\overline{M}$ 图（图 8-19c）。在 M 图中，因为 AB 段为二次抛物线，图形较复杂，故将其分解为一个梯形和一个顶点在中点的二次抛物线图形，再分别与 $\overline{M}$ 图相乘，然后相加，有

$$\theta_C=\sum\frac{A_i y_i}{EI}=\frac{1}{EI}\left[\frac{1}{2}\times ql^2\times l\times 1+\frac{\left(ql^2+\frac{ql^2}{2}\right)}{2}\times l\times 1+\frac{2}{3}\times\frac{ql^2}{8}\times l\times 1\right]=\frac{4ql^3}{3EI}\quad (\circlearrowright)$$

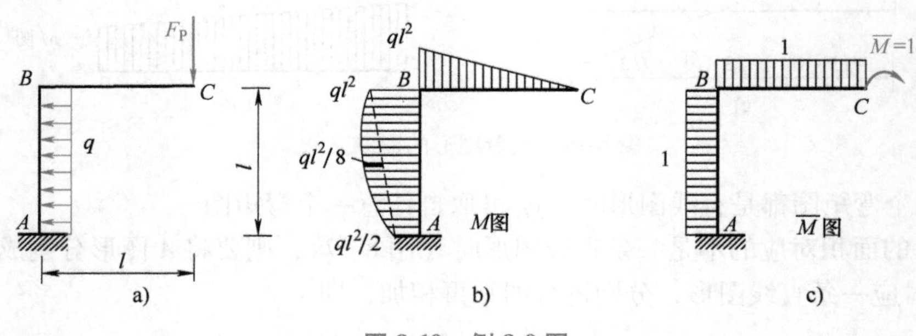

图 8-19　例 8-9 图

例 8-10　试求图 8-20a 所示结构 A、B 两点的相对水平和竖向线位移，以及 A、B 两截面的相对角位移（EI=常数）。

例 8-10

解　(1) 作实际荷载作用下的弯矩图（M 图），如图 8-20b 所示。

(2) 根据需求的位移加上对应虚拟单位力，并画出 $\overline{M}$ 图，如图 8-20c、d、e 所示。

(3) 用 M 图乘以 $\overline{M}$ 图求位移。

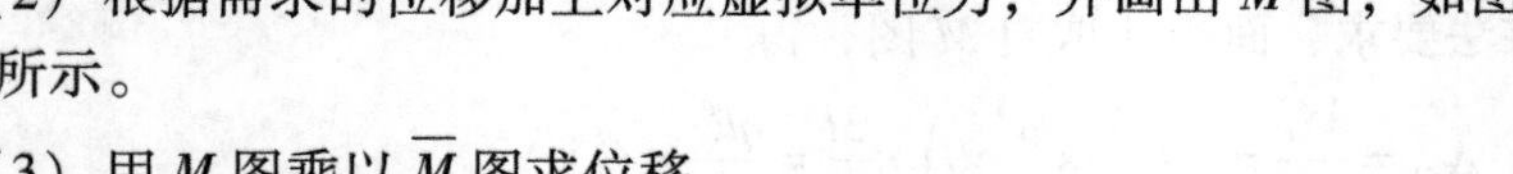

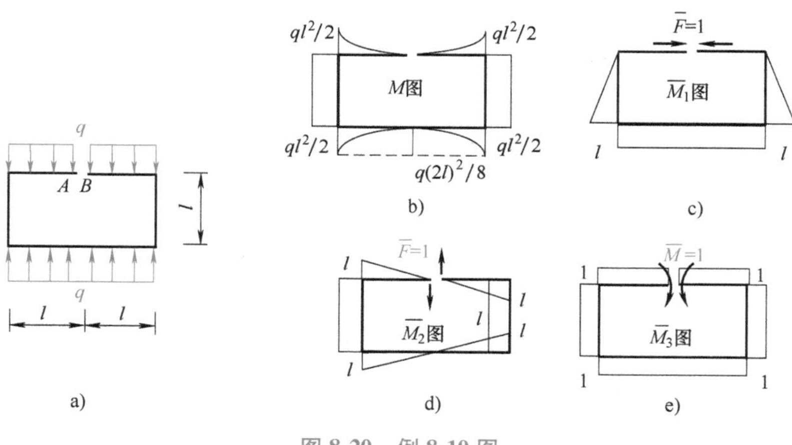

图 8-20　例 8-10 图

1）求 A、B 两点的相对水平线 Δ_{ABH}，将 M 图和 $\overline{M}_1$ 图相乘，得

$$\begin{aligned}\Delta_{ABH}&=\sum\frac{Ay_C}{EI}\\&=\frac{1}{EI}\left[2\left(\frac{1}{2}\times l^2\times\frac{ql^2}{2}\right)+\frac{ql^2}{2}\times 2l\times l-\frac{2}{3}\times\frac{q(2l)^2}{8}\times 2l\times l\right]\\&=\frac{5ql^4}{6EI}\quad(\rightarrow\leftarrow)\end{aligned}$$

2）求 A、B 两点的相对竖向线 Δ_{ABV}，将 M 图和 $\overline{M}_2$ 图相乘，M 图中上下横杆的图形是对称的，则图形的形心在中间，而 $\overline{M}_2$ 图这两段中间的竖标均为零，因此相乘为零，有

$$\Delta_{ABV}=\sum\frac{Ay_C}{EI}=\frac{1}{EI}\left(-\frac{1}{2}\times ql^3\times l+\frac{ql^3}{2}\times l\right)=0$$

3）求 A、B 两点的相对水平线 θ_{AB}，将 M 图和 $\overline{M}_3$ 图相乘，有

$$\begin{aligned}\theta_{AB}&=\sum\frac{Ay_C}{EI}\\&=\frac{1}{EI}\left[2\times\left(\frac{1}{3}\times\frac{ql^3}{2}\times 1+\frac{ql^3}{2}\times 1\right)+\frac{ql^2}{2}\times 2l\times 1-\frac{2}{3}\times\frac{q(2l)^2}{8}\times 2l\times 1\right]\\&=\frac{5ql^3}{3EI}\quad()(\,)\end{aligned}$$

例 8-11　试求图 8-21a 所示组合结构 A 点的角位移。

例 8-11

解　AB 杆是受弯杆件，BC 杆是受拉杆件。

（1）求实际荷载作用下 BC 杆的轴力 F_N（图 8-21b）和 AB 杆的弯矩图（M 图）（图 8-21c），有

$$\sum M_A=0,\ F_N\times 2l-4ql^2/2=0$$
$$F_N=ql$$

（2）根据待求的位移，在 A 点加上对应的虚拟单位力偶，并作出 $\overline{M}$ 图，如图 8-21d 所

示。BC 杆的轴力 $\overline{F}_{\mathrm{N}}=\dfrac{1}{2l}$。

（3）求 A 点的角位移 θ_A，有

$$\theta_A=\frac{Ay_C}{EI}+\frac{F_{\mathrm{N}}\overline{F}_{\mathrm{N}}l}{EA}=\frac{2}{3EI}\times\frac{ql^2}{2}\times 2l\times\frac{1}{2}+\frac{ql}{EA}\times\frac{l}{2l}$$
$$=\frac{ql}{6EIA}(2Al^2+3I)$$

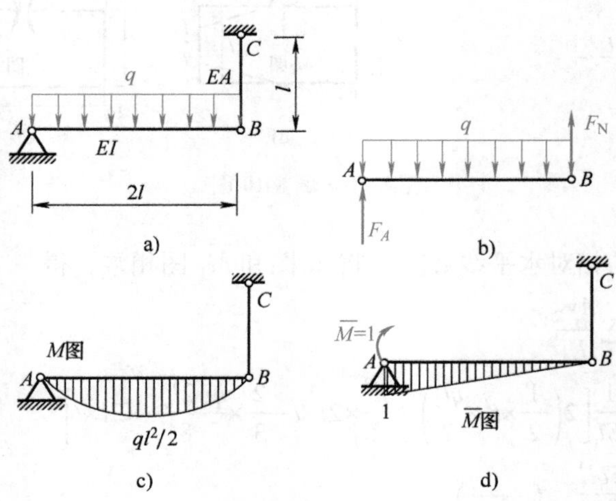

图 8-21　例 8-11 图

第四节　单跨静定梁的变形与刚度计算

一、挠度和转角

挠度和转角

取梁变形前的轴线为 x 轴，与轴线垂直指向下的轴为 w 轴（图 8-22）。在平面弯曲的情况下，梁变形后的轴线在 x—w 平面内弯成一条连续光滑曲线（图 8-22 中虚线），弯曲后的梁轴线称为梁的挠曲线。

工程中通常将梁横截面形心的竖向线位移，称为该截面的挠度，用 w 表示，规定 w 以向下为正。横截面的角位移称为转角，用 θ 表示，规定 θ 以顺时针转向为正。

根据平面假设，梁变形后的横截面仍保持为平面并与挠曲线正交，因而横截面的转角 θ 也等于挠曲线在该截面处的切线与 x 轴的夹角（图 8-22）。挠度和转角是表示梁变形的两个基本量。

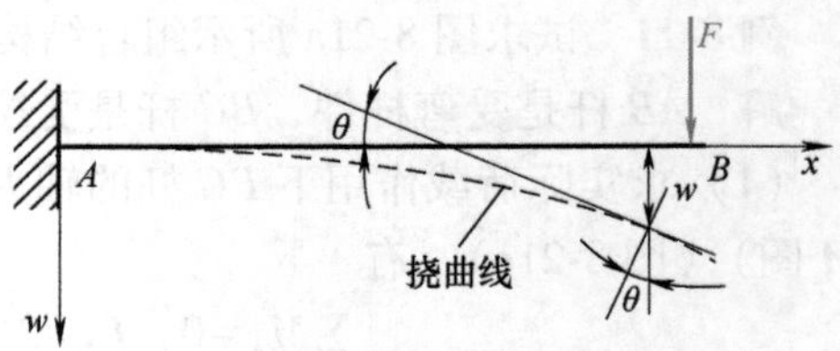

图 8-22　梁的弯曲变形

由于梁的挠曲线是一条连续光滑的曲线，挠曲线可以用数学方程

$$w=f(x) \tag{8-21}$$

来表示，称为梁的挠曲线方程。它表示梁的挠曲沿梁的长度的变化规律。

例 8-12 求图 8-23 所示悬臂梁的挠曲线方程，设抗弯刚度 EI 为常数。

解 先画出 M 图（图 8-23b），在梁的 x 处加一单位虚拟力，并画出 $\overline{M}$ 图（图 8-23c），面积 $A=x^2/2$ 取自 $\overline{M}$ 图，由三角形相似的关系得

$$y_C=\frac{l-\dfrac{x}{3}}{l}F_{\mathrm{P}}l=\frac{F_{\mathrm{P}}}{3}(3l-x)$$

则有

$$w(x)=\sum\frac{1}{EI}Ay_C=\frac{F_{\mathrm{P}}x^2}{6EI}(3l-x)$$

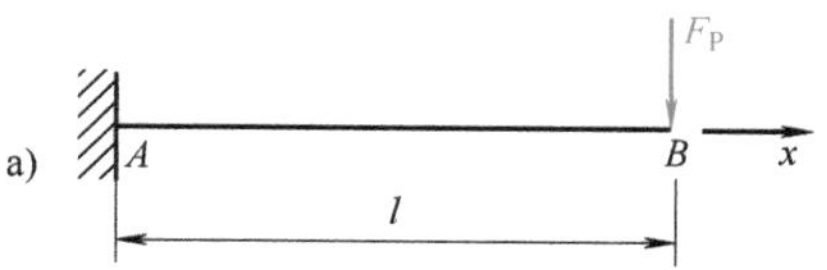

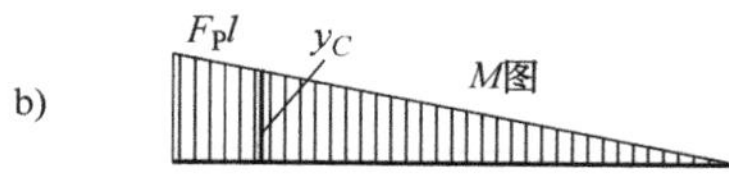

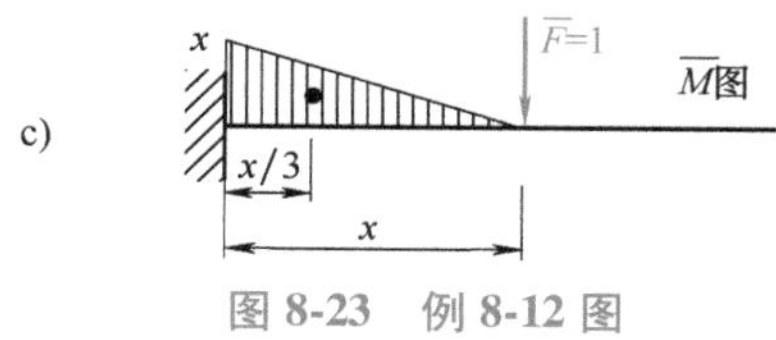

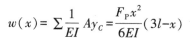

图 8-23 例 8-12 图

例 8-12

例 8-13 求图 8-24a 所示简支梁的挠曲线方程，设抗弯刚度 EI 为常数。

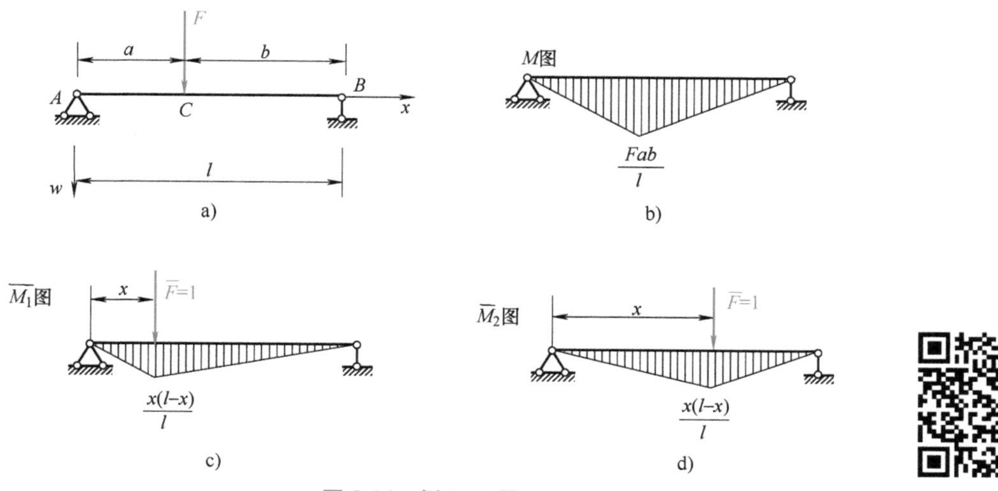

图 8-24 例 8-13 图

例 8-13

解 先画出 M 图（图 8-24b），在梁的 $0\leqslant x\leqslant a$ 处加一竖向单位虚拟力，并画出 $\overline{M}_1$ 图（图 8-24c），根据图乘法公式得 $0\leqslant x\leqslant a$ 段的挠曲线方程为

$$
\begin{aligned}
w(x) &= \sum \frac{1}{EI} A y_C \\
&= \frac{1}{EI}\left[\frac{1}{2}\frac{Fab}{l}x \cdot \frac{2}{3}\frac{x}{a}\frac{x(l-x)}{l} + \frac{1}{2}\frac{Fab}{l}b \cdot \frac{2}{3}\frac{b}{(l-x)}\frac{x(l-x)}{l} + \right. \\
&\quad \frac{x}{a}\frac{Fab}{l}(a-x) \cdot \frac{b+(a-x)/2}{(l-x)} \cdot \frac{x(l-x)}{l} + \\
&\quad \left. \frac{1}{2}\frac{Fab}{l}(a-x)\left(1-\frac{x}{a}\right) \cdot \frac{b+(a-x)/3}{(l-x)} \cdot \frac{x(l-x)}{l}\right] \\
&= \frac{Fab}{6EIl^2}\left[2x^3(l-x)+2b^2xl+3x^2(a-x)(2b+a-x)+(a-x)^2(2b+a-x)x\right] \\
&= \frac{Fbx}{6EIl}(l^2-x^2-b^2)
\end{aligned}
$$

在梁的 $a \leqslant x \leqslant l$ 处加一竖向单位虚拟力，并画出 $\overline{M}_2$ 图（图 8-24d），将 $\overline{M}_2$ 图和 $\overline{M}_1$ 图对比，只是将 a 与 b、x 与（$l-x$）互换，画法是相同的，根据图乘法公式可得 $a \leqslant x \leqslant l$ 段的挠曲线方程。

通过以上方法的运算，可得出表 8-2，以备查用。

表 8-2 梁的挠度和转角公式

荷载类型	转 角	最大挠度	挠度方程
1. 悬臂梁 集中荷载作用在自由端			
F_P，A，B，l，O，$w(x)$，x，w	$\theta_B = \frac{F_P l^2}{2EI}$	$w_{max} = \frac{F_P l^3}{3EI}$	$w(x) = \frac{F_P x^2}{6EI}(3l-x)$
2. 悬臂梁 弯曲力偶作用在自由端			
A，B，M，l，O，$w(x)$，x，w	$\theta_B = \frac{Ml}{EI}$	$w_{max} = \frac{Ml^2}{2EI}$	$w(x) = \frac{Mx^2}{2EI}$
3. 悬臂梁 均布荷载作用在梁上			
q，A，B，l，O，$w(x)$，x，w	$\theta_B = \frac{ql^3}{6EI}$	$w_{max} = \frac{ql^4}{8EI}$	$w(x) = \frac{qx^2}{24EI}(x^2+6l^2-4lx)$

（续）

荷载类型	转　角	最大挠度	挠度方程
4. 简支梁　集中荷载作用在任意位置上			
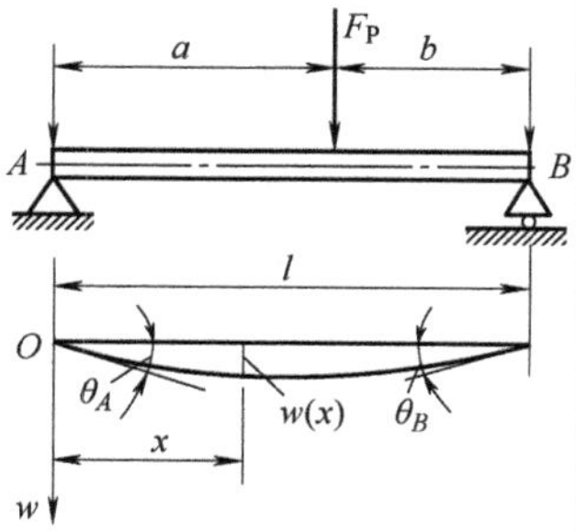	$\theta_A=\dfrac{F_P b(l^2-b^2)}{6lEI}$ $\theta_B=-\dfrac{F_P ab(2l-b)}{6lEI}$	$w_{\max}=\dfrac{F_P b(l^2-b^2)^{3/2}}{9\sqrt{3}lEI}$ $\left(在\ x=\sqrt{\dfrac{l^2-b^2}{3}}处\right)$	$w_1(x)=\dfrac{F_P bx}{6lEI}(l^2-x^2-b^2)$ $(0\leqslant x\leqslant a)$ $w_2(x)=\dfrac{F_P b}{6lEI}\left[\dfrac{l}{b}(x-a)^3+(l^2-b^2)x-x^3\right]$ $(a\leqslant x\leqslant l)$
5. 简支梁　均布荷载作用在梁上			
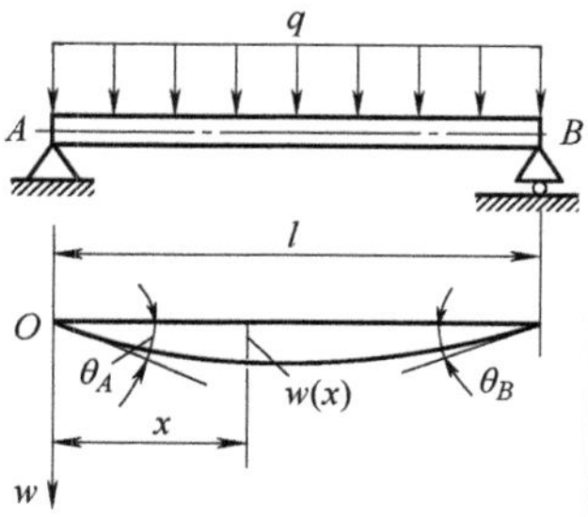	$\theta_A=-\theta_B=\dfrac{ql^3}{24EI}$	$w_{\max}=\dfrac{5ql^4}{384EI}$	$w(x)=\dfrac{qx}{24EI}(l^3-2lx^2+x^3)$
6. 简支梁　弯曲力偶作用在梁的一端			
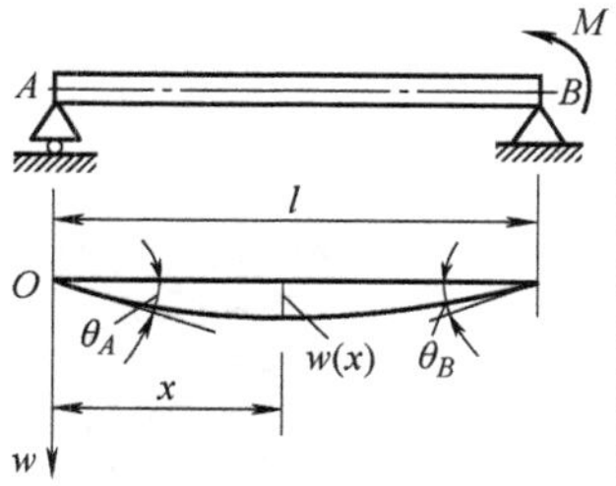	$\theta_A=\dfrac{Ml}{6EI}$ $\theta_B=-\dfrac{Ml}{3EI}$	$w_{\max}=\dfrac{Ml^2}{9\sqrt{3}EI}$ $\left(在\ x=\dfrac{l}{\sqrt{3}}处\right)$	$w(x)=\dfrac{Mlx}{6EI}\left(1-\dfrac{x^2}{l^2}\right)$
7. 简支梁　弯曲力偶作用在两支撑间的任意点			
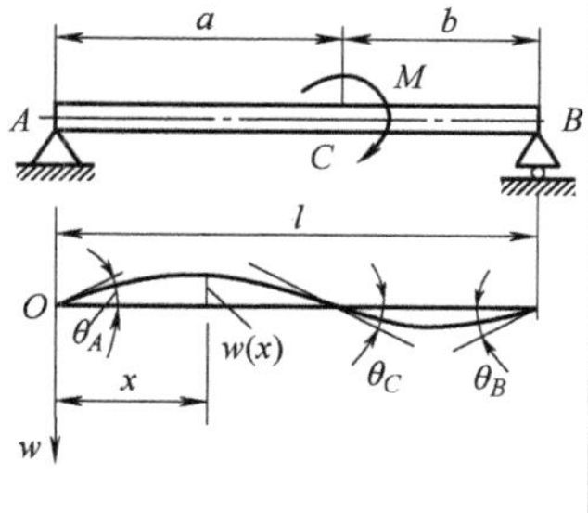	$\theta_A=-\dfrac{M}{6EIl}(l^2-3b^2)$ $\theta_B=-\dfrac{M}{6EIl}(l^2-3a^2)$ $\theta_C=-\dfrac{M}{6EIl}(3a^2+3b^2-l^2)$	$w_{\max1}=-\dfrac{M(l^2-3b^2)^{3/2}}{9\sqrt{3}EIl}$ $\left(在\ x=\dfrac{l}{\sqrt{3}}\sqrt{l^2-3b^2}处\right)$ $w_{\max2}=-\dfrac{M(l^2-3a^2)^{3/2}}{9\sqrt{3}EIl}$ $\left(在\ x=\dfrac{l}{\sqrt{3}}\sqrt{l^2-3a^2}处\right)$	$w_1(x)=-\dfrac{Mx}{6EIl}(l^2-3b^2-x^2)$ $(0\leqslant x\leqslant a)$ $w_2(x)=\dfrac{M(l-x)}{6EIl}[l^2-3a^2-(l-x)^2]$ $(a\leqslant x\leqslant l)$

（续）

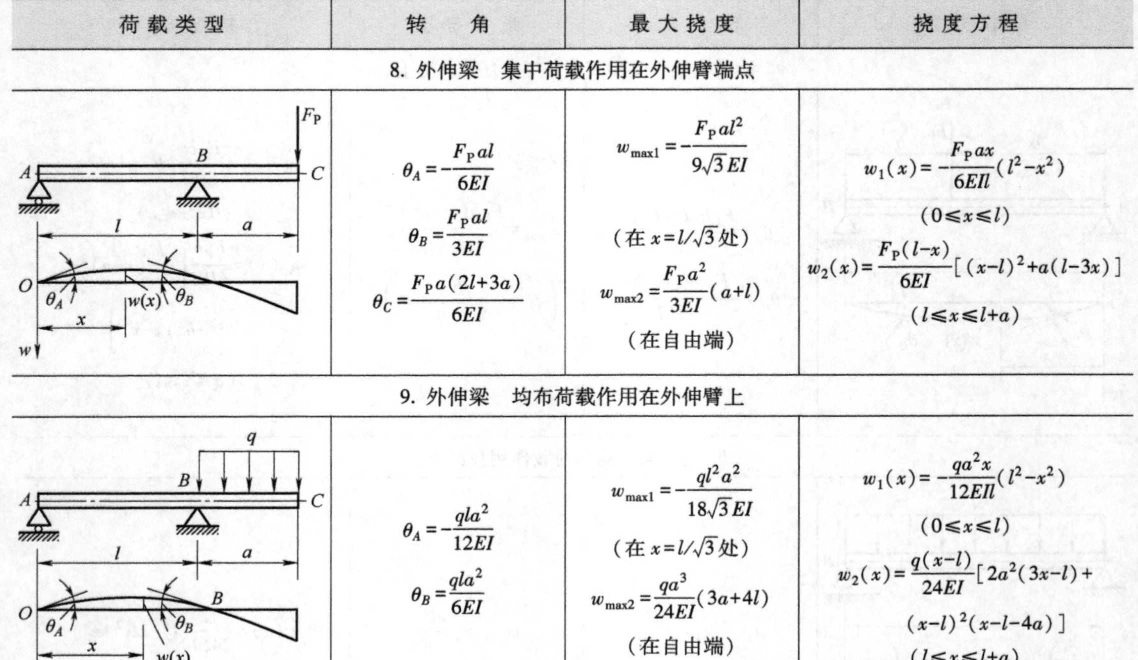

荷载类型	转角	最大挠度	挠度方程
8. 外伸梁　集中荷载作用在外伸臂端点			
	$\theta_A=-\dfrac{F_P al}{6EI}$ $\theta_B=\dfrac{F_P al}{3EI}$ $\theta_C=\dfrac{F_P a(2l+3a)}{6EI}$	$w_{\max1}=-\dfrac{F_P al^2}{9\sqrt{3}EI}$ （在 $x=l/\sqrt{3}$ 处） $w_{\max2}=\dfrac{F_P a^2}{3EI}(a+l)$ （在自由端）	$w_1(x)=-\dfrac{F_P ax}{6EIl}(l^2-x^2)$ $(0\leqslant x\leqslant l)$ $w_2(x)=\dfrac{F_P(l-x)}{6EI}[(x-l)^2+a(l-3x)]$ $(l\leqslant x\leqslant l+a)$
9. 外伸梁　均布荷载作用在外伸臂上			
	$\theta_A=-\dfrac{qla^2}{12EI}$ $\theta_B=\dfrac{qla^2}{6EI}$	$w_{\max1}=-\dfrac{ql^2a^2}{18\sqrt{3}EI}$ （在 $x=l/\sqrt{3}$ 处） $w_{\max2}=\dfrac{qa^3}{24EI}(3a+4l)$ （在自由端）	$w_1(x)=-\dfrac{qa^2x}{12EIl}(l^2-x^2)$ $(0\leqslant x\leqslant l)$ $w_2(x)=\dfrac{q(x-l)}{24EI}[2a^2(3x-l)+(x-l)^2(x-l-4a)]$ $(l\leqslant x\leqslant l+a)$

二、叠加法求梁的变形

对于单跨静定梁在简单荷载作用下的变形，可直接通过表 8-2 查出，工程中常用叠加原理求解单跨静定梁的变形。如单跨静定梁作用了多个荷载，可通过表 8-2 分别计算出单个荷载作用时梁同一截面的挠度或转角，然后再进行叠加（求代数和），即得出梁在所有荷载作用下该截面的挠度或转角，这种求梁变形的方法称为**叠加法**。

例 8-14

例 8-14　试用叠加法求悬臂梁（图 8-25a）自由端 B 截面的转角和挠度，其中 $F=ql$，设抗弯刚度 EI 为常数。

解　先将梁上的荷载分为集中荷载和均布荷载单独作用的情况（图 8-25b、c）。由表 8-2 查得简支梁在集中荷载和均布荷载单独作用下，B 截面的挠度和转角分别为

$$w_{BF}=\frac{Fl^3}{3EI}=\frac{ql^4}{3EI},\quad \theta_{BF}=\frac{Fl^2}{2EI}=\frac{ql^3}{2EI}$$

$$w_{Bq}=\frac{ql^4}{8EI},\quad \theta_{Bq}=\frac{ql^3}{6EI}$$

将上述结果代数相加，即得在两种荷载共同作用下的挠度和转角，即

$$w_B=w_{BF}+w_{Bq}=\frac{ql^4}{3EI}+\frac{ql^4}{8EI}=\frac{11ql^4}{24EI}\quad (\downarrow)$$

$$\theta_B=\theta_{BF}+\theta_{Bq}=\frac{ql^3}{2EI}+\frac{ql^3}{6EI}=\frac{2ql^3}{3EI}\quad ())$$

例 8-15　试求悬臂梁（图 8-26a）自由端 B 截面的转角和挠度，设抗弯刚度 EI 为常数。

例 8-15

解　由于 CB 段上没有外力作用，在这一段梁的弯矩值为零，因而这一段梁不会发生弯曲变形；变形后梁轴线仍然是直线，但它受 AC 段梁变形的影响而发生位移（图 8-26b）。

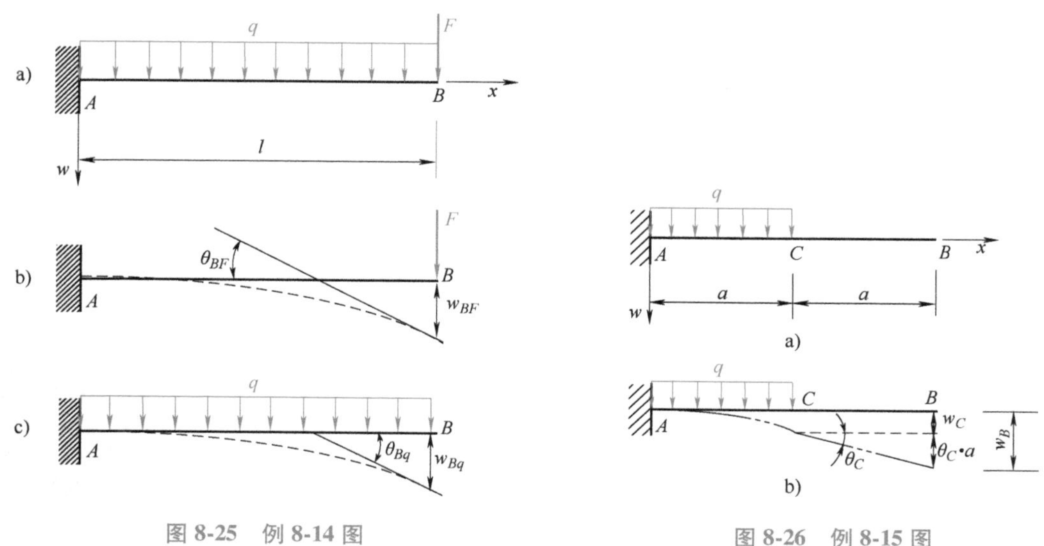

图 8-25　例 8-14 图　　　图 8-26　例 8-15 图

因为 CB 段变形后梁轴线仍然是直线，所以 B 截面的转角 θ_B 和 C 截面的转角 θ_C 相等。利用表 8-2 得

$$\theta_B=\theta_C=\frac{qa^3}{6EI}\quad (\curvearrowright)$$

而截面的挠度 w_B 应按两段来计算，一段是由 C 截面挠度 w_C 引起的，另一段是由 B 截面转角引起的 $\theta_C\cdot a$。因此，利用表 8-2 有

$$w_B=w_C+\theta_C\cdot a=\frac{qa^4}{8EI}+\frac{qa^3}{6EI}\cdot a=\frac{7qa^4}{24EI}\quad (\downarrow)$$

三、梁的刚度条件

如果梁的变形过大，即使强度满足要求，也不能正常工作。例如房屋中的楼面板或梁变形过大，会使抹灰出现裂缝；厂房中的吊车梁变形过大，会影响起重机的运行等。因此，对有些刚度要求较高的构件，不但要进行强度计算，还要进行刚度计算。

梁的刚度条件为

$$w_{max}\leqslant[w]；\ \theta_{max}\leqslant[\theta]$$

上式中的 w_{max}、θ_{max} 分别为梁的最大挠度和最大转角。

在土建工程中一般只对挠度进行刚度计算，许用挠度 $[w]$ 通常限制在 $\left(\frac{l}{1000}\sim\frac{l}{200}\right)$ 范围内，l 为梁的跨长。

例 8-16

例 8-16 在图 8-27 所示的工字钢梁中，已知材料的弹性模量 $E=200\text{GPa}$，横截面的惯性矩 $I=2500\text{cm}^4$，许用挠度 $[w]=l/400$，试校核其刚度。

解 由表 8-2（$a=b=l/2=2\text{m}$）查得

$$w_{CF}=\frac{F_P l^3}{48EI}$$

$$=\frac{10\times10^3\text{N}\times(4\times10^3\text{mm})^3}{48\times200\times10^3\text{MPa}\times2500\times10^4\text{mm}^4}=2.7\text{mm}$$

$$w_{Cq}=\frac{5ql^4}{384EI}$$

$$=\frac{5\times10\text{N/mm}\times(4\times10^3\text{mm})^4}{384\times200\times10^3\text{MPa}\times2500\times10^4\text{mm}^4}=6.7\text{mm}$$

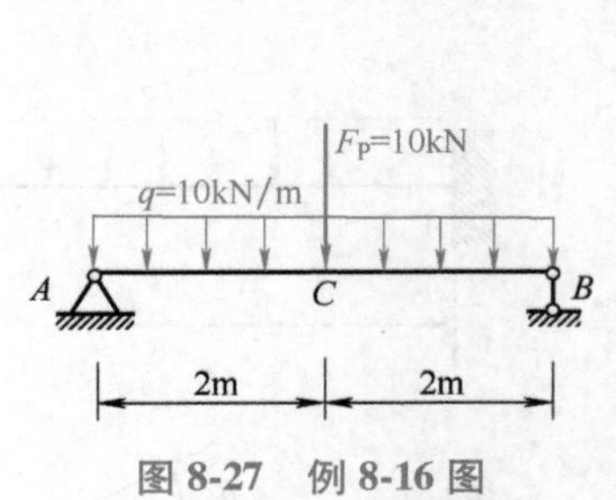

图 8-27 例 8-16 图

根据梁的刚度条件

$$w_C=w_{CF}+w_{Cq}=2.7\text{mm}+6.7\text{mm}=9.4\text{mm}<10\text{mm}=4000\text{mm}/400=[w]$$

此梁满足刚度条件。

四、提高梁承载能力的措施

提高梁承载能力的措施

设计梁时，既要保证梁在荷载作用下能安全可靠地工作，又要充分利用材料，降低造价，减轻自重。梁的承载能力主要取决于梁的强度和刚度。土建工程中通常采用以下措施来提高梁的承载能力。

1. 选择优质的材料

随着材料技术的不断发展，不断有新型的建筑材料出现，优质的材料可以有较高的强度极限 σ_b 和较大的弹性模量 E，这样梁的强度和刚度都可以有较大的提高。选用复合材料，根据构件应力的分布情况和材料的特性，在不同的部位选用合适的材料，尤其是很多装饰材料选用了复合材料，不但提高了承载能力，节约了贵重材料，还提高了构件的美观和耐用效果。

2. 选择合理的截面形状

无论是梁的最大应力还是变形，它们的大小都是和截面对中性轴的惯性矩 I_z 或抗弯截面系数 W_z 成反比，在第六章第六节中已经讨论过，在保持截面面积不变的前提下应选择惯性矩 I_z 或抗弯截面系数 W_z 较大的截面形状，这样可以减小最大正应力的数值，提高梁的强度。对于梁的刚度也是一样，由于很多优质材料如钢材（铝合金）的强度极限虽然差别很大，但它们的弹性模量 E 却十分接近，成本差异也很大，所以在保持截面面积不变的前提下选择惯性矩 I_z 较大的截面形状，是提高梁刚度的有效方法之一。

3. 合理布置梁的支座和荷载

梁的最大正应力 σ_{max} 和最大挠度 w_{max} 均和梁的弯矩 M 成对应关系，而梁的最大弯矩 M_{max} 又与梁的跨度以及荷载的分布情况有关。图 8-28 所示砖堆放在脚手板上的两种情况，图 8-28a 表示将砖集中放在跨中，对应图 8-29a；图 8-28b 表示将砖铺满脚手板，对应图 8-29b。两种情况的砖的块数相同，总荷载相等，支座约束力也相等。经验说明：图 8-28a 中板的弯曲变形较大，容易破坏；图 8-28b 中板的弯曲变形较小，不容易破坏。这说明将集中荷载分散作用，可以起到减小弯矩的效果，可提高梁的承载能力。图 8-29 各分图中的最大弯矩值 M_{max} 分别为 $ql^2/4$、$ql^2/8$、$ql^2/8$，比值为 1 : 1/2 : 1/2；最大挠度 w_{max} 分别为 $8ql^4/384EI$、$5ql^4/384EI$、$7ql^4/384EI$，比值为 1 : 5/8 : 7/8。我国古代抬梁式木构架的柱上和内外檐的枋上安装的斗拱（图 8-30），就是采用的图 8-29c 中将集中荷载分散并靠近支座，以降低弯矩最大值的原理。斗拱有时采用多层叠放，其截面比大梁细小得多，同时还是一种富有视觉感染力与装饰性的艺术表现手法。

图 8-28　砖堆放在脚手板上的两种方式

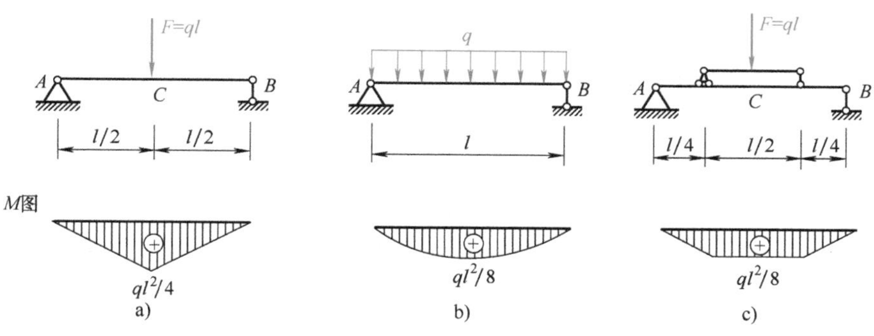

图 8-29　不同荷载分布的弯矩图比较

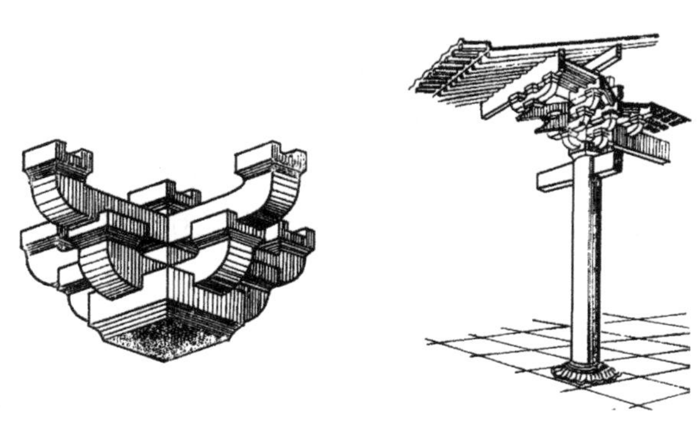

图 8-30　斗拱

从图 8-31 可知，若结构允许将简支梁两端的支座向跨中移动或增加支座形成超静定梁等，也可以起到减小弯矩和挠度的效果，以提高梁的承载能力，尤其对提高梁的刚度极为有效。以简支梁受均布荷载作用为例（图 8-31a），将两边支座适当地向跨中移动（图 8-31b），以及在跨中加一个支座成为超静定梁（图 8-31c），三者的最大弯矩值 $M_{\max}$ 分别为 $ql^2/8$、$ql^2/40$、$ql^2/32$，比值为 1∶0.2∶0.25；最大挠度 $w_{\max}$ 分别为 $13.02\times10^{-3}ql^4/EI$、$1.238\times10^{-3}ql^4/EI$、$0.3255ql^4/EI$，比值约为 1∶0.095∶0.025。但是，在一侧没有设置抗拉钢筋的混凝土构件如楼板等，将简支梁两端的支座向跨中移动或增加支座形成超静定梁的话，均会有负弯矩出现，使梁的上部出现拉应力，以至梁出现断裂，这是需要注意的。

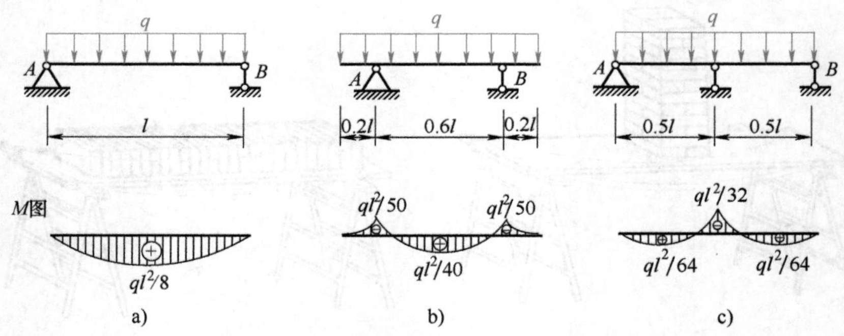

图 8-31　支座变化对弯矩的影响

4. 采用变截面梁

根据梁弯矩分布的情况，可在弯矩较大处采用较大的截面，在弯矩较小处采用较小的截面。若使梁的各截面上的最大正应力都恰好等于材料的许用应力，这样的梁称为等强度梁。从强度的观点看，等强度梁是理想的，但制造起来比较困难，因此在工程上常采用形状较简单而接近等强度梁的变截面梁（图 8-32）。例如在房屋建筑中的阳台及雨篷挑梁，便是变截面梁的典型实例。

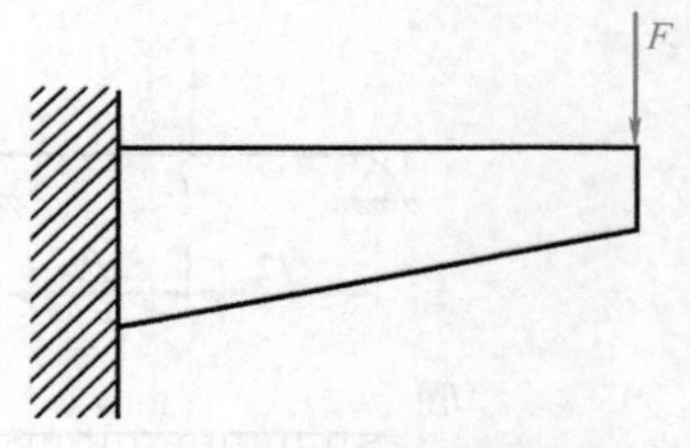

图 8-32　等强度悬臂梁

小　结

一、轴向拉（压）杆的变形计算

$$\Delta l=F_{\mathrm{N}}l/EA$$

二、虚功原理是用“功”和“能”来解决力学问题的一种方法，使一些力学问题得到简化。

三、由虚功原理得出单位荷载法，单位荷载法是求解静定结构位移的简洁方法，单位荷载就是根据所要求的位移，虚拟出对应的单位广义力，对于桁架等以拉、压变形为主的结构，可用

$$\Delta=\sum\frac{\overline{F}_{\mathrm{N}}F_{\mathrm{N}}l}{EA}$$

进行计算。对于梁和刚架等以弯曲变形为主的结构，可用

$$\Delta=\sum\frac{\overline{M}M\Delta x}{EI}$$

进行计算。如果以弯曲变形为主的结构满足：杆件为等截面直杆，且 EI 为常数；在 M 和 $\overline{M}$

两个弯矩图中至少有一个是直线图形，就可以采用图乘法进行位移计算。

四、梁的挠度和转角的概念。用叠加法求梁的挠度和转角并对梁进行刚度计算。

五、梁的刚度条件为

$$w_{max} \leqslant [w]$$

六、提高梁承载能力的措施包括选择优质的材料、选择合理的截面形状、合理布置梁的支座和荷载、采用高截面梁等。

思考题

8-1　请写出两种形式的胡克定律公式。

8-2　什么是轴向拉（压）杆的绝对变形和相对变形？

8-3　静定构件的内力大小和构件的材料以及截面尺寸无关，只和外力的作用有关。构件的应力大小和构件的材料无关，和外力的作用以及截面尺寸、形状有关。而构件的变形不但和外力的作用以及截面尺寸、形状有关，也和构件的材料有关。以上说法对吗？

8-4　广义力和对应的广义位移的乘积是什么？

8-5　力和由其他因素造成该力方向上位移的乘积是什么？

8-6　用单位荷载法求解静定结构的位移时，虚拟单位荷载是根据什么原则设立的？

8-7　应用图乘法计算位移时，如何确定所求位移的方向？

8-8　什么是梁的挠度与转角？

8-9　在悬臂梁固定端约束处，梁的挠度与转角为多少？在简支梁和外伸梁的铰支座处，梁的挠度为多少？

8-10　三根简支梁的跨度之比为 $l_1 : l_2 : l_3 = 1 : 2 : 3$，其余条件均相同，试求下列情况下的三根梁的最大挠度之比：

（1）梁受集度相同的均布荷载。

（2）梁的跨中受相同大小的集中力作用。

8-11　图 8-33 所示木柱，在其四角处用四个 40mm×40mm×4mm 的等边角钢加固。已知角钢的许用应力 $[\sigma]_{钢} = 170\text{MPa}$，弹性模量 $E_{钢} = 2\times10^5\text{MPa}$；木材的许用应力 $[\sigma]_{木} = 12\text{MPa}$，弹性模量 $E_{木} = 1\times10^4\text{MPa}$。受力 F 作用后，木柱和角钢的内力、应力、绝对纵向变形和线应变，哪些是相同的？

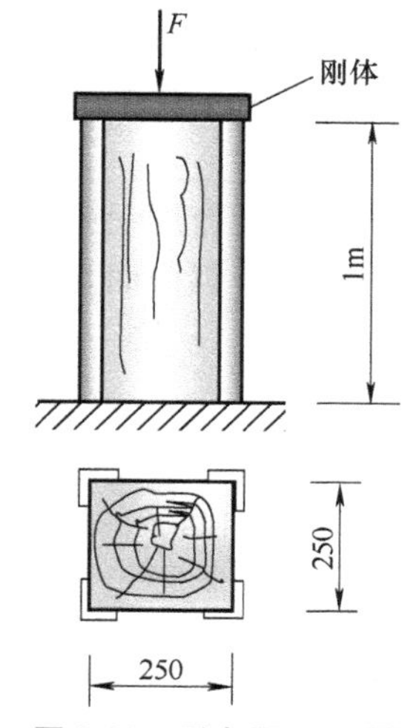

图 8-33　思考题 8-11 图

小实验

小实验一

用一张薄纸平着去铲碎木屑，再将纸卷成筒形去铲碎木屑，观察纸的变形。用学过的力学知识加以解释。

小实验二

用一张硬纸和若干支粉笔，先将纸平铺，再将纸制成箱形、圆筒形、工字形等不同横截面的梁，在上面堆放粉笔，比较各个截面梁的承载能力。

习　题

8-1　由胡克定律公式 $\Delta l = F_N l / EA$ 可知，杆件的轴向变形是和 EA 成反比的，那么通常将 EA 称为杆件的____________________。

8-2　杆件的抗拉（压）刚度的大小和杆件横截面的形状____关。

8-3　结构的位移一般分为____________和______________两种。

8-4　计算结构位移的重要目的之一是为____________结构的计算打下基础。

8-5　力偶所作的功等于力偶矩 M 与对应______________的乘积。

8-6　力在______________引起的位移上所做的功，称为虚功。

8-7　利用______________计算结构位移的方法，称为单位荷载法。

8-8　用图乘法计算静定刚架时，刚架中的杆轴线必须是________；各杆段的 EI 应分别等于________；在互乘的两个弯矩图中至少有一个是________。

8-9　图乘法中图形面积 A 和竖标 y 在杆件的异侧时，乘积取________。

8-10　梁横截面竖向位移称为________，横截面绕中性轴转过的角度称为__________。

8-11　挠度向________为正，转角______________转为正。

8-12　梁的变形和梁的横截面的形状____关。

8-13　工程上某梁，在不允许改变梁的长度和抗弯刚度的情况下，在结构上增加________，可提高梁的刚度。

8-14　从提高梁抗弯刚度的角度考虑，合理的截面应该是：以较小的横截面面积 A 获得较大的____________________。

8-15　把作用于梁的集中力分散成分布力，可以取得减小弯矩和________变形的效果。

8-16　一圆截面直杆两端受到拉力的作用，若将其直径增大一倍，则杆的抗拉刚度将为原来的（　　）倍。

A. 8　　　B. 6　　　C. 4　　　D. 2

8-17　几何尺寸相同的两根杆件，其弹性模量分别为 $E_1 = 180\text{GPa}$、$E_2 = 60\text{GPa}$，在弹性变形的范围内两者的轴力相同，这时产生的变形的比值应为（　　）。

A. 1/3　　　B. 1　　　C. 2　　　D. 3

习题 8-1　　习题 8-2　　习题 8-3　　习题 8-4　　习题 8-5

习题 8-6　　习题 8-7　　习题 8-8　　习题 8-9　　习题 8-10

8-18 直杆受力如图 8-34 所示，它们的横截面面积为 A，$A_1=A/2$，弹性模量为 E，试求杆的纵向变形 Δl。

8-19 截面为方形的阶梯砖柱如图 8-35 所示。上柱高 $H_1=3\text{m}$，截面面积 $A_1=240\times240\text{mm}^2$；下柱高 $H_2=4\text{m}$，截面面积 $A_2=370\times370\text{mm}^2$。荷载 $F=40\text{kN}$，砖砌体的弹性模量 $E=3\text{GPa}$，砖柱自重不计，试求：

（1）柱子上、下段的应力。

（2）柱子上、下段的应变。

（3）柱子的总缩短量。

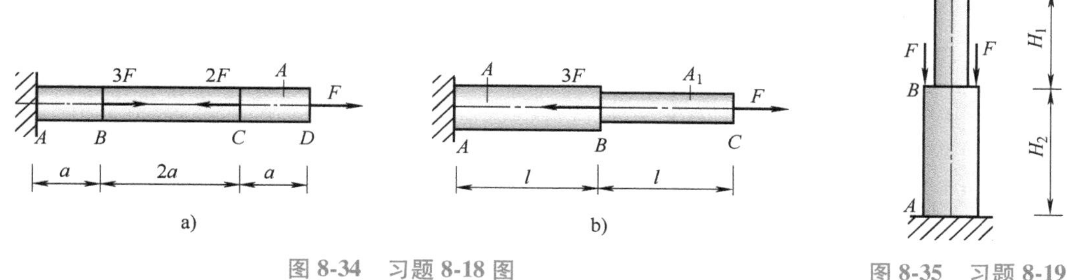

图 8-34 习题 8-18 图

图 8-35 习题 8-19 图

8-20 图 8-36 所示钢杆的横截面面积为 200mm^2，钢的弹性模量 $E=200\text{GPa}$，求各段的应变、伸长量及全杆的总伸长量。

8-21 图 8-37 所示阶梯形截面杆，其弹性模量 $E=200\text{GPa}$；横截面面积 $A_{AB}=300\text{mm}^2$，$A_{BC}=250\text{mm}^2$，$A_{CD}=200\text{mm}^2$，试求各段的内力、应力、应变、伸长量及全杆的总伸长量。

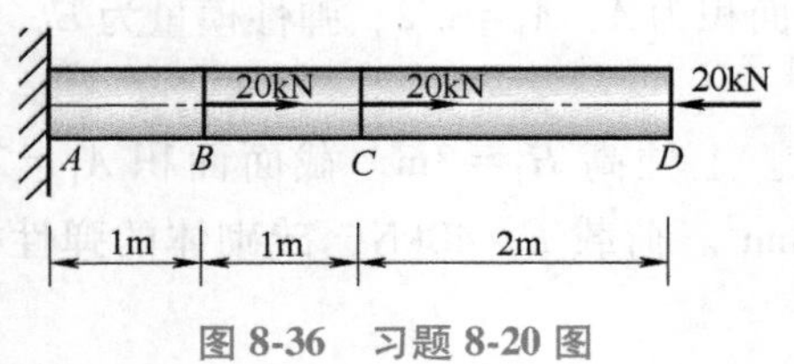

图 8-36　习题 8-20 图

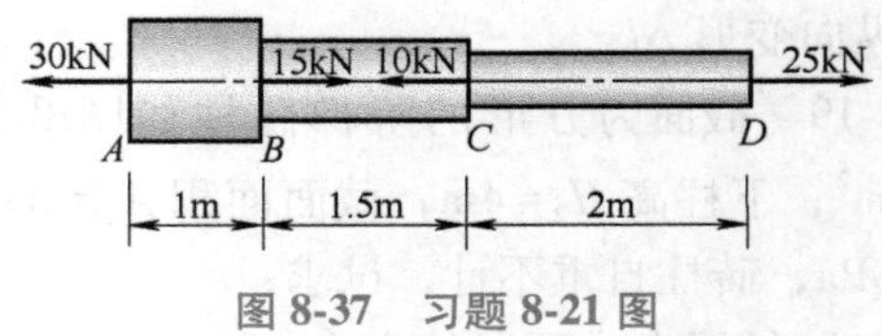

图 8-37　习题 8-21 图

8-22　图 8-38 所示刚性横杆 *AB* 在力 *F* 的作用下保持水平下移。*AC*、*BD* 两杆材料相同，问 *AC*、*BD* 两杆的横截面面积之比。

8-23　图 8-39 所示一厚度均匀的直角三角形钢板，用等长的圆截面钢筋 *AB* 和 *CD* 吊起，欲使 *BD* 保持水平位置，问 *AB* 和 *CD* 两钢筋直径之比为多少？

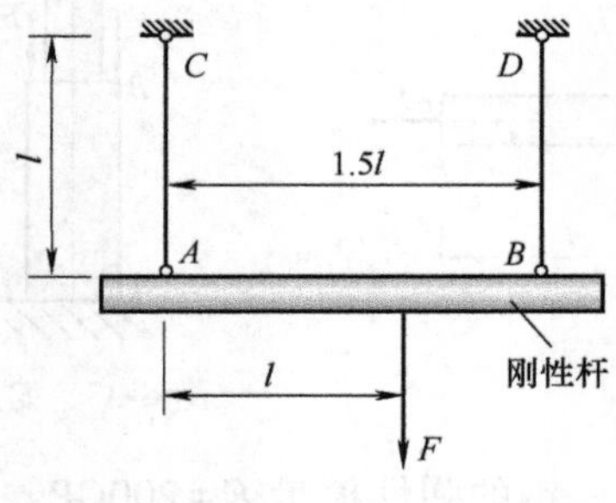

图 8-38　习题 8-22 图

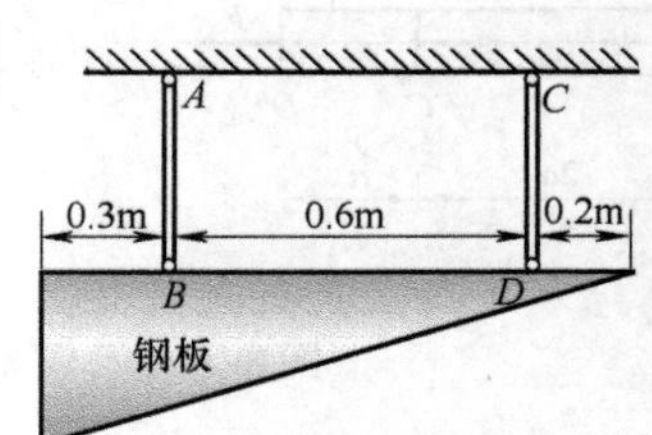

图 8-39　习题 8-23 图

8-24　图 8-40 所示直径为 $d=50$mm 的圆轴，其两端受平行于横截面的外力矩 $M_e=1$kN · m 作用而发生扭转，轴材料的剪切模量 $G=8\times10^4$MPa。试求：

1）横截面上 *A* 点处的剪应力和剪应变。

2）最大剪应力和轴的单位长度扭转角。

8-25　直径 $d=25$mm 的钢圆杆，受轴向拉力 60kN 作用时，在标距为 200mm 的长度内伸长了 0. 113mm。当其承受一对扭转外力偶矩 $M_e=0.2$kN · m 时，在标距为 200mm 的长度内相对扭转了 0. 732°。试求钢材的 *E*、*G* 和 μ。

8-26　一空心传动轴的外直径 $D=90$mm，壁厚 $t=2.5$mm，轴的材料是 45 号钢，其许用剪应力 $[\tau]=60$MPa，许用单位长度扭转角 $[\varphi']=1°/$m，传递的最大外力偶矩 $M=1700$N · m，材料的剪切弹性模量 $G=80$GPa，试校核此轴的强度及刚度。

8-27　阶梯轴 *AB* 如图 8-41 所示，*AC* 段直径 $d_1=40$mm，*BC* 段直径 $d_2=70$mm，*B* 端输入功率 $P_B=35$kW，*A* 端输出功率 $P_A=15$kW，轴匀速转动，转速 $n=200$r/min，$G=80$GPa，$[\tau]=60$MPa，轴的 $[\theta]=2°/$m，试校核轴的强度和刚度。

习题 8-22

习题 8-23

习题 8-24

习题 8-25

习题 8-26

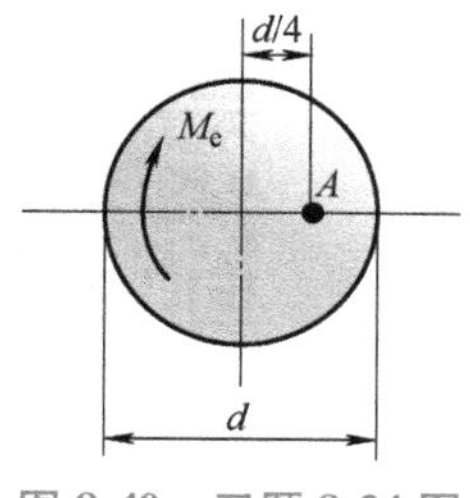

图 8-40　习题 8-24 图

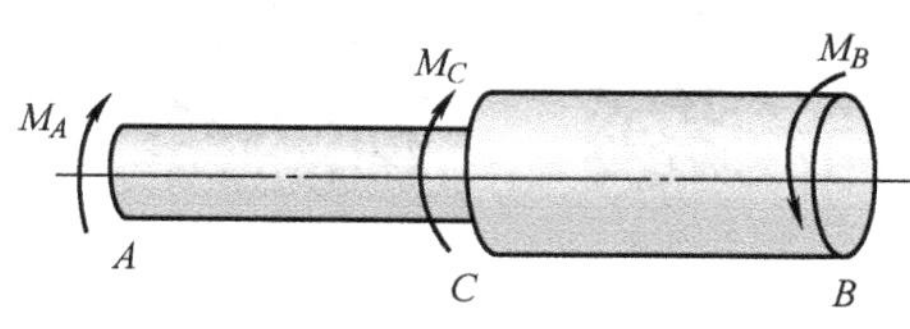

图 8-41　习题 8-27 图

8-28　在图 8-42 所示结构中，AB 是直径为 16mm、长为 2m 的钢杆，弹性模量 $E=200\text{GPa}$；BC 杆为截面面积 $A=200\times200\text{mm}^2$、长为 2.5 m 的木柱，弹性模量 $E=10\text{GPa}$。若 $F=21\text{kN}$，试计算节点 B 的竖向线位移和横向线位移。

8-29　试求图 8-43 所示桁架 D 点的水平线位移。各杆 EA=常数。

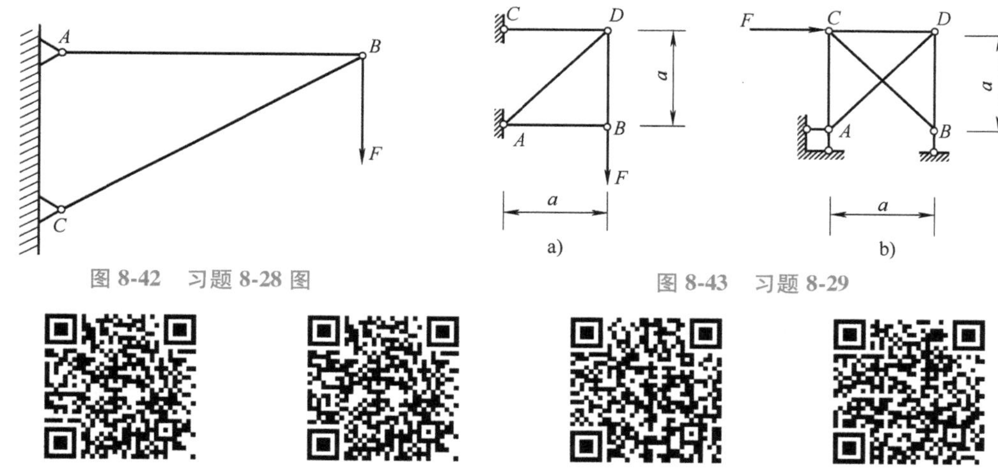

图 8-42　习题 8-28 图

图 8-43　习题 8-29

习题 8-27　　习题 8-28　　习题 8-29a　　习题 8-29b

8-30　试用图乘法求图 8-44 所示各梁中指定截面的转角（角位移 θ 以顺时针转为正）和挠度（竖向线位移 w 以向下为正）。各梁 EI 为常数。

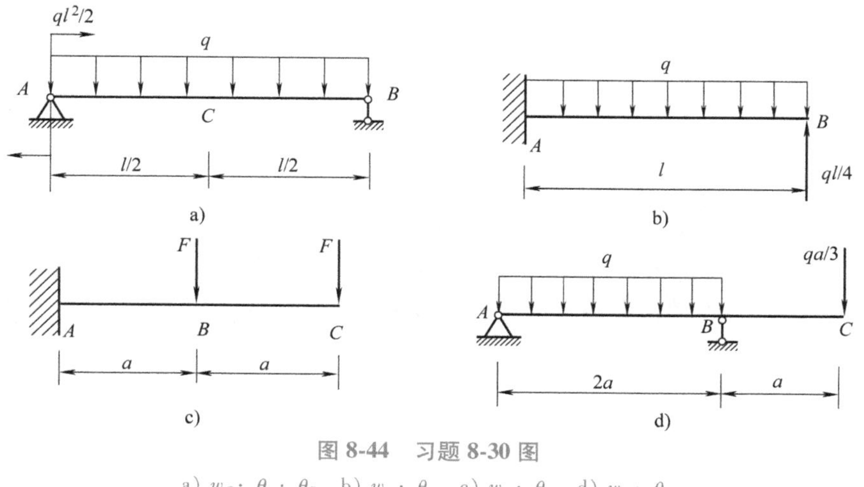

图 8-44　习题 8-30 图

a) w_C；θ_A；θ_B　b) w_B；θ_B　c) w_C；θ_C　d) w_C；θ_C

习题 8-30a

习题 8-30b

习题 8-30c

习题 8-30d

8-31 试求图 8-45 所示结构中 B 点处的转角和 C 处的水平线位移（EI=常数）。

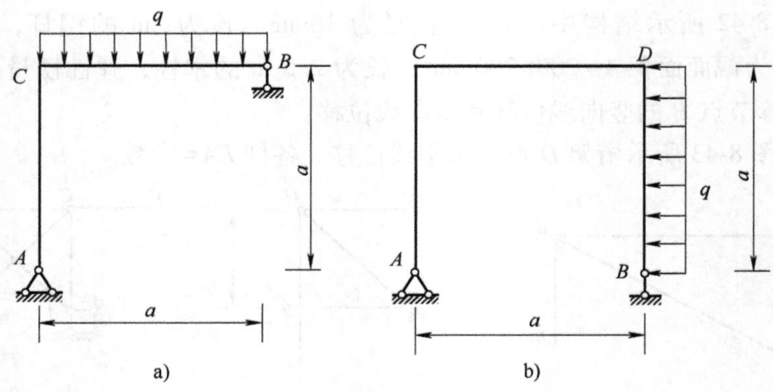

图 8-45 习题 8-31 图

8-32 试求图 8-46 所示结构中 B 点处的水平位移，其中 $F_P=qa$（EI=常数）。

8-33 试求图 8-47 所示结构中 B 点处的转角和 C 点处的竖向线位移（EI=常数）。

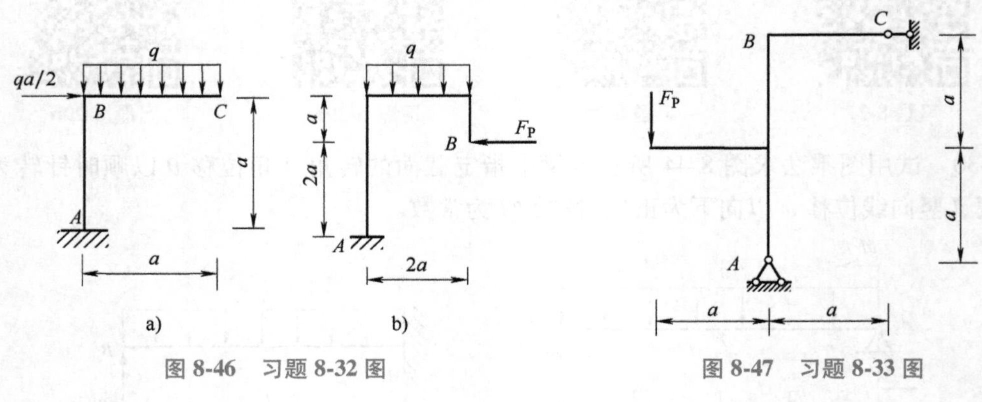

图 8-46 习题 8-32 图

图 8-47 习题 8-33 图

习题 8-31a

习题 8-31b

习题 8-32a

习题 8-32b

习题 8-33

8-34 试求图 8-48 所示三铰刚架中 C 铰左右两截面处的相对角位移（EI=常数）。

8-35 试求图 8-49 所示结构上 C、D 两点之间的距离变化 $\Delta_{C\text{-}D}$（EI=常数）。

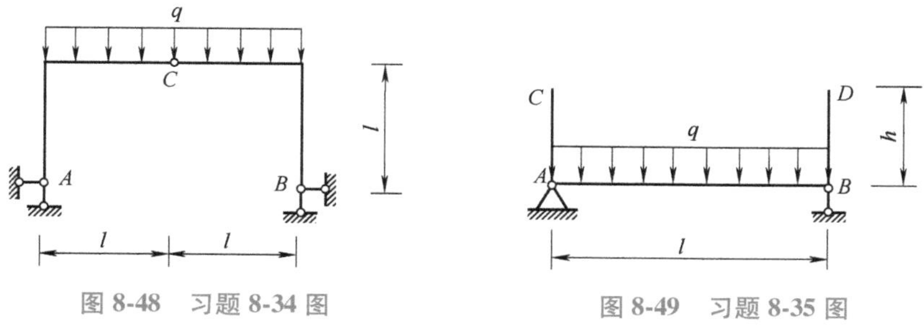

图 8-48　习题 8-34 图　　　　图 8-49　习题 8-35 图

8-36　试求图 8-50 所示组合结构 B 点的竖向线位移。

8-37　试用叠加法求题 8-30。

8-38　图 8-51 所示简支梁用 20b 工字钢制成，已知 $F_P = 10\text{kN}$，$q = 4\text{kN/m}$，$l = 6\text{m}$，材料的弹性模量 $E = 200\text{GPa}$，$[w] = l/400$。试校核梁的刚度。

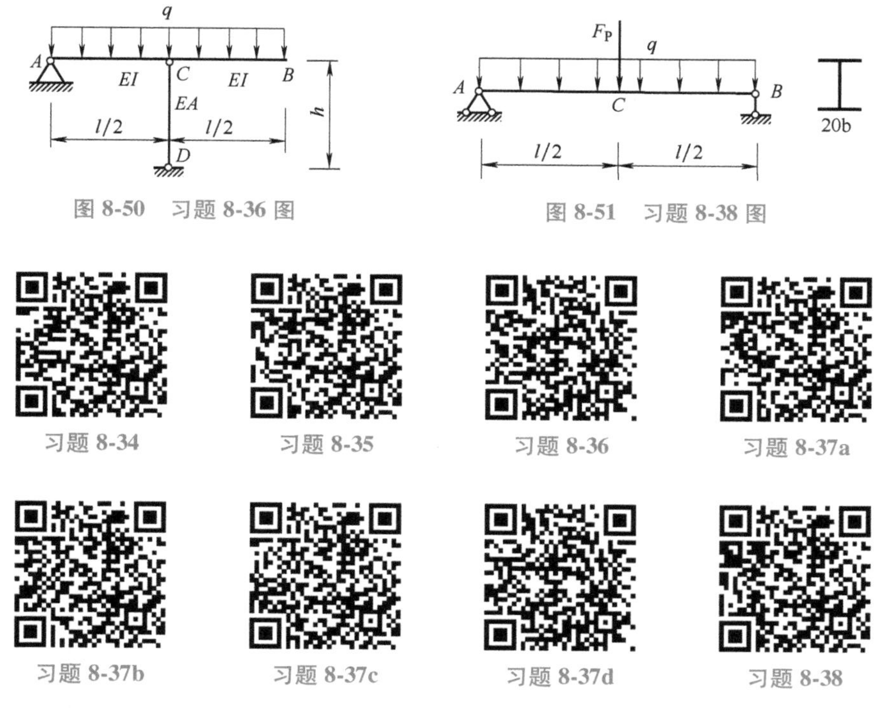

图 8-50　习题 8-36 图　　　　图 8-51　习题 8-38 图

习题 8-34　习题 8-35　习题 8-36　习题 8-37a

习题 8-37b　习题 8-37c　习题 8-37d　习题 8-38

第九章 超静定结构的内力计算

前面讨论了静定结构的内力和位移计算，本章将讨论超静定结构的内力计算。超静定结构是以静定结构的研究基础进行研究的，因此综合性很强。超静定结构与静定结构有什么相同点？有什么不同点？其不同点正是解决超静定结构的突破口。

超静定结构的几何组成特征是体系为几何不变体系，且有多余约束。多余约束的数量即为结构的超静定次数。

例如，图 9-1 所示的结构在任意荷载作用下，图 9-1a 为二次超静定梁，图 9-1b 为一次超静定桁架，图 9-1c 为三次超静定刚架，图 9-1d 为一次超静定组合结构，图 9-1e 为三次超静定拱，图 9-1f 为二次超静定排架。

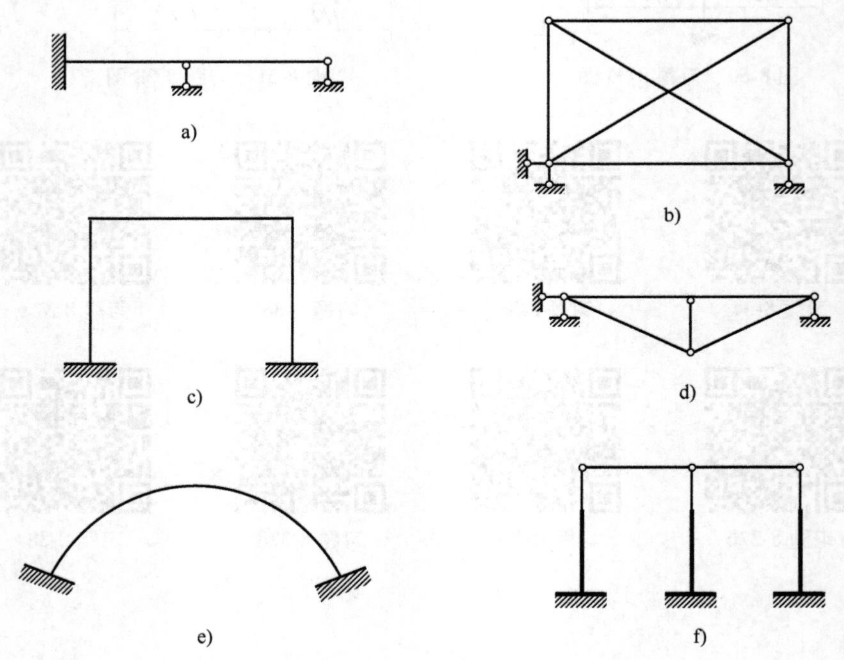

图 9-1　超静定结构

由于多余约束的存在，超静定结构相对静定结构可提高结构的强度、刚度及稳定性，因而在建筑工程中，超静定结构有着广泛的应用。超静定结构的内力计算有两个基本方法：一个是力法，另一个是位移法。超静定结构的计算量很大，还有其他实用计算方法，包括电算方法等，但全都是建立在这两种基本方法的基础之上。本章只介绍力法、位移法和力矩分配法。

第一节　力　　法

力法原理

一、力法原理

力法是计算各种类型超静定结构的基本方法，是将超静定结构的多余约束用对应的约束力来代替，称为多余约束力，这时的多余约束力是未知的；此时原来的超静定结构转换成静定结构，这个静定结构称为基本结构；由于原结构中的多余约束作用，原结构在多余约束处的变形和位移受到限制，这个限制称为变形协调条件；根据变形协调条件可建立求解多余约束力的方程，这个方程称为补充方程或力法典型方程；通过求解力法的典型方程，求出多余约束力。这样，超静定结构的计算便可以转化为静定结构的计算。

例如图 9-2a 是一个超静定梁 ACB，如将多余约束 C 支座对结构的作用，用多余约束力 X_1 代替，就成了一个和原结构完全等效的简支梁 AB（图 9-2c），简支梁就是原超静定梁的基本结构，X_1 是多余约束力。此时的多余约束力是未知因素，而多余约束对结构的变形是有限制的，这个限制即为变形协调条件，因此可以根据变形协调条件建立补充方程来求解超静定结构问题。图 9-2a 的超静定梁 ACB，在 C 点由于支座的约束作用，因此梁在 C 点的竖向（X_1 方向）位移 $\Delta_{CV}=\Delta_1$ 为零，即变形协调条件

$$\Delta_1=0$$

根据叠加原理，图 9-2c 可由图 9-2e 和图 9-2g 相加来等效，由叠加原理得

$$\Delta_1=\Delta_{1F}+\Delta_{11}=0$$

这就是根据变形协调条件建立的求解超静定问题的补充方程，其中 Δ_{1F}是基本结构在荷载作用下，在 C 点的竖向（X_1 方向）位移；Δ_{11}是基本结构在多余约束力 X_1 作用下，在 C 点的竖向（X_1 方向上）位移。以上位移均可用单位荷载法来求得，为了计算方便，令 $X_1=1$，由于是单位荷载引起的位移，用 δ 表示（图 9-2b）。

图 9-2b 中的 δ_{11}是基本结构在多余约束力 $X_1=1$ 作用下，在 C 点的竖向（X_1 方向）位移，即

$$\Delta_{11}=\delta_{11}X_1$$

由变形协调条件

$$\Delta_1=\Delta_{1F}+\Delta_{11}=0$$

得

$$\delta_{11}X_1+\Delta_{1F}=0 \tag{9-1}$$

这是根据变形协调条件得出的补充方程，即力法的基本方程。方程中的 δ_{11}和 Δ_{1F}均是基本结构的位移，都可以用单位荷载法求得。于是多余约束力 X_1 可从方程中求得。这种取多余约束力作为基本未知量，通过基本结构的变形协调条件求出多余约束力，达到对超静定结构进行受力分析的方法，称为力法。

为了计算 δ_{11}和 Δ_{1F}，分别作由基本结构在荷载作用下的荷载弯矩图（M_F 图）（图 9-2d）和在单位荷载作用下的单位弯矩图（$\overline{M}_1$ 图）（图 9-2f），应用图乘法可得出

$$\Delta_{1F}=\frac{-1}{EI}\left(2\times\frac{2}{3}\times\frac{ql^2}{8}\times\frac{l}{2}\times\frac{5}{8}\times\frac{l}{4}\right)=-\frac{5ql^4}{384EI}$$

$$\delta_{11}=\frac{1}{EI}\times 2\times\frac{1}{2}\times\frac{l}{4}\times\frac{l}{2}\times\frac{2}{3}\times\frac{l}{4}=\frac{l^3}{48EI}$$

代入式（9-1）就得到了基本方程

$$\frac{5ql^4}{384EI}-\frac{X_1 l^3}{48EI}=0$$

由此解得 $X_1=5ql/8$ （↑）

这样超静定结构问题就完全转化成了静定结构问题。根据图 9-2i 列平衡方程，由

$$\sum M_A=0,\ F_B l+X_1 l/2-ql^2/2=0$$

得 $F_B=3ql/16$ （↑）

由 $\sum F_y=0,\ F_A+F_B+X_1-ql=0$

得 $F_A=3ql/16$ （↑）

由此可继续画出梁的内力图（图 9-2h、j）。

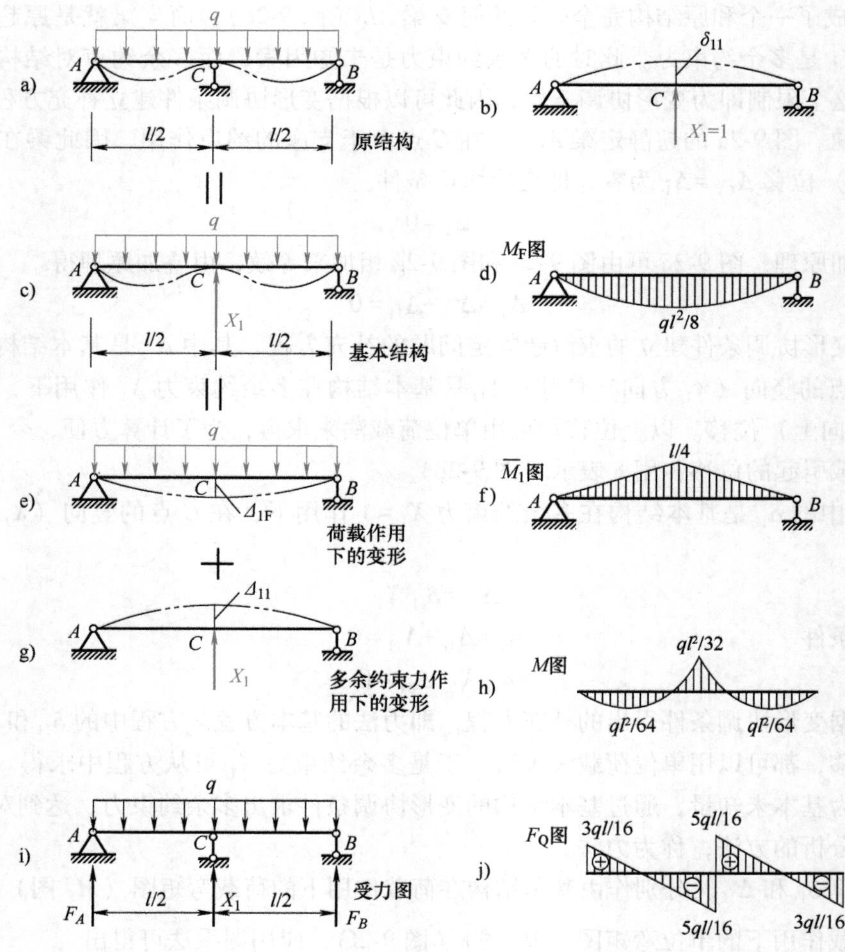

图 9-2　力法求解超静定梁的过程

绘制最后的弯矩图时，还可以利用已经绘出的 $\overline{M}_1$ 图和 M_F 图，用叠加的方法计算，即

$$M=\overline{M}_1X_1+M_F$$

解除结构多余约束的方法一般采用如下几种方式：

解除结构多余约束的方法

1）撤除一根支撑链杆或切断一根结构内部的链杆相当于解除一个多余约束。例如图 9-1a，撤除两根支座链杆后即变为静定结构，因此它是二次超静定梁。图 9-1b 因为切断六根内部链杆中的任何一根，都可变为静定桁架形式，因此它是一次超静定桁架。同理不难判断，图 9-1d 为一次超静定，图 9-1f 为二次超静定。

2）将刚性连接改为单铰连接，相当于解除一个多余约束。例如图 9-1e 的左、中、右三处均为刚性连接，如改为铰连接，则为静定的三铰拱形式，因此它是三次超静定拱。

3）撤除一个固定铰支座或撤除一个内部单铰，相当于解除两个多余约束。

4）撤除一个固定端支座或切断一个刚性连接，相当于解除三个多余约束。例如图 9-1c、e，撤除任意一个固定端支座，或者在任一处切断都可以变为静定结构形式，因此它们均为三次超静定结构。

二、力法典型方程

力法典型方程

对于不同超静定次数的超静定结构，力法典型方程的形式是不同的，式（9-1）称为一次超静定结构的力法典型方程。那么，二次及任意 n 次超静定结构在荷载作用下的力法典型方程又如何建立呢？

下面先举例说明二次超静定结构在荷载作用下其力法典型方程是如何建立起来的。

图 9-3a 所示为二次超静定刚架，用力法分析时可以撤除固定铰支座 C，并用水平约束力 X_1 及竖向约束力 X_2 代替，得到如图 9-3b 所示的基本结构。

要使图 9-3b 确实能与图 9-3a 等效，变形协调条件为基本结构上 C 点的水平位移 Δ_{CH} 和竖向位移 Δ_{CV} 均等于零，即

$$\Delta_1=\Delta_{CH}=0$$
$$\Delta_2=\Delta_{CV}=0$$

Δ_i 为基本结构在多余约束力 X_i 处沿 X_i 方向的位移。

对于图 9-3b，又可进一步进行等效变换。显然，图 9-3b 可视为图 9-3c、d、e 三种情况的叠加，而图 9-3c 又可视为 $X_1=1$ 作用后再乘以 X_1 倍；同理，图 9-3d 又可视为 $X_2=1$ 作用后再乘以 X_2 倍。通过上述变换，相应的位移条件便可写成

$$\Delta_1=\Delta_{11}+\Delta_{12}+\Delta_{1F}=0$$
$$\Delta_2=\Delta_{21}+\Delta_{22}+\Delta_{2F}=0$$

Δ_{ij} 为基本结构在多余约束力 X_j 单独作用下在 X_i 作用处沿 X_i 方向的位移；Δ_{iF} 为基本结构在荷载作用下在多余约束力 X_i 作用处沿 X_i 方向的位移。

设 δ_{ij} 为多余约束力 $X_j=1$ 时，基本结构在 X_j 单独作用下在 X_i 作用处沿 X_i 方向的位移，则

$$\Delta_{ij}=\delta_{ij}X_j$$

即

$$\begin{cases}\delta_{11}X_1+\delta_{12}X_2+\Delta_{1F}=0\\ \delta_{21}X_1+\delta_{22}X_2+\Delta_{2F}=0\end{cases}\qquad(9\text{-}2)$$

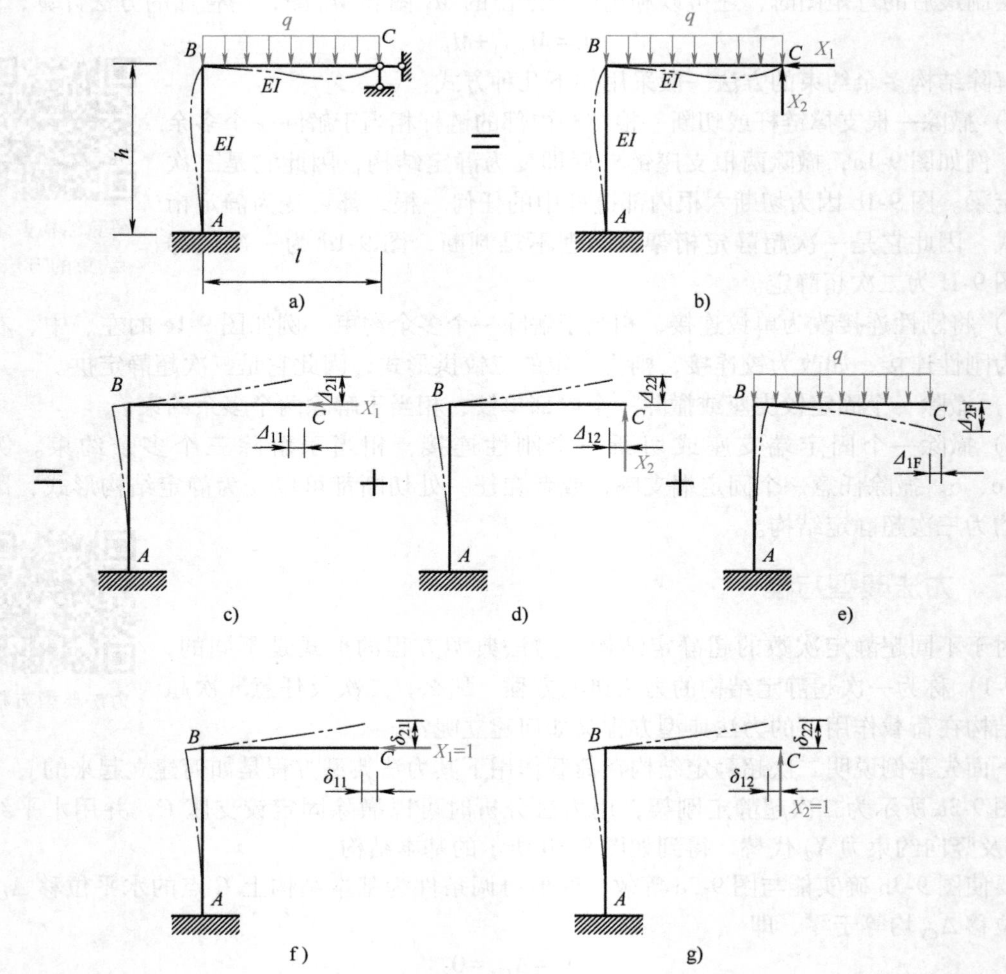

图 9-3　力法典型方程

式（9-2）即为二次超静定结构在荷载作用下的力法典型方程。

对照式（9-1）、式（9-2）不难得出，n 次超静定结构在荷载作用下的力法典型方程应该为

$$\begin{cases}\delta_{11}X_1+\delta_{12}X_2+\cdots+\delta_{1n}X_n+\Delta_{1F}=0\\ \delta_{21}X_1+\delta_{22}X_2+\cdots+\delta_{2n}X_n+\Delta_{2F}=0\\ \vdots\\ \delta_{n1}X_1+\delta_{n2}X_2+\cdots+\delta_{nn}X_n+\Delta_{nF}=0\end{cases}\tag{9-3}$$

一共有 n 个方程。其中，δ_{11}、δ_{22}、…、δ_{nn} 位于方程的一条对角线上，称为**主系数**。主系数 δ_{ii} 表示基本结构在单位多余约束力 $X_i=1$ 单独作用下，在 X_i 的作用处沿 X_i 方向所产生的位移，恒为正值。在对角线两侧的系数 δ_{ij} 称为**副系数**，副系数 δ_{ij} 表示基本结构在单位多余约束力 $X_j=1$ 单独作用下，在多余约束力 X_i 的作用处沿 X_i 的方向所产生的位移，其值可能为正、为负或为零。根据位移的计算，可得 $\delta_{ij}=\delta_{ji}$。因此，副系数只需求其中一半即可。Δ_{iF} 表

示基本结构在荷载作用下，在多余约束力 X_i 的作用处沿 X_i 的方向所产生的位移，其值可能为正、为负或为零，称为自由项。

力法典型方程中所有的系数和自由项均可利用静定结构位移公式求得。

三、力法应用举例

综前所述，力法的计算步骤归纳如下：

1）确定结构的超静定次数，选取基本结构。因为力法的大量计算都在基本结构上进行，选择合适的基本结构可以减少解算的工作量。

2）建立力法典型方程，它是根据超静定次数和多余约束处的变形协调条件建立起来的。

3）计算力法典型方程中的系数和自由项，也就是对基本结构进行位移计算，利用单位荷载法可简化计算。

4）解方程，求出多余约束力。

5）对结构进行受力分析，可利用静力平衡条件或叠加公式求内力，作内力图。

上述各步中，第3）步是重点和难点，必须加强练习，才能熟练掌握。

例 9-1　试用力法计算图 9-4a 所示单跨超静定梁，画出内力图。已知梁的抗弯刚度 EI 为常数。

例 9-1

解　（1）本例属于一次超静定梁，可以解除固定端 A 端的力偶矩约束，用未知约束力偶 X_1 代替，得到基本结构如图 9-4b 所示。

（2）建立力法典型方程。根据原结构 A 截面角位移为零的条件，可得力法典型方程

$$\delta_{11}X_1+\Delta_{1F}=0$$

（3）求系数和自由项。分别画出基本结构在 $X_1=1$ 作用下的弯矩图 $\overline{M}_1$ 图，以及基本结构在原荷载作用下的弯矩图 M_F 图，如图 9-4c、d 所示。

根据图乘法，将 $\overline{M}_1$ 图自乘可得

$$\delta_{11}=\frac{Ay_C}{EI}=\frac{1}{EI}\times\frac{1\times l}{2}\times\frac{2}{3}\times1=\frac{l}{3EI}$$

将 $\overline{M}_1$ 图与 M_F 图相乘可得

$$\Delta_{1F}=\frac{Ay_C}{EI}=-\frac{1}{EI}\times\frac{1}{2}\times\frac{Fl}{4}\times l\times\frac{1}{2}\times1=-\frac{Fl^2}{16EI}$$

（4）解方程，求出多余未知力

$$X_1=-\frac{\Delta_{1F}}{\delta_{11}}=\frac{Fl^2}{16EI}\times\frac{3EI}{l}=\frac{3Fl}{16}$$

计算结果为正，说明多余未知力方向与假设方向相同，即未知约束力偶确实为逆时针转向。

（5）画内力图。将 X_1 值及原荷载共同作用到基本结构上，这样便于画出弯矩图，如图 9-4f所示。剪力图如图 9-4e 所示。

本题如选取悬臂梁作为基本结构，计算也比较简便。

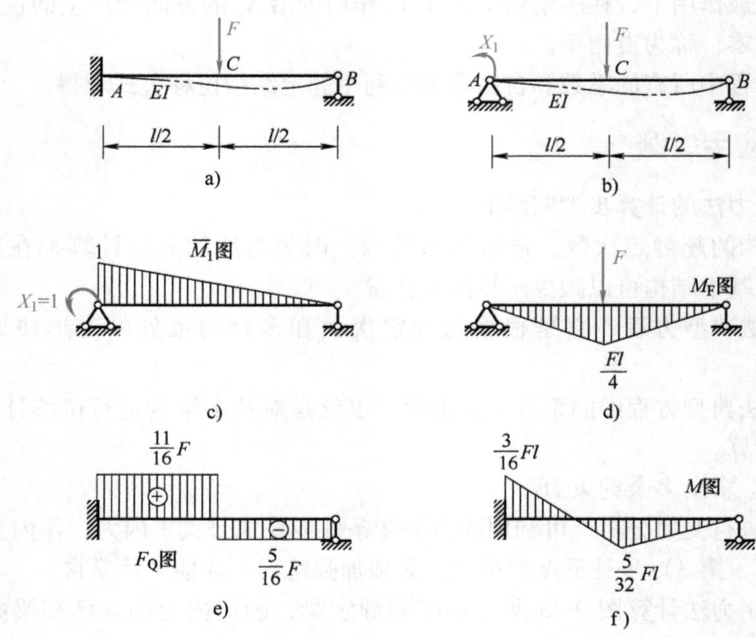

图 9-4　例 9-1 图

例 9-2　试绘出图 9-5a 所示等截面超静定刚架的弯矩图，其中 $q=10\text{kN/m}$，$l=4\text{m}$（EI=常数）。

解　(1) 选择基本结构，B 支座为多余约束并用多余约束力 X_1 代替（图 9-5b）。

(2) 根据变形协调条件，建立力法典型方程。因原结构在 B 处由于支座的约束，所以此处的竖向位移为零，即

$$\delta_{11}X_1+\Delta_{1F}=0$$

(3) 分别绘出基本结构在荷载作用下的弯矩图 M_F 图（图 9-5c），以及单位多余约束力作用下的弯矩图 $\overline{M}_1$ 图（图 9-5d）。

(4) 计算基本结构的位移 δ_{11} 和 Δ_{1F}，有

$$\delta_{11}=\frac{1}{EI}\left(\frac{1}{2}\times l^2\times\frac{2}{3}l+\frac{1}{2}\times l^2\times\frac{2}{3}l\right)=\frac{2l^3}{3EI}$$

$$\Delta_{1F}=\frac{1}{EI}\left(\frac{1}{2}\times l^2\times\frac{2}{3}\times\frac{1}{2}ql^2\right)=\frac{ql^4}{6EI}$$

(5) 根据力法典型方程求多余约束力

$$\frac{2l^3}{3EI}X_1+\frac{ql^4}{6EI}=0$$

$$X_1=-\frac{ql}{4}=-\frac{10\text{kN/m}\times 4\text{m}}{4}=-10\text{kN}\quad(\downarrow)$$

(6) 画出结构弯矩图（图 9-5e），其中

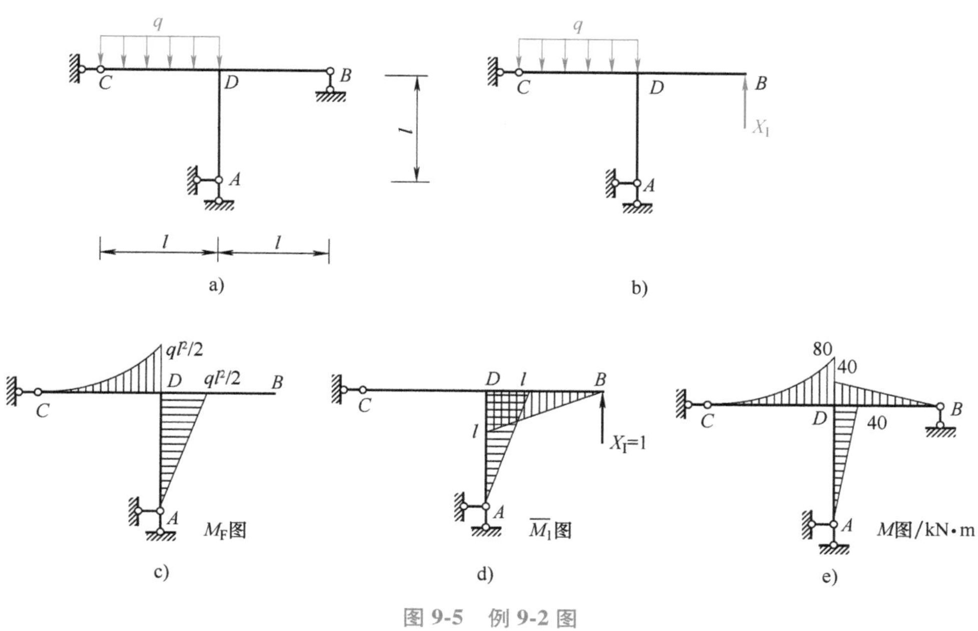

图 9-5　例 9-2 图

$$M_{DA}=M_{1DA}X_1+M_{FDA}=lX_1+ql^2/2$$
$$=4\text{m}\times(-10\text{kN})+10\text{kN/m}\times(4\text{m})^2/2=40\text{kN}\cdot\text{m}\quad（右侧受拉）$$
$$M_{DB}=M_{1DB}X_1+M_{FDB}=l\ X_1+0=4\text{m}\times(-10\text{kN})=-40\text{kN}\cdot\text{m}\quad（上侧受拉）$$
$$M_{DC}=M_{1DC}X_1+M_{FDC}=0+ql^2/2=10\text{kN/m}\times(4\text{m})^2/2=80\text{kN}\cdot\text{m}\quad（上侧受拉）$$

例 9-3　两端固定的等直杆 AB，在 C 处承受轴向力 F，如图 9-6a 所示，杆的抗（拉）压刚度为 EA，试画出杆件的轴力图。

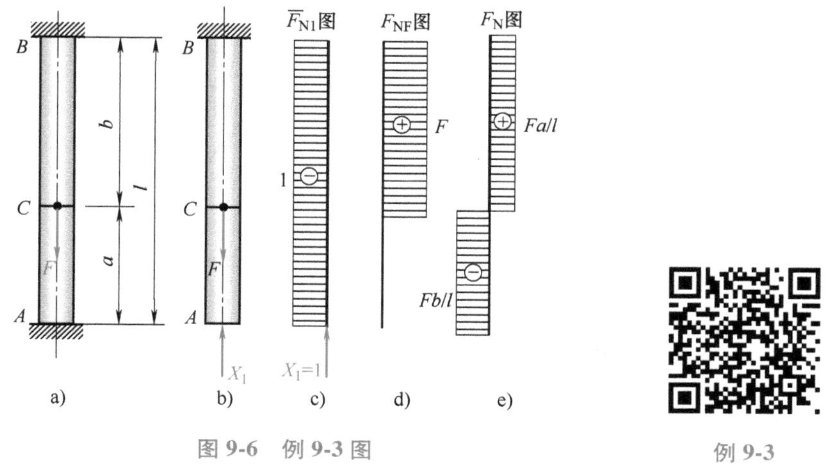

图 9-6　例 9-3 图

例 9-3

解　(1) 虽然杆件两端固定，但只受到轴向力 F 作用，所以两端没有横向约束力及约束力偶，属于一次超静定问题。解除固定端 A 端的约束，用未知约束力 X_1 代替，得到基本结构如图 9-6b 所示。

（2）建立力法典型方程，有

$$\delta_{11}X_1+\Delta_{1F}=0$$

（3）求系数和自由项。分别画出基本结构在 $X_1=1$ 作用下的轴力图 $\overline{F}_{N1}$图，以及基本结构在原荷载作用下的轴力图 F_{NF}图，如图 9-6c、d 所示。

根据图乘法，将 $\overline{F}_{N1}$图自乘可得

$$\delta_{11}=\frac{Ay}{EA}=\frac{1\times l\times 1}{EA}=\frac{l}{EA}$$

将 $\overline{F}_{N1}$图与 F_{NF}图相乘可得

$$\Delta_{1F}=\frac{Ay}{EA}=-\frac{F\times b\times 1}{EA}=-\frac{Fb}{EA}$$

（4）解方程，求出多余未知力，得

$$X_1=-\frac{\Delta_{1F}}{\delta_{11}}=\frac{Fb}{EA}\times\frac{EA}{l}=\frac{Fb}{l}\quad(\uparrow)$$

计算结果为正，说明多余未知力方向与假设方向相同。

（5）画轴力图。将 X_1 值乘以 $\overline{F}_{N1}$图并与 F_{NF}图相叠加，得杆件轴力图 F_N 图，如图 9-6e 所示。

例 9-4　桁架如图 9-7a 所示，由三根抗（拉）压刚度均为 EA 的杆 AB、AC 和 AD 在 A 点铰接而成，试求各杆的内力。

例 9-4

解　设 AB 杆长为 l，则 AC 杆和 AD 杆的长为 $l/\cos\alpha$。此桁架是一次超静定结构，切断 AB 杆代以多余约束力 X_1，得图 9-7b 所示基本结构。根据原结构切口两侧截面沿杆轴方向的相对线位移为零的条件，可以建立力法典型方程，即

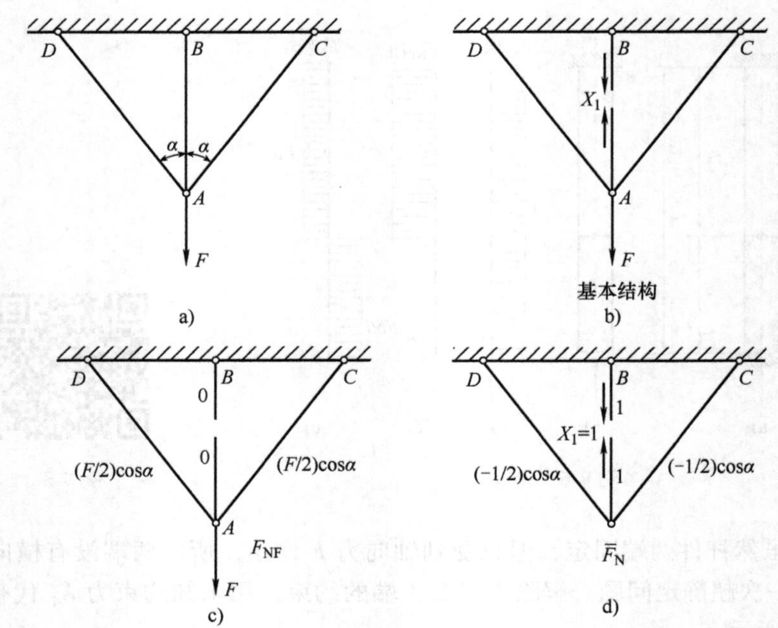

图 9-7　例 9-4 图

$$\delta_{11}X_1+\Delta_{1F}=0$$

分别求出基本结构在荷载单独作用下以及在单位荷载作用下各杆的内力 F_{NF} 和 $\overline{F}_N$（图 9-7c、d），由静定桁架位移公式求得系数和自由项，得

$$\delta_{11}=\sum\frac{\overline{F}_N^2 l}{EA}=\frac{1\times l}{EA}+\frac{2}{EA}\times\left(-\frac{1}{2\cos\alpha}\right)^2\times\frac{l}{\cos\alpha}=\frac{l}{EA}\times\frac{1+2\cos^3\alpha}{2\cos^3\alpha}$$

$$\Delta_{1F}=\sum\frac{\overline{F}_N F_{NF} l}{EA}=\frac{2}{EA}\times\left(\frac{-1}{2\cos\alpha}\right)\times\frac{F}{2\cos\alpha}\times\frac{l}{\cos\alpha}=-\frac{Fl}{2EA\cos^3\alpha}$$

代入力法典型方程

$$\frac{l}{EA}\frac{(1+2\cos^3\alpha)}{2\cos^3\alpha}X_1-\frac{Fl}{2EA\cos^3\alpha}=0$$

得

$$X_1=\frac{F}{1+2\cos^3\alpha}$$

各杆轴力可按下式计算

$$F_N=X_1\overline{F}_{N1}+F_{NF}$$

得

$$F_{NAB}=\frac{F}{1+2\cos^3\alpha};\quad F_{NAC}=F_{NAD}=\frac{F\cos^2\alpha}{1+2\cos^3\alpha}$$

例 9-5　组合结构如图 9-8a 所示，AB 梁的抗弯刚度为 EI，CD 杆的抗（拉）压刚度为 EA，其中 $I=Al^2/6$，试求 CD 杆的内力。

例 9-5

解　此组合结构是一次超静定结构，切断 CD 杆代以多余约束力 X_1，得图 9-8b 所示基本结构。根据原结构切口两侧截面沿杆轴方向的相对线位移为零的条件，可以建立力法典型方程

$$\delta_{11}X_1+\Delta_{1F}=0$$

分别求出基本结构在荷载单独作用下以及在单位荷载作用下 CD 杆的轴力 F_{NF} 和 $\overline{F}_N$，并作出 AB 梁的 M_F 图和 $\overline{M}_1$ 图（图 9-8c、d），由静定桁架位移公式求得系数和自由项，得

$$\delta_{11}=\sum\frac{\overline{M}^2\Delta x}{EI}+\sum\frac{\overline{F}_N^2 l}{EA}=\frac{2}{EI}\times\frac{1}{2}\times\frac{l^2}{2}\times\frac{l}{3}+\frac{l}{EA}=\frac{2l}{EA}$$

$$\Delta_{1F}=\sum\frac{\overline{M}M\Delta x}{EI}+\sum\frac{F_{NF}\overline{F}_N l}{EA}=-\frac{2}{EI}\times\frac{2}{3}\times\frac{ql^3}{2}\times\frac{5l}{16}+0=-\frac{5ql^2}{4EA}$$

代入力法典型方程

$$\frac{2l}{EA}X_1-\frac{5ql^2}{4EA}=0$$

得

$$X_1=\frac{5ql}{8}$$

CD 杆的轴力

$$F_{NCD}=X_1=\frac{5ql}{8}\quad（拉力）$$

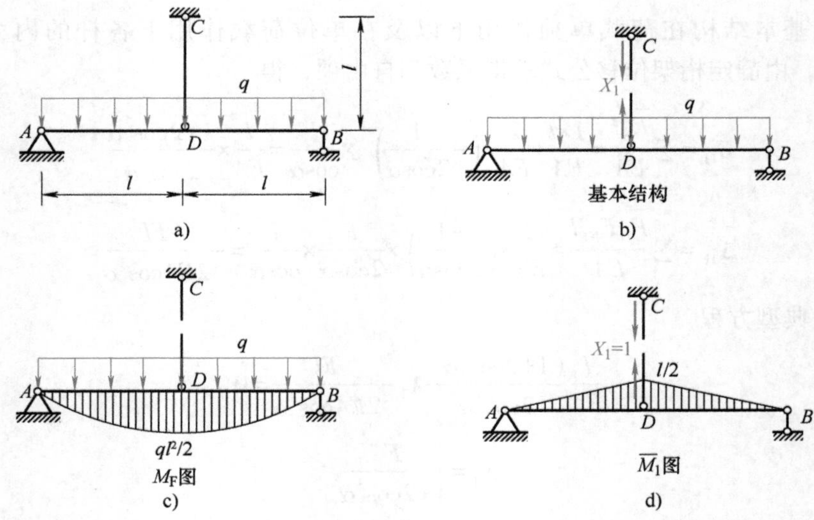

图 9-8　例 9-5 图

四、超静定结构中的特殊问题

超静定结构中的特殊问题

由于多余约束的限制，相对于静定结构，超静定结构中各构件的变形必须满足一定的变形协调关系。与静定结构不一样，温度变化、支座移动等都会对超静定结构产生内力（或应力），这种不是因荷载引起的内力（或应力）称为附加内力（应力）。

1. 支座移动时超静定结构的内力计算

与静定结构不同，超静定结构在支座移动的情况下会产生附加内力，其内力的计算与前述力法一样，区别在于力法方程中自由项 Δ_{1F} 的计算。如多余约束处没有支座位移，自由项 Δ_{1F} 为实际支座移动后在基本结构多余约束处的位移。如支座位移在多余约束处，则自由项 Δ_{1F} 为零，力法方程就不等于零，等于实际支座移动值。

例 9-6

例 9-6　图 9-9a 所示等截面超静定梁在 A 端支座处产生了转角 θ，试绘出该梁的弯矩图（EI=常数）。

解　（1）选择悬臂梁作为基本结构，B 支座为多余约束并用多余约束力 X_1 代替（图 9-9b）。

（2）根据变形协调条件，建立力法典型方程。因原结构在 B 处有支座约束，所以此处的竖向位移为零，即

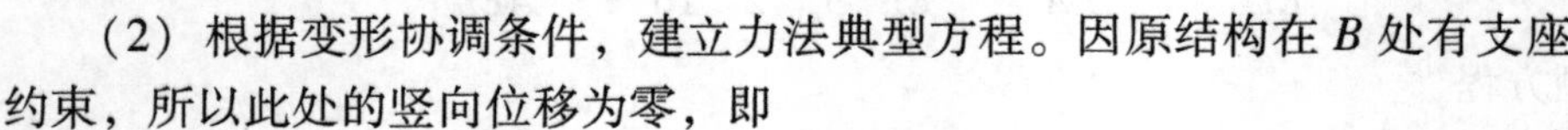

$$\delta_{11}X_1+\Delta_{1F}=0$$

（3）绘出基本结构在单位多余约束力作用下的弯矩图 $\overline{M}_1$ 图（图 9-9c）。

（4）计算基本结构的位移 δ_{11} 和 Δ_{1F}，即

$$\delta_{11}=\frac{1}{EI}\left(\frac{1}{2}\times l^2\times\frac{2}{3}l\right)=\frac{l^3}{3EI}$$

原结构中 A 端支座处的转角 θ 在基本结构的 X_1 方向产生的位移为 θl，与 X_1 方向相反，可视为荷载产生的位移，即

$$\Delta_{1F}=-\theta l$$

（5）根据力法典型方程求多余约束力，即

$$\frac{l^3}{3EI}X_1-\theta l=0$$

得
$$X_1=\frac{3EI\theta}{l^2}\quad(\uparrow)$$

（6）画出结构弯矩图（图 9-9d），其中

$$M_{BA}=M_{1BA}X_1+M_{FBA}=\frac{3EI\theta}{l}$$

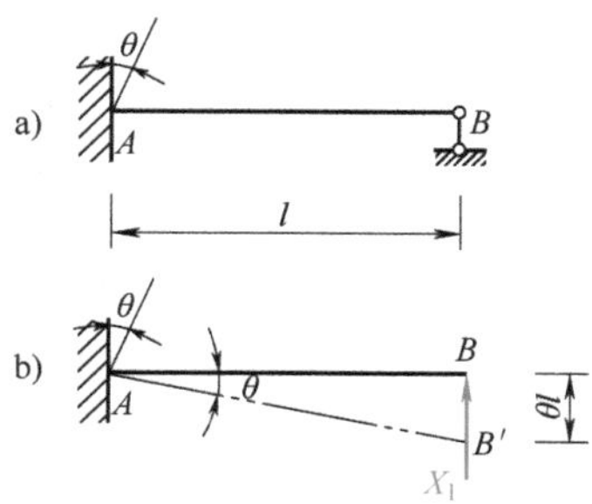

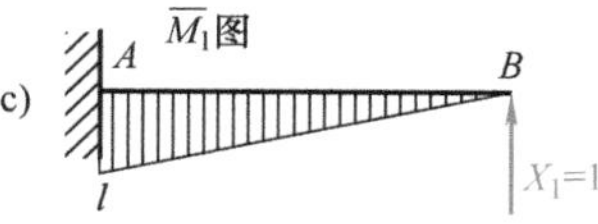

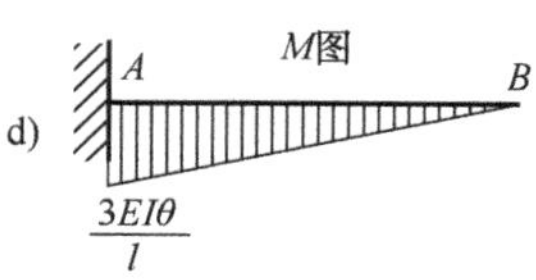

图 9-9　例 9-6 图

2. 装配应力

所有构件在制造中都会有一些误差，这种误差在静定结构中不会引起内力；而在超静定结构中，制造误差则会引起内力和应力。如图 9-10 所示结构，为能将三根杆装配在一起，如图中双点画线所示，则杆 3 必拉长，从而产生拉应力；而杆 1、杆 2 则压短，从而产生压应力，这类附加内力或应力，称为**装配内力**或**装配应力**。

例 9-7　图 9-11 所示两个刚性铸件，用钢螺栓 1、2 连接，两刚性铸件相距 200mm。现加两力 F 使两铸件移开，以便将长度为 200.2mm，横截面面积 $A=600\text{mm}^2$ 的铜杆 3 安装在图示位置。若已知 $E_1=E_2=200\text{GPa}$，$E_3=100\text{GPa}$，试求：

例 9-7

（1）所需施加的最小拉力 F。

（2）当外力 F 去除后，求各杆中的装配应力。

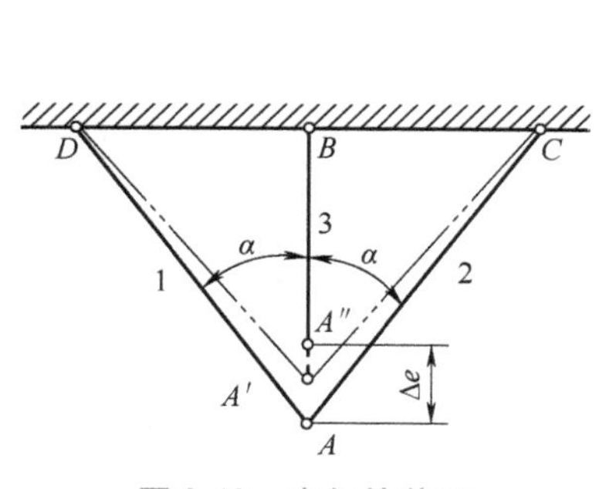

图 9-10　支架的装配

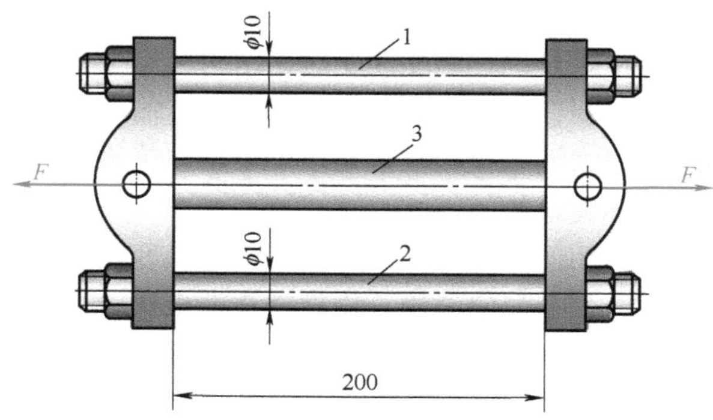

图 9-11　例 9-7 图

解　（1）求出最小拉力 F。因为两螺栓杆材料相同，荷载对称，所以 $F_{N1}=F_{N2}=F/2$。由题意，杆件受力后的最小伸长量 $\Delta l_1=\Delta l_2=0.2\text{mm}$，即

$$\Delta l_1=\Delta l_2=\frac{F_{N1}l}{E_1A_1}=\frac{\frac{F}{2}l}{E_1A_1}$$

故
$$F=\frac{2E_1A_1}{l}\Delta l_1=\frac{2\times200\times10^3\text{MPa}\times(10\text{mm})^2\pi}{4\times200\text{mm}}\times0.2\text{mm}=31.4\text{kN}$$

（2）当杆 3 置入后，除去外力 F 后，各杆的装配应力由平衡关系得

$$\sum F_x=0,\ -F_{N3}-F'_{N1}-F'_{N2}=0$$

其中
$$F'_{N1}=F'_{N2}$$

则
$$F_{N3}=-2F'_{N1}$$

由钢螺栓的伸长量 Δl_1 和铜杆的缩短量 $-\Delta l_3$ 之和的变形条件 $\Delta l_1-\Delta l_3=0.2\text{mm}$，得

$$\frac{F'_{N1}l_1}{E_1A_1}-\frac{F_{N3}l_3}{E_3A}=\frac{F'_{N1}l_1}{E_1A_1}+\frac{2F'_{N1}l_3}{E_3A}=0.2$$

得
$$F'_{N1}=\frac{0.2}{\frac{l_1}{E_1A_1}+\frac{2l_3}{E_3A}}=\frac{0.2\text{mm}}{\frac{200\text{mm}\times4}{200\times10^3\text{MPa}\times(10\text{mm})^2\pi}+\frac{2\times200.2\text{mm}}{100\times10^3\text{MPa}\times600\text{mm}^2}}$$
$$=10.306\text{kN}\quad（拉力）$$

$$F_{N3}=-2F'_{N1}=-20.612\times10^3\text{N}\quad（压力）$$

各杆的装配应力为

$$杆1、杆2：\sigma_1=\sigma_2=\frac{F_{N1}}{A_1}=\frac{10306\text{N}\times4}{(10\text{mm})^2\pi}=131.2\text{MPa}\quad（拉应力）$$

$$杆3：\sigma_3=\frac{F_{N3}}{A}=\frac{-20612\text{N}}{600\text{mm}^2}=-34.35\text{MPa}\quad（压应力）$$

3. 温度应力

温度应力

在工程实际中，工作环境的温度不可能是恒定的，当温度发生变化，构件的尺寸就会改变，在多余约束的限制下就会产生应力。这种因温度变化而引起的应力称为**温度应力**。

对于长 l 的等截面直杆，当温度改变 ΔT 时，纵向变形量为 $\Delta l=\alpha_l l\Delta T$，这里的 α_l 为线胀系数。也就是说，温度改变时，结构会发生变形，并因此产生变形量。例如，铁路上的无缝铁轨，需要在当地的平均气温下铺设；输送蒸汽的管道在无伸缩接头的情况下，应将管道弯成环形；大型建筑物常常是多个小型建筑物组合而成，之间留有伸缩缝，以防止过大的温度应力破坏建筑物。

对于封闭的结构，如厂房，当内外温度相差较大时，构件内外侧因温度不同，会导致伸长量不同，如是静定结构，构件就会发生弯曲；如是超静定结构，由于多余约束的作用，则会在构件上产生附加内力，在进行结构设计时应加以注意。

例 9-8 为了使轨道在夏天不发生挤压，问在铺设铁轨时，应留多大的间隙？设铺轨时温度为 10℃，夏天铁轨的最高温度是 60℃，每根铁轨长 8m，线胀系数 $\alpha_l=125\times10^{-7}/℃$，$E=200\text{GPa}$。如不留间隙，将产生多大的附加应力？

例 9-8

解 （1）间隙等于铁轨的伸长量，即

$$\Delta l=\alpha_l l\Delta T=125\times10^{-7}/℃\ \times8\text{m}\times(60-10)℃=5\times10^{-3}\text{m}=5\text{mm}$$

即在铺设铁轨时，应留 5mm 的间隙。

（2）如不留间隙，可视为铁轨被压缩了 Δl，将产生如下附加应力

$$\sigma=\varepsilon E=E\Delta l/l=\alpha_l E\Delta T=125\times10^{-7}/℃\times200\times10^3\text{MPa}\times(60-10)℃=125\text{MPa}$$

可以看出，超静定结构和静定结构不一样，温度变化、支座移动等都会对超静定结构产生内力，因此温度变化、支座移动等都可以视为广义的荷载。

*第二节　对称性的利用

实际的工程结构中，有一些是对称结构。这里所说的对称结构，不仅要求结构的几何形状及支撑情况以某轴为对称，还要求对称杆件材料相同、截面尺寸相同。如图 9-12 所示的梁和刚架均为对称结构。

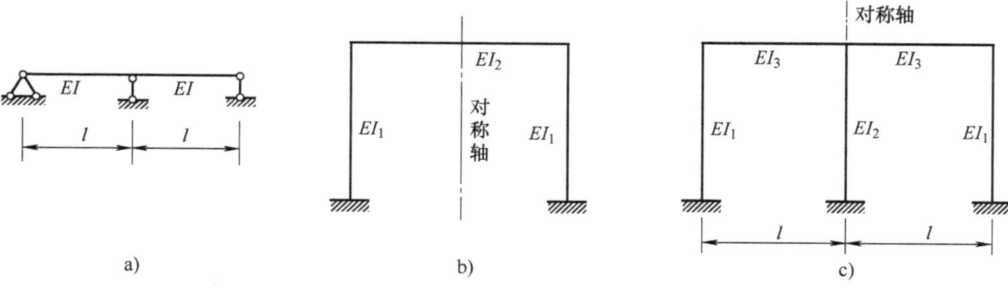

图 9-12　对称结构

对于图 9-12a 所示的两跨连续梁，尽管左右支座不同，但在竖向荷载作用下，左支座水平约束力等于零，故仍可看作为对称结构。

对称性的利用

如作用在对称结构上的荷载绕对称结构的对称轴旋转 180°，结构上的荷载不变，这类荷载称为正对称荷载；如结构上的荷载大小不变，方向相反，这类荷载称为反对称荷载。

对称结构的内力、变形与荷载之间存在以下基本特征：当对称结构承受正对称荷载作用时，结构在对称轴的反对称内力（剪力）为零，结构的变形以及轴力图、弯矩图为正对称，剪力图为反对称。当对称结构承受反对称荷载作用时，结构在对称轴的正对称内力（弯矩和轴力）为零，结构的变形以及轴力图、弯矩图为反对称，剪力图为正对称。

正是基于上述基本特征，可以利用结构的对称性先研究结构的一个局部，再将结果推广到全部，对较复杂的对称的超静定结构进行简化计算。这种方法称为半结构法。

针对对称刚架而言，半结构法称为半刚架法，现将半刚架法中的常用半刚架选取方法分类归纳如下：

1. 奇数跨对称刚架

奇数跨对称刚架，对称轴位置在中间跨的跨中处。

1）正对称荷载作用时，半刚架的取法是将结构沿对称轴切开，反对称内力（剪力）为零，移走一半，根据切口处截面上的内力，将留下的一半在切口处以对应的约束代替。

例如，图 9-13a 为奇数跨对称刚架，承受正对称荷载作用，根据结构变形及内力特征可知，位于对称轴的截面处，不会发生转角和水平线位移，但可发生竖向线位移；这样，在该截面上将有弯矩和轴力，但无剪力。故其半刚架应该在切口处以滑动支撑代替弯矩和轴力，如图 9-13b 所示。

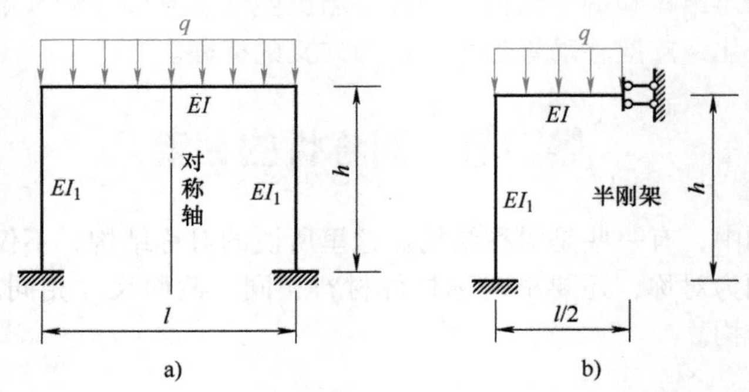

图 9-13 正对称荷载作用的奇数跨对称刚架

2）反对称荷载作用时，半刚架的取法是将结构沿对称轴切开，正对称内力（弯矩和轴力）为零，移走一半，根据切口处截面上的内力，将留下的一半在切口处以对应的约束代替。

例如，图 9-14a 为奇数跨对称刚架，承受反对称荷载作用，根据结构变形及内力特征可知，对称轴切口处截面不可能发生竖向位移，只可能发生水平位移和角位移；这样，在该截面上将有剪力，但无轴力和弯矩。故其半刚架应该在切口处以竖向铰支座代替剪力，如图 9-14b 所示。

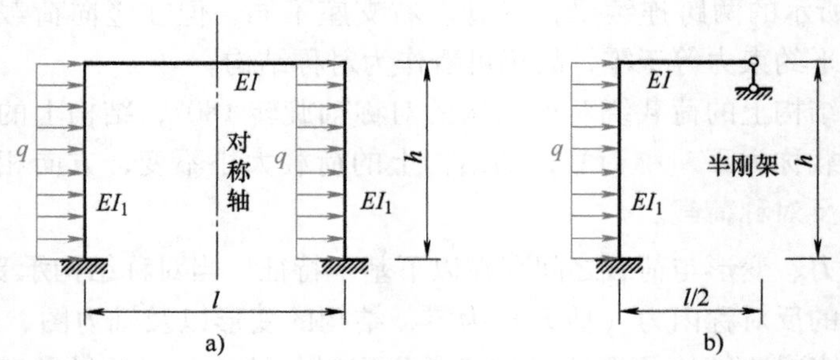

图 9-14 反对称荷载作用的奇数跨对称刚架

2. 偶数跨对称刚架

偶数跨对称刚架在对称轴位置处，一般有立柱（中柱）或竖向约束。

1）正对称荷载作用时，刚架在对称轴位置处，没有反对称位移（如水平位移）；而对于竖向位移，由于中柱或竖向约束也为零，半刚架的取法是将连同中柱在内的一半刚架去掉，根据截面处位移的限制，以相应的约束取代。

例如，图 9-15a 为偶数跨对称刚架，承受正对称荷载作用，根据结构变形及内力特征可知，中柱没有弯曲变形和剪切变形，只发生轴向变形；中柱顶端结点不发生转角和水平位移，又因为中柱轴向变形很小，可以忽略。因此，中柱顶端就可以用固定端支座代替。至于中柱轴力的大小，可由中柱顶端结点的平衡条件来确定，实际上就等于固定端截面剪力的两倍。因此，其半刚架形式应该如图 9-15b 所示。

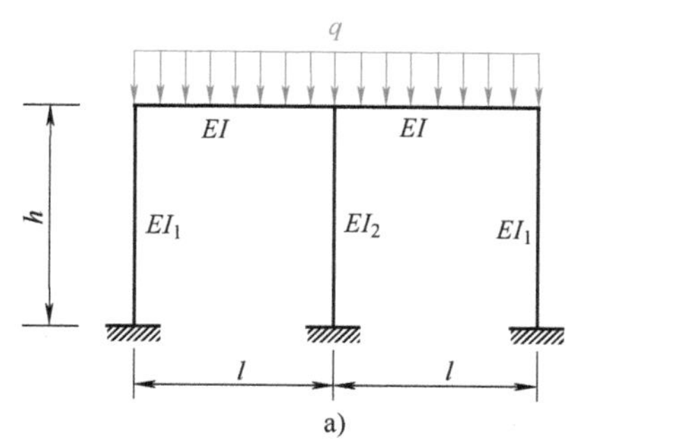

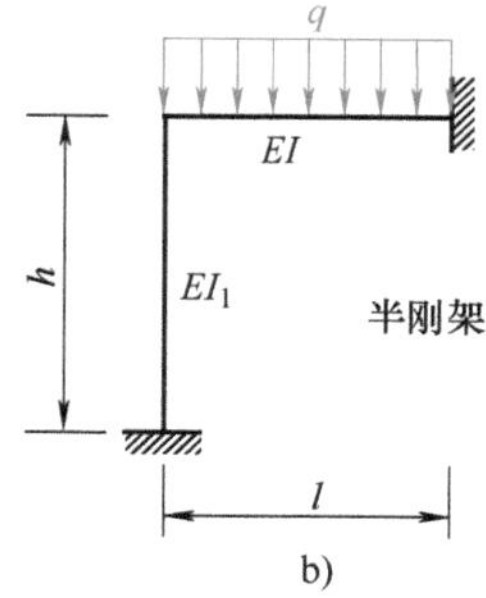

图 9-15　正对称荷载作用的偶数跨对称刚架

2）反对称荷载作用时，半刚架的取法是先将中柱分为两根抗弯刚度各为 $EI/2$、间距无限小的情形，然后取一半即可。

例如，图 9-16a 为偶数跨对称刚架，承受反对称荷载作用，当中柱改用两根抗弯刚度各为 $EI/2$ 的立柱代替后，尽管两柱之间跨度 Δl 极其微小，但已变成奇数跨了，如图 9-16b 所示。由于该微跨截面上无轴力和弯矩，截面两侧只有大小相等、方向相反的剪力，这一对剪力对中柱的影响互相抵消，故可以不予考虑。因此，半刚架形式应该如图 9-16c 所示。

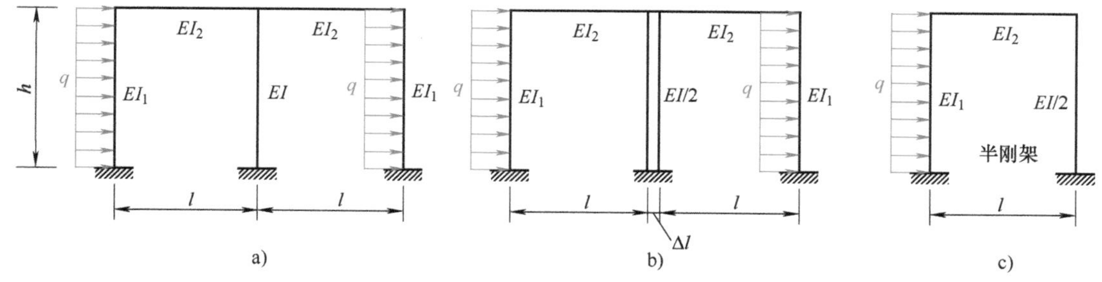

图 9-16　反对称荷载作用的偶数跨对称刚架

下面举例说明，利用结构的对称性采用半结构法进行简化计算。

例 9-9　试利用对称性对图 9-17a 所示连续梁取半结构简化计算，画出弯矩图。

例 9-9

解　（1）结构为奇数跨对称结构，受正对称荷载作用，其结构形式如图 9-17b 所示，因为水平梁在竖向荷载作用下不产生水平约束力，故力法基本结构如图 9-17c 所示，原二次超静定可简化为一次超静定计算。

（2）力法典型方程为

$$\delta_{11}X_1+\Delta_{1F}=0$$

（3）求系数及自由项。画出基本结构在 $X_1=1$ 作用下的 $\overline{M}_1$ 图以及基本结构在原荷载作用下的 M_F 图，分别如图 9-17d、e 所示。

由图乘法可得

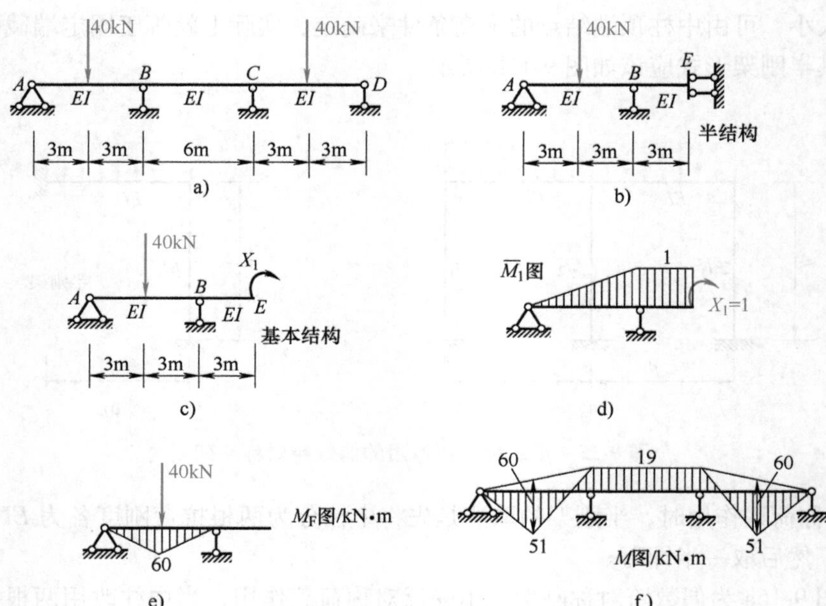

图 9-17 例 9-9 图

$$\delta_{11}=\frac{1}{EI}\left(\frac{1}{2}\times6\times1\times\frac{2}{3}\times1+3\times1\times1\right)=\frac{5}{EI}$$

$$\Delta_{1F}=-\frac{1}{EI}\times\frac{1}{2}\times6\times60\times\frac{1}{2}=-\frac{90}{EI}$$

（4）解方程，求出多余未知力

$$X_1=-\frac{\Delta_{1F}}{\delta_{11}}=\frac{90}{EI}\times\frac{EI}{5}=18\text{kN}\cdot\text{m}\quad(\lrcorner)$$

（5）画弯矩图

$$M_{AB}^{中}=\left(-\frac{1}{2}\right)\times18\text{kN}\cdot\text{m}+60\text{kN}\cdot\text{m}=51\text{kN}\cdot\text{m}\quad（下侧受拉）$$

$$M_B=M_E=18\text{kN}\cdot\text{m}\quad（上侧受拉）$$

弯矩图左右正对称，如图 9-17f 所示。

例 9-10 试利用对称性简化计算图 9-18a 所示的对称刚架，画出弯矩图。

解 （1）属于三次超静定对称刚架，如果将横梁中点的原力偶分解为两个同等大小的分力偶紧靠中点两侧，即可视为对称结构承受反对称荷载作用的情形，如图 9-18b 所示，则半刚架形式应该如图 9-18c 所示，力法的基本结构如图 9-18d 所示，原三次超静定结构的计算便可简化为一次超静定结构计算。

例 9-10

（2）力法典型方程为

$$\delta_{11}X_1+\Delta_{1F}=0$$

（3）求系数及自由项，先分别画出基本结构在 $X_1=1$ 作用下的 $\overline{M}_1$ 图以及荷载作用下的 M_F 图，如图 9-18e、f 所示。再利用图乘法，可得

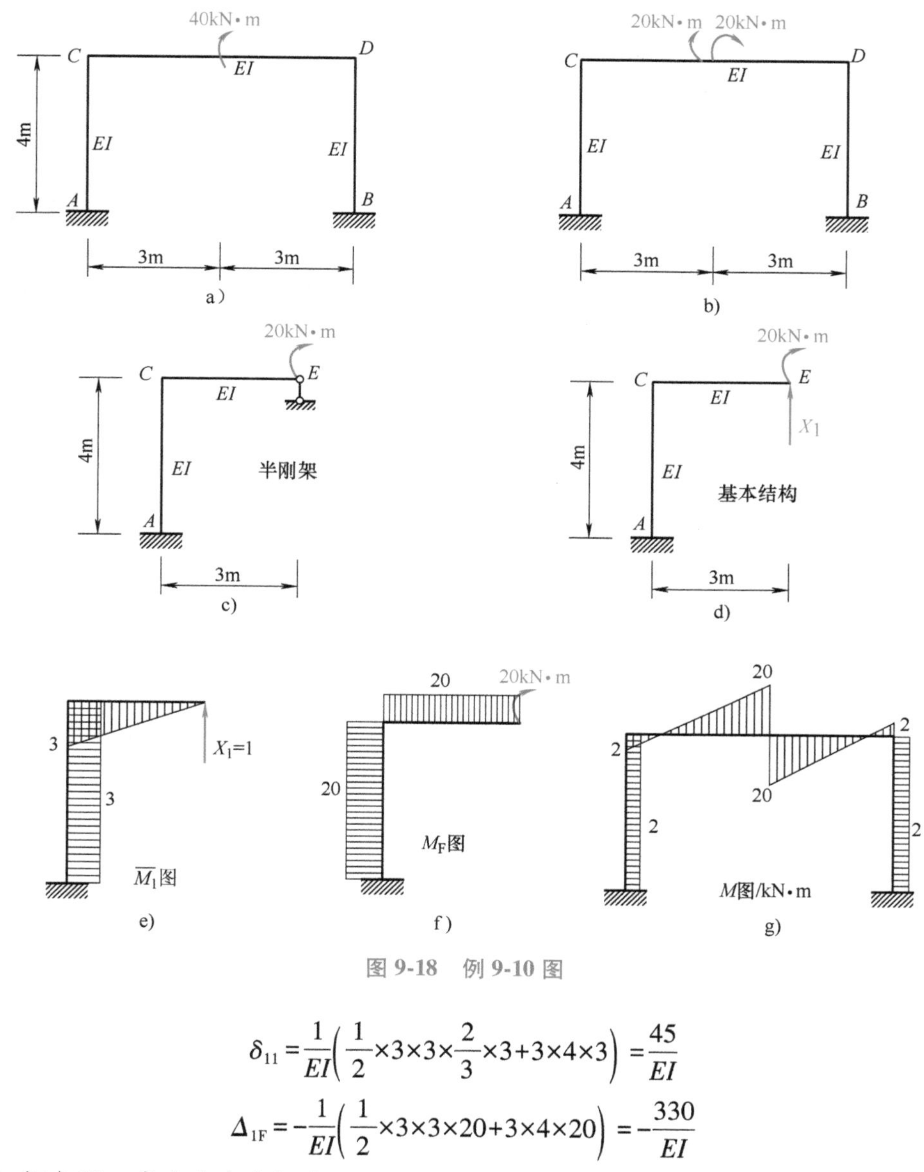

图 9-18　例 9-10 图

$$\delta_{11}=\frac{1}{EI}\left(\frac{1}{2}\times3\times3\times\frac{2}{3}\times3+3\times4\times3\right)=\frac{45}{EI}$$

$$\Delta_{1F}=-\frac{1}{EI}\left(\frac{1}{2}\times3\times3\times20+3\times4\times20\right)=-\frac{330}{EI}$$

（4）解方程，求出多余未知力

$$X_1=-\frac{\Delta_{1F}}{\delta_{11}}=\frac{330}{EI}\times\frac{EI}{45}=\frac{22}{3}\text{kN}\quad(\uparrow)$$

（5）画弯矩图。假定弯矩以内拉为正，根据叠加公式可得

$$M_A=3\text{m}\times\frac{22\text{kN}}{3}+(-20\text{kN}\cdot\text{m})=2\text{kN}\cdot\text{m}\quad（内侧受拉）$$

$$M_{CA}=3\text{m}\times\frac{22\text{kN}}{3}+(-20\text{kN}\cdot\text{m})=2\text{kN}\cdot\text{m}\quad（内侧受拉）$$

$$M_{CE}=3\text{m}\times\frac{22\text{kN}}{3}+(-20\text{kN}\cdot\text{m})=2\text{kN}\cdot\text{m}\quad（内侧受拉）$$

$$M_{EC}=0\text{m}\times\frac{22\text{kN}}{3}+(-20\text{kN}\cdot\text{m})=-20\text{kN}\cdot\text{m}\quad(\text{外侧受拉})$$

据此，可根据对称结构在反对称荷载作用下弯矩图左右反对称的特点，画出原刚架弯矩图，如图 9-18g 所示。

* **例 9-11** 试绘出图 9-19a 所示超静定刚架的内力图。已知刚架各杆 EI 均为常数，长度为 l。

例 9-11

解 （1）取半刚架。图 9-19a 所示刚架是偶数跨对称结构，因荷载为正对称荷载，则结构变形也为正对称，这样结构在 E 点没有水平位移；忽略中柱 EC 的轴向变形，E 点也没有竖向位移，E 点处是铰链，对结构在此的转动没有约束，利用半刚架法作出等代结构如图 9-19b 所示。

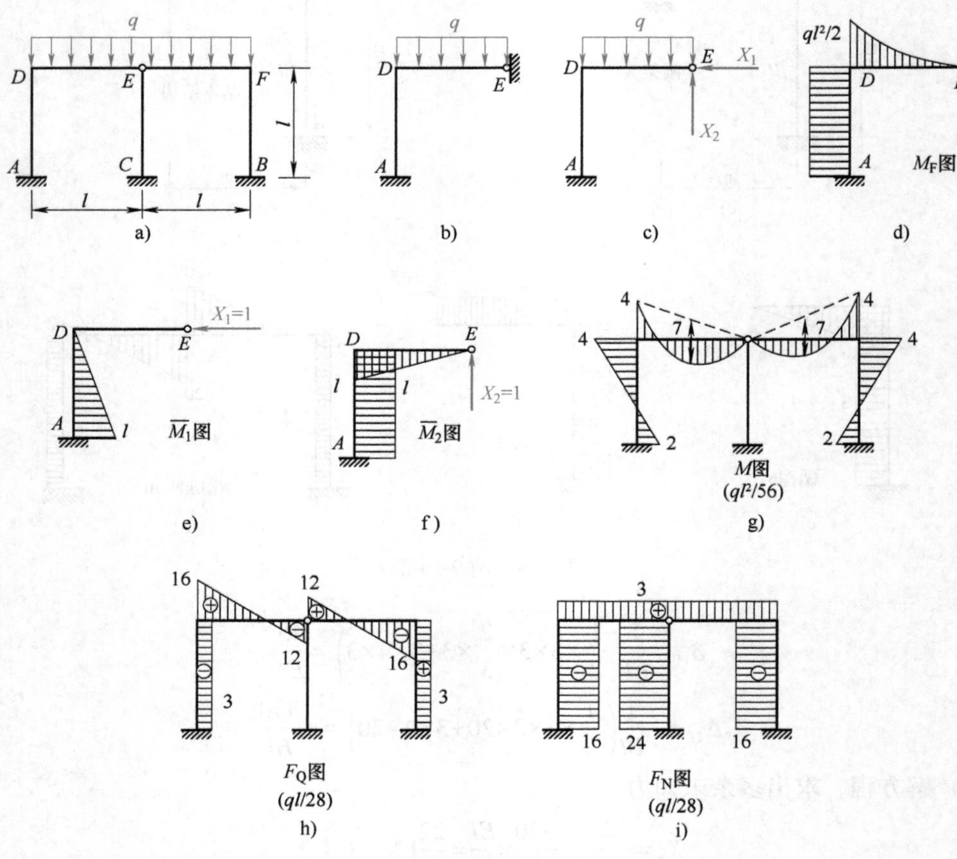

图 9-19 例 9-11 图

（2）选择基本结构。图 9-19b 为二次超静定刚架，去掉 E 支座约束，代之以多余未知力 X_1、X_2，得到如图 9-19c 所示悬臂刚架作为基本结构。

（3）建立力法典型方程。原结构 E 支座处无竖向位移和水平位移，故 $\Delta_1=0$，$\Delta_2=0$，则力法典型方程为

$$\delta_{11}X_1+\delta_{12}X_2+\Delta_{1F}=0$$
$$\delta_{21}X_1+\delta_{22}X_2+\Delta_{2F}=0$$

（4）分别绘出基本结构在荷载作用下的弯矩图 M_F 图（图 9-19d）以及单位多余约束力作用下的弯矩图 $\overline{M}_1$ 图、$\overline{M}_2$ 图（图 9-19e、f）。

（5）用图乘法计算系数和自由项，得

$$\delta_{11}=\frac{1}{EI}\left(\frac{1}{2}\times l^2\times\frac{2}{3}l\right)=\frac{l^3}{3EI}$$

$$\delta_{22}=\frac{1}{EI}\left(\frac{1}{2}\times l^3\times\frac{2}{3}l+l^3\right)=\frac{4l^3}{3EI}$$

$$\delta_{12}=\delta_{21}=\frac{1}{EI}\left(\frac{1}{2}\times l^2\times l\right)=\frac{l^3}{2EI}$$

$$\Delta_{1F}=-\frac{1}{EI}\left(\frac{1}{2}\times l^2\times\frac{ql^2}{2}\right)=-\frac{ql^4}{4EI}$$

$$\Delta_{2F}=-\frac{1}{EI}\left(\frac{1}{3}\times\frac{ql^2}{2}\times l\times\frac{3l}{4}+\frac{ql^2}{2}\times l\times l\right)=-\frac{5ql^4}{8EI}$$

（6）应用力法典型方程求解多余未知力。将以上所得的系数和自由项代入力法方程，得

$$\frac{l^3}{3EI}X_1+\frac{l^3}{2EI}X_2-\frac{ql^4}{4EI}=0$$

$$\frac{l^3}{2EI}X_1+\frac{4l^3}{3EI}X_2-\frac{5ql^4}{8EI}=0$$

即

$$X_1/3+X_2/2-ql/4=0$$

$$X_1/2+4X_2/3-5ql/8=0$$

解得

$$X_1=3ql/28;\quad X_2=3ql/7$$

（7）作内力图：

1）根据叠加原理作弯矩图，由于荷载是正对称的，弯矩图也应是正对称的，如图 9-19g 所示。

2）根据弯矩图和荷载作剪力图，由于荷载是正对称的，剪力图应是反对称的，如图 9-19h 所示。

3）根据剪力图和荷载并利用结点平衡作轴力图，由于荷载是正对称的，轴力图也应是正对称的，如图 9-19i 所示。

第三节　位　移　法

位移法

位移法是计算超静定结构的另一种基本方法，由于它是以结点位移作为基本未知量，故称为位移法。对于某些连续梁、刚架或排架，如果超静定次数较高，即多余未知力较多，而未知的结点位移数量较少时，则用位移法计算较为简便。由于是以结点位移作为基本未知量，位移法更便于计算机编程。

力法计算采用了典型方程解法，为了便于对照、理解和记忆，这里的位移法也是采用典型方程解法。力法计算是解除多余约束，得到基本结构，将超静定问题转化为静定问题来求

解。位移法计算是在相应的结点位移处增加约束，使结构各杆件的位移彼此独立，得到基本结构，将多杆件超静定问题转化为单跨超静定梁的问题来求解。

常见的单跨超静定梁有三种类型：等截面的两端固定梁；一端固定、另一端铰支的等截面梁；一端固定、另一端滑动支撑的等截面梁。为了后面使用方便，表 9-1 列出了三种形式的等截面单跨超静定梁，在支座转动、移动及不同荷载作用下所引起的**杆端弯矩**和**杆端剪力**。

对于表 9-1 需要作以下说明：

1）表中的 $i=\dfrac{EI}{l}$，称为杆件的线刚度。

2）表中杆端剪力的正负号规定不变，杆端弯矩的正负号规定：对杆端以顺时针转为正，逆时针转为负；对支座或结点以逆时针转为正，顺时针转为负，具体如图 9-20 所示。

3）荷载作用下引起的杆端内力称为固端内力，在杆端内力上加注上标“F”，如 AB 杆的杆端弯矩用 M_{AB}^{F} 和 M_{BA}^{F} 表示。

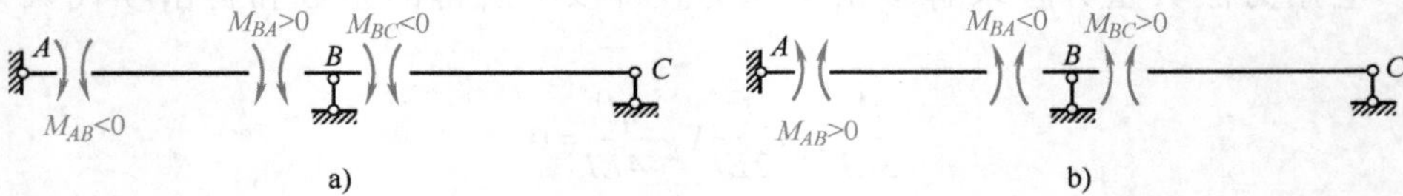

图 9-20　杆端弯矩的正负号规定

表 9-1　单跨超静定梁杆端弯矩和杆端剪力

序号	梁的简图	弯矩图	M_{AB}	M_{BA}	F_{QAB}	F_{QBA}
1	$\theta=1$，A，B，l	$2i$，$4i$	$4i$	$2i$	$-\dfrac{6i}{l}$	$-\dfrac{6i}{l}$
2	A，B，$\Delta=1$，l	$\dfrac{6i}{l}$，$\dfrac{6i}{l}$	$-\dfrac{6i}{l}$	$-\dfrac{6i}{l}$	$\dfrac{12i}{l^2}$	$\dfrac{12i}{l^2}$
3	F，A，B，a，b	$\dfrac{Fab^2}{l^2}$，$\dfrac{Fa^2b}{l^2}$	$-\dfrac{Fab^2}{l^2}$ $a=b$ 时 $-\dfrac{Fl}{8}$	$\dfrac{Fa^2b}{l^2}$ $a=b$ 时 $\dfrac{Fl}{8}$	$\dfrac{Fb^2(2a+b)}{l^3}$ $a=b$ 时 $\dfrac{F}{2}$	$\dfrac{Fa^2(l+2b)}{l^3}$ $a=b$ 时 $-\dfrac{F}{2}$

（续）

序号	梁的简图	弯矩图	M_{AB}	M_{BA}	F_{QAB}	F_{QBA}
4	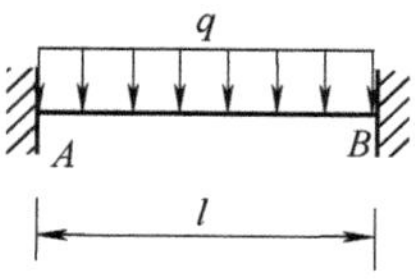	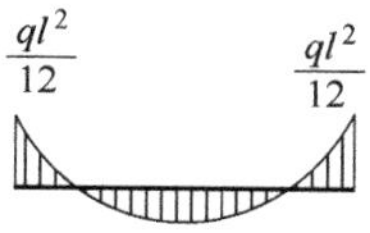	$-\frac{ql^2}{12}$	$\frac{ql^2}{12}$	$\frac{ql}{2}$	$-\frac{ql}{2}$
5	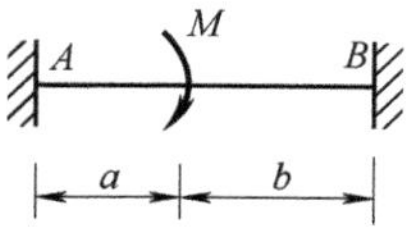	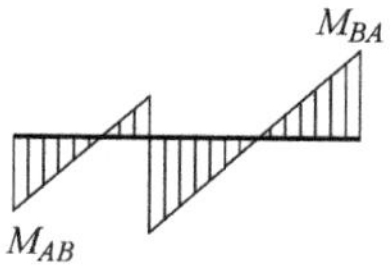	$\frac{Mb(3a-l)}{l^2}$	$\frac{Ma(3b-l)}{l^2}$	$-\frac{6abM}{l^3}$	$-\frac{6abM}{l^3}$
6	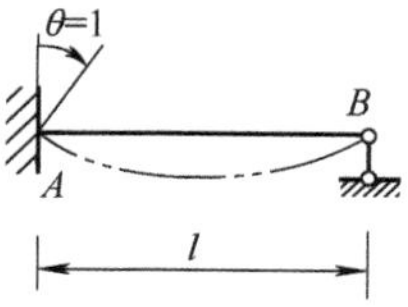	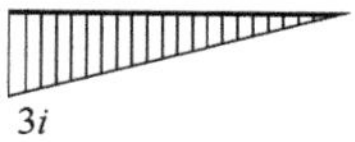	$3i$	0	$-\frac{3i}{l}$	$-\frac{3i}{l}$
7	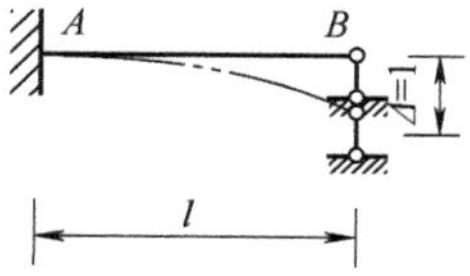	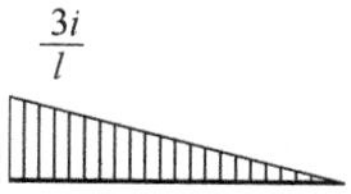	$-\frac{3i}{l}$	0	$\frac{3i}{l^2}$	$\frac{3i}{l^2}$
8	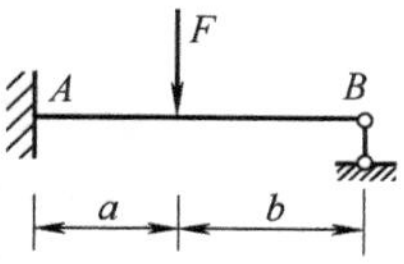	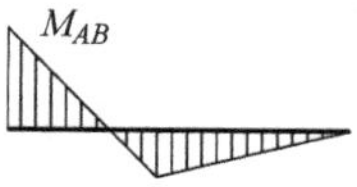	$-\frac{Fab(l+b)}{l^2}$ $a=b$ 时 $-\frac{3Fl}{16}$	0	$\frac{Fb(3l^2-b^2)}{2l^3}$ $a=b$ 时 $\frac{11F}{16}$	$-\frac{Fa^2(2l+b)}{2l^3}$ $a=b$ 时 $-\frac{5F}{16}$
9	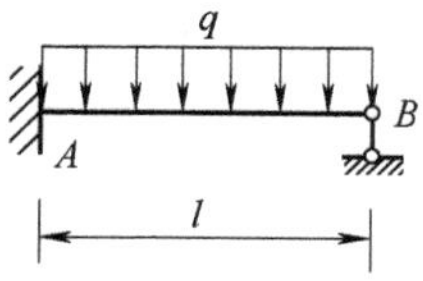	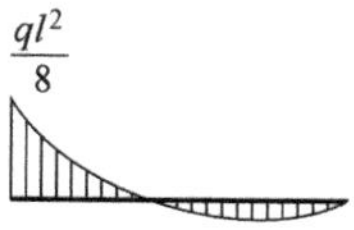	$-\frac{ql^2}{8}$	0	$\frac{5ql}{8}$	$-\frac{3ql}{8}$
10	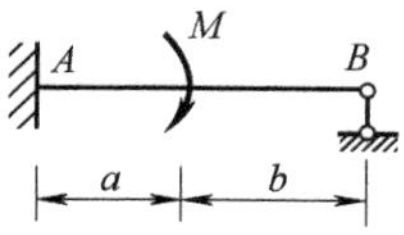	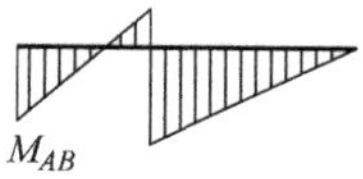	$\frac{M(l^2-3b^2)}{2l^2}$	0	$-\frac{3M(l^2-b^2)}{2l^3}$	$-\frac{3M(l^2-b^2)}{2l^3}$

（续）

序号	梁的简图	弯矩图	M_{AB}	M_{BA}	F_{QAB}	F_{QBA}
11	$\theta=1$, A, B, l	i	i	$-i$	0	0
12	F, A, B, l	$\frac{Fl}{2}$, $\frac{Fl}{2}$	$-\frac{Fl}{2}$	$-\frac{Fl}{2}$	F	F
13	F, A, B, a, b	$-\frac{Fa(l+b)}{2l}$, $\frac{Fa^2}{2l}$	$-\frac{Fa(l+b)}{2l}$ $a=b$ 时 $-\frac{3Fl}{8}$	$\frac{Fa^2}{2l}$ $a=b$ 时 $-\frac{Fl}{8}$	F	0
14	q, A, B, l	$\frac{ql^2}{3}$, $\frac{ql^2}{6}$	$-\frac{ql^2}{3}$	$-\frac{ql^2}{6}$	ql	0

一、位移法原理

位移法原理

由于位移法以结点位移作为基本未知量，因此必须首先掌握位移法基本未知量数量的确定方法。位移法的基本未知量分为两类：一类是结点转角；另一类是独立结点线位移。位移法基本未知量的数量就等于结点转角数量及独立结点线位移数量之和。

结点转角数量等于结构的刚结点数量，其中包含组合结点和杆截面尺寸突变点的数量。因为组合结点处有部分杆件之间为刚性连接，而阶梯形截面杆要分成等截面杆后处理，截面尺寸突变处也就成了刚性连接点。总之，结构的结点转角数量是比较容易确定的。

确定结构的独立结点线位移数量时，要忽略杆件的轴向变形和弯曲变形对杆件长度的影响。一般可以通过直接观察来确定独立结点线位移的数量，如遇到困难可通过铰化法判定。铰化法是指将结构的所有结点，包括支座结点在内全改为铰结点，变成几何可变体系；再看在各铰结点之间至少需要添加多少根链杆才能使其变为几何不变体系，则所添链杆数量即为结构的独立结点线位移数量。

例如，图 9-21a 所示刚架，在任意荷载作用时，D、E、F、G、H 各结点一共将产生五个结点转角。D、E 两结点水平线位移相等，F、H 两个结点的线位移确定后，G 结点的位置也就唯一确定了。因此，只有三个独立结点线位移，说明此刚架用位移法计算时的基本未知量有八个。图 9-21b 则表示用铰化法确定刚架的独立结点线位移数量是三个。下面，举例说明位移法的计算原理。

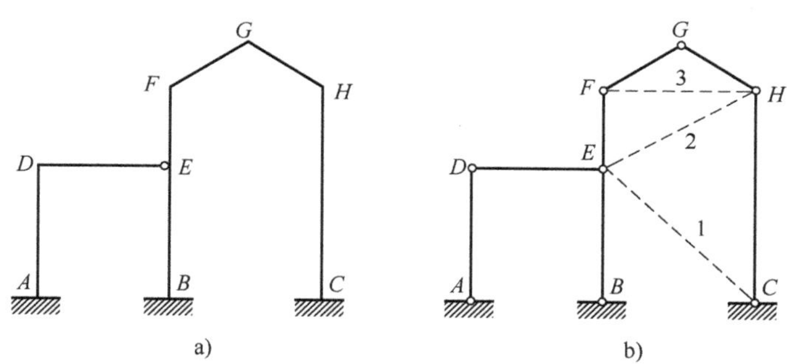

图 9-21　刚结点铰化

如图 9-22a 所示连续梁，因荷载作用产生如图中双点画线所示的变形。该梁只有一个基本未知量，即 B 结点转角，设以顺时针的 Z_1 表示。

在刚结点 B 处，加一个附加刚臂限制唯一的基本未知量 B 结点的转动，即构成它的基本结构，如图 9-22b 所示。这里要说明的是，刚臂的作用只能限制刚结点的转动，不限制其移动，使杆件上的弯矩不能通过。加上附加刚臂后，结点 B 处既没有线位移，也没有角位移，对 AB 和 BC 两杆而言形成了固定端约束，成了单跨超静定梁，并且都属于一端固定、一端铰支的形式。

如果在基本结构上作用原荷载后，荷载对刚臂结点 B 产生约束力矩 R_{1F}，如图 9-22c 所示。如果强使基本结构上的刚臂结点 B 转过 Z_1 角，产生约束力矩 R_{11}，如图 9-22d 所示。两者叠加，将与原结构完全等效，原结构各杆在刚结点的相对角度是不变的，则结点 B 的约束力矩 $R_1=0$，如图 9-22e 所示。由此

$$R_1=R_{1F}+R_{11}=0$$

图 9-22e 可分解成基本结构在 Z_1 作用下以及基本结构在原荷载作用下的叠加，如图 9-22c、d 所示。图 9-22d 又可视为在基本结构 $Z_1=1$ 的基础上乘以 Z_1 倍，如图 9-22f 所示。可得

$$R_{11}=r_{11}Z_1$$

由此得基本未知量为一个时的位移法典型方程，即

$$r_{11}Z_1+R_{1F}=0 \tag{9-4}$$

查表 9-1 可画出图 9-22c 的弯矩图，即基本结构在原荷载作用下的 M_F 图，如图 9-22g 所示；还可画出图 9-22f 的弯矩图，即基本结构在 $Z_1=1$ 作用下的 $\overline{M}_1$ 图，如图 9-22h 所示。

为了求得基本结构在荷载作用时刚臂对结点 B 的约束力矩 R_{1F}，可在图 9-22g 中取 B 结点，如图 9-22i 所示。约束力矩以顺时针为正。

由
$$\sum M_B=0$$

得
$$R_{1F}=M_{BA}^{F}+M_{BC}^{F}=-\frac{1}{8}ql^2$$

为了求得基本结构在 $Z_1=1$ 作用时刚臂对结点 B 的约束力矩 r_{11}，可在图 9-22h 中取 B 结点，如图 9-22j 所示。

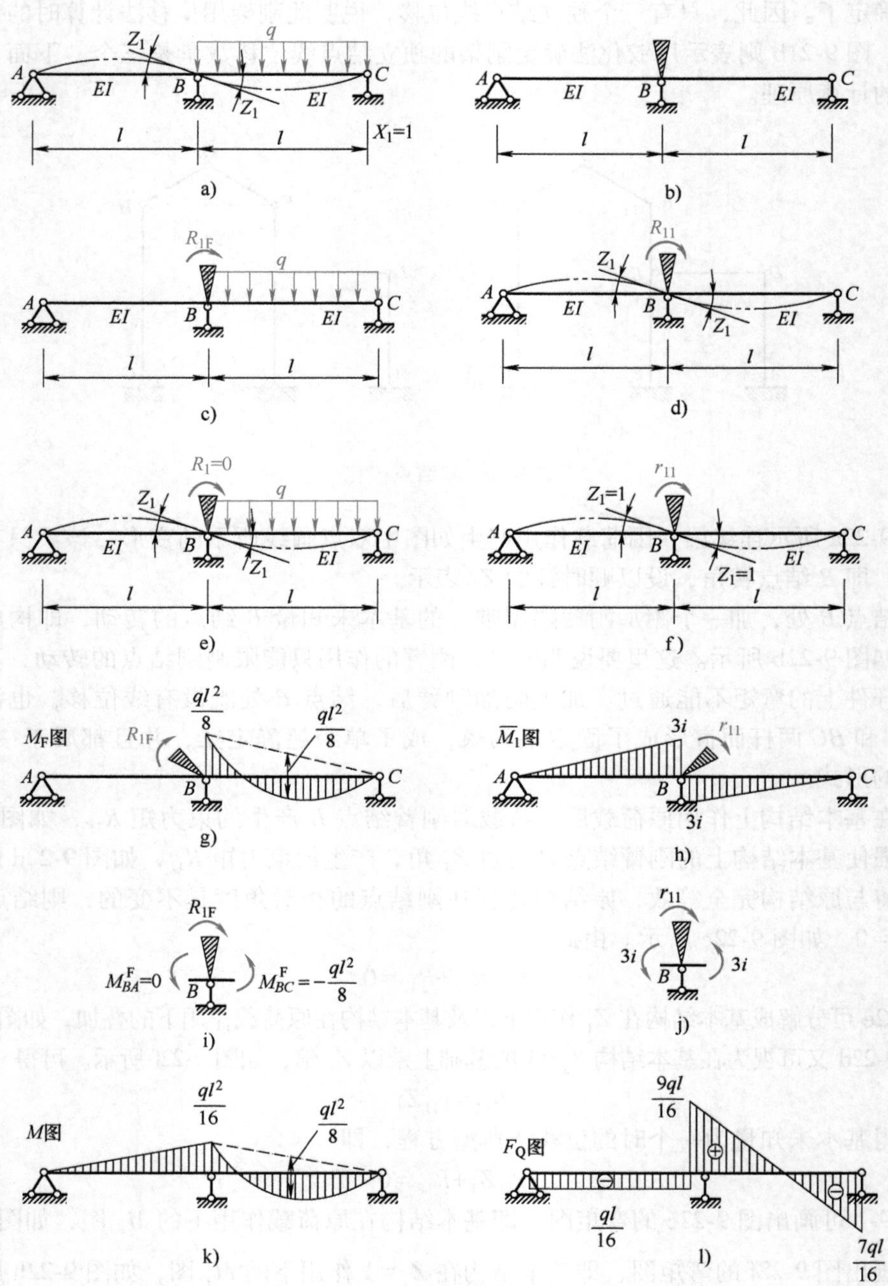

图 9-22　位移法求解超静定梁的过程

由

$$\sum M_B=0$$

得

$$r_{11}=6i$$

将 r_{11}、R_{1F} 值代入式（9-4），得

$$6iZ_1-\frac{1}{8}ql^2=0$$

解方程，得

$$Z_1=\frac{ql^2}{48i}$$

利用叠加原理

$$M=\overline{M}Z_1+M_F$$

可得杆端弯矩为

$$M_{BA}=3i\cdot\frac{ql^2}{48i}+0=\frac{ql^2}{16}\quad（上侧受拉）$$

$$M_{BC}=3i\cdot\frac{ql^2}{48i}+\left(-\frac{1}{8}ql^2\right)=-\frac{ql^2}{16}\quad（上侧受拉）$$

据此可画出弯矩图，如图 9-22k 所示。根据弯矩图又可画出剪力图，如图 9-22l 所示。

综上所述，位移法是先确定基本未知量的数量，再加上相应的附加约束，画出基本结构，原结构各杆即变成单跨超静定梁；再根据附加约束处对应的平衡条件建立位移法典型方程，查表 9-1 可画出基本结构在荷载作用下的弯矩图以及基本结构在基本未知量等于 1 时的弯矩图；然后，仍利用平衡条件求出位移法方程的系数及自由项，解方程求出基本未知量；最后画出内力图。位移法典型方程的解法与力法典型方程的解法的步骤具有对应关系，但具体解题过程有本质区别。

二、位移法典型方程

位移法典型方程

式（9-4）为只有一个基本未知量时的位移法典型方程。通过下面的例子说明，有两个基本未知量时，位移法典型方程的建立过程。再以此推导出有两个及任意 n 个基本未知量时，位移法典型方程的形式。

如图 9-23a 所示超静定刚架，在荷载作用下，结构的变形如双点画线所示。容易看出，它有两个未知的结点位移，一是刚结点 C 的转角 θ_C，可设为 Z_1；另一个是 C、D 两结点相同的水平线位移，可设为 Z_2。在刚结点 C 处附加一刚臂，在结点 D 处附加一水平支撑链杆，用于限制结点的位移，使各杆的内力彼此独立，组成若干个单跨超静定梁，即可得到原结构的位移法基本结构，如图 9-23b 所示。

基本结构在原荷载作用下，在附加刚臂 C 和链杆 D 位置产生约束力（矩）R_{1F}、R_{2F}，如图 9-23d 所示；再将附加刚臂 C 转 Z_1 角，在附加刚臂 C 和链杆 D 位置产生约束力（矩）R_{11}、R_{21}，如图 9-23e 所示；将附加链杆 D 水平移动 Z_2，在附加刚臂 C 和链杆 D 位置产生约束力（矩）R_{12}、R_{22}，如图 9-23f 所示。三者的叠加，如图 9-23c 所示，则与原结构完全等效，此时对附加刚臂 C 的约束力矩 $R_1=0$，附加水平支撑链杆的约束力 $R_2=0$。

基本结构在 $Z_1=1$ 作用下的图形，乘以 Z_1 倍后如图 9-23g 所示，乘以 Z_1 倍后与图 9-23e 相等。基本结构在 $Z_2=1$ 作用下的图形如图 9-23h 所示，乘以 Z_2 倍后与图 9-23f 相等。

根据叠加原理，由于图 9-23c 为图 9-23 d、e、f 三图的叠加，故有

$$R_1=R_{1F}+R_{11}+R_{12}=0$$

$$R_2=R_{2F}+R_{21}+R_{22}=0$$

根据图 9-23e 与图 9-23g、图 9-23f 与图 9-23h 的关系，可知

$$R_{11}=r_{11}Z_1；\ R_{12}=r_{12}Z_2；\ R_{21}=r_{21}Z_1；\ R_{22}=r_{22}Z_2$$

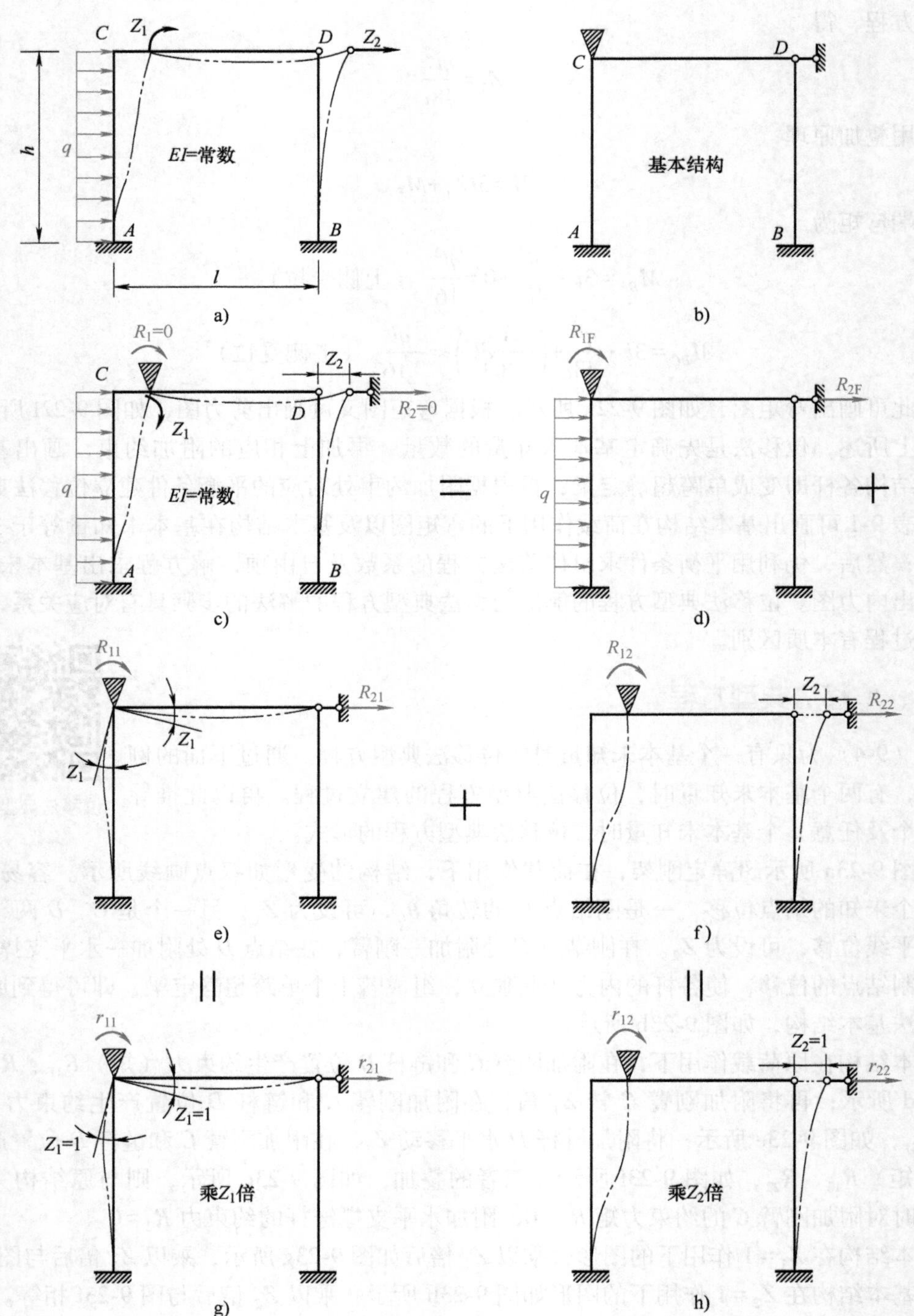

图 9-23　位移法典型方程

故可得结构有两个基本未知量时的位移法典型方程，即

$$\begin{cases} r_{11}Z_1+r_{12}Z_2+R_{1F}=0 \\ r_{21}Z_1+r_{22}Z_2+R_{2F}=0 \end{cases} \tag{9-5}$$

位移法典型方程是根据基本结构上附加约束处对应的约束力矩平衡条件以及约束力平衡条件建立起来的。

根据一个基本未知量时的位移法典型方程和两个基本未知量时的位移法典型方程，不难看出，n 个基本未知量时的位移法典型方程应该为

$$\begin{cases} r_{11}Z_1+r_{12}Z_2+\cdots+r_{1n}Z_n+R_{1F}=0 \\ r_{21}Z_1+r_{22}Z_2+\cdots+r_{2n}Z_n+R_{2F}=0 \\ \qquad\vdots \\ r_{n1}Z_1+r_{n2}Z_2+\cdots+r_{nn}Z_n+R_{nF}=0 \end{cases} \tag{9-6}$$

式（9-6）是根据与 n 个附加约束所对应的 n 个平衡条件建立起来的，由 n 个方程可求解 n 个未知的结点位移。该方程组中，有 n^2 个系数、n 个自由项。其中，主系数 r_{ii} 表示基本结构在 $Z_i=1$ 时，引起第 i 个附加约束的约束力（矩），且恒为正值；副系数 r_{ij} 表示基本结构在 $Z_j=1$ 时，引起第 i 个附加约束的约束力（矩），且与 Z_i 同向时为正值；自由项 R_{iF} 表示基本结构在荷载作用下，引起第 i 个附加约束的约束力（矩），且与 Z_i 同向时为正。副系数及自由项可能为正、为负或为零。所有的系数及自由项容易从对应的 $\overline{M}_1$、$\overline{M}_2$、…、$\overline{M}_n$ 及 M_F 图中直接看出或者通过简单计算求得。不难证明 $r_{ij}=r_{ji}$，说明 n^2-n 个副系数中只需求出一半即可。

三、位移法应用举例

位移法典型方程解法的解题步骤如下：

1）确定基本未知量数量，画出基本结构。

2）列出位移法典型方程。

3）求系数及自由项。分别画出基本结构在结点单位转角、结点单位线位移及荷载单独作用下的弯矩图，然后一一计算。

4）解位移法典型方程，求出基本未知量。

5）画内力图。利用叠加法画弯矩图，根据弯矩图画剪力图，根据剪力图画轴力图。

例 9-12　试用位移法计算图 9-24a 所示刚架，并画内力图。设各杆 EI 相等。

例 9-12

解　（1）图示刚架共有一个基本未知量，即 C 结点转角 Z_1（↻），画出基本结构如图 9-24b 所示。

（2）列出位移法典型方程

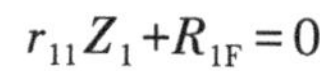

$$r_{11}Z_1+R_{1F}=0$$

（3）求系数及自由项。分别画出基本结构在 $Z_1=1$ 以及荷载作用下的 $\overline{M}_1$ 图及 M_F 图，如图 9-24c、d 所示。

可得

$$r_{11}=4i+4i=8i$$

$$R_{1F}=-Fl$$

（4）解位移法典型方程，求出基本未知量

$$Z_1=-\frac{R_{1F}}{r_{11}}=\frac{Fl}{8i}$$

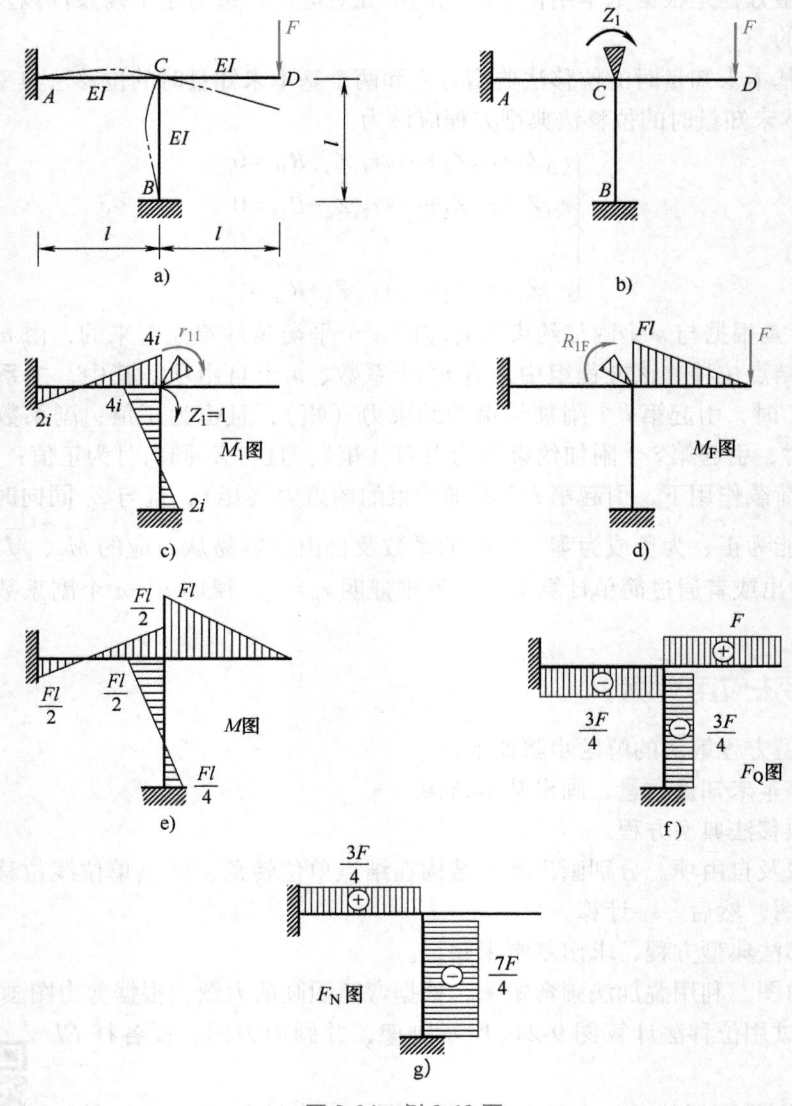

图 9-24 例 9-12 图

（5）画弯矩图、剪力图、轴力图

利用叠加公式

$$M=\overline{M}_1 Z_1+M_F$$

可得杆端弯矩

$$M_{AC}=2i\cdot\frac{Fl}{8i}=\frac{Fl}{4}$$

$$M_{CA}=4i\cdot\frac{Fl}{8i}=\frac{Fl}{2}$$

$$M_{BC}=2i\cdot\frac{Fl}{8i}=\frac{Fl}{4}$$

$$M_{CB}=4i\cdot\frac{Fl}{8i}=\frac{Fl}{2}$$

$$M_{CD}=-Fl$$

$$M_{DC}=0$$

据此，可画出弯矩图如图 9-24e 所示；根据弯矩图可画出剪力图，如图 9-24f 所示；根据剪力图可画出轴力图，如图 9-24g 所示。

例 9-13　试用位移法计算图 9-25a 所示铰接排架，画出弯矩图。

例 9-13

解　(1) 由于轴向变形较小可忽略不计，可推论 E、F、G、H 四结点具有相等的水平位移 Z_1，故用位移法计算时只有一个基本未知量，并假设水平向右。在 H 结点附加水平支撑链杆，即得位移法基本结构，如图 9-25b 所示，图中各立柱的线刚度相等，用 i 表示。

(2) 列出位移法典型方程

$$r_{11}Z_1+R_{1F}=0$$

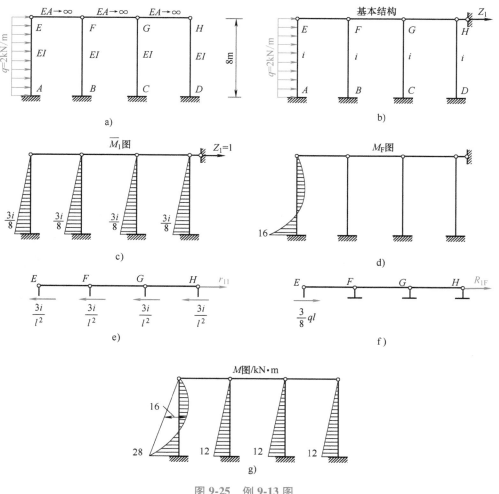

图 9-25　例 9-13 图

（3）求系数及自由项。查表 9-1，可以画出基本结构在 $Z_1=1$ 时的 $\overline{M}_1$ 图，如图 9-25c 所示；以及基本结构在荷载作用下的 M_F 图，如图 9-25d 所示。为了求得系数和自由项，可从图 9-25c 中沿各柱顶截取上部隔离体，如图 9-25e 所示；再从图 9-25d 中沿各柱顶截取上部隔离体，如图 9-25f 所示，各柱顶截面剪力值仍可从表 9-1 中查得，进而利用平衡方程求得反力

$$r_{11}=4\times\frac{3i}{l^2}=\frac{3}{16}i$$

$$R_{1F}=-\frac{3}{8}ql=-\frac{3}{8}\times 2\text{kN/m}\times 8\text{m}=-6\text{kN}$$

（4）解位移法典型方程，求出基本未知量

$$Z_1=-\frac{R_{1F}}{r_{11}}=6\times\frac{16}{3i}=\frac{32}{i}\text{kN}\cdot\text{m}^2$$

（5）画弯矩图。利用叠加公式 $M=\overline{M}_1Z_1+M_F$，可得

$$M_{AE}=\left(-\frac{3}{8}i\right)\times\frac{32}{i}+(-16)=-28\text{kN}\cdot\text{m}\quad（左侧受拉）$$

$$M_{BF}=M_{CG}=M_{DH}=\left(-\frac{3}{8}i\right)\times\frac{32}{i}=-12\text{kN}\cdot\text{m}\quad（左侧受拉）$$

画出 M 图，如图 9-25g 所示。

第四节　力矩分配法

力矩分配法是建立在位移法基础上的一种渐进算法，可用于对无结点侧移连续梁和刚架的计算。可以通过增加分配次数的办法来提高计算精确度。由于它的解题思路比较清晰，计算格式统一，计算过程比较简便，不需要列方程计算，因此对于无结点线位移连续梁和刚架，人们常用力矩分配法来进行计算。

一、力矩分配法原理

力矩分配法原理

下面通过图 9-26a 所示的两跨连续梁来说明力矩分配法的基本原理。

1. 力矩分配法基本原理

1）先假想用刚臂固定 B 结点，然后将原荷载作用上去，则 B 结点不产生转动，如图 9-26b 所示，通常将这一状态称为固定状态。此时，刚臂对结点 B 要产生约束力矩，称为不平衡力矩。固定状态下的各杆端弯矩是由荷载引起的杆端弯矩称为固端弯矩，各固端弯矩可以从表 9-1 中查得，它们分别是

$$M_{AB}^F=\frac{1}{6}ql^2;\ M_{BA}^F=\frac{1}{3}ql^2$$

$$M_{BC}^F=-\frac{ql^2}{12};\ M_{CB}^F=\frac{ql^2}{12}$$

如同位移法中原结构刚结点处的约束力矩为零，刚臂对结点 B 的约束力矩 M_B 等于 B 结点处各固端弯矩的代数和，即有

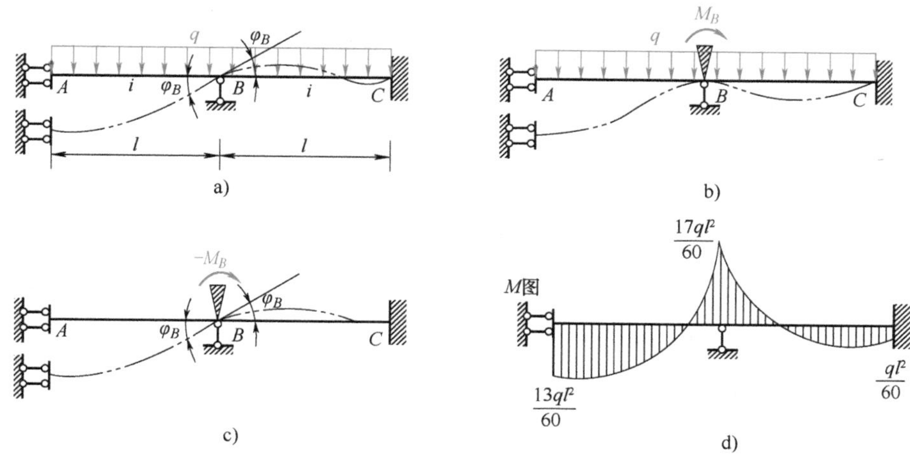

图 9-26　力矩分配法的基本原理

$$M_B = M_{BA}^{\mathrm{F}} + M_{BC}^{\mathrm{F}} = \frac{1}{3}ql^2 + \left(-\frac{ql^2}{12}\right) = \frac{1}{4}ql^2 \quad (\curvearrowright)$$

如前所述，对结点而言，杆端弯矩是逆时针为正，由此刚臂对结点的约束力矩应该是顺时针为正。

2）再放松结点，即消除因为在 B 结点施加刚臂所带来的影响，也就是要在 B 结点处强制施加一个与原约束力矩 M_B 反向的力矩，即 $-M_B = -\frac{1}{4}ql^2$，如图 9-26c 所示。虽然图中力矩的方向仍然表示为顺时针，但冠以负值后，实质上就是与原约束力矩 M_B 的方向相反了。通常将这一状态称为放松状态。此时，各杆也要产生相应的杆端弯矩。其中，临近放松结点 B 处的杆端叫做近端，近端所产生的杆端弯矩称为分配弯矩，用 M_{BA}^{μ}、M_{BC}^{μ} 表示；与近端相对的另一端叫做远端，远端所产生的杆端弯矩称为传递弯矩，用 M_{AB}^{C}、M_{CB}^{C} 表示。

原结构状态等于上述固定状态与放松状态的叠加。也就是说，原结构各杆的杆端弯矩等于固定状态下的杆端弯矩（即固端弯矩）与放松状态下的杆端弯矩（即分配弯矩或传递弯矩）的代数和。

在约束力矩和杆件线刚度一定的情况下，分配弯矩和传递弯矩是由远端约束的形式决定的，为了能够求得放松状态下各分配弯矩及各传递弯矩的大小，必须了解力矩分配法的基本要素。

2. 三个基本要素

转动刚度、分配系数及传递系数通常称为力矩分配法的三个基本要素。

（1）转动刚度 S　力矩分配法中，各杆仍以单跨超静定梁来处理。为了使单跨超静定梁的某端产生单位转角，在该端所需施加的力矩大小，称为杆件在该端的转动刚度，也可说成是杆件近端的转动刚度。转动刚度的大小与远端约束的情况有关，其值可以从表 9-1 中直接查得。

例如，图 9-26a 中，由于远端 A 为定向支撑，查表 9-1 第 11 栏得到 BA 杆 B 端的转动刚度 $S_{BA}=i$。同理，由于远端 C 为固定端，查表 9-1 第 1 栏可得 BC 杆 B 端的转动刚度 $S_{BC}=4i$。

另外，当遇到远端为铰支时，同样可查表 9-1 第 6 栏，得到转动刚度 $S_{AB}=3i$。

（2）分配系数 μ　对照图 9-26c 所示，B 结点受到外力矩 $-M_B=-\frac{1}{4}ql^2$ 作用时，近端产生的分配弯矩 M_{BA}^{μ}、M_{BC}^{μ} 可由下述方法确定。

从图 9-26c 中截取 B 结点为研究对象，受力图如图 9-27 所示。图中由于分配弯矩要假设为正，规定对结点而言，应该以逆时针表示。而 B 结点上的外加力偶矩改用逆时针方向表示后，应标以正值。

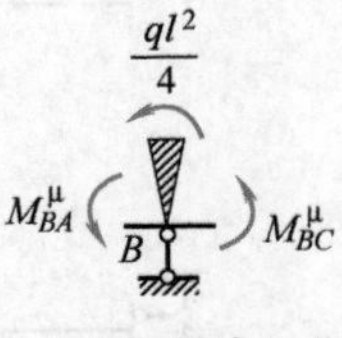

图 9-27　结点平衡

由

$$\sum M_B=0$$

可得

$$M_{BA}^{\mu}+M_{BC}^{\mu}+\frac{1}{4}ql^2=0$$

假设 B 结点转角为 φ_B，按照转动刚度定义，则有

$$M_{BA}^{\mu}=S_{BA}\varphi_B\ ;M_{BC}^{\mu}=S_{BC}\varphi_B \tag{9-7}$$

代入上式后，可得

$$(S_{BA}+S_{BC})\varphi_B=-\frac{1}{4}ql^2=-M_B$$

即有

$$\varphi_B=\frac{-M_B}{S_{BA}+S_{BC}}=\frac{-M_B}{\sum\limits_B S}$$

上式中的 $\sum\limits_B S$ 为相交于 B 结点各杆端转动刚度之和。将 φ_B 值代入式（9-7），可得分配弯矩计算式

$$\begin{cases} M_{BA}^{\mu}=\dfrac{S_{BA}}{\sum\limits_B S}(-M_B)=\mu_{BA}(-M_B) \\ M_{BC}^{\mu}=\dfrac{S_{BC}}{\sum\limits_B S}(-M_B)=\mu_{BC}(-M_B) \end{cases}$$

上式中的 $\mu_{BA}=\frac{S_{BA}}{\sum\limits_B S}$ 为 BA 杆 B 端的分配系数；$\mu_{BC}=\frac{S_{BC}}{\sum\limits_B S}$ 为 BC 杆 B 端的分配系数，即各杆近端的分配系数等于该杆近端的转动刚度除以汇交于结点的各杆近端转动刚度之和，且同一转动结点处各杆的近端分配系数之和等于 1。

分配弯矩等于分配系数与结点约束力矩（结点处各固端弯矩的代数和）的负值的积。

对于图 9-26a 所示两跨连续梁，分配系数为

$$\mu_{BA}=\frac{S_{BA}}{\sum\limits_B S}=\frac{S_{BA}}{S_{BA}+S_{BC}}=\frac{i}{i+4i}=\frac{1}{5}$$

$$\mu_{BC}=\frac{S_{BC}}{S_{BA}+S_{BC}}=\frac{4i}{i+4i}=\frac{4}{5}$$

从而可得分配弯矩值为

$$M_{BA}^{\mu}=\mu_{BA}(-M_B)=\frac{1}{5}\times\left(-\frac{1}{4}ql^2\right)=-\frac{1}{20}ql^2$$

$$M_{BC}^{\mu}=\mu_{BC}(-M_B)=\frac{4}{5}\times\left(-\frac{1}{4}ql^2\right)=-\frac{1}{5}ql^2$$

（3）传递系数 C　对照图 9-26c 所示的放松状态，远端产生的传递弯矩 M_{AB}^{C}、M_{CB}^{C} 可由下述方法确定。

由表 9-1 第 11 栏可知，BA 杆的远端传递弯矩与近端分配弯矩之间大小相等，符号相反，得

$$M_{AB}^{C}=(-1)M_{BA}^{\mu}=\frac{1}{20}ql^2$$

由表 9-1 第 1 栏可知，BC 杆的远端传递弯矩是近端分配弯矩的一半，故得

$$M_{CB}^{C}=\frac{1}{2}M_{BC}^{\mu}=-\frac{1}{10}ql^2$$

各杆远端的传递弯矩与近端的分配弯矩的比值称为传递系数。对 BA 杆而言，远端为滑动支撑，传递系数为−1；对 BC 杆而言，远端为固定端，传递系数为$\frac{1}{2}$。用符号表示时，即为

$$C_{BA}=-1;\ C_{BC}=\frac{1}{2}$$

如果出现杆件远端为铰支时，则传递系数为零。传递弯矩等于传递系数与分配弯矩的积，转动刚度和传递系数见表 9-2。

表 9-2　等截面直杆的杆端转动刚度和传递系数

简　图	A 端转动刚度	传 递 系 数	说　　明
$\varphi=1$, EI, A, B, l	$S_{AB}=\frac{4EI}{l}=4i$	$C_{AB}=\frac{1}{2}$	远端固定
$\varphi=1$, EI, A, B, l	$S_{AB}=\frac{3EI}{l}=3i$	$C_{AB}=0$	远端铰支
$\varphi=1$, EI, A, B, l	$S_{AB}=\frac{EI}{l}=i$	$C_{AB}=-1$	远端定向支撑

3. 最终杆端弯矩的确定

由于原结构各杆的杆端弯矩（最终杆端弯矩）等于固定状态下的杆端弯矩（固端弯矩）

与放松状态下的杆端弯矩（分配弯矩或传递弯矩）的代数和，故有

$$M_{AB}=M_{AB}^{\mathrm{F}}+M_{AB}^{\mathrm{C}}=\frac{1}{6}ql^2+\frac{1}{20}ql^2=\frac{13}{60}ql^2$$

$$M_{BA}=M_{BA}^{\mathrm{F}}+M_{BA}^{\mu}=\frac{1}{3}ql^2-\frac{1}{20}ql^2=\frac{17}{60}ql^2$$

$$M_{BC}=M_{BC}^{\mathrm{F}}+M_{BC}^{\mu}=\frac{1}{12}ql^2-\frac{1}{5}ql^2=-\frac{17}{60}ql^2$$

$$M_{CB}=M_{CB}^{\mathrm{F}}+M_{CB}^{\mathrm{C}}=\frac{1}{12}ql^2-\frac{1}{10}ql^2=-\frac{1}{60}ql^2$$

据此，可画出弯矩图，如图 9-26d 所示。

二、单结点结构的力矩分配法

综前所述，力矩分配法计算步骤可归纳如下：

1）求分配系数。

2）求固端弯矩及约束力矩。

3）求分配弯矩与传递弯矩。

4）求最终杆端弯矩。

5）画内力图。

对于单结点的连续梁和无侧移刚架来说，用力矩分配法计算十分简便，只要将转动的刚性结点固定、放松各一次，便可得到最终杆端弯矩的精确解。

为了便于计算及检查复核，一般采用列表计算的方式。

例 9-14　试用力矩分配法计算图 9-28a 所示连续梁，并画弯矩图。

例 9-14

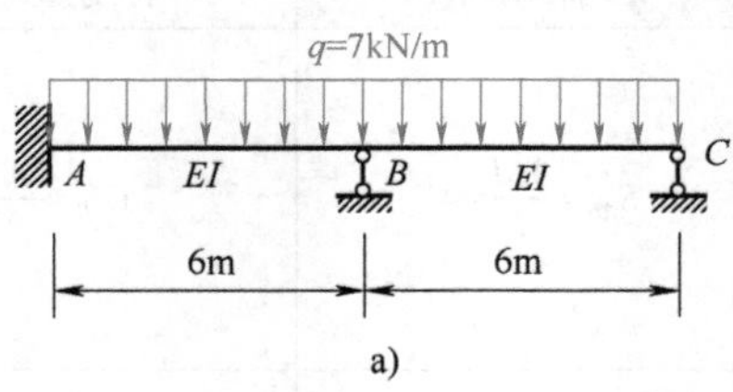

a)

分配系数		$\frac{4}{7}$	$\frac{3}{7}$	
固端弯矩	−21	+21	−31.5	0
分配与传递	+3 ←	+6	+4.5	0
最后杆端弯矩	−18	+27	−27	0

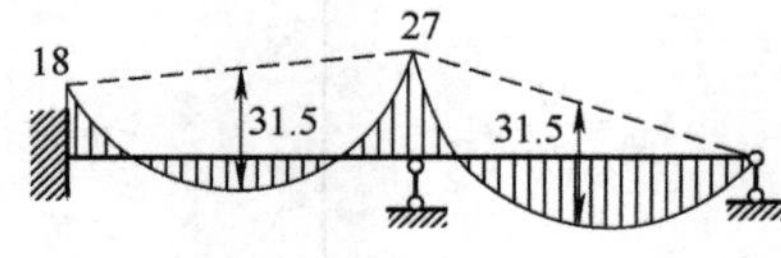

M图/kN·m

b)

图 9-28　例 9-14 图

解　(1) 求分配系数，由表 9-2 得转动刚度

$$S_{BA}=4i$$

$$S_{BC}=3i$$

分配系数为

$$\mu_{BA}=\frac{S_{BA}}{S_{BA}+S_{BC}}=\frac{4}{7}$$

$$\mu_{BC}=\frac{S_{BC}}{S_{BA}+S_{BC}}=\frac{3}{7}$$

(2) 求固端弯矩及约束力矩，固定状态下，查表 9-1 可得各固端弯矩为

$$M_{AB}^{\mathrm{F}}=-\frac{ql^2}{12}=-\frac{7\mathrm{kN/m}\times6^2\mathrm{m}^2}{12}=-21\mathrm{kN}\cdot\mathrm{m}$$

$$M_{BA}^{\mathrm{F}}=\frac{ql^2}{12}=+21\mathrm{kN}\cdot\mathrm{m}$$

$$M_{BC}^{\mathrm{F}}=-\frac{1}{8}ql^2=-\frac{1}{8}\times7\mathrm{kN/m}\times6^2\mathrm{m}^2=-31.5\mathrm{kN}\cdot\mathrm{m}$$

$$M_{CB}^{\mathrm{F}}=0$$

此时，刚臂对结点 B 的约束力矩为

$$M_B=M_{BA}^{\mathrm{F}}+M_{BC}^{\mathrm{F}}=21\mathrm{kN}\cdot\mathrm{m}-31.5\mathrm{kN}\cdot\mathrm{m}=-10.5\mathrm{kN}\cdot\mathrm{m}$$

(3) 求分配弯矩与传递弯矩。放松状态下，可得近端分配弯矩为

$$M_{BA}^{\mu}=\mu_{BA}(-M_B)=\frac{4}{7}\times10.5\mathrm{kN}\cdot\mathrm{m}=6\mathrm{kN}\cdot\mathrm{m}$$

$$M_{BC}^{\mu}=\mu_{BC}(-M_B)=\frac{3}{7}\times10.5\mathrm{kN}\cdot\mathrm{m}=4.5\mathrm{kN}\cdot\mathrm{m}$$

远端传递弯矩为

$$M_{AB}^{\mathrm{C}}=C_{BA}M_{BA}^{\mu}=\frac{1}{2}\times6\mathrm{kN}\cdot\mathrm{m}=3\mathrm{kN}\cdot\mathrm{m}$$

$$M_{CB}^{\mathrm{C}}=0$$

(4) 求最终杆端弯矩，有

$$M_{AB}=M_{AB}^{\mathrm{F}}+M_{AB}^{\mathrm{C}}=-21\mathrm{kN}\cdot\mathrm{m}+3\mathrm{kN}\cdot\mathrm{m}=-18\mathrm{kN}\cdot\mathrm{m}\quad(\text{上侧受拉})$$

$$M_{BA}=M_{BA}^{\mathrm{F}}+M_{BA}^{\mu}=21\mathrm{kN}\cdot\mathrm{m}+6\mathrm{kN}\cdot\mathrm{m}=27\mathrm{kN}\cdot\mathrm{m}\quad(\text{上侧受拉})$$

$$M_{BC}=M_{BC}^{\mathrm{F}}+M_{BC}^{\mu}=-31.5\mathrm{kN}\cdot\mathrm{m}+4.5\mathrm{kN}\cdot\mathrm{m}=-27\mathrm{kN}\cdot\mathrm{m}\quad(\text{上侧受拉})$$

$$M_{CB}=0$$

将以上各步计算结果填入本例表中。

(5) 画弯矩图。根据各杆的最终杆端弯矩值，可画出弯矩图，如图 9-28b 所示。

例 9-15　试用力矩分配法计算图 9-29a 所示刚架，并且画出刚架的弯矩图、剪力图、轴力图。刚架各杆旁数值为各杆的相对线刚度值。

例 9-15

解　此刚架仍属于单结点问题，用力矩分配法计算时仍要列表。与连续梁相比，此表仅多了杆端名称和结点名称两项。为了计算方便起见，注意在表中三个近端紧靠一起，并将传递弯矩的远端紧靠相应的近端。

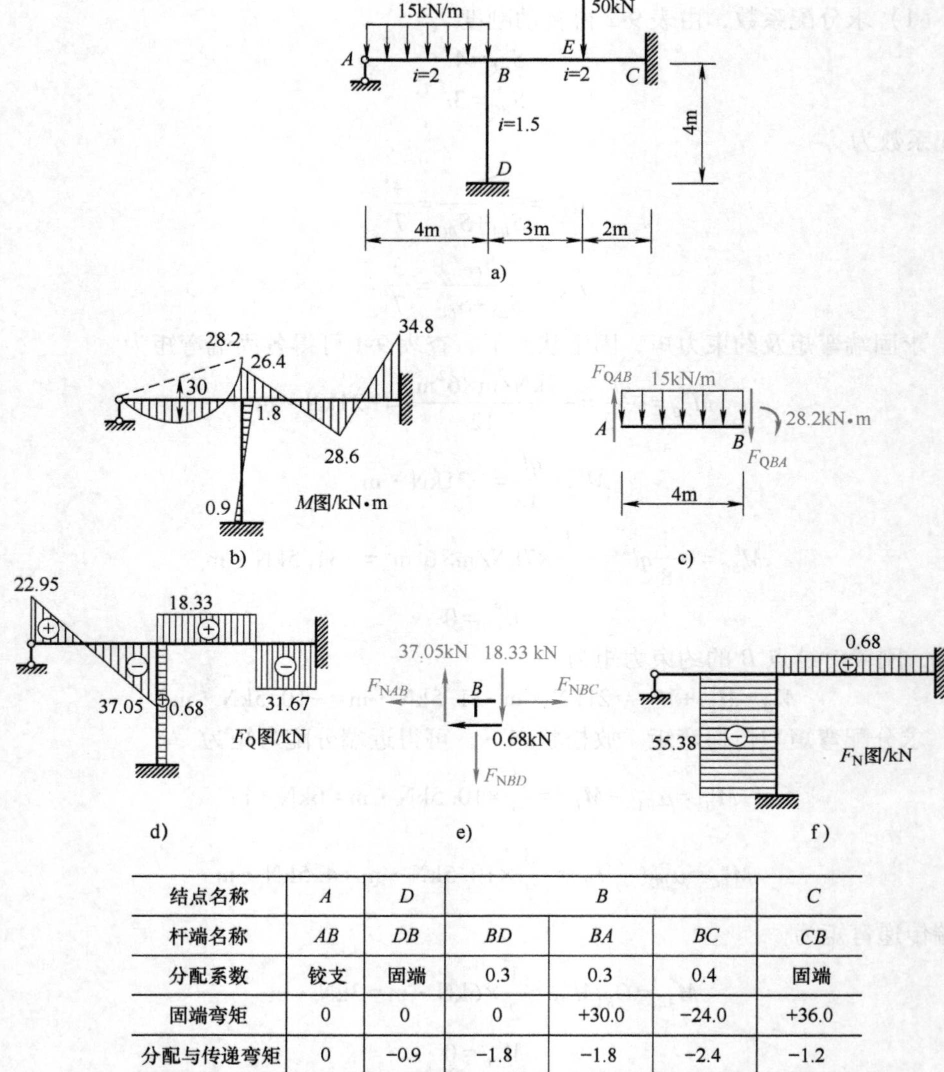

结点名称	A	D	B			C
杆端名称	AB	DB	BD	BA	BC	CB
分配系数	铰支	固端	0.3	0.3	0.4	固端
固端弯矩	0	0	0	+30.0	−24.0	+36.0
分配与传递弯矩	0	−0.9	−1.8	−1.8	−2.4	−1.2
最终杆端弯矩	0	−0.9	−1.8	+28.2	−26.4	+34.8

图 9-29　例 9-15 图

（1）求分配系数。各杆近端的转动刚度为

$$S_{BA}=3i_{BA}=3\times2=6$$
$$S_{BC}=4i_{BC}=4\times2=8$$
$$S_{BD}=4i_{BD}=4\times1.5=6$$

各杆近端的分配系数为

$$\mu_{BA}=\frac{S_{BA}}{\sum_{B}S}=\frac{6}{6+8+6}=0.3$$

$$\mu_{BC}=\frac{S_{BC}}{\sum_{B}S}=\frac{8}{20}=0.4$$

$$\mu_{BD}=\frac{S_{BD}}{\sum_{B} S}=\frac{6}{20}=0.3$$

（2）求固端弯矩及约束力矩。查表 9-1 可得

$$M_{BA}^{\mathrm{F}}=\frac{1}{8}ql^2=\frac{1}{8}\times 15\mathrm{kN/m}\times 4^2\mathrm{m}^2=30\mathrm{kN\cdot m}$$

$$M_{BC}^{\mathrm{F}}=-\frac{Fab^2}{l^2}=-\frac{50\mathrm{kN}\times 3\mathrm{m}\times 2^2\mathrm{m}^2}{5^2\mathrm{m}^2}=-24\mathrm{kN\cdot m}$$

$$M_{CB}^{\mathrm{F}}=\frac{Fa^2b}{l^2}=-\frac{50\mathrm{kN}\times 3^2\mathrm{m}^2\times 2\mathrm{m}}{5^2\mathrm{m}^2}=36\mathrm{kN\cdot m}$$

$$M_{AB}^{\mathrm{F}}=M_{BD}^{\mathrm{F}}=M_{DB}^{\mathrm{F}}=0$$

约束力矩为

$$M_B=M_{BA}^{\mathrm{F}}+M_{BC}^{\mathrm{F}}+M_{BD}^{\mathrm{F}}=30\mathrm{kN\cdot m}-24\mathrm{kN\cdot m}=6\mathrm{kN\cdot m}$$

（3）求分配弯矩与传递弯矩。分配弯矩为

$$M_{BA}^{\mu}=\mu_{BA}\cdot(-M_B)=0.3\times(-6\mathrm{kN\cdot m})=-1.8\mathrm{kN\cdot m}$$

$$M_{BC}^{\mu}=\mu_{BC}\cdot(-M_B)=0.4\times(-6\mathrm{kN\cdot m})=-2.4\mathrm{kN\cdot m}$$

$$M_{BD}^{\mu}=\mu_{BD}\cdot(-M_B)=0.3\times(-6\mathrm{kN\cdot m})=-1.8\mathrm{kN\cdot m}$$

传递弯矩为

$$M_{AB}^{\mathrm{C}}=0$$

$$M_{CB}^{\mathrm{C}}=0.5\times(-2.4\mathrm{kN\cdot m})=-1.2\mathrm{kN\cdot m}$$

$$M_{DB}^{\mathrm{C}}=0.5\times(-1.8\mathrm{kN\cdot m})=-0.9\mathrm{kN\cdot m}$$

（4）求最终杆端弯矩，有

$M_{AB}=0$，$M_{DB}=0.9\mathrm{kN\cdot m}$　（左侧受拉）

$M_{BD}=-1.8\mathrm{kN\cdot m}$　（右侧受拉），$M_{BA}=28.2\mathrm{kN\cdot m}$　（上侧受拉）

$M_{BC}=-26.4\mathrm{kN\cdot m}$　（上侧受拉），$M_{CB}=34.8\mathrm{kN\cdot m}$　（上侧受拉）

将以上各数值填入本例表内。

（5）画弯矩图。根据各杆的最终杆端弯矩，可画出刚架弯矩图，如图 9-29b 所示，其中集中荷载截面处的弯矩为

$$M_E=\frac{50\mathrm{kN}\times 2\mathrm{m}\times 3\mathrm{m}}{5\mathrm{m}}-\left[26.4\mathrm{kN\cdot m}+\frac{3}{5}\times(34.8\mathrm{kN\cdot m}-26.4\mathrm{kN\cdot m})\right]=28.6\mathrm{kN\cdot m}\quad（下侧受拉）$$

（6）画剪力图。根据弯矩图可求出各杆端剪力。为了求杆端剪力 F_{QAB}、F_{QBA}，可截取 AB 杆，其受力图如图 9-29c 所示。

由 $\sum M_B=0$ 可得

$$F_{QAB}=\frac{1}{4\mathrm{m}}(15\mathrm{kN/m}\times 4\mathrm{m}\times 2\mathrm{m}-28.2\mathrm{kN\cdot m})=22.95\mathrm{kN}$$

由 $\sum F_y=0$ 可得

$$F_{QBA}=-37.05\mathrm{kN}$$

其余杆端剪力可直接求出

$$F_{QBD}=F_{QDB}=\frac{1.8\mathrm{kN}+0.9\mathrm{kN}}{4}=0.68\mathrm{kN}$$

$$F_{QBE}=F_{QEB}=\frac{26.4\text{kN}+28.6\text{kN}}{3}=18.33\text{kN}$$

$$F_{QBC}=F_{QCB}=18.33\text{kN}-50\text{kN}=-31.67\text{kN}$$

据此可画出剪力图，如图 9-29d 所示。

（7）画轴力图。根据剪力图可求出各杆轴力。

显然
$$F_{NBA}=F_{NAB}=0$$

截取 B 结点，画出受力图，如图 9-29e 所示。其中，杆端剪力值取自剪力图，未知杆端轴力假设为拉力，杆端弯矩不必画出。

由 $\sum F_x=0$ 可得

$$F_{NBC}=0.68\text{kN}=F_{NCB}$$

由 $\sum F_y=0$ 可得

$$F_{NBD}=-37.05\text{kN}-18.33\text{kN}=-55.38\text{kN}=F_{NDB}$$

据此可画出轴力图，如图 9-29f 所示。

三、多结点结构的力矩分配法

当连续梁和无侧移刚架具有多个结点时，为了求出各固端弯矩，应该将各个刚性结点全部加上刚臂，然后再施加原荷载作用，查表 9-1 便可计算出各固端弯矩。但是，在放松时，为了仍然能够保持各杆为单跨超静定梁的基本特征，就必须采用间隔、交替放松的办法。同时，为了加快收敛速度，即为了加快约束力矩趋向于零的速度，应该首先放松约束力矩绝对值较大处的结点。如果结点有三个以上，可以按间隔原则，分为两批交替放松、固定，直至最后传递弯矩很小可以忽略不计为止。此时，结构也就非常接近于真实平衡状态了。将每一杆端各次的分配弯矩、传递弯矩和原有的固端弯矩相叠加，便得到各杆杆端的最终弯矩值，最后便可画出结构内力图。

例 9-16 试用力矩分配法计算图 9-30a 所示连续梁，画出弯矩图和剪力图，并求出支座约束力。

例 9-16

解 （1）求分配系数。转动刚度为

$$S_{BA}=4i_{BA}=4\times\frac{0.75EI}{6}=0.5EI$$

$$S_{BC}=4i_{BC}=4\times\frac{1.5EI}{8}=0.75EI$$

$$S_{CB}=S_{BC}=0.75EI$$

$$S_{CD}=3i_{CD}=3\times\frac{EI}{6}=0.5EI$$

分配系数为

$$\mu_{BA}=\frac{S_{BA}}{S_{BA}+S_{BC}}=\frac{0.5EI}{0.5EI+0.75EI}=0.4$$

$$\mu_{BC}=\frac{S_{BC}}{S_{BA}+S_{BC}}=\frac{0.75EI}{0.5EI+0.75EI}=0.6$$

$$\mu_{CB}=\frac{S_{CB}}{S_{CB}+S_{CD}}=\frac{0.75EI}{0.75EI+0.5EI}=0.6$$

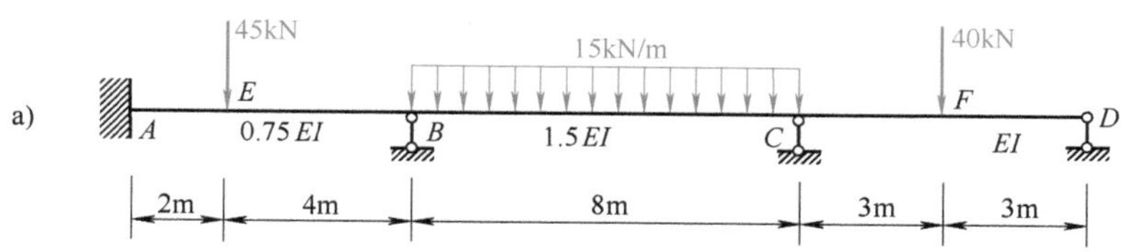

分配系数				0.4	0.6		0.6	0.4		
固端弯矩		−40.0		+20.0	−80.0		+80.0	−45.0		0
分配与传递弯矩	*B* 第1次放松	+12.0	←	+24.0	+36.0	→	+18.0			
	C 第1次放松				−15.9	←	−31.8	−21.2	→	0
	B 第2次放松	+3.2	←	+6.4	+9.5	→	+4.8			
	C 第2次放松				−1.5	←	−2.9	−1.9	→	0
	B 第3次放松	+0.3	←	+0.6	+0.9	→	+0.5			
	C 第3次放松				−0.2	←	−0.3	−0.2	→	0
	B 第4次放松			+0.1	+0.1					
最终杆端弯矩		−24.5		+51.1	−51.1		+68.3	−68.3		0

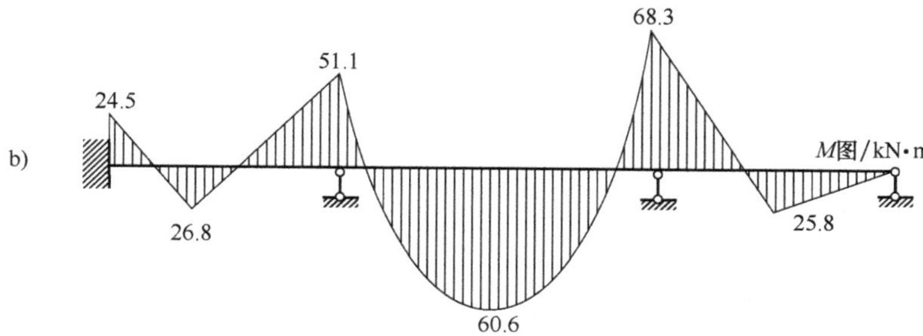

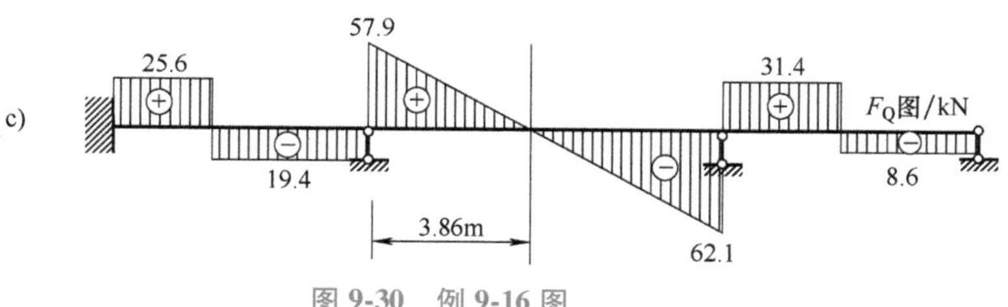

图 9-30　例 9-16 图

$$\mu_{CD}=\frac{S_{CD}}{S_{CB}+S_{CD}}=\frac{0.5EI}{0.75EI+0.5EI}=0.4$$

（2）求固端弯矩。将 *B*、*C* 两转动结点同时用刚臂固定，再施加原荷载，查表 9-1，可得各固端弯矩如下：

$$M_{AB}^{\mathrm{F}}=-\frac{Fab^2}{l^2}=-\frac{45\times2\mathrm{m}\times4^2\mathrm{m}^2}{6^2\mathrm{m}^2}=-40\mathrm{kN}\cdot\mathrm{m}$$

$$M_{BA}^{\mathrm{F}}=\frac{Fa^2b}{l^2}=\frac{45\mathrm{kN}\times2^2\mathrm{m}^2\times4\mathrm{m}}{6^2\mathrm{m}^2}=20\mathrm{kN}\cdot\mathrm{m}$$

$$M_{BC}^{F}=-\frac{ql^2}{12}=-\frac{15kN/m\times8^2m^2}{12}=-80kN\cdot m$$

$$M_{CB}^{F}=\frac{ql^2}{12}=80kN\cdot m$$

$$M_{CD}^{F}=-\frac{3Fl}{16}=-\frac{3}{16}\times40kN\times6m=-45kN\cdot m$$

$$M_{DC}^{F}=0$$

（3）分配与传递，有

B 结点约束力矩　$M_B=M_{BA}^{F}+M_{BC}^{F}=20kN\cdot m-80kN\cdot m=-60kN\cdot m$

C 结点约束力矩　$M_C=M_{CB}^{F}+M_{CD}^{F}=80kN\cdot m-45kN\cdot m=35kN\cdot m$

因为 B 结点约束力矩绝对值较大，宜先放松 B 结点，求得分配弯矩和传递弯矩后，再固定好 B 结点，放松 C 结点。此时，C 结点的约束力矩为原约束力矩与传递弯矩的代数和。求得分配弯矩和传递弯矩后，再进行第二轮计算，如此计算三轮半，分配弯矩已经为 0.1kN · m，保证了各杆端弯矩取到三位有效数字。最后只分配不传递，以保证各结点力矩平衡。每次在分配弯矩下面画一横线，表示该结点力矩暂时平衡，并用刚臂再次锁住该结点的放松状态。

（4）求最终杆端弯矩。将以上各杆端的固端弯矩、分配弯矩或传递弯矩相加后，填入本例表中“最终杆端弯矩”栏。

（5）画弯矩图。根据最终杆端弯矩值可画出弯矩图，如图 9-30b 所示。其中 AB 跨集中荷载作用截面的弯矩为

$$M_E=\frac{Fab}{l}-\left[24.5+\frac{1}{3}(51.1-24.5)\right]=\frac{45kN\times2m\times4m}{6m}-24.5kN\cdot m-8.7kN\cdot m$$
$$=26.8kN\cdot m$$

CD 跨集中荷载作用截面的弯矩为

$$M_F=\frac{Fl}{4}-\frac{1}{2}\times68.3=\frac{40kN\times6m}{4}-34.2kN\cdot m=25.8kN\cdot m$$

BC 跨弯矩极大值需等剪力图画出后，将剪力等于零的截面位置确定后才能求得。

（6）画剪力图。根据弯矩图可画出剪力图，如图 9-30c 所示。图中按相似三角形比例关系，可确定剪力为零的截面位置为 $x=3.86m$，进而可求得弯矩极大值

$$M_{max}=57.9kN\times3.86m-\frac{1}{2}\times15kN/m\times3.86^2m^2-51.1kN\cdot m=60.6kN\cdot m$$

（7）求支座约束力。根据弯矩图和剪力图，直接得到各约束力如下：

$$M_A=24.5kN\cdot m\quad(\circlearrowright)$$

$$F_A=25.6kN\quad(\uparrow)$$

$$F_B=19.4kN+57.9kN=77.3kN\quad(\uparrow)$$

$$F_C=62.1kN+31.4kN=93.5kN\quad(\uparrow)$$

$$F_D=8.6kN\quad(\uparrow)$$

例 9-17　试用力矩分配法计算图 9-31a 所示对称刚架，画出内力图。假设刚架各杆线刚度 i 相等。

例 9-17

解 此刚架为偶数跨对称结构，承受正对称荷载作用，可取图 9-31b 所示的半刚架简化计算。这样，五个刚结点便可简化为两个刚结点问题。具体的计算过程仍然列表进行。由所得的最终杆端弯矩可画出弯矩图，且弯矩图左右正对称，如图 9-31c 所示。根据弯矩图可画出剪力图，且剪力图左右反对称，如图 9-31d 所示。根据剪力图可画出轴力图，且轴力图左右正对称，如图 9-31e 所示。

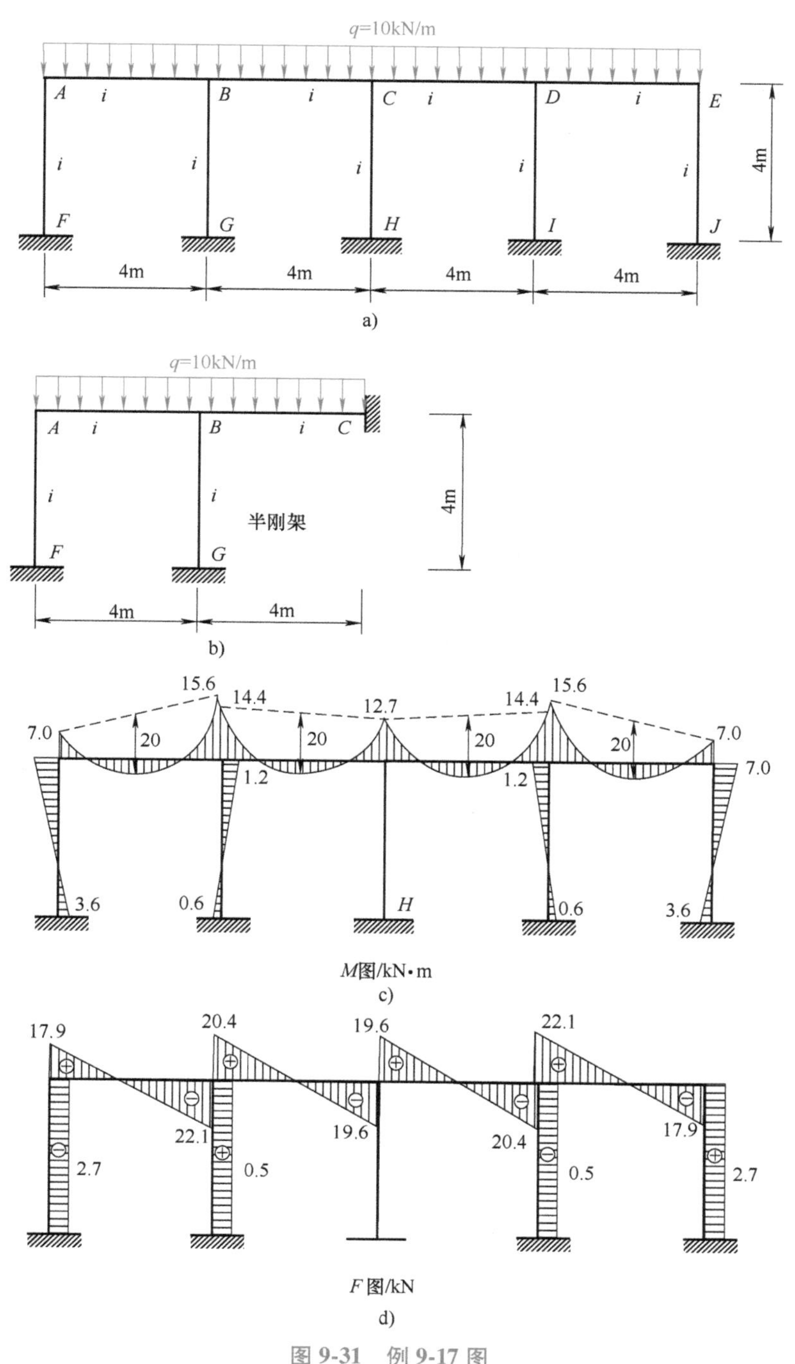

图 9-31 例 9-17 图

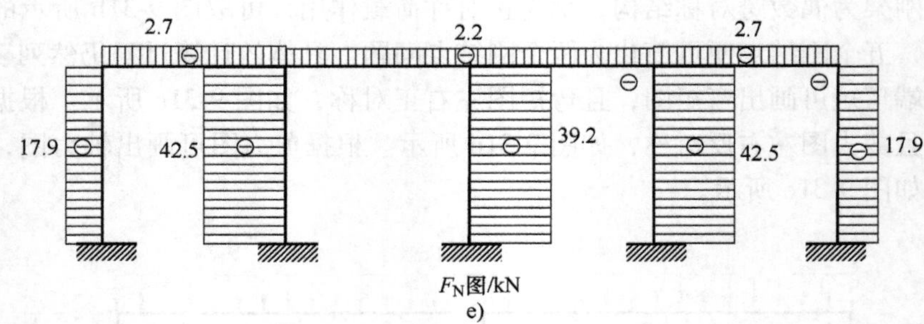

F_N图/kN
e)

结点名称		F	A		B			C	G
杆端名称		FA	AF	AB	BA	BG	BC	CB	GB
分配系数		固端	$\frac{1}{2}$	$\frac{1}{2}$	$\frac{1}{3}$	$\frac{1}{3}$	$\frac{1}{3}$	固端	固端
固端弯矩		0	0	−13.3	+13.3	0	−13.3	+13.3	0
分配与传递弯矩	A第1次放松	+3.4	+6.7	+6.6	+3.3	—	—	—	—
	B第1次放松	—	—	−0.6	−1.1	−1.1	−1.1	−0.6	−0.6
	A第2次放松	+0.2	+0.3	+0.3	+0.2	—	—	—	—
	B第2次放松	—	—	—	−0.1	−0.1	0	—	—
最终杆端弯矩		+3.6	+7.0	−7.0	+15.6	−1.2	−14.4	+12.7	−0.6

图 9-31　例 9-17 图（续）

通过本例计算可知，为了保证最大的杆端弯矩值取三位有效数字，仅仅进行了两轮分配就已经达到要求。在实际的工程计算中，为了提高力矩分配法的计算精度，可以取四位甚至五位有效数字，相应地，只要进行多轮分配，即可获得较为满意的计算结果。

小　结

一、力法和位移法是求解超静定问题的基本方法，力矩分配法是以位移法为基础的近似计算方法。

二、力法是将多余约束力作为基本未知量，以结构的变形协调条件建立力法典型方程，求得多余约束力，则超静定问题转化为静定问题，从而使超静定问题得到解决。求解过程如下：

选定基本结构（必须是静定结构，用多余约束的约束力代替多余约束）→建立典型方程→计算典型方程的系数和自由项→求出多余约束的约束力→对结构进行受力分析，作出内力图。

三、用力法求解超静定问题时，基本结构的选择不是唯一的，但不同的基本结构的运算量是不一样的，故选择合适的基本结构可使运算得到简化。力法不但可解受弯结构，也可求解其他变形的结构。

四、位移法是以结点位移为基本未知量，以结点的平衡条件建立位移法典型方程。对超静定次数高而结点位移数量少的超静定结构，使用位移法比使用力法要简便得多。编制求解超静定问题的计算机应用程序，通常是以位移法为依据。

五、位移法求解过程如下：

确定基本未知量数量（刚结点的转角和独立结点线位移数量之和）→根据位移情况对原结构增加附加刚臂和附加链杆，使结构成为一组独立的单跨超静定梁→利用表 9-1 计算出各单跨超静定梁的杆端内力与结点位移的关系→根据结点的平衡条件建立位移法典型方程→求出结点的位移→求出杆端内力→作出结构的内力图。

六、力矩分配法是位移法的变体，它避免了建立和解算联立方程的工作，能直接计算杆端弯矩，适用于手算，在电子计算机被广泛应用的今天，力矩分配法仍有一定的实用价值。力矩分配法的求解过程如下：

根据汇交刚结点各杆的转动刚度计算出各杆在刚结点处的分配系数以及传递系数，并利用表 9-1 计算出各杆的杆端弯矩→对不平衡力矩（等于结点处各杆端弯矩之和的负值），例如多结点问题，则分别对结点依次进行固定、放松，将每次的不平衡力矩进行分配与传递→达到精度要求后，将同一结点的各种弯矩进行相加，得到最终弯矩→作出内力图。

七、力矩分配法不适用于有结点线位移结构的计算。

八、利用结构的对称性可简化计算，通常采用的是半结构法。半结构法在求解超静定问题时，各种方法都可适用。

九、超静定结构相对静定结构，可提高结构的强度和刚度，同时温度变化、支座移动等在超静定结构上将产生内力。

思　考　题

9-1　力法求解超静定结构除了应用静力平衡方程外，还需要通过什么条件建立补充方程？

9-2　什么是力法的基本结构与基本未知量？

9-3　试判断图 9-32 所示各结构的超静定次数。

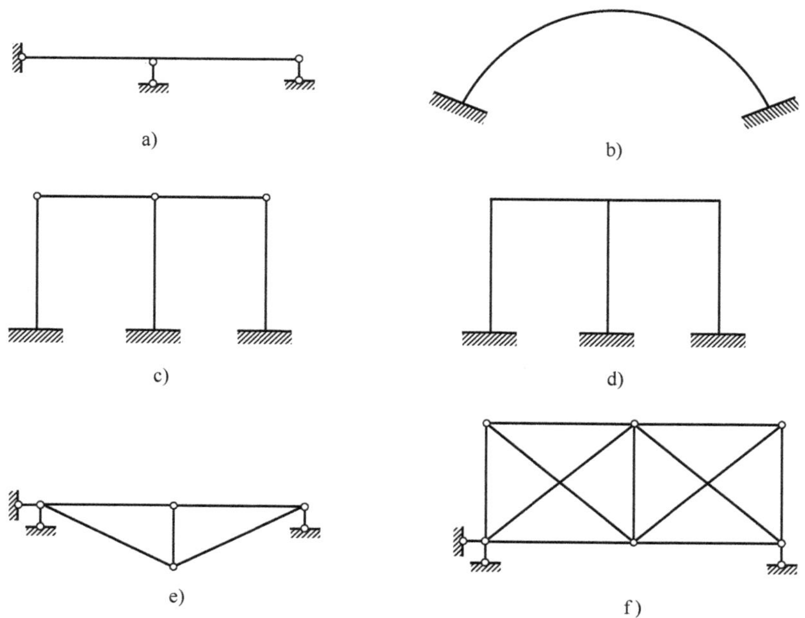

图 9-32　思考题 9-3 图

9-4 试对图 9-33 所示的各种一次超静定结构，画出两种力法基本结构形式。

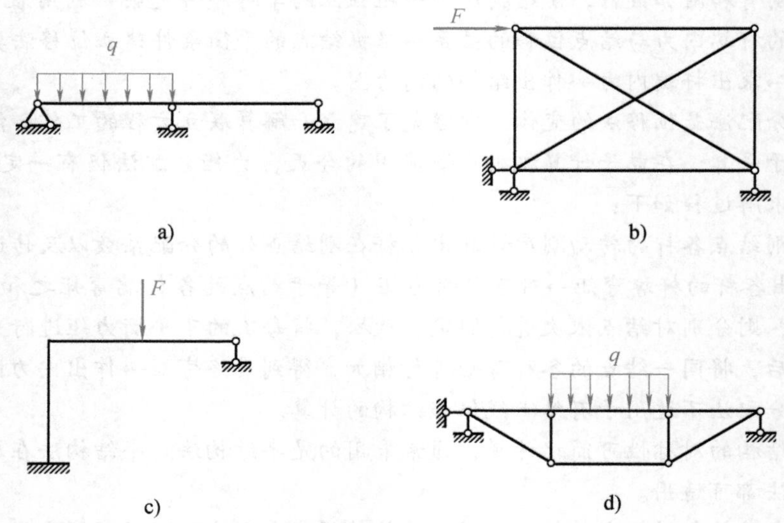

图 9-33 思考题 9-4 图

9-5 力法典型方程的物理意义是什么？方程中的系数、自由项代表了什么意义？

9-6 用力法求解超静定结构时要使运算得到简化，应从哪些方面去考虑？

9-7 试连续采用半刚架法，画出图 9-34 所示对称刚架的最简计算结构。

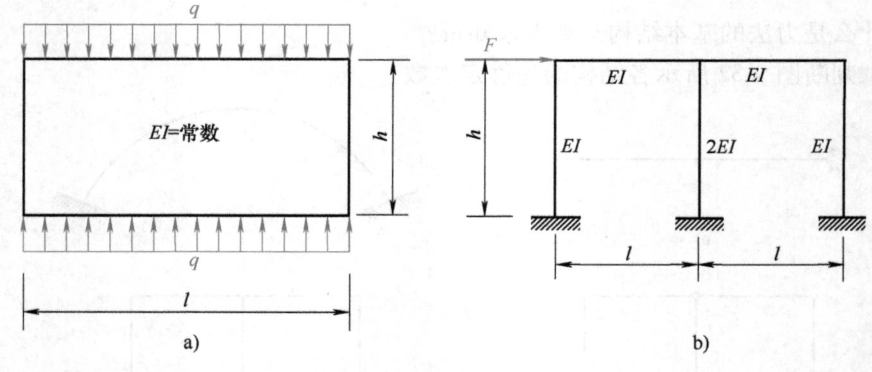

图 9-34 思考题 9-7 图

9-8 什么是位移法的基本未知量？

9-9 单跨超静定梁的基本形式分为哪几种？表 9-1 中各杆端内力是用什么方法计算出来的？位移法和力矩分配法中，杆端内力有何用途？杆端弯矩的正负号是如何规定的？

9-10 位移法典型方程是根据什么条件建立的？试叙述位移法典型方程中的系数 r_{ii}、r_{ij} 和自由项 R_{iF} 的物理意义。

9-11 试比较力法和位移法的基本出发点，并对其求解过程、基本未知量、基本结构、基本体系、典型方程、系数和自由项进行比较。

9-12 如图 9-35 所示各超静定结构中，当荷载、材料及尺寸给定时，哪些用力法计算简便些？哪些用位移法计算简便些？

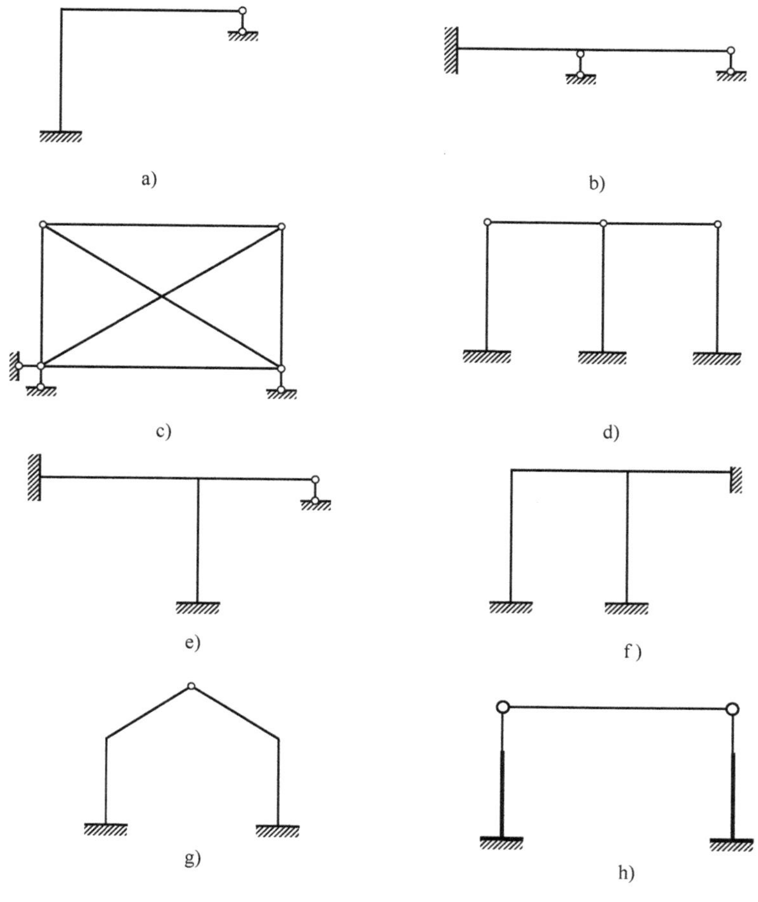

图 9-35 思考题 9-12 图

9-13 什么是转动刚度？什么是分配系数？汇交于一刚结点处各杆端的分配系数之和为多少？

9-14 什么是传递系数？根据什么确定传递系数？

9-15 什么是力矩分配法中的不平衡力矩？如何计算不平衡力矩？为什么要将其反号才能进行分配？

9-16 图 9-36 所示的超静定梁和超静定刚架中，在给定荷载、尺寸及材料已知的条件下，哪些可用力矩分配法计算？哪些不能用？

9-17 利用力矩分配法计算有悬臂的连续梁时，悬臂部分宜如何处理？有人说，切断后计算较方便；但不切断处理也可以，仅仅是多一个转动结点而已。这种说法对吗？请试用两种处理方式分别求图 9-37 所示连续梁的杆端弯矩。

9-18 在多结点转动的力矩分配法计算中，为什么不能将各转动结点同时放松？而必须间隔放松，并且还要交替放松、固定很多次？

9-19 有的木质地板在受潮后会起拱，是否可以判断其是超静定结构？

9-20 超静定结构与静定结构的主要区别是什么？

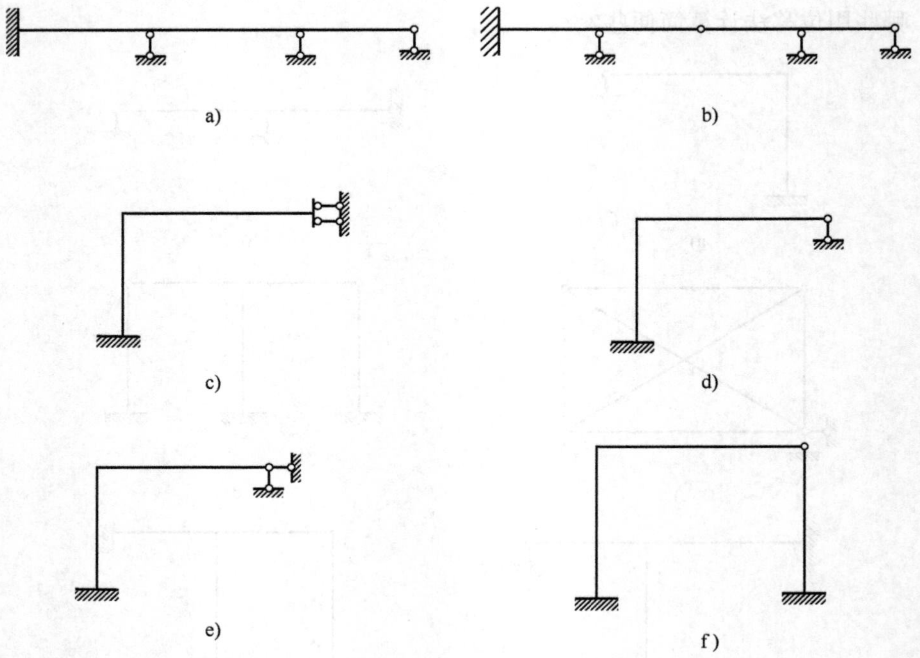

a) b)

c) d)

e) f)

图 9-36 思考题 9-16 图

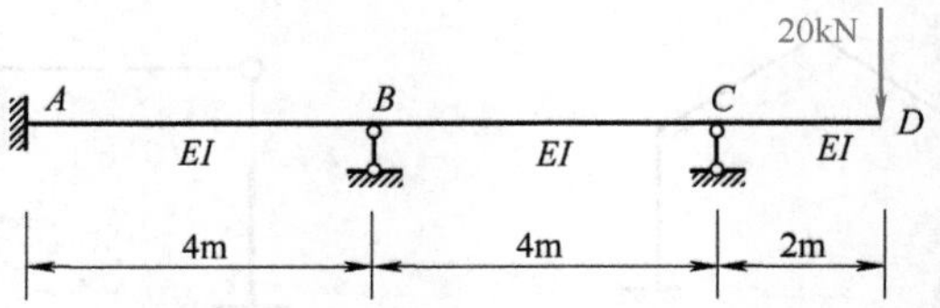

20kN A B C D EI EI EI 4m 4m 2m

图 9-37 思考题 9-17 图

小 实 验

小实验一 用一根橡胶棒分别制成图示连续梁和外伸梁（图 9-38），并在梁的 D 点作用相同大小的力，请观察橡胶棒的变形，并通过其变形定性地验证超静定结构与静定结构内力分布的区别。

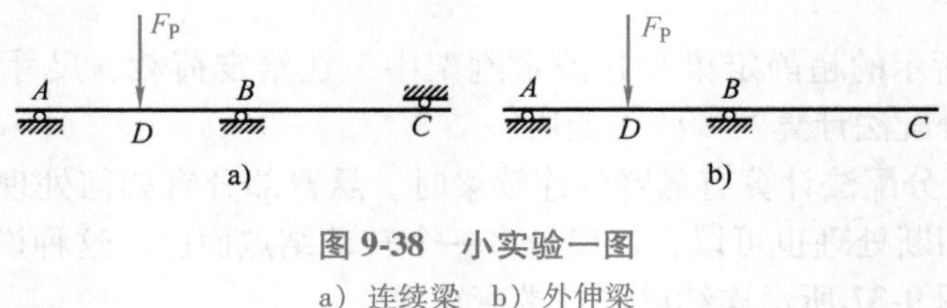

图 9-38 小实验一图

a) 连续梁 b) 外伸梁

小实验二 用两根相同的钢锯条，其中一根一端固定一端自由，另一根两端固定，同时对它们加热，请观察这两根钢锯条的横向变形，验证温度变化对超静定结构与静定结构的影响。

习　题

9-1　单靠静力平衡条件不能确定全部约束力和内力的结构，称为________结构。

9-2　对于维持体系几何不变性____________的约束，称为多余约束，多余约束处的约束力或内力，称为________________。

9-3　超静定结构中多余约束的数量，为该结构的____________次数。

9-4　将超静定结构中的多余约束去掉的结构，称为原结构的__________，其结构必须是________结构。

9-5　撤去一个固定铰支座或一个简单铰，相当于减少____个约束。

9-6　撤去一个固定端支座或把刚性连接切开，相当于减少____个约束。

9-7　三次超静定结构的力法典型方程有________主系数，________自由项，____副系数，其中副系数中互等的共有____对。

9-8　对称结构在对称荷载作用下，在对称基本结构的对称轴截面上，______________为零。

9-9　对称结构在反对称荷载作用下，在对称基本结构的对称轴截面上，____________为零，并且，结构的弯矩图是______________的。

9-10　位移法的基本未知量是__________和________________两种。

9-11　在位移法中规定：杆端弯矩对杆端而言，以____________转向为正；对结点或支座而言，以____________转向为正。

9-12　力矩分配法是在________法的基础上进行简化计算的一种算法，主要用于________梁和____________________刚架的计算。

习题 9-1　习题 9-2　习题 9-3　习题 9-4

习题 9-5　习题 9-6　习题 9-7　习题 9-8

习题 9-9　习题 9-10　习题 9-11　习题 9-12

9-13　试用力法计算图 9-39 所示各单跨超静定梁，并画出剪力图和弯矩图。设梁 EI 为常数。

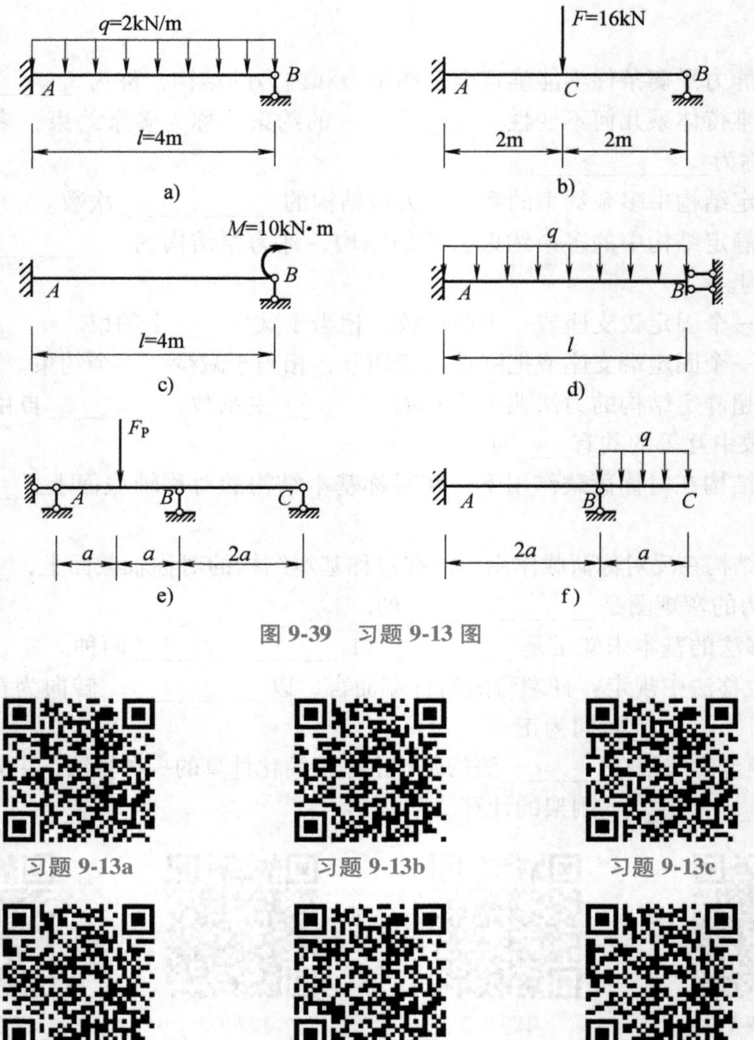

图 9-39　习题 9-13 图

9-14　试用力法计算图 9-40 所示刚架，并画出内力图，假设刚架各杆 EI 相等。

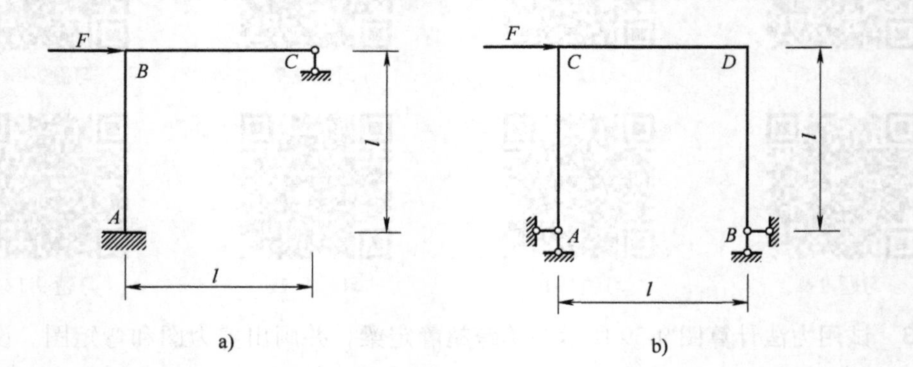

图 9-40　习题 9-14 图

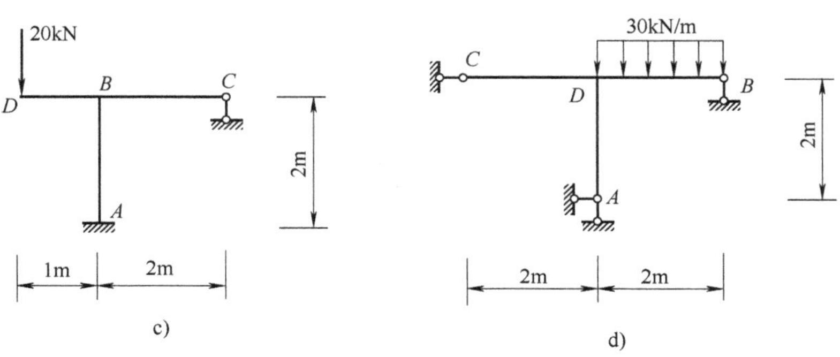

图 9-40　习题 9-14 图（续）

习题 9-14a

习题 9-14b

习题 9-14c

习题 9-14d

9-15　一刚性杆 AB，由三根同材料、同截面、等长的弹性杆悬吊，受力如图 9-41 所示，其中力 F 沿杆③方向。试求三杆的内力。

9-16　桁架如图 9-42 所示，由三根抗（拉）压刚度均为 EA 的杆 AB、AC 和 AD 在 A 点铰接而成（力 F 沿杆①方向），试求各杆的内力。

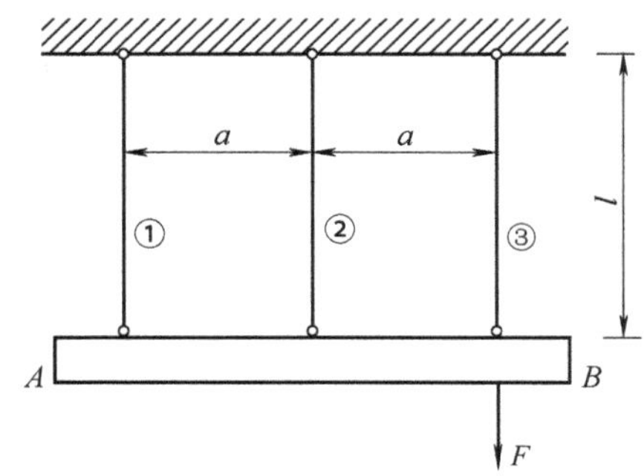

图 9-41　习题 9-15 图

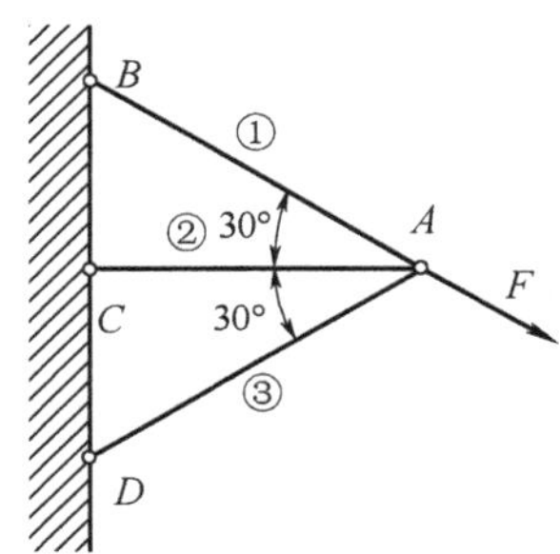

图 9-42　习题 9-16 图

*9-17　试用力法计算图 9-43 所示超静定桁架各杆的内力，已知各杆 EA 相同。

*9-18　图 9-44 所示为一单层工业厂房的铰接排架计算简图，结构尺寸如图示，两立柱材料相同，柱子上下段的惯性矩之比 $I_1 : I_2 = 1 : 5$，如果只考虑图示风荷载作用，试用力法计算，并画出弯矩图。提示：求系数及自由项时，如果采用图乘法，左柱下段的 M_F 图要分解为三个常用的简单弯矩图。

习题 9-15

习题 9-16

习题 *9-17

习题 *9-18

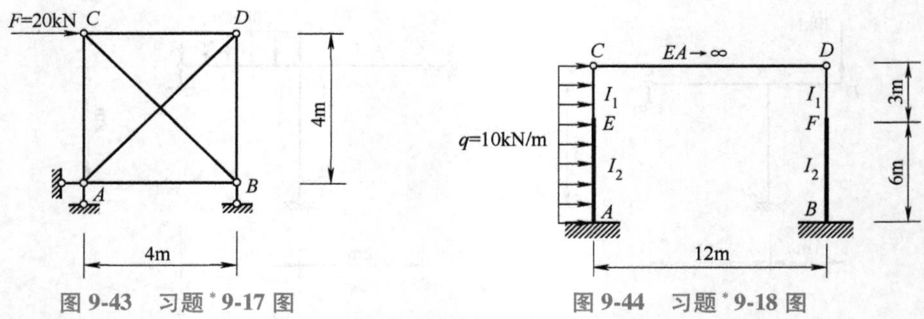

图 9-43　习题 *9-17 图　　　　图 9-44　习题 *9-18 图

9-19　用力法作图 9-45 所示超静定刚架的弯矩图。各杆 *EI* 均相等。

9-20　组合结构如图 9-46 所示，*AB* 梁的抗弯刚度为 *EI*，*CD* 杆的抗（拉）压刚度为 *EA*，其中 $I=Al^2/6$，试求 *CD* 杆的内力。

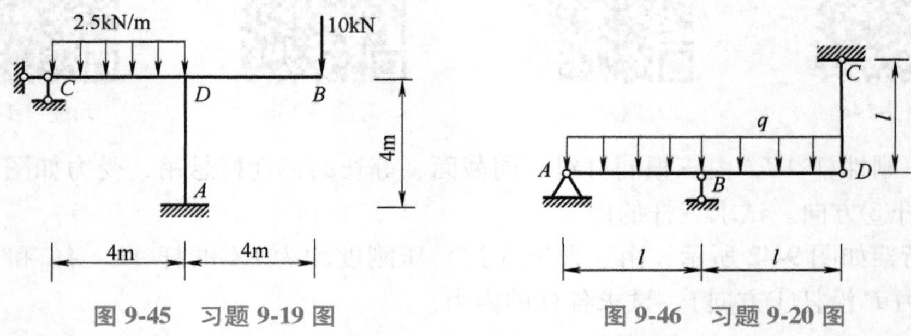

图 9-45　习题 9-19 图　　　　图 9-46　习题 9-20 图

9-21　试用力法计算图 9-47 所示刚架 *B* 支座的水平约束力，已知刚架各杆 *EI* 相等。

*9-22　试利用对称性，取 1/4 结构，并用力法计算图 9-48 所示对称刚架，并画弯矩图。设各杆 *EI* 相等。

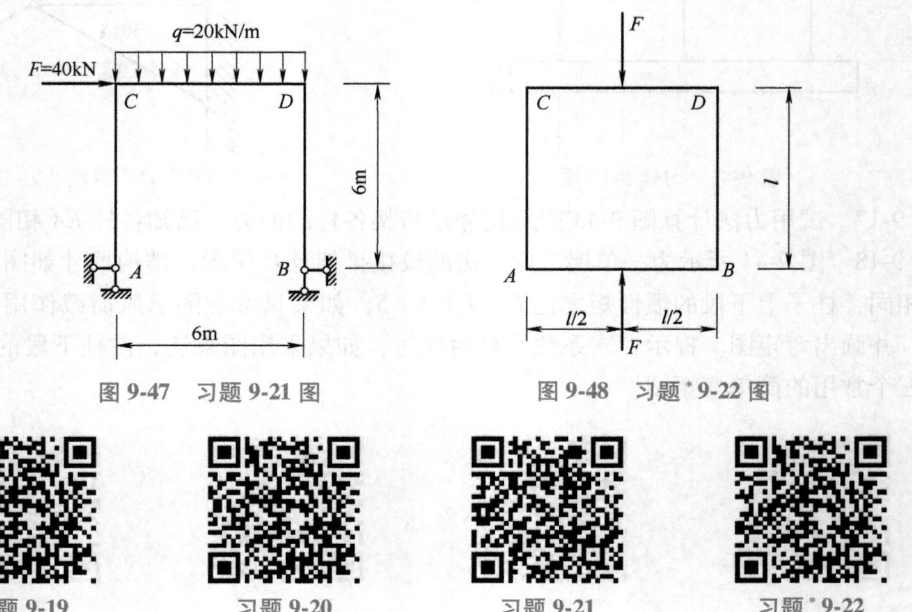

图 9-47　习题 9-21 图　　　　图 9-48　习题 *9-22 图

习题 9-19　　习题 9-20　　习题 9-21　　习题 *9-22

9-23　利用对称性，用力法作图 9-49 所示超静定刚架的弯矩图。各杆 EI 均相等。

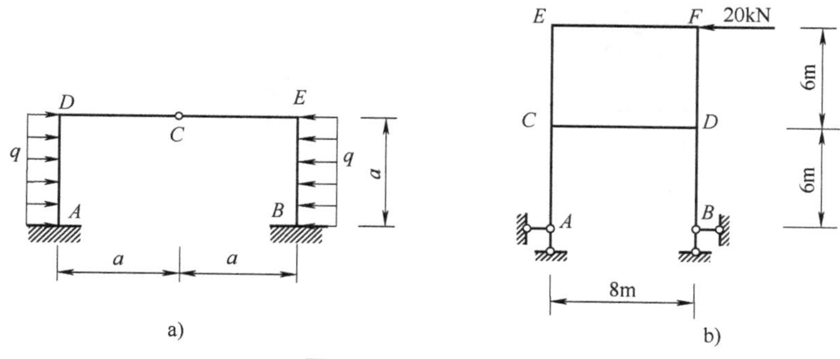

图 9-49　习题 9-23 图

*9-24　利用对称性，取 1/2 结构，并用力法计算图 9-50 所示连续梁，并画出弯矩图。已知各杆 EI 相同。提示：水平梁在竖向荷载作用下不产生水平约束力，故取 1/2 结构后，可简化为一次超静定计算。

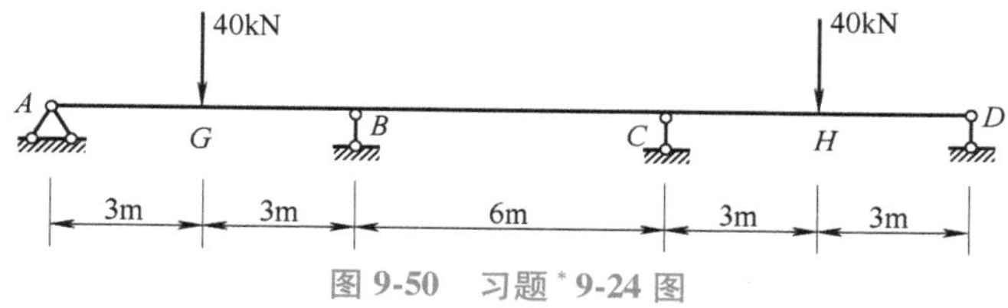

图 9-50　习题 *9-24 图

*9-25　试用力法计算图 9-51 所示单跨超静定梁，并画弯矩图。已知 EI 为常数。

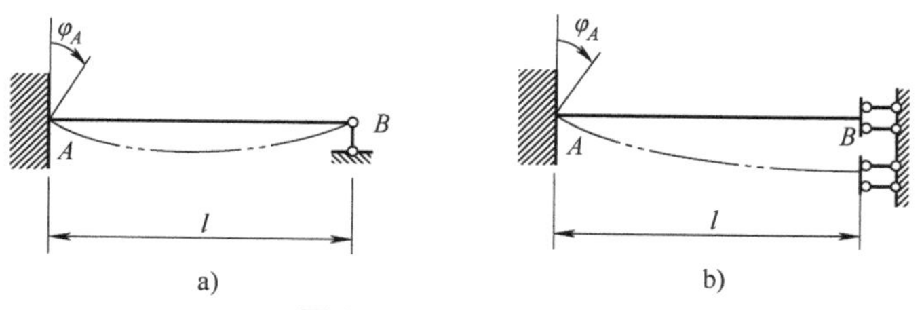

图 9-51　习题 *9-25 图

习题 9-23a

习题 9-23b

习题 *9-24

习题 *9-25a

习题 *9-25b

9-26　试用位移法计算图 9-52 所示连续梁，并画弯矩图。已知各杆 EI 相等。

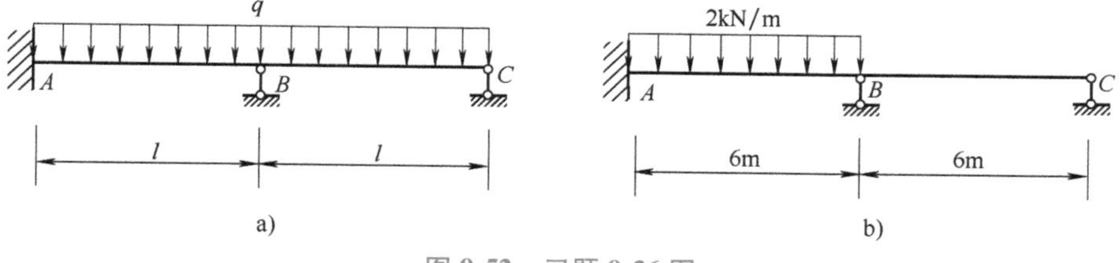

图 9-52　习题 9-26 图

习题 9-26a　　　　习题 9-26b

9-27　试用位移法计算图 9-53 所示刚架，并画弯矩图。已知各杆 EI 相等。

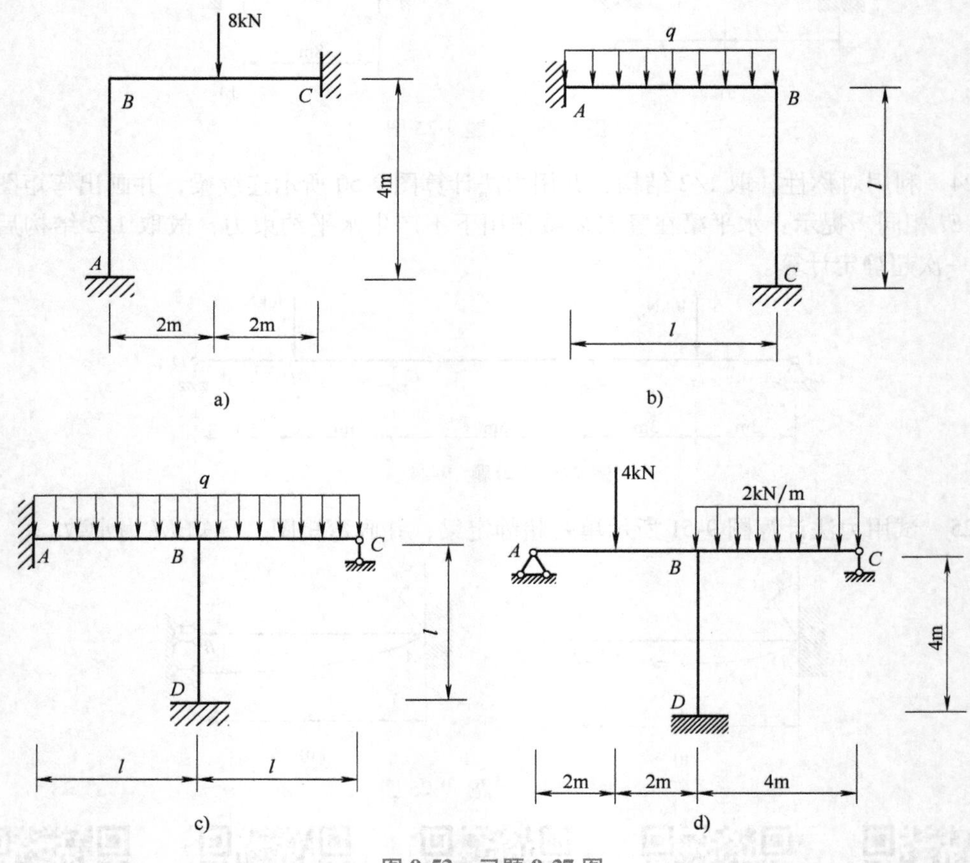

图 9-53　习题 9-27 图

习题 9-27a　　习题 9-27b　　习题 9-27c　　习题 9-27d

9-28　试用位移法计算图 9-54 所示铰接排架，并画弯矩图。

*9-29　试用位移法计算图 9-55 所示刚架，并画弯矩图。已知各杆 EI 相等。

*9-30　试利用对称性，取 1/2 刚架，并用位移法计算图 9-56 所示各刚架，并画弯矩图。已知刚架各杆的线刚度相等。

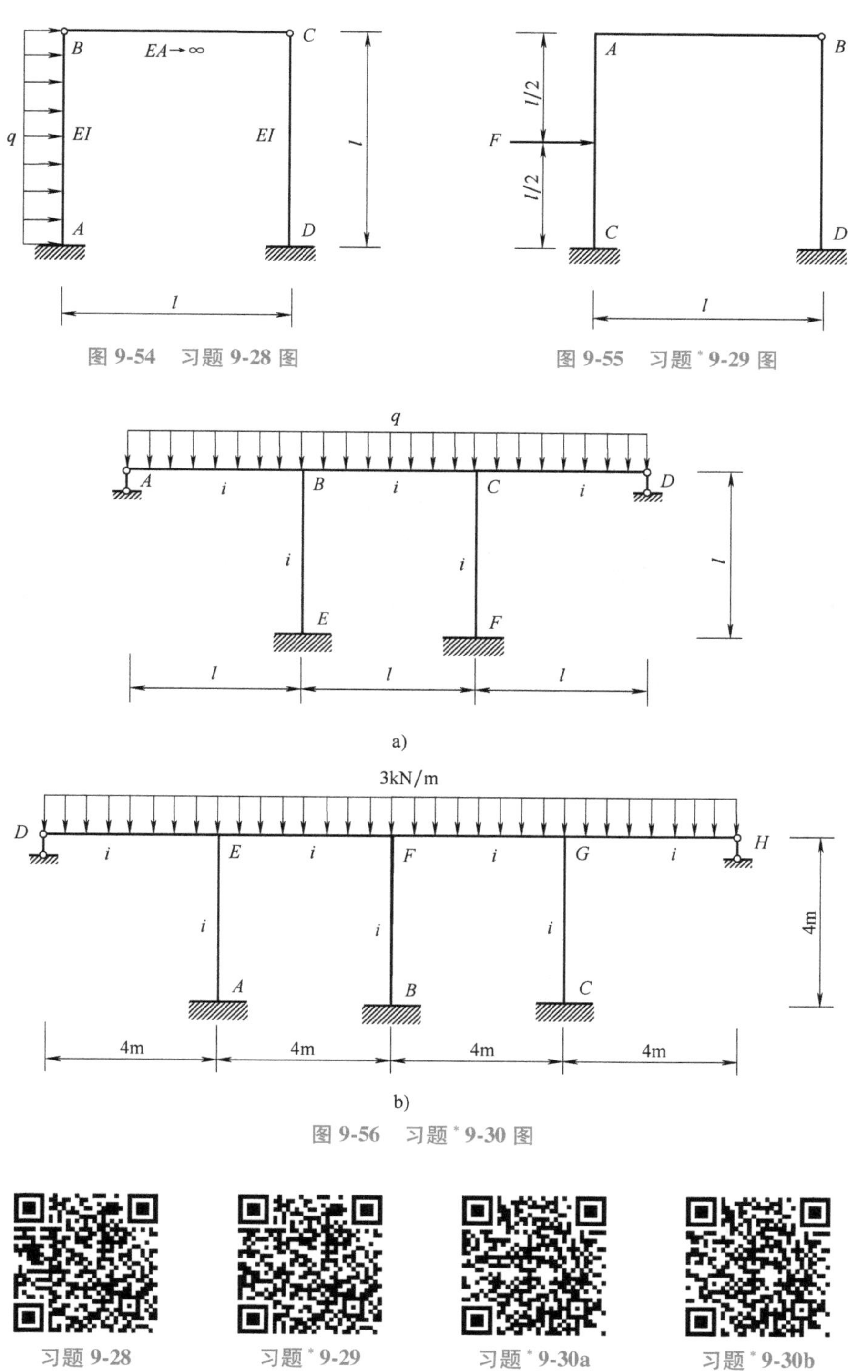

图 9-54　习题 9-28 图

图 9-55　习题 *9-29 图

图 9-56　习题 *9-30 图

习题 9-28　习题 *9-29　习题 *9-30a　习题 *9-30b

*9-31　分别用位移法及力矩分配法重新计算习题 9-22，比较力法、位移法及力矩分配法的计算结果及计算工作量的大小。

9-32　试用力矩分配法计算图 9-57 所示各连续梁，并画弯矩图。

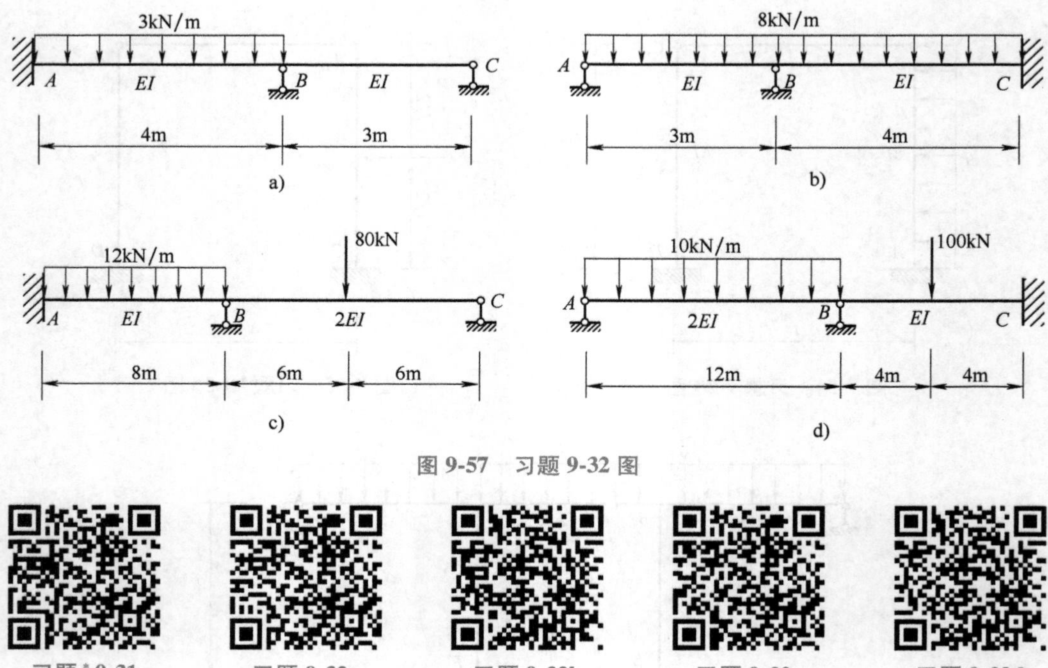

图 9-57　习题 9-32 图

习题*9-31　习题 9-32a　习题 9-32b　习题 9-32c　习题 9-32d

9-33　试用力矩分配法计算图 9-58 所示刚架，并依次画出弯矩图、剪力图及轴力图。

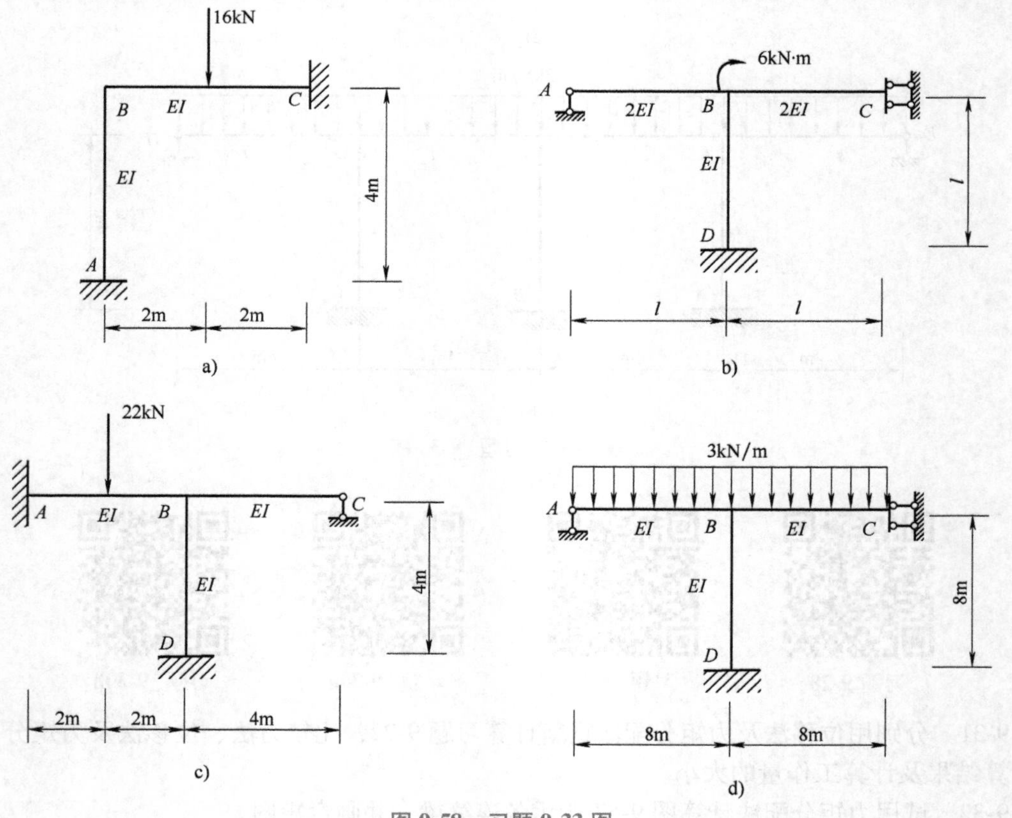

图 9-58　习题 9-33 图

习题 9-33a　　习题 9-33b　　习题 9-33c　　习题 9-33d

*9-34　图 9-59 所示对称的等截面连续梁，支座 B、C 处都下沉 2cm，已知材料的弹性模量 $E=2\times10^5$MPa，截面惯性矩 $I=4\times10^8\text{mm}^4$，试用力矩分配法计算，并画弯矩图。提示：可取 1/2 结构简化计算。

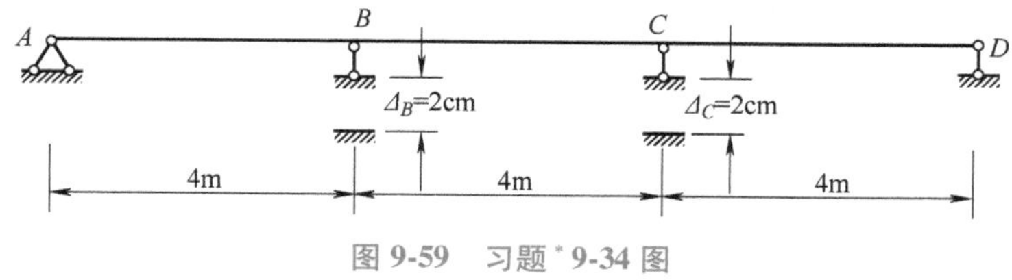

图 9-59　习题 *9-34 图

9-35　试用力矩分配法计算图 9-60 所示连续梁，并画弯矩图。

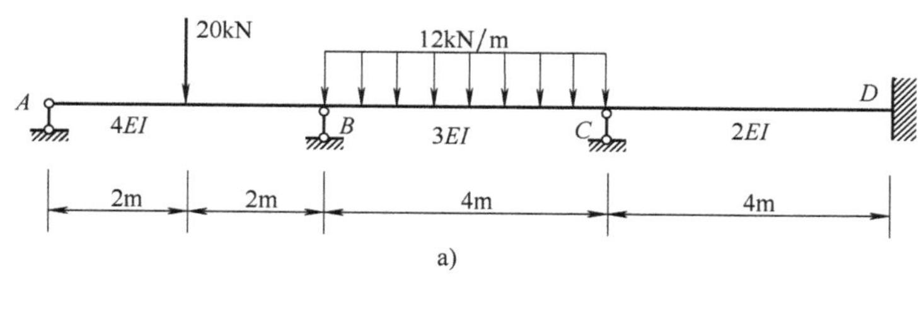

a)

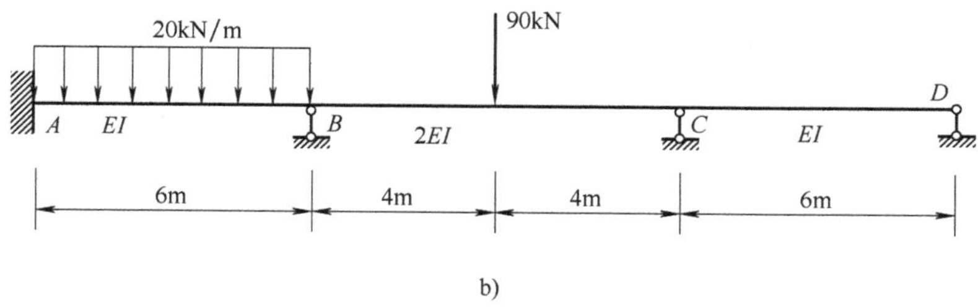

b)

图 9-60　习题 9-35 图

*9-36　试用力矩分配法，取 1/2 结构，简化计算图 9-61 所示对称的连续梁，并画出弯矩图。

习题 *9-34　　习题 9-35a　　习题 9-35b　　习题 *9-36a　　习题 *9-36b

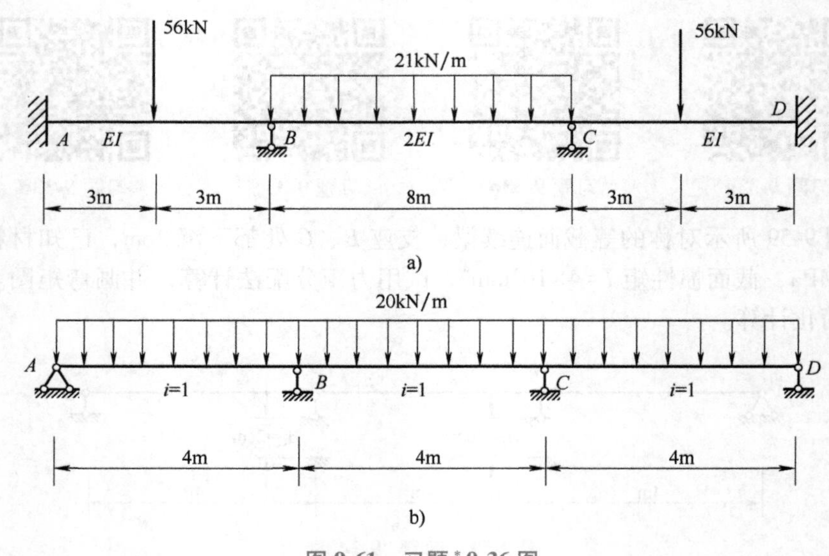

图 9-61　习题*9-36 图

*9-37　试用力矩分配法，并利用对称性，简化计算图 9-62 所示刚架，并画出弯矩图。已知除图中标明外，刚架各杆的线刚度相等且均为 i。提示：图 9-62a 可取 1/4 结构计算，图 9-62b 可取 1/2 结构计算。

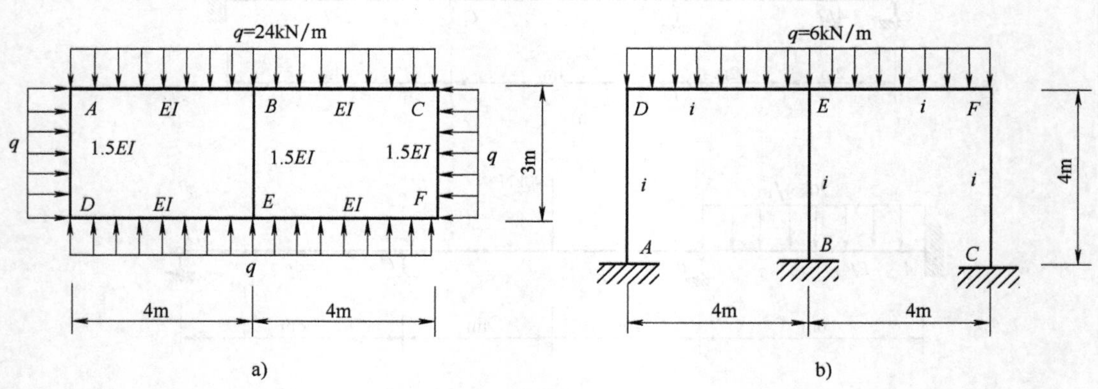

图 9-62　习题*9-37 图

习题*9-37a

习题*9-37b

第十章 影响线与动荷载介绍

前面章节讨论的荷载基本都是静态的，对于动态的荷载，一般是设法转换成静态的荷载进行计算。转换的过程是本章讨论的重点，研究方法上也有所不同。

第一节 影响线的概念

作用于结构上的荷载，按其作用时间可以分为恒载和活载两类。恒载是指永久作用在结构上的荷载，如自重、结构上的固定设备的重量等。活载是指暂时作用在结构上且位置可以变动的荷载，如结构上的临时设备、风力、雪重、人群、水压力、移动的起重机等。

一般的工程结构，除承受恒载外，还将受到各种活载的作用。前面所讨论的问题，荷载基本上指的是恒载。当结构受活载作用时，例如桥梁承受行驶的列车、汽车等荷载，厂房中的吊车梁承受起重荷载等（称为移动荷载），结构承受的临时设备、风力、雪重、人群、水压力等荷载（称为可动荷载），结构的约束力和内力将随着荷载位置的不同而变化。因此，在结构设计中，必须求出活载作用下结构的约束力和内力的最大值。结构在移动荷载作用下，不同的约束力和不同截面的内力的变化规律各不相同，而且在同一截面上的不同内力（如弯矩、剪力）的变化规律也不相同。例如运动员在双杠上不同的位置，横杆的变形不一样，那么同一截面上的弯矩就不一样。如果运动员在双杠上的某一位置处，最容易造成横杆某一特定位置（如中间位置）的破坏，则该位置就是特定位置上造成破坏内力的最不利荷载位置。

工程实际中不同移动荷载的组合，又使问题更加复杂。为此，可先画出结构上需要研究的指定量值（某一约束力、某一截面的内力或变形等）的影响线，再根据叠加原理就可进一步研究各种移动荷载对该量值的影响。影响线是指当一个指向不变的单位荷载（如 $F_P=1$）沿结构移动时，表示某一指定量值变化规律的图形。

第二节 用静力法作简支梁的影响线

用静力法绘制影响线时，先把荷载 $F_P=1$ 放在任意位置，并根据所选坐标系，以 x 表示其作用点的横坐标；然后运用静力平衡条件求出所研究的量值与荷载 $F_P=1$ 的位置 x 之间的关系。表示这种关系的方程称为影响线方程，根据影响线方程即可画出影响线。现以图 10-1a 所示简支梁为例来说明。

一、支座约束力影响线

绘制约束力 F_A 影响线时，先将荷载 $F_P=1$ 作用于距左支座（坐标原点）x 处，写出所有力对右支座 B 的力矩方程，并假定约束力方向以向上为正，由 $\sum M_B=0$ 有

$$F_A l-F_P(l-x)=0$$

由此可得

$$F_A=\frac{F_P(l-x)}{l}=\frac{l-x}{l}$$

这个方程表示了约束力 F_A 随荷载 $F_P=1$ 移动而变化的规律。将它绘成函数图形，即得 F_A 影响线。从所得方程可知，F_A 是 x 的一次函数，故 F_A 影响线为一直线，只需定出两个竖标即可绘出此影响线。

当 $x=0$ 时，$F_A=1$

当 $x=l$ 时，$F_A=0$

因此，在左支座处取等于 1 的竖标，以其顶点和右支座处的零点相连，即可绘出 F_A 影响线（图 10-1b）。用相同的方法即可得 F_B 影响线（图 10-1c）。

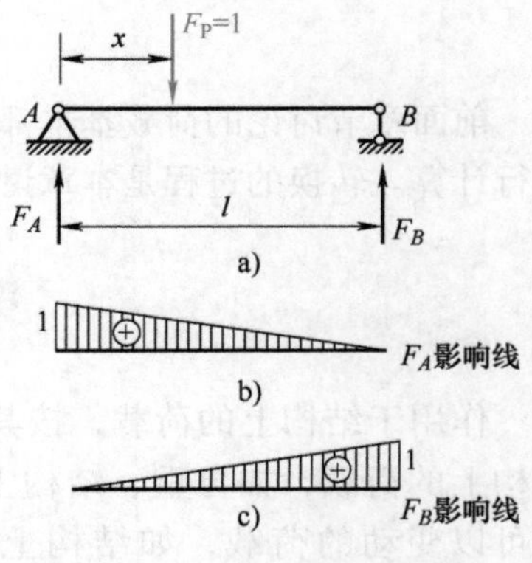

图 10-1　简支梁约束力影响线

二、弯矩影响线

绘制截面 C（图 10-2a）的弯矩影响线时，先考虑荷载 $F_P=1$ 在截面 C 的左方移动，即令 $0\leqslant x\leqslant a$。为了简便起见，取梁中的 CB 段为隔离体，并规定以梁下面受拉的弯矩为正，由 $\sum M_C=0$ 可得

$$M_C=F_B b=\frac{x}{l}b\quad(0\leqslant x\leqslant a)$$

由此可知，M_C 影响线在截面 C 以左部分为一直线，有

当 $x=0$ 时，$M_C=0$

当 $x=a$ 时，$M_C=\dfrac{ab}{l}$

因此，在截面处取一个等于$\dfrac{ab}{l}$的竖标，然后以其顶点与左支座处的零点相连，即得荷载 $F_P=1$ 在截面 C 以左移动时的 M_C 影响线（图 10-2b）。

当荷载 $F_P=1$ 在截面 C 以右移动时，即 $a\leqslant x\leqslant l$，上面求得的影响线方程已不适用。因此，须另外列出 M_C 的表达式才能画出相应区段的影响线。为此，取 AC 段为隔离体，由 $\sum M_C=0$ 可得当 $F_P=1$ 在截面 C 以右移动时的 M_C 影响线方程，即

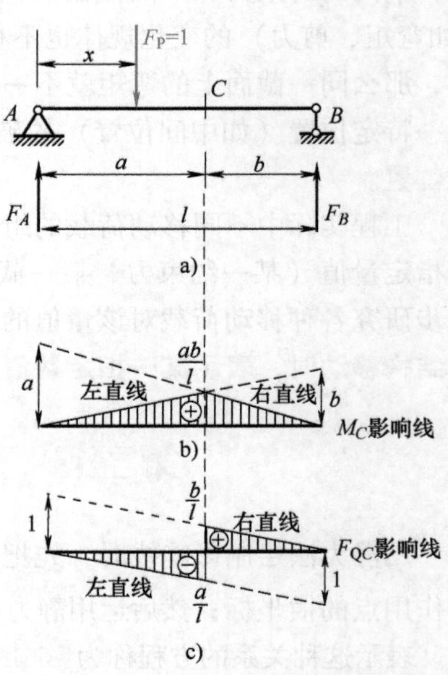

图 10-2　简支梁内力影响线

$$M_C=F_Aa=\frac{l-x}{l}a \quad (a\leqslant x\leqslant l)$$

$$当\ x=a\ 时，M_C=\frac{ab}{l}$$

$$当\ x=l\ 时，M_C=0$$

因此，只需把截面 C 处的竖标$\frac{ab}{l}$的顶点与右支座处的零点相连，即得出当荷载 $F_P=1$ 在截面 C 以右移动时的 M_C 影响线，其全部影响线如图 10-2b 所示。这样，M_C 影响线是由两段直线所组成，两段直线的交点位于截面 C 处的竖标顶点。通常称截面以左的直线为左直线，截面以右的直线为右直线。

从上述弯矩影响线方程可以看出，左直线可由约束力 F_B 影响线将竖标乘以 b 得到，而右直线可由约束力 F_A 影响线将竖标乘以 a 得到。因此，可以利用 F_A 和 F_B 影响线来绘制 M_C 影响线：在左、右支座处分别取竖标 a、b，将它们的顶点各与左、右两支座处的零点用直线相连，则这两根直线的交点与左、右零点相连的部分就是 M_C 影响线。这种利用已知量值的影响线来作其他量值影响线的方法，能给作图工作带来较大的方便。

由于已假定 $F_P=1$，故弯矩影响线的单位为长度单位。

三、剪力影响线

剪力影响线

绘制截面 C（图 10-2a）的剪力影响线时，先将荷载 $F_P=1$ 在截面 C 的左方移动，即令 $0\leqslant x\leqslant a$。取截面 C 以右部分为隔离体，并规定使隔离体有顺时针转动趋势的剪力为正，则

$$F_{QC}=-F_B \quad (0\leqslant x\leqslant a)$$

由此可知，F_{QC}影响线在截面 C 以左的部分（左直线）与支座约束力 F_{By}影响线各竖标的数值相同，但符号相反。因此，可在右支座处取等于-1 的竖标，以其顶点与左支座处的零点相连，并由截面 C 引竖线，即得出 F_{QC}影响线的左直线（图 10-2c）。

同样，当荷载 $F_P=1$ 在截面 C 以右移动，即令 $a\leqslant x\leqslant l$ 时，取截面 C 以左部分为隔离体，可得

$$F_{QC}=-F_A \quad (a\leqslant x\leqslant l)$$

因此，可直接利用约束力 F_A 影响线画出 F_{QC}影响线的右直线（图 10-2c）。

影响线与内力图

需要指出的是，影响线与内力图是截然不同的两类图形，前者表示当单位荷载沿结构移动时，某一指定截面处的某一量值的变化情形；后者表示在固定荷载作用下，某种量值在结构所有截面上的分布情形。例如图 10-3a 所示的 M_C 影响线与图 10-3b 所示的弯矩图，其中与截面 K 对应的 M_C 影响线的竖标 y_K，代表荷载 $F_P=1$ 作用于 K 处时弯矩 M_C 的大小；而与截面 K 对应的弯矩图的竖标 M_K，则代表固定荷载 F_P 作用于 C 点时，截面 K 所产生的弯矩。显然，只由一个内力图不能看出当荷载在其他位置时这种内力将如何分布，只有另作新的内力图才能知道这种内力的新的分布情形。然而，某一量值的影响线能表示出当单位荷载处于结构的任何位置时，该量值的变化规律，但它不能表示其他截面处的同一量值的变化情形。

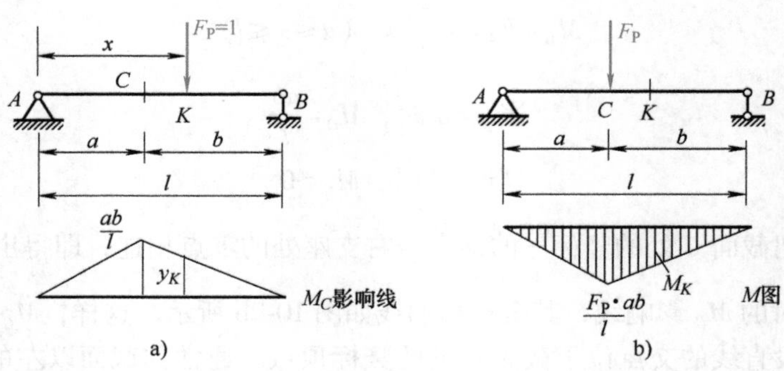

图 10-3　影响线和 M 图的对比

第三节　影响线的应用

一、利用影响线求量值

影响线求量值

前面已讨论了简支梁影响线的绘制方法。下面讨论如何利用某量值的影响线，来求出当位置确定的若干集中荷载或分布荷载作用时对该量值的影响。

某一量值 S 的影响线的竖标 y_K，代表荷载 $F_P=1$ 作用于 K 处时量值 S 的大小。如果某一集中荷载 F_P 作用于梁的 K 处，这时量值 S 的大小为

$$S=F_P \cdot y_K \tag{10-1}$$

若一组集中荷载作用于梁上（图 10-4），根据叠加原理可知

$$S=F_{P1} \cdot y_1+F_{P2} \cdot y_2+\cdots+F_{Pn} \cdot y_n=\sum F_{Pi} \cdot y_i \tag{10-2}$$

式（10-2）中的 y_i 为 F_{Pi}作用点处相应 S 影响线的竖标。F_{Pi}和作影响线时荷载 $F_P=1$ 的方向一致时取正值，反之取负值。y_i 的正负号由 S 影响线决定。

如果是均布荷载 q 作用于梁上（图 10-5），则量值 S 为

$$S=qA \tag{10-3}$$

式（10-3）中的 A 表示影响线在均布荷载 q 分布范围 mn 内的面积。如面积 A 在轴线上侧取正值，反之取负值。

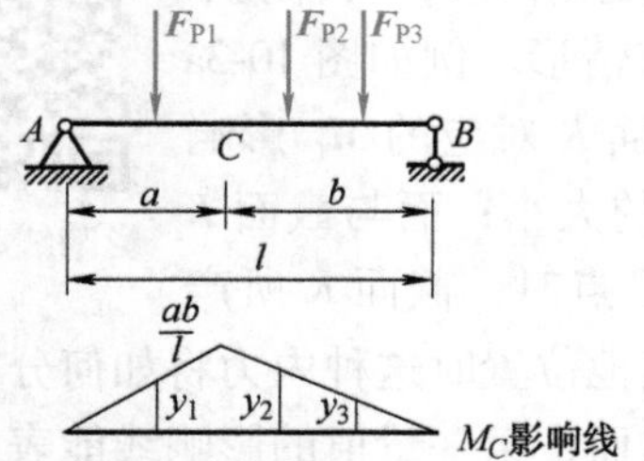

图 10-4　集中荷载与影响线的关系

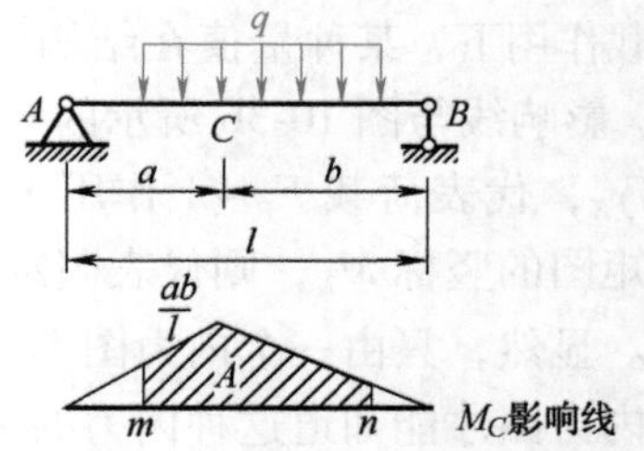

图 10-5　分布荷载与影响线的关系

例 10-1 试利用影响线计算图 10-6a 所示简支梁，并求在图示荷载作用下截面 C 的剪力值 F_{QC}。

解 （1）画出 F_{QC}影响线如图 10-6b 所示，并计算出有关竖标值。

（2）按叠加原理可得

$$
\begin{aligned}
F_{QC} &= F_P \cdot y_D + qA \\
&= 20\text{kN}\times0.4+10\text{kN/m}\times\left(\frac{0.6+0.2}{2}\times2\text{m}-\frac{0.2+0.4}{2}\times1\text{m}\right)=13\text{kN}
\end{aligned}
$$

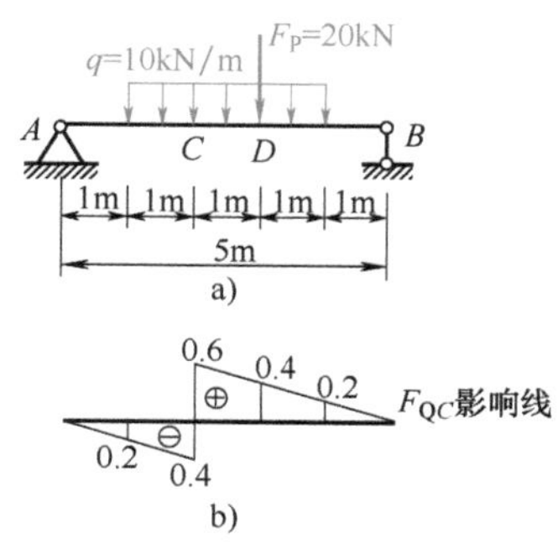

图 10-6 例 10-1 图

例 10-1

二、最不利荷载位置

最不利荷载位置

在活载作用下，结构上的任一量值 S 一般随荷载位置的变化而变化。在结构设计中，需要求出量值 S 的最大值 S_{max} 作为设计的依据，即最大正值和最大负值，对于最大负值有时也称为最小值 S_{min}。而要解决这个问题，就必须先确定使其发生最大值的最不利荷载的位置，只要所求量值的最不利荷载位置确定了，其最大值就不难求得。

对于可动均布活载（如人群等），由于它可以任意断续地布置，故最不利荷载的位置是很容易确定的。由式（10-3）可知：当均布活载布满对应影响线的正号面积部分时，则量值 S 将有其最大值 S_{max}；反之，均布活载布满对应影响线的负号面积部分时，则量值 S 将有其最小值 S_{min}。例如，求图 10-7a 所示简支梁中截面的剪力最大值和最小值时，相应的最不利荷载位置分别如图 10-7c、d 所示。

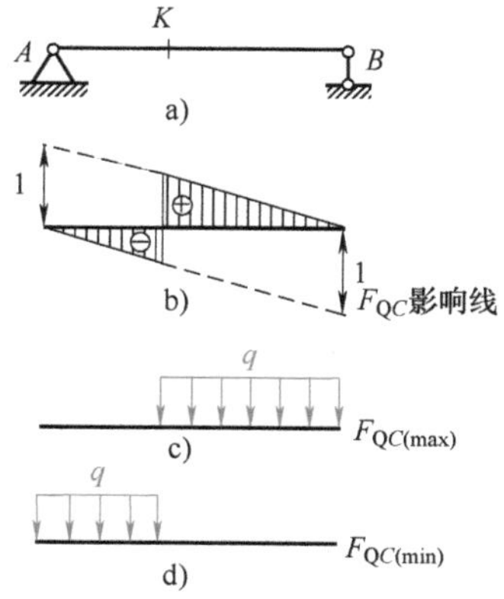

图 10-7 分布荷载与量值的关系

对于移动集中荷载，根据式（10-2）有

$$S=\sum F_{Pi}\cdot y_i$$

当 $\sum F_{Pi}\cdot y_i$ 为最大值时，相应的荷载位置即为量值 S 的最不利荷载位置。由此推断，最不利荷载位置必然发生在荷载密集于影响线竖标最大处，并且可进一步论证必有一集中荷载位于影响线顶点位置。为了方便分析，通常将这一位于影响线顶点的集中荷载称为临界荷载。

例 10-2 试求图 10-8a 所示简支梁在图示荷载作用下截面 K 的最大弯矩。

解 （1）画出 M_K 影响线如图 10-8b 所示，并计算出有关竖标值。

（2）据前述推断，M_K 的最不利荷载位置将有如图 10-8c、d 所示两种可能情况。分别计算对应 M_K 的值，并加以比较，即可得出 M_K 的最大值。

对于图 10-8c 所示情况有

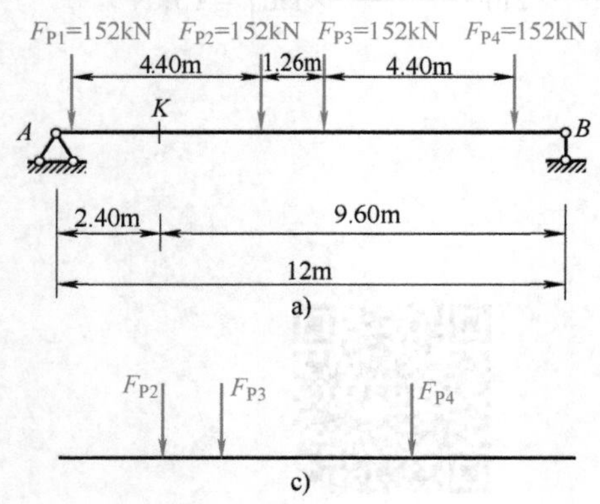

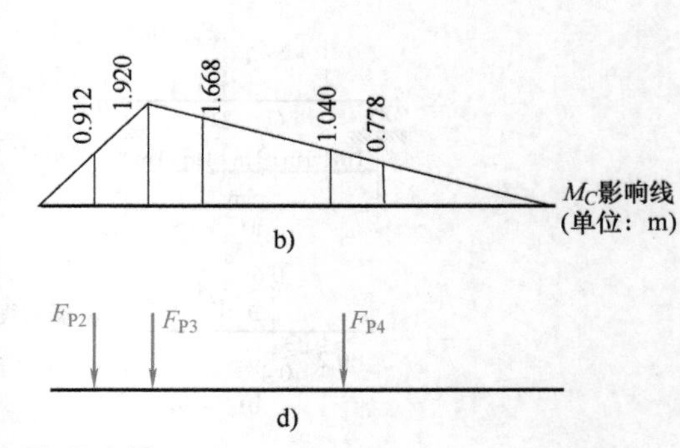

图 10-8 例 10-2 图

$$M_{K1}=152\text{kN}\times(1.920\text{m}+1.668\text{m}+0.788\text{m})=665.15\text{kN}\cdot\text{m}$$

对于图 10-8d 所示情况有

$$M_{K2}=152\text{kN}\times(0.912\text{m}+1.920\text{m}+1.040\text{m})=588.54\text{kN}\cdot\text{m}$$

（3）两者比较可知，图 10-8c 为 M_K 的最不利荷载位置，此时

$$M_{K\max}=152\text{kN}\times(1.920\text{m}+1.668\text{m}+0.788\text{m})=665.15\text{kN}\cdot\text{m}$$

第四节 动荷载的概念

前面各章研究的都是结构或构件在静荷载作用下的情况，工程实际中由于荷载的作用，构件具有明显的加速度，这类荷载称为**动荷载**。实验证明，只要应力不超过比例极限，胡克定律仍适用于动荷载作用下的应力、应变计算，弹性模量与静荷载作用下的数值相同。

在解决构件受动荷载作用问题时，只要根据构件的加速度再加上相应的惯性力（惯性力的概念在下面介绍），就可以和静荷载一样来处理。

一、惯性力

根据牛顿第二定律计算式 $F=ma$，一个运动物体如要保持其加速度，就必须受到力的作用；反过来，由于物体有保持原有运动状态的特性即惯性（牛顿第一定律），在加速运动过程中，物体受到一个大小等于其质量和加速度的乘积，方向和加速度方向相反的力作用，并和加速运动保持相对平衡，即

$$F_{\mathrm{I}} = -ma \tag{10-4}$$

这个力称为惯性力。人们可以在乘坐公共汽车时，车辆在起动和制动状态下感觉到这种力。

二、构件作匀加速运动时的应力计算

下面以卷扬机起吊重物（图 10-9a）为例来说明动荷载的计算方法。

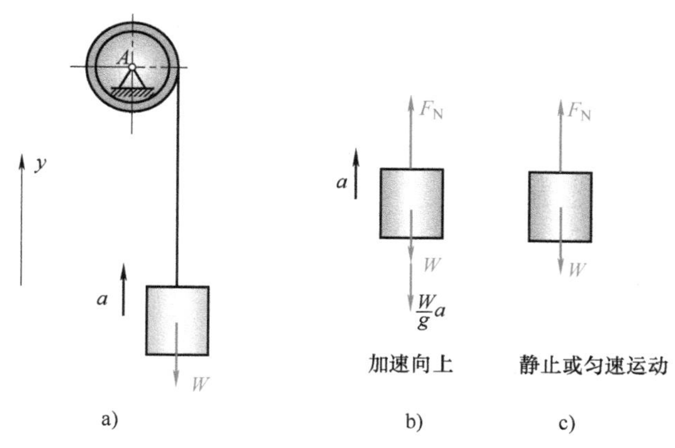

图 10-9　卷扬机起吊重物

重量为 W 的物体被钢索牵引，以加速度 a 上升。钢索的横截面面积为 A，自重不计。应用截面法，画出受力图如图 10-9b 所示，由于研究对象在作向上的加速运动，这时研究对象除受到钢索的拉力 F_{Nd}和自身的重力 W 外，还受到一个大小为$\dfrac{W}{g}a$（$g=9.8\mathrm{m/s^2}$ 为重力加速度），方向向下的惯性力 F_{I} 作用。根据平衡方程

$$\sum F_y = 0,\quad F_{\mathrm{Nd}} - W - F_{\mathrm{I}} = 0$$

则

$$F_{\mathrm{Nd}} = W + F_{\mathrm{I}} = W + \frac{W}{g}a = \left(1+\frac{a}{g}\right)W = \left(1+\frac{a}{g}\right)F_{\mathrm{N}}$$

式中　F_{Nd}——钢索在加速运动中的轴力；

F_{N}——钢索在静态下的轴力（图 10-9c）。

钢索在加速运动中的应力 σ_{d}，称为动应力。此时的动应力为

$$\sigma_{\mathrm{d}} = \frac{F_{\mathrm{Nd}}}{A} = \left(1+\frac{a}{g}\right)\frac{F_{\mathrm{N}}}{A} = \left(1+\frac{a}{g}\right)\sigma$$

上式中的 σ 是钢索在静态下的应力。

令

$$K_{\mathrm{d}} = 1+\frac{a}{g} \tag{10-5}$$

K_{d} 为动荷因数。由此可知，只要求出构件的静态应力和在动荷载下的动荷因数，便可求得动内力和动应力

$$F_{\mathrm{Nd}} = K_{\mathrm{d}}F_{\mathrm{N}} \tag{10-6}$$

$$\sigma_d = K_d\sigma \tag{10-7}$$

强度条件为

$$\sigma_d = K_d\sigma \leqslant [\sigma] \tag{10-8}$$

这样就将动荷载问题转换成静荷载问题来解决，其中，当 $a=0$ 时，重物做匀速直线运动或静止，动荷因数 $K_d=1$，动应力等于静应力；当 $a>0$ 时，重物做向上的直线加速运动，动荷因数 $K_d>1$，动应力大于静应力；当 $a<0$ 时，重物做向上的直线减速运动，动荷因数 $K_d<1$，动应力小于静应力。

通过先求解动荷因数，再乘以静态的力学量（荷载、内力、应力及变形等），就得出对应动态的力学量，这样就将动力学问题转化为静力学来求解。

例 10-3 起重机以加速度 $a=5\text{m/s}^2$ 向上起吊一块 $l=8\text{m}$ 的混凝土板，尺寸与吊绳位置如图 10-10a 所示，梁截面尺寸 $b\times h=400\times100\text{mm}^2$，单位体积重量 $\gamma=24\text{kN/m}^3$，许用拉应力 $[\sigma]=10\text{MPa}$，试校核梁的强度。

例 10-3

解 板在单位长度的自重为

$$q=\gamma bh=24\text{kN/m}^3\times0.3\text{m}\times0.1\text{m}=0.72\text{kN/m}$$

板受力如图 10-10b 所示。

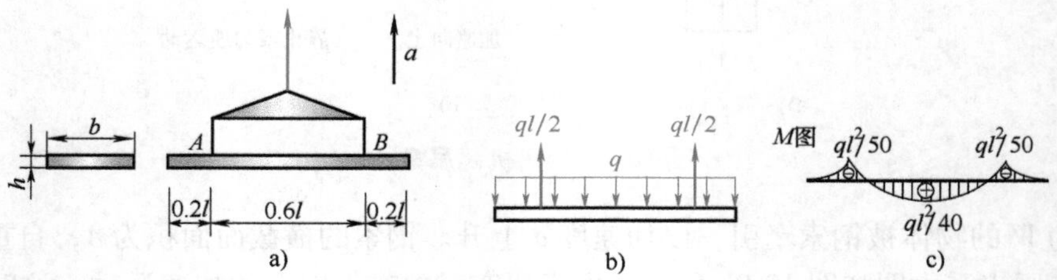

图 10-10 例 10-3 图

动荷因数为

$$K_d=1+\frac{a}{g}=1+\frac{5\text{m/s}^2}{9.8\text{m/s}^2}=1.51$$

根据板的静态弯矩图（图 10-10c），最大弯矩为

$$M_{\max}=\frac{ql^2}{40}$$

静态板内的最大拉应力为

$$\sigma_{\max}=\frac{M_{\max}}{W_z}=\frac{\frac{1}{40}ql^2}{\frac{h^2b}{6}}=\frac{3\times0.72\text{N/mm}\times(8000\text{mm})^2}{20\times(100\text{mm})^2\times400\text{mm}}=1.728\text{MPa}$$

由强度条件得

$$\sigma_d=K_d\sigma_{\max}=1.51\times1.728\text{MPa}=2.61\text{MPa}<[\sigma]$$

符合强度要求。

第五节　冲击应力

一、冲击的概念

冲击应力

当具有一定速度的物体（冲击物）作用到静止的构件（被冲击物）上时，构件在极短时间内（例如千分之一秒或更短的时间）使冲击物的速度发生急剧的变化至零，由于冲击物运动状态的改变，使冲击物和被冲击物产生很大的相互作用力，这种现象称为冲击。冲击物与构件之间的相互作用力 F_d 称为冲击荷载。如打桩时，桩受到桩锤的冲击作用；构件被冲击时将产生较大的应力和变形。

二、冲击应力的计算

冲击问题是一个很复杂的问题，下面以自由落体对弹性体的冲击为例，介绍冲击问题的简化计算和工程分析方法。

假定冲击物的变形很小，被视为刚性物体，在冲击过程中构件的变形始终在弹性范围内，这样图 10-11a 中的杆件 AB 可视为一弹簧。图中重量为 W 的冲击物从距 A 端上方高为 h 的地方自由落下，冲击后杆件 A 端的最大位移为 Δ_d，这时的冲击荷载为 F_d。如不考虑其他能量的损失，冲击物减小的重力势能 E_p 全部转化为杆的弹性势能 U，即

$$E_p = U \tag{10-9}$$

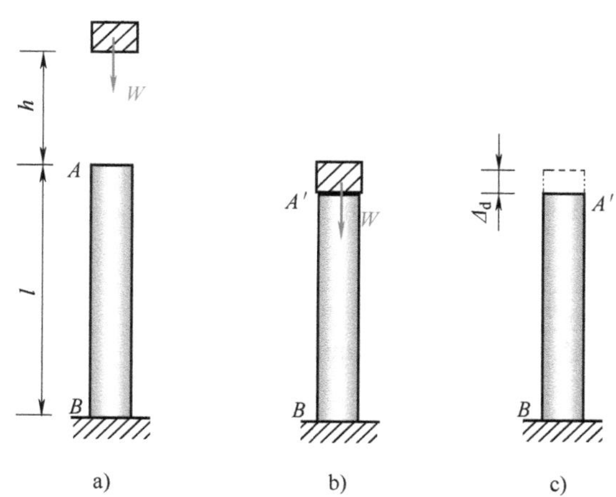

图 10-11　重物自由落体对杆的冲击

式（10-9）中的 $E_p=(h+\Delta_d)W$；$U=k\Delta_d^2/2$（k 为弹簧的劲度系数）。又因在弹性范围内杆件的变形是和作用力成正比的，即

$$F_d = k\Delta_d;\quad \Delta_d = \frac{F_d}{W}\Delta_{st}$$

上式中的 Δ_{st} 为静态时构件在冲击物作用下的位移。将以上关系代入式（10-9）得

$$\left(h+\frac{F_d}{W}\Delta_{st}\right)W = \frac{F_d^2\Delta_{st}}{2W}$$

整理为
$$\Delta_{st}F_d^2-2\Delta_{st}F_dW-2hW^2=0 \tag{10-10}$$
由式（10-10）的合理解可得冲击荷载公式为
$$F_d=W\left(1+\sqrt{1+\frac{2h}{\Delta_{st}}}\right) \tag{10-11}$$
式中 F_d——最大冲击荷载；

W——冲击物的自重；

h——冲击物自由落体前到接触构件的高度；

Δ_{st}——静态时构件在冲击物作用下的位移。

这时的动荷因数为
$$K_d=1+\sqrt{1+\frac{2h}{\Delta_{st}}} \tag{10-12}$$
强度条件为
$$\sigma_d=K_d\sigma\leqslant[\sigma] \tag{10-13}$$
例 10-4 图 10-12 所示重物 $W=5\text{kN}$，从 $h=40\text{mm}$ 处自由落下。若直杆的弹性模量 $E=200\text{MPa}$，长 $l=4\text{m}$，横截面面积为 $A=30\times30\text{mm}^2$，试求冲击时杆内的最大正应力。

例 10-4

解 （1）静态情况下杆的应力为
$$\sigma=\frac{F_N}{A}=\frac{W}{A}=\frac{4.5\times10^3\text{N}}{30\times30\text{mm}^2}=5\text{MPa}$$
（2）静态情况下杆的变形为
$$\Delta_{st}=\Delta l=\frac{F_Nl}{EA}=\frac{Wl}{EA}$$
$$=\frac{4.5\times10^3\text{N}\times4000\text{mm}}{200\times10^3\text{MPa}\times30\times30\text{mm}^2}=0.1\text{mm}$$
（3）求动荷因数
$$K_d=1+\sqrt{1+\frac{2h}{\Delta_{st}}}=1+\sqrt{1+\frac{2\times40\text{mm}}{0.1\text{mm}}}=29.3$$
（4）求最大动应力
$$\sigma_d=K_d\sigma=29.3\times5\text{MPa}=146.5\text{MPa}$$

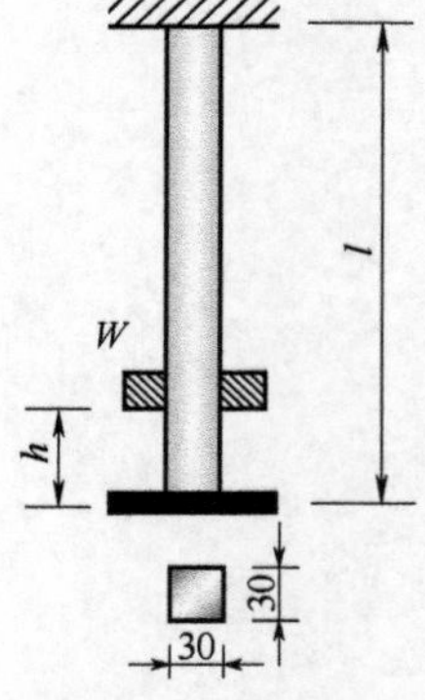

图 10-12 例 10-4 图

三、提高构件承受冲击能力的措施

由于冲击作用而引起的构件的动应力比较大，容易对结构造成破坏。要提高构件承受冲击荷载的能力，减小冲击在构件中引起的应力，关键在于降低动荷因数。为此，可以从以下几个方面采取措施：

1）降低构件的刚度。杆件的静变形 Δ_{st} 与杆件的刚度成反比关系，降低刚度使静变形增大，从而使动荷因数降低。在受冲击部位加置弹簧、橡胶垫等或选用弹性模量较小的材料，如木材等。

2）增加杆件的长度，相同应变的情况下杆件越长静变形越大。

小　结

一、内力图是研究在固定荷载作用下，某量值在结构所有截面的不同分布情况。影响线是研究在单位竖向移动荷载 $F_P=1$ 作用下，某一指定截面处某一量值的变化规律。

二、影响线是研究移动荷载对结构某一量值影响的重要工具，尤其是移动荷载在某一位置使量值产生最大或最小值，即最不利荷载位置，是工程设计的重要依据。

三、了解用静力法作简单结构的影响线的方法。用静力法绘制影响线时，先把荷载 $F_P=1$ 放在任意位置，并根据所选坐标系，以 x 表示其作用点的横坐标；然后运用静力平衡条件求出所研究的量值与荷载 $F_P=1$ 的位置 x 之间的关系。表示这种关系的方程称为影响线方程，根据影响线方程即可画出影响线。

四、了解利用影响线求某一量值和确定最不利荷载的位置的方法。

五、惯性力是研究加速运动构件时引入的新概念，惯性力的大小等于其质量和加速度的乘积，方向和加速度方向相反。

六、通过惯性力将加速运动的问题转换成静力学方法来解决。解决加速运动问题的关键是先求解动荷因数，再乘以静态的力学量，就得出对应动态的力学量。

七、构件在作匀加速直线运动时的动荷因数为

$$K_d=1+\frac{a}{g}$$

八、自由落体冲击荷载作用下的动荷因数为

$$K_d=1+\sqrt{1+\frac{2h}{\Delta_{st}}}$$

九、构件受冲击作用时，常常使应力数十倍地增加，可通过降低构件的刚度或增加构件的长度等办法来减弱冲击对构件的破坏作用。

思　考　题

10-1　影响线图中的横坐标与纵坐标各代表什么意义？

10-2　作影响线和内力图时，依据的荷载有什么不同？

10-3　什么是最不利荷载位置？什么是临界荷载？

10-4　在单杠上作引体向上运动中，双手处于什么位置是对横杠中部弯矩的最不利荷载位置？

10-5　能否利用影响线来求得恒载作用下的内力？

10-6　匀加速运动构件的动应力是否一定比静应力大？

10-7　承受冲击的构件，动应力与静应力有何不同？

10-8　杆件受轴向冲击时，如将杆件横截面面积增大一倍，动应力将如何改变？

10-9　若冲击物的高度和冲击点位置均不变，冲击物重量增加一倍时，冲击应力是否一定增加一倍？

小　实　验

小实验一　用一竹片制成外伸梁形式，用一大小、方向不变的力从梁的一端移动到梁的另一端，对梁的某一位置的竖向位移进行观察；当力在若干个不同位置时，对该位置的竖向

位移进行测量并记录。最后根据记录画出梁在该位置的竖向位移的影响线。

小实验二 设法将一个鸡蛋从1.5m的高度自由下落，为使鸡蛋不被损坏，请用两种以上的方法来解决，并用学过的力学知识加以正确解释。

习 题

10-1 试绘出图10-13所示悬臂梁的F_{Ay}、M_A、F_{QC}、M_C影响线。

10-2 试用影响线求出图10-14所示荷载作用下简支梁截面C的剪力和弯矩。

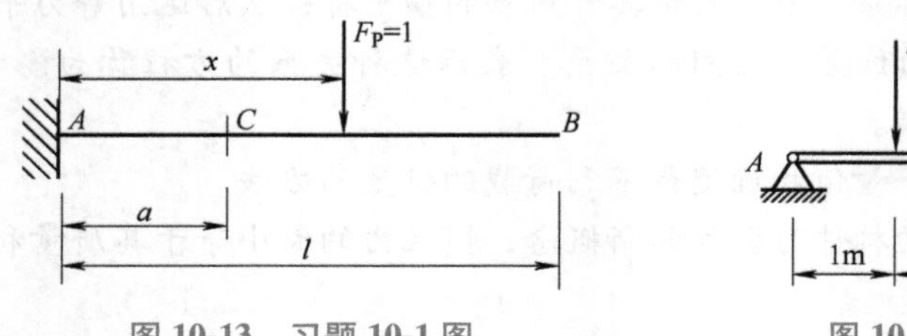

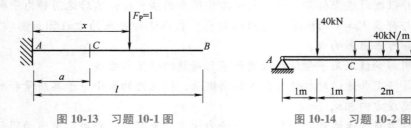

图10-13 习题10-1图　　图10-14 习题10-2图

10-3 试求图10-15所示简支梁在移动荷载作用下M_C的最大值。

10-4 已知一起重机提升的最大重量为50kN，最大加速度为$2m/s^2$，钢索的横截面面积为$400mm^2$，许用应力$[\sigma]=160MPa$，试校核钢索的强度。

10-5 图10-16所示为一悬吊在绳索上的槽钢，以1.8m/s的速度下降，如下降速度在0.2s内均匀地减小到0.6m/s，试求槽钢内的最大正应力。

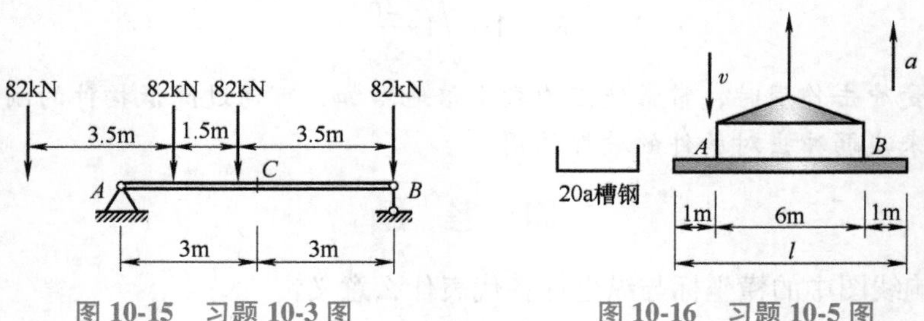

图10-15 习题10-3图　　图10-16 习题10-5图

10-6 图10-17所示直径$d=300mm$、长$l=6m$的圆木桩下端固定、上端自由，并受重量$W=5kN$的重锤作用，木材的弹性模量$E=10GPa$。求下述三种情况下木桩内的最大应力。

（1）重锤以突加荷载的方式作用于木桩（图10-17a）。

（2）重锤从离木桩上端高0.5m处自由落下（图10-17b）。

（3）木桩上端放置$d_1=150mm$、厚度$t=40mm$的橡胶垫层，橡胶的弹性模量$E=8GPa$，重锤仍从离木桩上端高0.5m处自由落下（图10-17c）。

习题10-1　习题10-2　习题10-3　习题10-4　习题10-5　习题10-6

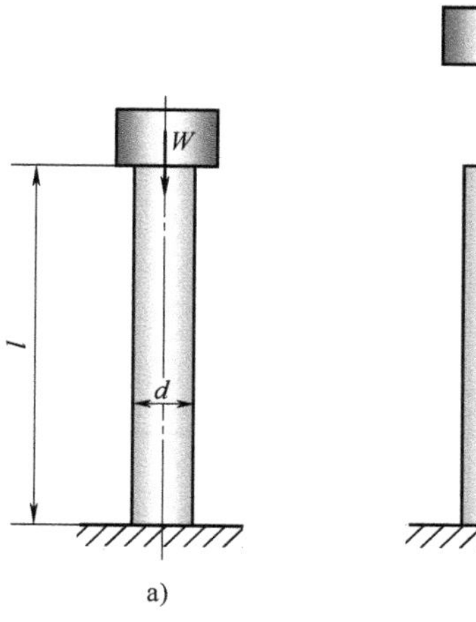

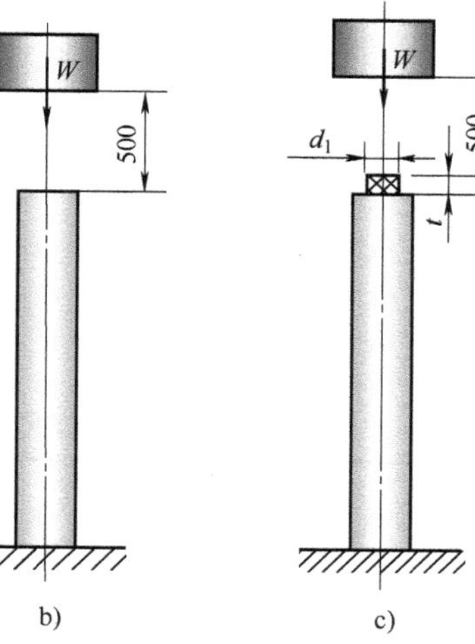

图 10-17　习题 10-6 图

附录

——型钢规格表

附表 1　热轧等边角钢（GB/T 706—2016）

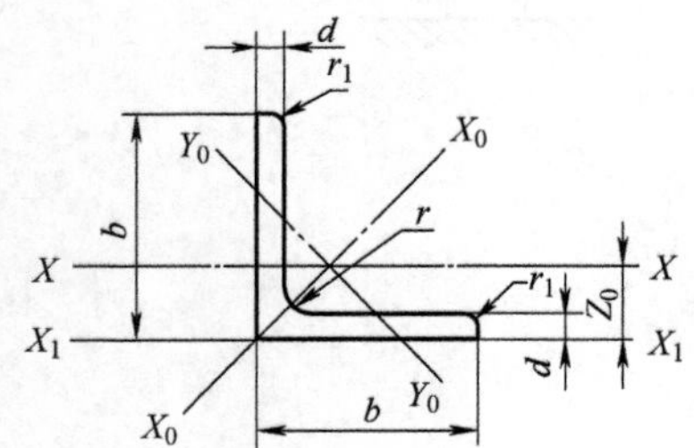

说明：

b——边宽度

d——边厚度

r——内圆弧半径

r_1——边端圆弧半径

Z_0——重心距离

型号	截面尺寸/mm			截面面积/cm²	理论质量/(kg/m)	外表面积/(m²/m)	惯性矩/cm⁴				惯性半径/cm			截面模数/cm³			重心距离/cm
	b	d	r				I_x	I_{x1}	I_{x0}	I_{y0}	i_x	i_{x0}	i_{y0}	W_x	W_{x0}	W_{y0}	Z_0
2	20	3	3. 5	1. 132	0. 89	0. 078	0. 40	0. 81	0. 63	0. 17	0. 59	0. 75	0. 39	0. 29	0. 45	0. 20	0. 60
		4		1. 459	1. 15	0. 077	0. 50	1. 09	0. 78	0. 22	0. 58	0. 73	0. 38	0. 36	0. 55	0. 24	0. 64
2. 5	25	3		1. 432	1. 12	0. 098	0. 82	1. 57	1. 29	0. 34	0. 76	0. 95	0. 49	0. 46	0. 73	0. 33	0. 73
		4		1. 859	1. 46	0. 097	1. 03	2. 11	1. 62	0. 43	0. 74	0. 93	0. 48	0. 59	0. 92	0. 40	0. 76
3. 0	30	3	4. 5	1. 749	1. 37	0. 117	1. 46	2. 71	2. 31	0. 61	0. 91	1. 15	0. 59	0. 68	1. 09	0. 51	0. 85
		4		2. 276	1. 79	0. 117	1. 84	3. 63	2. 92	0. 77	0. 90	1. 13	0. 58	0. 87	1. 37	0. 62	0. 89
3. 6	36	3		2. 109	1. 66	0. 141	2. 58	4. 68	4. 09	1. 07	1. 11	1. 39	0. 71	0. 99	1. 61	0. 76	1. 00
		4		2. 756	2. 16	0. 141	3. 29	6. 25	5. 22	1. 37	1. 09	1. 38	0. 70	1. 28	2. 05	0. 93	1. 04
		5		3. 382	2. 65	0. 141	3. 95	7. 84	6. 24	1. 65	1. 08	1. 36	0. 7	1. 56	2. 45	1. 00	1. 07
4	40	3		2. 359	1. 85	0. 157	3. 59	6. 41	5. 69	1. 49	1. 23	1. 55	0. 79	1. 23	2. 01	0. 96	1. 09
		4		3. 086	2. 42	0. 157	4. 60	8. 56	7. 29	1. 91	1. 22	1. 54	0. 79	1. 60	2. 58	1. 19	1. 13
		5		3. 792	2. 98	0. 156	5. 53	10. 7	8. 76	2. 30	1. 21	1. 52	0. 78	1. 96	3. 10	1. 39	1. 17
4. 5	45	3	5	2. 659	2. 09	0. 177	5. 17	9. 12	8. 20	2. 14	1. 40	1. 76	0. 89	1. 58	2. 58	1. 24	1. 22
		4		3. 486	2. 74	0. 177	6. 65	12. 2	10. 6	2. 75	1. 38	1. 74	0. 89	2. 08	3. 32	1. 54	1. 26
		5		4. 292	3. 37	0. 176	8. 04	15. 2	12. 7	3. 33	1. 37	1. 72	0. 88	2. 51	4. 00	1. 81	1. 30
		6		5. 077	3. 99	0. 176	9. 33	18. 4	14. 8	3. 89	1. 36	1. 70	0. 80	2. 95	4. 64	2. 06	1. 33

（续）

型号	截面尺寸/mm			截面面积/cm^2	理论质量/(kg/m)	外表面积/(m^2/m)	惯性矩/cm^4				惯性半径/cm			截面模数/cm^3			重心距离/cm
	b	d	r				I_x	I_{x1}	I_{x0}	I_{y0}	i_x	i_{x0}	i_{y0}	W_x	W_{x0}	W_{y0}	Z_0
5	50	3	5.5	2.971	2.33	0.197	7.18	12.5	11.4	2.98	1.55	1.96	1.00	1.96	3.22	1.57	1.34
		4		3.897	3.06	0.197	9.26	16.7	14.7	3.82	1.54	1.94	0.99	2.56	4.16	1.96	1.38
		5		4.803	3.77	0.196	11.2	20.9	17.8	4.64	1.53	1.92	0.98	3.13	5.03	2.31	1.42
		6		5.688	4.46	0.196	13.1	25.1	20.7	5.42	1.52	1.91	0.98	3.68	5.85	2.63	1.46
5.6	56	3	6	3.343	2.62	0.221	10.2	17.6	16.1	4.24	1.75	2.20	1.13	2.48	4.08	2.02	1.48
		4		4.39	3.45	0.220	13.2	23.4	20.9	5.46	1.73	2.18	1.11	3.24	5.28	2.52	1.53
		5		5.415	4.25	0.220	16.0	29.3	25.4	6.61	1.72	2.17	1.10	3.97	6.42	2.98	1.57
		6		6.42	5.04	0.220	18.7	35.3	29.7	7.73	1.71	2.15	1.10	4.68	7.49	3.40	1.61
		7		7.404	5.81	0.219	21.2	41.2	33.6	8.82	1.69	2.13	1.09	5.36	8.49	3.80	1.64
		8		8.367	6.57	0.219	23.6	47.2	37.4	9.89	1.68	2.11	1.09	6.03	9.44	4.16	1.68
6	60	5	6.5	5.829	4.58	0.236	19.9	36.1	31.6	8.21	1.85	2.33	1.19	4.59	7.44	3.48	1.67
		6		6.914	5.43	0.235	23.4	43.3	36.9	9.60	1.83	2.31	1.18	5.41	8.70	3.98	1.70
		7		7.977	6.26	0.235	26.4	50.7	41.9	11.0	1.82	2.29	1.17	6.21	9.88	4.45	1.74
		8		9.02	7.08	0.235	29.5	58.0	46.7	12.3	1.81	2.27	1.17	6.98	11.0	4.88	1.78
6.3	63	4	7	4.978	3.91	0.248	19.0	33.4	30.2	7.89	1.96	2.46	1.26	4.13	6.78	3.29	1.70
		5		6.143	4.82	0.248	23.2	41.7	36.8	9.57	1.94	2.45	1.25	5.08	8.25	3.90	1.74
		6		7.288	5.72	0.247	27.1	50.1	43.0	11.2	1.93	2.43	1.24	6.00	9.66	4.46	1.78
		7		8.412	6.60	0.247	30.9	58.6	49.0	12.8	1.92	2.41	1.23	6.88	11.0	4.98	1.82
		8		9.515	7.47	0.247	34.5	67.1	54.6	14.3	1.90	2.40	1.23	7.75	12.3	5.47	1.85
		10		11.66	9.15	0.246	41.1	84.3	64.9	17.3	1.88	2.36	1.22	9.39	14.6	6.36	1.93
7	70	4	8	5.570	4.37	0.275	26.4	45.7	41.8	11.0	2.18	2.74	1.40	5.14	8.44	4.17	1.86
		5		6.876	5.40	0.275	32.2	57.2	51.1	13.3	2.16	2.73	1.39	6.32	10.3	4.95	1.91
		6		8.160	6.41	0.275	37.8	68.7	59.9	15.6	2.15	2.71	1.38	7.48	12.1	5.67	1.95
		7		9.424	7.40	0.275	43.1	80.3	68.4	17.8	2.14	2.69	1.38	8.59	13.8	6.34	1.99
		8		10.67	8.37	0.274	48.2	91.9	76.4	20.0	2.12	2.68	1.37	9.68	15.4	6.98	2.03
7.5	75	5	9	7.412	5.82	0.295	40.0	70.6	63.3	16.6	2.33	2.92	1.50	7.32	11.9	5.77	2.04
		6		8.797	6.91	0.294	47.0	84.6	74.4	19.5	2.31	2.90	1.49	8.64	14.0	6.67	2.07
		7		10.16	7.98	0.294	53.6	98.7	85.0	22.2	2.30	2.89	1.48	9.93	16.0	7.44	2.11
		8		11.50	9.03	0.294	60.0	113	95.1	24.9	2.28	2.88	1.47	11.2	17.9	8.19	2.15
		9		12.83	10.1	0.294	66.1	127	105	27.5	2.27	2.86	1.46	12.4	19.8	8.89	2.18
		10		14.13	11.1	0.293	72.0	142	114	30.1	2.26	2.84	1.46	13.6	21.5	9.56	2.22
8	80	5		7.912	6.21	0.315	48.8	85.4	77.3	20.3	2.48	3.13	1.60	8.34	13.7	6.66	2.15
		6		9.397	7.38	0.314	57.4	103	91.0	23.7	2.47	3.11	1.59	9.87	16.1	7.65	2.19
		7		10.86	8.53	0.314	65.6	120	104	27.1	2.46	3.10	1.58	11.4	18.4	8.58	2.23
		8		12.30	9.66	0.314	73.5	137	117	30.4	2.44	3.08	1.57	12.8	20.6	9.46	2.27
		9		13.73	10.8	0.314	81.1	154	129	33.6	2.43	3.06	1.56	14.3	22.7	10.3	2.31
		10		15.13	11.9	0.313	88.4	172	140	36.8	2.42	3.04	1.56	15.6	24.8	11.1	2.35

（续）

型号	截面尺寸/mm			截面面积/cm^2	理论质量/(kg/m)	外表面积/(m^2/m)	惯性矩/cm^4				惯性半径/cm			截面模数/cm^3			重心距离/cm
	b	d	r				I_x	I_{x1}	I_{x0}	I_{y0}	i_x	i_{x0}	i_{y0}	W_x	W_{x0}	W_{y0}	Z_0
9	90	6	10	10.64	8.35	0.354	82.8	146	131	34.3	2.79	3.51	1.80	12.6	20.6	9.95	2.44
		7		12.30	9.66	0.354	94.8	170	150	39.2	2.78	3.50	1.78	14.5	23.6	11.2	2.48
		8		13.94	10.9	0.353	106	195	169	44.0	2.76	3.48	1.78	16.4	26.6	12.4	2.52
		9		15.57	12.2	0.353	118	219	187	48.7	2.75	3.46	1.77	18.3	29.4	13.5	2.56
		10		17.17	13.5	0.353	129	244	204	53.3	2.74	3.45	1.76	20.1	32.0	14.5	2.59
		12		20.31	15.9	0.352	149	294	236	62.2	2.71	3.41	1.75	23.6	37.1	16.5	2.67
10	100	6	12	11.93	9.37	0.393	115	200	182	47.9	3.10	3.90	2.00	15.7	25.7	12.7	2.67
		7		13.80	10.8	0.393	132	234	209	54.7	3.09	3.89	1.99	18.1	29.6	14.3	2.71
		8		15.64	12.3	0.393	148	267	235	61.4	3.08	3.88	1.98	20.5	33.2	15.8	2.76
		9		17.46	13.7	0.392	164	300	260	68.0	3.07	3.86	1.97	22.8	36.8	17.2	2.80
		10		19.26	15.1	0.392	180	334	285	74.4	3.05	3.84	1.96	25.1	40.3	18.5	2.84
		12		22.80	17.9	0.391	209	402	331	86.8	3.03	3.81	1.95	29.5	46.8	21.1	2.91
		14		26.26	20.6	0.391	237	471	374	99.0	3.00	3.77	1.94	33.7	52.9	23.4	2.99
		16		29.63	23.3	0.390	263	540	414	111	2.98	3.74	1.94	37.8	58.6	25.6	3.06
11	110	7		15.20	11.9	0.433	177	311	281	73.4	3.41	4.30	2.20	22.1	36.1	17.5	2.96
		8		17.24	13.5	0.433	199	355	316	82.4	3.40	4.28	2.19	25.0	40.7	19.4	3.01
		10		21.26	16.7	0.432	242	445	384	100	3.38	4.25	2.17	30.6	49.4	22.9	3.09
		12		25.20	19.8	0.431	283	535	448	117	3.35	4.22	2.15	36.1	57.6	26.2	3.16
		14		29.06	22.8	0.431	321	625	508	133	3.32	4.18	2.14	41.3	65.3	29.1	3.24
12.5	125	8	14	19.75	15.5	0.492	297	521	471	123	3.88	4.88	2.50	32.5	53.3	25.9	3.37
		10		24.37	19.1	0.491	362	652	574	149	3.85	4.85	2.48	40.0	64.9	30.6	3.45
		12		28.91	22.7	0.491	423	783	671	175	3.83	4.82	2.46	41.2	76.0	35.0	3.53
		14		33.37	26.2	0.490	482	916	764	200	3.80	4.78	2.45	54.2	86.4	39.1	3.61
		16		37.74	29.6	0.489	537	1050	851	224	3.77	4.75	2.43	60.9	96.3	43.0	3.68
14	140	10		27.37	21.5	0.551	515	915	817	212	4.34	5.46	2.78	50.6	82.6	39.2	3.82
		12		32.51	25.5	0.551	604	1100	959	249	4.31	5.43	2.76	59.8	96.9	45.0	3.90
		14		37.57	29.5	0.550	689	1280	1090	284	4.28	5.40	2.75	68.8	110	50.5	3.98
		16		42.54	33.4	0.549	770	1470	1220	319	4.26	5.36	2.74	77.5	123	55.6	4.06
15	150	8		23.75	18.6	0.592	521	900	827	215	4.69	5.90	3.01	47.4	78.0	38.1	3.99
		10		29.37	23.1	0.591	638	1130	1010	262	4.66	5.87	2.99	58.4	95.5	45.5	4.08
		12		34.91	27.4	0.591	749	1350	1190	308	4.63	5.84	2.97	69.0	112	52.4	4.15
		14		40.37	31.7	0.590	856	1580	1360	352	4.60	5.80	2.95	79.5	128	58.8	4.23
		15		43.06	33.8	0.590	907	1690	1440	374	4.59	5.78	2.95	84.6	136	61.9	4.27
		16		45.74	35.9	0.589	958	1810	1520	395	4.58	5.77	2.94	89.6	143	64.9	4.31

（续）

型号	截面尺寸/mm			截面面积/cm^2	理论质量/(kg/m)	外表面积/(m^2/m)	惯性矩/cm^4				惯性半径/cm			截面模数/cm^3			重心距离/cm
	b	d	r				I_x	I_{x1}	I_{x0}	I_{y0}	i_x	i_{x0}	i_{y0}	W_x	W_{x0}	W_{y0}	Z_0
16	160	10	16	31.50	24.7	0.630	780	1370	1240	322	4.98	6.27	3.20	66.7	109	52.8	4.31
		12		37.44	29.4	0.630	917	1640	1460	3.77	4.95	6.24	3.18	79.0	129	60.7	4.39
		14		43.30	34.0	0.629	1050	1910	1670	432	4.92	6.20	3.16	91.0	147	68.2	4.47
		16		49.07	38.5	0.629	1180	2190	1870	485	4.89	6.17	3.14	103	165	75.3	4.55
18	180	12		42.24	33.2	0.710	1320	2330	2100	543	5.59	7.05	3.58	101	165	78.4	4.89
		14		48.90	38.4	0.709	1510	2720	2410	622	5.56	7.02	3.56	116	189	88.4	4.97
		16		55.47	43.5	0.709	1700	3120	2700	699	5.54	6.98	3.55	131	212	97.8	5.05
		18		61.96	48.6	0.708	1880	3500	2990	762	5.50	6.94	3.51	146	235	105	5.13
20	200	14	18	54.64	42.9	0.788	2100	3730	3340	864	6.20	7.82	3.98	145	236	112	5.46
		16		62.01	48.7	0.788	2370	4270	3760	971	6.18	7.79	3.96	164	266	124	5.54
		18		69.30	54.4	0.787	2620	4810	4160	1080	6.15	7.75	3.94	182	294	136	5.62
		20		76.51	60.1	0.787	2870	5350	4550	1180	6.12	7.72	3.93	200	322	147	5.69
		24		90.66	71.2	0.785	3340	6460	5290	1380	6.07	7.64	3.90	236	374	167	5.87
22	220	16	21	68.67	53.9	0.866	3190	5680	5060	1310	6.81	8.59	4.37	200	326	154	6.03
		18		76.75	60.3	0.866	3540	6400	5620	1450	6.79	8.55	4.35	223	361	168	6.11
		20		84.76	66.5	0.865	3870	7110	6150	1590	6.76	8.52	4.34	245	395	182	6.18
		22		92.68	72.8	0.865	4200	7830	6670	1730	6.73	8.48	4.32	267	429	195	6.26
		24		100.5	78.9	0.864	4520	8550	7170	1870	6.71	8.45	4.31	289	461	208	6.33
		26		108.3	85.0	0.864	4830	9280	7690	2000	6.68	8.41	4.30	310	492	221	6.41
25	250	18	24	87.84	69.0	0.985	5270	9380	8370	2170	7.75	9.76	4.97	290	473	224	6.84
		20		97.05	76.2	0.984	5780	10400	9180	2380	7.72	9.73	4.95	320	519	243	6.92
		22		106.2	83.3	0.983	6280	11500	9970	2580	7.69	9.69	4.93	349	564	261	7.00
		24		115.2	90.4	0.983	6770	12500	10700	2790	7.67	9.66	4.92	378	608	278	7.07
		26		124.2	97.5	0.982	7240	13600	11500	2980	7.64	9.62	4.90	406	650	295	7.15
		28		133.0	104	0.982	7700	14600	12200	3180	7.61	9.58	4.89	433	691	311	7.22
		30		141.8	111	0.981	8160	15700	12900	3380	7.58	9.55	4.88	461	731	327	7.30
		32		150.5	118	0.981	8600	16800	13600	3570	7.56	9.51	4.87	488	770	342	7.37
		35		163.4	128	0.980	9240	18400	14600	3850	7.52	9.46	4.86	527	827	364	7.48

注：截面图中的 $r_1 = 1/3d$ 及表中 r 的数据用于孔型设计，不做交货条件。

附表 2 热轧不等边角钢（GB/T 706—2016）

说明：

B——长边宽度

b——短边宽度

d——边厚度

r——内圆弧半径

r_1——边端圆弧半径

X_0——重心距离

Y_0——重心距离

型号	截面尺寸/mm				截面面积/cm²	理论质量/(kg/m)	外表面积/(m²/m)	惯性矩/cm⁴					惯性半径/cm			截面模数/cm³			tanα	重心距离/cm	
	B	b	d	r				I_x	I_{x1}	I_y	I_{y1}	I_0	i_x	i_y	i_0	W_x	W_y	W_0		X_0	Y_0
2.5/1.6	25	16	3	3.5	1.162	0.91	0.080	0.70	1.56	0.22	0.43	0.14	0.78	0.44	0.34	0.43	0.19	0.16	0.392	0.42	0.86
			4		1.499	1.18	0.079	0.88	2.09	0.27	0.59	0.17	0.77	0.43	0.34	0.55	0.24	0.20	0.381	0.46	0.90
3.2/2	32	20	3		1.492	1.17	0.102	1.53	3.27	0.46	0.82	0.28	1.01	0.55	0.43	0.72	0.30	0.25	0.382	0.49	1.08
			4		1.939	1.52	0.101	1.93	4.37	0.57	1.12	0.35	1.00	0.54	0.42	0.93	0.39	0.32	0.374	0.353	1.12
4/2.5	40	25	3	4	1.890	1.48	0.127	3.08	5.39	0.93	1.59	0.56	1.28	0.70	0.54	1.15	0.49	0.40	0.385	0.59	1.32
			4		2.467	1.94	0.127	3.93	8.53	1.18	2.14	0.71	1.36	0.69	0.54	1.49	0.63	0.52	0.381	0.63	1.37
4.5/2.8	45	28	3	5	2.149	1.69	0.143	4.45	9.10	1.34	2.23	0.80	1.44	0.79	0.61	1.47	0.62	0.51	0.383	0.64	1.47
			4		2.806	2.20	0.143	5.69	12.1	1.70	3.00	1.02	1.42	0.78	0.60	1.91	0.80	0.66	0.380	0.68	1.51
5/3.2	50	32	3	5.5	2.431	1.91	0.161	6.24	12.5	20.2	3.31	1.20	1.60	0.91	0.70	1.84	0.82	0.68	0.404	0.73	1.60
			4		3.177	2.49	0.160	8.02	16.7	2.58	4.45	1.53	1.59	0.90	0.69	2.39	1.06	0.87	0.402	0.77	1.65
5.6/3.6	56	36	3	6	2.743	2.15	0.181	8.88	17.5	2.92	4.7	1.73	1.80	1.03	0.79	2.32	1.05	0.87	0.408	0.80	1.78
			4		3.590	2.82	0.180	11.5	23.4	3.76	6.33	2.23	1.79	1.02	0.79	3.03	1.37	1.13	0.408	0.85	1.82
			5		4.415	3.47	0.180	13.9	29.3	4.49	7.94	2.67	1.77	1.01	0.78	3.71	1.65	1.36	0.404	0.88	1.87

6.3/4	63	40	4	7	4.058	3.19	0.202	16.5	33.3	5.23	8.63	3.12	2.02	1.14	0.88	3.87	1.70	1.40	0.398	0.92	2.04
			5		4.993	3.92	0.202	20.0	41.6	6.31	10.9	3.76	2.00	1.12	0.87	4.74	2.07	1.71	0.396	0.95	2.08
			6		5.908	4.64	0.201	23.4	50.0	7.29	13.1	4.34	1.96	1.11	0.86	5.59	2.43	1.99	0.393	0.99	2.12
			7		6.802	5.34	0.201	26.5	58.1	8.24	15.5	4.97	1.98	1.10	0.86	6.40	2.78	2.29	0.389	1.03	2.15
7/4.5	70	45	4	7.5	4.553	3.57	0.226	23.2	45.9	7.55	12.3	4.40	2.26	1.29	0.98	4.86	2.17	1.77	0.410	1.02	2.24
			5		5.609	4.40	0.225	28.0	57.1	9.13	15.4	5.40	2.23	1.28	0.98	5.92	2.65	2.19	0.407	1.06	2.28
			6		6.644	5.22	0.225	32.5	68.4	10.6	18.6	6.35	2.21	1.26	0.98	6.95	3.12	2.59	0.404	1.09	2.32
			7		7.658	6.01	0.225	37.2	80.0	12.0	21.8	7.16	2.20	1.25	0.97	8.03	3.57	2.94	0.402	1.13	2.36
7.5/5	75	50	5	8	6.126	4.81	0.245	34.9	70.0	12.6	21.0	7.41	2.39	1.44	1.10	6.83	3.3	2.74	0.435	1.17	2.40
			6		7.260	5.70	0.245	41.1	84.3	14.7	25.4	8.54	2.38	1.42	1.08	8.12	3.88	3.19	0.435	1.21	2.44
			8		9.467	7.43	0.244	52.4	113	18.5	34.2	10.9	2.35	1.40	1.07	10.5	4.99	4.10	0.429	1.29	2.52
			10		11.59	9.10	0.244	62.7	141	22.0	43.4	13.1	2.33	1.38	1.06	12.8	6.04	4.99	0.423	1.36	2.60
8/5	80	50	5		6.376	5.00	0.255	42.0	85.2	12.8	21.1	7.66	2.56	1.42	1.10	7.78	3.32	2.74	0.388	1.14	2.60
			6		7.560	5.93	0.255	49.5	103	15.0	25.4	8.85	2.56	1.41	1.08	9.25	3.91	3.20	0.387	1.18	2.65
			7		8.724	6.85	0.255	56.2	119	17.0	29.8	10.2	2.54	1.39	1.08	10.6	4.48	3.70	0.384	1.21	2.69
			8		9.867	7.75	0.254	62.8	136	18.9	34.3	11.4	2.52	1.38	1.07	11.9	5.03	4.16	0.381	1.25	2.73
9/5.6	90	56	5	9	7.212	5.66	0.287	60.5	121	18.3	29.5	11.0	2.90	1.59	1.23	9.92	4.21	3.49	0.385	1.25	2.91
			6		8.557	6.72	0.286	71.0	146	21.4	35.6	12.9	2.88	1.58	1.23	11.7	4.96	4.13	0.384	1.29	2.95
			7		9.881	7.76	0.286	81.0	170	24.4	41.7	14.7	2.86	1.57	1.22	13.5	5.70	4.72	0.382	1.33	3.00
			8		11.18	8.78	0.286	91.0	194	27.2	47.9	16.3	2.85	1.56	1.21	15.3	6.41	5.29	0.380	1.36	3.04
10/6.3	100	63	6	10	9.618	7.55	0.320	99.1	200	30.9	50.5	18.4	3.21	1.79	1.38	14.6	6.35	5.25	0.394	1.43	3.24
			7		11.11	8.72	0.320	113	233	35.3	59.1	21.0	3.20	1.78	1.38	16.9	7.29	6.02	0.394	1.47	3.28
			8		12.58	9.88	0.319	127	266	39.4	67.9	23.5	3.18	1.77	1.37	19.1	8.21	6.78	0.391	1.50	3.32
			10		15.47	12.1	0.319	154	333	47.1	85.7	28.3	3.15	1.74	1.35	23.3	9.98	8.24	0.387	1.58	3.40

（续）

型号	截面尺寸/mm				截面面积/cm²	理论质量/(kg/m)	外表面积/(m²/m)	惯性矩/cm⁴					惯性半径/cm			截面模数/cm³			tanα	重心距离/cm	
	B	b	d	r				I_x	I_{x1}	I_y	I_{y1}	I_0	i_x	i_y	i_0	W_x	W_y	W_0		X_0	Y_0
10/8	100	80	6	10	10.64	8.35	0.354	107	200	61.2	103	31.7	3.17	2.40	1.72	15.2	10.2	8.37	0.627	1.97	2.95
			7		12.30	9.66	0.354	123	233	70.1	120	36.2	3.16	2.39	1.72	17.5	11.7	9.60	0.626	2.01	3.00
			8		13.94	10.9	0.353	138	267	78.6	137	40.6	3.14	2.37	1.71	19.8	13.2	10.8	0.625	2.05	3.04
			10		17.17	13.5	0.353	167	334	94.7	172	49.1	3.12	2.35	1.69	24.2	16.1	13.1	0.622	2.13	3.12
11/7	110	70	6	10	10.64	8.35	0.354	133	266	42.9	69.1	25.4	3.54	2.01	1.54	17.9	7.90	6.53	0.403	1.57	3.53
			7		12.30	9.66	0.354	153	310	49.0	80.8	29.0	3.53	2.00	1.53	20.6	9.09	7.50	0.402	1.61	3.57
			8		13.94	10.9	0.353	172	354	54.9	92.7	32.5	3.51	1.98	1.53	23.3	10.3	8.45	0.401	1.65	3.62
			10		17.17	13.5	0.353	208	443	65.9	117	39.2	3.48	1.96	1.51	28.5	12.5	10.3	0.397	1.72	3.70
12.5/8	125	80	7	11	14.10	11.1	0.403	228	455	74.4	120	43.8	4.02	2.30	1.76	26.9	12.0	9.92	0.408	1.80	4.01
			8		15.99	12.6	0.403	257	520	83.5	138	49.2	4.01	2.28	1.75	30.4	13.6	11.2	0.407	1.84	4.06
			10		19.71	15.5	0.402	312	650	101	173	59.5	3.98	2.26	1.74	37.3	16.6	13.6	0.404	1.92	4.14
			12		23.35	18.3	0.402	364	780	117	210	69.4	3.95	2.24	1.72	44.0	19.4	16.0	0.400	2.00	4.22
14/9	140	90	8	12	18.04	14.2	0.453	366	731	121	196	70.8	4.50	2.59	1.98	38.5	17.3	14.3	0.411	2.04	4.50
			10		22.26	17.5	0.452	446	913	140	246	85.8	4.47	2.56	1.96	47.3	21.2	17.5	0.409	2.12	4.58
			12		26.40	20.7	0.451	522	1100	170	297	100	4.44	2.54	1.95	55.9	25.0	20.5	0.406	2.19	4.66
			14		30.46	23.9	0.451	594	1280	192	349	114	4.42	2.51	1.94	64.2	28.5	23.5	0.403	2.27	4.74

15/9	150	90	8	12	18.84	14.8	0.473	442	898	123	196	74.1	4.84	2.55	1.98	43.9	17.5	14.5	0.364	1.97	4.92
			10		23.26	18.3	0.472	539	1120	149	246	89.9	4.81	2.53	1.97	54.0	21.4	17.7	0.362	2.05	5.01
			12		27.60	21.7	0.471	632	1350	173	297	105	4.79	2.50	1.95	63.8	25.1	20.8	0.359	2.12	5.09
			14		31.86	25.0	0.471	721	1570	196	350	120	4.96	2.48	1.94	73.3	28.8	23.8	0.356	2.20	5.17
			15		33.95	26.7	0.471	764	1680	207	376	127	4.74	2.47	1.93	78.0	30.5	25.3	0.354	2.24	5.21
			16		36.03	28.3	0.470	806	1800	217	403	134	4.73	2.45	1.93	82.6	32.3	26.8	0.352	2.27	5.25
16/10	160	100	10	13	25.32	19.9	0.512	669	1360	205	337	122	5.14	2.85	2.19	62.1	26.6	21.9	0.390	2.28	5.24
			12		30.05	23.6	0.511	785	1640	239	406	142	5.11	2.82	2.17	73.5	31.3	25.8	0.388	2.36	5.32
			14		34.71	27.2	0.510	896	1910	271	476	162	5.08	2.80	2.16	84.6	35.8	29.6	0.385	2.43	5.40
			16		39.28	30.8	0.510	1000	2180	302	548	183	5.05	2.77	2.16	95.3	40.2	33.4	0.382	2.51	5.48
18/11	180	110	10	14	28.37	22.3	0.571	956	1940	278	447	167	5.80	3.13	2.42	79.0	32.5	26.9	0.376	2.44	5.89
			12		33.71	26.5	0.571	1120	2330	325	539	195	5.78	3.10	2.40	93.5	38.3	31.7	0.374	2.52	5.98
			14		38.97	30.6	0.570	1290	2720	370	632	222	5.75	3.08	2.39	108	44.0	36.3	0.372	2.59	6.06
			16		44.14	34.6	0.569	1440	3110	412	726	249	5.72	3.06	2.38	122	49.4	40.9	0.369	2.67	6.14
20/12.5	200	125	12		37.91	29.8	0.641	1570	3190	483	788	286	6.44	3.57	2.74	117	50.0	41.2	0.392	2.83	6.54
			14		43.87	34.4	0.640	1800	3730	551	922	327	6.41	3.54	2.73	135	57.4	47.3	0.390	2.91	6.62
			16		49.74	39.0	0.639	2020	4260	615	1060	366	6.38	3.52	2.71	152	64.9	53.3	0.388	2.99	6.70
			18		55.53	43.6	0.639	2240	4790	677	1200	405	6.35	3.49	2.70	169	71.7	59.2	0.385	3.06	6.78

注：截面图中的 $r_1=1/3d$ 及表中 r 的数据用于孔型设计，不做交货条件。

附表 3　热轧工字钢（GB/T 706—2016）

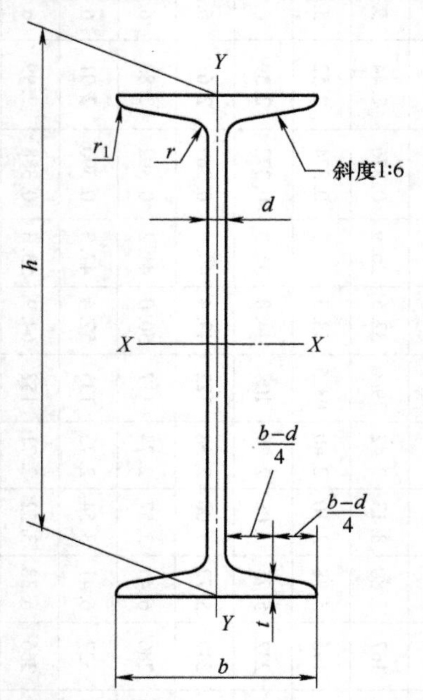

说明：

h——高度

b——腿宽度

d——腰厚度

t——腿中间厚度

r——内圆弧半径

r_1——腿端圆弧半径

型号	截面尺寸/mm						截面面积/cm^2	理论质量/(kg/m)	外表面积/(m^2/m)	惯性矩/cm^4		惯性半径/cm		截面模数/cm^3	
	h	b	d	t	r	r_1				I_x	I_y	i_x	i_y	W_x	W_y
10	100	68	4.5	7.6	6.5	3.3	14.33	11.3	0.432	245	33.0	4.14	1.52	49.0	9.72
12	120	74	5.0	8.4	7.0	3.5	17.80	14.0	0.493	436	46.9	4.95	1.62	72.7	12.7
12.6	126	74	5.0	8.4	7.0	3.5	18.10	14.2	0.505	488	46.9	5.20	1.61	77.5	12.7
14	140	80	5.5	9.1	7.5	3.8	21.50	16.9	0.553	712	64.4	5.76	1.73	102	16.1
16	160	88	6.0	9.9	8.0	4.0	26.11	20.5	0.621	1130	93.1	6.58	1.89	141	21.2
18	180	94	6.5	10.7	8.5	4.3	30.74	24.1	0.681	1660	122	7.36	2.00	185	26.0
20a	200	100	7.0	11.4	9.0	4.5	33.55	27.9	0.742	2370	158	8.15	2.12	237	31.5
20b		102	9.0				39.55	31.1	0.746	2500	169	7.96	2.06	250	33.1
22a	220	110	7.5	12.3	9.5	4.8	42.10	33.1	0.817	3400	225	8.99	2.31	309	40.9
22b		112	9.5				46.50	36.5	0.821	3570	239	8.78	2.27	325	42.7
24a	240	116	8.0	13.0	10.0	5.0	47.71	37.5	0.878	4570	280	9.77	2.42	381	48.4
24b		118	10.0				52.51	41.2	0.882	4800	297	9.57	2.38	400	50.4
25a	250	116	8.0				48.51	38.1	0.898	5020	280	10.2	2.40	402	48.3
25b		118	10.0				53.51	42.0	0.902	5280	309	9.94	2.40	423	52.4
27a	270	122	8.5	13.7	10.5	5.3	54.52	42.8	0.958	6550	345	10.9	2.51	485	56.6
27b		124	10.5				59.92	47.0	0.962	6870	366	10.7	2.47	509	58.9
28a	280	122	8.5				55.37	43.5	0.978	7110	345	11.3	2.50	508	56.6
28b		124	10.5				60.97	47.9	0.982	7480	379	11.1	2.49	534	61.2

（续）

型号	截面尺寸/mm						截面面积/cm²	理论质量/(kg/m)	外表面积/(m²/m)	惯性矩/cm⁴		惯性半径/cm		截面模数/cm³	
	h	b	d	t	r	r_1				I_x	I_y	i_x	i_y	W_x	W_y
30a	300	126	9.0	14.4	11.0	5.5	61.22	48.1	1.031	8950	400	12.1	2.55	597	63.5
30b		128	11.0				67.22	52.8	1.035	9400	422	11.8	2.50	627	65.9
30c		130	13.0				73.22	57.5	1.039	9850	445	11.6	2.46	657	68.5
32a	320	130	9.5	15.0	11.5	5.8	67.12	52.7	1.084	11100	460	12.8	2.62	692	70.8
32b		132	11.5				73.52	57.7	1.088	11600	502	12.6	2.61	726	76.0
32c		134	13.5				79.92	62.7	1.092	12200	544	12.3	2.61	760	81.2
36a	360	136	10.0	15.8	12.0	6.0	76.44	60.0	1.185	15800	552	14.4	2.69	875	81.2
36b		138	12.0				83.64	65.7	1.189	16500	582	14.1	2.64	919	84.3
36c		140	14.0				90.84	71.3	1.193	17300	612	13.8	2.60	962	87.4
40a	400	142	10.5	16.5	12.5	6.3	86.07	67.6	1.285	21700	660	15.9	2.77	1090	93.2
40b		144	12.5				94.07	73.8	1.289	22800	692	15.6	2.71	1140	96.2
40c		146	14.5				102.1	80.1	1.293	23900	727	15.2	2.65	1190	99.6
45a	450	150	11.5	18.0	13.5	6.8	102.4	80.4	1.411	32200	855	17.7	2.89	1430	114
45b		152	13.5				111.4	87.4	1.415	33800	894	17.4	2.84	1500	118
45c		154	15.5				120.4	94.5	1.419	35300	938	17.1	2.79	1570	122
50a	500	158	12.0	20.0	14.0	7.0	119.2	93.6	1.539	46500	1120	19.7	3.07	1860	142
50b		160	14.0				129.2	101	1.543	48600	1170	19.4	3.01	1940	146
50c		162	16.0				139.2	109	1.547	50600	1220	19.0	2.96	2080	151
55a	550	166	12.5	21.0	14.5	7.3	134.1	105	1.667	62900	1370	21.6	3.19	2290	164
55b		168	14.5				145.1	114	1.671	65600	1420	21.2	3.14	2390	170
55c		170	16.5				156.1	123	1.675	68400	1480	20.9	3.08	2490	175
56a	560	166	12.5				135.4	106	1.687	65600	1370	22.0	3.18	2340	165
56b		168	14.5				146.6	115	1.691	68500	1490	21.6	3.16	2450	174
56c		170	16.5				157.8	124	1.695	71400	1560	21.3	3.16	2550	183
63a	630	176	13.0	22.0	15.0	7.5	154.6	121	1.862	93900	1700	24.5	3.31	2980	193
63b		178	15.0				167.2	131	1.866	98100	1810	24.2	3.29	3160	204
63c		180	17.0				179.8	141	1.870	102000	1920	23.8	3.27	3300	214

注：表中 r、r_1 的数据用于孔型设计，不做交货条件。

附表 4 热轧槽钢（GB/T 706—2016）

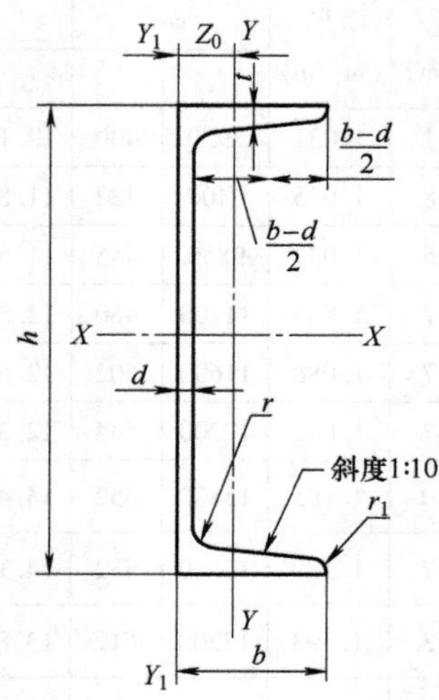

说明：

h——高度

b——腿宽度

d——腰厚度

t——腿中间厚度

r——内圆弧半径

r_1——腿端圆弧半径

Z_0——重心距离

型号	截面尺寸/mm						截面面积/cm²	理论质量/(kg/m)	外表面积/(m²/m)	惯性矩/cm⁴			惯性半径/cm		截面模数/cm³		重心距离/cm
	h	b	d	t	r	r_1				I_x	I_y	I_{y1}	i_x	i_y	W_x	W_y	Z_0
5	50	37	4.5	7.0	7.0	3.5	6.925	5.44	0.226	26.0	8.30	20.9	1.94	1.10	10.4	3.55	1.35
6.3	63	40	4.8	7.5	7.5	3.8	8.446	6.63	0.262	50.8	11.9	28.4	2.45	1.19	16.1	4.50	1.36
6.5	65	40	4.3	7.5	7.5	3.8	8.292	6.51	0.267	55.2	12.0	28.3	2.54	1.19	17.0	4.59	1.38
8	80	43	5.0	8.0	8.0	4.0	10.24	8.04	0.307	101	16.6	37.4	3.15	1.27	25.3	5.79	1.43
10	100	48	5.3	8.5	8.5	4.2	12.74	10.0	0.365	198	25.6	54.9	3.95	1.41	39.7	7.80	1.52
12	120	53	5.5	9.0	9.0	4.5	15.36	12.1	0.423	346	37.4	77.7	4.75	1.56	57.7	10.2	1.62
12.6	126	53	5.5	9.0	9.0	4.5	15.69	12.3	0.435	391	38.0	77.1	4.95	1.57	62.1	10.2	1.59
14a	140	58	6.0	9.5	9.5	4.8	18.51	14.5	0.480	564	53.2	107	5.52	1.70	80.5	13.0	1.71
14b		60	8.0				21.31	16.7	0.484	609	61.1	121	5.35	1.69	87.1	14.1	1.67
16a	160	63	6.5	10.0	10.0	5.0	21.95	17.2	0.538	866	73.3	144	6.28	1.83	108	16.3	1.80
16b		65	8.5				25.15	19.8	0.542	935	83.4	161	6.10	1.82	117	17.6	1.75
18a	180	68	7.0	10.5	10.5	5.2	25.69	20.2	0.596	1270	98.6	190	7.04	1.96	141	20.0	1.88
18b		70	9.0				29.29	23.0	0.600	1370	111	210	6.84	1.95	152	21.5	1.84
20a	200	73	7.0	11.0	11.0	5.5	28.83	22.6	0.654	1780	128	244	7.86	2.11	178	24.2	2.01
20b		75	9.0				32.83	25.8	0.658	1910	144	268	7.64	2.09	191	25.9	1.95
22a	220	77	7.0	11.5	11.5	5.8	31.83	25.0	0.709	2390	158	298	8.67	2.23	218	28.2	2.10
22b		79	9.0				36.23	28.5	0.713	2570	176	326	8.42	2.21	234	30.1	2.03

（续）

型号	截面尺寸/mm						截面面积/cm^2	理论质量/(kg/m)	外表面积/(m^2/m)	惯性矩/cm^4			惯性半径/cm		截面模数/cm^3		重心距离/cm
	h	b	d	t	r	r_1				I_x	I_y	I_{y1}	i_x	i_y	W_x	W_y	Z_0
24a	240	78	7.0	12.5	12.5	6.0	34.21	26.9	0.752	3050	174	325	9.45	2.25	254	30.5	2.10
24b		80	9.0				39.01	30.6	0.756	3280	194	355	9.17	2.23	274	32.5	2.03
24c		82	11.0				43.81	34.4	0.760	3510	213	388	8.96	2.21	293	34.4	2.00
25a	250	78	7.0				34.91	27.4	0.722	3370	176	322	9.82	2.24	270	30.6	2.07
25b		80	9.0				39.91	31.3	0.776	3530	196	353	9.41	2.22	282	32.7	1.98
25c		82	11.0				44.91	35.3	0.780	3690	218	384	9.07	2.21	295	35.9	1.92
27a	270	82	7.5	12.5	12.5	6.2	39.27	30.8	0.826	4360	216	393	10.5	2.34	323	35.5	2.13
27b		84	9.5				44.67	35.1	0.830	4690	239	428	10.3	2.31	347	37.7	2.06
27c		86	11.5				50.07	39.3	0.834	5020	261	467	10.1	2.28	372	39.8	2.03
28a	280	82	7.5				40.02	31.4	0.846	4760	218	388	10.9	2.33	340	35.7	2.10
28b		84	9.5				45.62	35.8	0.850	5130	242	428	10.6	2.30	366	37.9	2.02
28c		86	11.5				51.22	40.2	0.854	5500	268	463	10.4	2.29	393	40.3	1.95
30a	300	85	7.5	13.5	13.5	6.8	43.89	34.5	0.897	6050	260	467	11.7	2.43	403	41.1	2.17
30b		87	9.5				49.89	39.2	0.901	6500	289	515	11.4	2.41	433	44.0	2.13
30c		89	11.5				55.89	43.9	0.905	6950	316	560	11.2	2.38	463	46.4	2.09
32a	320	88	8.0	14.0	14.0	7.0	48.50	38.1	0.947	7600	305	552	12.5	2.50	475	46.5	2.24
32b		90	10.0				54.90	43.1	0.951	8140	336	593	12.2	2.47	509	49.2	2.16
32c		92	12.0				61.30	48.1	0.955	8690	374	643	11.9	2.47	543	52.6	2.09
36a	360	96	9.0	16.0	16.0	8.0	60.89	47.8	1.053	11900	455	818	14.0	2.73	660	63.5	2.44
36b		98	11.0				68.09	53.5	1.057	12700	497	880	13.6	2.70	703	66.9	2.37
36c		100	13.0				75.29	59.1	1.061	13400	536	948	13.4	2.67	746	70.0	2.34
40a	400	100	10.5	18.5	18.5	19.0	75.04	58.9	1.144	17600	592	1070	15.3	2.81	879	78.8	2.49
40b		102	12.5				83.04	65.2	1.148	18600	640	1140	15.0	2.78	932	82.5	2.44
40c		104	14.5				91.04	71.5	1.152	19700	688	1220	14.7	2.75	986	86.2	2.42

注：表中 r、r_1 的数据用于孔型设计，不做交货条件。

参考文献

[1] 林贤根．土木工程力学［M］．2 版．北京：机械工业出版社，2016.
[2] 卢光斌．土木工程力学基础［M］．北京：机械工业出版社，2015.
[3] 李廉锟．结构力学［M］．北京：高等教育出版社，2017.
[4] 张春玲，苏德利．建筑力学［M］．北京：北京邮电大学出版社，2017.